New Wun Ching Developmental Publishing Co., Ltd.

New Age · New Choice · The Best Selected Educational Publications — NEW WCDP

依考選部護理師考試命題大綱編寫

國立陽明交通大學生理學研究所教授 | **王錫崗** 總校閱

馬青 主編

人體生理學
Human Physiology

| Sixth Edition |

第**6**版

修訂者

許家豪　蔡如愔　李佩穎　許瑋怡

編著委員會

馬　青	王欽文	楊淑娟	徐淑君	鐘久昌
龔朝暉	胡　蔭	郭俊明	李菊芬	林育興
邱亦涵	施承典	高婷玉	張　琪	溫小娟
廖美華	滿庭芳	蔡昀萍	顧雅真	

　　自1989年開放探親以來，兩岸交流日增，尤其是文化及學術的交流無論次數或層級均逐漸提昇。

　　生理學是基礎醫學重要的學門內容，多年來，常見著名的生理學英文原著被譯成中文，唯中文的生理學專著，相較之下並不多。而本書是首次由臺灣新文京開發出版股份有限公司邀請中國寧波大學醫學院之學者群撰寫出版之人體生理學。這是一次嘗試，也是一樁創舉。

　　敝人忝為總校閱，深感全書涵蓋重要章節，內容完整，均達存真求善、圖表豐美的目標。另有複習教材配合，以利讀者自修並準備相關考試。唯，雖一再校閱，仍難免疏漏錯誤，尚祈各界指正，以供未來修正之參考。

總校閱

王錫崗 謹識

　　人體生理學(Human Physiology)是一門研究人體功能的學問，探討人體如何運作以完成維持生命所需的各種特殊功能。生理學研究的最終目標是了解細胞、器官及系統的正常功能如何運作。因此，生理學是許多其他人體科學如病理學、臨床醫學、運動生理學、營養學等的基石。也因此，人體生理學成為醫護、生命科學及相關科系的學生們必須修習的一門重要基礎學科。

　　本書是針對大專院校的醫學系、復健系、護理系、視光系、醫技系、藥學系、營養系、運動保健及休閒管理系、特教系、體育系等大學、二技、四技的生理學課程所設計。內容闡述人體生理功能或生理作用的發生原理或機制、發生條件以及內、外環境變化對其生理功能與代謝的影響，讓讀者全面地了解人體的生命活動過程和變化規律。

　　本書邀集了多位教學經驗豐富的生理學教師參與編著，參考臺灣各校廣泛使用的教材架構，並汲取許多國內外優秀生理學教材的編寫經驗。為了盡可能地使生理學理論與臨床緊密結合，因此，設計了「臨床焦點」及「知識小補帖」專欄；而為了讓讀者能迅速掌握教材內容，另設有「學習目標」及「複習與討論」專欄。本書透過大量彩色圖片，生動地圖解生理學內容，並結合簡潔易懂的表格，以期達到圖文並茂、科學嚴謹的目標。

　　為了提供讀者更完整的人體生理學知識，故廣納各方建議與指正後再次改版。第六版主要針對人體生理學的重要主題進行更新及增補和精修圖片，並依據最新國考試題，在內文中以粗體字呈現國考重點，同時更新了各章章末「複習與討論」的選擇題，以及提供問答題解答使讀者能夠隨時查閱，有助於在研讀及準備考試時，能更輕鬆且迅速地掌握各章重點。

　　在編寫和審校的過程中，作者群付出了大量的時間和心力，新文京開發出版股份有限公司編輯部亦展現出精湛的編輯功底和對生理學內容的把握能力，為作者群提供莫大的協助，作為主編衷心地感謝相關工作人員做出的卓越貢獻，並表示由衷地敬意。本書雖經多次校對，力求正確無誤，然疏漏之處在所難免，懇切希望讀者給予批評指正，以便再版時修正。

馬青 謹識

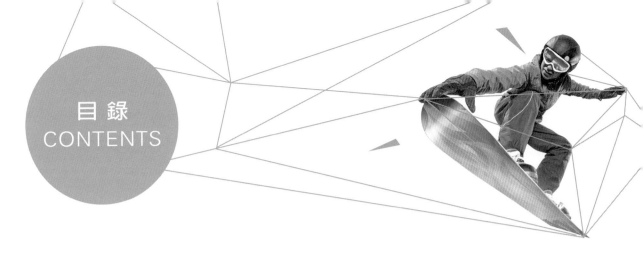

目 錄
CONTENTS

Chapter 7

自主神經系統　　　198
The Autonomic Nervous System

Chapter 8

感　覺　　　216
Sensory Physiology

Chapter 9

肌　肉　　　260
Muscle

掃描 各章複習與討論解答
請掃描QR code

01
CHAPTER

學習目標 Objectives

1. 了解生理學的研究內容、發展歷程，以及生理學與醫學的關係。
2. 簡要說明人體的四種基本組織、11 個系統的組成和功能。
3. 掌握內在環境與恆定。
4. 理解人體生理功能的迴饋調節、神經和內分泌調節。

本章大綱 Chapter Outline

緒 論
Introduction

HUMAN
PHYSIOLOGY

生理學 (physiology) 是生物學 (biology) 的一個分支，是研究生物功能活動規律的科學。人們對生命活動規律的認識來自於臨床或實驗，故生理學理論是實驗現象或實驗結果的總結。透過對單細胞生物到高等動物基本生命活動的觀察和研究，發現生命現象主要表現出六方面的作用：代謝 (metaboilsm)、反應性 (responsiveness)、運動 (movement)、生長 (growth)、分化 (differentiation)、生殖 (reproduction)。而完成這些作用需要生物體內在環境的恆定，並需要體內各種細胞、組織、器官和系統的共同協調發揮作用才能實現。

人體有上皮、結締、神經及肌肉四種基本組織，以及皮膚、肌肉、骨骼、神經、內分泌、心血管、淋巴、呼吸、消化、泌尿和生殖等 11 個系統。維持這些具有不同功能、不同組織、不同系統的穩定，需要人體內具有完善的自動調控系統來完成，如迴饋調節、神經及內分泌調節。

本章介紹生理學的概念、發展歷程，以及生理學與醫學的關係；簡要敘述人體的四種基本組織，以及人體的 11 個系統及其功能；闡釋人體內在環境概念及其恆定特徵，討論如何維持內在環境穩定的迴饋調節、神經調節和內分泌調節。

1-1 何謂生理學？
Introduction to Physiology

生理學 (physiology) 是研究生物體及其各組成部分正常功能活動規律和機制的一門學科。主要研究呼吸、消化、循環、生殖、泌尿、神經、內分泌、肌肉運動等各部位構造的功能和活動規律。生理學的主要任務在於從分子、細胞、組織、器官及系統等不同層次，闡明人體表現出的各種生命現象、生理功能及其發生機制、產生條件，以及內外

環境變化對其生理功能的影響，並揭示各種生理功能在整體生命活動中的意義。

生理學始於 17 世紀，在 1628 年，英國的生理學家 William Harvey 撰寫了《心臟與血液的運動》一書，此為生理學成為一門獨立學科之里程碑；在著作中 Harvey 透過對動物的活體解剖，反覆觀察，從而推斷出血液的循環途徑。在 1902 年，英國生理學家 William Bayliss 和 Ernest Starling 在歷史上首先發現了激素，並命名為胰泌素 (secretin)。到了 1921 年，胰島素 (insulin) 被加拿大的 Frederick Banting 和他的學生 Charles Best 所發現。而作為引起消化性潰瘍的幽門螺旋桿菌 (*Helicobacter pylori*) 則是在 1982 年由澳洲的醫生 Barry Marshall 和病理學家 Robin Warren 證實。

生理學與醫學具有密切的聯繫。在臨床醫學中和對人體的一般觀察中累積了關於人體生理功能的許多知識，透過對於人體和動物的實驗分析研究，進一步深入探索這些生理功能的內在機制和相互關係，逐漸形成關於人和動物個體功能的系統性理論科學。醫學中關於疾病問題的理論研究是以人體生理學的基本理論為基礎；同時，經由醫學實踐又可以檢驗生理學理論是否正確，並不斷以新的內容和新的問題豐富生理學理論和推動生理學研究。因此，人體生理學 (human physiology) 是醫學的一門基礎理論科學，它以人體解剖學、組織學為基礎，同時又是藥理學、病理學等後續課程和內科學、外科學等臨床課程的基礎，起著承前啟後的橋樑作用。生理學的每一個進展都會對醫學產生巨

表 1-1　二十世紀以來生理學的主要成績

年 代	研究者	成 績
1900	I. Pavlov	研究條件反射
1900	K. Landsteiner	發現 ABO 血型
1904	I. Pavlov	研究消化生理，發現主要消化腺的分泌規律
1910	H. Dale	描述組織胺的性能
1918	E. Starling	描述心臟的收縮力與循環血量的關係
1921	J. Langley	發現自主神經系統的功能
1923	F. Banting, C. Best, J. Macleod	發現胰島素
1932	C. Sherrington, L.E. Adrian	發現神經細胞的功能
1936	H. Dale, O. Loewi	發現神經衝動的化學傳遞
1939-1947	A. von Szent-Györgyi	闡述 ATP 的功能
1949	H. Selye	闡述壓力 (stress) 的一般生理反應
1949	G. Marmont, K.S. Cole, A.L. Hodgkin, A.F. Huxley, B. Katz	電壓鉗實驗 (voltage clamp)
1953	H. Krebs	發現檸檬酸循環 (tricarboxylic acid cycle)
1954	H. Huxley, J. Hanson, R. Niedergerde, A. Huxley	提出肌肉收縮的肌絲滑動學說
1962	F. Crick, J. Watson, M. Wilkins	發現 DNA 的雙螺旋結構及其對生物遺傳資訊傳遞的意義
1963	J. Eccles, A.L. Hodgkin, A. Huxley	研究神經細胞間的訊息傳遞機制
1971	E. Sutherland	發現激素調節作用的機制
1976	E. Neher, B. Sakmann	測量單通道離子電流和電導的膜片鉗技術 (patch clamp)
1977	R. Guillemin, A. Schally	發現肽類激素是由腦合成的
1981	R. Sperry	解釋大腦左右半球的功能和專長
1986	S. Cohen, R. Levi-Montalcini	發現調節神經系統的生長因子
1994	A. Gilman, M. Rodbell	發現 G 蛋白 (G-protein) 在細胞訊號傳遞中的作用
1998	R. Furchgott, L. Ignarro, F. Murad	發現一氧化氮是心血管系統中的訊息分子
2000	P. Greengard, A. Carlsson, E. Kandel	發現多巴胺 (dopamine) 和其他一些訊號傳遞物質如何對神經系統發揮作用
2001	L. Hartwell, T. Hunt, P. Nurse	發現控制細胞週期的關鍵分子
2002	S. Brenner, J.E. Sulston, H.R. Horvitz	發現器官發育惡化細胞程式性死亡的遺傳調節機制
2003	P. Lauterbur, P. Mansfield	核磁共振造影 (MRI)
2004	R. Axel, L. Buck	發現氣味感覺接受器和嗅覺系統結構

表 1-1 二十世紀以來生理學的主要成績（續）

年 代	研究者	成 績
2005	B. Marshall, R. Warren	發現幽門螺旋桿菌以及該細菌對消化性潰瘍病的致病機制
2006	A. Fire, C. Mello	發現 RNA 干擾現象
2007	M. Capecchi, M. Evans, O. Smithies	發明「基因標靶」技術
2008	H. Hausen, F. Barré-Sinoussi, L. Montagnier	發現人類乳突瘤病毒 (human papilloma virus, HPV) 引發子宮頸癌；發現人類免疫缺乏病毒 (human immunodeficiency virus, HIV)
2009	E. Blackburn, C. Greider, J. Szostak	發現端粒 (telomere) 和端粒酶 (telomerase) 保護染色體的機制
2010	R. Edwards	發明「體外受精技術」

資料來源：余承高、陳棟梁、秦達念 (2006)．*圖表生理學*．中國協和醫科大學。

大的推動作用。例如，糖尿病發病機制就是在胰島內分泌生理研究中闡明的；而心肺製備生理實驗方法的建立則為心臟外科手術的體外循環技術提供了基礎（表1-1）。

1-2 人體的結構層級
Structural Levels of the Body

細胞 (cell) 是構成人體的最基本的單位，人體內有多種細胞，如肌肉細胞、神經細胞等。許多胚胎來源相似，使功能相似的細胞及細胞外基質構成了**組織** (tissue)，人體內共有四種基本組織，分別為上皮組織、結締組織、肌肉組織和神經組織。二種以上的組織組成了**器官** (organ)，能夠共同完成複雜的生理功能，如心臟、肝、肺等。行使某種生理功能的不同的器官相互聯繫，組成了**器官系統** (organ system)，如循環系統 (circulatory system) 是由心臟、血管以及血液組成。各個系統相互聯繫、相互調節組成了一個複雜的整體（圖 1-1）。

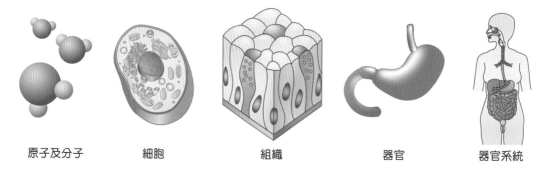

原子及分子　　細胞　　組織　　器官　　器官系統

■ 圖 1-1 人體的結構層級。

▶ 基本組織

一、上皮組織 (Epithelial Tissue)

上皮組織由密集的上皮細胞和少量的細胞外基質組成。呈膜狀覆蓋在身體表面和體內各種囊、導管、腔的內表面。執行保護、分泌、吸收和排泄等功能。例如，皮膚的上皮保護其下之組織，免受機械性與化學性傷害和細菌入侵；消化道上皮可以吸收及分泌物質；腎臟的上皮具有吸收、分泌與過濾功能；腺體上皮具有分泌的功能。

上皮組織的特徵包括：

1. 細胞排列緊密規則，細胞外基質少。
2. 細胞有極性，即朝向體表或器官管腔的游離面和藉基底膜 (basement membrane) 與深層結締組織相連的基底面。
3. 沒有血管，其營養從皮下結締組織的血管擴散獲得。
4. 具有神經支配。
5. 可不斷地更新代替，能在受到傷害時分裂及增生，使組織更新。

上皮組織可分為**被覆與內襯上皮** (covering and lining epithelium) 及**腺體上皮** (glandular epithelium) 兩大類。

(一) 被覆與內襯上皮

依其細胞層數可分為單層及複層，依細胞形狀又可區分為鱗狀、立方及柱狀。

1. 單層上皮：

(1) 單層鱗狀上皮 (simple squamous epithelium)：由一層扁平的細胞所構成，如鱗片狀，寬且薄。因為只有一層，特別適於擴散、滲透及過濾等作用。例如肺泡、腎元的腎絲球，以及心臟、血管、淋巴管內襯之內皮、腹膜、胸膜、心包膜等漿膜之內襯等。

(2) 單層立方上皮 (simple cuboidal epithelium)：細胞呈立方形且排列緊密。主要功能包括覆蓋、分泌黏液、汗水及酵素等，吸收體液及其他物質。例如卵巢表面、腎小管、唾液腺管及胰管的內襯。

(3) 單層柱狀上皮 (simple columnar epithelium)：由單層柱狀細胞所形成，主要功能包括保護、分泌或吸收。包括大部分的消化道內襯，以及子宮和輸卵管內襯皆屬此型。

2. 複層上皮：

(1) 複層鱗狀上皮 (stratified squamous epithelium)：最表層為扁平鱗狀上皮細胞，底層為柱狀或多面形上皮細胞。存在於常摩擦、可能受傷或發生乾燥的區域，例如皮膚、食道、口腔、陰道黏膜層等。

(2) 複層立方上皮 (stratified cuboidal epithelium)：表層由立方形細胞組成，多層排列。例如成人汗腺的管道、皮脂腺、男性尿道的海綿體、咽部及會厭等。

(3) 複層柱狀上皮 (stratified columnar epithelium)：表層為高且薄的柱狀細胞，底層常由短而不規則的多角形細胞所組成。主要位於潮濕表面，例如男性尿道內襯、乳腺乳管、咽與軟顎的表面等。

(4) 移形上皮 (transitional epithelium)：屬於複層上皮，表面細胞的形狀會改變，使組織能被伸張，內襯於膀胱、輸尿管以及尿道。

3. 偽複層柱狀上皮 (pseudostratified columnar epithelium)：以一單層柱狀細胞附著於基底膜，但有些細胞較矮，無法到達表面，因此看似複層上皮；若具有纖毛則稱為偽複層纖毛柱狀上皮。存在於很多腺體的較大排泄管道、大部分的上呼吸道及男性生殖道等。

(二) 腺體上皮

　　腺體上皮指以**分泌**功能為主的上皮組織；以腺體上皮為主要成分所構成的器官稱為**腺體** (gland)。腺細胞的分泌物中含有酶、醣蛋白或激素。腺體上皮根據有無導管分成外分泌腺 (exocrine gland) 和內分泌腺 (endocrine gland)：

1. **外分泌腺**：又稱導管腺 (duct gland)，指分泌物經導管排至器官管腔或身體表面的腺體，如唾液腺、汗腺、皮脂腺、肝臟、胃腺等。

2. **內分泌腺**：指分泌物〔稱為**激素** (hormone)〕經血液輸送的無排泄導管的腺體，如甲狀腺、腎上腺、腦下腺、胰島等。

二、結締組織 (Connective Tissue)

　　結締組織由散布的細胞和大量的**細胞外基質**(extracellular matrix)組成，是體內含量最多的組織。一般有豐富的血管和神經分布。結締組織分布廣泛，形態多樣，例如纖維性的肌腱、韌帶、筋膜(fascia)；流體狀的血液；固體狀的軟骨和骨等皆屬之。

　　結締組織可分為固有結締組織 (inherent connective tissue) 和特化結締組織 (special connective tissue) 兩大類（圖 1-2）。

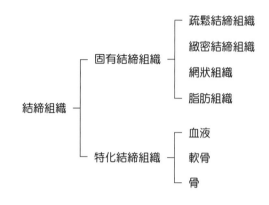

■ 圖 1-2　結締組織分類。

1. 固有結締組織：

(1) **疏鬆結締組織**(loose connective tissue)：由細胞成分及細胞外基質構成。細胞成分包括纖維母細胞(fibroblast)與纖維細胞(fibrocyte)、巨噬細胞(macrophage)、漿細胞(plasma cell)、肥大細胞(mast cell)、脂肪細胞(fat cell)、白血球(leukocyte)及未分化間葉細胞(mesenchymal cell)；細胞外基質由纖維〔膠原纖維(collagen fiber)和彈性纖維(elastic fiber)〕、基質(matrix)和組織液組成。具有支持連接、防禦保護和營養、修復的功能。

(2) **緻密結締組織**(dense connective tissue)：纖維較多且排列緊密，主要為膠原纖維和彈性纖維，具保護功能。例如肌腱及韌帶。

(3) **網狀結締組織** (reticular connective tissue)：由網狀細胞 (reticular cell) 和網狀纖維 (reticular fiber) 構成。網狀細胞是一種有突起的星形細胞，相鄰的細胞突起相互連接成網。網狀纖維由網狀細胞分泌產生，網狀纖維交織成網，是

網狀細胞依附的支架。網狀結締組織常為構成造血組織和淋巴組織的基本組成成分，主要位於骨髓、肝、脾、淋巴結以及扁桃體中。

(4) **脂肪組織** (adipose tissue)：是一種特化的疏鬆結締組織，由大量脂肪細胞構成，具有儲能、維持體溫、緩衝、保護和填充等作用。

2. 特化結締組織：

(1) **軟骨** (cartilage)：由軟骨細胞、纖維及基質構成，不含血管。可提供支持及幫助關節運動。

(2) **骨** (bone)：由大量的鈣化基質形成骨板 (lamella)，並以同心圓層狀排列構成**骨元** (osteon)，或稱為**哈維氏系統** (Haversian system)。骨板之間含有骨隙 (lacuna)，內含骨細胞 (osteocyte)，骨細胞之間可經由骨小管 (canaliculi) 互相連接（圖 1-3）。骨是一種堅硬的結締組織，主要構成人體的支架，有著支持及保護的作用。

(3) **血液** (blood)：血液具有豐富的細胞外基質，不同之處在於其基質為液態（血漿），使得血液細胞可自由移動。血液具有營養、防禦、保護等功能。

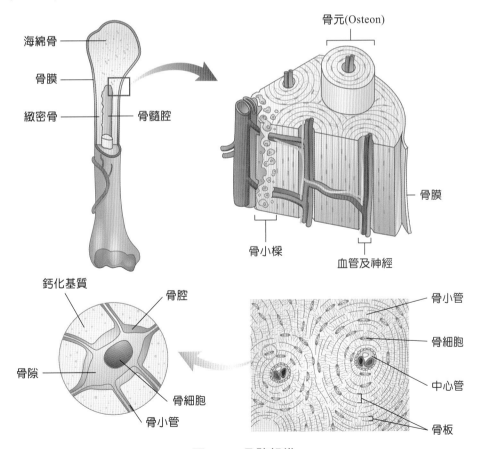

■ 圖 1-3　骨骼組織。

三、肌肉組織 (Muscle Tissue)

肌肉組織由特殊分化的肌細胞構成，許多肌細胞聚集在一起，被結締組織包圍而成肌束，其間有豐富的微血管和神經纖維分布。主要功能是收縮，個體的各種動作、體內各臟器的活動都由它完成（詳見第9章）。肌肉組織可分為三類：骨骼肌、平滑肌和心肌（圖1-4）。

（一）骨骼肌

骨骼肌(skeletal muscle)屬多核細胞。由於絕大部分附著於骨骼上，故稱為骨骼肌。在顯微鏡下觀察，呈現明顯之明暗相間橫紋，又稱**橫紋肌**(striated muscle)。

骨骼肌細胞起源於胚胎時期中胚層之間葉細胞 (mesenchyme cell)，再由間葉細胞分化成為肌纖維母細胞 (myoblast)，其後相鄰之肌纖維母細胞前後相互融合形成多核細胞，再成熟分化為骨骼肌纖維。

骨骼肌為隨意肌，受運動神經的支配而收縮。骨骼肌廣泛分布於軀幹、體壁與四肢等處；在內臟分布較少，僅見於消化道前段、呼吸道與泌尿道開口附近。

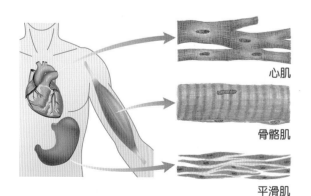

■ 圖 1-4　肌纖維的分類。

心肌

骨骼肌

平滑肌

（二）平滑肌

平滑肌(smooth muscle)纖維呈長梭形，細胞內無橫紋。廣泛分布於血管壁和許多內臟器官，故又稱為內臟肌。平滑肌為不隨意肌，其收縮之反應時間較長，能進行長時間收縮。受自主神經及內分泌系統調控，可改變其收縮之頻率與強度。在無神經刺激下，平滑肌細胞亦能產生間歇性動作電位，引起自發性收縮。

（三）心肌

心肌(cardiac muscle)是構成心臟的主要組織，有橫紋，受自主神經支配，屬於有橫紋的不隨意肌，具有興奮收縮的能力。心肌細胞又稱心肌纖維，其細胞核位於細胞中央。心肌細胞之間以**肌間盤**(intercalated disc)互相聯結，興奮衝動可經由肌間盤從一個細胞直接傳給另一細胞，使心肌細胞在功能上具有合體細胞的性質，使整個心房肌、心室肌能進行有序而同步的節律性收縮，以執行心臟的泵血功能。

四、神經組織 (Nervous Tissue)

神經組織由**神經元**(neuron)和**神經膠細胞**(neuroglial cell)組成。神經元具有接受刺激和傳導興奮的功能，是神經活動的基本功能單位。神經元的結構可分為細胞體和突起（神經纖維）兩部分，細胞體是神經元的代謝中心，內有細胞核、細胞質、胞器，以及神經細胞所特有的**尼氏體**(Nissl body)。神經元突起分為**樹突**(dendrite)和**軸突**(axon)。樹突是由細胞體向外伸出的樹枝狀突起，一般較短，可反覆分支。軸突通常只有一條，可

發出側支，是神經元的主要訊號傳導構造。軸突末端的細小分支稱為神經末梢，分布到所支配的組織。

神經元受刺激後能產生興奮，並能沿神經纖維傳導興奮。神經膠細胞在神經組織中有著支持、保護和營養作用。

▶ 人體的系統及其功能

人體的系統是由若干個具有共同之功能的器官構成，主要包括：皮膚系統、骨骼系統、肌肉系統、神經系統、內分泌系統、心血管系統、淋巴系統、呼吸系統、消化系統、泌尿系統及生殖系統等11個系統。

一、皮膚系統 (Integumentary System)

皮膚系統是由皮膚(skin)、毛髮、指甲、汗腺、皮脂腺及神經所組成，毛髮、指甲和分泌腺體是胚胎發生時由表皮衍生的附屬結構，屬於皮膚的附屬器官。全身皮膚的結構基本上是相同的，但不同部位的皮膚在厚度、角化程度、毛髮的有無等方面有差異，大部分皮膚是有毛髮覆蓋的薄皮膚，而位於手掌、足底的皮膚則是無毛髮覆蓋的厚皮膚。

皮膚是覆蓋於人體表面的最大器官，其表面積約為 $1.5 \sim 2 \text{ m}^2$，總重量約占成人體重的 16% 左右。皮膚的結構由淺至深依次為**表皮** (epidermis)、**真皮** (dermis) 和**皮下層** (subcutaneous layer)（圖 1-5）。

表皮由複層鱗狀上皮組織構成，可分為五層（圖 1-6），由外而內依序為：**角質層** (stratum corneum)、**透明層** (stratum lucidum)、**顆粒層** (stratum granulosum)、**棘狀層** (stratum spinosum) 及**基底層** (stratum basale)。棘狀層與基底層一起合稱為**生發層** (stratum germinativum)。手掌與足底的表皮較厚，具有五層構造；然而，在其他部位的皮膚，只有角質層和生發層是固定存在的。

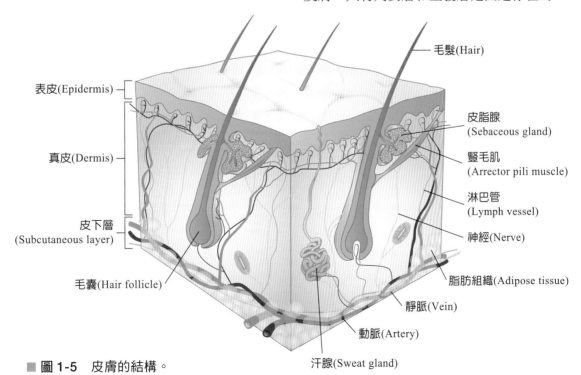

毛髮(Hair)
表皮(Epidermis)
皮脂腺(Sebaceous gland)
真皮(Dermis)
豎毛肌(Arrector pili muscle)
淋巴管(Lymph vessel)
神經(Nerve)
皮下層(Subcutaneous layer)
脂肪組織(Adipose tissue)
毛囊(Hair follicle)
靜脈(Vein)
動脈(Artery)
汗腺(Sweat gland)

■ 圖 1-5　皮膚的結構。

角質層位於表皮的最外層，由數層透明扁平的死細胞所組成。角質層細胞經常脫落，**生發層產生新的細胞，並不斷分裂增生**，以補充脫落的角質層。生發層內含色素細胞，能產生**黑色素**(melanin)，可吸收紫外線以防止紫外線的傷害。黑色素之多少可決定人之膚色，如黑種人的黑色素含量最多，白種人最少。**白化症**(albinism)即因皮膚缺少黑色素引起。

表皮的下方為真皮，由較厚的結締組織組成，含有血管、神經末梢、感覺接受器、汗腺、皮脂腺和毛囊等構造。表皮和真皮藉由皮下層與深部的組織相連。皮下層由疏鬆結締組織和脂肪組織構成，是體內儲存脂肪的部位，可防止體熱過度散失，並可緩衝外來的機械傷害。

皮膚具有保護、接受刺激、維持體溫以及排泄等功能，具體而言：

1. 保護作用：使身體不受機械和化學性傷害；防禦病原體侵襲及紫外線傷害；防止體內水分過度散失。指甲等皮膚衍生物可加強保護作用。
2. 感覺作用：真皮內感覺接受器能感受外界壓力、溫度與疼痛等刺激。
3. 調節體溫：利用排汗作用及皮下微血管的擴張與收縮，可調節體溫的恆定。
4. 排泄作用：從皮膚排出的汗液中，含有水、鹽及尿素等廢物。

二、骨骼系統 (Skeletal System)

骨骼是支撐保持體形的支持系統。骨是由骨骼組織構成，具有一定的形態和構造，外層有骨膜，內含骨髓，有豐富的血管、淋巴以及神經，能夠進行不斷的新陳代謝和生長發育，有修復、再生和改建的能力。

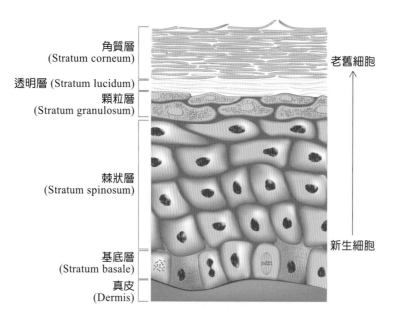

角質層
(Stratum corneum)

透明層 (Stratum lucidum)

顆粒層
(Stratum granulosum)

棘狀層
(Stratum spinosum)

基底層
(Stratum basale)

真皮
(Dermis)

老舊細胞

新生細胞

■ 圖 1-6　表皮的分層。

骨骼系統的主要功能：

1. 支撐身體和保持體形作用。
2. 提供肌肉連接面，透過關節，協助肌肉產生運動。
3. 保護大腦、脊髓和心臟等內部軟組織結構。
4. 紅骨髓具有造血和儲存鈣、磷的作用；黃骨髓可儲存脂肪。
5. 幫助呼吸。

三、肌肉系統 (Muscular System)

肌肉根據構造的不同可以分為**平滑肌**、**心肌**和**骨骼肌**。平滑肌主要分布於內臟的中空器官及血管壁；心肌為構成心壁的主要成分；骨骼肌主要存在於軀幹和四肢，收縮迅速而有力、但易疲勞。骨骼肌經由持續性的收縮，或是交替的收縮和鬆弛而產生三種主要的功能：運動、維持姿勢和產生熱量（詳見第 9 章）。

四、神經系統 (Nervous System)

神經系統可分為**中樞神經系統** (central nervous system) 及**周邊神經系統** (peripheral nervous system) 兩大部分。中樞神經系統包括腦及脊髓，周邊神經系統包括腦神經及脊神經。神經系統是人體內結構和功能最複雜的系統，在體內有主導作用，**可調節身體的其他系統**（詳見第 5 章）。

五、內分泌系統 (Endocrine System)

內分泌系統是在神經系統以外的另一個重要的調節系統，能經由激素對個體的新陳代謝、生長發育和生殖活動產生影響。其由內分泌腺和內分泌組織構成，內分泌腺是以獨立的器官形式存在於體內，如甲狀腺、副甲狀腺、腎上腺、腦下腺、松果腺和胸腺等；內分泌組織以細胞團形式分散存在於其他器官內，如胰腺內的胰島、睪丸內的間質細胞等。

內分泌腺分泌的物質為**激素**，直接進入血液或淋巴，經由血液的循環運輸到全身，作用於特定的器官或細胞，產生生物學效應（詳見第 16 章）。內分泌系統是在神經的調節下進行的，神經系統透過對內分泌腺的作用，間接地調節人體各器官的功能。

六、心血管系統 (Cardiovascular System)

心血管系統由心臟、動脈、微血管和靜脈組成（圖1-7）。**心臟**(heart)主要由心肌構成，是連接動靜脈的樞紐和心血管動力中心，還具有重要的內分泌功能（詳見第11章）。**動脈**(artery)是運送血液離心的管道，動脈不斷分支，越分越細，最後形成微血管。**微血管**(capillary)是連接動靜脈末梢間的管道，除軟骨、角膜、水晶體、毛髮、牙齒琺瑯質和被覆上皮外，微血管遍布全身各處。微血管是血液與血管外組織液進行物質交換的場所。**靜脈**(vein)是引導血液流回心臟的管道，微血管匯合成小靜脈，在向心臟流回的過程中，再逐漸匯合成大靜脈，最後注入心房。

血液由左心室搏出，經主動脈及其分支到達全身微血管，血液在此與周圍的組織和細胞進行物質和氣體的交換，再通過各級靜脈，最後返回右心房，此為**體循環**。血液由

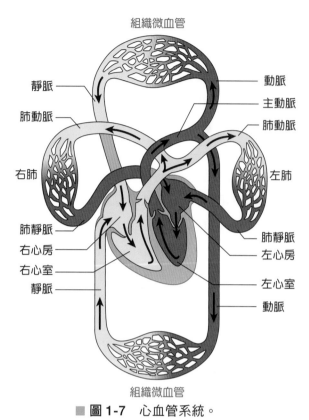

組織微血管

靜脈 — 動脈
肺動脈 — 主動脈
— 肺動脈
右肺 — 左肺
肺靜脈 — 肺靜脈
右心房 — 左心房
右心室 — 左心室
靜脈 — 動脈

組織微血管

■ **圖 1-7** 心血管系統。

右心室搏出，經肺動脈幹及各級分支到達肺泡微血管進行氣體交換，再由肺靜脈進入左心房，此為**肺循環**。

七、淋巴系統 (Lymphatic System)

淋巴系統由淋巴管道、淋巴組織和淋巴器官組成。血液流經微血管動脈端時，一些成分經微血管進入組織間隙，形成組織液，與細胞進行物質交換後，被靜脈吸收，小部分水和大分子物質進入微淋巴管，成為**淋巴液** (lymph)。淋巴液沿著淋巴管道和淋巴結的淋巴竇向心臟流動，最後流入靜脈。淋巴管主要協助靜脈引流組織液，此外，淋巴細胞還有免疫反應的功能（詳見第 12 章）。

八、呼吸系統 (Respiratory System)

呼吸系統包括鼻、咽、喉、氣管、支氣管和肺等器官。呼吸系統可以分為傳導區和呼吸區。傳導區從鼻腔開始直至肺內的終末細支氣管，無氣體交換的功能，能夠保持氣道暢通和淨化吸入的空氣。呼吸區是從肺內的呼吸性細支氣管開始直至終端的肺泡，這部分管道都有肺泡，主要進行氣體的交換（詳見第 13 章）。

九、消化系統 (Digestive System)

消化系統的器官包括口、咽、食道、胃、小腸和大腸；牙齒、舌頭、唾液腺、肝臟、膽囊以及胰臟是附屬消化器官。消化系統主要執行六項基本過程：攝入(ingestion)、分泌(secretion)、混合及推進(mixing and propulsion)、消化(digestion)、吸收(absorption)和排便(defecation)（詳見第14章）。

■ **表 1-2** 生殖系統的器官

分　類		男性生殖系統	女性生殖系統
內生殖器	生殖腺	睪丸	卵巢
	輸送管道	附睪、輸精管、射精管、男性尿道	輸卵管、子宮、陰道
	附屬腺體	精囊、前列腺、尿道球腺	前庭大腺
外生殖器		陰囊、陰莖	女陰

十、泌尿系統 (Urinary System)

腎臟、輸尿管、膀胱和尿道組成了泌尿系統。人體的代謝產物如尿素、尿酸等，經由血液循環，由腎動脈到達腎，經過腎的過濾、再吸收和分泌作用而形成尿液，由輸尿管送入膀胱儲存，排尿時經由尿道排出體外。泌尿系統對維持內在環境的穩定具有重要作用（詳見第15章）。

十一、生殖系統 (Reproductive System)

生殖系統的功能是繁衍後代和形成並保持第二性徵（詳見第 18 章）。男性和女性的生殖系統都包括內生殖器和外生殖器兩部分。內生殖器由生殖腺、輸送管道和附屬腺體組成；外生殖器指生殖器官的外露部分，男性外生殖器包括陰囊及陰莖，女性外生殖器又稱外陰或女陰（表 1-2）。

1-3 人體內在環境的控制
Regulation of the Internal Environment

人體內絕大多數細胞並不與外界直接接觸，而是浸浴於內部的細胞外液中，因此細胞外液是細胞直接接觸和賴以生存的環境。1852 年，法國生理學家 Claude Bernard 首先提出了**內在環境** (internal environment) 的概念，他將圍繞在細胞周圍的細胞外液稱為內在環境，以區別於個體所處的外在環境（圖 1-8）。他指出，個體生存的兩個環境中，一個是春夏秋冬氣溫不斷變化的外在環境，一個是比較穩定的細胞外液內在環境，這使得個體能於外在環境不斷變化的情況下仍然能

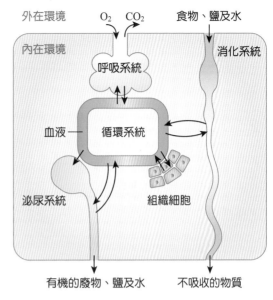

■ 圖 1-8　內在環境與外在環境。

夠很好地生存，內在環境的相對穩定是個體能夠自由和獨立生存的首要條件。

▶ 恆 定

1929 年美國的生理學家 Walter Cannon 首次提出內在環境恆定的概念。即內在環境的理化性質，如溫度、pH、滲透壓和各液體成分等參數保持相對的穩定狀態，稱為**恆定** (homeostasis)。內在環境理化性質的相對恆定，並不是固定不變的，是可以在一定的範圍內變動但又保持相對穩定的狀態，是一種動態的平衡。不管體內或者是外在環境如何改變，恆定作用可以確保身體內部環境維持在穩定的狀態，使得體溫維持在攝氏 37℃，並且能夠維持身體所需的各種養分及氧氣濃度。

恆定是在多種功能系統相互配合下實現的一種動態平衡。例如，由於組織細胞大量消耗氧氣 (O_2)，排出二氧化碳 (CO_2)，導致內在環境中 O_2 以及 CO_2 分壓不斷改變，而

肺臟的呼吸活動可以使之保持相對的恆定。又如，透過消化系統對食物的消化和吸收，與腎臟和汗腺排泄功能的平衡，可以使內在環境中水及營養物質、代謝產物的相對恆定。

隨著生理學的發展，當前關於恆定的概念，已經不僅僅局限於內在環境理化性質恆定的實現，它還包括體內各器官、功能和系統生理活動等皆出於動態的平衡與恆定，如交感神經與副交感神經系統、體內產熱與散熱、心臟與血管活動的協調平衡等。它們同樣也是透過各種調節手段實現的，尤其迴饋控制在其中有著重要的作用。

在神經及內分泌系統的調控下，身體的每個系統皆參與了恆定的維持。當受到外來的刺激後，由接受器 (recepter) 接受刺激的訊息，向內傳導到控制中樞，經過整合 (integration)，再向外傳導到動作器 (effector)，使其產生反應。

迴饋控制系統(feedback control system)是一個封閉迴路系統(closed loop system)，即控制部分（中樞神經）對受控部分（動作器）發出控制資訊指令，受控部分能將其活動的傳出訊號，經過檢測裝置發出迴饋資訊，並與參考資訊比較後，以偏差資訊方式送至控制部分，控制部分能夠根據偏差資訊大小來改變或者調整對受控部分的活動（圖1-9）。迴饋分為**負迴饋**(negative feedback)和**正迴饋**(positive feedback)兩種。

▶ 負迴饋

負迴饋是指迴饋資訊與控制資訊作用相反的迴饋，也是迴饋資訊對控制系統的制約作用，確保個體功能活動處在相對恆定狀態。當某種調節後的功能活動過強時，可透過負迴饋控制系統使該項活動有所減弱；同樣的，某種活動過弱時，由於負迴饋作用的減弱，又可以使該種功能活動有所增強。在人體內負迴饋調節較多，它對於維持體內的生理功能的恆定有著重要之作用。包括血壓、血糖、血鈣及體溫的調節，以及肺膨脹反射、壓力感受器反射等，皆屬負迴饋調節作用。

例如在第11章會提及的動脈血壓的壓力感受器反射，當動脈血壓突然升高時，可以經過壓力感受器反射抑制心臟和血管的活動，產生心肌收縮能力減弱，射血量減少，血管舒張，血壓下降，維持血壓穩定在正常水準；反之，當動脈血壓下降時，也可以透過壓力感受器反射增強心臟和血管的活動，使血壓回升，從而維持血壓的相對穩定（詳見表11-15）。

在血糖恆定的負迴饋調節過程中（圖1-10），當血糖升高時，促進胰島 β 細胞釋放胰島素 (insulin)，胰島素作用於肝臟促進肝醣合成（葡萄糖轉換成肝醣），在骨骼肌和脂肪細胞加速葡萄糖從血液的攝取和利

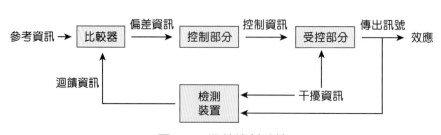

■ 圖 1-9　迴饋控制系統。

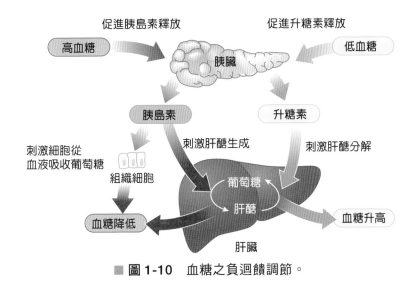

促進胰島素釋放　　　　促進升糖素釋放

高血糖　　　　　　胰臟　　　　　　低血糖

胰島素　　　　　　　升糖素

刺激細胞從血液吸收葡萄糖　　刺激肝醣生成　　刺激肝醣分解

組織細胞

葡萄糖　　肝醣

血糖降低　　　　　　　　　　　　血糖升高

肝臟

■ 圖 1-10　血糖之負迴饋調節。

用，從而降低血糖，維持血糖的穩定；當血糖降低時，促進胰島 α 細胞釋放升糖素 (glucagon)，加快肝醣轉化成葡萄糖，血糖升高，緩解低血糖。

又如第 16 章的下視丘－腦下腺前葉－甲狀腺的負迴饋調節。下視丘釋放的甲釋素 (thyrotropin releasing hormone, TRH) 可作用於腦下腺前葉，促使後者釋放甲狀腺刺激素 (thyroid stimulating hormone, TSH)，TSH 再作用於甲狀腺使其釋放甲狀腺激素（T_3、T_4）。T_3 和 T_4 一方面可作用於標的細胞，另一方面分別對 TSH 和 TRH 的釋放產生負迴饋調節（圖 1-11）。

▶ 正迴饋

正迴饋是指迴饋資訊與控制資訊作用相同的迴饋作用，是受控部分活動的迴饋資訊，對控制部分發出傳出訊號的活動增強或進一步促進，使受控部分的活動不斷加強，加速生理過程的迅速完成，並達到高潮產生最大效應。經過正迴饋的循環，可以將整個迴饋系統處於再生狀態(regeneraion)。正迴饋的加強反應不常發生。只在分娩、排卵、凝血、排尿、排便、射精等作用上發生，因為正迴饋會加強被改變的受控制的狀況，所以有其他的作用來抑制它。

在排尿反射過程中，當排尿中樞發出排尿指令後，由於尿液刺激後尿道的感覺接受器，後者不斷發出迴饋進一步加強排尿中樞

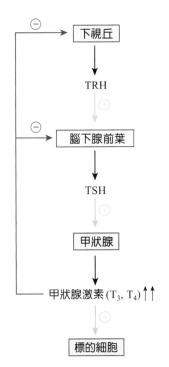

下視丘

TRH

腦下腺前葉

TSH

甲狀腺

甲狀腺激素 (T_3, T_4) ↑↑

標的細胞

■ 圖 1-11　甲狀腺激素的負迴饋調節。

表 1-3　負迴饋與正迴饋的比較

比較項目　迴饋方式	負迴饋	正迴饋
迴饋資訊方向	與控制資訊相反	與控制資訊相同
對控制系統的作用	制約、抑制、減弱其活動	再生、促進、加強其活動
調節作用方向	雙向可逆	單向不可逆
作用效果	減小偏差資訊、減弱控制資訊、減小輸出變數	增大偏差資訊、增強控制資訊、加大輸出變數
輸出與輸入關係	輸出制約輸入	輸出強化輸入

的活動，使排尿反射進一步加強，直至尿液排完為止。

　　又如當胎兒妊娠足月（37~42 週）時，胎兒下降，胎頭會刺激子宮頸，傳入神經將感覺資訊傳至中樞，使下視丘中合成催產素(oxytocin)的神經元發生興奮，催產素經下視丘－垂體徑傳送到腦下腺後葉，並將儲存的催產素釋放入血液循環，促進子宮收縮。子宮收縮會進一步增強對子宮頸的牽張作用，產生正迴饋效應，直至胎兒分娩結束（圖1-12）。

▷ 神經及內分泌的調節

一、神經調節 (Neuroregulation)

　　神經調節是透過反射而影響生理功能的一種調節方式，是人體生理功能最主要的調節方式。個體在中樞神經系統的參與下，對內、外刺激所做出的規律性反應稱為**反射**(reflex)，例如，手指被針刺之後立即回縮的反應現象。

　　反射大致可以分為兩類，即**條件反射**(conditional reflex)和**非條件反射**(unconditional reflex)（表1-4）。非條件反射是指先天遺傳的、生來就有的反射，是人與動物所共有的反射活動，如吸吮反射、吞嚥反射、瞳孔對光反射、屈肌反射等。條件反射活動是個體出生後，在生活過程中，在一定條件下，在非條件反射的基礎上新建立的反射，如望梅止渴。條件反射的優越性在

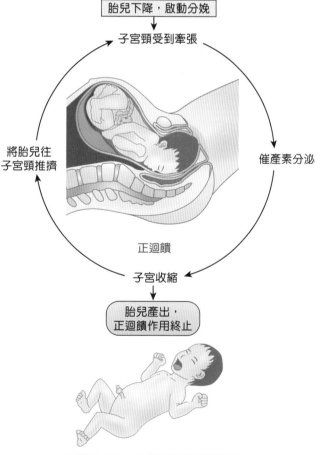

■ 圖 1-12　分娩的正迴饋調節。

表 1-4　條件反射和非條件反射的比較

比較項目　　　類 型	條件反射	非條件反射
形成時間	後天獲得，非遺傳性，學而得之	先天遺傳，生來既有
屬性	個體特有	種族共有
反射弧	暫時性聯繫	固定的反射弧
數量	數量無限	數量有限
可變性	可變性大，具有易變性	呆板，不易改變
預見性	有	無
刺激與反應的關係	無因果關係	有因果關係
參與的中樞	高位中樞（大腦皮質中樞）＋各級中樞	低位中樞（皮質下中樞）
神經活動	高級神經活動	初級神經活動
生理意義	隨環境變化不斷形成新的反射。更高度地精確適應內外環境變化	使個體具有基本的適應能力，維持個體生存與種族延續
兩者關係	能控制非條件反射活動	是形成條件反射的基礎
舉例	看見梅子就流口水	梅子放入口中後流口水

於可以使大量的無關刺激成為某種環境變化即將到來的訊號，使個體提前調節相關的功能活動。因此，條件反射具有更大的預見性、適應性、靈活性，大大提高了個體對環境的適應能力。

　　神經調節的特點是反應速度迅速、作用部位精確、作用範圍局限、作用時間短暫。

二、內分泌調節 (Humoral Regulation)

　　內分泌調節也稱體液調節，是指體內某些特殊化學物質透過體液途徑對標的組織器官生理功能的調節。內分泌細胞分泌的激素，藉由血液循環的通路對全身各處標的細胞(target cell)的功能進行調節，例如甲狀腺激素分泌後，經過血液循環運輸到全身組織，促進物質代謝、能量代謝和生長發育。

　　人體內多數內分泌腺或內分泌細胞接受神經支配，受神經活動影響的激素再對其他人體功能進行調節的方式，稱為神經－體液調節(neurohumoral regulation)。在這種情況下，體液調節是神經調節的一個傳出環節，是反射傳出路徑的延伸。例如，腎上腺髓質接受交感神經的支配，當交感神經系統興奮時，腎上腺髓質分泌的腎上腺素和正腎上腺素增加，共同參與人體的調節。

　　激素與分泌系統間存在著迴饋調節作用，迴饋調節是在大腦皮質的影響下，下視丘可以透過腦下腺調節和控制某些內分泌腺中激素的合成和分泌；而激素進入血液後，又可以反過來調節下視丘和腦下腺有關激素的合成和分泌。透過迴饋調節作用，血液中的激素經常維持在相對穩定的正常水準。

表 1-5　神經調節和內分泌調節的比較

調節方式　比較項目	神經調節	內分泌調節
訊息	有	有
傳遞方式	神經衝動沿神經元傳導，神經傳遞物質越過突觸間隙	經血液運輸
發揮作用速度	迅速	緩慢
作用維持時間	短暫（記憶儲存除外）	持久
作用範圍與精確度	局限、精確	廣泛分散、不很精確
作用距離	短	長
作用的靈敏性	靈活	不靈活
其他	有預見性。人類還有語言、文字，擴大感覺範圍	自我穩定較明顯

　　內分泌調節的特性是反應速度緩慢、作用部位分散、作用時間持久、作用範圍廣泛。主要調節新陳代謝、生長發育、生殖等較為緩慢的生理過程。

　　此外，人體除了神經調節和內分泌調節的方式外，許多組織細胞自身也能對周圍環境變化發生適應性的反應，這種反應是組織細胞本身的生理特性，並不依靠於外來神經或體液因素的作用，稱之為**自我調節** (autoregulation)。如骨骼肌或心肌的初長度對肌肉收縮力的調節作用，當初長度在一定限度內增加時，收縮力會相應增加，而初長度縮短時收縮力就減少。自我調節的特點是涉及範圍小、調節幅度小、調節不靈敏。

參考資料 | References

王庭槐 (2008)·*生理學*（二版）·高等教育。

朱大年 (2008)·*生理學*（七版）·人民衛生。

余承高、陳棟梁、秦達念 (2006)·*圖表生理學*·中國協和醫科大學。

馬青 (2007)·*生理學精要*·吉林科學技術。

馮琮涵、鄧志娟、劉棋銘、吳惠敏、唐善美、許淑芬、江若華、黃嘉惠、汪蕙蘭、李建興、王子綾、李維真、莊禮聰 (2022)·*解剖生理學*（三版）·新文京。

馮琮涵、黃雍協、柯翠玲、廖智凱、胡明一、林自勇、鍾敦輝、周綉珠、陳瀅 (2021)·*人體解剖學*·新文京。

鄒仲之、李繼承 (2008)·*組織學與胚胎學*（七版）·人民衛生。

顧曉松 (2004)·*人體解剖學*·科學。

劉執玉 (2007)·*系統解剖學*·科學。

賴明德、王耀賢、鄧志娟、吳惠敏、李建興、許淑芬、陳晴彤、李宜倖 (2022)·*解剖學*（二版）·新文京。

Mander, S. S. (2002)·*人體解剖生理學*（四版）·高等教育。（原著出版於 2000）

Tortora, G. J., & Grabowski, S. R. (2011)·*Tortora 簡明人體解剖學與生理學*（陳金山、徐淑媛編譯）·合記。（原著出版於 2007）

Fox, S. I. (2015). *HUMAN PHYSIOLOGY* (14th ed.). McGraw-Hill College.

複·習·與·討·論

一、選擇題

1. 自主神經系統對於心血管系統是何種關係？　(A) 控制系統　(B) 受控系統　(C) 控制資訊　(D) 迴饋資訊

2. 心血管系統對於自主神經系統是何種關係？　(A) 控制部分　(B) 受控部分　(C) 控制資訊　(D) 迴饋資訊

3. 迷走神經傳出纖維的衝動可看作是下列何者？　(A) 控制系統　(B) 受控系統　(C) 控制資訊　(D) 迴饋資訊

4. 動脈壁上的壓力感受器感受動脈血壓變化，使相應的傳入神經產生動作電位可看作為何種效應？　(A) 控制系統　(B) 受控系統　(C) 控制資訊　(D) 迴饋資訊

5. 交感神經－腎上腺髓質對人體的調節作用屬於下列何者？　(A) 迴饋調節　(B) 神經調節　(C) 體液調節　(D) 神經體液－體液調節

6. 下列有關真皮的敘述，何者錯誤？　(A) 屬於疏鬆結締組織　(B) 指紋與真皮乳頭的分布有關　(C) 含觸覺、壓覺及痛覺等受器　(D) 皮膚燒燙傷出現水疱表示已損害真皮層

7. 下列何種結締組織內，沒有血管與神經？　(A) 軟骨　(B) 硬骨　(C) 肌腱　(D) 韌帶

8. 下列何者具協調身體內各器官活動之功能？　(A) 骨骼系統　(B) 肌肉系統　(C) 循環系統　(D) 神經系統

9. 關於反射，下述哪一項是錯誤的？　(A) 是個體在神經中樞參與下發生的反應　(B) 可分為條件反射和非條件反射兩種　(C) 個體透過反射，對外界環境變化作出適應性反應　(D) 沒有大腦，就不能發生反射

10. 關於體液調節，下述哪一項是錯誤的？　(A) 體液調節不受神經系統的控制　(B) 透過化學物質來實現　(C) 激素所作用的細胞稱為激素的標的細胞　(D) 體液調節不一定都是全身性的

11. 內分泌腺屬無管腺，其胚胎發生來源起源於：　(A) 上皮組織　(B) 結締組織　(C) 神經組織　(D) 肌肉組織

12. 輸卵管的上皮組織是屬於：　(A) 單層鱗狀上皮　(B) 單層柱狀上皮　(C) 複層鱗狀上皮　(D) 複層柱狀上皮

13. 下列何者的內襯屬於複層鱗狀上皮？　(A) 胃　(B) 十二指腸　(C) 結腸　(D) 肛門

14. 髕韌帶主要由下列何者構成？　(A) 弓狀纖維　(B) 網狀纖維　(C) 膠原纖維　(D) 彈性纖維

15. 內分泌腺屬無管腺，其胚胎發生來源起源於：　(A) 上皮組織　(B) 結締組織　(C) 神經組織　(D) 肌肉組織

16. 下列生理過程中，屬於負迴饋調節的是　(A) 排尿反射　(B) 排便反射　(C) 血液凝固　(D) 壓力感受器反射

17. 電刺激腓腸肌引起收縮屬於下列何種現象？　(A) 反射　(B) 迴饋　(C) 反應　(D) 適應

18. 條件反射的特徵為何？　(A) 種族遺傳　(B) 先天獲得　(C) 數量較少　(D) 個體在後天生活中形成

19. 體液調節的特性為何？　(A) 迅速　(B) 準確　(C) 持久　(D) 短暫

20. 排尿反射是下列何種調節？　(A) 自我調節　(B) 負迴饋調節　(C) 體液調節　(D) 正迴饋調節

二、問答題

1. 結締組織有哪些種類？各有何結構和功能特性？

2. 肌肉組織有哪些種類？各有何功能特性？

3. 神經組織由哪幾種類型的細胞組成？各有何特性？

4. 何謂內在環境恆定？內在環境恆定有何生理意義？

5. 簡述上皮組織的一般特徵。

6. 以疏鬆結締組織為例，簡述結締組織的一般特徵。

三、腦力激盪

1. 進食後引起血糖增加，人體如何透過負迴饋調節機制控制血糖的穩定？

掃描　複習與討論解答　請掃描QR code

02
CHAPTER

學習目標 Objectives

1. 描述原子、分子和離子的構造。
2. 敘述化學鍵的概念和類型。
3. 描述溶解度、濃度和酸鹼度的定義。
4. 說明酸鹼度的生理意義。
5. 敘述醣類的結構特性和功能。
6. 敘述脂質的結構特性和功能。
7. 描述蛋白質的結構特性和功能。
8. 描述核酸（DNA 和 RNA）的結構特性和功能。

本章大綱 Chapter Outline

身體的化學組成
Chemical Composition of the Body

HUMAN
PHYSIOLOGY

組成人體的化學物質很多，有醣類、脂質、蛋白質、水、無機鹽等。這些化學物質在人體內的功能各異，它們構成了人體的各種細胞和細胞間質，並供給細胞活動的能量。任何一種物質的缺乏，都會導致人體的障礙和損傷。

1. **醣類 (saccharide)**：又稱為碳水化合物 (carbohydrates)，是由碳 (carbon, C)、氫 (hydrogen, H)、氧 (oxygen, O) 三種元素組成的。醣類是人體生命活動的主要燃料，在人體內進行生物氧化作用，能產生二氧化碳和水，並釋放出能量以供人體內組織細胞利用。人體內的醣類主要是葡萄糖和肝醣。

2. **脂質**：人體內的脂質包括脂肪、磷脂和膽固醇等。脂肪也是人體的燃料，與醣類相比，脂肪只供給人體所需能量的一小部分。磷脂和脂肪的結構類似，它容易和其他物質結合。例如：磷脂和蛋白質結合，能形成構成細胞膜成分的脂蛋白。人體皮膚內的膽固醇在太陽光的照射下，可以生成維生素 D，同時膽固醇也是合成性腺激素和腎上腺皮質激素的原料。脂質難溶於水，它們約占體重的 12.5%。

3. **蛋白質**：生物體的生長、增殖、消化、分泌等一切生命活動都有蛋白質的參與。組成人體蛋白質的是多種胺基酸。蛋白質約占人體體重的 18.3%。

4. **水**：在人體的組成成分中，水的含量最高，成人體內的水分占體重的 60%。人體內的水分可分成三部分，一種是細胞內的水分，稱作細胞內液(intracellular fluid)，約占體重的45%；一種是存在於細胞間的間隙內，稱作組織間液(interstitial fluid)，約占體重的11%；一種是血漿中的水分，約占體重的4%。

5. **無機鹽**：人體內的無機鹽主要有鈉、鉀、氯、鈣、磷等，它們都以離子形式存在（表2-1）。

　　此外，人體內還有核酸、維生素等物質。它們都是在人體組織及細胞的組成和生長中，以及人體生命活動中，不可缺少的重要組成部分。

2-1　原子、離子及分子
Atoms, Ions, and Molecules

　　構成身體的物質其基本粒子有原子、離子和分子。原子是構成自然界各種元素的基本單位，由原子核和核外軌道電子組成。而離子是原子或原子團由於得失電子而形成的帶電微粒。大多數的人體物質都是由分子構成的。分子是獨立存在而保持物質化學性質的最小粒子。

▶ 原子

　　原子(atom)指化學反應的基本微粒，原子在化學反應中不可分割。原子內通常存在**質子**(proton)、**中子**(neutron)、**電子**(electron)（圖2-1）。與常見物體相比，原子是一個極小的物體，原子內中子和質子的質量相近且遠大於電子，原子核由質子與中子組成，因此原子的質量極小，且99.9%集中在原子核。原子核外分布著電子，電子占據一組穩

表 2-1 體內常見的元素

元素	重要性
氧 (O)	構成水及有機分子，也負責細胞的呼吸作用
碳 (C)	存在於所有有機分子中
氫 (H)	構成水、所有的食物及大部分的有機分子
氮 (N)	為所有核酸及蛋白質分子的成分
鈣 (Ca)	構成牙齒及骨骼，為**血液凝固第 4 因子**；鈣扮演訊息傳訊路徑的**第 2 傳訊者**之角色，亦為**肌肉的收縮**所必需
磷 (P)	組成很多核酸、蛋白質、ATP 及 cAMP 的成分；為正常的骨骼及牙齒構造所必需，亦存在於神經組織。磷在細胞內的含量較其他離子高，磷酸氫 (HPO_4^{2-}) 則為**細胞內的主要陰離子**
氯 (Cl)	為細胞外最多之陰離子，維持酸鹼平衡、滲透壓及水分平衡等生理作用
鉀 (K)	為生長所必需，且在神經的傳導及肌肉的收縮扮演重要的角色，鉀亦是**細胞內最多之陽離子**
鈉 (Na)	在體內維持水的平衡，是**細胞外最多之陽離子**
鎂 (Mg)	很多酶的成分含有鎂，鎂亦是催化許多酵素反應所需之活化劑
碘 (I)	影響甲狀腺的功能，甲狀腺素即含有碘
鐵 (Fe)	為血紅素及細胞呼吸酵素的必要成分
硒 (Se)	存在土壤及食物中，具免疫調節、抗氧化、抗感染之功能

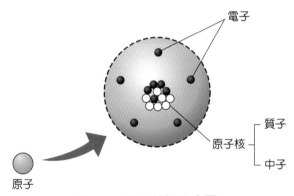

■ 圖 2-1 原子結構示意圖。

定的軌道。當它們吸收和放出光子(photon)的時候，電子也可以在不同能級之間躍遷，此時吸收或放出光子的能量與軌道之間的能量差相等。電子決定了一個元素的化學性質，並且對原子的磁性有著很大的影響。所有質子數相同的原子組成元素，每一種元素至少有一種不穩定的同位素，可以進行放射性衰變。在化學反應中不能再分成更小的粒子。因此，原子是化學變化中的最小粒子。

原子的中心是一個微小的、由質子和中子組成的原子核，占據了整個原子的絕大部分質量。原子核中的質子和中子緊密地堆在一起，因此原子核的密度很大。質子和中子的質量大致相等，中子略高一些。質子帶正電荷，中子不帶電荷，是電中性的，所以整個原子核是帶正電荷的。原子核即使和原子相比，還是非常細小的——比原子要小100,000 倍。原子的大小主要是由最外電子層的大小所決定的。如果假設原子是一個足球場，那麼原子核就是場中央的一顆綠豆。所以原子幾乎是空的，被電子占據著（圖2-1）。

電子是帶負電荷的。它們遠比質子和中子輕，質量只有質子的約 1/1836。它們高速地圍著原子核運轉。電子圍繞原子核的軌道並不都一樣。在一顆電中性的原子中，質子和電子的數目是一樣的。另一方面，中子的數目不一定等於質子的數目。帶電荷的原子叫離子 (ion)。電子數目比質子小的原子帶正

電荷，叫**陽離子** (cation)；相反的，原子若帶負電荷，叫**陰離子** (anion)。金屬元素最外層電子一般小於四個，在反應中易失去電子，趨向達到穩定的結構，成為陽離子；非金屬元素最外層電子一般多於四個，在化學反應中易得到電子，趨向達到穩定的結構，成為陰離子。

原子序 (atomic number) 決定了該原子是哪個族或哪類元素。例如，碳原子是那些有6顆質子的原子。所有相同原子序的原子在很多物理性質都是一樣的，所顯示的化學反應都一樣。質子和中子數目的總和叫質量數 (mass number)。

俄國化學家門得列夫(Dmitri Mendeleev)根據不同原子的化學性質將它們排列在一張表中，這就是元素週期表。為紀念門得列夫，第101號元素被命名為鍆(mendelevium, Md)。元素週期表中的前11種原子（或元素）依次為氫、氦、鋰、鈹、硼、碳、氮、氧、氟、氖、鈉，它們的簡寫是H、He、Li、Be、B、C、N、O、F、Ne、Na。

分子及化學鍵

分子是物質中能夠獨立存在的，相對穩定並保持該物質物理化學特性的最小單元。分子由原子組成，原子透過一定的作用力，以一定的次序和排列方式結合成分子（圖2-2）。以水分子為例，將水不斷分割下去，直至不破壞水的特性，這時出現的最小單元是由兩個氫原子和一個氧原子組成的水分子。它的化學式寫作H_2O。水分子可用電解法或其他方法再分為兩個氫原子和一個氧原子，但這時它們的特性已和水完全不同了。有的分子只由一個原子構成，稱單原子分子，如氦和氬等分子屬此類，這種單原子分子既是原子又是分子。由兩個原子構成的分子稱雙原子分子，例如氧分子(O_2)由兩個氧原子構成，為同核雙原子分子；一氧化碳分子(CO)由一個氧原子和一個碳原子構成，為異核雙原子分子。由兩個以上的原子組成的分子統稱多原子分子。分子中的原子數可為幾個、十幾個、幾十個乃至成千上萬個。例

化合物	分子式 Molecular formula	結構式 Structural formula	球及棒式分子模型 Ball and stick model	空間填滿式 分子模型 Space-filling model
甲烷	CH_4	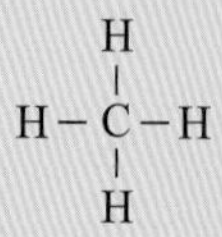 $H-\overset{\displaystyle H}{\underset{\displaystyle H}{C}}-H$	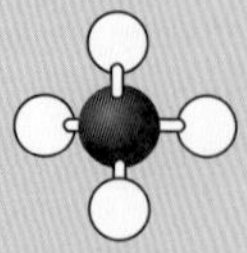	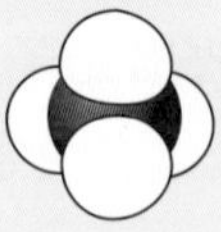
乙烷	C_2H_6	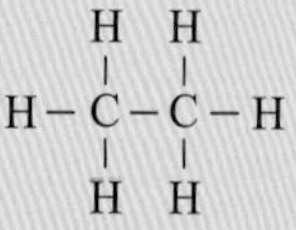 $H-\overset{\displaystyle H}{\underset{\displaystyle H}{C}}-\overset{\displaystyle H}{\underset{\displaystyle H}{C}}-H$	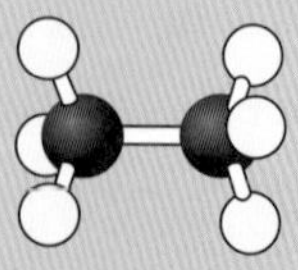	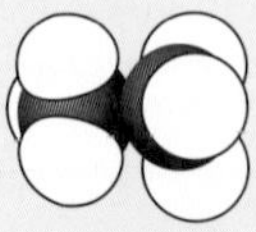

■ **圖 2-2** 同一分子的不同表示方法。結構式是利用化學符號和直線來表示分子結構的畫法；立體分子模型中，黑色及白色球體分別代表碳及氫原子，球體間的柱體表示化學鍵。

如二氧化碳分子(CO_2)由一個碳原子和兩個氧原子構成；一個苯分子包含六個碳原子和六個氫原子(C_6H_6)；一個豬胰島素分子包含幾百個原子，其分子式為$C_{255}H_{380}O_{78}N_{65}S_6$。

一、共價鍵

共價鍵 (covalent bond) 是化學鍵的一種，兩個或多個原子共同使用它們的外層電子，在理想情況下達到電子飽和的狀態，由此組成比較穩定和堅固的化學結構叫做共價鍵。與離子鍵不同的是進入共價鍵的原子向外不顯示電荷，因為它們並沒有獲得或損失電子。共價鍵的強度比氫鍵要強，與離子鍵差不多。同一種元素的原子或不同元素的原子都可以透過共價鍵結合，一般共價鍵結合的產物是分子，在少數情況下也可以形成晶體。

當二個不同的原子形成共價鍵時，其外層電子會受到電荷而影響。原子若帶負電性的則可能會拉住較多的電子，這種分子稱為極性 (polar) 分子（具有正及負極）。例如氧原子、氮原子和磷原子與其他原子形成極性共價鍵。

人體內含有 70% 的水分，因水分子具有極性，是體內一種良好的溶劑。水分子中的電子會被氧原子吸附，因此氧原子比氫原子帶有更強的負電性（圖 2-3）。氧分子 (O_2) 中氧原子的外層電子數為 6，這六個電子中的四個組成兩對，其他兩個單獨存在。這兩個單獨的電子與另一個原子中相應的單獨的電子結合組成兩個新的共用的電子對，由此達到電子飽和的狀態（圖 2-4）。

二、離子鍵

離子鍵 (ionic bond) 是化學鍵的一種，透過兩個或多個原子或化學基團失去或獲得電子而成為離子後形成。帶相反電荷的原子或基團之間存在靜電吸引力，兩個帶相反電荷的原子或基團靠近時，帶負電和帶正電的原子或基團之間產生的靜電吸引力以形成離子鍵。

此類化學鍵往往在金屬與非金屬間形成。失去電子的往往是金屬元素的原子，而獲得電子的往往是非金屬元素的原子。帶有相反電荷的離子因電磁力而相互吸引，從而形成化學鍵。離子鍵較氫鍵強，其強度與共價鍵接近。

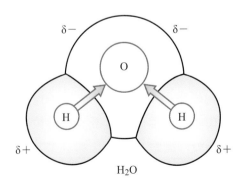

■ 圖 2-3　水分子的極性特性。氧原子端帶負電而氫原子端帶正電。

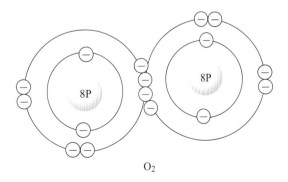

■ 圖 2-4　氧分子 (O_2) 的模型。

生活中常使用到的鹽－氯化鈉(NaCl)即是一種離子化合物。Na的外層共有11個電子（圖2-5），而Cl的最外層軌域因缺少1個電子，所以吸引Na最外層軌域中的單一電子，因而形成氯離子(Cl⁻)和鈉離子(Na⁺)。

離子化合物於水中時易解離為離子。例如 NaCl 解離為 Na⁺ 和 Cl⁻，Na⁺ 會與水分子的負極端相吸引，而 Cl⁻ 會與水分子的正極端相吸引（圖 2-6）。與 Na⁺、Cl⁻ 吸引的之水分子會再吸引其他水分子，而形成球狀水合分子 (hydration spheres)。

三、氫 鍵

與負電性大的原子（如：氟、氯、氧、氮等，此處以 X 表示）共價結合的氫，如與負電性大的原子 Y（與 X 相同的也可以）接近，在 X 與 Y 之間以氫為媒介，生成 X －

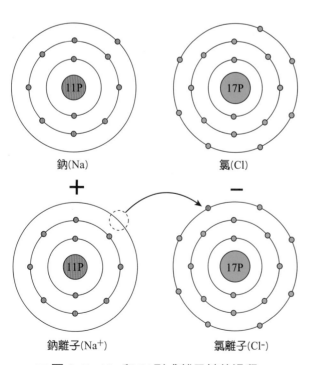

■ 圖 2-5　Na 和 Cl 形成離子鍵的過程。

鈉(Na)　　　氯(Cl)

鈉離子(Na⁺)　　　氯離子(Cl⁻)

H⋯Y 形的鍵，這種鍵結稱為氫鍵 (hydrogen bond)。氫鍵的結合能是 2~8 大卡 (Kcal)。因多數氫鍵的共同作用，所以非常穩定。在蛋白質的 α 螺旋的情況下是 N － H⋯O 型的氫鍵，DNA 的雙股螺旋中則是 N － H⋯O、N － H⋯N 型的氫鍵，因為這樣氫鍵很多，因此這些結構是穩定的。此外，水和其他溶媒是異質的，也由於在水分子間生成 O － H⋯O 型氫鍵（圖 2-7）。因此，這也就成為疏水結合形成的原因。

氫鍵既可以是分子間氫鍵，也可以是分子內的。其鍵能最大約為200 KJ/mol，一般為5~30 KJ/mol，比一般的共價鍵、離子鍵和金屬鍵鍵能要小，但強於靜電引力。而且，氫鍵的形成和破壞所需的活化能也小，加之其形成的空間條件較易出現，所以在物質不斷運動情況下，氫鍵可以不斷形成和斷裂。

氫鍵通常是物質在液態時形成的，但形成後有時也能存在於某些晶態或氣態物質之中，例如在氣態、液態和固態的氟化氫 (HF)中都有氫鍵存在。能夠形成氫鍵的物質是很多的，如水、水合物、氨合物、無機酸和某些有機化合物。氫鍵的存在，影響到物質的某些性質。如物質的熔點、沸點、溶解度和酸鹼性等。

▶ 離子及電解質

在化學變化中，電中性的原子經常會得到或者失去電子而成為帶電荷的微粒，這種帶電的微粒叫做離子 (ion)。與分子、原子一樣，離子也是構成物質的基本粒子。如氯化鈉就是由氯離子和鈉離子構成的。

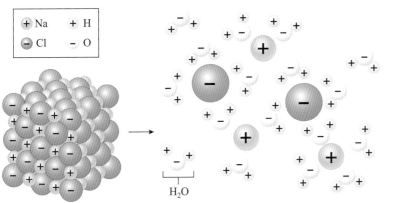

■ 圖 2-6　氯化鈉如何溶在水中。水分子中帶負電性的氧被帶正電性的鈉離子吸引，而水分子中帶正電性的氫被帶負電性的氯離子吸引，形成包圍在鈉離子和氯離子外的球狀水合分子。

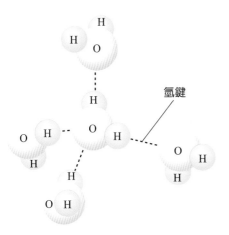

■ 圖 2-7　水分子間的氫鍵。水分子中的氧原子因帶有負電性而被帶正電的氫原子吸引，形成微弱的氫鍵。

當原子得到一個或數個電子時，核外電子數多於核電荷數，從而帶負電荷，稱為**陰離子** (anion)。當原子失去一個或數個電子時，核外電子數少於核電荷數，從而帶正電荷，稱為**陽離子** (cation)。

離子化合物 (ionic compound) 係指陰離子與陽離子間以離子鍵組成的化合物，如可溶於水的酸、鹼、鹽。**電解質** (electrolyte) 則是指在固體狀態下不能導電，但溶於水溶液中就能夠導電（解離成陽離子與陰離子）並產生化學變化的化合物。離子化合物在水溶液狀態下能導電；某些共價化合物也能在水溶液中導電。

電解質一般可以分為強電解質和弱電解質。許多易溶於水的離子化合物都是強電解質，例如強酸、強鹼和部分鹽類。弱電解質則是在熔融狀態時或溶解狀態時，解離出的陰離子和陽離子較少的一類物質，例如弱酸、弱鹼、中強酸和水等化合物都是弱電解質，一般常見的弱電解質有：H_2CO_3、CH_3COOH等。

知識小補帖　Knowledge+

凡是具有不成對電子的原子或基團，稱為**自由基** (free radicals) 或游離基。在正常的生命過程中，自由基為維持生命所必需，但自由基也是生物大分子、細胞和生物組織的危險殺手。對正常的生理情況，體內自由基不斷地產生，也不斷地被抗氧化劑所清除，使之維持在一個正常的生理水平上，過多或過少都會對人體造成損傷。在某些病理情況下，自由基的產生和消除失去了平衡，就會導致各種疾病的發生或衰老。

2-2 溶液及溶質
Solution and Solute

　　溶液是由至少兩種物質組成的均勻、穩定的分散體系，被分散的物質（溶質）以分子或更小的質點分散於另一物質（溶劑）中。一般溶液專指液體溶液。液體溶液包括兩種，即能夠導電的電解質溶液和不能導電的非電解質溶液。

　　人體內含有的液體叫體液(body fluid)，包括血液、淋巴液、腦脊髓液、乳汁、精液、陰道分泌物、肺腔的液體、腹膜的液體、關節的液體、羊水等。人體體液總量約為體重的60~70%。

▶ 溶解度

　　溶解是指溶劑分子和溶質分子或離子吸引並結合的過程。當離子溶解時，它們會散布開來並被溶劑分子包裹。離子越大，能包裹它的溶劑分子就越多。如果一種溶質能夠很好地溶解在溶劑裡，我們就說這種物質是可溶的；如果溶解的程度不多，稱這種物質是微溶的；如果很難溶解，則稱這種物質是不溶或難溶的。

　　分子的極性對物質溶解性有很大影響。極性分子易溶於極性溶劑，非極性分子易溶於非極性溶劑。蔗糖、氨等極性分子和氯化鈉等離子化合物易溶於水。具有長碳鏈的有機物，如油脂、石油等多不溶於水，而溶於非極性的有機溶劑。在化學中，極性指一個共價鍵或一個共價分子中電荷分布的不均勻性。如果電荷分布得不均勻，則稱該鍵或分子為極性；如果均勻，則稱為非極性。物質

　　溶解與否、溶解能力的大小，一方面取決於物質（指的是溶劑和溶質）的本性；另一方面也與外界條件如溫度、氣壓、溶劑種類等有關。

　　溶解度 (solubility) 是溶解性的定量表示。溶解度是指在一定的溫度下，某物質在 100 克溶劑（通常是水）裡達到飽和狀態時所溶解的克數。固體物質的溶解度是指在一定的溫度下，某物質在 100 克溶劑裡達到飽和狀態時所溶解的克數，其單位是 "g/100g 水"。氣體的溶解度通常指的是該氣體在 1 大氣壓及一定溫度時，溶解在 1 體積水裡的體積數。也常用 "g/100g 水" 作單位（當然也可用體積）。

▶ 濃度

　　濃度 (concentration) 指某物在總量中所占的分量。對於液態溶液，則是指一定量溶液或溶劑中溶質的量。常用的濃度表示法有：

1. **重量百分濃度 (weight percentage concentration)**：最常用。指每 100 克的溶液中，溶質的重量（以克計）。主要用於表示各種可溶性溶質的濃度，單位為 %(w/w)。例如，25% 的葡萄糖注射液就是指 100 克注射液中含葡萄糖 25 克。

重量百分濃度 (%)

$$= \frac{溶質重量\,(g)}{溶液重量\,(g)} \times 100\%$$

$$= \frac{溶質重量\,(g)}{溶質重量\,(g) + 溶劑重量\,(g)} \times 100\%$$

2. **體積百分濃度**：常用於酒類。指每 100 毫升 (mL) 的溶液中，溶質的體積（以毫升計）。主要用於表示各種可溶性溶質的濃度，用符號 %(v/v) 表示。例如，10% 的硫酸溶液就是指 100 mL 溶液中含濃硫酸 10 mL。

體積百分濃度 (%)

$$= \frac{溶質體積 (mL)}{溶液體積 (mL)} \times 100\%$$

$$= \frac{溶質體積 (mL)}{溶質體積 (mL) + 溶劑體積 (mL)} \times 100\%$$

3. **百萬分濃度** (parts per million, ppm)：指每一百萬克 (10^6 g) 溶液所含的溶質克數，相當於每千克 (10^3 g) 溶液所含的溶質毫克數 (10^{-3} g, mg)。主要用於重量的百分率，單位用 ppm 表示。例如，某檢測結果發現某蔬菜的農藥殘留為 0.05 ppm，則是指每千克蔬菜中含有某農藥的量為 0.05 毫克。

$$百萬分濃度 (ppm) = \frac{溶質的質量 (mg)}{溶液的質量 (kg)}$$

4. **重量／體積濃度**：用 1 升溶液中所含的溶質質量數來表示的濃度叫重量／體積濃度，以符號 g/L 或 mg/mL 表示。例如，1 升含鉻廢水中含六價鉻 2 毫克，則六價鉻的濃度為 2 mg/L。

5. **體積莫耳濃度** (molarity, M)：指每升溶劑所含的溶質的量〔以莫耳 (mol) 計〕，單位為 mol/L，亦可寫作 M。例如：1 升濃硫酸中含 18.4 莫耳的硫酸，則濃硫酸的體積莫耳濃度為 18.4 mol/L。

$$體積莫耳濃度 (M) = \frac{溶質莫耳數 (mol)}{溶液體積 (L)}$$

　　體液中的物質濃度常用重量百分濃度、重量／體積濃度或體積莫耳濃度表示。如體液中 NaCl 的含量約為 0.9% 左右，表示每 100 mL 體液中 NaCl 的含量約為 0.9 克左右；血中膽固醇含量的參考值為 125~240 mg/dL，表示每 100 毫升血液中的膽固醇含量為 125~240 mg；成人血清中鈉離子濃度的參考值為 135~147 mmol/L，表示每升血液中鈉的含量為 135~147 mmol〔1 毫莫耳 (mmol) = 10^{-3} 莫耳〕。

▶ 酸鹼值

一、酸鹼值

　　酸鹼值 (pH)，亦稱為氫離子濃度指數或酸鹼度，是溶液中氫離子濃度的一種標度，也就是通常意義上溶液酸鹼程度的衡量標準。pH 值的計算公式如下：

$$pH = \log \left(\frac{1}{[H^+]} \right)$$

此式也可以寫成：

$$pH = -\log [H^+]$$

其中 $[H^+]$ 指的是溶液中氫離子的莫耳濃度，單位為莫耳／升 (mol/L)。

　　通常情況下（25℃、298K 左右），當 pH < 7 的時候，溶液呈酸性；當 pH > 7 的時候，溶液呈鹼性；當 pH = 7 的時候，溶

液為中性。pH 值允許小於 0，如鹽酸 (10 mol/L) 的 pH 為 –1。

二、血液酸鹼值

人體血液的pH，正常值是7.40 ± 0.05。這一數值確保了在血液中進行的各種生化反應。人體新陳代謝產生的酸性物質和鹼性物質進入血液，但血液的pH仍會保持穩定，這是什麼原因呢？

血液中有兩對電離平衡，一對是HCO_3^-（鹼性）和H_2CO_3（酸性）的平衡，另一對是HPO_4^{2-}（鹼性）和$H_2PO_4^-$（酸性）的平衡。下面以HCO_3^-和H_2CO_3的電離為例，說明血液pH穩定的原因。

人體血液中 H_2CO_3 和 HCO_3^- 物質的量之比為 1:20，維持血液的 pH 為 7.40。其化學式如下：

$$H^+ + HCO_3^- \rightleftharpoons H_2CO_3$$

當酸性物質進入血液時，電離平衡向生成H_2CO_3的方向進行，過多的H_2CO_3藉由肺部呼吸排出二氧化碳，減少的HCO_3^-由腎臟調節補充，使血液中HCO_3^-與H_2CO_3仍維持正常的比值，使pH保持穩定。當有鹼性物質進入人體血液，跟H_2CO_3作用，上述平衡向逆反應方向移動，過多的HCO_3^-由腎臟吸收，同時肺部呼吸變淺，減少二氧化碳的排出，血液的pH仍保持穩定。當發生腎功能障礙、肺功能衰退或腹瀉、高燒等疾病時，血液中的HCO_3^-和H_2CO_3比例失調，就會造成酸中毒或鹼中毒。臨床上，當血液pH＞7.45，為**鹼中毒**(alkalosis)；血液pH＜7.35，為**酸中毒**(acidosis)。

2-3 有機分子
Organic Molecules

構成人體的有機分子一般指含碳化合物或碳氫化合物及其衍生物的總稱。由碳、氫、氧、氮、硫、磷等結合所構成的有機化合物—醣類、脂肪、蛋白質和核酸等，是人體中最重要的有機化合物。

▶ 碳水化合物（醣類）

碳水化合物含有碳、氫和氧，其比例通常為1:2:1，分子式以$(CH_2O)_n$表示，可分為：

1. **單醣(monosaccharide)**：其中六碳糖(hexose)和五碳糖(pentose)對人體特別重要，六碳糖主要有葡萄糖(glucose)、半乳糖(galactose)及果糖(fructose)，其中葡萄糖為身體組織的能量來源；五碳糖中的去氧核糖(deoxyribose)則是基因的成分之一。

2. **雙醣(disaccharide)**：兩個單醣反應結合成一個雙醣分子。例如：麥芽糖（maltose，由兩個葡萄糖組成）、乳糖（lactose，由葡萄糖和半乳糖組成）和蔗糖（sucrose，由葡萄糖和果糖組成）。

3. **多醣(polysaccharide)**：由許多葡萄糖結合而成，分子式為$(C_6H_{10}O_5)_n$。澱粉(starch)是植物中由數千個葡萄糖分子鍵結形成的多醣，而肝醣(glycogen)則存於動物的肝臟和肌肉中，也是由許多的葡萄糖分子形成的多醣類。

醣類是一切生物體維持生命活動所需能量的主要來源。它不僅是營養物質，有些還具有特殊的生理活性，例如：血型中的醣類

分子與免疫活性有關。核酸的組成成分中也含有醣類─核糖和去氧核糖（圖 2-8）。

醣類能提供能量，每克葡萄糖產熱 4 大卡，人體攝入的碳水化合物在體內經消化變成葡萄糖或其他單醣，參與人體代謝（圖 2-9）。每個細胞都有碳水化合物，其含量為 2~10%，主要以醣脂、醣蛋白（含寡糖）和蛋白多醣的形式存在，分布在細胞膜、胞器膜、細胞質以及細胞間質中。醣類還能夠維持腦細胞的正常功能，葡萄糖是維持大腦正常功能的必需營養素，當血糖濃度下降時，腦組織可因缺乏能源而使腦細胞功能受損，

造成功能障礙，並出現頭暈、心悸、出冷汗、甚至昏迷。

膳食中碳水化合物比例過高，勢必引起蛋白質和脂肪的攝入減少，也會對人體造成不良後果。熱量的過多攝入，導致體重增加，產生各種慢性疾病。相反地，膳食中碳水化合物過少，可造成膳食蛋白質浪費，組織蛋白質和脂肪分解增強以及陽離子的丟失等。

▶ 脂質

人體內脂質的主要成員有：脂肪酸 (fatty acid)、三酸甘油酯 (triglyceride)、磷脂質 (phospholipid)、類固醇 (steroid) 等。

一、脂肪酸

脂肪酸是指一端含有一個羧基另一端為甲基的長的脂肪族碳氫鏈，是有機物，通式是 $C_{(n)}H_{(2n+1)}COOH$。脂肪酸是最簡單的一種脂質。脂肪酸在有充足氧供給的情況下，可氧化分解為 CO_2 和 H_2O，釋放大量能量，因此脂肪酸是人體主要能量來源之一。

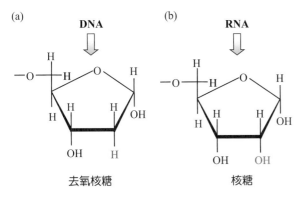

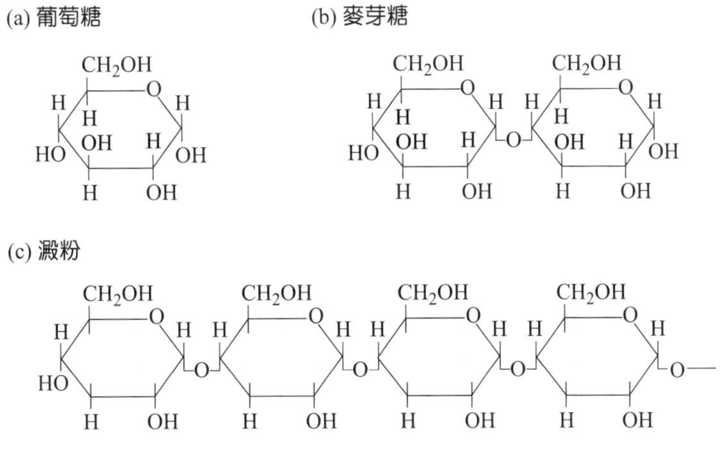

(a) DNA　去氧核糖

(b) RNA　核糖

■ 圖 2-8　構成核酸的醣類：(a) 去氧核糖；(b) 核糖。

(a) 葡萄糖　(b) 麥芽糖

(c) 澱粉

■ 圖 2-9　醣類根據其水解產物大致可分為：(a) 單醣，如葡萄糖；(b) 雙醣，如由 2 分子葡萄糖所組成的麥芽糖；(c) 多醣，如澱粉。

按碳鏈長度不同，脂肪酸可被分成短鏈（含 4~6 個碳原子）、中鏈（含 8~14 個碳原子）、長鏈（含 16~18 個碳原子）和超長鏈（含 20 個或更多碳原子）脂肪酸四類。人體內主要含有長鏈脂肪酸組成的脂質。

依照飽和程度的不同，脂肪酸可分為**飽和脂肪酸**(saturated fatty acid)與**不飽和脂肪酸**(unsaturated fatty acid)兩大類（圖2-10），飽和脂肪酸多存在**高膽固醇動物食品中**，其中不飽和脂肪酸分為**單元不飽和**(monounsaturated)**脂肪酸**與**多元不飽和**(polyunsaturated)**脂肪酸**。單元不飽和脂肪酸在分子結構中僅有一個雙鍵；多元不飽和脂肪酸在分子結構中含兩個或兩個以上雙鍵，**可降低血中膽固醇**。雙鍵的位置影響脂肪酸的營養價值，因此按其雙鍵位置進行分類。雙鍵的位置可從脂肪酸分子結構的兩端第一個碳原子開始編號。目前常將脂肪酸以其第一個雙鍵出現的位置的不同分別稱為ω-3族、ω-6族、ω-9族等不飽和脂肪酸，ω端即為甲基端。ω-3即第一個雙鍵出現在第三與第四碳原子之間。

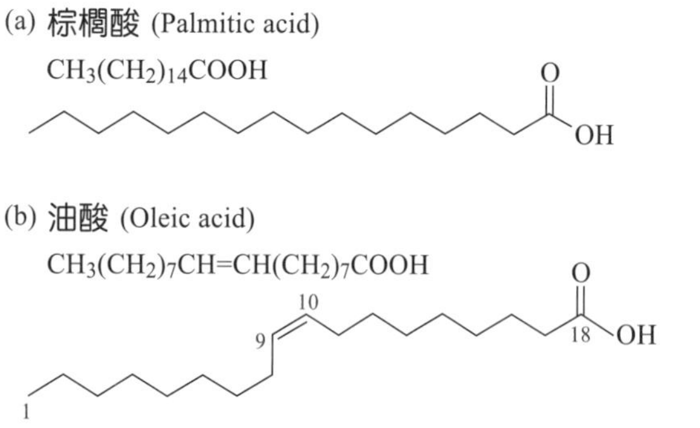
(a) 棕櫚酸 (Palmitic acid)
$CH_3(CH_2)_{14}COOH$
O
OH
(b) 油酸 (Oleic acid)
$CH_3(CH_2)_7CH=CH(CH_2)_7COOH$
O
10
9
18
OH
1

■ **圖 2-10** 脂肪酸的結構式。(a) 棕櫚酸，屬於飽和脂肪酸；(b) 油酸，屬於不飽和脂肪酸，含有雙鍵，圖中雙鍵位於 C9。

二、三酸甘油酯

三酸甘油酯(triglyceride; triacylglycerol)又稱為**中性脂肪**(neutral fat)（電性為中性），是由脂肪酸和甘油組成的脂質，即1分子的**甘油**(glycerol)（三碳醇類）和3分子的**脂肪酸**經聚合作用形成（圖2-11）。

由食物攝取而來的三酸甘油酯，會先被分解成脂肪酸和甘油，再由小腸吸收，之後又被合成為三酸甘油酯，然後經由淋巴管，儲存在脂肪細胞中。三酸甘油酯被酵素分解成脂肪酸（游離脂肪酸）就可以成為熱量的來源。三酸甘油酯常囤積在皮下、肌肉組織間及臟器的周圍，可以讓身體保持一定的溫度，也可以保護內臟，減少外來壓力的傷害。

體內三酸甘油酯含量過高，可能引起高血脂症，進而增加心血管疾病的風險。正常人體的三酸甘油酯含量範圍相當有彈性，通常 250~500 mg/dL 被視為臨界值，超過 500 mg/dL 則被視為過量。最保險的策略是維持在 150 mg/dL 以下。

三、磷脂質

磷脂質(phospholipid)結構與三酸甘油酯相似，以甘油為主要架構，由脂肪酸、磷酸、一個含氮鹼基所構成（圖2-12）。磷脂

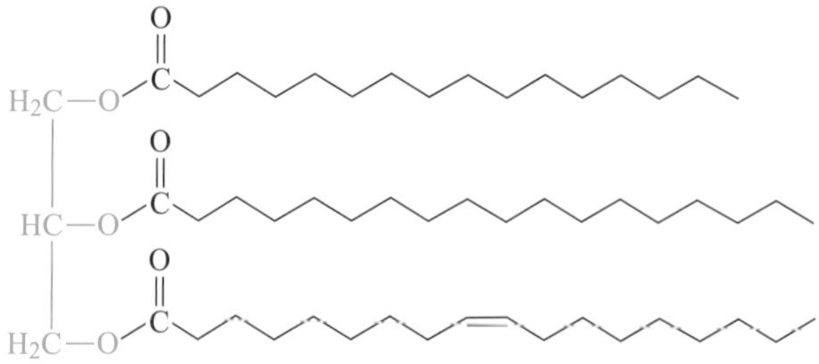
$H_2C—O$
$HC—O$
$H_2C—O$
C
O

■ **圖 2-11** 典型三酸甘油酯結構式。

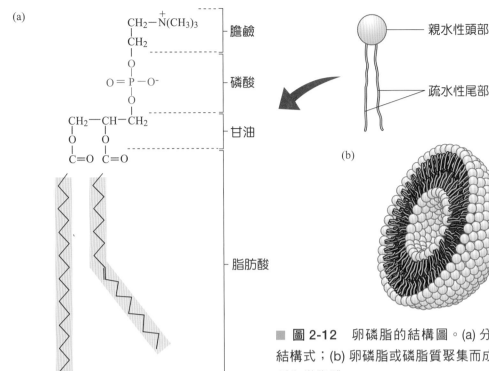

■ **圖 2-12** 卵磷脂的結構圖。(a) 分子模型及結構式；(b) 卵磷脂或磷脂質聚集而成的空心球稱為微脂體 (liposome)。

質含有磷酸部位的**親水性頭部**(hydrophilic head)，及含脂肪酸的**疏水性尾部**(hydrophobic tail)，由於磷脂質具有此特性，可幫助油脂以小滴的方式〔形成微膠粒(micelle)〕均勻分布在水溶液中〔乳化作用(emulsification)〕，因此可作為乳化劑(emulsifier)，如卵磷脂(lecithin)及膽汁酸(bile acid)均為良好的乳化劑。磷脂質的這種特性，使之在生物膜形成中有著獨特的作用，例如磷脂質就是構成細胞膜的重要成分。

四、類固醇

類固醇是屬於脂質的一類，特徵是有著碳結構及四個相連的環（圖 2-13）。所有類固醇都是從乙醯輔酶 A (acetyl-coenzyme A, acetyl-CoA) 生物合成路徑所衍生的。

類固醇在生物系統中最重要的角色就是作為**激素** (hormone)。類固醇激素與其接受器蛋白質結合以產生生理反應，引發基因轉錄及細胞功能的改變。

大部分類固醇是從膽固醇衍生合成而來（圖 2-14），例如卵巢分泌的動情素 (estrogen) 和黃體素 (progesterone)，睪丸分泌的睪固酮 (testosterone)，腎上腺皮質所分泌的皮質類固醇 (corticosteroid) 等。膽固醇也是細胞膜的重要成分，並且是膽鹽及維生素 D_3 的前驅分子。

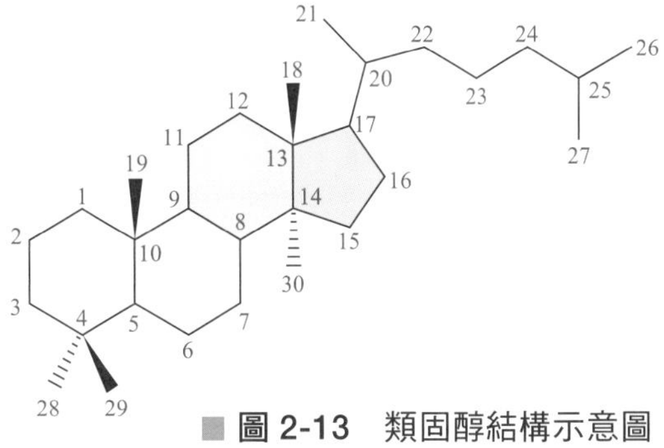

■ **圖 2-13** 類固醇結構示意圖。

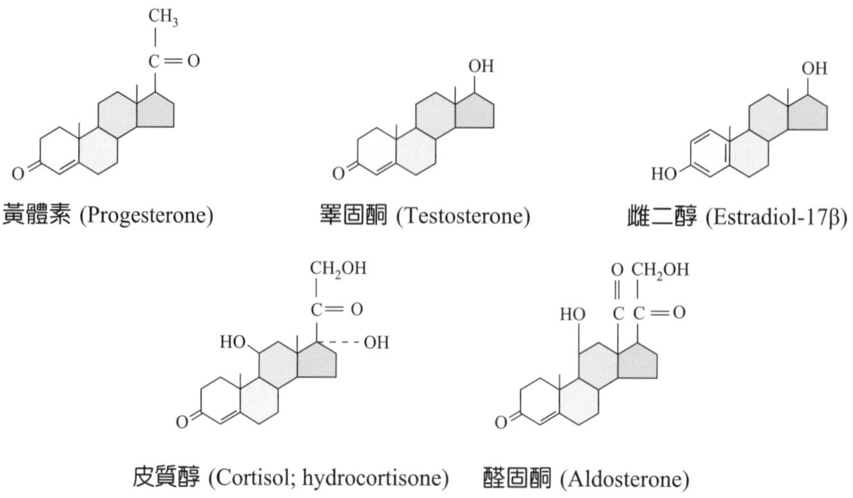

黃體素 (Progesterone) 睪固酮 (Testosterone) 雌二醇 (Estradiol-17β)

皮質醇 (Cortisol; hydrocortisone) 醛固酮 (Aldosterone)

■ **圖 2-14** 常見類固醇分子的化學結構式。

▶ 蛋白質

蛋白質 (protein) 是生命的物質基礎，沒有蛋白質就沒有生命。個體中的每一個細胞和所有重要組成部分都有蛋白質參與。蛋白質占人體重量的 16.3%。

人體內蛋白質的種類很多，性質、功能各異，但都是由二十多種胺基酸按不同比例組合而成的，並在體內不斷進行代謝與更新。被食入的蛋白質在體內經過消化分解成胺基酸，吸收後在體內主要用於重新按一定比例組合成人體蛋白質，同時新的蛋白質又在不斷代謝與分解，時刻處於動態平衡中。青少年的生長發育、孕產婦的優生優育、老年人的健康長壽，都與膳食中蛋白質的量有著密切的關係。

一、蛋白質的結構

蛋白質結構是指蛋白質分子的空間結構。蛋白質主要由碳、氫、氧、氮、硫等化學元素組成。所有蛋白質都是由 20 種不同的**胺基酸** (amino acid) 連接形成的多聚體。

要發揮功能，蛋白質需要正確摺疊為一個特定構形，主要是透過非共價相互作用（如氫鍵、離子鍵、凡得瓦爾力和疏水性作用）來達成。此外，在一些蛋白質（特別是分泌性蛋白質）摺疊中，雙硫鍵也具有關鍵作用。

蛋白質的分子結構可劃分為四級（圖 2-15）：

1. **一級結構**：組成蛋白質多胜肽鏈的線性胺基酸序列。
2. **二級結構**：依靠不同胺基酸之間的 C=O 和 N－H 基團間的氫鍵形成的穩定結構，主要為 α 螺旋和 β 摺板（圖 2-16）。
3. **三級結構**：透過多個二級結構元素在三維空間的排列所形成的一個蛋白質分子的立體結構。
4. **四級結構**：用於描述由不同多胜肽鏈（次單元）間相互作用形成具有功能的蛋白質複合物分子。

一級結構是透過共價鍵（胜肽鍵）來形成。生物體中，胜肽鍵的形成是發生在蛋白質生物合成的轉譯步驟。胺基酸鏈的兩端，

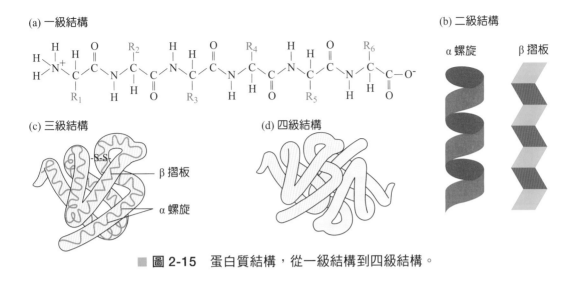

(a) 一級結構

(b) 二級結構

α 螺旋　β 摺板

(c) 三級結構

β 摺板
α 螺旋

(d) 四級結構

■ 圖 2-15　蛋白質結構，從一級結構到四級結構。

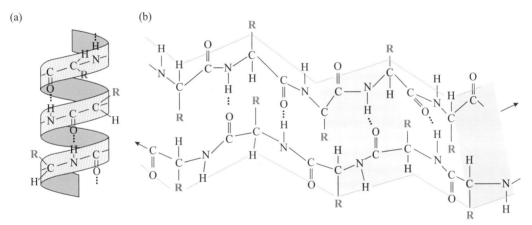

(a)

(b)

■ 圖 2-16　蛋白質二級結構。(a) 圖為從側面看一個 α 螺旋，虛線表示氫鍵。(b) 圖為兩條反平行的 β 鏈所形成的 β 摺板，虛線表示氫鍵，箭頭表示從氨基端到羧基端的方向。

根據末端自由基團的成分，分別以「N 端」（或氨基端）和「C 端」（或羧基端）來表示（圖 2-17）。

定義不同類型的二級結構有不同的方法，最常用的方法是透過主鏈原子之間的氫鍵排列方式來判斷。而在蛋白質完全摺疊的狀態下，這些氫鍵可以得到穩定。

三級結構主要是透過結構「非專一性」相互作用來形成。只有當蛋白質結構域透過「專一性」相互作用（如離子鍵、氫鍵以及側鏈間的堆積作用）固定到相應位置，所形成的三級結構才能穩定。對於細胞周邊蛋白，雙硫鍵具有關鍵的穩定作用。

二、蛋白質的功能

人體內蛋白質的生理功能主要有：

1. 建構人體：蛋白質是一切生命的物質基礎，是人體細胞的重要組成部分，是人體組織更新和修補的主要原料。人體的每個組織，如肌肉、內臟、大腦、血液、神經、內分泌等，都是由蛋白質組成。蛋白質對人體的生長發育非常重要。

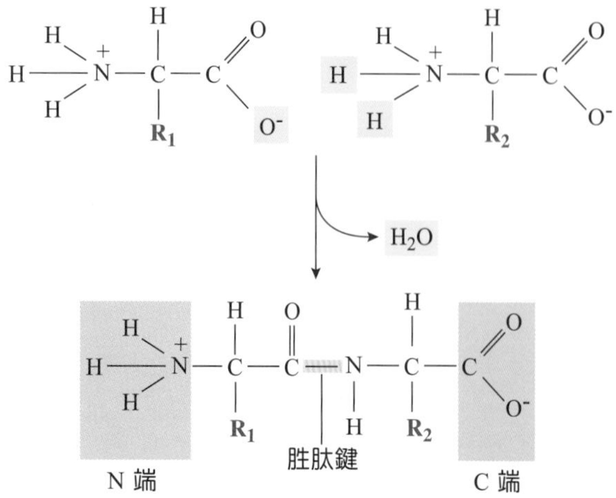

■ 圖 2-17 胜肽鍵結構。兩個胺基酸經由脫水形成胜肽鍵。

2. 修補人體組織：年輕人的表皮 28 天更新一次，而胃黏膜兩三天就要全部更新。良好的修補及更新需要適當地攝取、吸收及利用蛋白質；反之，蛋白質的缺乏則使人體無法得到及時及良好的修補，便會使個體衰退。

3. 維持人體正常的新陳代謝和各類物質在體內的輸送：載體蛋白可以在體內運載各種物質。比如血紅素輸送氧氣，脂蛋白負責運輸脂肪，細胞膜上則有許多接受器蛋白及運輸蛋白 (transporter) 等。

4. 白蛋白：維持體內滲透壓的平衡及體液平衡。

5. 維持體液的酸鹼平衡。

6. 免疫細胞和免疫蛋白：例如白血球、淋巴細胞、巨噬細胞、抗體（免疫球蛋白）、補體、干擾素等，約七天更新一次。當蛋白質充足時，才能維持這個部隊的戰力，在需要時，數小時內可以增加100倍。

7. 構成人體必需的催化和調節功能的各種酵素（酶）：人體有數千種酵素，每一種只能參與一種生化反應。人體細胞裡每分鐘要進行一百多次生化反應。酵素有促進食物的消化、吸收及利用的作用。相應的酵素充足，反應就會順利且快捷的進行。

8. 激素的主要原料：具有調節體內各器官的生理活性。例如胰島素是由 51 個胺基酸分子合成，生長激素是由 191 個胺基酸分子合成。

9. 構成神經傳遞物質：如乙醯膽鹼、血清胺等，以維持神經系統的正常功能，包括味覺、視覺和記憶等。

10. 膠原蛋白：占身體蛋白質的 1/3，生成結締組織，構成身體骨架。如骨骼、血管、韌帶等，決定了皮膚的彈性，保護大腦（在大腦腦細胞中，很大一部分是膠原細胞，並且形成血腦障壁保護大腦）。

11. 提供生命活動的能量。

▶ 核 酸

核酸 (nucleic acid) 主要位於細胞核內，**負責生物體遺傳資訊的攜帶和傳遞**。核酸可以分為**去氧核糖核酸 (DNA)** 及**核糖核酸 (RNA)**。DNA 分子含有生物物種的所有遺傳資訊，為雙鏈分子，其中大多數是鏈狀結構大分子，也有少部分呈環狀結構。RNA 主要是負責 DNA 遺傳資訊的轉譯和表現，為單鏈分子，分子量要比 DNA 小得多。

核酸的單體結構為**核苷酸 (nucleotide)**（圖 2-18）。每一個核苷酸分子由三部分組成：**含氮鹼基 (nitrogenous base)**、**五碳糖**和**磷酸基**。由含氮鹼基和五碳糖組成的結構叫做**核苷 (nucleoside)**。

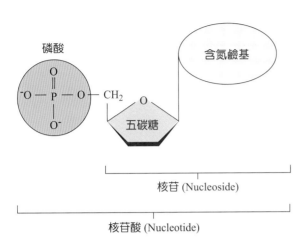

核苷 (Nucleoside)

核苷酸 (Nucleotide)

■ 圖 2-18　核苷酸的分子結構。

一、RNA

　　核糖核酸 (ribonucleic acid, RNA) 普遍存在於動物、植物、微生物及某些病毒和噬菌體內。RNA 和蛋白質生物合成有密切的關係。在 RNA 病毒和噬菌體內，RNA 是遺傳訊息的載體。RNA 一般是單鏈線形分子，但也有雙鏈的（如呼腸孤病毒、輪狀病毒 RNA）及環狀單鏈的（如類病毒 RNA）。

　　在生物體內有三種不同的 RNA 分子，在基因的表現過程中具有重要的作用，分別是：**傳訊 RNA** (messenger RNA, mRNA)、**移轉 RNA** (transfer RNA, tRNA)、**核糖體 RNA** (ribosomal RNA, rRNA)。RNA 含有四種基本鹼基，即腺嘌呤 (adenine, A)、鳥嘌呤 (guanine, G)、胞嘧啶 (cytosine, C) 和尿嘧啶 (uracil, U)（圖 2-19）。

　　不同的 RNA 有著不同的功能。其中 rRNA 是核糖體的組成成分，由細胞核中的核仁合成。mRNA 是以 DNA 的其中一股為範本，以**互補性鹼基配對** (complementary base pairing) 原則，轉錄而形成的一條單鏈。

主要功能是**作為蛋白質合成模版**，實現遺傳訊息在蛋白質上的表現，作為遺傳訊息傳遞過程中的橋樑。tRNA 的功能是攜帶符合要求的胺基酸，以連接成胜肽鏈，再經過加工形成蛋白質。

　　此外，細胞內還有小核 RNA (small nuclear RNA, snRNA)，它是真核生物轉錄後加工過程中 RNA 剪接體 (spilceosome) 的主要成分。snRNA 一直存在於細胞核中，與 40 種左右的核內蛋白質共同組成 RNA 剪接體，在 RNA 轉錄後加工中具有重要作用。另外，端粒酶 RNA (telomerase RNA) 與染色體末端的複製有關；以及反義 RNA (antisense RNA) 參與基因表現的調控。有的 RNA 分子還具有生物催化作用。

　　上述各種 RNA 分子均為轉錄 (transcription) 的產物，mRNA 最後轉譯 (translation) 為蛋白質，而 rRNA、tRNA 及 snRNA 等並不攜帶轉譯為蛋白質的資訊，其終產物就是 RNA。

二、DNA

　　去氧核糖核酸 (deoxyribonucleic acid, DNA) 是一種大分子，可組成遺傳指令，以引導生物發育與生命機能運作。其中包含的指令，是建構細胞內其他的化合物如蛋白質與 RNA 所需。帶有遺傳訊息的 DNA 片段稱為**基因** (gene)；其他的 DNA 序列，有些直接以自身構造發揮作用，有些則參與調控遺傳訊息的表現。

　　DNA 是一種長鏈聚合物，組成單位為核苷酸，而醣類與磷酸分子藉由酯鍵相連，組成其長鏈骨架。每個糖分子都與四種鹼基

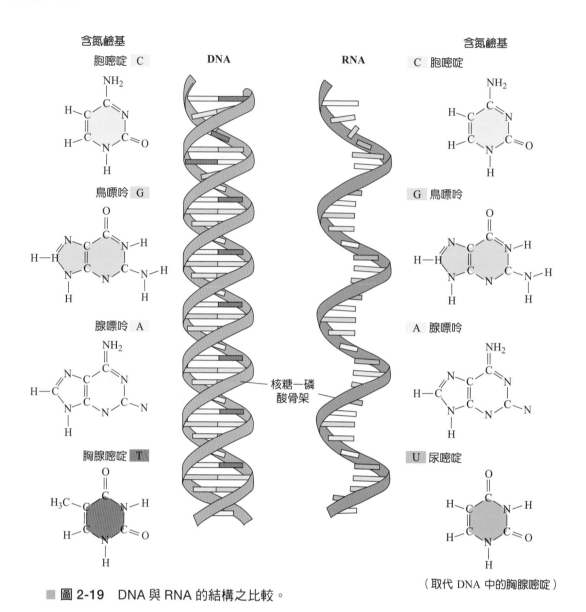

■ 圖 2-19　DNA 與 RNA 的結構之比較。

裡的其中一種相接，這些鹼基沿著 DNA 長鏈所排列而成的序列，可組成遺傳密碼，是蛋白質胺基酸序列合成的依據。讀取密碼的過程稱為**轉錄作用**，是根據 DNA 序列複製 RNA 的過程。

在細胞內，DNA能組織成染色體結構，整組染色體則統稱為**基因組**(genome)。染色體在細胞分裂之前會先行複製，此過程稱為 DNA 複製。染色體上的染色質蛋白，如**組蛋白**(histone)，能夠將DNA組織並壓縮，以幫助DNA與其他蛋白質進行交互作用，進而調節基因的轉錄。

在生物體內，DNA並非單一分子，而是形成兩條互相配對並緊密結合，呈**雙股螺旋結構**(double helix)的分子（圖2-19）。每個核苷酸分子的其中一部分會相互連結，組成長鏈骨架(backbone)；另一部分稱為鹼基，可使成對的兩條DNA相互結合（圖2-20）。

一股 DNA 上所具有的各類型鹼基，都只會與另一股上的一個特定類型鹼基產生鍵

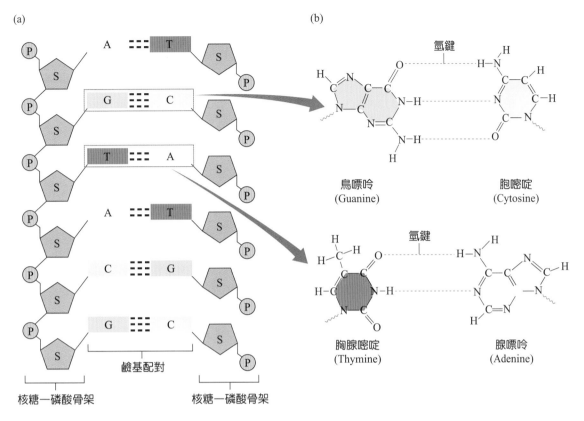

■ 圖 2-20　DNA 的化學結構。

結，即互補性鹼基配對。嘌呤與嘧啶之間會形成氫鍵，在一般情況下，腺嘌呤 (A) 只與**胸腺嘧啶** (thymine, T) 相連，而胞嘧啶 (C) 只與鳥嘌呤 (G) 相連。排列於雙螺旋上的核苷酸便以鹼基對的方式相互連結。由於氫鍵比共價鍵更容易斷裂，這使雙股 DNA 可能會因為機械力或高溫作用，而有如拉鍊一般地解開，這種現象稱為 **DNA 變性** (DNA denaturation)。

　　由於互補的特性，使位於雙股序列上的訊息，皆以雙倍的形式存在，這種特性對於

DNA 複製過程來說相當重要。互補鹼基之間可逆且具專一性的交互作用，是生物 DNA 所共同擁有的關鍵功能。

　　儘管 DNA 和 RNA 都是由糖－磷酸根鍵結所構成之長鏈核苷酸。但是 DNA 和 RNA 中的核苷酸有一些不同，在 RNA 中：(1) 核糖核苷酸 (ribonucleotide) 的糖基是核糖 (ribose)（而非去氧核糖）；(2) 由含氮鹼基尿嘧啶 (U) 取代胸腺嘧啶 (T)；(3) RNA 是單股的多核苷酸鏈（不像 DNA 為雙股結構）。

參考資料 | References

馮琮涵、黃雍協、柯翠玲、廖智凱、胡明一、林自勇、鍾敦輝、周綉珠、陳瀅 (2021)·人體解剖學·新文京。

馮琮涵、鄧志娟、劉棋銘、吳惠敏、唐善美、許淑芬、江若華、黃嘉惠、汪蕙蘭、李建興、王子綾、李維真、莊禮聰 (2022)·解剖生理學（三版）·新文京。

賴明德、王耀賢、鄧志娟、吳惠敏、李建興、許淑芬、陳晴彤、李宜倖 (2022)·解剖學（二版）·新文京。

Fox, S. I. (2006)·人體生理學（王錫崗、于家城、林嘉志、施科念、高美媚、張林松、陳瑩玲、陳聰文、黃慧貞、溫小娟、廖美華、蔡宜容譯；四版）·新文京。（原著出版於 2006）

Fox, S. I. (2015). *HUMAN PHYSIOLOGY* (14th ed.). McGraw-Hill College.

Guyton, A. C., & Hall, J. E. (2000). *Textbook of Medical Physiology* (10th ed). Elsevier Science.

複·習·與·討·論

一、選擇題

1. 碳水化合物在肝臟中的儲存形式為何？ (A) 雙醣 (B) 三酸甘油酯 (C) 肝醣 (D) 類固醇

2. 下列脂質何者在體內具有調節功能？ (A) 類固醇 (B) 前列腺素 (C) 三酸甘油酯 (D) (A) 及 (B) (E) (B) 及 (C)

3. 細胞以下列何者作為遺傳物質？ (A) 碳水化合物 (B) 蛋白質 (C) 脂肪 (D) 核酸

4. 若溶液 A 的 pH 為 4，溶液 B 的 pH 為 12，則下列有關此二溶液的敘述，何者有誤？ (A) 溶液 A 的 OH⁻ 濃度較溶液 B 高 (B) 溶液 A 是酸性溶液 (C) 溶液 B 是鹼性溶液 (D) 溶液 A 和溶液 B 混合後 pH 不一定為 8

5. 攜帶遺傳密碼，並能在核糖體上作為蛋白質合成模版的是： (A) 雙股 DNA (B) 單股 DNA (C) mRNA (D) tRNA

6. 可和 DNA 中腺嘌呤配對的 RNA 核苷酸鹼基為下列何者？ (A) 尿嘧啶 (B) 胸腺嘧啶 (C) 鳥嘌呤 (D) 胞嘧啶

7. 在細胞核中以 RNA 為模板合成蛋白質的過程，稱為： (A) 複製 (replication) (B) 轉譯 (translation) (C) 轉錄 (transcription) (D) 傳輸 (transmission)

8. 細胞外液中主要陽離子為： (A) 鈉離子 (B) 鉀離子 (C) 鎂離子 (D) 鈣離子

9. 水分子中氧和氫之間的鍵結為何？ (A) 極性共價鍵 (B) 氫鍵 (C) 離子鍵 (D) 非極性共價鍵

10. 一毫莫耳 NaCl（即 58.8 克）溶解於水中所產生的滲透壓濃度為多少 mOsmole/L？ (A) 1 (B) 2 (C) 3 (D) 4

11. 二個水分子間形成的鍵結是下列何者？ (A) 水解鍵結 (B) 極性共價鍵 (C) 非極性共價鍵 (D) 氫鍵

12. 胺基酸與胺基酸之間形成的鍵結是下列何者？ (A) 醣苷鍵 (B) 氫鍵 (C) 胜肽鍵 (D) 雙硫鍵

13. DNA 的二級結構為下列何者？ (A) 單鏈 α 螺旋 (B) 雙螺旋 (C) 超螺旋 (D) β 摺板

14. 蛋白質是由以下何者聚合而成？ (A) 單醣 (B) 飽和脂肪酸 (C) 胺基酸 (D) 核苷酸

15. 人體內的葡萄糖是下列哪一種類？ (A) 多醣 (B) 單醣 (C) 雙醣 (D) 醣脂

16. 下列何種碳水化合物不屬於單醣？ (A) 葡萄糖 (B) 果糖 (C) 半乳糖 (D) 麥芽糖

17. 醣蛋白之特性為何？　(A) 不是醣類　(B) 不是蛋白　(C) 含醣類分子和蛋白質分子的混合物　(D) 屬於脂質

二、問答題

1. 何謂電解質？在人體內有何功能？
2. 碳水化合物在體內有哪些功能？
3. 膽固醇在人體內有哪些作用？如何合理控制？
4. 何謂蛋白質的四級結構？
5. DNA 分子雙螺旋結構模型有哪些特點？

三、腦力激盪

1. 醫學已經證實，鹽攝入量過多，容易引發高血壓等常見疾病。那麼該如何科學性的吃鹽？
2. 目前市面上的所謂珍珠奶茶，絕大多數是用替代品，多用奶精、香精、色素和糖製造。常喝這種奶茶對人體有何風險？

掃描　複習與討論解答
請掃描QR code

03
CHAPTER

學習目標 Objectives

1. 敘述細胞結構及各胞器的基本功能。
2. 了解遺傳的中心法則及遺傳密碼。
3. 敘述基因轉錄與蛋白質轉譯的基本過程。
4. 敘述 DNA 複製的基本概念與過程。
5. 敘述細胞在細胞週期各個階段的變化以及有絲分裂和減數分裂的過程。
6. 說明細胞壞死和細胞凋亡的基本概念及其生理學意義。
7. 解釋酵素作為生物催化劑在人體內的作用機制、活性調控及重要意義。
8. 敘述糖解、克氏循環及氧化磷酸化的基本過程、調節因素及三者之間的關係。
9. 說明醣類、脂質和蛋白質代謝的基本過程。

本章大綱 Chapter Outline

細胞生理學
Cell Physiology

HUMAN
PHYSIOLOGY

本章主要介紹細胞的結構、基因表現及蛋白質合成、細胞週期、酵素、細胞呼吸及代謝。細胞的結構從細胞膜、細胞質及細胞骨架、胞器幾個方面分別介紹，涉及細胞的各個組成部分及其生理功能；基因表現及蛋白質合成主要介紹基因轉錄和轉譯的基本過程，以及蛋白質的合成、修飾、包裝及分泌；細胞週期一節主要介紹 DNA 的複製、有絲分裂及減數分裂的基本過程，另外還涉及細胞壞死和細胞凋亡方面的內容；酵素一節從酵素的作用機制及其活性調控兩方面對酵素進行介紹；細胞的呼吸及代謝一節主要介紹糖解、克氏循環、氧化磷酸化的基本過程、調節因素及三者之間的關係，以及簡要說明醣類、脂質及蛋白質的代謝過程。

細胞生理學(cell physiology)是研究細胞的生命活動規律的科學，包括研究細胞如何從環境中攝取營養，並經過代謝獲得能量，以進行生長、分裂或其他生命活動，以及細胞如何對各種環境因素發生反應，進而產生各種相適應的功能活動。

作為生命的基本單位，細胞是生物體生長發育的基礎，是生命起源和進化的基本元素。一切生物體都是由細胞構成，細胞是有機體的基本結構單位。一方面，細胞具有獨立有序的自控代謝體系，是代謝與功能的基本單位；另一方面，細胞是遺傳的基本單位，具有遺傳的全能性。

3-1 細胞的結構
Cell Structure

細胞是人體結構和功能的基本單位，主要由細胞膜、細胞質、細胞核及各種胞器組成（圖 3-1）。本節主要從細胞膜、細胞質

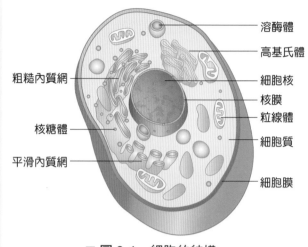

粗糙內質網
核糖體
平滑內質網

溶酶體
高基氏體
細胞核
核膜
粒線體
細胞質
細胞膜

■ 圖 3-1 細胞的結構。

及胞器三個部分來介紹細胞的結構，並著重介紹各部分的生理功能。

▶ 細胞膜

細胞膜 (cell membrane)，亦稱漿膜 (plasma membrane)，是包圍在細胞質外圍的一層膜，具有選擇通透性。它將細胞內物質與外界環境分隔開來，使細胞具有相對獨立和穩定的內環境。

一、細胞膜的組成

細胞膜的化學成分主要是脂質、蛋白質和醣類，此外還含有水、無機鹽和少量的金屬離子等。其中脂質和蛋白質構成了膜的主體，醣類則多與膜脂或膜蛋白結合，分別以醣脂或醣蛋白的形式存在。

(一) 膜脂

生物膜上的脂質稱為**膜脂** (membrane lipid)，它是細胞膜的主要成分之一，膜脂主要有磷脂質 (phospholipid)、膽固醇 (cholesterol) 和醣脂 (glycolipid) 三種類型，

其中磷脂質含量最高。這三種脂質都是雙性分子 (amphipathic molecule)，即分子中都具有一個親水性的頭部（極性端）和一個疏水性的尾部（非極性端）。

細胞膜的基本骨架為由磷脂分子排成二列形成的**脂質雙層** (lipid bilayer)，其中親水性的頭部朝向膜的兩側，與細胞外或細胞質液接觸；疏水性的尾端則彼此相接，形成膜中間的親脂性區域（圖 3-2）。

1. **磷脂質**：是膜脂中含量最高的脂質，約占膜脂含量的 50% 以上，由磷酸根和脂肪酸鏈兩個部分經由甘油基團或鞘氨醇 (sphingosine) 結合而成。

2. **膽固醇**：為中性脂質，為構成細胞膜的主要成分之一，其分子數與磷脂分子之比可高達 1:1。在膜中，膽固醇分子散布在磷脂分子之間，其極性的羥基頭部緊靠於磷脂的極性頭部，不易活動。

3. **醣脂**：是含有一個或多個醣基的脂質，普遍存在於細胞的漿膜上，約占細胞膜外層脂質分子的 5%。

(二) 膜蛋白

生物膜所含的蛋白叫膜蛋白 (membrane protein)，它是細胞膜中最重要的成分。根據膜蛋白與膜脂的結合方式，膜蛋白可分為內在蛋白和外在蛋白兩類。

內在蛋白(intrinsic proteins)也稱為**整合蛋白**(integral proteins)，約占膜蛋白的 70~80%。內在蛋白也是雙性分子，有鑲嵌蛋白(mosaic protein)和跨膜蛋白(transmembrane protein)兩種形式。鑲嵌蛋白的疏水性部分插入細胞膜內，直接與脂質雙層的疏水性區域相互作用，親水性部分則暴露於膜的外表面或內表面。膜內在蛋白主要以疏水鍵 (hydrophobic bond)或離子鍵(ionic bond)兩種作用與膜牢固結合。

外在蛋白 (extrinsic proteins) 也稱為**周邊蛋白** (peripheral proteins)，約占膜蛋白的 20~30%，分布在膜的內外表面，主要在內表面，為水溶性蛋白。它們透過靜電作用及離子鍵、氫鍵與膜脂分子的極性頭部結合，或透過與膜內在蛋白親水性部分相互作用，間接與膜結合。

(三) 細胞膜上的醣類

所有真核細胞的表面均含有醣類，占膜總重量的 2~10%。細胞膜上的醣類主要有半乳糖、甘露糖、岩藻糖、半乳糖胺、葡萄糖、葡萄糖胺和唾液酸等。醣蛋白和醣脂上的所有醣類都位於細胞膜的外表面（非細胞質面），在細胞表面形成細胞外衣 (cell coat)〔或稱醣萼 (glycocalyx)〕。凡是涉及細胞與環境相互作用的生物學現象，幾乎都牽涉到醣脂和醣蛋白，在細胞彼此間的身份辨識及交互作用上亦有著重要功能。

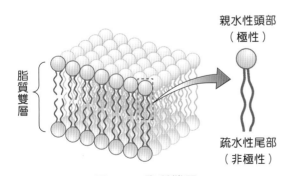

親水性頭部（極性）

脂質雙層

疏水性尾部（非極性）

■ 圖 3-2 脂質雙層。

(四) 流體鑲嵌模型

1972 年 S. J. Singer 和 G. L. Nicolson 提出了「**流體鑲嵌模型**」(fluid mosaic model)（圖 3-3）。該模型認為**脂質雙層**構成了細胞膜的連續主體，球形的蛋白質分子以各種形式與脂質雙層相結合。脂質雙層既有固體分子排列的有序性，同時又具有液體的流動性。

二、細胞膜的延伸構造

細胞膜的表面並不是平整光滑的，常因各類細胞的功能和生理狀態不同，帶有各種各樣特化的附屬結構。最明顯的特化結構有：微絨毛、細胞內褶、纖毛和鞭毛等。這些結構在細胞執行特定功能方面扮演著重要角色。

(一) 微絨毛

微絨毛 (microvillus) 是細胞表面伸出的細長指狀突起，微絨毛中心有許多縱行排列的**微絲** (microfilament)。在一些與吸收功能有關的上皮細胞，如小腸上皮和腎臟近曲小管上皮，微絨毛極為豐富（圖 3-4）。但具有微絨毛的細胞表面，並不都是與吸收功能有關，如部分腺體組織也有微絨毛，但它與吸收無關。在遊走細胞如淋巴細胞及巨噬細胞的微絨毛，其功能類似細胞運動的工具，能搜索抗原、毒素及攝取細菌、病毒等異物。

(二) 細胞內褶

細胞內褶 (cell infolding) 是細胞膜由細胞表面向內深陷而成，其主要作用為擴大細胞表面積，有利於液體和離子的交換，通常見於液體及離子交換頻繁的細胞中，例如腎小管上皮細胞的基底面，唾液腺導管末端的細胞基底面，以及眼的睫狀體上皮細胞基底面等。

(三) 纖毛及鞭毛

纖毛 (cillia) 和**鞭毛** (flagella) 是細胞表面向外伸出的細長突出，內部由**微小管** (microtubule) 構成複雜的結構，具有運動功

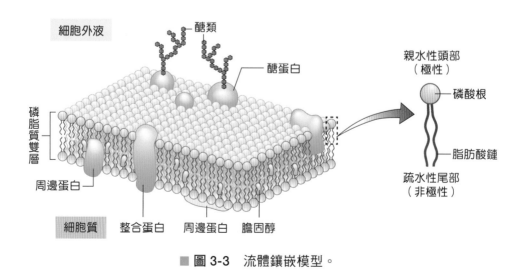

■ 圖 3-3　流體鑲嵌模型。

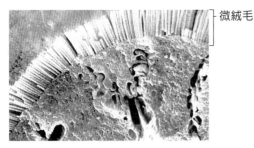

■ 圖 3-4 微絨毛（猴十二指腸黏膜上皮細胞，10,000X）。

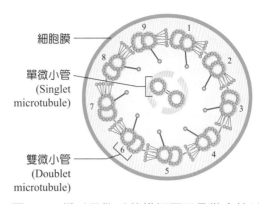

■ 圖 3-5 纖毛及鞭毛的橫切面可見微小管以「9+2」模式排列。

能。纖毛長 5~10 μm，直徑為 0.3~0.5 μm，數目多；鞭毛比纖毛更細長，約 150 μm 左右，數目很少，一般只有一根或少數幾根。二者結構相似，橫切面上微小管的排列均呈現「9+2」的模式（圖 3-5），即由 9 組微小管圍繞著中央一對微小管。藉由纖毛和鞭毛的運動，細胞可在液體中穿行，如精子等。

三、細胞膜的生理功能

細胞膜將細胞內部與外界環境分隔開，構成一道特殊的屏障，使細胞有一個相對獨立而穩定的內環境。細胞膜其主要生理功能如下：

1. **媒介細胞物質運輸**：物質的跨膜運輸對細胞的生存和生長至關重要，而這個過程正是經由通過細胞膜的物質運輸作用來達成。細胞膜對小分子物質的運輸主要包括主動運輸 (active transport) 和被動運輸 (passive transport)，對大分子和顆粒物質的運輸主要是胞吞作用 (endocytosis) 和胞吐作用 (exocytosis)（詳見第 4 章）。

2. **細胞辨識和細胞黏附**：許多細胞活動依賴細胞之間的識別和暫時性黏附 (transient adhesion)，如免疫細胞及其產物攻擊病變細胞和外來細胞、精子和卵細胞互相結合等。膜蛋白和醣類分子可以在多細胞的生物體中作為某些特殊細胞的特徵性表現，從而作為細胞的一種標記，在細胞辨識中發揮作用，如癌細胞的表面抗原。

3. **訊息傳輸**：細胞的生存和活動離不開細胞與外界環境的資訊交流，其中包括細胞與細胞外基質之間以及細胞與相鄰細胞之間透過訊息分子的相互作用。細胞膜接受器 (receptor) 是膜上的特殊跨膜蛋白，具有訊息接受、轉換，和傳遞的作用，是細胞訊息傳輸系統的重要組成部分。

4. **細胞連接和組織建構**：細胞膜是細胞與相鄰細胞和細胞外基質的連接媒介。經由細胞連接，細胞將與相鄰細胞之間形成相對的封閉狀態從而造成局部特異的微環境，或者加固與相鄰細胞或細胞外基質的機械連接從而維持組織構造，還可以與相鄰細胞形成連接通道，負責細胞間的電化學傳訊溝通。

▶ 細胞質及細胞骨架

一、細胞質

細胞質 (cytoplasm)，亦稱為細胞液 (cytosol)，是指存在於細胞膜與細胞核之間的膠狀物質，其內包括：基質 (matrix, or cytomatrix)，各種胞器 (organelles) 如內質網、高基氏體和粒線體等，以及微小管、微絲和中間絲等細胞骨架結構。另外，細胞質還有一些肝醣、脂肪小滴和蛋白質結晶等細胞質內含物。

二、細胞骨架

細胞骨架(cytoskeleton)包括**微小管**(microtubule)、**微絲**(microfilament)和**中間絲**(intermediate filament)（圖3-6）。微小管主要分布在細胞核周圍，並呈放射狀向細胞質四周擴散；微絲主要分布在細胞膜的內側；而中間絲則分布在整個細胞中。

(一) 微小管

微小管是**細胞骨架系統中的主要成分**，在**細胞的形態維持、運動、運輸和細胞分裂**等方面均有重要作用。

微小管為中空管狀結構，由13條原纖維 (protofilaments)圍成，原纖維由**微小管蛋白** (tubulin)構成（圖3-6）。微小管蛋白主要分為α微小管蛋白(α-tubulin)、β微小管蛋白 (β-tubulin)，以及γ微小管蛋白(γ-tubulin)。另外，在細胞內，除了含有微小管蛋白外，微小管還有一些輔助蛋白與其相結合，這些蛋白質不是構成微小管的基本組成，但參與微小管的裝配，稱為微小管相關蛋白 (microtubule-associated protein, MAP)，其主要功能是調節微小管的專一性，並將微小管連接到專一性的胞器上。

微小管的主要功能有：

1. 構成細胞內網狀支架，維持細胞形態：微小管對於細胞形態的維持，以及細胞的突起部分如纖毛、鞭毛、軸突的形成和維持，具有重要作用。
2. 參與細胞內物質運輸：細胞內的胞器移動和細胞質中的物質運輸都與微小管有關。
3. 維持細胞內胞器的定位和分布：微小管在真核細胞內的膜性胞器如粒線體等的定位和分布上有著重要作用。

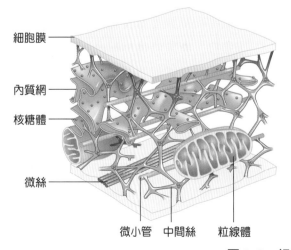

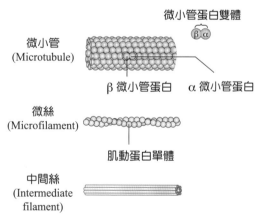

■ 圖 3-6 細胞骨架。

4. 參與中心粒、纖毛和鞭毛的形成：中心粒是中心體(centrosome)的主要組成成分，由9組三聯體微小管圍成的一個圓筒狀結構所構成；而纖毛和鞭毛均以微小管為主要成分構成的。

5. 參與染色體運動，調節細胞分裂：當細胞從間期進入分裂期時，間期細胞微小管網架崩解，微小管解聚為微小管蛋白，經重新組裝形成紡錘體(spindle apparatus)，在分裂後期牽引分離的同源染色體移動，並最終到達細胞兩極，使遺傳物質得以均等分配。

6. 參與細胞內訊息傳輸：微小管可直接或間接與各種訊息分子作用，參與細胞訊息傳輸過程。

(二) 微絲

微絲以束狀、網狀或散布等多種形式有序地存在於細胞質的特定空間位置上，參與細胞形態維持、細胞內外物質運輸及細胞間的連接等。

與微小管相比，微絲較細、較短，更富韌性。組成微絲的基本單位是**肌動蛋白**(actin)。目前發現的微絲相關蛋白功能很多，在不同的程度上調控著微絲的組裝，影響微絲的穩定性、長度和構形。

微絲的主要功能有：

1. 構成細胞的支架，維持細胞的形態：在大多數細胞中，其細胞膜下有一層由微絲組成的網狀結構，具有維持細胞形態的功能，並賦予細胞韌性和強度。

2. 參與肌肉收縮：骨骼肌細胞的主要成分是肌原纖維 (myofibril)，由粗肌絲 (thick myofilament) 和細肌絲 (thin myofilament) 組成。肌細胞的收縮即是粗肌絲與細肌絲之間相互滑動的結果。

3. 參與細胞分裂：在有絲分裂末期，透過不同極性的微絲之間產生相對滑動，形成分裂溝，使細胞一分為二。

4. 參與細胞運動：細胞的各種運動，如變形蟲運動 (amoeboid movement) 及胞噬作用 (phagocytosis) 等均與微絲有關。

5. 參與細胞內物質運輸：微絲可與微小管一起進行細胞內物質運輸，如小泡的運輸。

6. 參與細胞內訊息的傳輸：細胞表面的接受器在受到外界訊息分子作用時，可觸發細胞膜下肌動蛋白的結構變化，從而啟動細胞內激酶變化的訊息傳輸過程。

7. 構成細胞間的連接構造：微絲可以不同的形式，作為**細胞接合** (cell junction) 的重要結構部分（詳見第4章）。

(三) 中間絲

中間絲是細胞骨架的第三種成分，因其直徑介於微小管和微絲之間而得名。

中間絲是由不同的蛋白質組成的空心纖維結構。與微小管和微絲一樣，中間絲發揮其正常功能也需要中間絲相關蛋白(IFAP)的參與。它們或緊密或鬆散地結合於中間絲的不同部位，調節細胞內中間絲的分子結構，如皮膚缺乏降解絲蛋白(filaggrin)則容易產生裂痕。

中間絲主要功能有：

1. 促成細胞網狀骨架結構的完整：中間絲對外與細胞膜和細胞外基質有直接的關係，對內則與核膜和核基質聯繫，貫穿整個細

胞，具有廣泛的骨架功能。該骨架具有一定的可塑性，協助維持細胞質的整體結構和功能的完整性。

2. 為細胞提供機械強度支持：中間絲可直接與微小管、微絲及其他胞器相連，賦予細胞一定的強度和機械支持力。

3. 參與細胞接合：中間絲參與胞橋體 (desmosome) 和半胞橋體 (hemidesmosome) 的組成（詳見第 4 章），在細胞中形成一個網路，既能維持細胞形態，又能提供支持力。

4. 參與細胞內訊息傳遞和物質運輸：中間絲可參與細胞膜和細胞核之間的訊息傳遞以及神經細胞軸突運輸。

5. 參與維持細胞核膜穩定：位於細胞核內膜下方有一層由核纖層蛋白（一種中間絲）形成的網路，對於細胞核形態的維持具有重要作用。

6. 參與細胞分化：中間絲蛋白的表現具有組織專一性，提示中間絲可能與細胞分化，特別是與胚胎發育和上皮分化有密切關係。

7. 參與基因表現：中間絲與 mRNA 的運輸有關，細胞質 mRNA 錨定於中間絲，可能對其在細胞內的定位及轉譯有重要作用。

▶ 胞器

細胞內主要的胞器 (organelles) 有核糖體、內質網、高基氏體、粒線體、溶酶體、過氧化體、中心體及細胞核等。

一、核糖體

核糖體 (ribosome) 是由多種核糖體 RNA (rRNA) 和蛋白質組成的顆粒狀結構，**是蛋白質合成的重要場所**。核糖體由大、小兩個次單元以特定的形式聚合而成，大次單元略呈拱起的鴨掌狀，一側伸出三個突起，小次單元側面略呈弧形，兩個次單元的結合面上形成一個空隙，是 mRNA 分子穿過的通道（圖 3-7）。

在真核細胞內，一部分核糖體游離在細胞質基質中，另一部分附著在內質網膜表面，成為粗糙內質網的一部分。游離核糖體 (free ribosome) 主要合成細胞內的某些基礎性蛋白，粗糙內質網上的核糖體主要合成細胞的分泌蛋白和膜蛋白。

二、內質網

內質網 (endoplasmic reticulum) 是由相互連續的小管 (tubule)、小泡 (vesicle)、扁囊 (lamina) 樣結構所組成的網狀膜系統。內質網膜上具有大量的酵素，其中葡萄糖 -6- 磷酸去氫酶 (glucose-6-phosphate dehydrogenase, G-6-PD) 是內質網膜的標記酶。另外，內質網膜中還含有電子傳遞鏈系統。

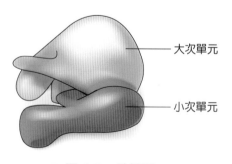

大次單元

小次單元

■ 圖 3-7　核糖體。

根據內質網膜外是否附著核糖體可將內質網分為兩種類型：粗糙內質網及平滑內質網（圖 3-8）。

(一) 粗糙內質網

粗糙內質網 (rough endoplasmic reticulum, RER) 亦稱顆粒性內質網 (granular endoplasmic reticulum)，表面附著大量顆粒狀**核糖體**。

粗糙內質網的數量常與細胞類型、功能狀態及其分化程度密切相關。**在合成分泌性蛋白質旺盛的細胞**，如**胰臟腺泡細胞**、肝細胞和漿細胞 (plasma cell) 中，**粗糙內質網特別發達**。另外，分化較完善的細胞中粗糙內質網較發達，而未成熟或未分化的幹細胞和胚胎細胞中則不發達。因此，粗糙內質網也可作為判斷細胞分化程度和功能狀態的形態指標。

粗糙內質網上附著有大量的核糖體，因此它也是蛋白質合成的場所。另外，粗糙內質網還具有修飾及運輸蛋白質的作用。

(二) 平滑內質網

平滑內質網 (smooth endoplasmic reticulum, SER) 亦稱無顆粒性內質網 (agranular endoplasmic reticulum)。在多數細胞中平滑內質網不發達，多為粗糙內質網結構中不附著核糖體的小段區域。只有在一些特化的細胞中才具有豐富的平滑內質網，同時也承擔特殊的功能。例如在骨骼肌細胞的**肌漿網** (sarcoplasmic reticulum)，即特化的平滑內質網，是儲存和釋放鈣離子 (Ca^{2+}) 的胞器，參與肌肉收縮的調節。

各種細胞的平滑內質網其功能主要包括：

1. **脂質的合成與運輸**：平滑內質網最主要的功能是合成脂質，可合成膜脂中的磷脂、膽固醇和醣脂。

2. **肝醣代謝**：肝醣 (glycogen) 的代謝包括肝醣的合成與分解。平滑內質網膜上的葡萄糖 -6- 磷酸去氫酶能夠將細胞質基質中的葡萄糖 -6- 磷酸去磷酸化，使之更易於通過脂質雙層膜，然後經由內質網被釋放到血液中。

3. **解毒作用**：肝臟是生物體內最重要的解毒器官，而其解毒作用主要由肝細胞內的平滑內質網來完成。

4. **鈣離子的儲存與釋放**：Ca^{2+} 從平滑內質網釋放到細胞質基質，隨後重新回收，媒介許多細胞外訊息的傳輸。

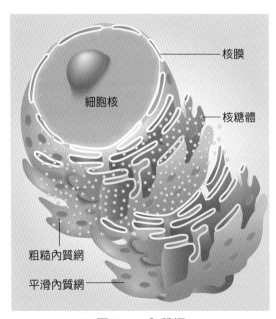

■ 圖 3-8　內質網。

三、高基氏體

高基氏體 (Golgi complex) 其主要功能是參與細胞的分泌活動。高基氏體是由 4~8 個重疊在一起、略呈弓形的扁平膜囊 (cisternae) 所構成的膜性囊泡狀結構（圖 3-9）。

高基氏體是具有極性的膜性胞器，其凸面〔即順面(cis face)〕朝向細胞核或內質網，其凹面〔即反面(trans face)〕朝向細胞膜。在扁平膜囊的順面上有許多直徑約為 40~80 nm的小泡(vesicle)。小泡是由附近的粗糙內質網芽生而來，可以將內質網合成的蛋白質運輸到高基氏體，因此又稱為**運輸小泡**(transport vesicle)。在扁平膜囊的反面上有數量不等、體積較大的球形結構，稱為**液泡** (vacuole)，其直徑約為100~500 nm。通常認為液泡是由扁平膜囊的末端膨大而形成，內含高基氏體的分泌產物，因此又稱為**分泌性液泡**(secreting vacuole)。

高基氏體的主要功能為**處理、分類及包裝蛋白質**，將在後文「蛋白質的修飾、包裝及分泌」中進一步詳細介紹。

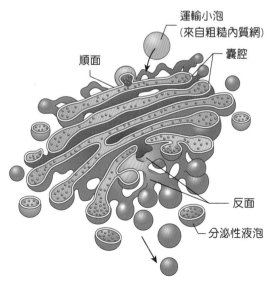

運輸小泡
（來自粗糙內質網）

順面

囊腔

反面

分泌性液泡

■ **圖 3-9**　高基氏體。

四、粒線體

細胞活動所需能量 (ATP) 95% 都是由粒線體 (mitochondrion) 提供，因此它被比喻為**細胞的「發電廠」**。

(一) 粒線體的結構

有的細胞中只含有 1 個粒線體，而有的細胞中粒線體的數量可多達 50 萬個。這與細胞本身的代謝活動有關，生理活動旺盛的細胞中粒線體數目較多，如肝、腦、肌肉細胞等，反之較少。粒線體在細胞中的分布也因細胞類型和形態的不同而存在差異，通常多分布於細胞生理功能旺盛的區域和需要能量較多的部位。

粒線體是由兩層膜圍成的封閉的囊狀結構，兩層膜套疊在一起，互不相連，並將粒線體內部分隔成兩個獨立的空間（圖 3-10），其中外膜與內膜之間的空間稱為外腔(outer space)或膜間腔(intermembrane space)；內膜以內的空間稱為內腔(inner space)或基質腔(matrix space)。

粒線體內腔中充滿了膠狀物質，稱為基質 (matrix)，其主要成分是各種可溶性蛋白質和脂質。粒線體中，與催化克氏循環、脂肪酸氧化、胺基酸分解、蛋白質合成等有關

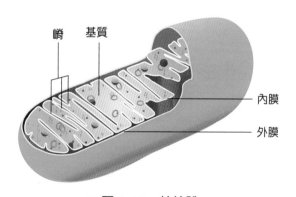

嵴　　基質

內膜

外膜

■ **圖 3-10**　粒線體。

的酵素都存在於基質中，另外還含有粒線體獨特的**雙股環狀 DNA** 及**核糖體**，這些構成了粒線體相對獨立的遺傳訊息複製、轉錄和轉譯系統。

粒線體主要由蛋白質、脂質和水組成。其中，蛋白質是粒線體的主要組分，含量約占粒線體組成的65~70%，多數分布在內膜和基質中。粒線體是細胞中含酵素種類最多的胞器之一，目前已分離出120多種酵素，分布在粒線體的各個部分中。

(二) 粒線體的半自主性

粒線體是人體細胞中唯一含有細胞核外遺傳物質的胞器。粒線體中還含有各種 RNA、核糖體和蛋白質合成所需的多種酵素，具有獨立編碼、合成蛋白質的能力。然而，粒線體遺傳系統表現與轉譯的蛋白質只能滿足粒線體本身結構及功能的一小部分需要，粒線體中蛋白質的主要來源還是依賴於細胞核基因編碼的蛋白質。另外，粒線體的形成、生長、增殖過程都依靠細胞核基因參

與，其自身的複製、轉錄、轉譯過程也必須依靠細胞核基因提供酶蛋白才能完成。因此，粒線體是由兩套遺傳系統控制的，故稱為**半自主性胞器**(semiautonomous organelle)。

粒線體 DNA(mitochondrial DNA, mtDNA) 呈雙股環狀，不與組蛋白 (histone) 結合，mtDNA 的自我複製是以半保留複製方式進行的，可發生在細胞週期的各個階段。

粒線體的功能將在本章第 5 節「細胞呼吸及代謝」中一併介紹。

五、溶酶體

溶酶體 (lysosome) **內含多種水解酶**，具有分解內源性和外源性物質的能力，相當於**細胞內的消化器官**。

溶酶體由高基氏體扁平小囊兩端形成，內含有 60 多種酵素。這些酵素的最適 pH 是 5.0，故均為酸性水解酶，在酸性環境下能將蛋白質、脂質、醣類和核酸等多種物質分解。傳統上，通常將溶酶體分為初級溶酶體 (primary lysosome) 和次級溶酶體 (secondary

---

臨·床·焦·點　　　　　　　　　　　Clinical Focus

粒線體 DNA 的遺傳特性（母系遺傳）

未受精的卵細胞本身含有許多粒線體，當受精時幾乎不從精子處獲得粒線體。粒線體 DNA (mtDNA) 可自我複製並分配到胚胎及胎兒分裂中的細胞，幾乎所有的粒線體都是源自母親，這是自母親到嬰兒的一種十分獨特的遺傳方式。

利伯氏遺傳性視神經病變 (Leber's hereditary optic neuropathy, LHON) 是人類母系遺傳疾病的典型例子，該病是由 mtDNA 多處點突變引起的。其中大部分是 mtDNA 第 11778 位

點的鳥嘌呤 (G) 轉換成了腺嘌呤 (A)，使 NADH 去氫酶次單位 4 (NADH dehydrogenase subunit 4, ND4) 蛋白質中第 340 個胺基酸由精胺酸 (arginine) 變成了組胺酸 (histidine)。LHON 一般發病年齡為 18~30 歲，男女發病比例為 4:1，其主要症狀為雙側視神經萎縮，病人出現視力減退、兩眼中央視覺喪失、球後視神經炎，甚至可伴有心臟傳導阻滯和腦肌病。

lysosome)。初級溶酶體只含水解酶,不含被消化的受質,尚未進行消化活動;次級溶酶體內含水解酶和相應受質,是可以進行消化活動的溶酶體(圖 3-11)。

溶酶體的主要功能是進行細胞外物質(外源性)和細胞自身物質(內源性)的消化。溶酶體能消化及分解經由胞吞作用攝入的細胞外物質。胞吞作用包括胞噬作用(phagocytosis)和胞飲作用(pinocytosis)兩種。溶酶體能將經由胞噬作用攝入的細菌、異物和紅血球等,以及經由胞飲作用攝入的酵素、毒素等各種物質,在水解酶的作用下分解為可溶性小分子物質。在生理條件下,細胞內溶酶體膜破裂,水解酶釋放,致使細胞溶解的過程稱為自溶作用(autolysis)。如子宮內膜的週期性萎縮並脫落、斷乳後乳腺組織的退行性改變等都是細胞自溶的結果。

六、過氧化體

過氧化體(peroxisome)是由一層膜圍成的膜性胞器,過氧化體內含有豐富的酵素,主要包括氧化酶(oxidase)、過氧化氫酶(catalase)和過氧化物酶(peroxidase)三種,此外還含有檸檬酸去氫酶(citric dehydrogenase)和蘋果酸去氫酶(malic dehydrogenase)等。過氧化體主要依靠其內含的各種酵素完成各種功能。由於過氧化體中含有豐富的酵素,因此其功能也比較複雜,主要參與細胞解毒作用、調節細胞的氧張力(oxygen tension)及參與脂肪酸氧化等核酸與醣類代謝的過程。

七、中心體

中心體 (centrosome) 主要由兩個彼此呈直角排列的**中心粒** (centriole) 組成。電

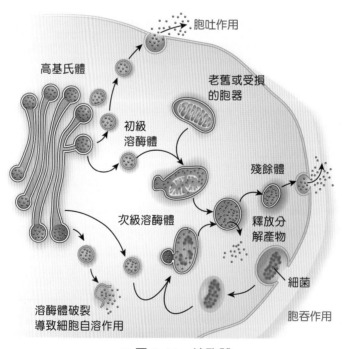

■ **圖 3-11** 溶酶體。

子顯微鏡下觀察，中心粒為中空的短圓柱狀結構，直徑約為 0.16~0.26 μm，長度為 0.16~5.6 μm。從中心粒的橫截面可見，圓柱體的壁由 9 組三聯管圍成，每組包括 3 條**微小管**，9 組三聯管之間傾斜排列，形成風車狀（圖 3-12）。中心粒周圍圍繞有半透明的物質，稱為中心粒周圍物質 (pericentriolar material)。

中心粒的主要功能是參與細胞的有絲分裂（如形成紡錘體）、組織形成細胞質微小管中心以及構成細胞骨架的主要纖維系統，後者為細胞內物質運輸的軌道基礎。而成熟的神經細胞因缺乏中心體而無法進行細胞分裂。此外，中心粒存在ATP酶，因而它與細胞的能量代謝有關，為細胞運動和染色體移動提供能量。

八、細胞核

細胞核 (nucleus) 是細胞內最大的胞器，它是遺傳物質儲存、複製和轉錄的場所，是細胞代謝、生長、分化和繁殖等生命活動的控制中心（圖 3-13）。一個細胞通常只含有一個細胞核，但在有些特殊的細胞類型中可有雙核甚至多核，如肝細胞、腎小管細胞和軟骨細胞有雙核，破骨細胞有多達數百個細胞核。

染色質(chromatin)是細胞核內能被鹼性染料著色的物質，呈伸展、分散的細絲網狀，是遺傳訊息的載體。而**染色體**(chromosome)則是由染色質盤繞折疊而成的短棒狀小體。染色質和染色體實質上是同一物質在細胞週期的不同階段，執行不同生理功能時呈現的兩種不同的存在形式。

真核細胞的細胞核中，最明顯的結構為**核仁**(nucleolus)，在光學顯微鏡下為均質、海綿狀的球體。核仁的形態、大小和數目隨細胞類型和代謝狀態不同而有很大變化。在蛋白質合成旺盛、生長活躍的細胞如卵母細胞、分泌細胞中，核仁很大，可占細胞核總體積的25%；蛋白質合成能力較低或不具合成能力的細胞如肌細胞、淋巴細胞和精子中，核仁很小甚至沒有核仁。

另外，**核膜** (nuclear envelope) 將細胞核中的遺傳物質包裹在核內，使之與細胞內的其他活動分開，對於維持細胞核相對穩定的內環境與基因表現的準確性和高效率，以及參與蛋白質合成及細胞分裂中染色體的定位和分離等方面，具有重要作用。

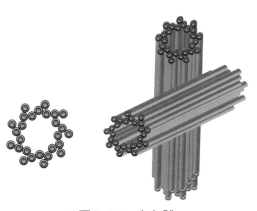

■ 圖 3-12　中心體。

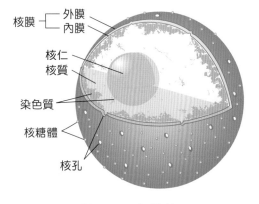

核膜 ─ 外膜
　　　　 內膜
核仁
核質
染色質
核糖體
核孔

■ 圖 3-13　細胞核。

3-2 基因表現及蛋白質合成
Gene Expression and Protein Synthesis

1944 年，艾弗里 (Oswald Avery) 等完成了著名的肺炎球菌轉化實驗，證明了 DNA 是遺傳的物質基礎。1940 年代末到 1950 年代初，美國生物化學家查加夫 (Erwin Chargaff) 採用色譜和紫外吸收分析等方法研究了 DNA 的組成成分，發現不同來源的 DNA 分子中，嘌呤類核苷酸和嘧啶類核苷酸的總數總是相等的，這就是著名的「查加夫法則」(Chargaff's rule)。與此同時，英國物理化學家威爾金斯 (Maurice Wilkins) 等人用 X 射線繞射技術研究 DNA 的分子結構，發現 DNA 是一種螺旋結構。1951 年，英國女物理學家弗蘭克林 (Rosalind Franklin) 拍到了一張十分清晰的 DNA X 射線繞射照片。在這些研究成果的基礎上，華生 (James Watson) 和克立克 (Francis Crick) 於 1953 年提出了 DNA 的雙螺旋結構模型（圖 3-14），從此對 DNA 的研究得以快速發展。

▶ 基因密碼

一、遺傳的中心法則

DNA的雙股螺旋結構是其編碼蛋白質功能的重要物質基礎。由此確立了遺傳訊息的流動方式，即遺傳訊息透過轉錄(transcription)從DNA流向RNA，而RNA又透過轉譯(translation)決定蛋白質的合成，進而決定生物體的功能。這種DNA→RNA→蛋白質的遺傳訊息流動方式，稱為分子生物學的中心法則(central dogma)（圖3-15）。

二、遺傳密碼

傳訊RNA (messenger RNA, mRNA)分子上決定蛋白質分子中胺基酸順序的鹼基序列所編碼的遺傳訊息稱為遺傳密碼(genetic code)。mRNA中的鹼基只有腺嘌呤(adenine,

■ 圖 3-14 華生與克立克於 1953 年發現 DNA 分子結構。

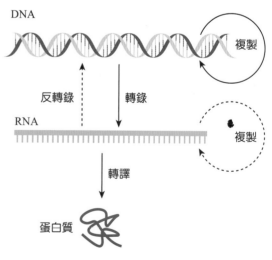

■ 圖 3-15 分子生物學的中心法則。

A)、鳥嘌呤(guanine, G)、胞嘧啶(cytosine, C)和尿嘧啶(uracil, U)〔在DNA中為胸腺嘧啶(thymine, T)〕四種，而蛋白質中的常見胺基酸有20餘種。mRNA上相鄰的三個鹼基決定一種胺基酸。每三個相鄰的鹼基組合為一組稱為三聯體(triplet)，為多胜肽鏈中的某一個胺基酸編碼，因此又把mRNA中的每個三聯體稱為密碼子(codon)。在64種三聯體中，有61種是為20種胺基酸編碼，其中編碼甲硫胺酸的密碼AUG，若位於mRNA的起始端，則是蛋白質合成的起始訊號，稱為**起始密碼**(initiation codon)；另外，還有三個密碼，即UAA、UAG和UGA，它們不編碼任何胺基酸，而是多胜肽鏈延長的終止訊號，稱為**終止密碼** (termination codon)（表3-1）。

轉 錄

轉錄(transcription)是以DNA為模板合成RNA的過程（圖3-16），是在RNA聚合酶(RNA polymerase)的催化下完成的。RNA聚合酶與DNA模板上的特殊序列結合後，DNA雙股解旋並打開，形成一段單股區域。依照鹼基互補配對原則，即鳥嘌呤(G)只能與胞嘧啶(C)配對，腺嘌呤(A)只能與尿嘧啶(U)配對，四種核苷酸在RNA聚合酶的作用下合

表 3-1　遺傳密碼表

第一鹼基 (5' 端)	第二鹼基				第三鹼基 (3' 端)
	U	C	A	G	
U	UUU 苯丙胺酸	UCU 絲胺酸	UAU 酪胺酸	UGU 半胱胺酸	U
	UUC 苯丙胺酸	UCC 絲胺酸	UAC 酪胺酸	UGC 半胱胺酸	C
	UUA 白胺酸	UCA 絲胺酸	UAA 終止	UGA 終止	A
	UUG 白胺酸	UCG 絲胺酸	UAG 終止	UGG 色胺酸	G
C	CUU 白胺酸	CCU 脯胺酸	CAU 組胺酸	CGU 精胺酸	U
	CUC 白胺酸	CCC 脯胺酸	CAC 組胺酸	CGC 精胺酸	C
	CUA 白胺酸	CCA 脯胺酸	CAA 麩胺醯胺	CGA 精胺酸	A
	CUG 白胺酸	CCG 脯胺酸	CAG 麩胺醯胺	CGG 精胺酸	G
A	AUU 異白胺酸	ACU 蘇胺酸	AAU 門冬醯胺	AGU 絲胺酸	U
	AUC 異白胺酸	ACC 蘇胺酸	AAC 門冬醯胺	AGC 絲胺酸	C
	AUA 異白胺酸	ACA 蘇胺酸	AAA 離胺酸	AGA 精胺酸	A
	AUG 甲硫胺酸 / 起始	ACG 蘇胺酸	AAG 離胺酸	AGG 精胺酸	G
G	GUU 纈胺酸	GCU 丙胺酸	GAU 門冬胺酸	GGU 甘胺酸	U
	GUC 纈胺酸	GCC 丙胺酸	GAC 門冬胺酸	GGC 甘胺酸	C
	GUA 纈胺酸	GCA 丙胺酸	GAA 麩胺酸	GGA 甘胺酸	A
	GUG 纈胺酸	GCG 丙胺酸	GAG 麩胺酸	GGG 甘胺酸	G

成RNA。通常，將DNA雙股中作為轉錄模板的一股稱為**模板股**(template strand)，與其互補的另一股稱為**編碼股**(coding strand)，該股與轉錄產物的序列相同，只是在轉錄中將DNA中的胸腺嘧啶(T)變成了RNA中的尿嘧啶(U)。由轉錄產生的RNA分子包括三種類型，即攜帶有蛋白質合成訊息的**傳訊RNA**(mRNA)、參與核糖體組成和功能的**核糖體RNA** (rRNA)及參與蛋白質合成中胺基酸運輸的**移轉RNA** (tRNA)。

剛轉錄出來的RNA分子通常需要經過加工處理後，才能形成成熟的RNA分子。例如經轉錄而成的mRNA稱為pre-mRNA (precursor messenger RNA)，pre-mRNA只有10~20%的序列是mRNA的序列，其他絕大部分序列會在成熟過程中被切除。pre-mRNA的剪接是透過剪接體(tspliceosome)完成的，剪接體將pre-mRNA中的**內含子**(intron)切掉，把各個**外顯子**(exon)連接起來。由此，pre-mRNA加工成為成熟的mRNA分子。

真核細胞中**rRNA前體的加工在核仁中進行**。rRNA的加工也包括化學修飾作用，主要是甲基化。在切去內含子後，最後形成成熟rRNA。tRNA前體在經加工處理後，使tRNA分子單股內部自身折疊，最終形成特殊的三葉草構形（圖3-17）。

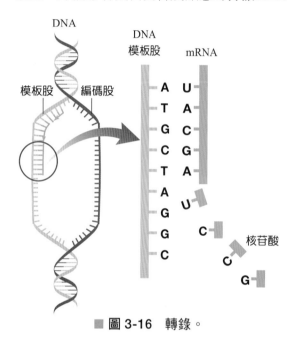

■ 圖 3-16　轉錄。

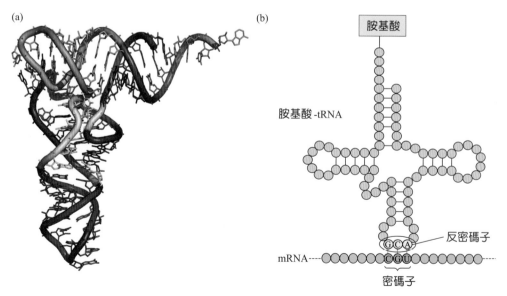

■ 圖 3-17　tRNA。

轉 譯

生物體內蛋白質的合成稱為轉譯 (translation)，是以**RNA上的遺傳訊息引導特定胺基酸序列合成**的過程（圖3-18）。蛋白質的合成主要在核糖體中進行，核糖體大小次單元上有多個與蛋白質合成相關的活性部位，這些活性部位包括：(1) **mRNA結合位**(mRNA binding site)；(2)與**胺醯tRNA** (aminoacyl-tRNA)結合的**A位**(A site)；(3)與**胜肽醯tRNA** (peptidyl -tRNA)結合的**P位**(P site)；(4) **E位**(E site)則是空載tRNA離開的部位。其中，mRNA結合位位於小次單元上，A位、P位及E位位於大次單元上（圖3-19）。

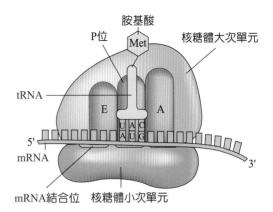

■ **圖 3-19** 核糖體上與蛋白質合成相關的活性部位。

此外，在核糖體上還有與合成蛋白質有關的其他起始因子(initiation factor, IF)、延伸因子(elongation factor, EF)、終止因子(release factor, RF)等的結合位點。

轉譯過程可分為以下幾個階段：

1. **胺基酸的活化**：進行蛋白質合成前，先要活化胺基酸。每一種胺基酸都由專一的 tRNA 攜載，首先在專一的胺醯 tRNA 合成酶的催化下，使胺基酸被活化並連接到 tRNA 的 3' 端的 -CCA 的 A 端上，形成胺醯 tRNA 複合體。

2. **起 始** (initiation)：核糖體小次單元和 mRNA 結合，起始 tRNA (fMet-tRNA) 識別 mRNA 上的起始密碼並進入核糖體 P 位並釋放 IF，然後大次單元再與之結合形成完整的核糖體。

3. **延 伸** (elongation)：指胜肽鏈的延伸，這一過程需要 EF 和 GTP 的參與。開始時，胺醯 RNA 進入 A 位（圖 3-20）。A 位的胺醯 tRNA 所攜帶的胺基酸與 P 位的胜肽醯 tRNA 的胜肽鏈（或起始胺基酸）形成胜肽鏈，使胜肽鏈延長一個胺基酸，而 P 位的 tRNA 變為空載。接著，核糖體沿

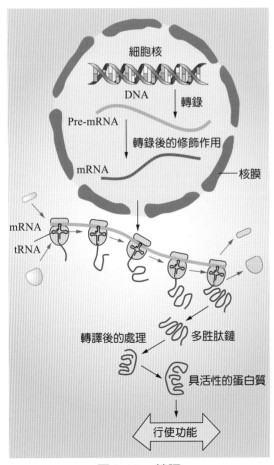

■ **圖 3-18** 轉譯。

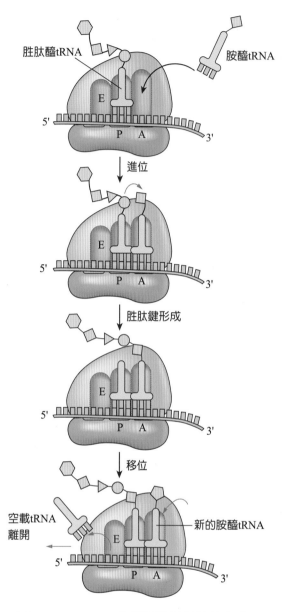

胜肽醯tRNA

胺醯tRNA

E

P A

進位

E

P A

胜肽鍵形成

E

P A

移位

空載tRNA
離開

新的胺醯tRNA

E

P A

■ 圖 3-20 mRNA 的轉譯與胜肽鏈的合成。

mRNA 向前移動一個密碼子的距離，移位
的同時將 P 位的空載 tRNA 經 E 位離開核
糖體，A 位的 tRNA 移至 P 位，以便新的
胺醯 tRNA 進入 A 位。

4. 終止 (termination)：隨著胜肽鏈的延伸，
當核糖體的 A 位移到終止密碼 UAA、
UAG、UGA 時，任何胺醯 tRNA 都不能進
位，只有相關的終止因子 (RF) 能識別終止

密碼。細胞中的 RF 與 A 位上的終止密碼
結合，可以使 P 位上的胜肽鏈從 tRNA 上
釋放。然後 tRNA 從 P 位上脫落，核糖體
大、小次單元解聚並與 mRNA 分離，完成
胜肽鏈的合成過程。

▶ 蛋白質的修飾、包裝及分泌

多胜肽鏈的胺基酸組成和排列順序決
定了蛋白質的性質，而蛋白質功能決定於多
胜肽鏈的三級結構。內質網為新生多胜肽鏈
的正確折疊和裝配提供了有利環境。在內
質網中有豐富的氧化型麩胱甘肽 (oxidized
glutathione, GSSG)，有利於多胜肽鏈上半
胱胺酸殘基之間雙硫鍵 (disulfide bond) 的
形成。蛋白雙硫鍵異構酶 (protein disulfide
isomerase) 的存在，可以使雙硫鍵的形成及
多胜肽鏈的折疊速度大大加快。內質網中的
結合蛋白 (binding protein) 不僅能夠識別折疊
錯誤的多胜肽和尚未完成裝配的蛋白質次單
元，還可以促使它們重新折疊和裝配。

蛋白質的醣基化 (glycosylation) 是指單
醣或寡醣與蛋白質之間透過共價鍵結合形成
醣蛋白的過程。粗糙內質網上附著的核糖體
所合成的蛋白質進入內質網腔後，大部分都
要進行醣基化，而在游離核糖體中合成的蛋
白質在細胞質中不進行醣基化。

由核糖體合成的分泌蛋白質，進入內
質網腔經過折疊和醣基化作用後，並不能
直接被分泌，而是經由運輸小泡 (transport
vesicle) 運輸至高基氏體，在高基氏體進行修
飾加工後，再從高基氏體輸出。高基氏體可
將不同蛋白質分類並分裝形成不同的運輸小
泡，最後以膜泡運輸的方式運送到相應部位。

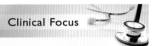

臨·床·焦·點　　　　　　　　　　　　Clinical Focus

亨丁頓氏症 (Huntington's Disease)

亨丁頓氏症又稱為亨丁頓氏舞蹈症 (Huntington's chorea)，由位於第 4 對染色體上稱作 huntingtin 的缺損基因所導致，其編碼區 5' 端 $(CAG)_n$ 的動態突變可導致疾病的發生，且 $(CAG)_n$ 重複的多寡與發病的早晚、嚴重程度呈正比。正常人的 $(CAG)_n$ 重複次數為 9~34 次，亨丁頓氏症病人則大於 36 次，最多可超過 120 次。

該病常見於 30~45 歲時緩慢發病，病人有大腦基底核的病變，可引起廣泛的腦萎縮，主要損害位於尾狀核、豆狀核（主要是殼核）和額葉。臨床表現為進行性加重的舞蹈樣不自主運動（不能控制的痙攣和書寫動作）和智能障礙。病人的舞蹈樣運動的動作快，而且波及全身肌肉，但以顏面和上肢最明顯。隨著病情加重，可出現語言不清，甚至發音困難，最終出現癡呆。此外，病人常有欣快表情、生活懶散、衣著不整、妄想或幻想，部分病例可有癲癇發作。

3-3　細胞週期
The Cell Cycle

細胞增殖是細胞生命活動的重要特徵之一，也是個體生長和物種繁衍的基礎。人體從受精卵發育為初生嬰兒，細胞數目由一個增至 10^{12} 個。成人細胞仍需要進行細胞增殖，以彌補衰老和死亡的細胞，維持細胞數量的平衡和個體的正常功能。

細胞增殖的方式有兩種，即有絲分裂和減數分裂。人體有些細胞會經常分裂，如皮膚的表皮和胃壁細胞可分別在大約 2 週及 2~3 天汰換更新，但成人的神經和橫紋肌細胞則根本不再分裂。

本節主要介紹 DNA 複製、細胞分裂的基本過程以及細胞死亡的相關知識。

▶ DNA 複製

DNA 複製 (DNA replication) 是以親代 DNA 為模板合成與自身分子結構相同的子代 DNA 的過程。遺傳訊息就是透過親代 DNA 分子的複製，以細胞分裂的方式傳遞給子代的。每個子代 DNA 的一股來自親代的 DNA，另一股則是新合成的，所以 DNA 分子的複製為**半保留複製** (semiconservative replication)（圖 3-21）。通常將 DNA 複製過程分為起始、延伸、終止三個階段。

1. **起始**：所有已知的 DNA 分子都是從複製起點 (origin of replication) 開始複製的。DNA 解旋酶 (DNA helicase) 及相關的蛋白質結合到複製起點，將複製起點的 DNA 雙股解開。然後，從複製起點開始，在 RNA 聚合酶的作用下，以 3'→5' DNA 股為模板，按照鹼基互補配對原則沿 5'→3' 方向合成一小段 RNA 引子 (primer)。

2. **延伸**：由於 DNA 聚合酶只催化新股沿 5'→3' 方向延伸，所以親代 DNA 的一股可以被連續複製，而另一股則只能以短片段的方式進行複製，合成的 DNA 小片段稱為**岡崎片段** (Okazaki fragment)。連續複製的 DNA 股稱為**領先股** (leading strand)，其延伸方向與解鏈方向一致，複製速度快；

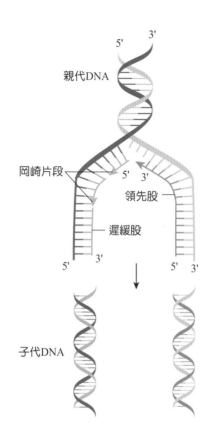

■ 圖 3-21　DNA 的複製。

不連續複製的 DNA 股稱為**遲緩股** (lagging strand)，由許多岡崎片段組成，其延伸方向與解鏈方向相反，複製速度慢。

3. **終止**：當兩個相反的複製叉(replicating fork)相遇以及新合成的DNA股連接時，RNA引子被水解，DNA新股繼續延伸填補引子留下的空隙。在DNA連接酶的作用下，兩個相鄰的岡崎片段被連接起來，形成一條完整的股，複製完成。

▶ 細胞週期

　　細胞週期(cell cycle)是指細胞從上一次有絲分裂結束開始到下一次有絲分裂結束為止所經歷的整個過程（圖3-22）。細胞週期被分為G₁期、S期、G₂期和M期四個時期。在細胞週期中要完成兩個過程，一個是在G₁期、S期和G₂期發生DNA遺傳物質的複製和整個細胞結構組成的加倍，主要表現為分子層次上的變化；另一個是在M期發生的DNA遺傳物質精確地等分到兩個子細胞中，主要表現為形態學上的變化。

　　有些細胞可以在細胞週期中進行連續分裂，如上皮基底層細胞、部分骨髓細胞等，這類細胞的分裂對於組織的更新具有重要意義。而肝臟、腎臟等器官的細胞在一般情況下不進行分裂，但在受到一定刺激後即可進入細胞週期，並開始分裂，此類細胞稱為G₀期細胞，生物組織的再生、創傷的癒合、免疫反應等均與此相關。還有一類結構及功能都高度特化的終末分化細胞(terminally differentiated cell)，這類細胞完全失去了增殖能力，如神經細胞、肌肉細胞及成熟紅血球等。

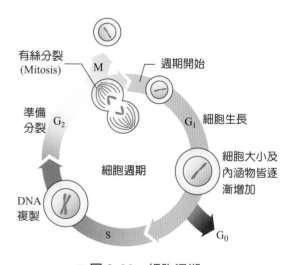

■ 圖 3-22　細胞週期。

一、G₁ 期

G₁期是**DNA合成前期**，是從細胞分裂完成到DNA合成開始的一段時期。G₁期細胞要發生一系列的生化變化，為進入S期準備必要的條件，其中最主要的是RNA和蛋白質的合成。S期所需的與DNA複製相關的酵素如DNA聚合酶、DNA解旋酶等，以及由G₁期向S期轉變的相關蛋白質均在此期合成。在G₁期，細胞的生長主要表現為RNA、蛋白質、脂質以及醣類的大量合成，形成大量的胞器及其他結構，使細胞體積、表面積及核質比增加。

二、S 期

S 期是 **DNA 合成期**，其結果是使 DNA 的含量增加一倍，這也是 DNA 在細胞週期中功能最活躍的時期。S 期是細胞進行大量 DNA 複製的階段，組織蛋白和非組織蛋白也在此期間大量合成。DNA 的複製需要多種酵素的參與。隨著細胞由 G₁ 期進入 S 期，這些酵素的含量或活性可顯著增高。中心粒的複製也在 S 期完成。

三、G₂ 期

G₂ 期為**有絲分裂準備期**，是從 DNA 合成結束到分裂期開始前的階段。G₂ 期將加速合成新的 RNA 和蛋白質，這些 RNA 和蛋白質是細胞進入 M 期所必需的。已複製的中心粒在 G₂ 期逐漸長大，並開始向細胞兩極分離。另外，在 S 期尚有約 0.3% 的 DNA 未複製部分在 G₂ 期完成。

四、M 期

M期為**有絲分裂期**，在此期間，染色質高度凝集成染色體，並發生同源染色體分離，核膜、核仁破裂後再重建，隨著兩個子核的形成，細胞質也一分為二，由此完成細胞分裂。在分子層次上，RNA的合成幾乎完全被抑制，除了一部分與細胞週期調控密切相關的蛋白外，細胞蛋白質的合成也幾乎全部停止。M期的具體變化詳見下一段「有絲分裂」。

▶ 有絲分裂

有絲分裂 (mitosis) 是真核細胞體細胞分裂的主要方式。有絲分裂期即細胞週期中的 M 期，是一個連續的過程，按其時間順序可分為前期、中期、後期和末期（圖 3-23）。

一、前 期

前期(prophase)的主要特徵是染色質凝集成染色體、紡錘體形成、核仁消失及核膜崩解。前期開始的第一個特徵是染色質不斷

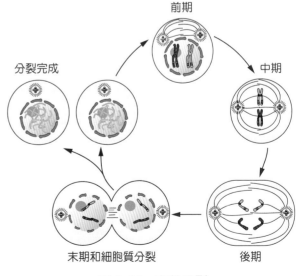

■ 圖 3-23　有絲分裂。

濃縮和形成染色體的過程。有絲分裂最早期的形態學變化就是在間期**已完成複製的兩組中心體彼此分開**，並分別向細胞的兩極移動；此時，雙極的紡錘體形成。在染色質凝集的同時，位於核膜下的核纖層蛋白多個位點發生磷酸化，導致核纖層分解，進一步導致核膜的破裂。核仁中的DNA也分別加到各自所屬的染色體的組裝中，核仁中的RNA及蛋白質則分散在細胞質中，核仁消失宣告前期的結束。

二、中　期

中期 (metaphase) 的主要特徵是**染色體排列在赤道面上**。染色體達到最大限度的壓縮狀態並排列在赤道面上，細胞即進入中期。經過前期後，染色體的中央節處於同一平面，著絲點 (kinetochore) 微小管負責將染色體排列在紡錘體兩極的中間，並調整染色體的方位，使它們的長軸垂直於紡錘體軸。一般小的染色體排列在內側，大的排列在邊緣。

三、後　期

後期(anaphase)的主要特徵是**子染色體(sister chromatids)分開並向兩極遷移**。分裂中期排列在赤道面上的染色體，其同源染色體藉中央節相連。進入後期，染色體幾乎同時在中央節處分離成兩條染色絲(chromatid)，並分別被著絲點微小管拉向兩極。在後期結束時，染色體在兩極合併成團。

四、末　期

末期 (telophase) 的主要特徵是兩個子細胞核的形成和**細胞質分裂 (cytokinesis)**。染色體達到兩極後開始解聚並逐漸形成纖維狀染色質，與此同時，分布在細胞質中的核膜小泡在核纖層蛋白聚合的過程中開始向染色體表面聚集，在染色體團的周圍形成核膜，並形成新的核仁。至此，有絲分裂的細胞核分裂過程已經完成。

核分裂與細胞質分裂不一定同步進行。細胞質分裂的過程大致為，首先在細胞中部，細胞膜及相應的細胞質向紡錘體呈垂直方向收縮形成環形的分裂溝(cleavage furrow)，分裂溝逐漸深陷，最終將細胞切開，形成兩個完全分開的子細胞。

▶ 減數分裂

減數分裂 (meiosis) 是**生殖細胞的分裂方式**，其主要特點是 **DNA 複製一次，細胞進行兩次分裂，產生 4 個子細胞，子細胞中的染色體數目是親代的一半**（圖 3-24）。減數分裂的兩次分裂分別稱為：(1) 第一次減數分裂，或稱為減數分裂 I (meiosis I)，以及 (2)

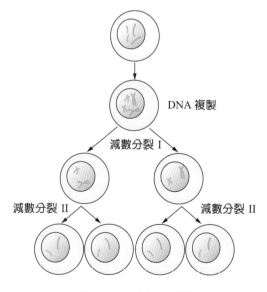

■ 圖 3-24　減數分裂。

第二次減數分裂，或稱為減數分裂 II (meiosis II)。

一、減數分裂 I

減數分裂 I 是同源染色體透過聯會 (synapsis) 進行片段交換然後分開的過程，可進一步分為前期 I、中期 I、後期 I 和末期 I。

1. **前期 I**：前期 I 的持續時間較長，有的可持續數週、數月，甚至數年、數十年。前期 I 的主要事件是染色質的凝集和同源染色體的聯會。同源染色體的配對稱為聯會，在同源染色體聯會部位形成一種特殊的複合結構，稱為聯會複合體 (synaptonemal complex)。每一對染色體都由 4 條染色絲組成，所以又稱為四分體 (tetrad)。在前期 I，同源染色體重組完成，一對對同源染色體以四分體的形式分散於細胞內，核膜、核仁消失，紡錘體開始形成。

2. **中期 I**：與有絲分裂中期相似，該期中紡錘體已發育完善，染色體排列在細胞赤道面上。而與有絲分裂不同的是，中期 I 的每個四分體上有 4 個著絲點，每條同源染色體上有 2 個，一側紡錘體發出的微小管只和同側的 2 個著絲點相連。

3. **後期 I**：位於赤道面上的同源染色體經同源重組後，在紡錘體的作用下分離並向兩極移動，到達每一極的染色體數目是親代染色體數目的一半。另外，同源染色體是隨機分向兩極的，非同源染色體之間可發生自由組合，產生許多種組合方式。

4. **末期 I**：染色體到達兩極後便開始進入末期，染色體去凝集成細絲狀或不發生明顯的去凝集，核仁、核膜重新出現，同時進行細胞質分裂，最終形成兩個子細胞。

二、減數分裂間期

生物在減數分裂 I 和減數分裂 II 之間有一個短暫的間期，稱為減數分裂間期 (interkinesis)。在此期間不進行DNA合成，也不發生染色體複製。有的生物沒有減數分裂間期，在末期 I 後直接進入減數分裂II。

表 3-2　有絲分裂與減數分裂的比較

	有絲分裂	減數分裂
分裂次數	1	2
前期	無染色體的配對、交換、重組	染色體配對、交換、重組（前期 I）
中期	與染色體兩個著絲點相連的微小管分別位於染色體兩側	與染色體兩個著絲點相連的微小管位於染色體同側
後期	染色絲移向細胞兩極	同源染色體分別移向細胞兩極
末期	染色體數目不變	染色體數目減半
分裂結果	子細胞染色體數目與親代相同；子細胞遺傳物質與親代相同	子細胞染色體數目為親代一半；子細胞遺傳物質與親代及其他子細胞之間均不相同

三、減數分裂 II

減數分裂 II 的過程與有絲分裂相似，可分為前期 II、中期 II、後期 II 和末期 II 四個階段。細胞在進行減數分裂 II 時，若染色體已去凝集，則在前期 II 發生再凝集。在中期 II 染色體排列在赤道面上，每一染色體由兩條子染色體組成。後期 II 子染色體發生分離並分別移向兩極，最終在末期 II 形成新的子細胞。

經過上述減數分裂過程，由一個母細胞分裂成 4 個子細胞。子細胞的染色體數目為母細胞的一半，成為單倍體的生殖細胞。當精子和卵細胞結合後，受精卵又重新組合成二倍體細胞，故減數分裂在生物遺傳和生命週期中具有重要意義。

▶ 細胞死亡

根據細胞死亡 (cell death) 的特徵可將其分為兩類，即**細胞壞死 (cell necrosis)** 和**計劃性細胞死亡 (programmed cell death)**，後者又稱為**細胞凋亡 (apoptosis)**。

細胞壞死主要是指受到環境因素，如溫度、放射線、滲透壓、化學物質以及細菌和病毒感染等影響，導致細胞死亡的病理過程，常表現為成群細胞的丟失或破壞。

細胞凋亡是指為了維持細胞內環境穩定，由基因控制的細胞自主有序的死亡，它是一種主動過程，涉及一系列基因的啟動、表現及調控等作用。細胞凋亡的形態學改變包括細胞皺縮、染色質凝集、凋亡小體 (apoptotic body) 形成等，以細胞核的變化為主。另外，細胞還會發生一系列複雜多樣的生化變化，如 DNA 片段化、RNA 和蛋白質合成增加、Ca^{2+} 濃度升高、粒線體通透性改變等。誘發細胞凋亡的因素有很多，主要包括：(1) 生理性誘導因素，如糖皮質激素、腫瘤壞死因子 (tumor necrosis factor, TNF)、神經傳遞物質麩胺酸及多巴胺等；(2) 細胞損傷相關因素，如熱休克、病毒感染、細菌毒素、氧化劑、自由基及缺血、缺氧等；(3) 與治療相關的藥物和技術，如多種化療藥物、放射線、輻射等。細胞凋亡與細胞壞死之間的比較見表 3-3。

細胞凋亡在人體生長發育過程中有著極為重要的生理意義。一方面，人體可以透過細胞凋亡控制細胞數目、去除不需要的結構，同時可以清除一些遭病毒感染的細胞、腫瘤細胞以及衰老的細胞，對細胞具有保護作用。在健康成人體內成熟組織的細胞發生凋亡的數量是十分驚人的，如在骨髓和腸道中，每小時約有十億個細胞發生凋亡。另一方面，凋亡在正常細胞生存與死亡的平衡中具有調節作用，如果該平衡出現異常，則會導致各種疾病如腫瘤、阿茲海默氏病 (Alzheimer's disease) 及類風濕性關節炎 (rheumatoid arthritis) 等的發生。

3-4 酵素
Enzymes

酵素是具有高度催化效率和高度專一性 (specificity) 的蛋白質，在生物體內作為催化劑發揮作用。生物體內每時每刻都在進行各種不同的化學反應，而這些化學反應幾乎都是由酵素催化的。本節主要介紹酵素作為催化劑的主要特徵、酵素作用的機制及酵素活性的調控方式。

表 3-3 細胞凋亡與細胞壞死的比較

比較項目	細胞凋亡	細胞壞死
誘導因素	生理或病理因素	強烈刺激因素
能量需求	依賴 ATP	不依賴 ATP
形態學	細胞皺縮，與鄰近細胞的連接喪失	腫脹，形態不規則
細胞膜	始終保持良好的整合性	破裂
胞器	形態改變較輕微，結構完整	腫脹、破裂、結構崩解
細胞核	固縮、斷裂，並可被細胞膜分塊包裹	固縮、核膜破裂、分解
粒線體	腫脹、通透性增加、釋放細胞色素 c	腫脹、破裂、ATP 耗盡
凋亡小體	形成一個或多個	無
DNA	核小體 DNA 斷裂，有規律的降解	隨機斷裂成大小不等的片段
分子機制	由凋亡相關基因調控	無基因調控
代謝反應	蛋白酶參與的級聯反應 (cascade reaction)	無有秩序的代謝反應
周圍組織反應	無炎症性破壞	引起炎症反應
對個體影響	個體正常存活所必需	產生損傷、破壞作用

臨·床·焦·點　　　　　Clinical Focus

癌症 (Cancer)

　　癌症也稱為惡性腫瘤 (malignant tumor)，相對的有良性腫瘤 (benign tumor)。腫瘤 (tumor) 是指生物體在各種致瘤因素作用下，局部組織的細胞異常增生而形成的局部腫塊。

　　良性腫瘤容易清除乾淨，一般不轉移、不復發，對器官及鄰近組織只有擠壓和阻塞作用。但惡性腫瘤通常生長迅速，呈浸潤性生長，可破壞周圍組織，無包膜或僅有假包膜，腫瘤分化差，組織及細胞形態與其相應的正常組織相差甚遠，顯示異形性，排列凌亂，細胞核形狀不規則，核仁增大、增多，並出現病理性核分裂現象；腫瘤內多出現繼發性改變，如出血、壞死、囊性變性 (cystis degeneration) 及感染等。病人最終可能由於器官功能衰竭而死亡。

　　癌症的發病是一個非常複雜的過程，涉及外部環境和生命個體眾多因素。外部環境因素有物理因素、化學因素、生物因素以及生活方式和飲食習慣等。生命個體因素方面是指遺傳物質或基因容易發生結構變異或表現異常。在多種因素不同程度的綜合作用下，人體內的某部分細胞的基因發生了結構和功能改變，形成了能夠不受生物體調控的自主增殖的癌細胞，這些癌細胞在增殖過程中將破壞或占據周圍正常組織，甚至擴散到生物體的其他部位。

▶ 化學反應

分子破裂成原子，原子重新排列組合生成新物質的過程稱為化學反應 (chemical reaction)，其實質是舊化學鍵 (chemical bond) 斷裂和新化學鍵形成的過程。判斷一個反應是否為化學反應的依據是反應是否生成新的物質。

在化學反應中，參加反應的物質叫做**反應物** (reactant)，得到的物質稱為**產物** (product)。**受質** (substrate) 為參與生化反應的物質，可為化學元素、分子或化合物，經酵素作用可形成產物。一個生化反應的受質往往同時也是另一個化學反應的產物。在化學反應裡能改變其他物質的化學反應速率，而本身的質量和化學性質在反應前後都沒有

發生變化的物質叫做**催化劑** (catalyst)，亦稱為**觸媒**；催化劑在化學反應中所產生的作用叫催化作用 (catalytic action)。

酵素作為生物催化劑和一般催化劑相比有其共同性，都能顯著改變化學反應速率，而其本身在反應前後不發生變化。另外，酵素作為催化劑還有以下特性：

1. 易失去活性：高溫、強酸、強鹼、重金屬鹽等都能使酵素失去催化活性。
2. 具有很高的催化效率：生物體內的大多數反應，在沒有酵素的情況下幾乎是不能進行的（表 3-4）。
3. 具有高度專一性：酵素對催化的反應和反應物有嚴格的選擇性，它往往只能催化某一種或一類反應，作用於某一種或一類物質。

表 3-4　酵素催化反應與非催化反應的比較

反　應	酵　素	催化反應速率 V_e (s⁻¹)	非催化反應速率 V_u (s⁻¹)	V_e/V_u
$CH_3\text{-}O\text{-}PO_3^{2-}+H_2O$ $\rightarrow CH_3OH+HPO_4^{2-}$	鹼性磷酸酶 (Alkaline phosphatase)	14	1×10^{-15}	1.4×10^{16}
$HN_2CONH_2+2H_2O+H^+$ $\rightarrow 2NH_4^++HCO_3^-$	尿素酶 (Urease)	3×10^4	3×10^{-10}	1×10^{14}
$RCOOCH_2CH_3+H_2O$ $\rightarrow RCOOH+HOCH_2CH_3$	胰凝乳蛋白酶 (Chymotrypsin)	1×10^2	1×10^{-10}	1×10^{12}
肝醣 (n)+P_i $\rightarrow$肝醣 (n-1)+ 葡萄糖 -1-P	肝醣磷酸化酶 (Glycogen phosphorylase)	1.6×10^{-3}	$<5\times10^{-15}$	$>3.2\times10^{11}$
葡萄糖 +ATP $\rightarrow$葡萄糖 -6-P+ADP	己糖激酶 (Hexokinase)	1.3×10^{-3}	$<1\times10^{-13}$	$>1.3\times10^{10}$
$CH_3CH_2OH+NAD^+$ $\rightarrow CH_3CHO+NADH+H^+$	乙醇去氫酶 (Alcohol dehydrogenase)	2.7×10^{-3}	$<6\times10^{-12}$	$>4.5\times10^8$
$CO_2+H_2O \rightarrow HCO_3^-+H^+$	碳酸酐酶 (Carbonic anhydrase)	10^5	10^{-2}	$>1\times10^7$
肌酸 +ATP $\rightarrow$ Cr-P+ADP	肌酸激酶 (Creatine kinase)	4×10^{-5}	$<3\times10^{-9}$	$>1.33\times10^4$

4. 活性的可調節性：酵素濃度可受以下兩種方式調節，一種是誘導或抑制酵素的合成，一種是透過調節酵素的降解；而酵素活性主要透過激素、迴饋抑制、抑制劑和活化劑等方式進行調節。

▶ 酵素作用的機制

　　酵素按其分子組成可分為單純酵素(simple enzyme)和結合酵素(conjugated enzyme)。單純酵素是僅由胜肽鏈構成的酵素，例如尿素酶、消化蛋白酶、澱粉酶、脂肪酶、核糖核酸酶等均屬於此類。結合酵素由蛋白質部分和非蛋白質部分組成，前者稱為**酶蛋白**(apoenzyme)，後者稱為**輔因子**(cofactor)。輔因子是金屬離子或小分子有機化合物，按其與酶蛋白結合的緊密程度及作用特性可分為**輔酶**(coenzyme)和**輔基**(prosthetic group)。酶蛋白與輔因子結合形成的複合物稱為**全酶**(holoenzyme)，只有全酶才有催化功能。有些酵素在細胞內合成或分泌，或在其發揮催化功能之前只是酵素的無活性前體，稱為**酶原**(zymogen)。酶原必須在一定的條件下構形發生變化，才能表現出酵素的活性。

　　酵素分子中胺基酸殘基的側鏈具有不同的化學基團，其中一些與酵素活性密切相關，稱為酵素的必需基團(essential group)。這些必需基團在一級結構上可能相距很遠，但在空間結構上彼此靠近，組成具有特定空間結構的區域，能與受質(substrate)專一性結合並將其轉化為產物。這一區域稱為酵素的**活化中心**(active site)。酵素活化中心內的必需基團有兩類：(1)結合基團(binding group)結合受質與輔酶，使之與酵素形成複合物；(2)催化基團(catalytic group)則影響受質中某些化學鍵的穩定性，催化受質發生化學反應並將其轉變成產物。

　　酵素在發揮其催化作用之前，必須先與受質密切結合。在酵素與受質相互接近時，其結構相互誘導、相互變形和相互適應，進而相互結合，形成**酵素－受質複合物**(enzyme-substrate complex)，這一過程稱為**酵素－受質結合的誘導契合假說** (induced-fit hypothesis)。該假說認為酵素分子的構形(conformation)與受質的結構本身並不是完全吻合的，酵素在受質分子的作用下發生構形改變，利於酵素活化中心的形成，受質也在酵素的誘導下發生變形，處於不穩定的過渡態(transition state)，易受酵素的催化攻擊。

　　酵素分子內部疏水性胺基酸較豐富，常形成疏水性「口袋」，其活化中心多位於疏水性「口袋」中。疏水性環境可以排除水分子的干擾，有利於受質和酵素分子間的直接接觸，同時也排除了周圍大量水分子對受質和酵素的功能基團的干擾性吸引或排斥，使酵素的活性基團對受質的催化反應更為有效。

　　通常酶促反應的受質濃度很低，只有受質分子之間以正確方向相互碰撞才能發生反應。在酵素的作用下，受質可聚集到酵素的活化中心部位，它們相互靠近形成利於反應的正確定向關係，與此同時，也可誘導酵素發生一系列構形變化，使其催化基團和結合基團正確排列定位，利於受質和酵素更好

的互補，這一過程稱為鄰近效應 (proximity effect) 和定向排列 (orientation arrange)。鄰近效應實際上是將分子間的反應變成類似於分子內的反應，從而提高催化速率。

▶ 酵素活性的調控

一、酶原的啟動

酶原向酵素的轉化過程稱為酶原的啟動，實質上是酵素的活化中心形成或暴露的過程。許多酵素在最初被分泌時都是以無活性的酶原形式存在，在一定條件下水解一個或幾個短胜肽，才轉化成有活性的酵素。例如，胰蛋白酶原進入小腸後，在 Ca^{2+} 存在下受腸激酶 (enterokinase) 的啟動，第 6 位離胺酸殘基與第 7 位異白胺酸殘基之間的胜肽鍵被切斷，水解掉一個六胜肽，分子的構形發生改變，形成酵素的活性中心，從而成為具有催化活性的胰蛋白酶。

酶原的啟動具有重要的生理意義，消化管內的蛋白酶以酶原形式分泌，不僅保護消化器官本身不受酵素的水解破壞，而且確保酵素可在其特定的部位與環境發揮其催化作用。此外，酶原還可以視為酵素的儲存形式。

二、透過激素調節酵素活性

激素經由與細胞膜或細胞內接受器結合而引起一系列生物學效應，以此來調節酵素的活性。如人類乳腺組織中合成乳糖是由乳糖合成酶 (lactose synthetase) 催化的，該酵素由催化次單元和調節次單元組成。在懷孕期間，催化次單元和調節次單元在乳腺中合成，但調節次單元合成的很少。當分娩後，由於激素急劇增加，使調節次單元大量合成，並和催化次單元結合成乳糖合成酶，大量合成乳糖以適應生理需要。

三、透過迴饋抑制調節酵素活性

許多小分子物質的合成是由一連串的反應組成的，催化此物質生成的第一步的酵素，往往被它們的終產物所抑制，這種抑制稱為**迴饋抑制**(feedback inhibition)。例如由蘇胺酸(threonine)生物合成為異白胺酸(isoleucine)要經過5個步驟，反應第一步由蘇胺酸去胺酶(threonine deaminase)催化，當終產物異白胺酸濃度達到足夠水平時，該酵素就被抑制，異白胺酸結合到酵素的一個調節部位上，對酵素產生抑制；當異白胺酸的濃度下降到一定程度時，蘇胺酸去胺酶又重新表現活性，從而又重新合成異白胺酸。

四、抑制劑和活化劑對酵素活性的調節

酵素可受大分子抑制劑或小分子物質抑制，從而影響其活性。例如：胰蛋白酶抑制劑(trypsin inhibitor)可以抑制胰蛋白酶的活性；一些含Ag^+、Cu^{2+}、Hg^{2+}、Pb^{2+}、Fe^{3+}的重金屬鹽在高濃度時能使酶蛋白變形失活，在低濃度時則對某些酵素的活性產生抑制作用；氰化物(cyanide)、硫化物(sulfide)和一氧化碳(CO)能與酵素中金屬離子形成較穩定的結合，使酵素的活性受到抑制。氰化物之劇毒性即因其可與某些酵素〔如細胞色素氧化酶(cytochrome oxidase)〕中的Fe^{2+}結合，使酵素失活而阻止細胞呼吸。

活化劑 (activator) 則能夠提高酵素的活性，活化劑中大部分是無機離子或簡單的有機化合物。如 Mg²⁺ 是多數激酶 (kinase) 及合成酶 (synthetase) 的活化劑，Cl⁻ 是唾液澱粉酶 (amylase) 的活化劑。

五、酵素的異位調節作用

酵素分子的非催化部位，在與某些化合物之間發生可逆的非共價結合後，可產生構形變化，進而改變酵素的活性狀態，此稱為酵素的**異位調節作用**(allosteric regulation)。具有這種調節作用的酵素稱為**異位調節酵素** (allosteric enzyme)，能使酵素分子發生異位調節作用的物質〔稱為效應物(effector)〕通常為小分子代謝物或輔因子。例如，蛋白激酶A (protein kinase A)由2個催化次單元和2個調節次單元構成，調節次單元對催化次單元的活性有抑制作用。環腺苷單磷酸(cyclic adenosine monophosphate, cAMP)是一種效應物，它可與調節次單元結合，使調節次單元發生構形改變，從而與催化次單元分離，游離的催化次單元即具有催化活性。

六、酵素的共價修飾調節

酶蛋白胜肽鏈上的一些基團可與某種化學基團發生可逆的共價結合，從而改變酵素的活性，這一過程稱為酵素的共價修飾 (covalent modification) 或化學修飾 (chemical modification)。在此過程中，酵素發生無活性（或低活性）與有活性（或高活性）兩種形式的互變。

知識小補帖　Knowledge+

苯酮尿症 (phenylketonuria, PKU) 是一種常見的先天性代謝異常疾病，屬於體染色體隱性遺傳疾病。病人由於苯丙胺酸羥化酶 (phenylalanine hydroxylase, PAH) 缺乏，使得苯丙胺酸不能轉變成為酪胺酸 (tyrosine)，導致苯丙胺酸在體內蓄積並進而產生許多有毒的代謝產物，對嬰兒或孩童的腦部和中樞神經系統造成永久性的傷害。尿中大量排出的苯丙酮酸 (phenylpyruvic acid) 所產生的特殊陳腐氣味為其特徵。臨床主要表現為智能障礙、痙攣和色素減少。須及早開始給予低苯丙胺酸的飲食控制，以預防智能不足的問題。若未妥善治療，患童常在幼兒期死亡。

酵素的共價修飾包括磷酸化與去磷酸化、乙醯化與去乙醯化、甲基化與去甲基化、腺苷化與去腺苷化，以及-SH與-S-S-的互變等。其中，酵素的磷酸化與去磷酸化是最常見的共價修飾方式。

酶蛋白的磷酸化是在蛋白激酶 (protein kinase) 的催化下，將來自 ATP 的磷酸基團共價的結合在酶蛋白的絲胺酸 (serine)、蘇胺酸 (threonine) 或酪胺酸 (tyrosine) 殘基的側鏈羥基上。反之，磷酸化的酶蛋白也可在磷蛋白磷酸酶 (phosphoprotein phosphatase) 的催化下水解磷酸酯鍵，從而去磷酸化。

3-5 細胞呼吸及代謝
Cell Respiration and Metabolism

人體能依靠呼吸系統從外界吸取氧氣(O_2)並排出二氧化碳(CO_2)，即在細胞內特定的胞器（主要是粒線體）內，在O_2的參與下分解各種大分子物質，產生CO_2；與此同

時，分解代謝所釋放的能量儲存於ATP中，這一過程稱為**細胞呼吸**(cellular respiration)，亦稱**生物氧化**(biological oxidation)。

本節主要介紹糖解、克氏循環、氧化磷酸化的基本過程、調節因素及三者之間的關係，以及醣類、脂質及蛋白質的代謝過程。

▶ ATP

生物氧化過程中釋放的能量大約有40%以化學能的形式儲存於一些特殊的有機磷酸化合物中，形成磷酸酯（磷酸酐）。這些磷酸酯鍵水解時釋放能量較多，所以稱為高能磷酸鍵，常用「~P」符號表示。含有高能磷酸鍵的化合物稱為高能磷酸化合物。**腺苷三磷酸**(adenosine triphosphate, ATP)是高能磷酸化合物的典型代表，它是由一分子腺嘌呤、一分子核糖和三個相連的磷酸基團所構成的核苷酸，結構式如圖3-25所示。

ATP在磷酸基團轉移中作為中間傳遞體而發揮其作用，其實質是傳遞能量。ATP水解成**腺苷雙磷酸** (adenosine diphosphate, ADP)和**無機磷酸鹽** (inorganic phosphate, P_i)，可釋放出30.5 KJ/mol的能量。這些能量被生物體內的各種生命過程利用，例如：在生物大分子合成，葡萄糖、胺基酸及無機離子等主動跨膜運輸，肌肉收縮，細胞間訊息傳遞，產生生物電及其他生命活動。

當體內ATP消耗過多時會導致ADP累積，在腺苷酸激酶(adenylate kinase)催化下轉變為ATP而被利用；而當ATP需要量降低時，**腺苷單磷酸**(adenosine monophosphate, AMP)又可以從ATP中獲得~P生成ADP。ATP還可以將~P轉移給**肌酸**(creatine)生成**磷酸肌酸**(creatine phosphate, CP)，作為肌肉和腦中能量的一種儲存形式。由此可見，生物體內能量的儲存和利用都以ATP為中心。

▶ 糖解及乳酸循環

一、糖 解

分解葡萄糖生成丙酮酸的過程稱為**糖解**(glycolysis)，其反應在細胞質中進行。糖解最主要的生理意義在於迅速提供能量。

糖解的代謝反應可分為兩個階段，第一階段是由葡萄糖分解成丙酮酸 (pyruvate) 的過程，第二階段是由丙酮酸轉變為乳酸的過程。糖解反應過程可分為 10 個步驟（圖3-26）：

1. 葡萄糖磷酸化為葡萄糖 -6- 磷酸 (glucose-6-phosphate)。
2. 葡萄糖 -6- 磷酸異構化形成果糖 -6- 磷酸 (fructose-6-phosphate)。
3. 果糖 -6- 磷酸經磷酸化形成果糖 -1,6- 雙磷酸 (fructose-1,6-diphosphate)。
4. 果糖 -1,6- 雙磷酸分裂為雙羥基丙酮磷酸 (dihydroxyacetone phosphate) 和 3- 磷酸甘油醛 (glyceraldehyde-3-phosphate)。

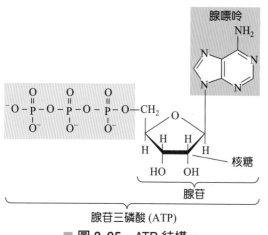

■ **圖 3-25** ATP 結構。

5. 雙羥基丙酮磷酸異構化形成 3- 磷酸甘油醛。

6. 3- 磷酸甘油醛氧化為 1,3- 雙磷酸甘油酸 (1,3-diphosphoglyceric acid)。

7. 1,3- 雙磷酸甘油酸透過磷酸轉移形成 3- 磷酸甘油酸 (3-phosphoglyceric acid)。

8. 3- 磷酸甘油酸轉變為 2- 磷酸甘油酸 (2-phosphoglyceric acid)。

9. 2- 磷酸甘油酸脫水形成磷酸烯醇丙酮酸 (phosphoenolpyruvic acid)。

10. 磷酸烯醇丙酮酸透過磷酸轉移形成丙酮酸 (pyruvic acid)。

　　糖解過程中大多數反應是可逆的，而由己糖激酶 (hexokinase)、磷酸果糖激酶 (phosphofructokinase) 和丙酮酸激酶 (pyruvate kinase) 催化的反應基本上是不可逆的，因此這三個反應是糖解過程中的三個調節點。其中，調節糖解途徑流量最重要的是磷酸果糖激酶的活性。該酵素的異位活化劑 (allosteric activator) 有 AMP、ADP、果糖 -1,6- 雙磷酸和果糖 -2,6- 雙磷酸；ATP 和檸檬酸 (citric acid) 是此酵素的異位抑制劑 (allosteric inhibitor)。丙酮酸激酶是第二個調節點，果糖 -1,6- 雙磷酸是它的異位活化劑，而 ATP 則對其有抑制作用。此外，丙酮酸激酶還受共價修飾方式調節。己糖激酶對糖解過程的調節作用則不及前兩者重要。

二、乳酸循環

　　人體在激烈運動時，因供氧不足，缺氧的細胞必須用糖解產生的 ATP 分子暫時滿足對能量的需要，這個過程會使丙酮酸生成乳酸。肌肉內糖質新生作用 (gluconeogenesis) 活性低，所以乳酸通過細胞膜進入血液後，再入肝臟，在肝臟內異生為葡萄糖。葡萄糖釋入血液後又被肌肉攝取，這就構成了一個循環，稱為**乳酸循環** (lactic acid cycle)，亦

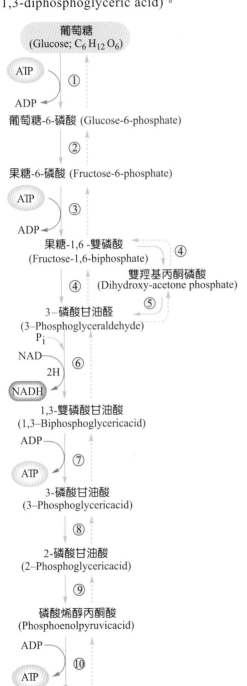

■ 圖 3-26　糖解的步驟。

稱**柯氏循環** (Cori cycle)（圖 3-27）。乳酸循環的形成是由於肝臟和肌肉組織中酵素的特性所致，它的生理意義就在於避免損失乳酸以及防止因乳酸堆積引起酸中毒。

▶ 有氧呼吸

在有氧條件下，葡萄糖的分解代謝並不停止在丙酮酸，而是繼續進行有氧分解，最後形成 CO_2 和水。這一過程所經歷的途徑分為兩個階段，分別為**克氏循環** (Krebs cycle) 和**氧化磷酸化** (oxidative phosphorylation)。

一、克氏循環

克氏循環亦稱為**檸檬酸循環** (citric acid cycle) 或三**羧酸循環** (tricarboxylic acid cycle, TCA cycle)。克氏循環是在細胞的**粒線體基質**中進行的，丙酮酸透過克氏循環進行去羧基和去氫反應，羧基形成 CO_2，氫原子則隨著載體以 $NADH+H^+$ 與 $FADH_2$ 的形式進入**電子傳遞鏈** (electron transport chain)，經過氧化磷酸化作用形成水分子，並將釋放出的能量合成 **ATP**。克氏循環不只是丙酮酸氧化所經歷的途徑，也是脂肪酸、胺基酸等各種燃料分子氧化分解所經歷的共同途徑。

丙酮酸進入克氏循環之前需要先轉變為**乙醯輔酶 A** (acetyl coenzyme A)，簡稱乙醯 CoA (acetyl-CoA)，它是許多物質例如脂肪酸降解的中間產物。丙酮酸在轉變為乙醯 CoA 後即進入克氏循環，克氏循環的反應共包括 8 個步驟（圖 3-28）：

1. 草醯乙酸 (oxaloacetate) 與乙醯 CoA 縮合形成檸檬酸 (citric acid)。
2. 檸檬酸異構化形成異檸檬酸 (isocitric acid)。
3. 異檸檬酸氧化形成 α-酮戊二酸 (α-ketoglutarate)。
4. α-酮戊二酸氧化去羧形成琥珀醯 CoA (succinyl-CoA)。
5. 琥珀醯 CoA 轉化成琥珀酸 (succinate) 並產生一個高能磷酸鍵。
6. 琥珀酸去氫形成延胡索酸 (fumatate)。
7. 延胡索酸水合形成 L-蘋果酸 (L-malate)。
8. L-蘋果酸去氫形成草醯乙酸。

二、電子傳遞及氧化磷酸化

物質在生物體內進行的氧化作用稱為生物氧化 (biological oxidation)，主要是醣、脂肪、蛋白質等在體內分解時逐步釋放能量，最終生成 CO_2 和水的過程。代謝物脫下的成對氫原子經由多種酵素和輔酶所催化的連鎖反應逐步傳遞，最終與氧結合生成水。此過程中有著傳遞電子的作用，所以稱此傳遞鏈稱為**電子傳遞鏈**，亦稱**呼吸鏈** (respiratory chain)。

在生物體能量代謝中，ATP 是體內主要供能的高能化合物。細胞內 ATP 形成的主要方式是**氧化磷酸化** (oxidative phosphorylation)，即在呼吸鏈電子傳遞過程中偶聯 (coupling) ADP 磷酸化生成 ATP。

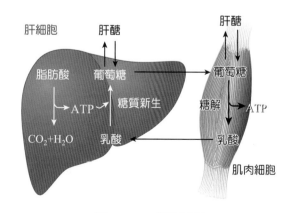

■ **圖 3-27** 乳酸循環。

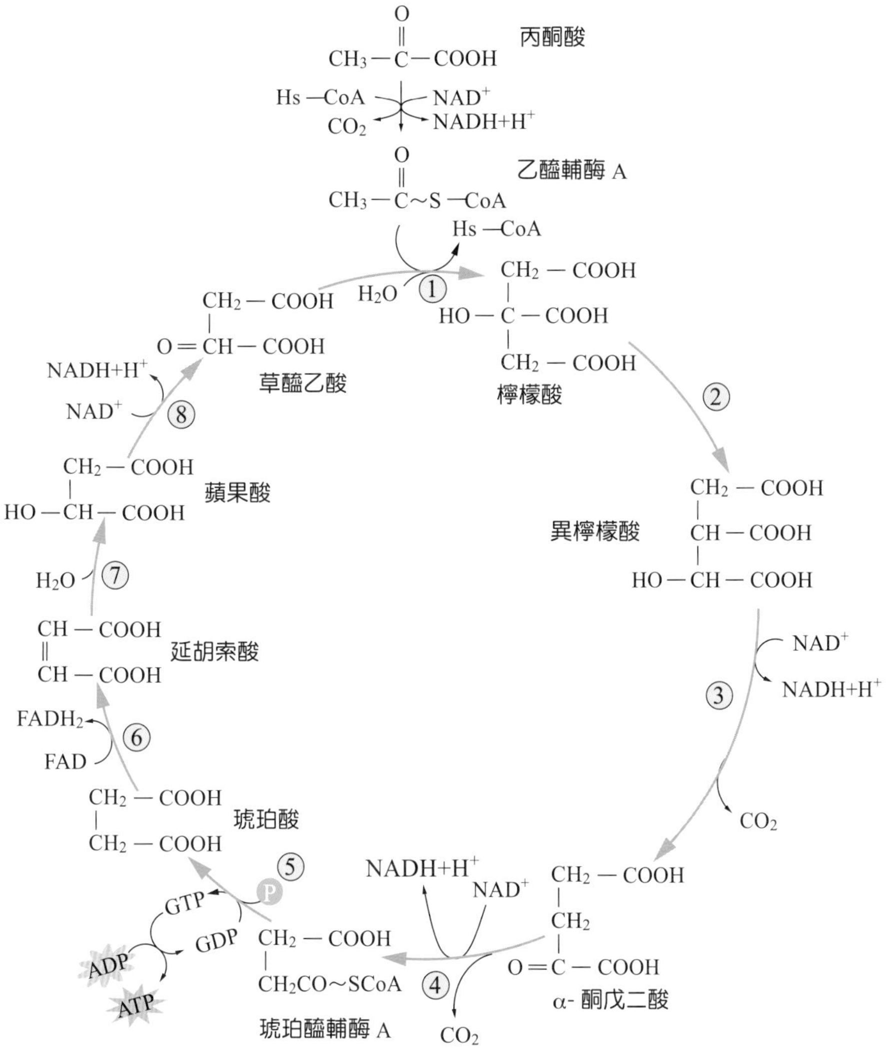

■ 圖 3-28　克氏循環。

氧化磷酸化的生成ATP機制主要透過**化學滲透假說**(chemiosmotic hypothesis)解釋，其主要內容是電子經呼吸鏈傳遞時，可將質子(H^+)從粒線體內膜的基質側幫浦(pump)到內膜胞漿側，產生膜內外質子電化學梯度（H^+濃度梯度和跨膜電位差），以此儲存能量。當質子順濃度梯度回流時，驅動ADP與P_i生成ATP（氧化磷酸化）（圖3-29）。

▶ 醣類、脂質及蛋白質的代謝

一、醣類代謝

醣類代謝主要指葡萄糖在體內的複雜代謝過程，包括分解代謝與合成代謝，主要有糖解、克氏循環與氧化磷酸化、五碳糖磷酸途徑 (pentose phosphate pathway, PPP)、糖質新生作用及肝醣的合成與分解等。下面主要介紹五碳糖磷酸途徑、糖質新生作用及肝醣的合成與分解。

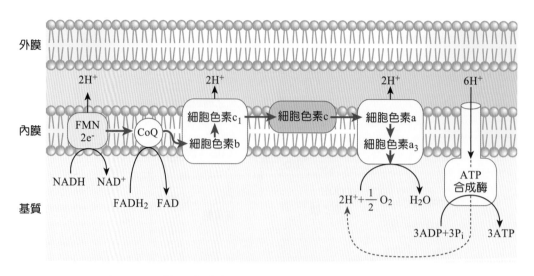

■ 圖 3-29　電子傳遞鏈。H^+ 最終與氧結合，生成水及 ATP。

(一) 五碳糖磷酸途徑

　　五碳糖磷酸途徑是醣類代謝的第二條重要途徑（圖3-30），葡萄糖經此途徑代謝的主要意義不是生成ATP，而是產生核糖磷酸(ribose phosphate)、還原型菸鹼醯胺腺嘌呤雙核苷酸(reduced nicotinamide adenine dinucleotide phosphate, NADPH)和CO_2。該途徑的起始物為葡萄糖-6-磷酸，一般可將其全部反應劃分為氧化階段(oxidative phase)和非氧化階段(nonoxidative phase)兩個階段。氧化階段包括葡萄糖-6-磷酸去羧基形成核酮糖(ribulose)，並使菸鹼醯胺腺嘌呤雙核苷酸(nicotinamide adenine dinucleotide phosphate, NADP)還原形成NADPH。全部五碳糖磷酸途徑中，除了氧化階段之外，其餘都是非氧化階段，包括核酮糖-5-磷酸異構化為核糖-5-磷酸，以及核酮糖-5-磷酸形成木酮糖-5-磷酸(xylulose-5-phosphate)，再透過轉酮基反應(transketolase reaction)和轉醛基反應(transaldolase reaction)，將五碳糖磷酸途徑與糖解途徑聯繫起來，並使葡萄糖-6-磷酸再生。

(二) 糖質新生作用

　　糖質新生作用是指以非糖物質（乳酸、丙酮酸、丙酸、甘油和胺基酸等）合成葡萄糖的作用。進行糖質新生作用的主要器官是肝臟，其次是腎。糖質新生途徑與糖解途徑的多數反應是共有的可逆反應，但它並不是糖解作用的直接逆反應。其中有三步反應是不可逆的，即：(1)由己糖激酶催化的葡萄糖和ATP形成葡萄糖-6-磷酸和ADP；(2)由磷酸果糖激酶催化的果糖-6-磷酸和ATP形成果糖-1,6-雙磷酸和ADP；(3)由丙酮酸激酶催化的磷酸烯醇丙酮酸和ADP形成丙酮酸和ATP的反應。在糖質新生途徑中，這三個反應分別由葡萄糖-6-磷酸酶、果糖-1,6-雙磷酸酶及丙酮酸羧化酶、磷酸烯醇丙酮酸羧激酶(phosphoenolpyruvic acid carboxykinase, PCK)催化。

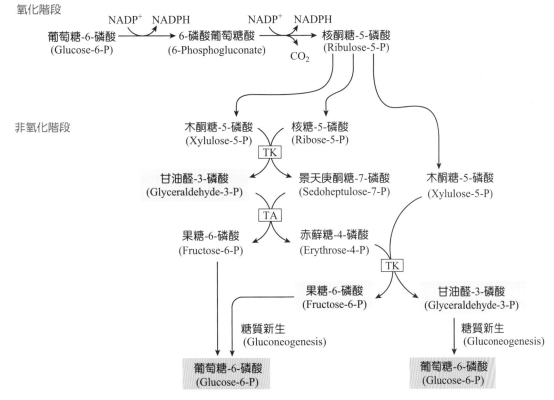

氧化階段

NADP⁺ → NADPH   NADP⁺ → NADPH

葡萄糖-6-磷酸 → 6-磷酸葡萄糖酸 → 核酮糖-5-磷酸
(Glucose-6-P)   (6-Phosphogluconate)   (Ribulose-5-P)

■ 圖 3-30　五碳糖磷酸途徑。TK ＝轉酮基反應；TA ＝轉醛基反應。

　　糖質新生作用在於維持生物體內血糖濃度的恆定，也是肝臟補充或恢復肝醣儲備的重要途徑。另外，在長期飢餓狀態下，腎臟的糖質新生作用增強有利於維持酸鹼平衡。

(三) 肝醣的合成與分解

　　肝醣是體內醣的儲存形式，它作為葡萄糖儲備的生物學意義在於當生物體需要葡萄糖時它可以迅速被利用以供急需。肝臟和肌肉是儲存肝醣主要組織器官。肝臟肝醣是血糖的主要來源，而肌肉肝醣主要供肌肉收縮的急需。肝臟肝醣的合成途徑有：(1) 直接途徑，即由葡萄糖合成肝醣；(2) 間接途徑，即由三碳化合物經糖質新生作用合成肝醣。肝臟肝醣在需要時分解成葡萄糖，成為血糖的主要來源。肌肉肝醣是由葡萄糖合成的，由

於肌肉組織中缺乏葡萄糖 -6- 磷酸酶，肌肉肝醣不能分解成葡萄糖，只能進行糖解或有氧氧化。

二、脂質代謝

　　脂肪水解產生**甘油** (glycerol) 和**脂肪酸** (fatty acid)。甘油經活化、去氫轉變為雙羥基丙酮磷酸後，進入糖代謝途徑進行代謝。脂肪酸則在肝臟、肌肉、心臟等組織中分解氧化，釋放出大量能量，以 ATP 的形式供生物體利用。

　　脂肪酸分解代謝又稱為 β-氧化 (β-oxidation)，基本過程是脂肪酸先以它的醯基與-CoA相連，形成脂醯CoA衍生物，隨後經4個步驟的代謝反應，從脂肪酸的羧基端脫掉兩個碳原子單元即乙醯CoA單元。

脂肪酸的徹底氧化是上述步驟的多次反覆，最終生成乙醯CoA、還原型黃素腺嘌呤雙核苷酸(reduced flavin adenine dinucleotide, FADH$_2$)、NADH及H$^+$，此過程在粒線體基質中進行。脂肪酸的合成則是在細胞質中脂肪酸合成酶的催化下，以乙醯CoA為原料，在NADPH、ATP、HCO$_3^-$及Mn^{2+}的參與下，逐步縮合而成的。

血漿中所含的脂質統稱為血脂(blood fat)，包括脂肪、磷脂、膽固醇及其酯，以及游離脂肪酸等。血脂不溶於水，以脂蛋白形式進行運輸。血漿脂蛋白可分為**乳糜微粒**(chylomicron)、**極低密度脂蛋白**(very low density lipoprotein, VLDL)、**低密度脂蛋白**(low density lipoprotein, LDL)及**高密度脂蛋白**(high density lipoprotein, HDL)四類。乳糜微粒主要運輸外源性脂肪及膽固醇，VLDL主要運輸內源性脂肪，LDL主要將肝臟合成的內源性膽固醇運輸至肝臟外組織，HDL則參與膽固醇的逆向運輸。

三、蛋白質代謝

胺基酸 (amino acid) 除了是蛋白質的組成單位外，還是能量代謝物質，也是許多生物體內重要含氮化合物的前體。胺基酸的分解代謝一般分為三個步驟：

1. 去胺基作用，脫下的胺基轉化為氨，或轉化為天門冬胺酸 (aspartic acid) 或麩胺酸 (glutamic acid) 的胺基。

2. 氨與天門冬胺酸的氮原子結合成尿素 (urea) 並被排出。

3. 胺基酸的碳骨架（由於去胺基產生的 α-酮酸）轉化為一般的代謝中間體。

經去胺基作用脫下的胺基轉化為氨或轉化為天門冬胺酸或麩胺酸的胺基。氨在體內是有毒物質，主要通過丙胺酸(alanine)、麩胺醯胺(glutamine)等形式運輸到肝臟，大部分經**尿素循環**(urea cycle)合成尿素（圖3-31），並排出體外。α-酮酸是胺基酸的碳骨架，其中一部分可用於再合成胺基酸，其餘的部分則可經過不同的代謝途徑，通過與丙酮酸或克氏循環的某一中間產物，如草醯乙酸、延胡索酸、琥珀酸單醯CoA、α-酮戊二酸等結合，轉變為醣類，也可繼續氧化，最終生成CO$_2$、水和能量。

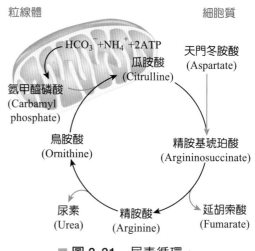

■ **圖 3-31** 尿素循環。

參考資料 | References

王而孚、蔡紹京、霍正浩 (2007)·*醫學細胞生物學*·科學。

王培林 (2005)·*醫學細胞生物學*·人民衛生。

王培琳、楊康鵑 (2005)·*醫學細胞生物學*·人民衛生。

王鏡岩 (2002)·*生物化學*（上冊）（三版）·高等教育。

王鏡岩 (2002)·*生物化學*（下冊）（三版）·高等教育。

宋今丹 (2004)·*醫學細胞生物學*（三版）·人民衛生。

周愛儒 (2006)·*生物化學*（六版）·人民衛生。

姚泰 (2003)·*生理學*（六版）·人民衛生。

胡以平 (2005)·*醫學細胞生物學*·高等教育。

張咸寧 (2002)·*醫學遺傳學*·科學。

淩詒萍 (2004)·*細胞生物學*·人民衛生。

湯雪明 (2003)·*醫學細胞生物學*·科學。

馮琮涵、鄧志娟、劉棋銘、吳惠敏、唐善美、許淑芬、江若華、黃嘉惠、汪蕙蘭、李建興、王子綾、李維真、莊禮聰 (2022)·*解剖生理學*（三版）·新文京。

馮琮涵、黃雍協、柯翠玲、廖智凱、胡明一、林自勇、鍾敦輝、周綉珠、陳瀅 (2021)·*人體解剖學*·新文京。

楊撫華 (2007)·*醫學細胞生物學*（五版）·科學。

趙寶昌 (2004)·*生物化學*·高等教育。

厲朝龍 (2001)·*生物化學與分子生物學*·中國醫藥科技。

賴明德、王耀賢、鄧志娟、吳惠敏、李建興、許淑芬、陳晴彤、李宜倖 (2022)·*解剖學*（二版）·新文京。

韓秋生、徐國成、鄒衛東、翟秀岩 (2004)·*組織學與胚胎學彩色圖譜*·新文京。

Fox, S. I. (2006)·*人體生理學*（王錫崗、于家城、林嘉志、施科念、高美媚、張林松、陳瑩玲、陳聰文、黃慧貞、溫小娟、廖美華、蔡宜容譯；四版）·新文京。（原著出版於 2006）

Fox, S. I. (2015). *HUMAN PHYSIOLOGY* (14th ed.). McGraw-Hill College.

複·習·與·討·論

一、選擇題

1. 有關細胞膜的主要生理功能，下列何者錯誤？ (A) 媒介細胞物質運輸 (B) 進行訊息傳遞 (C) 產生細胞骨架 (D) 細胞辨識與細胞黏附

2. 下列胞器中，何者負責製造 ATP？ (A) 核糖體 (B) 溶小體 (C) 高爾基體 (D) 粒線體

3. 糖解作用在細胞的哪個部位進行？ (A) 細胞質 (B) 粒線體 (C) 細胞核 (D) 核仁

4. 多醣類合成主要在哪一胞器進行？ (A) 溶小體 (lysosome) (B) 粒線體 (mitochondria) (C) 高基氏體 (Golgi complex) (D) 核糖體 (ribosomes)

5. 有關人體細胞分裂的敘述，下列何者正確？ (A) 減數分裂時染色體複製一次，再經連續兩次分裂 (B) 有絲分裂只發生在生殖細胞 (C) 有絲分裂時，同源染色體會配對出現聯會的現象 (D) 減數分裂後會形成四個雙套染色體的細胞

6. 下列何者含 DNA 且具有自行複製的能力？ (A) 核糖體 (B) 溶酶體 (C) 粒線體 (D) 高基氏體

7. 磷脂質及膽固醇主要是在下列何處形成？ (A) 粗糙內質網 (B) 平滑內質網 (C) 高基氏體 (D) 粒線體

8. 哪一種胞器參與紡錘體的形成？ (A) 核糖體 (B) 溶酶體 (C) 中心體 (D) 粒線體

9. 下列何種胞器的主要功能是處理、分類及包裝蛋白質？ (A) 中心體 (B) 粒線體 (C) 核糖體 (D) 高爾基體

10. 細胞有絲分裂中，染色體隨意排列於紡錘體中央是屬於哪個階段？ (A) 間期 (B) 前期 (C) 中期 (D) 後期

11. 細胞骨架 (cytoskeleton) 的各種組成中，何者的直徑最大？ (A) 微絲 (microfilaments) (B) 中間絲 (intermediate filaments) (C) 微小管 (microtubules) (D) 肌動蛋白 (actins)

12. 成熟的神經細胞不能進行細胞分裂，主要是因為缺乏下列何種胞器？ (A) 中心體 (B) 核糖體 (C) 溶酶體 (D) 粒線體

13. 脂溶性分子通過細胞膜，主要和下列何者有關？ (A) 蛋白質 (B) 碳水化合物 (C) 醣脂質 (D) 磷脂質

14. 下列何者並非粒線體之主要功能或性質？ (A) 含有自己的 DNA (B) 可利用氧化磷酸反應產生 ATP (C) 參與脂肪酸 β 氧化過程 (D) 醣解作用

15. 下列何種細胞含豐富的粒線體？ (A) 肌肉細胞 (B) 表皮細胞 (C) 杯狀細胞 (D) 紅血球

16. 下列胞器中，何者含有許多分解酵素？ (A) 核糖體 (B) 溶小體 (C) 細胞核 (D) 粒線體

17. 如果細胞之中心體 (centrosome) 受到破壞，下列何項細胞活動將無法完成？ (A) 染色體複製 (replication) (B) 轉錄 (transcription) (C) 轉譯 (translation) (D) 有絲分裂 (mitosis)

18. 細胞凋亡 (apoptosis) 過程中會釋出酵素將細胞水解的胞器是： (A) 過氧化氫酶體 (peroxisome) (B) 中心體 (centrosome) (C) 溶小體 (lysosome) (D) 核醣體 (ribosome)

19. 遺傳訊息的轉錄是指下列何者？ (A) 按照 DNA 上的密碼次序合成 mRNA 的過程 (B) 按照 mRNA 上的密碼次序合成蛋白質的過程 (C) 按照 mRNA 上的密碼次序合成 DNA 的過程 (D) 按照蛋白質的胺基酸次序合成 mRNA 的過程

20. 核仁 (nucleolus) 的主要功能為何？ (A) 製造 DNA (B) 製造核膜 (C) 維持 DNA 穩定性 (D) 製造 rRNA

21. 有絲分裂過程中，染色體排列於紡錘體中央時，下列何者正確？ (A) 染色體數目為原來的兩倍 (B) 為前期 (C) 表示細胞分裂已完成 (D) 正要進入第二次分裂

22. 粒線體內之 DNA 遺傳自何處？ (A) 母親 (B) 父親 (C) 父母親各半 (D) 父母親之貢獻依隨機分布，沒有一定之比例

23. 下列何者形成細胞內的運輸骨架？ (A) 微絲 (B) 中間絲 (C) 微小管 (D) 肌凝蛋白 (myosin)

24. 轉譯 (translation) 是指下列何者？ (A) 以 mRNA 為模板合成蛋白質的過程 (B) 以 tRNA 為模板合成蛋白質的過程 (C) 以 DNA 為模板合成 RNA 的過程 (D) 以 RNA 為模板合成 DNA 的過程

25. 下列何者具有進行減數分裂之能力？ (A) 卵原細胞 (B) 初級卵母細胞 (C) 顆粒細胞 (D) 內膜細胞

26. 下列何者有細胞內的消化系統之稱？ (A) 核糖體 (B) 溶酶體 (C) 高基氏體 (D) 粒線體

27. 下列何者不是細胞膜的主要組成成分？ (A) 磷脂質 (B) 蛋白質 (C) 膽固醇 (D) 核糖核酸

28. 有關克氏循環 (Kreb's cycle) 之敘述，何者正確？ (A) 所需酵素位於粒線體內膜上 (B) 此循環的進行不需要氧的存在 (C) 可直接生成腺苷三磷酸 (ATP) (D) 起始物質為乙醯輔酶 A (acetyl CoA)

29. 正常細胞週期 (cell cycle) 之各分期的順序為何？ (A) $G_1 \rightarrow S \rightarrow G_2 \rightarrow M$ (B) $G_1 \rightarrow M \rightarrow G_2 \rightarrow S$ (C) $S \rightarrow M \rightarrow G_1 \rightarrow G_2$ (D) $M \rightarrow S \rightarrow G_1 \rightarrow G_2$

30. 染色質位於以下何種胞器？ (A) 細胞核 (B) 核糖體 (C) 內質網 (D) 高基氏體

31. 下列何者具發達的粗糙內質網？ (A) 紅血球 (B) 硬骨的骨細胞 (C) 胰臟的腺泡細胞 (D) 皮膚角質層的細胞

32. 有絲分裂的哪一期，染色體明顯往兩極移動？ (A) 前期 (B) 中期 (C) 後期 (D) 末期

33. 下列何者是細胞內的發電廠？　(A) 核糖體　(B) 粒線體　(C) 中心體　(D) 核仁

34. 下列何者不是細胞內平滑形內質網 (smooth endoplasmic reticulum) 的功能？　(A) 儲存鈣離子　(B) 製造類固醇　(C) 合成磷脂質　(D) 製造 ATP

二、問答題

1. 解釋「細胞凋亡」的定義並說明其生理重要性。

2. 簡述糖解、克氏循環及氧化磷酸化三者之間的關係及細胞的能量來源。

3. 簡述酵素作用的機制，並說明酵素活性調控的因素或方式。

4. 核糖體的大、小次單元在蛋白質合成過程前後的結合與分開有何生物學意義？

5. 什麼是減數分裂？有什麼生物學意義？

三、腦力激盪

1. 談談你對「細胞是生命活動的基本單位」是如何理解的。

2. 在局部免疫攻擊中，白血球會釋放其溶酶體內的酵素而造成發炎症狀。假設你為了減輕發炎反應而發展出一種破壞溶酶體的藥物。這種藥物有副作用嗎？請解釋。

3. 代謝路徑可比喻為縱橫交錯的鐵路軌道，而酵素就是其中的轉換器。請討論這種比喻的內容。

複習與討論解答
請掃描QR code

04
CHAPTER

學習目標 Objectives

1. 了解體液的組成。
2. 了解細胞外基質的組成。
3. 敘述細胞間的接合方式。
4. 描述化學傳訊分子在細胞之間的傳遞方式。
5. 了解旁泌素和自泌素的作用。
6. 描述接受器的種類以及傳輸訊息分子的途徑。

7. 了解物質通過細胞膜的運輸方式和原理。
8. 了解擴散作用，並說明其原理。
9. 了解載體媒介性運輸的特性。
10. 了解滲透作用以及產生所需的條件。
11. 了解鈉鉀幫浦的結構、運輸機制和生理作用。
12. 了解平衡電位和靜止膜電位的產生。

本章大綱 Chapter Outline

細胞及環境的互動
Interactions Between Cells and Environment

HUMAN
PHYSIOLOGY

細胞是組成人體的最基本功能單位。在細胞外圍存在著多種液體和物質，它們的成分是細胞分泌的蛋白質和多醣，為細胞提供了堅固的網架，在組織中或組織與組織間提供支撐。細胞外基質的立體結構以及成分的變化，會使細胞的微環境發生改變，從而對細胞的形態、生長、分裂、分化和凋亡產生重要影響。

細胞之間通過各種細胞接合 (cell junction) 相互聯繫、協同作用，細胞接合在細胞的訊息傳遞和生長發育中具有重要作用。而作為訊息分子的激素 (hormone)，透過與接受器的結合，以多種方式來影響細胞的功能。

細胞間經由多種方式進行物質的運輸，使物質能夠通過細胞膜，使細胞不斷吸收營養物質和排泄廢物，維持生存。對於不同性質的物質有不同的運輸機制，親脂性分子和少數親水性（極性）小分子可以直接穿過細胞膜；大部分親水性分子和所有的離子的運輸則需細胞膜上的蛋白質的幫助。

在接受外界的刺激之後，細胞會因細胞膜兩側離子的跨膜流動而產生電效應，這是一種對生存環境適應的表現。

4-1 細胞外環境
Extracellular Environment

▎體液的分區及組成

體液 (body fluid) 是身體內所有液體的總稱。正常成人的體液約占體重的 60%，其中水占 90% 以上。體液分為**細胞內液** (intracellular fluid, ICF) 和**細胞外液**

(extracellular fluid, ECF)。細胞內液占體液的 2/3，是細胞內完成各種生物化學反應的場所。細胞外液占體液的 1/3，包括：分布於組織細胞之間的組織液 (tissue fluid)，約占細胞外液的 80%，又稱為組織間液 (interstitial fluid)，如：淋巴液、腦脊髓液、關節液、胸膜液、心包膜液等；分布於血管之中循環流動的血漿則約占細胞外液的 20%。這些體液區間有實際的物理屏障分隔，例如細胞膜將細胞內液與組織液分開，微血管壁則把血漿與組織液分開。

在組成上，血漿與組織液的成分非常相似，在電解質方面兩者濃度相近似。但由於血管內皮細胞會阻止蛋白質從血液濾過到組織液，因此組織液中蛋白質含量較血漿低。而細胞外液與細胞內液之成分則有明顯差異（表 4-1）。細胞外液中的陽離子以鈉離子含量最高，陰離子以氯離子含量最高；細胞內液中的陽離子以鉀離子的濃度最高，陰離子以蛋白質最高。各部分體液所含陽離子與陰離子的總量相等，故維持電中性。

▎細胞外基質

細胞外基質(extracellular matrix)是由細胞分泌到細胞外空間的分泌蛋白和多醣所構成的精密有序的網架結構（圖4-1），為細胞的生存及活動提供適宜的場所，並透過訊號傳導系統影響細胞的形狀、代謝、功能、遷移、增殖和分化，對細胞產生支持、保護和營養的作用。

表 4-1　人體各部分體液中電解質的組成（單位：mM）

正離子	血漿	組織液	細胞內液	負離子	血漿	組織液	細胞內液
Na^+	142	145	12	HCO_3^-	24	27	12
K^+	4.3	4.4	139	Cl^-	104	117	4
Ca^{2+}	2.5	2.4	<0.001	HPO_4^{2-}/$H_2PO_4^-$	2	2.3	29
Mg^{2+}	1.1	1.1	1.6	蛋白質	14	0.4	54
				其他	5.9	6.2	53.6
總計	149.9	152.9	152.6	總計	149.9	152.9	152.6

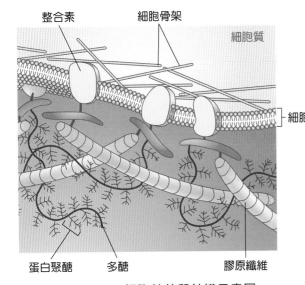

■ 圖 4-1　細胞外基質結構示意圖。

細胞外基質
- 多醣
  - 蛋白聚醣(proteoglycan)：由醣胺聚醣(glycosaminoglycan, GAG)構成
  - 玻尿酸(hyaluronic acid)
- 纖維蛋白
  - 結構作用：膠原蛋白、彈性蛋白 (collagen)　(elastin)
  - 黏合作用：纖維連接蛋白、層黏連蛋白 (fibronectin)　(laminin)

■ 圖 4-2　細胞外基質的組成。

細胞外基質由膠狀基質 (gel matrix) 和纖維網架 (fiber grid) 所構成。膠狀基質是由蛋白聚醣 (proteoglycan) 等多醣所組成；纖維網架多由纖維蛋白組成，其具體成分詳見圖 4-2。

在上皮細胞基底面與深部結締組織之間是以一層薄膜構造相連，稱為**基底膜** (basement membrane)，是由醣胺多醣和蛋白質構成的均質狀膜，具支持、連接和物質交換作用。它屬於半透膜，有利於上皮細胞與深部結締組織進行物質交換。

4-2　細胞間的溝通
Interactions between Cells

人體細胞與細胞的溝通主要有兩種方式：(1) 以細胞間直接接觸的細胞接合 (cell junction) 方式；(2) 以訊息分子與標的細胞的接受器 (receptors) 結合，誘發細胞內部產生一連串訊息傳遞反應的方式。

▶ 細胞接合

在多細胞生物體中，其細胞已經失去獨立性，而必須組成一個密切聯繫的整體來完成生命活動，因而細胞與細胞之間、細胞與細胞外基質之間形成某些相連的結構，這些結構稱為**細胞接合**(cell junction)。依據功能的不同可以分為：緊密接合(tight junction)、胞橋體(desmosome)、間隙接合(gap junction)、黏著接合(adherens junction)等。

一、緊密接合

緊密接合 (tight junction) 又稱封閉接合 (occluding junction) 或封閉小帶 (zonula occludens)，位於細胞側面靠近頂端 (apical side) 處，使相鄰細胞間緊密貼合，幾無縫隙（圖 4-3a），以**阻止大分子物質在細胞之間隙中自由穿行**，產生封閉作用。在消化道上

知識小補帖　Knowledge+

腦微血管的特殊結構可阻止某些有害物質由血液進入腦組織，稱為**血腦障壁** (blood brain barrier, BBB)。腦微血管缺少一般微血管所具有的孔道，且內皮細胞彼此重疊覆蓋，相互之間以**緊密接合**相連（參見第 6 章的圖 6-3），能有效地阻止大分子物質從內皮細胞連接處通過。內皮細胞外則被一層連續不斷的基底膜包圍。此外，基底膜之外有許多星形膠細胞的終足 (endfeet)，把腦微血管約 85% 的表面包圍起來，形成了腦微血管的多層膜性結構，構成了腦組織的防護性屏障。

血腦障壁可保護腦組織不受循環血液中有害物質的損害，保持腦組織內在環境的基本穩定，維持中樞神經系統正常生理功能。但在病理情況下，如血管性腦水腫時，內皮細胞間的緊密接合處開放，由於內皮細胞腫脹，重疊部分消失，很多大分子物質可隨血漿濾液滲出微血管，進而破壞腦組織內在環境的穩定，造成嚴重後果。

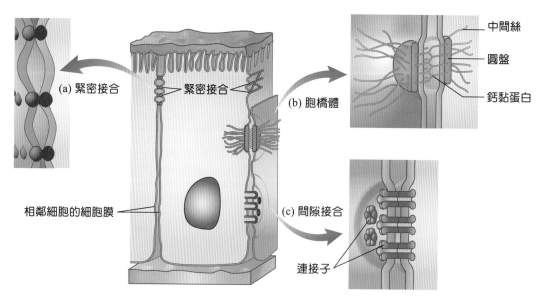

■ 圖 4-3　細胞接合。(a) 緊密接合；(b) 胞橋體；(c) 間隙接合。

皮、膀胱上皮、腦微血管內皮以及睪丸支持細胞之間都存在緊密接合，後二者分別構成了血腦障壁 (blood-brain barrier) 和血睪障壁 (blood-testis barrier)，能保護這些重要器官和組織免受異物侵害。

二、胞橋體

胞橋體 (desmosome) 是一種位於相鄰細胞之間連接的結構，存在於可承受強拉力的組織中，例如皮膚、口腔、食道、陰道等處的複層鱗狀上皮細胞之間和心肌細胞之間。

胞橋體在相鄰細胞間形成鈕扣狀結構（圖4-3b），細胞膜下方有細胞質附著蛋白質，形成一厚約15~20 nm的**圓盤**(plaque)。圓盤上有**中間絲**(intermediate filament)相連，胞橋體中間為**鈣黏蛋白**(cadherin)。因此相鄰細胞中的中間絲透過圓盤和鈣黏蛋白構成了跨越細胞的細胞骨架網路。

半胞橋體 (hemidesmosome) 則是位於細胞與基底膜之間連接的結構。其不同於胞橋體之處在於，只在細胞膜內側形成圓盤狀結構，其另一側為基底膜；且穿膜連接蛋白為**整合素** (integrin) 而不是鈣黏蛋白，整合素是細胞外基質的接受器蛋白。

三、間隙接合

在某些細胞的交界處，有2~3 nm的間隙，存在膜蛋白結構，使細胞間建立了聯繫，此種細胞接合構造稱為**間隙接合**(gap junction)（圖4-3c）。這些膜蛋白穿過細胞膜，稱為**連接子**(connexon)。每個連接子由6個相同的**連接素**(connexin)組合，構成直徑1.5 nm之孔道。間隙接合是細胞通訊之基礎。離子和小分子可以通過間隙接合，從而協調細胞間代謝活動。在具有興奮能力的組織內，間隙接合具有傳導電性訊息的作用，確保組織細胞的反應速度和反應的同步化。例如心肌細胞間具有間隙接合的構造，使心肌纖維可同時一起收縮。

四、黏著接合

黏著接合(adherens junction)又稱為**黏著小帶**(zonula adherens)，位於上皮細胞之間，呈連續的帶狀結構。相鄰細胞的細胞膜之間並不融合，而是分別伸出跨膜蛋白相連，另一端則分別連接於兩細胞內的細胞骨架，可強化細胞之間的連結。

▶ 細胞之間的訊息傳遞

細胞彼此之間的訊息傳遞，大部分是透過化學物質來達成，這些化學物質包括神經傳遞物質 (neurotransmitter)、激素 (hormone)、旁泌素 (paracrine agent) 等。

一、化學傳訊分子

化學傳訊分子是由細胞分泌的調節標的細胞活動的化學物質。在細胞間的傳訊分子，稱為**第一傳訊者**(primary messenger)，包括水溶性、脂溶性和氣體分子三類。

水溶性分子主要是胺基酸和蛋白質，不能穿過細胞膜，作用於細胞時必須先與細胞膜表面的接受器結合，透過訊息的傳遞，進入細胞內，引起效應。脂溶性分子主要是脂肪酸、胺基酸衍生物及類固醇類，可直接通過細胞膜進入細胞內，與細胞內接受器結合後，誘發細胞內部效應。氣體分子主要是一

氧化氮 (nitric oxide, NO) 和一氧化碳 (carbon monoxide, CO)，其分子小，可穿透細胞膜，直接結合到細胞內的接受器，引起細胞內反應。

由第一傳訊者作用於細胞後，在細胞內傳遞細胞調控資訊的化學物質稱為細胞內傳訊物質，又稱為**第二傳訊者** (second messenger)，常見的包括：環腺苷單磷酸 (cyclic adenosine monophosphate, cAMP)、環鳥苷單磷酸 (cyclic guanosine monophosphate, cGMP)、三磷酸肌醇 (inositol trisphosphate, IP_3)、二醯甘油酯 (diacylglycerol, DAG)、鈣離子 (Ca^{2+}) 等物質。

化學傳訊分子在細胞之間的傳遞方式可分為下列幾類（圖4-4）：

1. **旁分泌及自分泌**：有一些細胞分泌的訊息分子會很快的被吸收或破壞，因此只能對鄰近的標的細胞產生作用，此種稱為旁分泌(paracrine)。例如一氧化氮和前列腺素(prostaglandin)等，通常是利用此種方式產生效應。有些細胞則是能對其自身所分泌的訊息分子產生效應，即分泌細胞和標的細胞為同一細胞，稱為自分泌(autocrine)。例如單核球(monocyte)分泌的第一型介白素(interleukin-1, IL-1)可以對自身細胞產生刺激。

2. **內分泌**：細胞分泌的訊息分子（稱為激素）經由血液的運送而到達距離較遠的標的細胞產生效應，此種細胞傳訊方式稱為內分泌(endocrine)。例如：胰島素、甲狀腺素、腎上腺素等，此類傳訊分子的特性是透過血液循環到達標的細胞。大多數對標的細胞的作用時間較長。

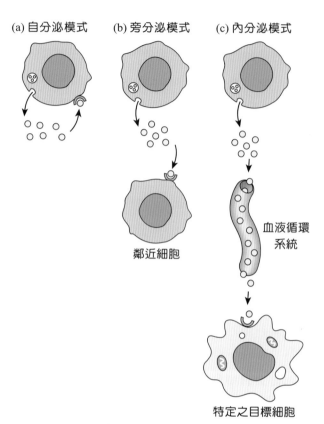

(a) 自分泌模式　(b) 旁分泌模式　(c) 內分泌模式

鄰近細胞

血液循環系統

特定之目標細胞

■ **圖 4-4** 化學傳訊分子在細胞之間的傳遞模式。

3. **突觸傳訊**：突觸 (synapse) 是由神經元與其標的細胞所組成的傳訊構造。神經元的軸突末梢可分泌神經傳遞物質，經由擴散通過兩細胞之間的突觸間隙，然後作用於突觸後的標的細胞（詳見第 5 章圖 5-18）。

二、接受器

接受器(receptor)是細胞膜或細胞內能專一性辨識生物活性傳訊分子並與之結合，進而引起生物學效應的特殊蛋白質。依據存在部位，接受器大致分為**細胞表面接受器**和**細胞內接受器**兩種（圖4-5）。細胞表面接受器存在於細胞膜上，又稱為膜接受器，大部分是醣蛋白。細胞內接受器位於細胞質、細胞核及內質網中，大部分是ＤＮＡ結合蛋

知識小補帖　Knowledge+

　　1936 年，Goldblatt 和 von Euler 分別發現人體精液中含有一種使平滑肌興奮和血壓降低的液體成分，當時誤以為是由前列腺所分泌，故命名為**前列腺素** (prostaglandin, PG)。實際上，前列腺素廣泛存在於人體和動物體的各種組織和器官中，透過旁分泌和自分泌產生作用。

　　前列腺素主要分為 A~I 型，還有多種亞型。其分布廣泛，作用複雜，代謝快，半衰期 (half life) 為 1~2 分鐘，為典型之組織激素。其中 PGA_2 和 PGI_2 經血液循環系統產生作用；PGE 和 PGF 類衍生物可使婦女子宮強烈收縮，可用於終止妊娠和催產；PGE_1 或 PGE_2 和 PGA 能抑制胃液的分泌，保護胃壁細胞，可以用於治療胃潰瘍、出血性胃炎及腸炎。

(a) 細胞表面接受器　　(b) 細胞內接受器

接受器　　細胞膜　　　　　傳訊分子

載體蛋白

傳訊分子

接受器

■ **圖 4-5**　細胞表面接受器和細胞內接受器。

白。核接受器包括類固醇類接受器（位細胞質）、甲狀腺素接受器（位細胞核）、維生素 A 酸接受器（位細胞核）等。

　　配體(ligand)是指能與接受器專一性結合的生物活性分子。細胞間訊息分子就是一類最常見的配體，如激素。此外，某些藥物、維生素和毒物也作為配體而發揮生物學作用。

　　接受器具有以下作用特點：

1. 高度的專一性：接受器選擇性地與特定配體結合，這種選擇性取決於分子構形

(conformation)。接受器與配體的結合透過反應基團的定位和分子構形的相互契合來實現。

2. 高度的親和力：無論是膜接受器還是細胞內接受器，它們與配體間的親和力都很強。體內訊息分子的濃度非常低，透過與配體的高親和力結合及隨後的酶促級聯反應產生顯著的生物學效應。

3. 可飽和性：增加配體濃度，可使接受器飽和，此時若再增加訊息分子的濃度，其生物學效應不再增加。

4. 可逆性：配體與接受器是一種以非共價鍵結合的可逆反應。訊息分子的類似物也可與接受器結合而發揮傳訊作用，但也可能會抑制訊息分子的訊息傳遞作用。例如許多藥物即屬於某些訊息分子的類似物，並經由此原理以產生作用。

5. 特定的作用模式：接受器在細胞內的分布，從數量到種類，均有組織特異性，並出現特定的作用模式，顯示某類接受器與配體結合後能引起某種特定的生理效應。

(一) 細胞表面接受器

　　細胞表面接受器主要包括離子通道型接受器 (ion channel receptor)、G 蛋白連接接受器 (G protein-link receptor)、酶連接接受器 (enzyme-linked receptor) 三類。

⊙ 離子通道型接受器

　　離子通道型接受器主要存在於細胞膜的表面和內質網膜上，兼有接受器和離子通道兩種功能，又稱為**配體閘門通道** (ligand-gated channel) 或傳遞物質閘門通道 (transmittergated channel)（圖 4-6）。主要存在於神經細胞或其他可興奮細胞之間的突觸的訊息傳遞，其訊息的傳導無需中間步驟。這類接受器包括菸鹼型乙醯膽鹼接受器 (nicotinic ACh receptor)、血清胺接受器 (5-HT receptor) 等。

這類接受器與配體結合後，可以引起通道蛋白的構形改變，導致離子通道的開啟或關閉，細胞膜對離子的通透性改變，離子跨膜流動，導致細胞膜電位改變，產生訊息的跨膜傳導。

⊙ G 蛋白連接接受器

G 蛋白連接接受器為跨膜蛋白，接受器的胞外結構可識別配體並與之結合，胞內結構與 G 蛋白連接。透過與 G 蛋白連接，調節細胞內相關酶〔**腺苷酸環化酶** (adenylate cyclase, AC) 及 **磷 脂 酶 C** (phospholipase C, PLC)〕活性，在細胞內產生第二傳訊者，實現將胞外訊息跨膜傳遞到胞內。

G 蛋白連接接受器媒介的幾種主要訊息傳導方式：

1. **cAMP-PKA 途徑**：細胞外訊息分子與相應的膜接受器結合後，啟動 G 蛋白，使 G 蛋白的 α 次單元與 β、γ 次單元分離，α 次單元啟動腺苷酸環化酶 (AC)，使細胞質內的 ATP 生成 cAMP。cAMP 會活化蛋白質激酶 A (protein kinase A, PKA)，引起蛋白質磷酸化 (protein phosphorylation)，再發生訊息的轉導（圖 4-7）。

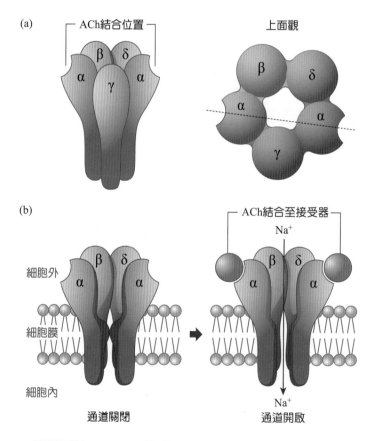

■ **圖 4-6**　配體 (ACh) 閘門通道。(a) ACh 接受器結構示意圖；(b) ACh 與接受器結合後，通道開啟，離子跨膜流入細胞。

2. **IP$_3$-Ca^{2+} 途徑**：配體與接受器結合並啟動 G 蛋白，G 蛋白活化細胞膜上的磷脂酶 C (PLC)，使一種位於細胞膜中的磷脂質水解生成兩種第二傳訊者物質，即三磷酸肌醇 (IP$_3$) 和二醯甘油酯 (DAG)。IP$_3$ 與內質網或肌漿網膜上的 IP$_3$ 接受器結合，

使化學閘門控制之鈣離子釋放通道 (Ca^{2+} release channel) 啟動，Ca^{2+} 釋放，細胞質內的 Ca^{2+} 濃度升高（圖 4-8）。Ca^{2+} 可直接作用於受質蛋白發揮調節作用，如在骨骼肌，Ca^{2+} 與旋轉素 (troponin) 的結合可以引發肌肉的收縮（詳見第 9 章）。

3. **DAG-PKC 途徑**：如上所述，由 G 蛋白啟動 PLC 而生成 IP$_3$ 和 DAG 後，存在於細胞質中的**蛋白激酶 C** (protein kinase C, PKC) 可被細胞膜內側的 DAG 和膜脂質中的磷脂醯絲胺酸 (phosphatidylserine) 啟動，進而使受質蛋白磷酸化，產生效應（圖 4-8）。

4. **G 蛋白－離子通道途徑**：G 蛋白也可以直接或間接透過第二傳訊者調節離子通道的活動，以進行訊息的轉導。少數 G 蛋白可以直接調節離子通道的活動，例如 ACh 作用於心肌細胞膜上的接受器後可啟動抑制性 G 蛋白，抑制性 G 蛋白活化後能啟動 ACh 閘門通道。在更多時候，G 蛋白是透

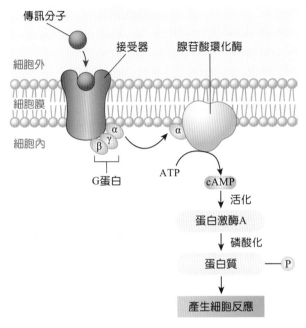

■ 圖 4-7　cAMP-PKA 的傳訊途徑。

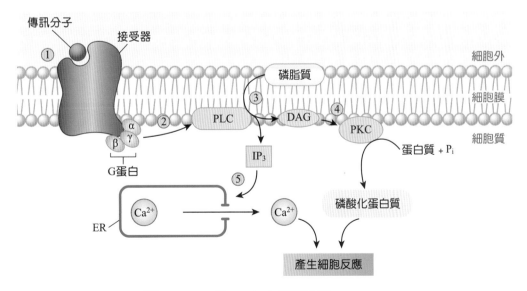

■ 圖 4-8　IP$_3$ 及 DAG 之傳訊途徑。

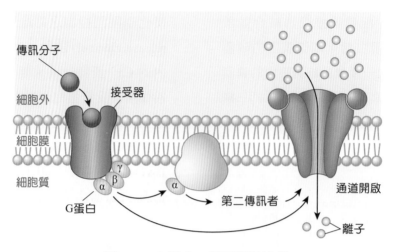

■ 圖 4-9　G 蛋白－離子通道途徑。

過第二傳訊者調節離子通道的活動。例如 Ca^{2+} 作為第二傳訊者，在神經細胞和平滑肌細胞中都普遍存在由 Ca^{2+} 啟動之鉀離子通道，細胞內 Ca^{2+} 濃度升高可啟動這類通道，使細胞膜再極化或過極化（圖 4-9）。

酶連接型接受器

　　酶連接型接受器為一種跨膜蛋白，胞外區可結合配體，胞內區具有酶活性，或可與膜內其他酶直接結合，調控訊息傳導。此類接受器所連接的酶主要包括**酪胺酸激酶** (tyrosine kinase) 及**鳥苷酸環化酶** (guanylyl cyclase)。它們在沒有結合配體時無活性，當配體與之結合後可使酶活化，活化態的酶透過對受質的作用使訊息轉導。

　　有些酪胺酸激酶接受器本身就具有酪胺酸激酶活性，當細胞外的訊息分子與之結合，細胞質側的激酶被啟動，可使接受器自身及細胞內標的蛋白磷酸化。例如表皮生長因子 (epidermal growth factor, EGF) 及血小板衍生生長因子 (platelet-derived growth factor, PDGF) 的接受器（圖 4-10）。有些酪胺酸激酶接受器本身沒有酶的活性，但與配體結合

而被啟動後，就可與細胞內的酪胺酸激酶形成複合物，並透過對自身和受質蛋白的磷酸化作用而把訊息轉導入細胞。例如紅血球生成素 (erythropoietin, EPO)、生長激素 (growth hormone) 和許多細胞激素 (cytokine) 的接受器。

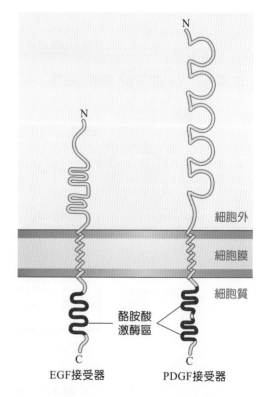

■ 圖 4-10　酪胺酸激酶接受器的結構示意圖。

鳥苷酸環化酶接受器位於胞內的一端具有鳥苷酸環化酶的活性，在與配體結合後，鳥苷酸環化酶活化，催化鳥苷三磷酸(guanosine triphosphate, GTP)生成cGMP，cGMP再啟動cGMP依賴性蛋白激酶G(cGMP-dependent protein kinase G, PKG)，將受質蛋白磷酸化。心臟及腦所分泌的鈉尿胜肽(natriuretic peptide)是鳥苷酸環化酶接受器的重要配體，可刺激腎臟排泄鈉和水，並舒張血管平滑肌。一氧化氮(NO)的接受器為存在於細胞質內的可溶性鳥苷酸環化酶，一氧化氮作用於可溶性鳥苷酸環化酶後，能夠提高細胞質內cGMP的濃度和PKG的活性，參與多種的細胞內功能的調節。

(二) 細胞內接受器

細胞內接受器的本質是可由激素啟動的基因調控蛋白。在細胞內，接受器與抑制性蛋白結合形成複合物，處於非活化狀態。當配體與接受器結合後，將導致抑制性蛋白從複合物上解離下來，從而使接受器經由露出其DNA結合位點而被啟動（詳見第16章）。

4-3 物質通過細胞膜的運輸方式
Transport across the Plasma Membrane

細胞膜(plasma membrane)是包繞細胞內液的特殊半透膜，是細胞的屏障，各種物質進出細胞必須經過細胞膜。細胞膜由雙層磷脂質構成，脂溶性物質可以通過細胞膜，而水溶性物質不能直接通過細胞膜。細胞膜的運輸方式，主要有**被動運輸**(passive transport)及**主動運輸**(active transport)兩類。

被動運輸是指物質或離子順著濃度梯度或電位梯度通過細胞膜的擴散過程，其特徵是細胞本身不需要提供和消耗能量，物質依靠濃度梯度或電位梯度進行跨膜運輸。主動運輸指細胞依靠自身能量消耗，將物質從低濃度的一側運輸到高濃度一側的過程，其特徵是細胞自身需要消耗能量，物質逆濃度梯度或電位梯度進行跨膜運輸。

▶ 擴散及滲透

擴散 (diffusion) 和**滲透** (osmosis) 是物質通過細胞膜運送移動的被動過程，分別介紹如下。

一、擴 散

擴散是指物質分子透過濃度梯度或濃度差從高濃度區域向低濃度區域轉移，直到均勻分布的現象（圖4-11）。物質藉擴散作用經細胞膜進出細胞時，具有兩種共同的特性：(1)物質擴散方向受物質濃度梯度影響，即細胞內外某物質的濃度若不同時，則物質**會由高濃度擴散到低濃度的地方**；當兩邊濃度相差越大，則物質的擴散速率越快，擴散的速率與物質的濃度梯度成正比；(2)**不必消耗ATP**，即可進行此擴散作用。物質分子擴散包括**簡單擴散**(simple diffusion)和**促進性擴散**(facilitated diffusion)兩種類型。

■ 圖 4-11　擴散作用。

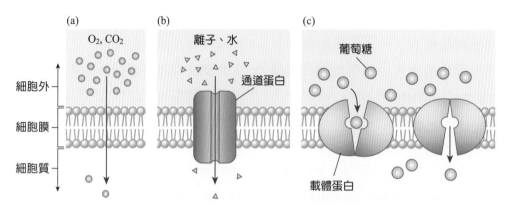

■ 圖 4-12　物質的擴散方式。(a) 簡單擴散；(b) 經由通道蛋白的促進性擴散；(c) 經由載體蛋白的促進性擴散。

(一) 簡單擴散

某些脂溶性小分子物質由細胞膜的高濃度一側向低濃度擴散的過程稱為**簡單擴散**（圖4-12a）。物質跨膜擴散率與濃度梯度和擴散面積成正比，與膜厚度成反比，故決定物質擴散量的主要因素為膜兩側該物質的濃度梯度（濃度差）和通透性（permeability，膜對該物質通過的阻力或難易程度）。濃度梯度大、通透性大，則擴散量就多；反之就少。

細胞膜是以雙層磷脂質為基本結構，脂溶性強的物質（如 O_2、CO_2 和類固醇類激素）容易以簡單擴散通過細胞膜。例如：在肺呼吸過程中，O_2 和 CO_2 經由簡單擴散通過呼吸膜完成肺泡與血液之間的氣體交換（詳見第13章）；以及類固醇激素跨細胞膜進入細胞內，皆經由簡單擴散方式完成。

簡單擴散的特徵包括：沿濃度梯度（或電化學梯度）擴散、不需要提供 ATP 能量、沒有膜蛋白的協助。

(二) 促進性擴散

水溶性小分子（葡萄糖、胺基酸和核苷酸等）或離子（Na^+、K^+、Ca^{2+}等）借助於**膜蛋白**〔載體蛋白(carrier protein)或通道蛋白(channel protein)〕，完成順濃度梯度或順電位梯度跨膜的擴散過程，稱為**促進性擴散**。其特點包括：(1)運輸速率比簡單擴散快；(2)不消耗能量，而是依靠濃度差或電位差；(3)具有特異的選擇性，即載體或通道需與特定溶質結合。簡單擴散與促進性擴散的比較整理於表4-2。

表 4-2　簡單擴散與促進性擴散的比較

擴散方式 比較項目	簡單擴散	促進性擴散
運輸速率	慢	快
飽和性	無	有
專一性	無	有
經由膜蛋白運輸	不需要	需要
順濃度梯度 / 順電位梯度	是	是
耗能情形	不耗能	不耗能
對通道阻斷劑或接受器競爭性抑制物的敏感性	不強	強

經由載體蛋白的擴散作用

重要的營養物質,如葡萄糖、胺基酸、核苷酸等,在膜上載體蛋白的協助下,可由高濃度的一側向低濃度側跨膜運輸(圖4-12c)。載體蛋白具有下列特性:

1. **專一性 (specificity)**:即一種載體蛋白只運輸某一種物質,例如葡萄糖載體只運輸葡萄糖,而不能運輸胺基酸。

2. **飽和性 (saturation)**:由於細胞膜上載體蛋白數量有限,載體蛋白運輸物質的能力有一定的限度。當載體蛋白的結合位點完全被運輸物質使用時,其運輸量達到**最大運輸量 (transport maximum, T_m)**,運輸速率就無法再隨著被運輸物質的濃度增高而增加。例如,腎小管上皮細胞的葡萄糖載體對葡萄糖的吸收,在一定限度內,運輸速率和葡萄糖濃度成正比,當超過一定限度後,即使葡萄糖濃度再增加,其運輸速率也不再增加,出現飽和曲線形狀(圖4-13)。

3. **競爭性 (competition)**:當一種載體同時運輸兩種結構類似的物質時,一種物質濃度的增加,將會減弱對另一種物質的運輸。

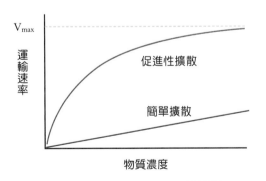

■ **圖 4-13** 簡單擴散與促進性擴散。

經由通道蛋白的擴散作用

離子通道 (ion channel) 是一種貫穿雙層磷脂質、中間帶有親水性孔道,可允許 Na^+、K^+、Ca^{2+} 等離子由高濃度向低濃度跨膜快速移動的膜蛋白(圖4-12b)。離子經過通道的跨膜運輸是細胞生物電現象發生的基礎。

離子通道的結構專一性不如載體蛋白嚴格,亦無飽和現象。但離子通道具有離子選擇性 (ionic selectivity),不同通道對不同離子的通透性不同,取決於通道蛋白的分子結構。根據離子選擇性的不同,離子通道主要包括鈉通道、鈣通道、鉀通道、氯通道等。

離子通道的開放或關閉具有閘門(gate)特性,即離子通道如同具有「關卡」的閘門,其開放或關閉受激素、神經傳遞物質、膜電位、第二傳訊者(例如cAMP)和機械力刺激等因素控制,故又稱為閘門通道(gated channel)。

閘門通道可分為以下三種(表4-3):

1. **化學閘門通道(chemical gated channel)**:當細胞外的特定化學物質(配體)與膜接受器結合,引起閘門通道蛋白發生構形變化,於是「閘門」打開,使離子得以通過。以骨骼肌上的菸鹼型乙醯膽鹼接受器為例(圖4-6),當ACh與此接受器結合時,引起通道構形改變,通道瞬間開啟,導致膜外Na^+內流,膜內K^+外流,因而使肌細胞膜電位發生改變(詳見第9章)。

表 4-3 三種閘門通道的比較

比較項目	化學閘門通道	電位閘門通道	機械閘門通道
定義	由化學訊息分子決定開關的通道	由膜電位大小決定開關的通道	由機械刺激決定開關的通道
分布	視網膜感光細胞、運動終板膜	神經細胞、肌肉細胞、腺體細胞	內耳基底膜毛細胞
舉例	ACh、麩胺酸、天門冬胺酸、γ-胺基丁酸、甘胺酸等化學閘門通道	電位閘門 Na^+ 通道、電位閘門 K^+ 通道、電位閘門 Ca^{2+} 通道	機械閘門 K^+ 通道
開放結果	局部電位 (local potential)	動作電位 (action potential)	感受器電位 (receptor potential)

2. **電位閘門通道** (voltage gated channel)：當細胞膜電位變化時，會使通道蛋白的構形改變，「閘門」打開。例如：肌細胞產生動作電位時，動作電位傳至肌漿網會使 Ca^{2+} 通道打開，引起 Ca^{2+} 外流，引發肌肉收縮（詳見第 9 章）。

3. **機械閘門通道** (mechanosensitive channel)：此種離子通道的開放是由於機械力的刺激所引起。例如：內耳毛細胞頂部的纖毛彎曲時，啟動毛細胞膜的機械閘門通道，該處細胞膜出現跨膜離子移動，使細胞膜電位產生變化，進而產生聽覺訊息（詳見第 8 章）。

二、滲透

　　滲透(osmosis)是指水分子經**選擇性半透膜**(selectively permeable membrane)，依靠滲透梯度，經由擴散方式通過細胞膜的現象。即水分子由高水分子區域（低濃度溶液）向低水分子區域（高濃度溶液）擴散，直到膜兩側溶質濃度相等為止（圖4-14）。此時兩側的溶液稱為**等張溶液**(isotonic solution)或**等滲溶液**(isosmotic solution)。水分子的滲透通常具備兩個要素：(1)兩溶液之間存在選擇性半透膜和濃度差；(2)選擇性半透膜僅對水分子通透，不對溶質通透。細胞膜就是典型的選擇性半透膜。

　　細胞藉由滲透作用得到水分，但是也有可能因此喪失水分或得到過多的水分，例如

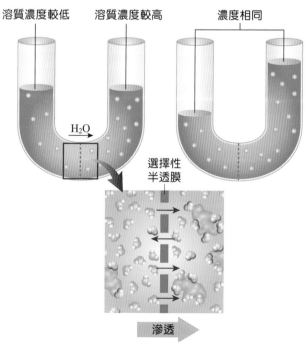

溶質濃度較低　　溶質濃度較高　　　濃度相同

H_2O

選擇性半透膜

滲透

圖 4-14　滲透現象。

將細胞放入濃食鹽水中，由於濃食鹽水中的水含量比例較細胞質低，細胞內的水會不斷的往細胞外滲透，導致細胞脫水、萎縮；相反的，將細胞放入蒸餾水中，由於細胞內的水含量比例較蒸餾水低，外界的水分子會不斷往細胞內滲透，導致細胞膨脹，甚至造成破裂。

吸引溶劑（水）流動之壓力稱為**滲透壓** (osmotic pressure)，溶液中溶質含量愈高者，所含的水分愈少，其滲透壓愈高，吸引水的能力越強，如 360 g/L 葡萄糖溶液的滲透壓是 180 g/L 葡萄糖溶液的兩倍。

圖 4-15 表示在 NaCl 溶液中的紅血球體積與在血漿中紅血球體積的比值，與 NaCl 溶液濃度的函數關係。即在不同濃度 NaCl 溶液中，紅血球體積的變化曲線。當 NaCl

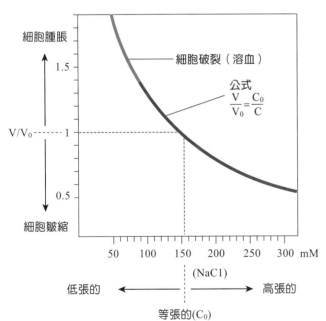

■ **圖 4-15** 人類紅血球在 NaCl 溶液中的滲透表現。V_0 與 C_0 分別表示在血漿（等張溶液）中紅血球的體積和胞內溶質濃度；V 與 C 分別表示在非等張溶液中紅血球的體積和胞內溶質濃度。

知識小補帖　Knowledge+

靜脈注射的液體，因其需通過靜脈血管，故要求必須為**等張溶液**，以避免有漲破紅血球之虞。此處我們以生理食鹽水注射液為例來說明：**生理食鹽水** (0.9% NaCl) 的滲透莫耳濃度為 286 mOsm/L，相當於血漿的滲透莫耳濃度，故為等張溶液。臨床常用於靜脈注射的等張溶液包括 **5% 葡萄糖水溶液**及**林格氏乳酸溶液** (Ringer's lactate)。

濃度為 154 mM (286 mOsm/L) 時，紅血球體積與其在血漿中體積相等，稱為等張生理食鹽水。濃度低於 154 mM 的 NaCl 溶液稱為**低張溶液** (hypotonic solution)，此時水滲透進入紅血球，使紅血球腫脹。當紅血球腫脹到正常體積的 1.4 倍時，紅血球細胞開始破裂，紅血球內的物質（血紅素、離子、有機磷酸鹽等）漏到胞外，產生紅血球溶血現象 (hemolysis)。故低滲時紅血球會腫脹，高滲時紅血球則因水分滲出胞外而皺縮（圖 4-16）。

▶ 主動運輸

主動運輸 (active transport) 是指藉由細胞膜蛋白質的自身耗能，將分子或離子由低濃度向高濃度運輸的物質運輸過程。其運輸特點有：(1) 逆濃度梯度運輸；(2) 需要 ATP 提供能量，並對代謝毒性敏感；(3) 依賴於細胞膜運輸蛋白（幫浦）；(4) 具有選擇性和專一性。主動運輸分為**初級主動運輸** (primary active transport) 和**次級主動運輸** (secondary active transport)（圖 4-17）。

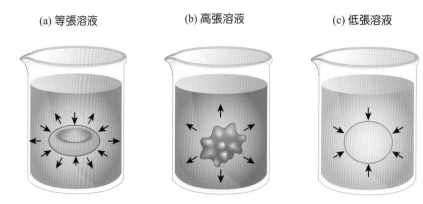

(a) 等張溶液　　(b) 高張溶液　　(c) 低張溶液

■ 圖 4-16　溶液滲透濃度對紅血球形態的影響。

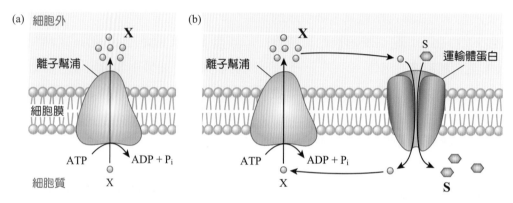

■ 圖 4-17　主動運輸。(a) 初級主動運輸；(b) 次級主動運輸。X 代表離子，S 代表經運輸體逆濃度梯度運輸的物質。

一、初級主動運輸

指運輸蛋白直接利用分解 ATP 所產生之能量，將分子或離子以逆濃度差或（和）逆電位差的方向運輸通過細胞膜的過程，使物質從低濃度區移往高濃度區。此運輸方式必須在活體內方可進行。人體內有許多重要的初級主動運輸蛋白，例如：**鈉鉀幫浦** (Na^+-K^+ pump) 主要分布在細胞膜上；**鈣幫浦** (Ca^{2+} pump) 除了存在於細胞膜上之外，內質網或肌漿網上亦有分布。

(一) 鈉鉀幫浦

鈉鉀幫浦是在細胞膜雙層磷脂質中的跨膜蛋白質，具有 Na^+、K^+ 結合位點和 ATP

酶活性，故又稱為 Na^+-K^+ ATP 酶 (Na^+-K^+ ATPase)。其透過磷酸化和去磷酸化發生構形的變化，導致與 Na^+、 K^+ 的親和力發生變化。

在細胞膜內側，Na^+ 與鈉鉀幫浦結合，啟動 ATP 酶活性，使 ATP 分解，酶被磷酸化，構形發生變化，與 Na^+ 結合的部位轉變為膜外側；這種磷酸化的酶對 Na^+ 的親和力低，對 K^+ 的親和力高，因而在膜外側釋放 Na^+ 並結合 K^+。K^+ 與磷酸化酶結合後促使酶去磷酸化，酶的構形恢復原狀，於是與 K^+ 結合的部位轉變為膜內側，K^+ 與酶的親和力降低，使 K^+ 在膜內被釋放，而又與 Na^+ 結合（圖 4-18）。其結果是每一次循環消耗 1 個 ATP，運出 3 個 Na^+，運進 2 個 K^+。

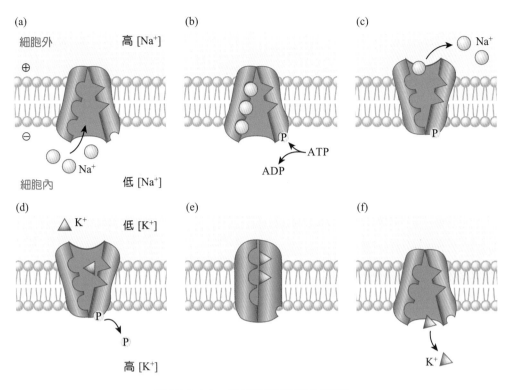

■ 圖 4-18 鈉鉀幫浦的工作原理。

鈉鉀幫浦的作用在於使細胞內外 Na^+、K^+ 不均勻分布。鈉鉀幫浦每分解 1 個分子的 ATP，使 3 個 Na^+ 從細胞內運輸出細胞外，同時使 2 個 K^+ 轉移入細胞內，藉此**維持細胞內外鈉、鉀的濃度差**。由於鈉鉀幫浦的活動，可使細胞內 K^+ 的濃度約為細胞外的 30 倍，而細胞外液中 Na^+ 的濃度為細胞內的 10 倍。此濃度差是產生靜止膜電位的前提條件，也是神經和肌肉興奮的能量來源。

此外，鈉鉀幫浦所提供的細胞外高 Na^+，建立了 Na^+ 的跨膜濃度差，亦為次級主動運輸物質提供儲備（詳見後文）；鈉鉀幫浦活動造成的細胞內高 K^+ 狀態，則為細胞內生化代謝反應提供必要條件，例如核糖體合成蛋白質需要高 K^+ 環境。

(二) 鈣幫浦

鈣幫浦亦稱 Ca^{2+}-ATP 酶 (Ca^{2+}-ATPase)，它分布在細胞膜、內質網或肌漿網膜上。細胞膜鈣幫浦每分解 1 個 ATP 分子，可將 1 個 Ca^{2+} 由細胞內運輸到細胞外；而肌漿網或內質網的鈣幫浦是由 Ca^{2+} 啟動的 ATP 酶，每分解 1 個 ATP 分子，可將 2 個 Ca^{2+} 由細胞內運輸到肌漿網或內質網。兩種鈣幫浦的共同作用，使細胞質 Ca^{2+} 濃度保持在 0.1~0.2 μmol/L 的低水準，僅為細胞外液 Ca^{2+} 濃度 (1~2 mM) 的萬分之一。因此，細胞外的 Ca^{2+} 即使只有很少量進入胞內，都會引起細胞質游離 Ca^{2+} 濃度顯著變化，觸發或啟動許多生理反應。

Ca^{2+} 是一種重要的傳訊物質。在粒線體、肌漿網或內質網中，因含有高濃度的 Ca^{2+}（大於 10 μmol/L），因此被稱為「鈣庫」。在一定的訊號作用下，Ca^{2+} 從鈣庫釋放到細胞

質，可調節肌肉收縮、腺體細胞分泌、突觸囊泡中神經傳遞物質釋放，以及某些酶蛋白質和通道蛋白的啟動等諸多生理功能。

二、次級主動運輸

次級主動運輸是利用初級主動運輸建立的細胞外 Na^+ 高濃度儲備所進行的第二次物質跨膜的主動運輸。此運輸亦需耗能，但能量來源不是直接來自於 ATP 分解，而是利用初級主動運輸所形成的離子濃度差，並經由載體蛋白〔稱為**運輸體** (transporter)〕，使分子或離子逆濃度差通過細胞膜（圖 4-17b）。

如果被運輸的離子或分子都向同一方向運動，稱為**同向運輸** (symport)，相應的運輸體蛋白稱為**同向運輸體** (symporter)；如果被運輸的離子或分子彼此向相反方向運動，則稱為**逆向運輸** (antiport)，相應的運輸體蛋白稱為**逆向運輸體** (antiporter)。

葡萄糖在小腸黏膜上皮細胞的被吸收過程就是一個典型的次級主動運輸（圖 4-19）。在上皮細胞基底側膜上的鈉鉀幫浦活動，造成細胞內低 Na^+ 狀態，在腸腔側膜的內外形成 Na^+ 濃度差，使腸腔側膜上的 Na^+-葡萄糖同向運輸體利用膜兩側 Na^+ 的化學驅動力，將腸腔中的 Na^+ 和葡萄糖分子一起運送到上皮細胞內。在此過程中，葡萄糖分子的運輸為逆濃度梯度，而 Na^+ 順濃度差進入細胞。進入上皮細胞內的葡萄糖分子在基底膜側由另一個葡萄糖載體蛋白擴散至血液中，完成葡萄糖以同向運輸的方式吸收入血液的過程。胺基酸也是以同樣的方式在小腸被吸收。此外，次級主動運輸還可見於：神經傳

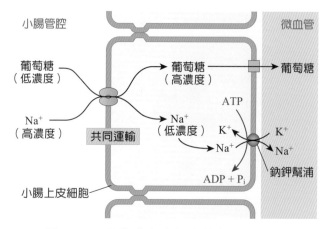

■ **圖 4-19** 腸黏膜上皮細胞葡萄糖的次級主動運輸。

遞物質在突觸間隙被神經末梢吸收，甲狀腺上皮細胞的聚碘，以及腎小管上皮細胞的 Na^+-H^+ 交換、Na^+-Ca^{2+} 交換等。

▶ 胞吞作用及胞吐作用

許多大分子物質或顆粒不能穿過細胞膜，需要細胞膜以更為複雜的結構及功能的改變來完成運輸，例如胞吞作用 (endocytosis) 及胞吐作用 (exocytosis)，這些過程需要細胞提供能量。

一、胞吞作用

胞吞作用指當大分子物質或物質團（如細菌、細胞碎片等）藉由細胞膜往內剝離而形成含有攝入物的小泡進入細胞（圖 4-20a）。攝入固體物質的胞吞作用稱為**胞噬作用** (phagocytosis)；攝入液體物質的胞吞作用則稱為**胞飲作用** (pinocytosis)。

胞噬作用發生在一些特殊的細胞上，例如單核球、巨噬細胞、嗜中性球等。這些細胞對於顆粒（細菌或細胞碎片等）具有趨化和黏性作用，使細胞質突出形成**偽足**

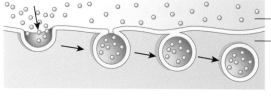

(a) 胞吞作用

細胞外環境

細胞質

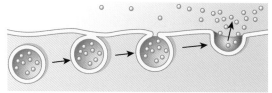

(b) 胞吐作用

■ 圖 4-20　胞吞和胞吐作用。

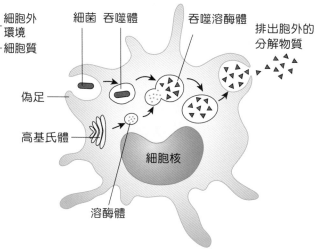

細菌　吞噬體　　吞噬溶酶體　　排出胞外的分解物質

偽足

高基氏體

細胞核

溶酶體

■ 圖 4-21　胞噬作用。

(pseudopod) 後包圍顆粒，細胞膜癒合而形成**吞噬體** (phagosome) 進入細胞。吞噬體與**溶酶體** (lysosome) 結合形成**吞噬溶酶體** (phagolysosome)，再由溶酶體內的酵素消化分解（圖 4-21）。攝入的物質，最終以廢物型式排出；未被消化的難分解物質，形成**殘餘體** (residual body)，在大部分狀況中，會無限期的留在細胞內。

　　胞飲作用可以發生在體內幾乎所有的細胞，且不伸出偽足。當外界液體接觸細胞膜，膜往內凹陷呈袋狀，最後與膜分離形成胞飲小泡而進入細胞。

二、胞吐作用

　　與胞吞作用相反，胞吐作用是將大分子物質（激素、酶、神經傳遞物質等）釋放出細胞外的作用。胞吞和胞吐作用之間的平衡可以使細胞膜的表面積維持相當的穩定（圖 4-20b）。

　　胞吐作用在兩種細胞中特別重要：(1)將細胞分泌物釋出的細胞，如消化酶、激素、黏液等；(2)神經細胞，經由胞吐作用釋出神經傳遞物質。

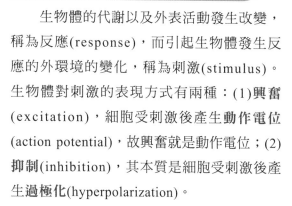

4-4　細胞的興奮性
Cell Excitability

　　生物體的代謝以及外表活動發生改變，稱為反應(response)，而引起生物體發生反應的外環境的變化，稱為刺激(stimulus)。生物體對刺激的表現方式有兩種：(1)**興奮** (excitation)，細胞受刺激後產生**動作電位** (action potential)，故興奮就是動作電位；(2)**抑制**(inhibition)，其本質是細胞受刺激後產生**過極化**(hyperpolarization)。

　　細胞、組織或生物體對外界刺激反應的能力或特性稱為**興奮性**(excitability)，即產生興奮能力的大小，其本質是產生動作電位的能力，它是生物體共有的特性，由於神經、肌肉和腺體細胞對刺激之反應特別明顯，故稱為**可興奮細胞**(excitable cell)。可興奮細胞無論在靜止狀態或在活動狀態都有電性的變化，它伴隨著細胞生命活動而出現，故稱為生物電(bioelectricity)。

▶ 平衡電位

一般情況下，在細胞內外的離子組成成分差異性極大（表4-5），特別在神經和肌肉等可興奮細胞，其具有共同的特徵：在細胞外 Na^+ 濃度和 Cl^- 濃度高，K^+ 濃度偏低；相反的，在細胞內 K^+ 濃度高，Na^+ 濃度和 Cl^- 濃度偏低。

通常把細胞內外某離子的濃度差異達平衡時的膜電位，稱為該離子的**平衡電位** (equilibrium potential)。平衡電位的影響因素是細胞膜兩側的濃度和溫度，可以用**奈恩斯特方程式** (Nernst equation) 來計算：

$$E_{X^+} = \frac{RT}{ZF} \ln \frac{[X^+]_o}{[X^+]_i}$$
$$= 2.303 \frac{RT}{ZF} \log \frac{[X^+]_o}{[X^+]_i}$$

上式中，E_{X^+} 為 X 離子平衡電位，單位為伏特 (volt)；R 是氣體常數，等於 8.314 J/K·mol；T 為絕對溫度，單位是 K（K ＝攝氏度＋ 273.15）；Z 是參與離子所帶的電荷量（例如鈉、鉀離子為 +1）；F 是法拉第常數 (Faraday's constant)，等於 96485 Coulomb/mol 或 J/V · mol；$[X^+]_o$ 是細胞外的 X 離子濃度，單位為 mol/m^3 或 mM (mmol/L)；$[X^+]_i$ 是細胞內 X 離子濃度。

以正常人體體溫 37℃計算之，上式可改寫為：

$$E_{X^+} = 61.55 \quad \log \frac{[X^+]_o}{[X^+]_i} \text{ (mV)}$$

表 4-4　物質運輸方式之整理

分類	特性	方式		說明	運輸的物質
被動運輸	物質由高濃度向低濃度移動，不需消耗能量	簡單擴散		物質通過細胞膜的雙層磷脂質之被動過程	1. 脂溶性分子：O_2、CO_2、N_2；脂肪酸、類固醇、脂溶性維生素（A、D、E、K）；甘油、少量酒精、氨 2. 極性分子：水、尿素
		促進性擴散		離子依靠通道順濃度梯度的跨膜運輸	Na^+、K^+、Ca^{2+}、Cl^- 等
				物質由載體蛋白的協助，順濃度梯度的被動運輸	葡萄糖、胺基酸、果糖、半乳糖、一些維生素等
		滲透		水分子通過半透膜的簡單擴散	水
主動運輸	物質逆濃度梯度，由低濃度區移向高濃度區，需消耗能量	初級主動運輸		物質在細胞膜上離子幫浦幫助下，直接消耗 ATP 完成逆濃度梯度的跨膜運輸	Na^+、K^+、Ca^{2+}、Cl^-、H^+、I^-、其他離子
		次級主動運輸		在 Na^+ 運輸的同時，物質藉膜上運輸體蛋白逆濃度差的跨膜運輸，能量來自細胞外高 Na^+ 儲備，最終由鈉幫浦提供能量、間接消耗 ATP	葡萄糖、胺基酸
		胞吞作用	胞噬作用	固態物質在偽足的作用下吞入細胞	細菌、病毒、死亡或老化的細胞
			胞飲作用	液態物質經細胞膜內摺進入細胞內	細胞外液中的溶質
		胞吐作用		分泌小泡和細胞膜癒合並將其內含物釋放到細胞外液	神經傳遞物質、激素、消化酶

若將細胞內、外液的 K^+ 濃度代入式中，可計算出 K^+ 的平衡電位 (E_{K^+})；而將膜內、膜外側的 Na^+ 濃度代入式中，亦可計算出 Na^+ 的平衡電位 (E_{Na^+})。

表 4-5 計算的平衡電位結果顯示：E_{K^+} 為負值，E_{Na^+} 為正值。其中，哺乳類動物骨骼肌的平衡電位：鈉是 +66 mV，鉀是 –97 mV，氯是 –91 mV，靜止膜電位是 –90 mV。因為在靜止狀態下，細胞膜對 K^+ 通透性較高，故這時的靜止膜電位接近 K^+ 的平衡電位；同樣的，因為在興奮時細胞膜對 Na^+ 通透性較高，所以這時的動作電位接近於 Na^+ 的平衡電位。

▶ 靜止膜電位

由於細胞膜內、外兩側的液體中，含有許多帶電荷的離子，這些離子在細胞膜兩側分布不均，故產生電位差。此電位差利用尖端為1微米玻璃管的測量電極插入細胞內，參照電極置於細胞外液並接地（零電位），此時觀察到的電位數值為跨膜的細胞內電位，又稱為**膜電位**(membrane potential)（圖 4-22）。

靜止膜電位 (resting membrane potential, RMP) 是指細胞在安靜狀態下，存在於細胞膜兩側的電位差。其特徵包括：(1) 在大多數細胞，靜止膜電位是一種穩定的直流電位；(2) 細胞內電位低於細胞外，即**內負外正**。因為

表 4-5　不同組織的細胞內外液體中各主要離子的濃度、平衡電位及靜止膜電位

細胞組織	離子	細胞內液 (mM)	細胞外液 (mM)	平衡電位 (mV)	靜止膜電位 (mV)
槍烏賊神經軸突	Na^+	78.0	462.0	+45	–65
	K^+	396.0	22.0	–73	
	Cl^-	104.0	586.0	–44	
蛙縫匠肌	Na^+	13.0	108.0	+53	–90
	K^+	138.0	2.5	–101	
	Cl^-	2.0	76.5	–92	
人類紅血球	Na^+	19.0	155.0	+56	–10
	K^+	136.0	5.0	–88	
	Cl^-	78.0	112.0	–10	
哺乳類動物神經軸突	Na^+	10.0	130.0	+68	–85
	K^+	140.0	5.0	–88	
	Cl^-	4.0	120.0	–90	
哺乳類動物骨骼肌	Na^+	12.0	145.0	+66	–90
	K^+	155.0	4.0	–97	
	Cl^-	3.8	120.0	–91	

註：恆溫動物以 37°C 計算；變溫動物以 18°C 計算。

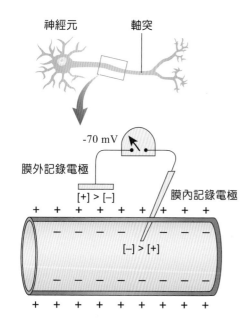

■ 圖 4-22　細胞內玻璃微小電極記錄神經纖維靜止膜電位。

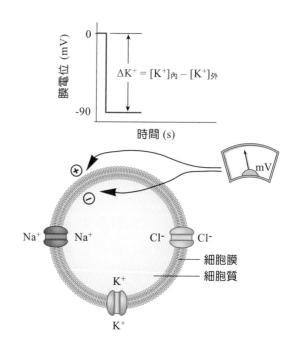

■ 圖 4-23　細胞內外鉀離子濃度對靜止膜電位的影響。

在靜止時，細胞質中含有較多的 K$^+$，細胞外液中有較多的 Na$^+$ 與 Cl$^-$，又因細胞內的 K$^+$ 濃度較高，可以通過細胞膜上的 K$^+$ 通道擴散至細胞外液，使膜外面的正電性增加，細胞內呈負電性，所以細胞膜內側的電壓較外側為負；(3) 不同細胞，靜止膜電位的數值可以不同，例如，骨骼肌細胞之靜止膜電位約為 –90 mV，**神經細胞約為 –70 mV**，平滑肌細胞約為 –55 mV，紅血球約為 –10 mV。

　　判斷靜止膜電位的變化，通常採用比較負值的大小（圖 4-23）。例如從 –70 mV 變化到 –90 mV 稱為靜止膜電位增大，反之則是減小。一般把靜止膜電位存在時，細胞膜外為正電荷、細胞膜內為負電荷的狀態稱為**極化** (polarization)。

一、靜止膜電位的產生原理

　　靜止膜電位的產生與**細胞膜的通透性**有密切的關係。由於**鈉鉀幫浦**的作用，使細胞膜內外的鈉鉀離子分布不均勻（細胞外高 Na$^+$ 而細胞內高 K$^+$）。在靜止時，細胞膜對 K$^+$ 有較高的通透性，對其他離子的通透性很低。故 K$^+$ 依靠細胞內外的濃度差作為動力，由細胞內向細胞外擴散，導致細胞內的電位下降，而細胞外電位上升。擴散到膜外的 K$^+$ 在細胞外形成正電荷的電場力，將阻礙細胞內 K$^+$ 繼續向細胞外流動，隨著 K$^+$ 外流的增加，這種電場阻力不斷加大，細胞膜的電位差逐漸增大，當**電位差**的阻力與**濃度差**的動力代數和為零時，就形成了膜內外不再有 K$^+$ 淨移動的平衡狀態，此時形成的鉀離子的電化學平衡電位，即為靜止膜電位。

　　通常靜止膜電位的絕對值要比 K$^+$ 平衡電位的理論值要低（表 4-5），如蛙縫匠肌的靜止膜電位是 –90 mV，而其 K$^+$ 平衡電位是 –105 mV；哺乳類動物骨骼肌的靜止膜

電位是 –90 mV，K$^+$ 平衡電位的數值是 –95 mV。這是由於在靜止狀態時細胞膜不僅對 K$^+$ 有通透性，而且對 Na$^+$ 也有較小的通透性，Na$^+$ 移入膜內將一部分 K$^+$ 外流所造成的膜內負電位抵銷，故而使靜止膜電位比 K$^+$ 平衡電位的絕對數值要低一些。此外，靜止時的細胞膜對 Cl$^-$ 也有一定的通透性，Cl$^-$ 的內流也會造成膜內帶負電，但通常 K$^+$ 外流所形成的靜止膜電位，差不多和膜外 Cl$^-$ 的內流相抵銷，所以一般不會出現 Cl$^-$ 的跨膜淨移動。

二、鉀離子對靜止膜電位的影響

細胞靜止膜電位由 K$^+$ 平衡電位決定，即由細胞內外鉀離子濃度差（$\Delta K^+ = [K^+]_內 - [K^+]_外$）決定（圖 4-23）。當一側 K$^+$ 的濃度發生變化，會使得原先的平衡被打破，進而形成新的平衡體系（表 4-6）。當細胞外 K$^+$ 增多時，細胞內外鉀離子濃度差（ΔK^+）減小，引起靜止膜電位幅值減小；反之，當細胞外 K$^+$ 減少時，靜止膜電位幅值增加。

當興奮鈉鉀幫浦的因素（例如腎上腺素和正腎上腺素）作用於細胞時，細胞膜的鈉鉀幫浦活性增強，細胞內 K$^+$ 濃度增加，引起靜止膜電位幅值增加；反之，當抑制鈉幫浦的因素（例如缺氧、低溫、代謝抑制劑）作用於細胞時，鈉鉀幫浦活性減弱，細胞內 K$^+$ 濃度減少，靜止膜電位幅值降低。

表 4-6　細胞內、外 K$^+$ 變化對靜止膜電位的影響

K$^+$ 變化	靜止膜電位變化	$\Delta K^+ = [K^+]_內 - [K^+]_外$	靜止膜電位幅值
細胞外	↑ [K$^+$]$_外$	減小	減小
	↓ [K$^+$]$_外$	增加	增加
細胞內	↑ [K$^+$]$_內$	增加	增加
	↓ [K$^+$]$_內$	減小	減小

參考資料 | References

王庭槐 (2008)·*生理學*（二版）·高等教育。

朱大年 (2008)·*生理學*（七版）·人民衛生。

朱妙章 (2005)·*大學生理學*·高等教育。

吳其夏 (1999)·*新編病理生理學*·中國協和大學。

金惠銘、王建枝 (2003)·*病理生理學*（六版）·人民衛生。

姚泰 (2001)·*生理學*·人民衛生。

夏強 (2002)·*醫學生理學*·科學。

徐承水 (2006)·*細胞生物學學習指導*·科學。

馬青 (2007)·*生理學精要*·吉林科學技術。

馮琮涵、黃雍協、柯翠玲、廖智凱、胡明一、林自勇、鍾敦輝、周綉珠、陳瀅 (2021)·*人體解剖學*·新文京。

馮琮涵、鄧志娟、劉棋銘、吳惠敏、唐善美、許淑芬、江若華、黃嘉惠、汪蕙蘭、李建興、王子綾、李維真、莊禮聰 (2022)·*解剖生理學*（三版）·新文京。

楊撫華 (2007)·*醫學細胞生物學*（五版）·科學。

翟中和 (2000)·*細胞生物學*·高等教育。

賴明德、王耀賢、鄧志娟、吳惠敏、李建興、許淑芬、陳晴彤、李宜倖 (2022)·*解剖學*（二版）·新文京。

韓秋生、徐國成、鄒衛東、翟秀岩 (2004)·*組織學與胚胎學彩色圖譜*·新文京。

韓貽仁 (2007)·*分子細胞生物學*（三版）·高等教育。

Fox, S. I. (2006)·*人體生理學*（王錫崗、于家城、林嘉志、施科念、高美媛、張林松、陳瑩玲、陳聰文、黃慧貞、溫小娟、廖美華、蔡宜容譯；四版）·新文京。（原著出版於 2006）

Levy, M. N., Stanton, B. A., Koeppen, B. M., Berne, & Levy (2008)·*生理學原理*（四版）·高等教育。

Fox, S. I. (2015). *HUMAN PHYSIOLOGY* (14th ed.). McGraw-Hill College.

複·習·與·討·論

一、選擇題

1. 如果細胞膜之鈉鉀幫浦 (Na⁺-K⁺ pump) 停止運作，下列何種運送 (transport) 方式會最顯著的降低運送速率？　(A) 簡單擴散 (simple diffusion)　(B) 促進性擴散 (facilitated diffusion)　(C) 胞吞作用 (endocytosis)　(D) 次級主動運輸 (secondary active transport)

2. 接受器不具有下列何種特點？　(A) 高度的專一性　(B) 高度的親和力　(C) 不可逆結合性　(D) 可飽和性

3. 下列哪種分子，目前被認為是第二傳訊者？　(A) ATP　(B) cAMP　(C) H_2O　(D) CO_2

4. 下列何者不屬於第二傳訊者？　(A) 環腺苷單磷酸 (cAMP)　(B) 一氧化氮　(C) 三磷酸肌醇 (IP_3)　(D) 二醯甘油酯 (DAG)

5. 有關 9% NaCl 溶液之敘述，下列何者正確？　(A) 是高張溶液　(B) 細胞處於此溶液中會脹大　(C) 細胞處於此溶液中形態及功能均正常　(D) 可用於大量靜脈輸注補充體液

6. 將剛分離出來的人體紅血球放入 1% NaCl 食鹽水中，相隔 20 分鐘後，在顯微鏡下觀察紅血球細胞體積，會發生下列何種變化？　(A) 變小　(B) 變大　(C) 細胞破裂　(D) 沒有明顯改變

7. 主動運輸 (active transport) 不具有下列何種特性？　(A) 需要 ATP 提供能量　(B) 具有專一性　(C) 具有選擇性　(D) 物質順濃度梯度運輸

8. 下列何者是經由載體蛋白 (carrier) 完成的細胞膜物質運輸作用？　(A) 擴散 (diffusion)　(B) 促進性擴散 (facilitated diffusion)　(C) 滲透 (osmosis)　(D) 過濾 (filtration)

9. 脂肪物質經消化後的最終產物主要是藉由下列何種方式通過小腸細胞的細胞膜而進入細胞內？　(A) 簡單擴散　(B) 促進性擴散　(C) 主動運輸　(D) 次級主動運輸

10. 下列有關水分運輸的敘述何者正確？　(A) 水透過半透膜的擴散作用也稱為滲透　(B) 水從滲透壓高的地方往滲透壓低的地方擴散　(C) 紅血球放入高張溶液後，會因為水進入細胞內而漲大　(D) 水通道是透過次級主動運輸的方式來輸送水分子

11. 促進性擴散 (facilitated diffusion) 不具有下列何種性質？　(A) 將物質由低濃度送往高濃度　(B) 飽和現象　(C) 專一性　(D) 經由特定膜蛋白分子

12. 將細胞放置於 5% 葡萄糖溶液中，會造成細胞何種反應？　(A) 脹破　(B) 皺縮　(C) 不變　(D) 先皺縮後脹破

13. 對人體細胞而言，下列何者為等張溶液？　(A) 0.1% NaCl 溶液（分子量 58.8 克／莫耳）　(B) 0.5% NaCl 溶液　(C) 5% 葡萄糖溶液（分子量 180 克／莫耳）　(D) 10% 葡萄糖溶液

14. 每消耗一個 ATP 的鈉鉀幫浦，對細胞內外鈉鉀的運輸數量有何影響？ (A) 運出 1 個 Na^+，移進 1 個 K^+ (B) 運出 2 個 Na^+，移進 3 個 K^+ (C) 運出 3 個 Na^+，移進 1 個 K^+ (D) 運出 3 個 Na^+，移進 2 個 K^+

15. 有關鈉鉀幫浦之正常生理運作，下列敘述何者正確？ (A) 鈉鉀幫浦是種次級主動運輸子 (B) 鈉鉀幫浦從細胞內打出二個鈉離子到細胞外 (C) 鈉鉀幫浦從細胞內打出二個鉀離子到細胞外 (D) 鈉鉀幫浦的淨反應是讓細胞內多出一個負電荷

16. 腺苷酸環化酶 (adenylate cyclase) 的作用為何？ (A) 貫穿細胞膜的內在蛋白 (B) 活化 G 蛋白 (C) 將 ATP 轉變為 cAMP (D) 第二傳訊者作用 (E) 催化蛋白激酶作用

17. 二醯甘油酯 (DAG) 的主要作用為何？ (A) 活化蛋白激酶 A (B) 活化蛋白激酶 C (C) 增加細胞 Ca^{2+} 濃度 (D) 促進細胞外 Ca^{2+} 內流

18. 細胞內外鉀離子濃度差之維持，主要直接依賴下列何者？ (A) 鈣離子通道 (B) 鈉－鉀幫浦 (C) 葡萄糖載體 (D) 水通道

19. 以下何種化學物質可以無需任何蛋白質的協助就可以自由通透細胞膜？ (A) 氧分子 (B) 鉀離子 (C) 葡萄糖 (D) 胺基酸

20. 安靜狀態下，細胞膜外正電荷、細胞膜內負電荷的狀態稱為什麼？ (A) 極化 (B) 過極化 (C) 去極化 (D) 再極化

21. 骨骼肌的靜止膜電位接近何種離子的平衡電位？ (A) 鈉 (B) 鉀 (C) 氯 (D) 鈣

22. 當一個細胞的細胞內與細胞外之鈉離子濃度分別為 10 和 100 mM。依照奈恩斯特方程式，如果這個細胞有專一性的鈉離子通道，請問該細胞對鈉離子的平衡電位約為若干mV？ (A) –60 (B) 0 (C) +60 (D) +100

23. 鈉鉀幫浦 (sodium-potassium pump) 運送鈉鉀離子的作用方式屬於下列何者？ (A) 簡單擴散 (simple diffusion) (B) 主動運輸 (active transport) (C) 滲透 (osmosis) (D) 胞噬作用 (endocytosis)

二、問答題

1. 簡述細胞外基質的功能。

2. 比較緊密接合與間隙接合的不同。

3. 簡述接受器的一般特性。

4. 何謂第二傳訊者？試述以 cAMP、DAG 和 IP_3 為第二傳訊者的傳遞過程。

5. 說明簡單擴散和促進性擴散的不同。

6. 解釋主動運輸和被動運輸的不同。

7. 何謂靜止膜電位？簡要說明靜止膜電位的形成原理，並解釋鈉鉀幫浦為何有助於靜止膜電位的產生。

三、腦力激盪

1. 強心配醣體 (cardiac glycoside) 能夠增強心臟的收縮力，請結合鈉鉀幫浦的內容說明其作用的原理。

2. 當人工增加細胞外液鉀離子濃度，靜止膜電位幅值為何降低？

掃描　複習與討論解答
請掃描QR code

05
CHAPTER

學習目標 Objectives

1. 描述神經元的構造及解釋各主要組成部分的特殊功能。
2. 描述神經膠細胞分類及不同膠細胞的功能。
3. 定義髓鞘並解釋如何形成髓鞘。
4. 描述神經再生的過程。
5. 描述動作電位的過程並掌握動作電位的特性。
6. 了解神經傳導的特性及機制。
7. 掌握電性突觸和化學性突觸的結構。
8. 描述突觸前細胞釋放神經傳遞物質的過程。
9. 解釋如何產生興奮性突觸後電位，並比較它與動作電位的關係。
10. 解釋什麼是抑制性突觸後電位，並了解它的分類。
11. 定義時間性與空間性加成，並描述突觸可塑性及抑制作用。
12. 熟悉乙醯膽鹼的分布、合成、釋放及接受器分類。
13. 熟悉兒茶酚胺類神經傳遞物質的分布、合成、釋放過程及接受器分類。
14. 描述胺基酸類神經傳遞物質的分類及其特性。
15. 描述神經胜肽的代表物質及其作用。
16. 比較組織胺、嘌呤類及氣體分子等神經傳遞物質的作用。
17. 了解神經傳遞物質去活化的方式。

本章大綱 Chapter Outline

神經傳訊
**Neuronal
Signaling**

HUMAN
PHYSIOLOGY

人體是由許多器官及系統所構成。在正常情況下，各器官及系統的活動是協調統一的，並與內、外環境的變化相適應。這是因為體內有兩大功能調節系統，一是神經系統，二是內分泌系統（詳見第 16 章），其中具有主導作用的是神經系統。神經系統經由各種感受器感受內、外環境變化的訊息，經整合及處理後，對各器官及系統的功能進行直接或間接的調節，使個體能夠適應內、外環境的變化。

神經元 (neuron) 是神經系統的結構和功能基本單位，主要功能是訊息傳導，神經元之間主要經由突觸 (synapse) 來進行快速、準確的訊息傳導，並進行某種形式的訊息處理。突觸為相鄰神經元之間的點狀連結區域，包括有突觸前膜、突觸裂隙 (synaptic cleft) 和突觸後膜。突觸前膜可以分泌化學物質——神經傳遞物質 (neurotransmitter)，如多巴胺、正腎上腺素和血清胺等，這些神經傳遞物質通過突觸裂隙，與突觸後膜上的接受器結合，將訊號藉由神經衝動從一個神經元傳至另一個神經元，以實現神經的訊號傳導功能。

本章將介紹神經生理學的基礎知識，即主要介紹神經元的基本功能和神經元之間訊息傳導的基本原理。

5-1 神經組織
Nervous Tissue

神經系統主要由**神經元** (neuron) 和**神經膠細胞** (neuroglial cell) 兩類細胞組成（圖 5-1）。神經元又稱神經細胞 (neurocyte)，是神經系統結構和功能的基本單位。神經膠細胞又稱膠細胞 (glial cell)，其數量巨大，功能複雜多樣。

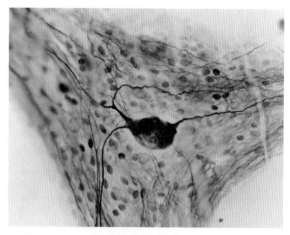

 **圖 5-1** 神經元及支持細胞。

▶ 神經元

神經元是高度分化的細胞，可以接受刺激，產生神經衝動並藉由突觸傳訊將訊息傳導到其他神經元或動作器。在人類中樞神經系統中，神經元數量約為 1,000 億個。神經元是神經系統中唯一能傳導神經衝動的細胞。

一、神經元的結構

神經元由三個部分所組成：細胞體、樹突及軸突（圖 5-2）。

(一) 細胞體

細胞體(cell body, or soma)中含有合成蛋白質所必需的結構，如細胞核、核糖體、高基氏體、粒線體等。神經元突起的代謝和功能活動所需的蛋白質和酵素，絕大部分在細胞體合成後再運輸到突起。細胞體還具有直接接受外來訊號傳入並進行整合的功能。細胞體中含有由**粗糙內質網聚集而成的尼氏體**(Nissl body)。中樞神經的細胞體常聚集成

神經核(nucleus)；周邊神經系統的細胞體則聚集成神經節(ganglia)。

(二) 樹突

一個神經元可有一個或多個樹突 (dendrite)，反覆分支呈樹枝狀。樹突上有許多細小的突起，稱為樹突棘(dendrite spine)，常與其他神經元的突起（主要是軸突）構成突觸。樹突的功能主要是接受訊息的傳入。

(三) 軸突

每個神經元只有一根由細胞體發出的軸突 (axon)，軸突從細胞體延伸出的膨大區域稱為軸丘 (axon hillock)，主要有神經原纖維 (neurofibril) 分布。軸突的起始部分連同緊接軸突的細胞體部分稱為軸突始段 (initial segment)，是神經元中首先產生動作電位的部位。

軸突在離開細胞體若干距離後開始包覆有髓鞘，成為神經纖維 (nerve fiber)。根據髓鞘的有無，神經纖維分為髓鞘纖維(myelinated fiber) 和無髓鞘纖維 (unmyelinated fiber)。形成髓鞘的細胞，在周邊神經系統為許旺氏細胞 (Schwann cell)，在中樞神經系統為寡突膠細胞 (oligodendrocyte)。軸突具有傳導神經衝動（動作電位）和軸漿運輸 (axoplamic transport) 的功能。

Erlanger和Gasser將傳入和傳出神經纖維分為A、B、C三類。A和B類為髓鞘纖維，而C類為無髓鞘纖維（表5-1）。另一種現在常用的分類為根據纖維直徑和來源分類。Lloyd和Hunt將傳入纖維分成I、II、III、IV四類，其中第I類又包括Ia和Ib兩個次分類（表5-2）。

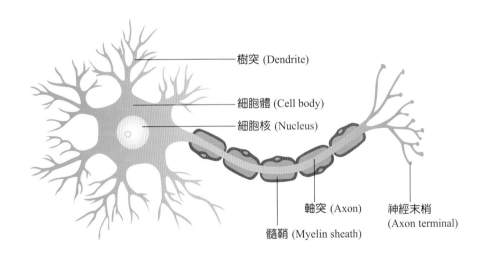

樹突 (Dendrite)

細胞體 (Cell body)

細胞核 (Nucleus)

軸突 (Axon)

神經末梢 (Axon terminal)

髓鞘 (Myelin sheath)

■ 圖 5-2　神經元模式圖。

表 5-1　周邊神經纖維的類型（Erlanger/Gasser 分類）

纖維類別	功　能	纖維直徑 (μm)	傳導速度 (m/sec)	動作電位時程 (ms)	絕對不反應期 (ms)
Aα	肌梭傳入、運動傳出	12~20	70~120	0.4~0.5	0.4~1.0
Aβ	皮膚觸壓覺傳入	5~12	30~70	0.4~0.5	0.4~1.0
Aγ	梭內肌的傳出	3~6	15~30	0.4~0.5	0.4~1.0
Aδ	皮膚溫痛覺和觸覺傳入	2~5	12~30	0.4~0.5	0.4~1.0
B	交感神經節前纖維	1~3	3~5	1.2	1.2
C	皮膚痛覺傳入、交感神經節後纖維	0.3~1.3	0.5~2.0	2.0	2.0

表 5-2　傳入神經纖維的分類（Lloyd/Hunt 分類）

纖維類別	來　源	直徑 (μm)	傳導速度 (m/sec)	電生理學分類
Ia	肌梭傳入	12~22	70~120	Aα
Ib	肌腱器 (tendon organ) 傳入	約 12	約 70	Aα
II	皮膚機械感受器傳入（觸壓、震動覺）	5~12	25~70	Aβ
III	皮膚痛、溫度覺、肌肉的深部壓覺傳入	2~5	10~25	Aδ
IV	痛覺、溫度、機械感受器傳入	0.1~1.3	1	C

軸突的末端形成許多分支，每個分支的末梢膨大形成**突觸小結** (synaptic knob)，或稱為**終端鈕** (terminal button)、**軸突末梢** (axon terminal)，此處與其他神經元相接觸而形成突觸。當動作電位傳至神經末梢時，能引起末梢釋放神經傳遞物質。一個神經元透過突觸聯繫能影響許多神經元的活動。反過來，一個神經元也可以接受許多神經元的突觸聯繫。例如，一個脊髓前角運動神經元上可有 2 千個左右的突觸，一個大腦皮層錐體細胞約有 3 萬個突觸。軸突末梢上的細胞膜接受器可以接受外來訊息，調節軸突末梢傳訊物質的釋放。因此，軸突末梢也是調節突觸傳訊效能的一個重要部位。

二、神經元的分類

神經元可根據其構造及功能加以分類。神經元的結構分類是根據由細胞體延伸出的突起數目來加以分類的，可分為（圖 5-3）：

1. **單極神經元** (unipolar neuron)：神經元只有一個突起，樹突和軸突在同一方向。

2. **偽單極神經元** (pseudounipolar neuron)：神經元只發出一個突起，距細胞體不遠處呈 T 形分為兩分支，其一分布到周邊的其他組織及器官，稱周邊軸突 (peripheral axon)；另一分支進入中樞神經系統，稱中樞軸突 (central axon)。例如背根神經節細胞 (dorsal root ganglion cell) 即屬此種神經元。

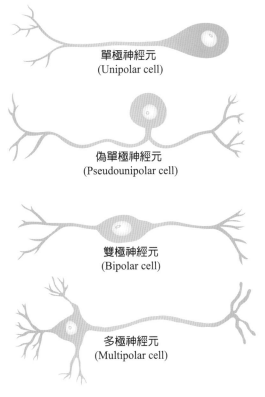

■ **圖 5-3** 神經元的結構分類。

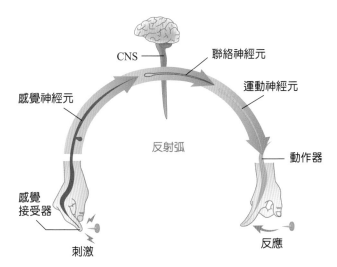

■ **圖 5-4** 不同功能分類的神經元在傳訊中的作用。

3. **雙極神經元** (bipolar neruon)：神經元細胞體的兩端各有一突起，分別為樹突及軸突，分別負責訊息的傳入及傳出。

4. **多極神經元** (multipolar neuron)：神經元細胞體旁有三個以上的突起，其中一個為軸突，其餘為樹突。多極神經元是最典型的神經元，數量亦最多。例如運動神經元。

　　神經元的功能性分類是以神經元傳訊方向為依據，可分為（圖 5-4）：

1. **感覺神經元** (sensory neuron)：即為傳入神經元 (afferent neuron)，將外界環境的訊息往中樞神經系統傳導。多為偽單極神經元，其細胞體位在腦及脊神經節內，突起（軸突和樹突）構成周邊神經的傳入神經纖維。神經纖維末端延伸至皮膚和肌肉等部位形成感受器，接收感覺訊息。

2. **運動神經元** (motor neuron)：即為傳出神經元 (efferent neuron)，將中樞神經系統的訊息傳至動作器 (effector)。通常為多極神經元，細胞體位於中樞神經系統的灰質和自主神經節內，其突起構成傳出神經纖維。神經纖維末端分布於肌肉組織和腺體。

3. **聯絡神經元** (association neuron)：即為中間神經元 (interneuron)，在神經元之間負責聯絡作用的神經元，負責聯絡或整合感覺和運動神經元的訊息。常為多極神經元，是人類神經系統中最多的神經元，只位於中樞神經系統內，並構成中樞神經系統內的複雜網路。細胞體位於中樞神經系統的灰質內，其突起一般也位於灰質。

▶ 神經膠細胞

　　神經膠細胞數量約為神經元的 10~50 倍。人類約有 1 兆到 5 兆個神經膠細胞。神經膠細胞分布於中樞及周邊神經系統。中樞神經系統的神經膠細胞包括：星形膠細胞

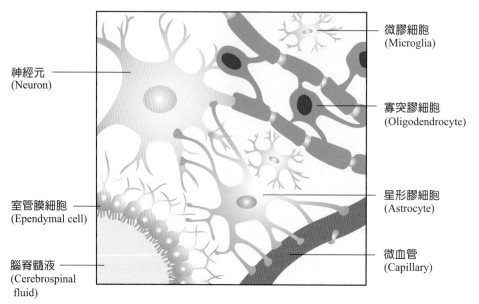

圖 5-5　中樞神經系統的神經膠細胞之分類。

> 神經元
> (Neuron)

> 微膠細胞
> (Microglia)

> 寡突膠細胞
> (Oligodendrocyte)

> 室管膜細胞
> (Ependymal cell)

> 星形膠細胞
> (Astrocyte)

> 腦脊髓液
> (Cerebrospinal fluid)

> 微血管
> (Capillary)

表 5-3　神經膠細胞的種類及功能

	類 型	功 能
中樞神經系統	星形膠細胞 (Astrocyte)	神經元的細胞體和突起具有支持作用；形成血腦障壁 (BBB)
	寡突膠細胞 (Oligodendrocyte)	圍繞中樞神經系統的神經元軸突而形成髓鞘
	微膠細胞 (Microglia)	轉變成巨噬細胞，與來源於血液的單核細胞和來源於血管壁的巨噬細胞一起，清除神經元細胞碎片
	室管膜細胞 (Ependymal cell)	形成腦室及脊髓腔的上皮內襯，可促進腦脊髓液的循環
周邊神經系統	許旺氏細胞 (Schwann cell)	構成周邊神經系統中神經元的髓鞘
	衛星細胞 (Satellite cell)	促進神經元所需化學物質的傳遞

(astrocyte)、寡突膠細胞 (oligodendrocyte)、微膠細胞 (microglia) 及室管膜細胞 (ependymal cell)（圖 5-5）；在周邊神經系統，則包括許旺氏細胞 (Schwann cell) 及衛星細胞 (satellite cell) 或稱為神經節膠細胞 (ganglionic gliocyte)。神經膠細胞具有支持、營養、保護、髓鞘形成及絕緣作用，並有分裂增殖與再生修復等多種功能（表 5-3）。

一、中樞神經系統的神經膠細胞

　　星形膠細胞(astrocyte)約占全部神經膠細胞的20%，是神經膠細胞中最大的一種，由細胞體伸出許多呈放射狀走向的突起，部分突起末端膨大形成**足突**(foot process)，或稱為**終足**(endfeet)，附著在微血管基底膜上，並**與微血管內皮細胞及基底膜組成血腦障壁**(blood brain barrier, BBB)，以防止毒

素、微生物及其他大分子物質進入大腦，避免腦部受到血液中神經傳遞物質及激素的影響。

星形膠細胞含有高濃度的鉀離子(K^+)，並能攝取某些神經傳遞物質（如γ-胺基丁酸）。它透過**調節細胞間隙的 K^+ 和神經傳遞物質濃度**，來影響神經元的功能活動。例如星形膠細胞可將突觸間隙中的麩胺酸(glutamate)回收，並轉換成麩胺醯胺(glutamine)，再送回神經元中再利用。因此，星形膠細胞**對維持神經細胞微環境的穩定和調節代謝過程具有重要作用**。當中樞神經系統損傷時，星形膠細胞迅速分裂增殖，以形成**膠質瘢痕**(glial scar)的形式進行修復。

寡突膠細胞(oligodendrocyte)其數量很多，約占全部膠細胞的75%。主要功能為形成中樞神經系統神經元軸突外圍的**髓鞘**(myelin sheath)。寡突膠細胞的每一個突起可包繞一個軸突，形成一個髓鞘；而每一個寡突膠細胞有數個突起，因此可同時與不同的數條神經軸突形成數個髓鞘。除了形成髓鞘外，寡突膠細胞可能還具有營養和保護作用。

微膠細胞 (microglia) 分布於灰質及白質內，約占膠細胞的 5%。微膠細胞具有變形蟲運動和**吞噬功能**，可吞噬並移除壞死的細胞碎片，屬於單核吞噬細胞系統的細胞。

室管膜細胞 (ependymal cell) 為襯於腦室和脊髓中央管內壁的一層立方或柱狀細胞。細胞表面有微絨毛或纖毛，**可協助腦脊髓液的循環**。細胞基部發出細長突起伸向腦及脊髓深層，具有保護和支持作用。

二、周邊神經系統的神經膠細胞

許旺氏細胞 (Schwann cell) 又稱為**神經膜細胞** (neurolemmal cell)，包繞在神經纖維軸突的周圍，形成髓鞘和神經膜 (neurilemma)，**在神經纖維的再生中具有誘導作用**。**衛星細胞** (satellite cell) 是在神經節中包繞於神經元細胞體周圍的一層扁平形細胞，具有提供支持及營養的功能。

知識小補帖　Knowledge+

神經膠細胞瘤 (glioma) 是中樞神經系統原發性腫瘤（俗稱腦瘤）中最常見者。主要包括星形膠細胞瘤 (astrocytoma)、寡突膠細胞瘤 (oligodendroglioma) 及室管膜瘤 (ependymoma)，其中又以星形膠細胞瘤最常見。而神經膠母細胞瘤 (glioblastoma multiforme) 則為分化最差、最為惡性的腦瘤。

神經膠細胞瘤的臨床症狀主要有兩方面的表現：一是顱內壓增高和其他一般症狀，如頭痛、嘔吐、視力減退、複視、癲癇發作和精神症狀等；另一是腦組織受腫瘤的壓迫、浸潤、破壞所產生的局部症狀，造成神經功能缺失。其生長特點為浸潤性生長，與正常腦組織無明顯界限，因此預後普遍不佳。

▶ 髓鞘

周邊神經系統中，軸突的髓鞘是由許旺氏細胞的細胞膜圍繞所形成的一層絕緣物質；而中樞神經系統內，髓鞘的形成則是由寡突膠細胞所形成。髓鞘呈節段性分布，相鄰兩個節段之間的狹窄部分為**蘭氏結**(node of Ranvier)。髓鞘軸突的直徑較大，傳導神經衝動的速度較快；無髓鞘軸突的直徑則較小，傳導神經衝動的速度較慢。

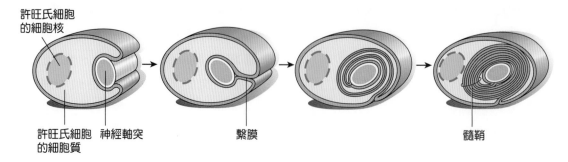

許旺氏細胞
的細胞核

許旺氏細胞　神經軸突
的細胞質

繫膜

髓鞘

■ **圖 5-6**　周邊神經系統中髓鞘的形成過程。

一、周邊神經系統的髓鞘

　　周邊神經系統的髓鞘是由許旺氏細胞所構成，但髓鞘中的許旺氏細胞不僅只是包覆在神經軸突外，而是經由多層的纏繞而形成，同時許旺氏細胞的細胞質被擠到外側（圖 5-6），細胞核亦位於此，髓鞘的最外側的這一層又稱為**神經膜** (neurilemma) 或許旺氏鞘 (sheath of Schwann)。

　　相鄰許旺氏細胞之間，無髓鞘包覆的軸突部位即為蘭氏結，此處的軸突直接與細胞外液接觸。使蘭氏結得以產生神經衝動。許旺氏細胞的細胞膜形成的髓鞘具有較高的跨膜電阻。局部電流跨膜流動時，通過蘭氏結的電流將大於通過髓鞘的電流。因此，興奮將發生在蘭氏結，即髓鞘纖維興奮的傳導是**跳躍式傳導** (saltatory conduction)，大幅提升了興奮的傳導速度。

　　周邊神經系統的髓鞘纖維由許旺氏細胞膜多層纏繞或神經膜所圍繞而成，其中許旺氏細胞仍為活細胞；無髓鞘軸突亦由神經膜所圍繞（圖 5-7）。

二、中樞神經系統的髓鞘

　　不同於周邊神經系統的髓鞘形成，大部分中樞神經系統髓鞘形成的過程發生於出生後。由寡突膠細胞同時纏繞許多軸突（圖 5-8）。中樞神經系統中含大量因被該類髓鞘包覆而呈現白色的軸突區域，被稱為白質

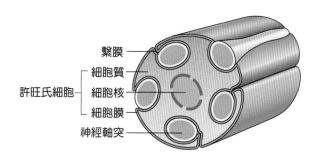

繫膜

許旺氏細胞｛細胞質　細胞核　細胞膜

神經軸突

■ **圖 5-7**　無髓鞘軸突與許旺氏細胞之間的關係。

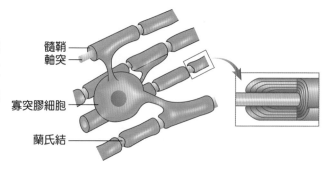

髓鞘
軸突

寡突膠細胞

蘭氏結

■ **圖 5-8**　中樞神經系統髓鞘的構成。

臨·床·焦·點　　　　　　　　　　　　　Clinical Focus

多發性硬化症 (Multiple Sclerosis)

多發性硬化症是一種慢性、退化性的中樞神經系統疾病，典型發展過程呈慢性或間歇性。最早可能發生於青少年時期，可表現為簡單、輕微的症狀，甚至不被發覺。症狀可不明原因地暫時減輕或消失，但常有復發的情形。常見的典型發作會持續數週或數月。

疾病多發生在 20~40 歲，進一步損傷發生在隨後的不定的間歇期內。再次發作的神經炎症可產生瘢痕（硬化）。並且雖然髓鞘可以自然修復，但是瘢痕形成太快以致使髓鞘不能痊癒，這種損傷的影響呈持久性。造成 77% 的多發性硬化症病人的活動能力受限，約 25% 的病人則只能靠輪椅生活。

髓鞘的退化是廣泛性的，因此比其他的神經性疾病有更多不同的症狀。目前認為可能為基因易感性伴隨著病毒感染，而引發免疫系統攻擊自身的寡突膠細胞及髓鞘所致，造成發炎及去髓鞘，最後導致多發性硬化症。

(white matter)，灰質 (gray matter) 則是指缺乏髓鞘的細胞體及軸突區域。

▶ 神經的再生

神經系統主要由外胚層演變而來，在出生時，神經元的細胞體喪失了有絲分裂器 (mitotic apparatus)，因而不再具有分裂產生子細胞的能力，故在細胞損傷過程中，神經元最易損傷。由於神經系統中存在**許旺氏細胞**，所以仍具有一定的神經再生功能 (regeneration of nerves)（圖 5-9）。

神經纖維可以再生，但是前提條件是與之相連的神經細胞必須存活。當周邊神經之軸突離斷後，首先遠端及近端的一部分髓鞘及軸突崩解吸收，繼而許旺氏細胞增生。軸突一般以每天 1 mm 的速度生長，最終軸突達末端，**許旺氏細胞產生髓磷脂將軸索包繞形成髓鞘**。整個過程需數月才能完成。然而，如果離斷的兩端距離太遠（大於 2 cm），或者有瘢痕或其他組織阻隔等，軸突均無法順

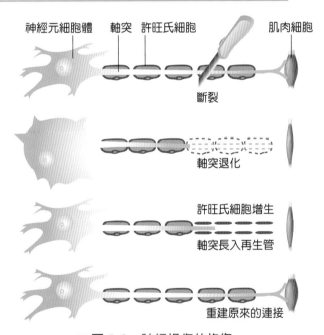

神經元細胞體　軸突　許旺氏細胞　　　肌肉細胞

斷裂

軸突退化

許旺氏細胞增生
軸突長入再生管

重建原來的連接

■ 圖 5-9　神經損傷的修復。

利到達遠端，而可能與增生的結締組織混雜在一起，捲曲成團，形成創傷性神經瘤，可發生頑固性疼痛（intractable pain，指對於一般止痛方法無效的疼痛反應，通常為慢性、持續性的）。

與周邊神經的軸突相較，雖然中樞神經系統受損可刺激軸突側支生長，但其軸突的

再生能力相當有限。除了髓鞘膜中含有的中樞髓鞘蛋白抑制因子的抑制作用外，中樞神經系統軸突的再生還受到星形膠細胞形成的神經膠質瘢痕 (glial scar) 所抑制，這種神經膠質瘢痕會完全的阻礙軸突的再生，並引發中樞髓鞘蛋白抑制因子生成。

5-2 動作電位
Action Potential

如果細胞受到一個適當的刺激，膜電位會發生迅速的一暫態的波動，這種波動就稱為**動作電位**(action potential)（圖5-10）。此電位現象是於1899年由英國的兩位生理學家Hagikin和Haxily首先研究發現。細胞產生動作電位的能力稱為興奮性(excitiability)，身體中的可興奮細胞(excitable cell)包括神經細胞和肌細胞。

神經元受到一個較弱的刺激（閾下刺激）時，細胞膜兩側產生的微弱電變化，這就是**局部電位** (local potential)，或稱為**漸進電位** (graded potential)，即細胞受刺激後去極化未達到閾值電位的電位變化。局部電位的形成機制是閾下刺激使膜通道部分開放，產生少量去極化或過極化，故局部電位可以是去極化電位或過極化電位。

▶ 動作電位的過程

動作電位主要可分為以下幾個時期（圖5-11）：

1. **靜止期** (resting stage)：在靜止時，細胞膜會保持外正內負的極化現象（電位差約為60~90 mV），此即稱為靜止膜電位，且細胞外含 Na$^+$ 多，而細胞內含 K$^+$ 多。神經元的靜止膜電位在 -30 ～ -90mV 之間，平均為 -70 mV。

2. **去極化**(depolarization)：當神經或肌肉細胞受到一個夠強的刺激，使膜電位去極化至某一臨界電位〔稱為**閾值電位**(threshold

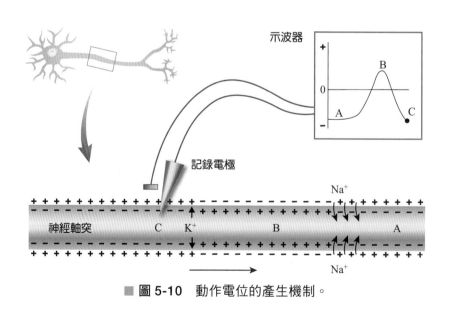

■ 圖 5-10　動作電位的產生機制。

potential)〕時，例如膜電位由-70 mV去極化到-52 mV左右，電位控制(voltage regulated)的**Na⁺通道大量開啟**，此時膜 對Na⁺的通透性增大，並且超過了膜對K⁺的通透性，**Na⁺迅速大量內流**，使膜發生更強的去極化。較強的去極化又會使更多的Na⁺通道開啟和形成更強的Na⁺內流，如此便形成Na⁺通道啟動對膜去極化的正迴饋迴路（又稱Na⁺的再生性循環；圖5-12），使膜迅速去極化，直到膜內正電位增大到足以阻止由濃度差所引起的Na⁺內流時，膜對Na⁺的淨移動為零，從而形成了動作電位的上升段。

3. **再極化 (repolarization)**：Na⁺通道開放的時間很短，對Na⁺離子的高通透性只會維持零點幾毫秒的時間，就進入失活狀態，從而使膜對Na⁺通透性變小。與此同時，去極化啟動電位控制的**K⁺通道開放**，膜內K⁺在濃度差和電位差的推動下又向膜外擴散，膜內電位由正值向負值發展，直至恢復到靜止膜電位。

4. **過極化 (hyperpolarization)**：當膜電位因K⁺經由開啟的K⁺通道往外擴散而再極化回到靜止膜電位，此時，實際上，**K⁺仍持續往外移動**，造成膜電位比靜止時更偏向負值，此現象即為過極化。

最後會經由鈉鉀幫浦 (Na⁺-K⁺ pump) 的作用，送出 3 個 Na⁺ 至細胞外，送入 2 個 K⁺ 細胞內，使膜電位再回到靜止膜電位。

動作電位期間的長短在各組織略有不同，神經組織約為 1 msec，骨骼肌通常不超過 5 msec，平滑肌為 10~15 msec，而**心肌較長**，約為 200~300 msec。

去極化與再極化的產生乃是因離子經由濃度梯度擴散所造成（圖5-13），而主動運輸並未直接參與動作電位的產生。所以當神經元因氰化物而損傷時，雖無法製造ATP，仍可於一段時間內產生動作電位。然而由於ATP的缺少，使得鈉鉀幫浦主動運輸的能力下降，進而導致濃度梯度的減少，因此亦使得軸突產生動作電位的能力降低。此種結果顯示雖然鈉鉀幫浦沒有直接參與動作電位的形成，卻能維持在動作電位期間鈉鉀離子擴散所需的濃度梯度。

▶ 動作電位的特性

一、全有或全無定律

全有或全無定律 (all-or-none principle) 指同一細胞動作電位的大小形態不隨刺激強

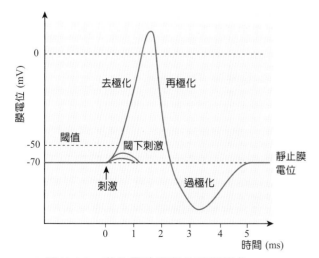

■ **圖 5-11** 動作電位過程的時期變化。

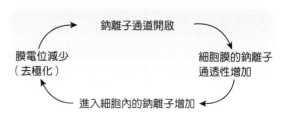

■ **圖 5-12** 動作電位 Na⁺ 循環模式圖。

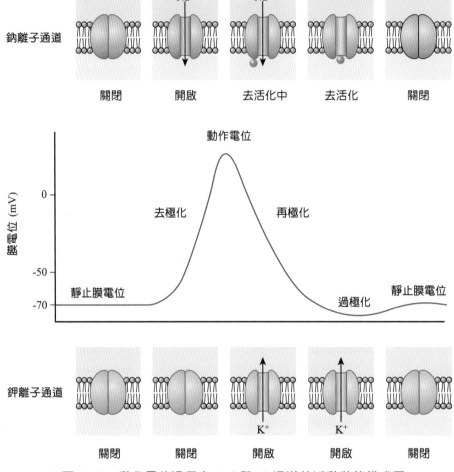

■ 圖 5-13　動作電位過程中 Na⁺ 與 K⁺ 通道的活動狀態模式圖。

度而改變的性質。能夠引起細胞產生興奮性的刺激稱為閾值刺激(threshold stimulus)，而其電位大小的數值即為閾值。任何一個刺激，若刺激較弱，局部電位變化不超過閾值，就不能產生動作電位（全無）；增強刺激，導致刺激強度超過閾值，就可產生一個完整且固定形態的動作電位（全有），並可以固定強度傳至整個細胞（即「不衰減性」，將於後文介紹）。

神經元所產生的動作電位的形態大小，與刺激強度無關，且與刺激的性質亦無關，在同一神經元，任何刺激只要可以引發動作電位，其形態大小都完全一致。動作電位發放頻率隨刺激強度增大而升高，基本上呈線性關係，但刺激強度超過一定限度，則頻率降低。

二、尖鋒電位和後電位

動作電位的去極化和再極化過程的前半部分進行極為迅速，且變化幅度很大，記錄出的尖銳波形又稱為尖鋒電位 (spike potential)。尖鋒電位的產生是細胞興奮的指標，在尖鋒電位下降段後，膜電位有緩慢而微小的變化，則稱為後電位 (after potential)

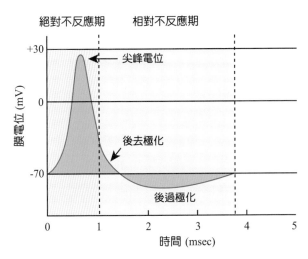

■ 圖 5-14　動作電位與興奮性變化的時間關係。

（圖 5-14）。在膜電位向靜止膜電位恢復的過程中，膜仍處於輕度去極化狀態，稱為**後去極化** (after depolarization)，持續 5~30 ms，此時再極化尚不完全。此後，膜電位又進入一個輕度過極化狀態，稱為**後過極化** (after hyperpolarization)，此時膜電位大於靜止膜電位。持續的時間比後去極化更長。後去極化可能是因為電位依賴性的 K^+ 通道關閉，較大的 K^+ 外流停止，使再極化減緩，而非電位依賴性的 K^+ 通道仍然開放，雖緩慢但持續地使電位下降至後過極化狀態。直到最終恢復到興奮前的 K^+ 通透性，而使膜電位完全恢復到靜止膜電位水準。

三、不反應期

　　在一定時間內，若兩個閾值刺激作用於同一細胞，第二次刺激不發生反應，一般稱此期間為不反應期 (refractory period)。該時期被認為是神經元處於興奮狀態的恢復時期。不反應期分為：(1) 不論第二次刺激強度多大，均無反應的**絕對不反應期** (absolute refractory period)，這是由於動作電位的初期 Na^+ 通道被去活化所造成，絕對不反應期相當於尖峰電位的持續期；(2) 給予強刺激則可能發生反應的**相對不反應期** (relative refractory period)（圖 5-14）。

▶ 神經衝動的傳導

　　動作電位一旦在細胞膜的某一點產生，就會迅速沿著細胞膜向周圍傳播，一直到整個細胞膜都產生動作電位。這種在同一細胞上動作電位的傳播稱為傳導 (conduction)。如果發生在神經纖維上，傳導的動作電位又稱為神經衝動 (impulse)。

一、神經衝動傳導的機制

　　當某一膜區域發生動作電位後，通常可傳導到與之鄰近的膜區域，從而使動作電位得到傳導。興奮時細胞外的 Na^+ 流入細胞內引起去極化，而鄰近未興奮的膜區域膜外側為正，膜內側仍為負電位，這樣興奮部位與未興奮部位之間便發生一個局部電流 (local current) 流動（圖 5-15），這一局部電流在細胞內的方向是由興奮區流向未興奮區，使未興奮區的膜發生去極化，當達到閾值電位時即產生動作電位。以此類推，動作電位可以沿著膜一處一處地向遠處傳開。

　　髓鞘神經纖維的傳導速度大於同直徑的無髓鞘神經纖維，無髓鞘神經纖維的神經衝動是由興奮點向鄰近未興奮區域傳導的，其傳導只能一步步來完成。在有髓鞘神經纖維中，局部電流是由一個蘭氏結跳躍到鄰近的一個蘭氏結上（圖 5-16），而不需要在有髓鞘的部位發生短距離的緩慢

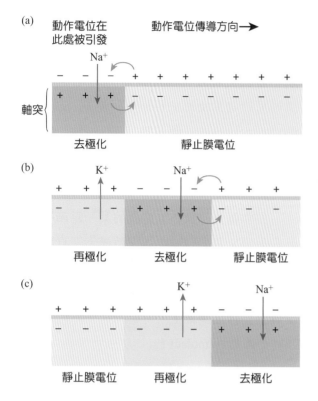

(a)
動作電位在　　　　動作電位傳導方向➡
此處被引發

Na⁺

軸突

去極化　　　　　靜止膜電位

(b)
K⁺　　　　Na⁺

再極化　　　去極化　　　靜止膜電位

(c)
K⁺　　　　Na⁺

靜止膜電位　　　再極化　　　去極化

■ **圖 5-15**　無髓鞘神經纖維動作電位的傳導。

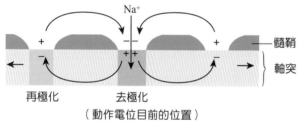

Na⁺

髓鞘

軸突

再極化　　　去極化
　　　（動作電位目前的位置）

■ **圖 5-16**　神經衝動在髓鞘軸突的傳導。因為髓鞘可阻止 Na⁺ 進入，所以只能在髓鞘間的縫隙（蘭氏結）產生動作電位。此結與結間的動作電位傳導稱為跳躍式傳導。

局部傳導，這種**蘭氏結**之間的**跳躍式傳導** (saltatory conduction)。

　　跳躍式的傳導方式是很重要的。一是傳導速度增大約 5~50 倍；二是由於只在蘭氏結間產生局部電流，減少了離子的流動，也就減少了能量消耗，因為細胞維持 K⁺ 和 Na⁺ 的濃度差需要消耗 ATP；三是使再極化的速度加快，整個動作電位的時程縮短，同時由於

Na⁺ 通道開放和失活很快，從而使高頻神經衝動的傳導得以進行。**無髓鞘纖維**由於沒有髓鞘，其傳導是以**局部傳導**來完成，因而傳導速度較慢。

　　神經纖維傳導神經衝動的速度與**神經纖維的直徑、有無髓鞘、髓鞘的厚度、氧氣及溫度**有關。一般而言，神經纖維的直徑越大，傳導速度越快。髓鞘纖維的傳導速度與直徑成正比，溫度升高可使神經衝動傳導速度加快。

二、神經衝動傳導的一般特性

1. **絕緣性**(insulativity)：沿一條神經纖維傳導的動作電位，並不能傳導至同一神經幹 (nerve trunk)內鄰近的另一條神經纖維。在一條神經幹中，由感覺神經纖維把周邊的訊息傳入中樞，而運動神經纖維把運動訊號傳向周邊，其神經衝動之間互相不會發生交叉傳導。

2. **雙向傳導** (bidirectional propagation)：在正常人體或動物體內，神經興奮的傳導是按自然的次序由一處產生，沿一個方向傳到另一處的。如感覺神經的衝動是向中樞方向傳導的，運動神經的衝動是向動作器傳導的。因此，在體內自然的傳導方向是單向的，但若在實驗中用電刺激神經幹的某一處，則刺激產生的動作電位可向神經幹的兩側傳導。這說明了神經衝動傳導本身是雙向的。

3. **不衰減性傳導** (unattenuated propagation)：神經衝動傳導時，動作電位幅度不變，傳導速度不因距離增加而減少，因為動作電位是全有或全無的。不衰減傳導對於確保興奮的長距離傳導有重要的意義。

4. **不可疊加性** (nonadditivity)：動作電位產生，需經過一段絕對不反應期後，才能發生第二次動作電位，所以興奮是不可疊加的。無論刺激頻率多大，動作電位之間總是有一定的間隔。神經元的不反應期長短決定了它產生或傳導衝動的頻率。

5. **相對不疲勞性** (indefatigability)：在適宜的條件下（主要是溫度、pH 和供氧），神經纖維雖連續接受刺激，仍能長期的工作。如用電連續刺激一條神經達 9~12 小時之久，神經衝動仍可以產生和傳導。

5-3 突觸
The Synapse

突觸是神經元之間緊密接觸並進行訊息傳遞的部位，經由突觸，神經元可以對其他神經元產生興奮或抑制效應。突觸就其傳導方式而言，主要有電性突觸 (electrical synapse) 和化學性突觸 (chemical synapse) 兩類。

▶ **突觸的結構**

一、電性突觸

在神經系統的某些區域，如大腦皮質感覺區的星形膠細胞、小腦皮質的籃狀細胞 (basket cell) 和星形膠細胞、視網膜的水平細胞 (horizontal cell) 和雙極細胞 (bipolar cell)、嗅球的僧帽細胞 (mitral cell) 等處的神經元之間，均有存在著電性突觸 (electrical synapse)。

電性突觸的結構基礎是**間隙接合** (gap junction)（圖 5-17）。在兩個神經元緊密接觸的部位，兩層膜相隔僅約 2 nm，連接部位的細胞膜並不增厚，細胞質內不存在突觸小泡，兩側膜上各由 6 個次單元組成的連接子 (connexon) 跨膜對接，形成了溝通兩個細胞之細胞質之間親水性的間隙接合通道。這些通道允許帶電小離子和分子量在 1.5 kD 以下的小分子通過；同時，也允許局部電流和興奮性突觸後電位 (EPSP) 通過而將電流從一個神經元或標的細胞 (target cell) 直接傳導給另一個神經元或標的細胞。

電性突觸傳訊的特性是：因無突觸前、後膜之分，則**可進行雙向傳導**；由於通道的電阻低，因而**傳導的速度快**，幾乎不存在潛伏期。電性突觸主要連接同類神經元，常見於樹突與樹突、細胞體與細胞體、軸突與細胞體、軸突與樹突之間。心肌之間及平滑肌之間也具有電性突觸，使相鄰心肌細胞或平滑肌細胞可進行同步一致的收縮。

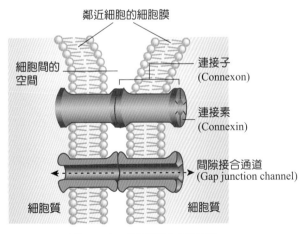

鄰近細胞的細胞膜

細胞間的空間

連接子 (Connexon)

連接素 (Connexin)

間隙接合通道 (Gap junction channel)

細胞質　　　　細胞質

■ **圖 5-17** 間隙接合示意圖。

電性突觸還可以與化學性突觸共存於一個突觸中；亦即在同一個神經末梢或同一個突觸連接部位中，既有化學性突觸介面，又有電性突觸介面，進而兼具電性傳導和化學性傳導的形態特徵，被稱為混合突觸 (mixed synapse)。

二、化學性突觸

化學性突觸 (chemical synapse) 就是通常所說的典型突觸，是最普遍存在的突觸形式，為**單向傳導**。它由**突觸前膜** (presynaptic membrane)、**突觸後膜** (postsynaptic membrane) 和二者之間的**突觸裂隙** (synaptic cleft) 三部分組成（圖 5-18）。在電子顯微鏡下，突觸前膜和突觸後膜較一般神經細胞膜稍增厚，約 7.5 nm，突觸裂隙寬約 20~40 nm，內有黏多醣 (mucopolysaccharide) 和醣蛋白 (glycoprotein)。

在突觸前膜內側的軸漿內，含有較多的粒線體和大量的**突觸小泡** (synaptic vesicle)，內含高濃度神經傳遞物質。突觸小泡直徑約 20~80 nm，一般分三類：(1) 小而清亮透明的小泡，內含乙醯膽鹼或胺基酸類神經傳遞物質；(2) 小而有緻密核心的小泡，內含兒茶酚胺類傳訊物質（如腎上腺素）；(3) 大而有緻密核心的小泡，內含神經胜肽類傳訊物質（如腦內啡）。第一、二類突觸小泡分布在軸漿中靠近突觸前膜的部位，當衝動傳導到神經末梢時，神經傳遞物質釋放的部位僅限於突觸前膜的特定區域─活化區 (active zone)，在其對應的突觸後膜上則有相應的專一性接受器和通道。而第三類突觸小泡均勻分布在整個**軸突末梢**內，可以從突觸前膜的所有部位經由**胞吐作用** (exocytosis) 釋放。

根據突觸相互接觸的部位，化學性突觸可分三類（圖 5-19）：(1) 軸突－細胞體突觸 (axosomatic synapse)，為前一神經元的軸突與後一神經元的細胞體相互接觸而形成的突觸；(2) 軸突－樹突突觸 (axodendritic synapse)，為前一神經元的軸突與後一神經

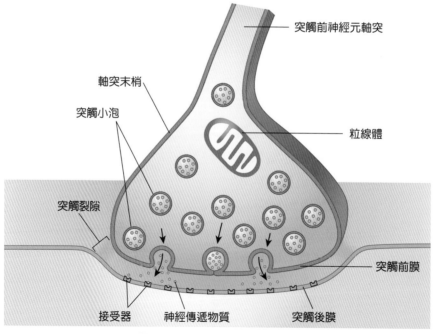

突觸前神經元軸突

軸突末梢

突觸小泡

粒線體

突觸裂隙

突觸前膜

接受器　神經傳遞物質　突觸後膜

■ 圖 5-18 突觸的結構模式圖。

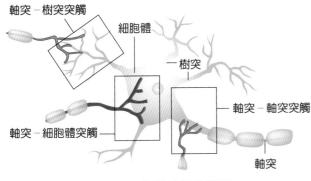

■ 圖 5-19　突觸的基本類型。

元的樹突相互接觸而形成的突觸；(3) 軸突－軸突突觸 (axo-axonic synapse)，為兩個神經元的軸突相互接觸而形成的突觸。

三、非突觸性化學傳遞

　　在突觸中還存在另外一種傳導方式，即非突觸性化學傳遞(non-synaptic chemical transmission)。腎上腺素性神經元的軸突末梢有許多分支，分支上有串珠狀的膨大結構，稱為**曲張體**(varicosity)（圖5-20）。曲張體外無許旺氏細胞包裹，內含大量小而有緻密中心的突觸小泡，小泡內含有高濃度的正腎上腺素。

　　曲張體是神經傳遞物質釋放的部位，但曲張體與動作器細胞之間並不形成典型的突觸聯繫（圖 5-20）。曲張體沿末梢分支分布於動作器細胞近旁，當神經衝動到達曲張體時，神經傳遞物質從曲張體釋放出來，通過組織液擴散到動作器細胞膜接受器，使動作器細胞發生反應。這樣的結構使一個神經元能夠支配許多動作器細胞。

　　非突觸性化學傳遞存在於中樞神經系統內。例如大腦皮質內有直徑很細的無髓鞘正腎上腺素性纖維，其軸突末梢分支上亦有許

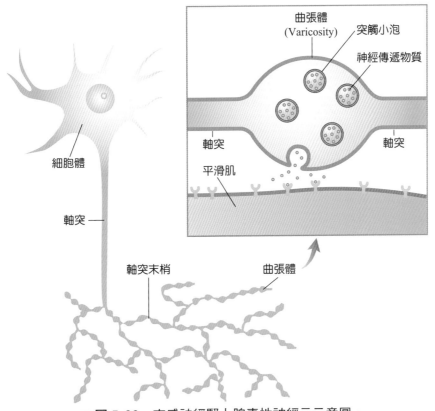

■ 圖 5-20　交感神經腎上腺素性神經元示意圖。

多曲張體，所以其傳導方式亦屬於非突觸性化學傳遞。在黑質中，多巴胺性纖維也有許多曲張體，且絕大多數也能進行非突觸性化學傳遞。此外，中樞內血清胺性纖維也能進行非突觸性化學傳遞。由此看來，單胺類神經纖維都能進行非突觸性化學傳遞。

非突觸性化學傳遞具有以下特點：(1)不存在突觸前膜與後膜的特化結構；(2)不存在1:1的支配關係，即一個曲張體能支配較多的動作器細胞；(3)曲張體與動作器細胞間的距離一般大於20 nm，甚至可達幾十微米；(4)神經傳遞物質擴散距離較遠，傳導費時較長，可超過1秒；(5)釋放的神經傳遞物質能否產生效應，取決於動作器細胞上有無相應接受器。

▶ 突觸前細胞釋放神經傳遞物質

在突觸前膜內，突觸小泡的膜需經由胞吐作用的過程與軸突細胞膜相融合，才能將突觸小泡內含的神經傳遞物質釋放到突觸裂隙。突觸前神經元興奮時，動作電位沿軸突傳到突觸前膜，突觸前膜的去極化使突觸前膜上的電位控制鈣離子通道開放，Ca^{2+} 由細胞外液進入突觸前末梢內。突觸前膜內 Ca^{2+} 濃度的升高引起突觸小泡與突觸前膜接觸、融合及破裂，使神經傳遞物質釋放入突觸裂隙（圖 5-21）。

Ca^{2+} 是神經末梢興奮及釋放過程中的關鍵離子。Ca^{2+} 在神經傳遞物質釋放中可能有兩方面作用，一是降低軸漿的黏度，有利於

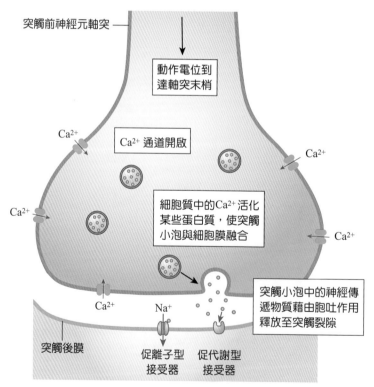

突觸前神經元軸突 ——

動作電位到達軸突末梢

Ca^{2+} 通道開啟

Ca^{2+}

Ca^{2+}

Ca^{2+}

Ca^{2+}

細胞質中的Ca^{2+}活化某些蛋白質，使突觸小泡與細胞膜融合

突觸小泡中的神經傳遞物質藉由胞吐作用釋放至突觸裂隙

Ca^{2+}

Na^+

突觸後膜

促離子型接受器

促代謝型接受器

■ 圖 5-21　神經傳遞物質的釋放。

突觸小泡的位移；二是消除突觸前膜內的負電位，促進突觸小泡與突觸前膜的接觸。

▶ 突觸後細胞的活化

釋放入突觸裂隙的神經傳遞物質，經擴散作用於突觸後膜特定的接受器蛋白 (receptor protein)（參考圖5-21），引起突觸後神經元活動的改變。因為神經傳遞物質需要一些時間擴散通過突觸裂隙，所以會產生約0.2~0.5毫秒的**突觸延遲**(synaptic delay)現象。

突觸後膜上的神經傳遞物質接受器有兩類：**促離子型接受器** (ionotropic receptor) 和**促代謝型接受器** (metabotropic receptor)。促離子型接受器啟動時直接引起離子通道的開放，使突觸後膜發生快速的電位變化，持續僅數毫秒。促代謝型接受器活化時可刺激細胞內第二傳訊物質的形成，如 cAMP 等。許多第二傳訊物質經由活化蛋白激酶 (protein kinase)，後者再直接或間接使離子通道磷酸化，從而導致離子通道的開放或關閉。促代謝型接受器可改變神經元的興奮性和突觸傳遞的效率，變化持續數秒到數分鐘。

1950 年代初，澳洲神經生理學家 John Eccles 使用細胞內微電極技術，首次在脊髓前角 α 運動神經元上記錄到兩種變化相反的突觸後電位，即興奮性突觸後電位 (EPSP) 和抑制性突觸後電位 (IPSP)，它們分別使突觸後神經元產生快速的興奮或抑制。

一、興奮性突觸後電位與突觸後興奮

脊髓前角 α 運動神經元與所支配肌肉的肌梭傳入神經纖維形成突觸聯繫。由於其聯繫結構簡單，因此常用於研究突觸傳訊。如圖 5-22 所示，如用微電極插入支配伸肌的脊髓前角 α 運動神經元細胞體內，可測得其靜止膜電位約為 -70 mV。當刺激該神經元所支配肌肉的肌梭傳入神經時，經過約 0.5 ms 的靜止期，α 運動神經元細胞體的**突觸後膜即發生去極化**，並將此電位變化傳導到神經元細胞體，使膜電位與閾值電位距離縮小。因此，這種電位變化稱為**興奮性突觸後電位** (excitatory postsynaptic potential, EPSP)。

EPSP的上升較快，約在1.0~1.5 ms時達到最大值，然後呈指數下降，整個電位持續約10~20 ms。**EPSP是一個小的漸進電位**，其幅度取決於對傳入纖維的刺激強度。刺激強度較小時，所引起的EPSP去極化程度較小。當刺激強度加大時，由於興奮的傳入纖維數目增多，參與活動的突觸數目增多，EPSP發生加成，以致EPSP幅度加大。當EPSP加大到一定程度，達到閾值電位時（例如膜電位由-70 mV去極化到-52 mV左右），則在軸突始段產生可傳導的動作電位。

動作電位首先在軸突始段爆發的原因是：(1)軸突始段比較細小，當細胞體出現EPSP時，該部位出現的外向電流的密度較大，容易產生去極化；(2)軸突始段細胞膜上的電位控制的鈉離子通道密度較高（比細胞體細胞膜上高7倍）；(3)軸突始段的閾值電位明顯低於神經元的其他部位。在軸突始段，去極化10~20 mV就可達到閾值電位，而在細胞體則需去極化30 mV以上才達到閾值電位。因此軸突始段通常是第一個爆發動作電位的部位。

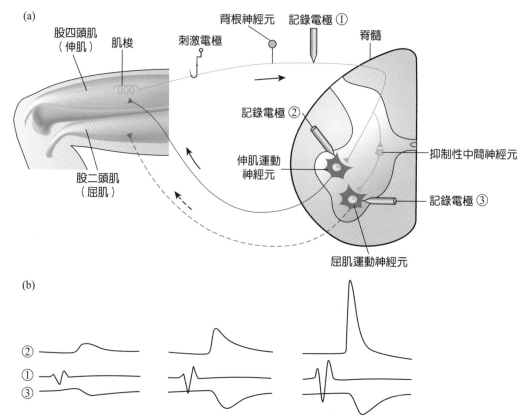

■ **圖 5-22** 興奮性突觸後電位 (EPSP) 和抑制性突觸後電位 (IPSP)。(a) 實驗裝置示意圖；(b) 每組曲線的上線為伸肌運動神經元細胞內電位記錄，下線為屈肌運動神經元細胞內電位記錄，中線為刺激肌梭傳入神經時的背根電位記錄。當刺激強度逐步增大時，背根電位逐步增大（中線），伸肌運動神經元的 EPSP 幅度也逐步加大，最後出現尖鋒電位（上線），屈肌運動神經元的 IPSP 也逐步增大（下線）。

　　EPSP 和終板電位（end-plate potential；肌細胞或肌纖維的突觸後膜稱為運動終板 (motor end plate)，此處受刺激而產生的 EPSP 即為終板電位）一樣，都是突觸後膜產生局部興奮的表現。EPSP 的產生機制是：突觸前末梢釋放某種興奮性神經傳遞物質〔如麩胺酸 (glutamine)〕作用於突觸後膜上的接受器，使離子通道開放，突觸後膜對 Na^+ 和 K^+ 的通透性增高，產生大量的 Na^+ 內流和少量的 K^+ 外流，導致突觸後膜去極化。

　　興奮通過突觸的過程如下：突觸前神經元的軸突末梢興奮 → 突觸前膜釋放興奮性神經傳遞物質 → 神經傳遞物質擴散通過突觸裂隙並作用於突觸後膜上的接受器 → 突觸後膜對 Na^+ 和 K^+ 的通透性增高，Na^+ 內流超過 K^+ 外流而出現 EPSP → EPSP 加成達到閾值電位時，在突觸後神經元的軸突始段產生動作電位→使整個突觸後神經元興奮。如果 EPSP 沒有達到閾值電位，雖不能引起動作電位，但由於膜電位與閾值電位距離縮小，使突觸後神經元興奮性升高，而表現為促進作用。

二、抑制性突觸後電位與突觸後抑制

在上述實驗中，如果把微電極插入支配屈肌的脊髓前角 α 運動神經元內，電刺激伸肌的肌梭傳入纖維，可記錄到**突觸後膜發生過極化**的電位變化，膜電位從 -70 mV 向 -80 mV 靠近，即膜電位遠離閾值電位，使該運動神經元的興奮性降低，不容易發生興奮。因此，把這種電位變化稱為**抑制性突觸後電位**(inhibitory postsynaptic potential, IPSP)（圖5-22）。

刺激引起 IPSP 的潛伏期較 EPSP 的潛伏期長，一般為 1~1.25 ms。說明伸肌肌梭的傳入纖維不能直接引起屈肌運動神經元產生IPSP，其間必須經過一個**抑制性中間神經元**轉遞。IPSP 也具有局部電位的一般特性：**分級反應、可以加成、電位變化的傳導**等。

產生 IPSP 的機制是：抑制性中間神經元釋放某種抑制性神經傳遞物質（如 γ- 胺基丁酸）作用於突觸後膜的接受器，**使突觸後膜對 Cl⁻ 通透性升高，Cl⁻ 順濃度梯度內流，從而使突觸後膜過極化**，出現 IPSP。這種經由抑制性中間神經元釋放抑制性神經傳遞物質，使突觸後神經元產生 IPSP，而使突觸後神經元發生的抑制稱為**突觸後抑制**(postsynaptic inhibition)。

在哺乳類動物，所有的突觸後抑制都是由抑制性中間神經元的活動引起的。一個興奮性神經元能直接引起另一神經元的興奮，但不能直接引起另一神經元產生突觸後抑制，它必須先興奮一個抑制性中間神經元，再轉而抑制其他神經元。

根據抑制性中間神經元的功能和聯繫方式，突觸後抑制分為**傳入側支性抑制**(afferent collateral inhibition)和**回返性抑制**(recurrent inhibition)兩種。傳入側支性抑制是指感覺纖維進入中樞後，一方面使某一中樞的神經元產生突觸後興奮，另一方面發出側支興奮抑制性中間神經元，轉而抑制另一神經元。如圖5-22所示，刺激伸肌肌梭的傳入纖維直接興奮脊髓前角支配伸肌的α運動神經元，同時傳入纖維的側支興奮抑制性中間神經元，轉而抑制支配屈肌的α運動神經元，導致伸肌收縮、屈肌舒張。傳入側支性抑制也稱為**交互抑制**(reciprocal inhibition)。其意義在於協調不同中樞之間的活動。

回返性抑制是指某一中樞的神經元興奮時，其傳出衝動沿軸突往周邊傳導，同時經軸突的側支興奮另一抑制性中間神經元，轉而抑制原先發動興奮的神經元及同一中樞其他神經元的活動。如圖 5-23 所示，脊髓前角 α 運動神經元的軸突支配骨骼肌，同時軸突在脊髓內發出側支，與抑制性中間神經元**雷休氏細胞** (Renshaw cell) 形成興奮性突觸聯繫，雷休氏細胞的軸突返回來與脊髓前角 α 運動神經元形成抑制性突觸聯繫。雷休氏細胞興奮時釋放抑制性神經傳遞物質甘胺酸 (glycine, Gly)，抑制原先發動興奮的神經元及同一中樞其他神經元的活動。

回返性抑制的意義是使神經元的活動及時終止，同時也促使同一中樞內許多神經元的活動同步。海馬回和視丘神經元的同步化活動與這些部位存在的回返性抑制有關。使用甘胺酸接受器拮抗劑 (strychnine) 或破傷風毒素破壞雷休氏細胞的功能後，因缺乏突觸後抑制，將引起強烈的肌肉痙攣。

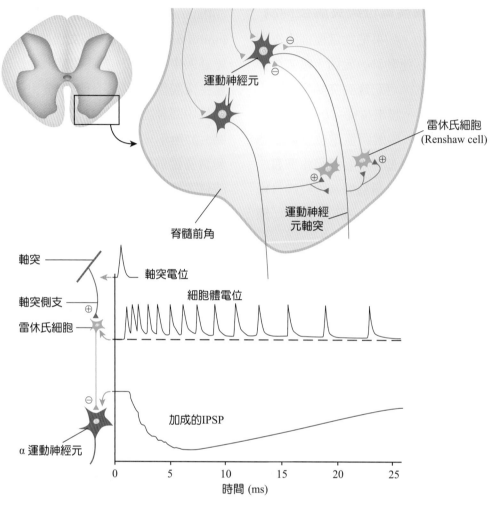

■ 圖 5-23　雷休氏細胞興奮引起的回返性抑制。

▶ 突觸的整合 (Synaptic Integration)

　　突觸電位不像動作電位而是具有局部電位的一般特點，即其有強弱大小之分，而且也可加成 (summation)。空間性加成 (spatial summation) 是指單一個突觸後神經元接受多個突觸前神經纖維的共同作用所產生的加成作用；突觸前軸突末梢不同時間刺激產生的突觸後電位加成稱之為時間性加成 (temporal summation)（圖 5-24）。

　　突觸後神經元是興奮還是抑制，取決於全部突觸產生的突觸後電位（包括 EPSP 和 IPSP）的總和。如果總和的結果是 EPSP 占優勢，並達到閾值電位，則突觸後神經元即產生動作電位；如果總和的結果是 IPSP 占優勢，則突觸後神經元發生過極化，處於抑制狀態。

一、突觸的可塑性

　　突觸是中樞神經系統中資訊傳遞的關鍵部位，突觸的反覆活動可以引致突觸傳遞效率的增強或減弱，稱為突觸傳遞的可塑性 (plasticity)，傳遞的可塑性有突觸促進與突觸抑制。

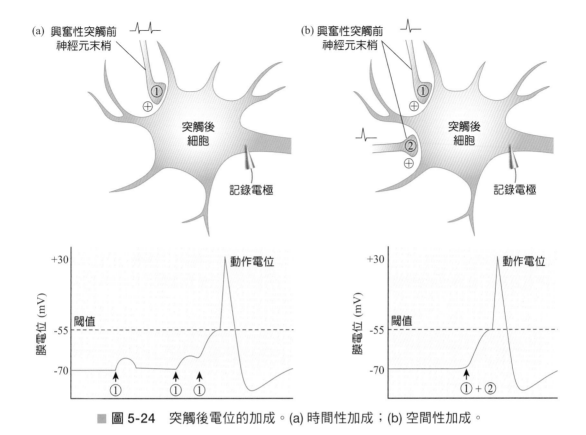

■ 圖 5-24　突觸後電位的加成。(a) 時間性加成；(b) 空間性加成。

突觸前神經元在受到短時間的高頻刺激後，突觸後神經元所產生的一種快速形成的、持續性的突觸後電位增強，稱為**長期增益現象**(long-term potentiation, LTP)。LTP的持續時間可達幾小時、幾天甚至幾週。由於LTP首先發現於海馬，而海馬又是記憶形成的重要部位，因此海馬的LTP是學習和記憶的神經基礎（詳見第6章）。

突觸傳遞效率的長時間降低稱為**長期抑制現象** (long-term depression, LTD)。LTD 最早見於小腦，也見於海馬。LTD 的產生機制可能與 LTP 相似，都是由 Ca^{2+} 進入突觸後神經元引起的。但不同的是，LTD 是由突觸後神經元 Ca^{2+} 濃度輕度增加所引起，而 LTP 的產生則需要 Ca^{2+} 濃度顯著增加。小腦的 LTD 可能與運動的學習有關。

二、突觸抑制作用 (Synaptic Inhibition)

抑制性神經元可釋放抑制性神經傳遞物質（如甘胺酸和 GABA）使突觸後細胞膜過極化，也就是說，使突觸後神經元產生 IPSP，此抑制了突觸後神經元的活性，稱為**突觸後抑制** (postsynaptic inhibition)（參考圖 5-22）。大腦經由 GABA 產生突觸後抑制，而脊髓則主要是經由甘胺酸（GABA 亦可）所產生。

突觸前抑制 (presynptic inhibition) 常見於軸突－軸突突觸 (axoaxonic synapse)，即一個抑制性神經元的軸突末梢與釋放興奮性神經傳遞物質的軸突上的突觸前膜形成突觸聯繫（圖 5-25），抑制性神經元藉由減少興奮性神經元的神經傳遞物質的釋放量以產生抑制效果。

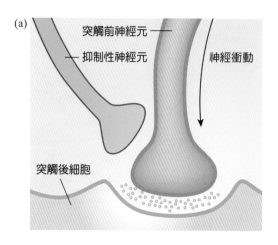
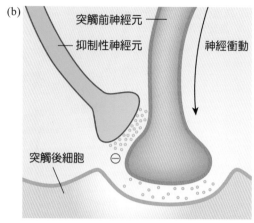

■ 圖 5-25　突觸前抑制作用。(a) 神經衝動時，不刺激抑制性神經元，突觸前神經元釋放大量的神經傳遞物質；(b) 神經衝動刺激抑制性神經元，突觸前神經元受到抑制而減少神經傳遞物質的釋放。

臨·床·焦·點　　　　Clinical Focus

影響突觸傳訊的物質

　　自然界中許多生物會分泌毒液或毒素用以防禦或攻擊，其中有一些屬於神經毒素，可作用於人類或其他生物的神經系統，產生麻痺、癱瘓、痙攣等效應，嚴重時甚至可導致死亡。例如**肉毒桿菌毒素** (botulinum toxin) 是由肉毒桿菌所產生的毒素，為已知最毒的天然化合物。該化合物經由切割突觸小泡膜和突觸前膜上的結合蛋白，阻止突觸小泡與突觸前膜的融合，從而阻止 ACh 的釋放。肉毒桿菌毒素中毒可導致肌肉無力及麻痺，現今臨床上則廣泛用於治療肌肉痙攣及醫學美容之除皺等方面。

　　黑寡婦蜘蛛 (black widow spider) 所分泌的毒液中含有一種稱為 **latrotoxin** 的蛋白質，其可作用於突觸前膜的接受器，使離子通道持續打開，因而使 Ca^{2+} 大量進入，引起 ACh 的大量釋放，從而導致肌肉持續而強烈的痙攣。一旦突觸小泡被耗盡，該毒素阻止突觸小泡重新裝入乙醯膽鹼，並阻止突觸小泡向突觸前膜活化區移動。

　　破傷風毒素 (tetanus toxin) 是由破傷風桿菌所分泌，亦屬於神經毒素，是一種強毒性蛋白質，對腦幹神經和脊髓前角神經細胞有高度親和力。此毒素可阻斷脊髓的抑制性突觸，阻止突觸末梢釋放抑制性神經傳遞物質，致使上下神經元之間正常的抑制性作用受阻，導致興奮性增高。可造成肌肉痙攣，病人常出現牙關緊閉及角弓反張。

　　突觸前抑制作用的機制：興奮性神經傳遞物質是經由軸突末梢的去極化而釋放的，而抑制性神經元產生的IPSP可使到達軸突末梢的動作電位減低，並造成Ca^{2+}進入軸突末梢的量減少，因而抑制了神經傳遞物質的釋放。鴉片可提升麻醉效果即為突觸前抑制的例子。

亨丁頓氏症 (Huntington's disease) 又稱為亨丁頓氏舞蹈症 (Huntington's chorea)。此病是顯性遺傳疾病，由第 4 對染色體上稱為 huntingtin 的基因缺損所導致。目前認為，亨丁頓氏症的產生是由於基底核紋狀體中可產生 GABA 及腦啡肽 (enkephalin) 的神經元發生病變、數量減少，導致抑制作用減弱，興奮性傳出活動增加，從而產生不自主運動。病人通常於 30~50 歲時出現症狀，主要表現為頭部和上肢不自主的晃動，動作協調能力變差，並伴有肌張力降低等。隨著病程進展，可能併發認知能力下降、失智及精神方面的症狀。

5-4 神經傳遞物質
Neurotransmitters

神經傳遞物質是指在神經元內合成並在末梢處釋放，在神經元之間或神經元與動作器之間負責訊息傳導作用的化學物質。神經傳遞物質是化學性突觸傳訊的物質基礎。本節將對一些重要的神經傳遞物質及其接受器進行介紹。

▶ 乙醯膽鹼

一、ACh 在神經組織中的分布

在周邊神經系統，以乙醯膽鹼 (acetylcholine, ACh) 為神經傳遞物質的神經纖維稱為膽鹼性纖維 (cholinergic fiber)。支配骨骼肌的運動神經纖維，以及自主神經的節前纖維、大多數副交感神經的節後纖維和部分交感神經的節後纖維（詳見第 7 章），都屬於膽鹼性纖維。

在中樞神經系統，以 ACh 為神經傳遞物質的神經元稱為膽鹼性神經元 (cholinergic neuron)。膽鹼性神經元在中樞神經系統中分布極為廣泛，例如脊髓前角的運動神經元，視丘後部腹側的專一性感覺投射神經元，腦幹網狀結構上行活化系統等。腦內膽鹼性神經元核團則主要集中在基底前腦 (basalforebrain) 和腦幹上部，它們發出的纖維廣泛投射到中樞神經系統的多個部位，例如投射到感覺皮質和邊緣系統，可能與感覺和情感的調節有關；投射到海馬回，可能與學習和記憶有關。此外，基底核也含有膽鹼性的中間神經元。

二、ACh 的生物合成、釋放與去活化

ACh 在膽鹼性神經末梢內合成。膽鹼 (choline) 和乙醯輔酶 A (acetyl coenzyme A) 在膽鹼乙醯轉移酶 (choline acetyltransferase) 的催化下合成 ACh。ACh 合成後，從細胞質運輸入突觸小泡內儲存。當突觸前末梢興奮時，ACh 釋放入突觸裂隙（圖 5-26）。

已釋放入突觸裂隙內的ACh的去活化，主要靠乙醯膽鹼酯酶(acetylcholinesterase, AChE)將其水解為膽鹼和醋酸(acetic acid)，膽鹼被突觸前膜上具高親和力的專一性載體運輸進入細胞內，用於重新合成ACh。AChE對ACh水解極為迅速，能在2ms內將末梢釋放的ACh完全水解，從而保持突觸傳訊的靈活性。

有機磷農藥和神經毒氣〔如沙林 (sarin)、梭門(soman)、泰奔(tabun)等〕是不可逆的乙醯膽鹼酯酶抑制劑，造成ACh聚集在突觸裂隙，持續地作用在動作器細胞的膽鹼性接受器，可導致膽鹼性纖維所支配的神

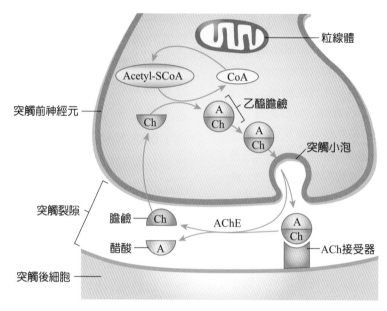

■ 圖 5-26　乙醯膽鹼的代謝示意圖。

經中樞和周邊器官功能亢進，最終衰竭以至死亡。

三、膽鹼性接受器

　　根據對不同生物鹼的反應，膽鹼性接受器分為兩大類：

1. **蕈毒鹼型接受器** (muscarinic receptor)：簡稱 M 接受器，除了乙醯膽鹼外，此型接受器亦可被蕈毒鹼啟動，而被**阿托品** (atropine) 阻斷。

2. **尼古丁型接受器** (nicotinic receptor)：又稱為菸鹼型接受器，或簡稱 N 接受器。除了乙醯膽鹼外，此型接受器亦可被尼古丁 (nicotine) 啟動，而被**箭毒** (curare) 阻斷。

　　蕈毒鹼型接受器有 5 種亞型，其中 M_1、M_3、M_5 透過 G 蛋白和第二傳訊物質發揮興奮性生理效應；M_2、M_4 與 G 蛋白結合後，分別使 Ca^{2+} 內流減少、K^+ 外流增加，產生過極化效應，並且降低第二傳訊物質 cAMP 的濃度，減少神經傳遞物質的釋放。M 接受器存在於大多數副交感神經節後纖維和少數交感神經節後纖維所支配的動作器細胞膜上（詳見第 7 章）。中樞神經系統中也存在有 M 接受器。M_1、M_3 和 M_4 接受器主要位在大腦皮層和海馬

知識小補帖　Knowledge+

　　阿托品 (atropine) 是一種生物鹼，最早萃取自顛茄 (*Atropa belladonna*) 及其他茄科類植物 (*Solanaceae*)，可與**蕈毒型乙醯膽鹼接受器**（位於平滑肌上）結合，抑制副交感神經的傳導。常用來作為有機磷中毒（農藥中毒）及神經藥劑中毒的解毒劑。臨床上亦常用來作為眼科的長效型散瞳劑眼藥水，可鬆弛虹膜環狀肌與睫狀肌。

　　南美箭毒 (curare) 是一種萃取自南美植物樹脂的毒藥，可作用於神經肌肉接合處 (neuromuscular junction)，阻斷乙醯膽鹼與突觸後**尼古丁型乙醯膽鹼接受器**之結合，造成骨骼肌呈鬆弛性麻痺。

回，可能媒介ACh在學習和記憶方面的作用；M_1和M_4接受器可在紋狀體發現，可能媒介ACh對錐體外運動路徑的調節；M_2接受器集中在基底前腦，它可能是突觸前接受器，調節基底前腦膽鹼性神經元ACh的合成和釋放；腦中M_5接受器數量最少，其功能尚不清楚。

N 接受器本身即是離子通道，有 N_n 和 N_m 兩種亞型。在周邊，N_n 接受器主要存在於自主神經節神經元；N_m 接受器則位於骨骼肌運動終板。在中樞神經系統，當 N 接受器興奮時，離子通道開放，Ca^{2+} 大量內流，產生興奮性作用，顯示這類接受器可能在促進突觸後興奮和學習記憶中具有重要作用。

膽鹼性接受器在周邊組織中的分布和效應見表 5-4。

▶ 生物胺類神經傳遞物質

生物胺類 (biological amines) 神經傳遞物質，如多巴胺、正腎上腺素等的兒茶酚胺類，以及血清胺等的胺基酸類。

一、兒茶酚胺

兒茶酚胺類神經傳遞物質包括**正腎上腺素** (norepinephrine, NE)、**腎上腺素** (epinephrine, Ep) 和**多巴胺** (dopamine, DA)。

(一) 兒茶酚胺在神經組織中的分布

在周邊神經系統，多數交感神經節後纖維釋放的神經傳遞物質是正腎上腺素(NE)，以NE為傳訊物質的纖維稱為腎上腺素性纖維 (adrenergic fiber)。迄今尚未發現周邊神經系統有以腎上腺素為傳訊物質的神經纖維。

在中樞神經系統，存在有以腎上腺素為傳訊物質的神經元和以 NE 為傳訊物質的神經元，前者稱為腎上腺素性神經元，後者稱為正腎上腺素性神經元。腎上腺素性神經元主要分布在延腦，正腎上腺素性神經元主要集中在低位腦幹。

多巴胺性神經元的細胞體主要位於中腦和間腦，中腦的黑質是腦內生成多巴胺的主要部位，對紋狀體神經元主要具有抑制作用。若黑質的多巴胺性神經元退化或受損，**多巴胺分泌不足，可引起巴金森氏病 (Parkinson's disease)**。中腦還有一些多巴胺性神經元的軸突伸至邊緣系統，稱為**中腦邊緣多巴胺系統** (meslimbic dopamine system)，與行為及報償有關，許多成癮藥物可活化此神經路徑而產生愉悅的感覺。**中腦邊緣多巴胺系統若是過度活化會引起思覺失調症 (schizophrenia)**。

(二) 兒茶酚胺的生物合成、釋放和去活化

神經元生物合成兒茶酚胺(catecholamine)的原料是**酪胺酸**(tyrosine)。酪胺酸經酪胺酸羥化酶(tyrosine hydroxylase)催化生成**多巴**(dopa)，再經多巴脫羧酶(dopa decarboxylase)作用轉化為**多巴胺**，並運輸入突觸小泡（圖5-27）。在小泡內，多巴胺經多巴胺β羥化酶(dopa-β-hydroxylase)催化後生成**正腎上腺素**(NE)。由於多巴胺β羥化酶完全存在於突觸小泡內，因此，NE合成的最後一步是在突觸小泡內完成。在腎上腺髓質嗜鉻細胞和腎上腺素性神經元，NE可經由細胞質中的苯乙醇胺氮位甲基轉移酶(phenylethanolamine-N-methyl transferase,

表 5-4　膽鹼性接受器在周邊組織中的分布及效應

動作器		接受器	效應
自主神經節		N_n	節前－節後神經元的興奮傳導
骨骼肌		N_m	神經－肌肉接合的興奮傳導
眼	虹膜環狀肌	M	收縮（縮瞳）
	睫狀肌	M	收縮（視近物）
心	竇房結	M	心跳速率減慢
	傳導系統	M	傳導減慢
	心房肌	M	收縮力減弱（經常性）
	心室肌	M（少量）	收縮力減弱（作用很弱）
動脈	冠狀血管	M	收縮（繼發性）
	皮膚黏膜血管	M	舒張
	骨骼肌血管	M	舒張（交感膽鹼性血管舒張纖維）
	腦血管	M	舒張
	肺血管	M	舒張
	唾液腺血管	M	舒張
呼吸道	支氣管平滑肌	M	收縮
	支氣管腺體分泌	M	促進
胃腸	胃和小腸平滑肌	M	收縮，運動和張力增強
	括約肌	M	舒張（經常性）
	腺體分泌	M	促進
膽	膽囊和膽道	M	收縮
膀胱	逼尿肌	M	收縮
	三角區和括約肌	M	舒張
輸尿管	平滑肌	M	收縮，運動和張力增強（？）
子宮	平滑肌	M	可變 *
男性性器官		M	陰莖勃起
皮膚	汗腺	M	分泌汗液（交感膽鹼性纖維）
腎上腺	髓質	M	分泌腎上腺素和正腎上腺素（交感神經節前纖維）
胰	腺泡	M	分泌增加
	胰島	M	胰島素和升糖素分泌增加
唾液腺		M	分泌大量稀薄唾液
淚腺		M	分泌

* 因月經週期、血液中動情素及黃體素濃度、妊娠等因素而發生改變（姚，2003）。

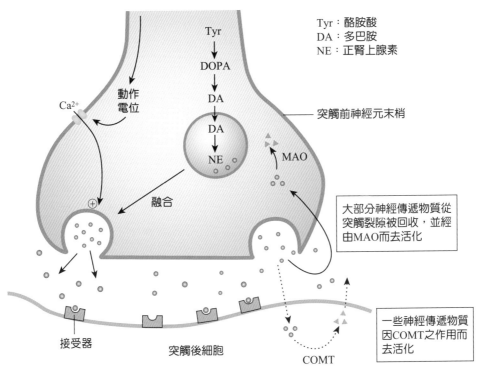

Tyr：酪胺酸
DA：多巴胺
NE：正腎上腺素

Tyr
↓
DOPA
↓
DA
↓
DA
↓
NE

動作電位

Ca^{2+}

突觸前神經元末梢

MAO

大部分神經傳遞物質從突觸裂隙被回收，並經由MAO而去活化

融合

⊕

接受器

突觸後細胞

COMT

一些神經傳遞物質因COMT之作用而去活化

■ 圖 5-27　正腎上腺素的代謝示意圖。

PNMT)作用，使NE甲基化而生成**腎上腺素**，再將腎上腺素運輸入嗜鉻細胞的嗜鉻顆粒或腎上腺素性神經元的突觸小泡中儲存。

當神經衝動到達神經末梢時，突觸小泡內容物以胞吐作用的方式釋放到突觸裂隙。突觸裂隙內兒茶酚胺去活化的主要方式是突觸前末梢對兒茶酚胺的回收(re-uptake)，而最終去活化則依靠酵素分解，特別是**單胺氧化酶**(monoamine oxidase, MAO)和**兒茶酚氧位甲基轉移酶**(catechol-O-methyl transferase, COMT)。

(三) 兒茶酚胺的接受器

能與腎上腺素和正腎上腺素(NE)結合的接受器，稱為腎上腺素性接受器(adrenergic receptor)。主要分為α型（α接受器）和β型（β接受器）兩類。α接受器有α_1和α_2兩種亞型；β接受器有β_1、β_2、β_3三種亞型。所有的兒茶酚胺接受器都屬於G蛋白偶聯接受器。

腎上腺素性接受器在周邊組織中分布極為廣泛，不僅能對交感神經末梢釋放的NE起反應，也能對血液中的腎上腺素、NE和某

知識小補帖　　Knowledge+

腎上腺素性接受器的**致效劑** (agonist) 和**拮抗劑** (antagonist) 為數眾多，它們不單是研究接受器功能的工具藥，而且在臨床上已有廣泛的應用。例如，α_1 接受器的選擇性拮抗劑 Prazosin，由於能阻斷 NE 和腎上腺素使血管平滑肌收縮的緊張性作用，是臨床上治療高血壓的有效藥物。又如，β 接受器的非選擇性拮抗劑 Propranolol 可以降低心肌的活動和代謝，因而能有效緩解心絞痛。但由於 Propranolol 可同時阻斷 β_2 接受器，應用後可引起支氣管痙攣，故不宜用於伴有呼吸系統疾病的病人。

些藥物（如 Isoproterenol）起反應。腎上腺素性接受器啟動後產生的效應較複雜，既有興奮性的，又有抑制性的（表 5-5）。產生效應的不同與以下因素有關：

1. 接受器的特性：啟動α接受器（主要是α_1接受器）產生的平滑肌效應主要是興奮性的，如血管收縮、子宮收縮、虹膜輻射肌收縮等；但也有抑制性的，如小腸舒張。

表 5-5　腎上腺素性接受器在周邊組織中的分布與效應

	動作器	接受器	效應
眼	虹膜輻射肌	α_1	收縮（擴瞳）
	睫狀肌	β_2	舒張（視遠物）
心	竇房結	β_1	心跳速率加快
	傳導系統	β_1	傳導加快
	心肌	α_1、β_1	收縮力增強
動脈	冠狀循環	α_1	收縮
		β_2（主要）	舒張
	皮膚黏膜血管	α_1	收縮
	骨骼肌血管	α_1	收縮
	腦血管	α_1	收縮
		β_2（主要）	舒張
	腹腔內臟血管	α_1（主要）	收縮
		β_2	舒張
	唾液腺血管	α_1	收縮
呼吸道	支氣管平滑肌	β_2	舒張
胃腸	胃平滑肌	β_2	舒張
	小腸平滑肌	α_2	舒張（可能是膽鹼性纖維的突觸前接受器，調節 ACh 的釋放）
		β_2	舒張
	括約肌	α_1	收縮
膀胱	逼尿肌	β_2	舒張
	三角區和括約肌	α_1	收縮
子宮	平滑肌	α_1	收縮（懷孕時）
		β_2	舒張
皮膚	豎毛肌	α_1	收縮
肝		β_2	肝醣分解
脂肪組織		β_3	脂肪分解

而啟動β接受器（主要是β_2接受器）產生的平滑肌效應則是抑制性的，如血管舒張、子宮舒張、小腸舒張、支氣管舒張等，但啟動心肌β_1接受器產生的效應是興奮性的。

2. 配體與接受器的親和力：NE與α接受器的親和力較強，與β接受器的親和力較弱；腎上腺素與α和β接受器的親和力都強。

3. 動作器上接受器的分布情況：多數交感節後纖維支配的動作器細胞膜上都有腎上腺素性接受器，有的兼有α接受器和β接受器，但有的僅有其中一種。如血管平滑肌上有α和β兩種接受器，其中皮膚、腎、胃腸的血管平滑肌上α接受器占優勢，腎上腺素產生收縮效應；而骨骼肌和肝的血管平滑肌上β接受器占優勢，腎上腺素產生舒張效應。

二、血清胺

血清胺 (serotonin) 又稱為 **5-羥色胺** (5-hydroxytryptamine, 5-HT)，屬於吲哚胺化合物。由於它是從人的血清中發現，並具有使血管收縮的作用，因此亦被稱為血清胺。

(一) 血清胺在神經組織中的分布

血清胺廣泛分布於植物及動物的各種組織中。人體約有 90% 的血清胺存在於消化道黏膜，8% 在血小板，1% 存在中樞神經系統中，另一小部分位於肥大細胞中。由於血腦障壁的存在，血液中的血清胺很難進入中樞神經系統。因此中樞和周邊神經系統的血清胺是兩個獨立的系統。

在中樞神經系統中，血清胺性神經元細胞體主要集中在中腦下部、橋腦上部和延腦的中縫核，此外在間腦、中腦和另一些部位也觀察到血清胺性神經元的分布。血清胺性神經纖維則幾乎遍及整個中樞神經系統。

(二) 血清胺的生物合成、釋放和去活化

血清胺生物合成的前體為**色胺酸** (tryptophan)。由於色胺酸是人體必需胺基酸，人體內不能自行合成，只能從食物蛋白中攝取，經肝臟水解而獲得。血中的色胺酸進入血清胺性神經元後，先經色胺酸羥化酶 (tryptophan hydroxylase)催化形成5-羥色胺酸 (5-hydrotryptophan)，然後再脫羧成5-HT。色胺酸羥化酶專一性高，只存在於血清胺性神經元中，且含量較少也較低。因此成為血清胺合成過程中的主要限速酶。

合成的血清胺和兒茶酚胺等神經傳遞物質一樣，儲存於血清胺性神經末梢的突觸小泡中。釋放入突觸裂隙的血清胺與接受器結合，又迅速解離，這些血清胺大部分被突觸前末梢回收。回收入神經末梢的血清胺一部分進入突觸小泡儲存和再利用，另一部分被粒線體表面的**單胺氧化酶** (MAO) 所催

知識小補帖 Knowledge+

治療憂鬱症的藥物中，目前最常用的是**選擇性血清胺回收抑制劑** (serotonin-specific reuptake inhibitor, SSRI)，包括百憂解 (Prozac)、樂復得 (Zoloft)、克憂果 (Seroxat) 等皆屬此類，其**作用是藉由抑制神經末梢對血清胺的回收，使突觸間的血清胺濃度增加。**

化形成5-羥吲哚乙醛(5-hydroxyindole acetaldehyde)，而後迅速被醛去氫酶(aldehyde dehydrogenase)催化生成5-羥吲哚乙酸(5-hydroxyindoleacetic acid, 5-HIAA)，這是中樞神經系統中5-HT代謝的最主要途徑。在腦組織中還存在另一種代謝途徑，即血清胺在轉硫酶(sulfotransferase)作用下，生成血清胺-O-硫酸酯(serotonin-O-sulfate)而失活。當單胺氧化酶受抑制時，此途徑成為血清胺去活化的重要機制。

(三) 血清胺接受器

血清胺接受器(serotonic receptors)主要可分為兩大類：一是與G蛋白偶聯的接受器大家族；二是促離子型接收器。血清胺接受器在睡眠機制中有重要作用，抑制血清胺可以引起嚴重的失眠，提高血清胺的濃度可以促進睡眠。此外還在攝食、體溫調節、情緒、痛覺之中發揮效應。例如：腦內血清胺升高會抑制攝食；而有一些治療肥胖的藥物如Fenfluramine，因可促進血清胺釋放及抑制其回收進而降低食慾。

▶ 胺基酸類神經傳遞物質

腦中存在多種胺基酸，主要有：麩胺酸(glutamic acid, Glu)、天門冬胺酸(aspartic acid, Asp)、甘胺酸(glycine, Gly)和γ-胺基丁酸(γ-aminobutyric acid, GABA)。前兩種為興奮性胺基酸，後兩種為抑制性胺基酸。

一、麩胺酸

麩胺酸是腦內最重要的**興奮性神經傳遞物質**。在中樞神經系統中麩胺酸分布極為廣泛，以大腦皮層含量最高，其次為小腦、紋狀體、延腦和橋腦。脊髓中麩胺酸含量雖明顯低於腦內，但有特異分布，背根和背角灰質含量比腹根和前角灰質高。

過量的麩胺酸具有神經毒性作用。在神經退行性病變、癲癇發作、腦缺血引起的腦損傷等疾病的發生和發展過程中，麩胺酸可能具有重要作用。

麩胺酸接受器可分為兩大類：促離子型接受器和促代謝型接受器（圖5-28）。根據其選擇性致效劑和拮抗劑的不同，**促離子型接受器**包括三個類型：**KA** (kainic acid) **接受器**、**AMPA** (α-amino-3-hydroxy-5-methyl-4-isoxazole propionic acid) **接受器**和**NMDA** (N-methyl-D-aspartate) **接受器**。

通常將KA接受器和AMPA接受器統稱為**非NMDA接受器** (non-NMDA receptor)。非NMDA接受器啟動時，離子通道開放，允許大量的Na^+內流和少量的K^+外流，使細胞膜去極化，產生EPSP。

NMDA接受器有以下重要特徵：(1) NMDA接受器除了結合麩胺酸外，還必須同時結合**甘胺酸**(Gly)才能被啟動，單獨麩胺酸或甘胺酸都不能啟動NMDA接受器。甘胺酸雖然是一種抑制性神經傳遞物質，但它與NMDA接受器結合引起的構形改變能明顯增強麩胺酸的效應。因此，甘胺酸是NMDA接受器的協同致效劑(co-agonist)；(2)在細胞膜處於靜止膜電位時，細胞外液的Mg^{2+}與通道內Mg^{2+}識別位點結合，阻斷通道的開啟。當細胞膜去極化達一定程度，才能去除Mg^{2+}的阻斷作用，此時麩胺酸與NMDA接受器結合，才能引起離子通道的開放。要啟動

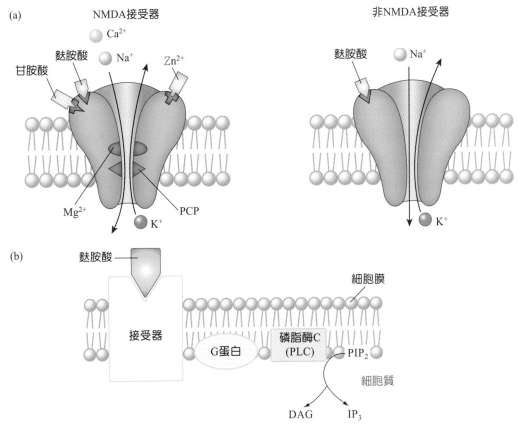

■ 圖 5-28　麩胺酸接受器。(a) 促離子型接受器；(b) 促代謝型接受器。

NMDA接受器，除需要致效劑與之結合外，還需要突觸後膜去極化到一定程度。因此，NMDA接受器是一種化學和電位雙重控制的通道。(3) NMDA接受器啟動後，接受器上的陽離子通道迅速開放，除允許Na⁺內流和K⁺外流外，主要是引起大量的Ca²⁺內流，使突觸後膜去極化，產生慢EPSP。同時，由於細胞內Ca²⁺濃度升高，繼而啟動Ca²⁺依賴的蛋白激酶和蛋白磷酸酶，最終導致突觸傳訊效率的長期變化（見第6章「學習與記憶」）。NMDA接受器在海馬回的密度較高，阻斷此處的NMDA接受器可影響學習和記憶。

促代謝型接受器主要是透過 G 蛋白媒介，啟動磷脂酶 C (phospholipase C, PLC)，該酶水解磷脂醯肌醇 (phosphatidylinosi-tol, PI)，使細胞內三磷酸肌醇 (inositol triphosphate, IP₃) 和二醯甘油酯 (diacylgly-cerol, DAG) 含量增高。IP₃ 快速動員內質網中的 Ca²⁺，使細胞內 Ca²⁺ 濃度升高而產生一系列效應。

二、γ- 胺基丁酸和甘胺酸

γ- 胺基丁酸 (GABA) 是**中樞神經系統中最重要的抑制性神經傳遞物質**。腦內（特別是大腦皮質和小腦皮質）大部分抑制性中間神經元及投射神經元都是以 GABA 為神經傳遞物質。有證據顯示，一些神經及精神疾病，如癲癇、亨丁頓氏症、睡眠障礙等，與 GABA 性神經元數量減少或 GABA 功能降低有關。

GABA 接受器主要分為 $GABA_A$ 和 $GABA_B$ 兩型。$GABA_A$ 接受器屬促離子型接受器，內為 Cl^- 通道。$GABA_A$ 接受器主要分布在突觸後膜，媒介**突觸後抑制**。$GABA_B$ 接受器屬促代謝型接受器，主要分布在突觸前神經末梢。位於興奮性突觸前末梢上的 $GABA_B$ 接受器被啟動後，經由 G 蛋白媒介，使突觸前末梢的 K^+ 通道開放和 Ca^{2+} 通道關閉，而使突觸前末梢釋放的興奮性神經傳遞物質減少，產生**突觸前抑制**效應。位於 GABA 性纖維神經末梢上的 $GABA_B$ 接受器作為自身接受器，抑制 GABA 的釋放。$GABA_B$ 接受器也存在於突觸後膜。啟動突觸後膜的 $GABA_B$ 接受器，透過 G 蛋白媒介使 K^+ 通道開放，K^+ 外流，產生慢 IPSP 和較弱的突觸後抑制效應。

甘胺酸(Gly)是主要存在於脊髓的抑制性神經傳遞物質。雷休氏細胞的軸突末梢釋放甘胺酸抑制脊髓前角運動神經元的活動。甘胺酸接受器也屬於促離子型接受器家族，內為 Cl^- 通道。馬錢子素(Strychnine)是甘胺酸接受器的高選擇拮抗劑。

▶ 神經胜肽

神經胜肽 (neuropeptide) 是指在神經系統中具有類似神經傳遞物質作用的多胜肽。目前已發現的神經胜肽至少有五十種以上，以下僅簡單介紹幾種神經胜肽。

一、P 物質

P物質(substance P)廣泛存在於中樞和周邊神經系統。在痛覺的初級傳入纖維與脊髓背角投射神經元形成的突觸中含量較豐富。椎管內注射P物質可使痛閾下降，而注射P物質接受器的拮抗劑可使痛閾上升，顯示P物質與痛覺訊息傳導有關。P物質不僅可從傷害性感覺神經元的中樞端末梢釋放，而且也可從周邊端的游離神經末梢中釋放，引起局部組織產生神經性炎症(neurogenic inflammation)，可能與痛覺過敏有關。P物質在黑質－紋狀體迴路中濃度也很高，其含量與多巴胺成正比，可能對黑質－紋狀體系統的多巴胺性神經元具有緊張性興奮作用。在下視丘的P物質可能具有神經內分泌調節作用。

二、類鴉片胜肽

腦內具有類似嗎啡活性的胜肽類物質，稱為類鴉片胜肽 (opioid peptide)，分為 β- 內啡肽 (β-endophin)、腦啡肽 (enkephalin) 和強啡肽 (dynorphin) 三類。類鴉片胜肽在中樞神經系統中作用廣泛，參與心血管活動、呼吸運動、體溫、攝食和飲水行為的調節，並影響精神活動、內分泌和免疫功能，最顯著的作用是在痛覺調節中的作用。三種類鴉片胜肽都與處理和調節痛覺訊息有關。

現已確定的類鴉片胜肽接受器（μ、κ 和 δ 接受器）都屬於 G 蛋白偶聯接受器。μ 接受器的主要自然配體是 β- 內啡肽，κ 接受器的自然配體是強啡肽，δ 接受器的自然配體是腦啡肽。類鴉片胜肽與接受器結合的專一性不強，如腦啡肽除可與 δ 接受器結合外，也可與其他兩種接受器結合。啟動 μ 接受器可增加 K^+ 電位傳導，引起神經元和初級傳入纖維的過極化；啟動 κ 和 δ 接受器則引起 Ca^{2+} 通道關閉。

最近發現一類新的神經胜肽—**孤啡肽** (orphanin)。其胺基酸序列與類鴉片胜肽明顯相似，但不具有類鴉片胜肽的鎮痛作用，相反還加劇疼痛，因此又稱為致痛素 (nociceptin)。

三、腦－胃腸胜肽

在胃腸道和中樞神經系統雙重分布的胜肽類物質稱為腦－胃腸胜肽 (brain-gut peptide)。如膽囊收縮素 (cholecystokinin, CCK)、血管活性腸胜肽 (vasoactive intestinal peptide, VIP)、胃泌素 (gastrin) 等。在中樞神經系統中，CCK 具有抑制攝食行為、調節腦下腺激素釋放、鎮痛和調節腦血流等功能；VIP 有興奮大腦皮質和海馬回中間神經元及促進內分泌激素釋放的作用。

四、降鈣素基因相關胜肽 (CGRP)

在中樞及周邊神經系統中，皆可發現降鈣素基因相關胜肽 (calcitonin gene-related peptide, CGRP) 神經元的存在。在脊髓背根神經節初級傳入神經元中，CGRP 與 P 物質共存，CGRP 可能藉由促進 P 物質的釋放而促進痛覺訊號的傳導。但是，腦內注射 CGRP 可提高痛閾，具有鎮痛作用。此外，CGRP 對心血管活動以及胃腸分泌和運動也有調節作用。

五、神經胜肽 Y

神經胜肽 Y (neuropeptide Y) 是大腦皮質內最豐富的神經胜肽，神經胜肽 Y 也存在於脊髓背角及下視丘。神經胜肽 Y 接受器在腦內分布有明顯的區域特異性 (regional specificity)。例如，杏仁核和皮質的接受器有抗焦慮作用，下視丘的接受器能促進食慾和攝食行為。

▶ 其他神經傳遞物質

神經組織中除了上述的神經傳遞物質，還有很多有重要作用的神經傳遞物質存在，如一些氣體分子、嘌呤類物質 (purines)、組織胺 (histamine) 等。

一、氣體分子

一氧化氮(nitric oxide, NO)和一氧化碳 (carbon monoxide, CO)是晚近才被發現的細胞間的神經傳遞物質。中樞神經系統中有些神經元含有一氧化氮合成酶，可促使精胺酸生成NO。NO是一種氣體分子，生成後不儲存於突觸小泡內，不能直接由去極化導致胞吐作用而釋放，也沒有相應的細胞膜接受器。NO以擴散方式到達標的細胞，直接啟動細胞內的鳥苷酸環化酶(guanylyl cyclase)，使細胞內cGMP增加而發揮其生理效應。NO還可作為逆行性傳訊物質(retrograde messenger)，促進突觸前末梢傳訊物質的合成和釋放，並影響突觸的可塑性。

一氧化碳 (CO) 是另一種可能作為神經傳遞物質的氣體分子。CO 的產生是血紅素在血紅素加氧酶的催化下氧化分解而成的。其作用方式與 NO 相似，也是透過啟動標的細胞的鳥苷酸環化酶，使細胞內 cGMP 濃度增加而發揮其生理效應。

二、嘌呤類

嘌呤類傳訊物質主要是指**腺苷** (adenosine) 和**腺苷三磷酸** (ATP)。ATP 常與典型神經傳遞物質共存於同一神經末梢、甚至同一突觸小泡內，ATP 的釋放是一個 Ca^{2+} 依賴的胞吐過程。而腺苷是以非突觸小泡形式釋放，它通過雙向運輸的核苷酸運輸體 (nucleotide transporter) 運輸出細胞外。釋放出來的 ATP 可迅速分解成為腺苷，因此釋放出來的 ATP 是細胞外腺苷的一個重要來源。

嘌呤接受器主要分為兩類，即 P_1 和 P_2 接受器。P_1 接受器對腺苷的親和力高，也稱為腺苷接受器，它是 G 蛋白偶聯接受器。P_2 接受器主要與 ATP 結合，分為 P_2X 和 P_2Y 兩種亞型，P_2X 是促離子型接受器，P_2Y 是 G 蛋白偶聯接受器。

嘌呤類物質（主要是腺苷和 ATP）在中樞和周邊神經系統中主要作為**抑制性神經傳遞物質**。中樞神經系統中的腺苷具有抑制神經元過度興奮和擴張腦血管的作用。周邊神經系統中的嘌呤性神經纖維對腸道活動有抑制作用。

三、組織胺

組織胺性神經元(histaminergic neuron)位於下視丘後部的結節乳頭體核中，發出纖維到達中樞內幾乎所有部分，主要是依靠非突觸性化學傳遞的方式調節神經元的功能。腦內組織胺接受器分為 H_1、H_2 和 H_3 三型。組織胺與 H_1 接受器結合能啟動磷脂酶C (PLC)；與 H_2 接受器結合能提高細胞內cAMP濃度。大多數 H_3 接受器是突觸前接受器，可抑制組織胺和其他神經傳遞物質的釋放。中樞神經系統的組織胺可能有維持覺醒、調節腦下腺前葉激素分泌、抑制攝食行為、刺激飲水和鎮痛等作用。

▶ 神經傳遞物質的去活化

釋放入突觸裂隙的神經傳遞物質，在與突觸後膜專一性接受器結合發揮作用後，需要及時地予以清除，即去活化作用 (inactivation)，才能保證突觸傳訊的精確性。

目前已知的去活化方式主要有三種：

1. 由專一性的酵素分解神經傳遞物質。如進入突觸裂隙的 ACh 被突觸裂隙和突觸後膜上的**乙醯膽鹼酯酶** (acetylcholinesterase, AChE) 水解成膽鹼和醋酸而失去活性（圖 5-26）。

2. 被突觸前膜回收後再利用或被膠細胞攝取後而清除。如麩胺酸、GABA等神經傳遞物質，主要是被神經元或膠細胞回收而停止其作用，這種傳訊物質的回收，是透過神經傳遞物質運輸體(tranporter)完成的。

3. 經擴散稀釋後進入血液循環，到一定的場所進行去活化而被分解清除。如胜肽類物質就是透過擴散到細胞外液被稀釋，同時被酵素降解。

神經傳遞物質的去活化也是多重的，如進入突觸裂隙的正腎上腺素(NE)，一部分經擴散被血液循環帶到肝臟而被破壞失活，另一部分在動作器細胞內被兒茶酚氧位甲基轉移酶(COMT)和單胺氧化酶(MAO)破壞失活（圖5-27），但大部分是由突觸前膜將其回收並重新利用。而神經胜肽類，除了擴散稀釋及酵素分解之外，還可以經由接受器去敏感化(desensitization)而終止其作用。

臨·床·焦·點　Clinical Focus

重症肌無力 (Myasthenia Gravis)

　　重症肌無力是一種神經肌肉接合處因**乙醯膽鹼接受器減少**而出現傳遞障礙的自體免疫疾病，病人胸腺組織增生，T 淋巴細胞和 B 淋巴細胞異常增多。這些細胞表面有 N 接受器存在，引起 N 接受器自體免疫反應。病人血中出現抗 N 接受器抗體，可致全身骨骼肌接受器功能障礙。抗血清中的 IgG 使 N 接受器產生交聯作用 (cross-linking)，繼而解聚，細胞對聚集的 N 接受器優先識別及降解，部分聚集的接受器先內陷入細胞體，後被溶酶體的蛋白水解酶消化掉；另一部分則簡單脫落，這裡有補體 C3 和大量吞噬細胞參與。病人肌細胞上的 N 接受器急劇減少（可減至正常的 11~30%）及灶性溶解。但每次神經衝動所釋放的 ACh 量是正常的，ACh 降解速度亦不加快，正常量的 ACh 作用於數量劇減的 N 接受器，不足以引發突觸後膜的去極化，造成傳導阻滯。骨骼肌收縮障礙可以是全身性的，也可以是局部性的，晚期癱瘓累及呼吸肌而危及生命。可用抗膽鹼酯酶劑治療，或切除胸腺。

參考資料 ┃ References

朱大年 (2008)·*生理學*（七版）·人民衛生。

朱妙章 (2009)·*大學生理學*·高等教育。

朱思明 (2001)·*醫學生理學*·人民衛生。

呂國蔚 (2004)·*醫學神經生物學*（二版）·高等教育。

姚泰 (2003)·*生理學*（第六版）·人民衛生。

洪敏元、楊堉麟、劉良慧、林育娟、何明聰、賴明華 (2005)·*當代生理學*（四版）·華杏。

浙大醫學院 (2000)·*神經生物學*·浙江大學。

張鏡如、喬健天 (1998)·*生理學*（三版）·人民衛生。

馮琮涵、黃雍協、柯翠玲、廖智凱、胡明一、林自勇、鍾敦輝、周綉珠、陳瀅 (2021)·*人體解剖學*·新文京。

馮琮涵、鄧志娟、劉棋銘、吳惠敏、唐善美、許淑芬、江若華、黃嘉惠、汪蕙蘭、李建興、王子綾、李維真、莊禮聰 (2022)·*解剖生理學*（三版）·新文京。

壽天德 (2005)·*神經生物學*（二版）·高等教育。

賴明德、王耀賢、鄧志娟、吳惠敏、李建興、許淑芬、陳晴彤、李宜倖 (2022)·*解剖學*（二版）·新文京。

韓秋生、徐國成、鄒衛東、翟秀岩 (2004)·*組織學與胚胎學彩色圖譜*·新文京。

韓濟生、關新民 (1996)·*醫用神經生物學*·武漢。

Fox, S. I. (2006)·*人體生理學*（王錫崗、于家城、林嘉志、施科念、高美媚、張林松、陳瑩玲、陳聰文、黃慧貞、溫小娟、廖美華、蔡宜容譯；四版）·新文京。（原著出版於 2006）

Boron, W. F., & Boulpaep, E. L. (2002). *Textbook of Medical Physiology*. W.B. Saunders Company.

Fox, S. I. (2015). *HUMAN PHYSIOLOGY* (14th ed.). McGraw-Hill College.

Ganong, W. F. (2001). *Review of Medical Physiology* (20th ed). McGraw-Hill Medical.

Guyton, A. C., & Hall, J. E. (2000). *Textbook of Medical Physiology* (10th ed). Elsevier Science.

Kandel, E. R., Schwartz, J. H., & Jessel, T. M. (2000). *Principles of neural science* (4th ed). McGraw-Hill.

Schmidt, R. F., & Thews, G. (1989). *Human physiology* (2nd ed). Springer-Verlag.

Vander, A. J., Sherman, J. H., & Luciano, D. S. (1998). *Human physiology : The mechanisms of body function* (7th ed). McGraw-Hill.

複·習·與·討·論

一、選擇題

1. 下列哪一種神經膠細胞 (neuroglia cells) 可幫助調節腦脊髓液 (cerebrospinal fluid) 的生成與流動？ (A) 室管膜細胞 (ependymal cell) (B) 星狀細胞 (astrocyte) (C) 微膠細胞 (microglia) (D) 寡突細胞 (oligodendrocyte)

2. 下列何者並非動作電位的特性？ (A) 具不反應期 (B) 遵守全或無定律 (C) 具加成作用 (D) 具傳導性

3. 下列何種神經傳遞物質，生成後並不儲存於突觸囊泡內？ (A) 一氧化氮 (B) 麩胺酸 (C) 正腎上腺素 (D) 乙醯膽鹼

4. 動作電位過極化時： (A) 鈉離子流入細胞內，鉀離子流出細胞外 (B) 鈉離子流入細胞內，鉀離子難以通過細胞膜 (C) 鈉離子難以通過細胞膜，鉀離子流出細胞外 (D) 鈉、鉀離子皆難以通過細胞膜

5. 下列何者的末梢會與骨骼肌形成「神經－肌連接點」？ (A) 單極神經元 (B) 偽單極神經元 (C) 雙極神經元 (D) 多極神經元

6. 治療憂鬱症主要針對下列何種神經傳導物質進行調節？ (A) GABA(γ-aminobutyric acid) (B) 血清素 (serotonin) (C) 乙醯膽鹼 (acetylcholine) (D) 腎上腺素 (epinephrine)

7. 位於中樞神經系統血管旁的膠細胞，最可能是下列何者？ (A) 星狀膠細胞 (B) 微小膠細胞 (C) 寡突膠細胞 (D) 許旺氏細胞

8. 人類大腦中，最常見的興奮性神經傳遞物質為何？ (A) 麩胺酸 (B) 正腎上腺素 (C) 乙醯膽鹼 (D) 多巴胺

9. 下列哪種神經膠細胞構成血腦障壁？ (A) 星形膠細胞 (B) 寡突膠細胞 (C) 微膠細胞 (D) 室管膜細胞

10. 大多數的神經傳遞物質是由何處所分泌的？ (A) 軸突 (B) 樹突 (C) 細胞體 (D) 髓鞘

11. 有關電性突觸之性質，下列何者錯誤？ (A) 常見於肌肉細胞 (B) 不需要神經傳遞物質 (C) 可產生抑制性突觸後電位 (D) 為雙向性傳導

12. 下列何者不屬於突觸後電位之性質？ (A) 膜電位過極化 (B) 全有或全無定律 (C) 加成作用 (D) 離子通道開啟

13. 肉毒桿菌素 (Botulinum toxin) 的作用機轉為何？ (A) 抑制乙醯膽鹼 (acetylcholine) 的釋放 (B) 抑制運動神經動作電位之產生 (C) 競爭骨骼肌終板上之乙醯膽鹼接受器 (D) 抑制骨骼肌之鈣離子通道

14. 下列何者形成中樞神經系統神經纖維的髓鞘？　(A) 許旺氏細胞　(B) 寡突膠細胞　(C) 微小膠細胞　(D) 星形膠細胞

15. 下列何種構造與化學性突觸無關？　(A) 隙裂接合 (gap junction)　(B) 突觸小泡 (synaptic vesicles)　(C) 神經傳導物質　(D) 突觸後細胞膜接受器

16. 下列何者不是常見的神經傳導物質 (neurotransmitter)？　(A) 多巴胺 (dopamine)　(B) 甘胺酸 (glycine)　(C) 血清素 (serotonin)　(D) 胰島素 (insulin)

17. 色胺酸的攝取增加，將導致腦中哪種神經傳遞物質增加？　(A) 血清胺　(B) 多巴胺　(C) 正腎上腺素　(D) 組織胺

18. 治療重症肌無力可使用乙醯膽鹼酯酶抑制劑 (acetylcholinesterase inhibitor) 減輕症狀，其作用機轉為何？　(A) 增加乙醯膽鹼 (acetylcholine) 接受器數量　(B) 增加神經肌肉接合處 (neuromuscular junction) 之乙醯膽鹼濃度　(C) 促進神經釋放乙醯膽鹼　(D) 直接刺激肌肉收縮

19. 下列何者不是星狀細胞 (astrocytes) 的功能？　(A) 吞噬外來或壞死組織　(B) 形成腦血管障壁　(C) 參與腦的發育　(D) 調節鉀離子濃度

20. 下列分泌何種物質的腦部神經元退化與阿茲海默症 (Alzheimer's disease) 之關係最為密切？　(A) 腎上腺素　(B) 多巴胺　(C) 乙醯膽鹼　(D) P 物質

21. 下列有關靜止膜電位之敘述，何者錯誤？　(A) 為細胞處於一種極化的狀態　(B) 為細胞內負電較多而細胞外正電較多的現象　(C) 鈉－鉀幫浦有助於建立靜止膜電位　(D) 一般神經細胞之靜止膜電位為 +50 mV

22. 動作電位具有下列何種特性？　(A) 空間加成性　(B) 時間加成性　(C) 刺激強度愈大，引發之動作電位振幅愈大　(D) 遵循全有或全無定律

23. 如果以神經細胞的靜止膜電位為 -90 mV 而閾值為 -70 mV，則當刺激使膜電位達 -50 mV 時，會發生下列哪種情形？　(A) 動作電位　(B) 終板電位　(C) 局部電位　(D) 過極化使膜電位更負

24. 當神經衝動到達軸突末端時，是何種離子由細胞外進入細胞內，引起突觸小泡與突觸前細胞膜融合，進行胞吐作用釋放神經傳遞物質？　(A) Na^+　(B) K^+　(C) Ca^{2+}　(D) Cl^-

25. 下列何者並非抑制性突觸後電位 (IPSP) 產生的原因？　(A) 關閉鈉離子通道　(B) 局部打開鉀離子通道　(C) 氯離子流入細胞內　(D) 氯離子流出細胞外

26. 有關神經突觸之性質，下列何者錯誤？　(A) 神經傳導物質是由胞吐作用釋放出來　(B) 電性突觸會有短暫時間的突觸延遲　(C) 化學性突觸的特徵是具有突觸隙裂　(D) 人體神經與肌肉間之訊息傳遞是屬於化學性突觸

27. 使用過量南美箭毒 (curare) 引起動物或人死亡，其主要原因是什麼？　(A) 心跳停止　(B) 腦部神經元死亡　(C) 減少乙醯膽鹼受器蛋白質之數量　(D) 阻斷神經與橫膈肌細胞間的傳遞作用

28. 包圍周邊神經軸突的髓鞘 (myelin sheath)，主要組成為何？ (A) 神經元所分泌的囊泡 (secretory vesicles) (B) 神經元細胞體的外突 (external process) (C) 許旺細胞 (Schwann cells) (D) 微膠細胞 (microglia)

29. 周圍神經系統中之神經元的髓鞘是由下列何種細胞所構成？ (A) 許旺氏細胞 (Schwann cell) (B) 衛星細胞 (satellite cell) (C) 寡突膠細胞 (oligodendrocyte) (D) 星形膠細胞 (astrocyte)

30. 下列何者最不可能是化學性突觸？ (A) 軸突－細胞體之間 (B) 軸突－軸突之間 (C) 軸突－樹突之間 (D) 肌肉細胞之間

31. 重症肌無力 (Myasthenia gravis) 肇因於何種神經傳導物質的受器受損，導致神經訊號無法傳遞至肌肉？ (A) 腎上腺素 (epinephrine) (B) 乙醯膽鹼 (acetylcholine) (C) 血清素 (serotonin) (D) 麩胺酸 (glutamate)

32. 下列有關神經動作電位的傳導之敘述，何者不正確？ (A) 髓鞘使傳導速度變快 (B) 髓鞘與蘭氏結 (Ranvier's node) 允許跳躍式傳導發生 (C) 神經纖維較粗者傳導速度較快 (D) 突觸使神經纖維變粗

33. 神經動作電位的傳遞速度與下列何者成正比關係？ (A) 軸突直徑 (B) 樹突數目 (C) 不反應期長度 (D) 靜止膜電位大小

34. 當神經衝動傳到神經纖維末梢時，神經傳遞物會以胞吐作用方式釋放出來。此一作用與下列何種離子在胞內濃度改變最直接相關？ (A) Na^+ (B) K^+ (C) Ca^{2+} (D) Mg^{2+}

35. 副交感神經分泌何種神經傳導物質，會刺激淚腺大量分泌淚液？ (A) 正腎上腺素 (B) 多巴胺 (C) 乙醯膽鹼 (D) 腎上腺素

36. 如果神經受到河豚毒素 (tetrodotoxin) 的作用而阻斷鈉離子通道時，將抑制下列何者的發生？ (A) 靜止膜電位 (B) 去極化 (C) 抑制性突觸後電位 (D) 過極化

二、問答題

1. 神經膠細胞的有哪些分類及分別具何功能？

2. 何謂電性突觸傳遞？與化學性突觸相比具有哪些差別？

3. 神經是否能再生，為什麼？

4. 動作電位主要有哪幾個時期的變化？

5. 何謂神經衝動？其具有哪些特性？

6. 興奮如何通過突觸？請簡要敘述。

7. 試舉例說明突觸後神經元因突觸傳遞而引起興奮時的電性活動改變及產生機制。

8. 試舉例說明突觸後神經元因突觸傳遞而引起抑制時的電性活動改變及產生機制。

9. 神經傳遞物質的去活化方式有哪些？並舉例說明。

三、腦力激盪

1. 被毒蛇咬到的人，若處置不當，常因不能呼吸而死亡，這是因為蛇毒與神經肌肉結合處的哪一種構造結合，使正常的神經衝動無法傳達到肌肉所致？

2. 臨床上，使用麻醉藥來阻斷痛覺，通常是經由抑制何種通道產生？為什麼？

3. 將一實驗動物體內通往腎上腺髓質的交感神經節前纖維切除後，對該動物在靜止狀態下與遭受壓力時，血中腎上腺素的濃度有什麼影響？

掃描

複習與討論解答
請掃描QR code

06
CHAPTER

學習目標 Objectives

1. 描述中樞神經系統和周邊神經系統的基本組成。
2. 敘述血腦障壁的組成及功能。
3. 熟悉大腦的組織及其各腦葉的主要功能。
4. 了解大腦皮質的不同功能分區的作用。
5. 比較腦部特定區域損失所造成的不同種類失語症及其特徵。
6. 熟悉腦波圖的基本波形及其特徵表現。
7. 描述睡眠的時相並了解與睡眠發生相關的腦區。
8. 掌握大腦髓質連接其他腦區的纖維束。
9. 了解基底核的組成及作用。
10. 敘述邊緣系統的構造，並討論其在控制情緒方面的功能。
11. 掌握學習的類型並比較不同學習類型的特性。
12. 敘述記憶的類型，並描述陳述性記憶的過程以及了解學習與記憶的機制。
13. 敘述視丘、下視丘的位置並指出其重要性。
14. 描述腦幹各組成的構造以及小腦的構造及功能。
15. 熟悉反射的概念，並敘述反射弧的構造及路徑。

本章大綱 Chapter Outline

中樞及周邊
神經系統
The Central and Peripheral
Nervous System

HUMAN
PHYSIOLOGY

人體是一個複雜的生物體,各器官及系統彼此的功能並不是孤立的,它們之間互相聯繫、互相制約;同時,人體生活在經常變化的環境中,這些環境的變化隨時影響著人體內的各種功能,這就需要對體內各種功能不斷作出迅速而完善的調節,使人體適應內外環境的變化,而執行這項調節功能的主要系統就是神經系統。人體各器官、系統的功能都是直接或間接處於神經系統的調節控制之下。本章將對整個神經系統的概念及相互間的作用進行詳細的討論。

6-1　神經系統的組成
Organization of the Nervous System

神經系統可分為中樞神經系統 (central nervous system, CNS) 及周邊神經系統 (peripheral nervous system, PNS) 兩大部分（圖 6-1）。

▶ 中樞與周邊神經系統

中樞神經系統位於顱腔和椎管內,包括腦和脊髓,其周圍有頭顱骨和脊椎骨包覆,使腦和脊髓得到很好的保護。腦又分為**大腦** (cerebrum)、**間腦** (diencephalon)、**腦幹** (brain stem) 和**小腦** (cerebellum) 四個部分（圖 6-1）。其中大腦分為左右兩個半球,分別管理人體不同的部位及功能;間腦被包於大腦內,由視丘及下視丘等組成;腦幹是橋腦、中腦和延腦的總稱,執行自主性功能;小腦藉三對小腦腳連接於腦幹的背面;**脊髓**上端在枕骨大孔處與延腦相連,主要的功能是反射和傳導。

周邊神經系統為中樞神經系統與外界聯絡的線路,可分為與腦相連的腦神經及其神經節、與脊髓相連的脊神經及其神經節,以及內臟神經的周圍部。**腦神經**共有 12 對,主要支配頭部器官的感覺和運動。**脊神經**共有 31 對,由脊髓發出,主要支配身體和四肢的感覺、運動和反射。

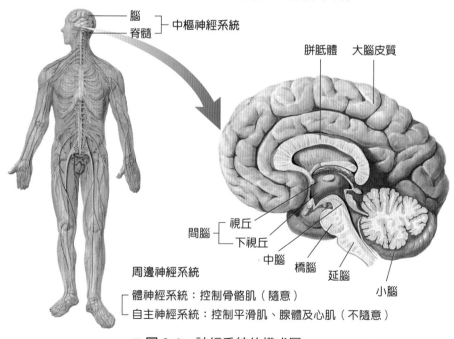

腦　脊髓　中樞神經系統

胼胝體　大腦皮質

間腦　視丘　下視丘　中腦　橋腦　延腦　小腦

周邊神經系統
體神經系統：控制骨骼肌（隨意）
自主神經系統：控制平滑肌、腺體及心肌（不隨意）

■ **圖 6-1**　神經系統的模式圖。

腦脊髓膜及腦脊髓液

腦受到頭骨、腦膜及腦脊髓液的保護。腦和脊髓表面均有三層被膜包裹，由外向內依次是**硬腦膜**(dura mater)、**蜘蛛膜**(arachnoid mater)和**軟腦膜**(pia mater)，軟腦膜及軟脊髓膜緊貼腦及脊髓，它們具有支持及保護腦和脊髓的作用。硬腦膜延伸出一些隔膜，可支持及固定腦部組織，包括小腦天幕(cerebellar tentorium)隔開大腦枕葉及小腦；大腦鐮(falx cerebri)分隔左右大腦半球；小腦鐮(falx cerebelli)分隔左右小腦半球。

腦脊髓液(cerebrospinal fluid, CSF)充滿於腦室、蜘蛛膜下腔和脊髓中央管內，由腦室的**脈絡叢**(choroid plexuses)所產生，脈絡叢為軟腦膜特化形成的微血管網。對中樞神經系統而言，腦脊髓液具有緩衝、保護、營養、運輸代謝產物以及維持正常顱內壓的作用。腦脊髓液成分與**細胞外液**相似，總量在成人約為130~150 mL，處於不斷產生、循環和回收的平衡狀態。腦脊髓液的循環途徑由**側腦室**經室間孔流入**第三腦室**，經大腦導水管流入第四腦室，然後經由**第四腦室**正中孔和兩外側孔流至**蜘蛛膜下腔**，最後由蜘蛛膜絨毛(arachnoid villus)流入上矢狀竇而回流到血液中（圖6-2）。在正常狀況下，腦脊髓液的生成速率應等於回收速率，經由不停的形成、循環及再吸收的過程，全部**約130~150 mL**的腦脊髓液每天被更換超過三次。如果腦脊髓液在循環的過程中發生阻塞，會導致腦積水和顱內壓升高。

血腦障壁

腦部的微血管，其內皮細胞彼此之間是以**緊密接合** (tight junction) 相連，無孔隙存在，因此較為緊密。此外，85% 以上的腦部微血管表面有**星形膠細胞**的**終足覆蓋**，星形膠細胞與微血管之內皮細胞及微血管基底膜三者共同形成了**血腦障壁**（圖 6-3）。一般認為，微血管內皮細胞是血腦障壁的主要結構基礎，基底膜和星形膠細胞則扮演輔助的功能。

血腦障壁的生理意義為，經由內皮細胞的高度選擇性和通透性，對於進入腦組織細胞外液的物質進行嚴密的控管，防止毒素和其他有害物質進入腦內，以維持神經系統內環境的相對穩定。此構造與神經元的代謝、生長、發育以及生理病理反應亦有密切關係。

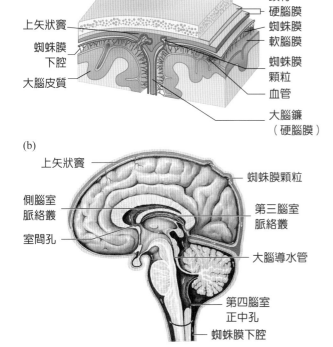

■ 圖 6-2 (a) 腦脊髓膜構造；(b) 腦脊髓液循環示意圖。

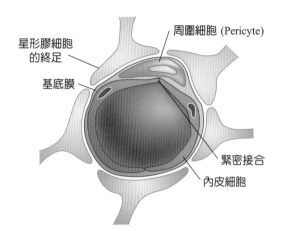
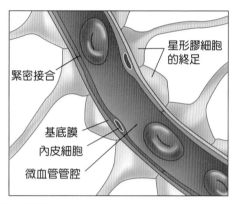

■ 圖 6-3　形成血腦障壁的構造。

6-2 大腦
Cerebrum

從神經系統發育的過程中，可知道外胚層沿著胚體背部正中線出現神經溝，神經溝再逐漸融合形成神經管(neural tube)，神經管會發育成三個腦泡(vesicle)，分別是前腦(forebrain)、中腦(midbrain)、後腦(hindbrain)，這三個腦泡屬於**初級腦泡**(primary vesicle)（圖6-4）。隨後還會再發展出五個**次級腦泡**(secondary vesicle)，前腦發育為終腦(telencephalon)與間腦(diencephalon)，

中腦不變，後腦則發育為後腦(metencephalon)與末腦(myelencephalon)。在成人，終腦最後發展形成兩個巨大的大腦半球，間腦包括視丘及下視丘，中腦變化較少，後腦形成橋腦及小腦，末腦則形成延腦。

大腦分為左、右兩個半球，兩者之間以**胼胝體**(corpus callosum) 相連，胼胝體為軸突組成的路徑，是連接左、右兩側大腦半球功能的主要構造。大腦表層的灰質約 2~4 毫米厚，含有大量的神經元細胞本體，稱為大腦皮質 (cortex)；深部的白質 (white matter)

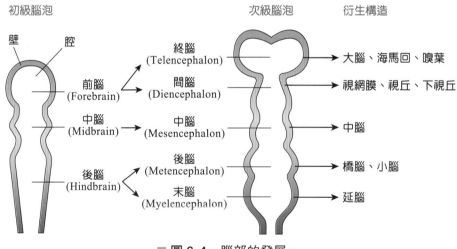

■ 圖 6-4　腦部的發展。

主要由具有髓鞘的神經纖維所組成，是訊息進入大腦皮質的路徑。白質內尚包埋有一些灰質核團，是由神經元細胞體聚集而成，稱為神經核 (nucleus)。

▶ 大腦皮質

大腦的主要特徵之一就是具皺摺的表面。在這些彎曲皺摺結構(convolutions)中，突起的部分稱為回(gyrus)，凹陷處則稱為溝(sulcus)。這種構造使人類及高等哺乳動物，在演化過程中得以在一空間有限的頭顱腔逐漸增大大腦皮質表面積。左、右大腦半球又分別由一些較深的溝或稱為裂(fissures)的構造將其分為五葉，即腦葉(lobes)。

大腦皮質 (cerebral cortex) 的神經元依細胞本體的形狀主要可分為三類：

1. 顆粒細胞 (granular cell)：有很多短軸突，構成皮質內訊息傳遞的複雜網絡，是大腦皮質區的中間神經元。

2. **錐狀細胞** (pyramidal cell)：**是大腦皮質的主要輸出神經元**。其軸突長短不一，有些終止於大腦皮質內，較長的則可離開大腦皮質，投射至到同側或對側的其他皮質區，或下行至腦幹或脊髓。

3. 梭狀細胞(fusiform cell)：亦為輸出神經元，但數量較少，軸突投射至視丘。

一、腦 葉

大腦皮質被中央溝(central sulcus)、頂枕溝(parietooccipital sulcus)、側腦溝(lateral cerebral sulcus)區隔成**五個腦葉**（圖6-5），分別是表面可見的額葉(frontal lobe)、頂葉(parietal lobe)、枕葉(occipital lobe)、顳葉(temporal lobe)，以及位於較深層的島葉(insula)（表6-1）。中央溝分隔額葉及頂葉，頂枕溝分隔頂葉及枕葉，側腦溝則分隔額葉與顳葉。

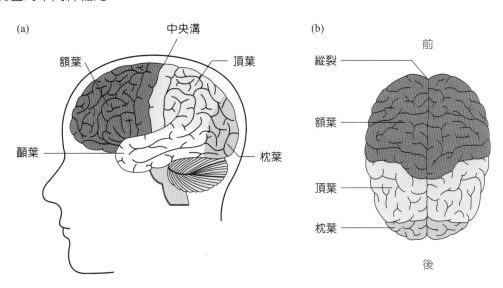

■ 圖 6-5　大腦皮質分葉（腦葉）。(a) 外側面觀；(b) 上面觀

表 6-1　各腦葉的功能

腦葉	功能
額葉	控制骨骼肌的隨意運動；人格特性；高等智慧處理（如：集中注意力、決策等）；語言溝通
頂葉	體感覺的詮釋；理解言語，形成文字以表達想法及情感；物質材料及形狀的詮釋
顳葉	聽覺詮釋；視覺及聽覺經驗的儲存（記憶）
枕葉	整合眼球對焦動作；將視覺影像與之前的視覺經驗及其他感覺刺激互相連貫；視覺認知意識
島葉	記憶；感覺（主要為痛覺）及內臟感覺的整合

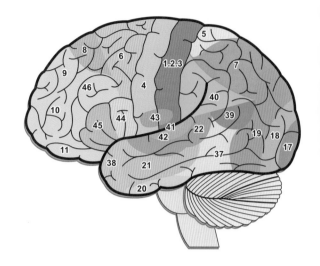

■ 圖 6-6　布洛德曼的腦功能分區示意圖。

1. **額葉**：位於大腦半球的前部，在中央溝前方的腦回稱為中央前回 (precentral gyrus)，主要與運動控制功能有關。此外，額葉還包括語言運動區及嗅覺區等。

2. **頂葉**：位於中央溝後方至頂枕溝之間。中央溝後方的腦回稱為中央後回 (postcentral gyrus)，主要負責體感覺的詮釋；此外，頂葉還包括主要味覺區等。

3. **枕葉**：位於大腦半球的後部，含有**主要視覺區**，主要負責視覺與眼睛運動之間的協調功能。

4. **顳葉**：於側腦溝下方，主要與聽覺有關。亦負責解釋與整合聽覺與視覺訊息。

5. **島葉**：又稱腦島，位於中央溝的深部，與內臟疼痛感覺訊息的記憶編碼及整合有關。特別的是，島葉能調節因應壓力所產生的心血管反應。

二、功能分區

　　各種感覺傳入衝動，最終都抵達大腦皮質，通過分析和整合而產生感覺。因此，大腦皮質是感覺分析的最高級中樞。不同性質的感覺在大腦皮質有不同的代表區。

　　在大腦皮質的功能分區上，1909年一位德國神經學家布洛德曼 (Korbinian Brodmann) 將大腦皮質分為 50 多區並編號，此分區系統是目前使用最廣泛的大腦皮質分區圖（表 6-2 及圖 6-6）。

　　中央溝前方的中央前回是主要運動區，後方的中央後回則主要負責感覺的接收。大腦運動區支配對側肢體，動作越精細或越隨意，所占皮質的區域越大，例如手部所占的區域便明顯大於腳部。若將身體各部位依據其在運動皮質上的對應位置及面積大小予以排列組合，所呈現的圖像如同一個身體各部位比例被扭曲的小人，稱為「運動小人」(motor homunculus)；若以感覺皮質為依據所得之圖像，則稱為「感覺小人」(sensory homunculus)（圖6-7）。

　　大腦的聯絡區 (association area) 是由連結運動區與感覺區的聯絡徑所構成，它占了枕、頂及顳葉之外側面的大部分及運動區之前的額葉。

表 6-2　布洛德曼系統的主要功能分區

主要功能分區		編號	說明
感覺區 (Sensory areas)	一般體感覺區	第 1、2、3 區	位於頂葉，即大腦中央溝正後方的中央後回；接受全身的一般感覺訊息，可定位出感覺在身體的起源點
	體感覺聯絡區	第 5 及 7 區	位於頂葉；負責一般感覺的整合及解釋
	主要視覺區	第 17 區	在枕葉後端；接受視覺的刺激
	視覺聯絡區	第 18 及 19 區	枕葉枕顳溝 (calcarine fissure) 的兩側；此處為視覺動感相位及抽象性感覺意識的判斷中樞
	主要聽覺區	第 41、42 區	位於顳葉之橫腦回，接受聲音的刺激
	聽覺聯絡區	第 22 區	在主要聽覺區的下方；接受由第 41、42 區轉來的語言訊息並詮釋語意
	主要味覺區	第 43 區	位於頂葉，第 1、2、3 區下方
	主要嗅覺區	第 28 區	位於顳葉，第 43 區下方
運動區 (Motor areas)	主要運動區	第 4 區	即額葉的中央前回；為錐體系統之起源，可控制肌肉動作
	前運動區	第 6 區	在第 4 區之前，負責計劃肌肉的動作
	額葉視野區	第 8 區	在額葉皮質；控制眼球的隨意掃描動作
	語言運動區	第 44、45 區	位於額葉側腦溝上方；與語言的發生、表達有關，控制說話的肌肉動作

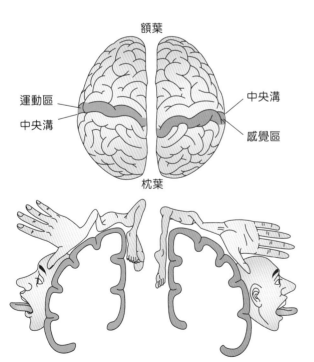

額葉

運動區

中央溝

中央溝

感覺區

枕葉

■ 圖 6-7　身體各部位在運動及感覺皮質上的對應位置及面積大小。

三、語　言

語言 (language) 是交流思想和傳遞資訊的工具。語言中樞所在的大腦半球稱優勢半球 (dominant hemisphere)，關於負責語言功能的腦部區域的認知，主要是經由**失語症** (aphasia) 的研究而得來。

語言的理解及接受是由位在布洛德第 22 區後部的**魏尼凱氏區** (Wernicke's area) 所負責（圖 6-8）。此區又稱為**語言感覺區**，即接受語言訊息並詮釋語意的部位，若此區受傷，雖會講話，但答非所問，閱讀和理解能力有困難。

語言的發生及表達則是由位於**額葉**側腦溝上方的**布洛卡氏區**(Broca's area)所負責，此區又稱為**語言運動區**(motor speech area)，

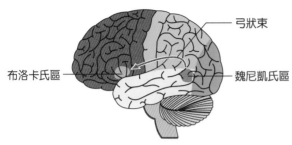

布洛卡氏區 ─── 弓狀束

魏尼凱氏區

■ 圖 6-8 弓狀束的空間位置。

即布洛德曼第44、45區。此區受傷時，雖可理解他人言語，但卻無法表達出語言。

　　連接布洛卡氏區與魏尼凱氏區的**弓狀束** (arcuate fasciculus) 負責語言的傳導；弓狀束受傷時，對於語言的接受和表達是正常的，但無法複誦和朗讀。

　　下面簡要介紹布洛卡氏區及魏尼凱氏區兩大腦皮質區域引起的失語症及其特徵。

(一) 布洛卡氏失語症

　　布洛卡氏失語症 (Broca's aphasia) 又稱為表達性失語症，是由於左側大腦半球額下回 (inferior frontal gyrus) 及周圍區域受損所致。病人表現為極不願意說話，而當其嘗試說話時，言語遲緩而且較不清晰，但其對語言的理解能力是完好的。此類型失語症病人的舌頭、嘴唇、喉部等相關肌肉的神經並不受影響，故病因非為運動控制之問題。

(二) 魏尼凱氏失語症

　　魏尼凱氏失語症 (Wernicke's aphasia) 又稱為理解性失語症，病人的語言理解能力被破壞，說話相當流利但內容卻毫無意義，無法表達自己的思想也不能了解口述或書寫形式的語言。大部分的人在左大腦半球**顳葉顳上回** (superior temporal gyrus) 的魏尼凱氏區受損時會患有魏尼凱氏失語症。

　　當魏尼凱氏區接收視覺皮質（位於枕葉）所獲得的視覺訊息投射，人們將了解所看到的文章意義；而聽覺皮質（位於顳葉）所得到的訊息投射至魏尼凱氏區後，則能了解話語意義。弓狀束（圖 6-8）再將魏尼凱氏區所理解的內容傳至布洛卡氏區，再從布洛卡氏區傳至運動皮質（中央前回），從而直接控制說話的肌肉。

(三) 其他類型的失語症

　　傳導性失語症 (conduction aphasia)，即當如上所述的傳導過程中，弓狀束受損而導致的失語症，其症狀類似魏尼凱氏失語症，言語流利但卻毫無意義可言，儘管病人的布洛卡氏區及魏尼凱氏區是正常完整的。

　　角回(angular gyrus)被認為是負責整合聽覺、視覺及體感覺的中心，位於頂葉、顳葉及枕葉交會處。角回受損也會出現失語症，左側角回受損的病人可以說和了解他人的語言，但無法讀或寫；還有的病人能寫一個句子但無法讀，可能是從枕葉（與視覺相關）投射至角回之路徑受損所致。

四、大腦功能的不對稱性
(Cerebral Lateralization)

　　大腦皮質發出的運動纖維和接受的感覺纖維投射均為對側交叉性的，同時，藉由胼胝體的連接，使每個大腦半球都能得到身體兩側的訊息。

　　1960 年代後期的研究顯示，人類大腦左、右半球的解剖結構和功能是不對稱的。研究發現，在主要使用右手的成年人，其左側大腦皮質的損傷往往引起各種語言功能障

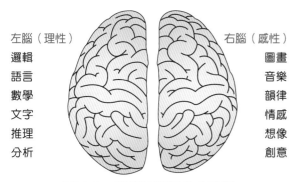

左腦（理性）
邏輯
語言
數學
文字
推理
分析

右腦（感性）
圖畫
音樂
韻律
情感
想像
創意

■ 圖 6-9　腦的不對稱性之功能。

礙，而右側大腦皮質損傷並不產生明顯的語言功能障礙。顯示左側大腦皮質在語言活動功能上占有優勢，此即大腦不對稱性的表現之一。一般將左側大腦半球稱為優勢大腦半球 (dominant cerebral hemisphere) 或主要半球，而將右側半球稱為次要半球。

　　雖然左側大腦半球在語言活動功能方面占優勢，但右側大腦半球也有其特殊的重要功能（圖 6-9）。目前知道，右側大腦半球在非語詞性的認知方面占優勢，例如對三度空間的辨認、深度知覺、觸覺認識和對音樂美術的欣賞和辨認等。因此，相較於早期使用的「優勢大腦半球」一詞，現在更傾向於使用「大腦側化」或「大腦不對稱性」來描述兩側大腦半球各有其特化功能的情形。

　　此外，右側大腦半球也有簡單的語言活動功能，並且可能負責語言交流中情感成分（包括語調和表情）的表達和理解。研究發現右半球前半部分損傷者，不論高興或悲傷，說話的語調都是單調的；而右半球後半部分損傷者，則不能理解別人語言中的情感內容。因此，語言和思維活動的正常，必須有左右兩半球的功能分工，同時也必須有兩半球的合作和協調。因為語言和思維不但需要抽象和分析，也需要形象和綜合；不僅需要語音的辨認，也需要語調的區分。

五、腦波圖 (Electroencephalogram)

　　大腦皮質的神經電性活動表現形式有兩種：一種是在安靜時、無任何外界刺激的情況下，大腦皮質神經元經常性且自發產生的節律性電位變化，稱為腦部的自發性電性活動；另一種則將引導電極置於頭皮上，經腦波儀將腦細胞活動時所造成的電位變化描記成圖，稱為腦波圖 (electroencephalogram, EEG)。

　　人類的腦波圖波形很不規則，根據頻率與振幅的不同，可將正常腦波圖分為 α、β、θ、δ 波四種基本波形（圖 6-10 及表 6-3）：

1. α波(alpha waves)：又稱鬆懈波，可在**清醒但閉目放鬆**者的**枕葉及頂葉**處測得。小於8歲的孩童的α波，頻率較低，約為4~7 Hz。

2. β 波 (beta waves)：波形最快速、振幅小、**頻率高**，又叫忙碌波。**於額葉最強**，尤其是接近中央前回處的位置。β 波可在大腦

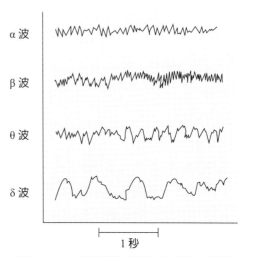

α 波

β 波

θ 波

δ 波

1秒

■ 圖 6-10　正常腦波圖的四種基本波形。

表 6-3　正常腦波圖的四種基本波形及表現

波形	頻率 (HZ)	波幅 (μv)	出現時的狀態
α 波	8~13	20~100	成人清醒、安靜、閉目時；在枕葉最明顯
β 波	10~25	5~20	成人精神活動、情緒激動時；在額、頂葉明顯
θ 波	4~7	100~150	成人睏倦時；幼兒常見
δ 波	< 3	20~200	成人睡眠或極度疲勞時；嬰兒常見

從事心智活動如閱讀、傾聽、思考、分析、演算、判斷、決定，或接受感官刺激時記錄到。由閉眼休息狀態突然睜開眼睛時，亦可記錄到此波。

3. θ 波 (theta waves)：由**顳葉與枕葉**所發出。由於當**睡意降臨時**會出現 θ 波，故又稱欲睡波 (drowsy wave)。一般出現於新生嬰兒。若此波出現在成人，則表示情緒壓力過大，可視為精神病發作的預警。

4. δ 波 (delta waves)：似乎是從**大腦皮質**發出的，頻率小於 3 Hz。該波常發生在**沉睡時**，故又稱沉睡波 (deep sleep wave)。一般在成人睡眠期間及清醒的嬰兒身上測得。當**大腦有受損**情況時亦可在清醒的成人身上測得。

六、睡　眠 (Sleep)

清醒與睡眠都是人體正常生活所必需的兩種生理過程。不同的年齡和個體，每天所需要的睡眠時間不同，新生兒每天約需睡眠 18~20 小時，兒童 12~14 小時，成人 7~9 小時，老年人則減少到 5~7 小時。

根據睡眠過程中腦波變化的特徵，睡眠可分為兩個不同的時期：**非快速動眼期** (non-rapid eye movement, NREM) 及**快速動眼期** (rapid eye movement, REM)。NREM 睡眠以腦波圖呈現同步化 (synchronized) 慢波為特徵；而 REM 睡眠以腦波圖出現去同步化 (desynchronized) **快波**和陣發性的**眼球快速運動**為特徵。

正常的睡眠週期，首先出現 NREM 睡眠，然後轉入 REM 睡眠，兩者交替出現。每個週期歷時約 90 分鐘，其中 REM 睡眠約占總睡眠時間的 20~25%。在一整晚的睡眠過程中，兩個時期轉換約 4~5 次，在轉換過程中，REM 睡眠的時間逐漸延長，越接近睡眠後期，REM 睡眠的持續時間越長。NREM 睡眠和 REM 睡眠都可直接轉為清醒狀態，但清醒狀態不能直接轉入 REM 睡眠而只能先進入 NREM 睡眠。

根據腦波變化的特徵，NREM 睡眠又分為四期（圖 6-11）：

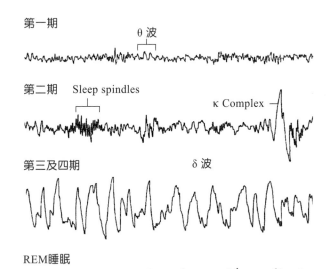

■ 圖 6-11　睡眠各階段的腦波波形。

1. 第一期（入睡期）：α 波逐漸減少，腦波圖呈平坦的趨勢，低幅的 θ 波和 β 波不規則地混雜在一起。
2. 第二期（淺睡期）：開始出現少量 δ 波，並有睡眠梭形波 (sleep spindle) 和 κ 複合波。睡眠梭形波是一種頻率較快 (13~15 Hz)、幅度較低 (20~40 μV) 的變異 α 波。κ 複合波是 δ 波和睡眠梭形波的複合，兩者疊加在一起。
3. 第三期（中度睡眠期）：出現低頻高幅（1.5~2 Hz，75 μV 以上）的 δ 波，不少於 20%。
4. 第四期（深度睡眠期）：以低頻高幅的 δ 波為主，占 50% 以上。

　　在 NREM 睡眠期間，嗅、視、聽、觸等感覺功能暫時減退；骨骼肌反射活動和肌張力減弱；自主神經功能發生改變，例如血壓下降、心跳速率減慢、瞳孔縮小、尿量減少、體溫下降、代謝率降低、呼吸變慢、胃液分泌可增多而唾液分泌減少、發汗功能增強；生長激素分泌增多等。

　　在 REM 睡眠期間，各種感覺功能進一步減退，因而喚醒閾值提高（不容易被喚醒）；骨骼肌反射活動和肌張力進一步減弱，**肌肉幾乎完全鬆弛**；此外，還出現某些陣發性的功能改變，例如，陣發性的眼球快速運動、部分肢體抽動、**血壓上升**或不規則、呼吸和**心跳速率加快**而且不規則，男性可能出現陰莖勃起的現象。在 REM 睡眠期間，如果被喚醒，受試者往往說正在做夢。

　　REM 睡眠是正常生活所必需的生理活動過程。若連續幾天剝奪受試者的 REM 睡眠，即受試者在睡眠中一出現 REM 睡眠就將其喚醒，受試者將出現容易激動等心理紊亂。之後讓受試者自然睡眠而不予喚醒，開始幾天 REM 睡眠會明顯增加，以補償前一階段 REM 睡眠的不足。

▶ 大腦白質

　　大腦白質 (cerebral white matter) 位在大腦皮質下方，由具有髓鞘的軸突所組成（因髓鞘成分而呈白色）。這些神經徑束主要可分為三種：

1. **聯絡纖維** (association fibers)：負責同側大腦半球內不同區域之間的訊息傳導。主要有上縱束 (superior longitudinal fasciculus)、下縱束 (inferior longitudinal fasciculus)、鉤束 (uncinate fasciculus) 及扣帶 (cingulum)（圖 6-12）。
2. **連合纖維** (commissural fibers)：負責左右大腦半球之間相對區域的訊息傳導，主要包括胼胝體 (corpus callosum)、前連合 (anterior commissure) 及後連合 (posterior commissure) 三束；其中，**胼胝體**是連接兩個大腦半球功能的主要構造。
3. **投射纖維** (projection fibers)：指連接大腦與腦部其他部位和脊髓之間的上、下行路徑，其中部分上行徑和下行徑在延腦錐體處交叉到對側，形成一側大腦管理另一側

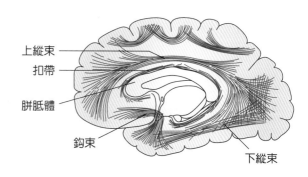

上縱束
扣帶
胼胝體
鉤束
下縱束

■ 圖 6-12　聯絡纖維的分布示意圖。

肢體感覺和運動的情況。穹窿是自海馬回發出的投射纖維；其餘的投射纖維絕大多數經過內囊 (internal capsule)，內囊集聚了所有出入大腦半球的纖維。

▶ 基底核

基底核 (basal nuclei) 由神經元細胞本體聚集的灰質團塊形成，位於深層的大腦白質內（圖 6-13），又稱為基底神經節 (basal ganglia)。基底核最顯著的是由數個神經核集合所形成的結構，稱為**紋狀體** (corpus striatum)。紋狀體包括位於上半部的**尾狀核** (caudate nucleus)，與下半部的**豆狀核** (lentiform nucleus)。豆狀核由外側的**殼核** (putamen) 與內側的**蒼白球** (globus pallidus) 所組成。基底核還包括結構和功能不明的帶狀核 (claustrum) 及屬於邊緣系統的杏仁核（請參閱後文）。基底核的功能是參與隨意運動的計劃和執行，以及運動任務的學習和記憶等活動。

基底核的功能與大腦皮質的活動密切協調，對於調節隨意運動和正常姿勢十分重要。基底核與大腦皮質間構成運動迴路，經由**抑制肌肉張力**及多餘的動作，來維持及修飾欲執行的動作。對於技巧性動作的控制，以及一些下意識動作（如姿勢的轉換、走路時手臂的自然擺動等）的達成和維持，基底核的輸入是非常重要的。

由上所述，當基底核受損或退化時，可導致：(1) 運動過少而肌張力過強，如：巴金森氏病 (Parkinson's disease)；(2) 運動過多而肌張力不全，無法控制肢體動作，如**亨丁頓氏舞蹈症** (Huntington's chorea) 和手足徐動症等。

▶ 邊緣系統

腦部的下視丘及邊緣系統 (limbic system) 被認為**與情緒狀態關係密切**。邊緣系統是圍繞著腦幹的一圈灰質區域，其在大腦的演化過程中為發生較早的構造，屬於舊皮

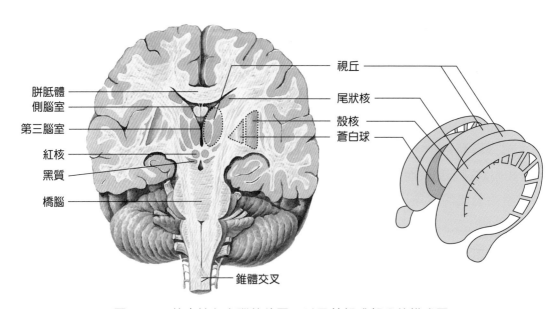

■ 圖 6-13　基底核在大腦的位置，以及其組成部分的模式圖。

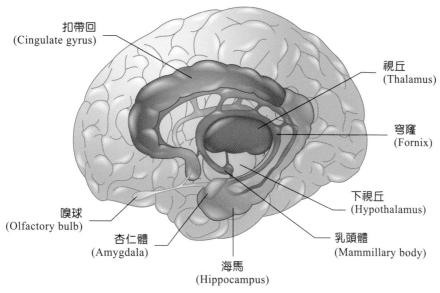

扣帶回
(Cingulate gyrus)

視丘
(Thalamus)

穹窿
(Fornix)

下視丘
(Hypothalamus)

乳頭體
(Mammillary body)

海馬
(Hippocampus)

杏仁體
(Amygdala)

嗅球
(Olfactory bulb)

■ 圖 6-14　邊緣系統結構示意圖。

質；因此其與大腦皮質之間少有突觸連接，這或許可以說明為什麼我們較難以理智控制情緒。

邊緣系統的主要組成構造包括（圖6-14）：

1. **邊緣葉** (limbic lobe)：由扣帶回 (cingulate gyrus) 及海馬旁回 (parahippocampus) 組成。

2. **海馬** (hippocampus)：位於顳葉，**與記憶的形成有關**。

3. **杏仁核** (amygadaloid nucleus)：或稱為杏仁體 (amygdala)，位於顳葉頂端。

4. **乳頭體** (mammillary body)：位於下視丘。

5. **視丘前核** (anterior nucleus)：位於視丘之上，側腦室的底部。

邊緣系統曾被稱為嗅腦 (rhinencephalon)，因其參與了嗅覺訊息的中心處理過程。對於人類而言，邊緣系統為基本情緒驅動的中心，例如憤怒、快樂、恐懼、逃避等，故又稱「情緒腦」。實驗發現，刺激杏仁核的特殊區域會產生憤怒及攻擊，而破壞杏仁核則發現實驗動物會變得溫馴。此外，邊緣系統也與記憶、動機、性行為、不隨意行為的控制、愉快、獎賞、痛苦及懲罰的感覺有關。

▶ 學習與記憶

學習與記憶(learning and memory)屬於腦的高級功能。學習是指人或動物透過神經系統接受外界環境訊息而影響自身行為的過程；記憶則是將獲取的訊息或經驗在腦內儲存和提取（再現）的神經活動過程。若沒有學習，也不存在記憶；若沒有記憶，獲得的訊息就會隨時丟失，也就失去學習的意義。因此，兩者是密切相關的神經活動過程。

一、學習的類型

通常分為簡單的**非聯合型學習** (nonassociative learning) 和複雜的**聯合型學習** (associative learning)。

非聯合型學習是一種簡單的學習方式，不需要在刺激和反應之間建立某種明確的聯繫。當一種非傷害性刺激重複作用時，個體的反應隨刺激次數增多而逐漸減弱甚至消失，這種行為的可塑性變化稱為**習慣化** (habituation)。例如，對重複出現的規律性

臨·床·焦·點 Clinical Focus

阿茲海默氏病 (Alzheimer's Disease)

阿茲海默氏病是**失智症** (dementia) 中最常見的一種，屬於進行性、不可逆的神經退化性疾病，疾病初期以侵犯腦部海馬回為主，主要症狀包括記憶力喪失、認知功能障礙、語言能力變差、性格改變，以及失去空間立體感及方向感。此外，還可能伴隨有妄想、幻覺等精神症狀以及憂鬱症。

致病原因尚未完全清楚，病理變化主要有神經元及突觸減少、細胞外 β 類澱粉蛋白 (β-amyloid) 異常堆積〔稱為**老年斑** (senile plaque)〕以及細胞內的神經纖維糾結 (neurofibrillar tangles)。較嚴重的病人會出現大腦皮質萎縮、腦室擴大、腦溝變大（圖 6-15）。此外，研究發現，阿茲海默氏病病人腦部有乙醯

膽鹼大量減少的情形，並被認為可能是記憶力喪失的原因之一。

目前臨床治療藥物主要是**乙醯膽鹼酯酶抑制劑** (acetylcholinesterase inhibitor) 及 **NMDA 接受器拮抗劑** (NMDA receptor antagonist)。乙醯膽鹼酯酶抑制劑可抑制乙醯膽鹼的分解，使腦部乙醯膽鹼濃度增加，以減緩認知功能的退化。NMDA 接受器拮抗劑則是藉由阻斷 NMDA 接受器，以減輕由麩胺酸過度刺激 NMDA 接受器所產生的興奮毒性 (excitotoxicity)。然而，目前阿茲海默氏病尚無法被治癒或停止病程進展，藥物只能減緩症狀惡化的速度。另外有研究發現，在疾病早期給予適當的外在環境刺激，亦可延緩病情。

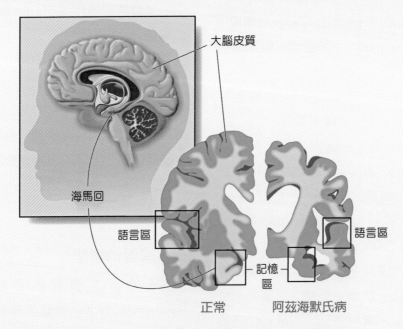

■ **圖 6-15** 阿茲海默氏病病人腦部出現大腦皮質萎縮、腦室及腦溝擴大的情形。

雜訊，人們會以習慣化忽略它的存在。習慣化使個體學會不理會那些不重要的或沒有意義的刺激。與習慣化相反，個體受傷害性刺激作用後，對重複性刺激（即使是非傷害性刺激）的反應性增強，稱為**敏感化** (sensitization)。敏感化使個體學會對某一傷害性刺激加以注意，以免受到進一步的傷害。

聯合型學習是指兩個刺激在時間上很靠近並重複發生，最後在腦內逐漸形成某種聯繫的學習方式。**古典的條件反射** (classical conditioning reflex) 和**操作式條件反射** (operant conditioning reflex) 就屬於這種類型的學習。

古典的條件反射是由俄國生理學家巴夫洛夫(Pavlov)所提出。原本鈴聲與唾液分泌無關，但如果在給狗餵食之前，先出現一次鈴聲，然後再給食物，這樣反覆結合多次之後，則僅出現鈴聲也能引起狗的唾液分泌。此時的鈴聲由無關刺激轉變成為條件刺激 (conditioned stimulus)。由條件刺激引起與非條件刺激（食物）相同的效應稱為條件反射。可見，條件反射是無關刺激（鈴聲）和非條件刺激（食物）在時間上的結合而建立的，這個結合過程稱為**強化**(reinforcement)。

典型的操作式條件反射實驗是，把一隻饑餓的大鼠放入特製的實驗裝置內，當大鼠無意中踩踏槓桿時，就可以獲得食物的強化（圖6-16）；經多次訓練後，大鼠就學會了主動踩踏槓桿來獲得食物。操作式條件反射與古典條件反射不同，古典條件反射的建立是一種被動的學習過程；而操作式條件反射的建立，要求動物必須透過完成某種運動或

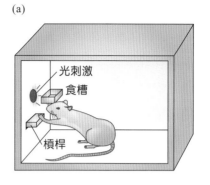

(a)

光刺激
食槽
槓桿

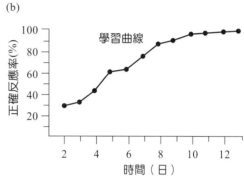

(b)

學習曲線

正確反應率(%)

時間（日）

■ **圖6-16** 操作式條件反射實驗裝置示意圖。

操作後才能得到食物，因此是一種主動的學習過程。

二、記憶的種類

根據記憶的儲存和提取方式，記憶可分為**陳述性記憶**(declarative memory)和**非陳述性記憶**(nondeclarative memory)兩類。陳述性記憶是對事實或事件的記憶。陳述性記憶的獲得和回憶均依賴於認知過程，包括評價、比較和推理等。陳述性記憶**易於形成**，幾乎不需要訓練即可形成，並能用語言表達出來，但**容易遺忘**。

非陳述性記憶是對技能或技巧性動作的記憶。例如我們對學習游泳、騎自行車、演奏樂器等技能的記憶。非陳述性記憶的形成或讀出不依賴於意識和認知過程，而是在重

複多次的練習中逐漸形成的，且**難以用語言表達**出來，但一旦形成後則**不容易遺忘**。

我們的學習往往需要兩個記憶系統同時參與，並且透過學習和使用，陳述性記憶可以轉變成非陳述性記憶。例如在學習駕車技能過程中，開始時需要有意識的記憶，經過反覆的練習，最後可轉變為自主的、無意識的動作。以下我們討論的「記憶」主要是指陳述性記憶。

三、記憶的過程

經由感覺器官進入大腦的大量訊息，估計僅有 1% 的訊息可被較長期地儲存，而大部分被遺忘。人類記憶過程可以分為**感覺性記憶** (sensory memory)、**短期記憶** (short-term memory) 與**長期記憶** (long-term memory)（圖6-17）。

感覺性記憶是指透過感覺系統獲得訊息後，首先在腦的感覺區內儲存的階段，儲存的時間很短，一般不超過1秒鐘。如果不經過注意和處理，訊息就會很快消失。如果在這個階段對訊息進行加工處理，把不連續的、先後進來的訊息整合成新的連續印象，就可以從短暫的感覺性記憶轉入短期記憶。

短期記憶又稱為**工作記憶** (working memory)。訊息在短期記憶中停留的時間仍然很短，持續約數秒鐘。短期記憶的儲存容量也很小，由於新的訊息取代舊的訊息而發生遺忘。如果反覆運用學習，訊息就可以在短期記憶內循環，從而延長訊息在短期記憶中停留的時間並得到強化，這樣訊息就容易轉入長期記憶之中。例如，對於一個多位數字的電話號碼，當人們剛看到它而不予注意時，很快便會遺忘，但如給予注意即可轉入短期記憶而暫時記住。然而，如果不反覆多次運用的話，還是很容易遺忘。如果這個號碼與自己的工作和生活關係密切，經由較長時間的反覆運用，則所形成的記憶痕跡將隨每一次的運用而加強，就能夠在較長的時間內將它記住，進入長期記憶。

短期記憶轉變成長期記憶的過程稱為**記憶固化** (memory consolidation)，過程中需要基因表現和新蛋白質的合成。長期記憶是一個大而持久的儲存系統。如自己的名字及每天都使用的技能和操作等，經過長年累月的運用，是不容易遺忘的。

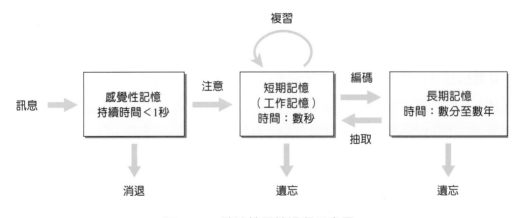

■ 圖 6-17 陳述性記憶過程示意圖。

四、學習和記憶的機制

(一) 學習和記憶的腦功能定位

由動物實驗和臨床觀察證據顯示，學習和記憶在腦內有一定的功能定位，不同種類的記憶在腦內有各自的代表區。目前已知與學習和記憶有密切關係的腦結構中，主要是大腦皮質聯絡區、海馬回及其鄰近結構與視丘等。

大腦皮質聯絡區是指感覺區和運動區以外的廣大皮質區，它們之間有廣泛的纖維聯繫，可以集中各方面的訊息，並進行加工處理，成為記憶痕跡的最後儲存區域。破壞聯絡區的不同區域可引起各種選擇性的失憶症。

大量的實驗資料顯示，**海馬回與學習和記憶有關**。在大鼠迷宮學習實驗中發現，海馬回與空間位置的學習和記憶有關。經過訓練的正常大鼠可在迷宮內不走重複通路而找到食物，而切除海馬回的大鼠，這種學習和記憶的能力明顯受損，記不住在迷宮內曾走過的無效通路，要花很長時間才能找到食物。

臨床資料也證明海馬回參與學習和記憶。為了治療顳葉癲癇而進行海馬回切除的病人，術後會發生嚴重的順行性失憶症 (anterograde amnesia)；手術切除第三腦室囊腫而損傷穹隆後，病人也產生順行性失憶症；下視丘乳頭體或乳頭體視丘徑束的疾患也會導致順行性遺忘。因此認為，由顳葉 → 海馬回 → 穹隆 → 下視丘乳頭體 → 視丘前核 → 扣帶回 → 海馬回所構成的**巴佩斯迴路** (Papez circuit)與近期記憶有關。此外，視丘損傷也可以引起記憶喪失。杏仁核主要透過對海馬回的控制而參與情感有關的記憶。

知識小補帖 Knowledge+

失憶症 (amnesia) 是一種記憶混亂的疾病。簡單來說，就是喪失記憶。失憶症可因大腦遭受創傷、疾病，或使用某些藥物而造成，也可由心理創傷所引起。失憶症可分為順行性和逆行性兩種。順行性失憶症 (anterograde amnesia) 表現為不能保留新近獲得的訊息，多見於慢性酒精中毒病人。其發生機制可能是由於訊息儲存障礙。逆行性失憶症 (retrograde amnesia) 表現為不能回憶腦功能障礙發生前一段時間內的事件，多見於腦震盪、電休克後。其發生機制可能是記憶的訊息提取機制發生紊亂。

(二) 神經生理學機制

很多學者認為，突觸傳遞的可塑性改變可能是學習和記憶的神經生理學基礎。如第 5 章所述，突觸傳遞的**可塑性** (plasticity) 是指突觸的反覆活動所引致突觸傳遞效率的增強或減弱。

長期增益現象 (long-term potentiation, LTP) 是指突觸前神經元在受到短時間的高頻刺激後，突觸後神經元由於 Ca^{2+} 濃度顯著增加，引起快速形成且持續性的突觸後電位增強，持續時間可達幾小時、幾天甚至幾週。**長期抑制現象** (long-term depression, LTD) 則是指突觸傳遞效率長時間降低，亦由 Ca^{2+} 進入突觸後神經元所引起。但 LTD 是由突觸後神經元 Ca^{2+} 濃度輕度增加所引起，而 LTP 的產生則需要 Ca^{2+} 濃度顯著增加。

(三) 神經生物化學機制

從神經生物化學的角度來看，較長期的記憶必然與腦內的物質代謝有關。較長期

的記憶有賴於腦內蛋白質的合成。人類的長期記憶可能與這一類機制關係較大。逆行性失憶症可能就是由於腦內蛋白質合成受到破壞，以致使前一段時間的記憶喪失。

中樞神經的神經傳導物質也與學習記憶有關。例如：乙醯膽鹼能顯著增強記憶；而抗膽鹼性藥物則作用相反。讓健康年輕人試服scopolamine（一種抗膽鹼性藥物）後，引起的記憶障礙與老年人的失憶症十分相似，主要為近期記憶障礙，提示老年性失憶症可能與腦內膽鹼性系統功能衰退有關。其他如血管加壓素、GABA、腦啡肽等，也可能影響學習和記憶能力。

(四) 神經解剖學機制

從神經解剖學角度來看，長期記憶可能與突觸形態的改變有關，例如突觸面積的增大和數目的增加、新突觸聯繫的建立等。

動物實驗中觀察到，生活在複雜環境中的大鼠，其皮質較厚；而生活在簡單環境中的大鼠，其皮質較薄。說明學習記憶活動多的大鼠，大腦皮質發達，突觸聯繫較多。人類的永久記憶可能與此有關。

6-3 間腦
Diencephalon

間腦(diencephalon)為前腦的一部分，它與大腦共同組成前腦，而且幾乎完全由大腦半球所圍繞。間腦主要由視丘(thalamus)、下視丘(hypothalamus)及一部分的腦下腺等重要構造組成（圖6-18）。這些結構使間腦內構成一狹窄的空腔，稱為第三腦室(third ventricle)。

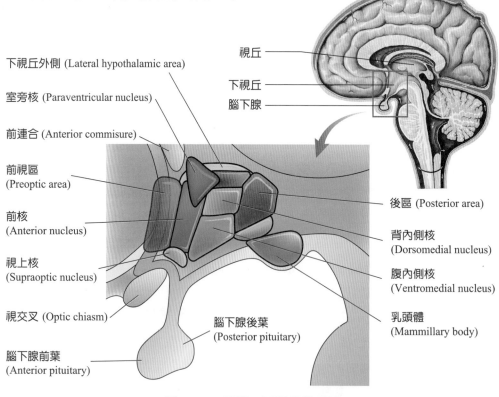

下視丘外側 (Lateral hypothalamic area)
室旁核 (Paraventricular nucleus)
前連合 (Anterior commisure)
前視區 (Preoptic area)
前核 (Anterior nucleus)
視上核 (Supraoptic nucleus)
視交叉 (Optic chiasm)
腦下腺前葉 (Anterior pituitary)
腦下腺後葉 (Posterior pituitary)
視丘
下視丘
腦下腺
後區 (Posterior area)
背內側核 (Dorsomedial nucleus)
腹內側核 (Ventromedial nucleus)
乳頭體 (Mammillary body)

■ 圖 6-18　間腦—下視丘模式圖。

▶ 視丘

視丘(thalamus)為成對的卵形灰質團塊，占了4/5的間腦區域，位於大腦半球側腦室下方，且構成第三腦室大部分的內壁。組成上，包括20多個神經核，**是所有感覺訊息（嗅覺除外）傳入大腦皮質前的轉換站**，即感覺神經在此交換神經元，或經由視丘作為感覺中繼站，然後再傳到大腦皮質。亦為某些感覺衝動（如粗觸覺、壓覺、痛覺、冷熱覺）的解釋中樞，並參與情感、喚醒或警惕的機制。另外，在體運動系統中，也和基底核、小腦有連接，參與了運動的控制及協調。

視丘內包含有許多的神經核，依功能分述如下：

1. **聽覺的傳導**：耳蝸所接收的聽覺訊息，會傳到視丘的內側膝狀體 (medial geniculate nucleus)，然後再傳至位於顳葉的聽覺皮質。

2. **視覺傳導**：視覺訊息經由視神經傳到視丘的外側膝狀體 (lateral geniculate nucleus)，然後再投射至位於枕葉的視覺皮質。

3. **一般感覺及味覺的傳導**：由視丘的腹後核 (ventral posterior nucleus, VP) 負責，將對側身體傳來的感覺投射至大腦皮質感覺區。

4. **隨意動作**：由小腦及大腦基底核傳來的隨意動作的訊息，會傳至視丘的腹外側核 (ventral lateral nucleus, VL)，再投射至大腦皮質前運動區。

5. **記憶及情緒**：如前文所述，視丘的前核 (anterior nucleus) 與邊緣系統有關。

視丘亦可對一般感覺（如痛覺、溫覺、粗觸覺及壓覺）作初步的詮釋；之後再傳到體感覺皮質區做完整的詮釋。視丘並參與了喚醒或警醒的機制。

▶ 下視丘

下視丘 (hypothalamus) 位於視丘下，是構成第三腦室底部及側壁的一部分，同時，它也是間腦最下方的部分。其體積雖小，卻是神經與內分泌的整合中心。下視丘亦為飢餓、口渴及體溫等的調節中樞，也可與邊緣系統共同調節情緒。

下視丘的功能如下：

1. **調節自主神經的功能**：下視丘可協調整合交感及副交感神經的活動，影響血壓、心跳、呼吸、腸胃道蠕動及分泌等。許多科學家認為**下視丘是自主神經系統中最重要的調控中心**。

2. **調控內分泌的功能**：腦下垂體 (hypophysis) 或稱為腦下腺 (pituitary gland)，位於下視丘的下方。下視丘的神經核可分泌各種釋放激素 (releasing hormone) 及抑制因子，以調節腦下腺前葉激素之分泌。下視丘的室旁核 (paraventricular nucleus) 及視上核 (supraoptic nucleus) 可合成催產素 (oxytocin) 及抗利尿激素 (antidiuretic hormone, ADH)，儲存於腦下腺後葉。

3. **影響情緒反應及行為**：下視丘與邊緣系統相關聯，和大腦皮質、腦幹共同影響情緒反應及生理狀況的表現。

4. **體溫調節中樞**：人體的散熱中樞位於下視丘的前部，產熱中樞位於後部；下視丘經由調控種種散熱反應（如流汗、血管擴張、代謝率減緩等）及產熱反應（如顫抖、血管收縮、代謝率增快等）之間的

平衡，以維持體溫的恆定。早產兒及新生兒，由於體溫調節中樞尚未完全發展成熟，體溫變化較易受外界環境所影響。

5. **調節食慾及攝食行為**：飢餓感會刺激位於下視丘外側區的**進食中樞**，因而增進食慾，引起攝食行為。當吃飽時，位於腹內側核的**飽食中樞**則會抑制進食中樞，進而降低食慾，停止攝食。

6. **口渴中樞**：當血漿滲透壓增加時，會刺激下視丘口渴中樞產生口渴的感覺。其他可刺激口渴中樞的刺激包括細胞外液體積減少以及口腔和喉嚨黏膜乾燥等。血漿滲透壓增加及細胞外液體積減少，亦可促進抗利尿激素 (ADH) 的生成及分泌，此激素可減少體內水分的排出。

7. **生物節律中樞**：下視丘的**視交叉上核** (suprachiasmatic nucleus) 是**調控人體晝夜週期**的主要部位，例如睡眠、月經週期等。

6-4 腦幹
Brain Stem

腦幹包括中腦 (midbrain)、橋腦 (pons) 及延腦 (medulla oblongata) 三部分（圖 6-19），並在它們之間形成一個腔室，即第四腦室。腦幹包括一些連絡前腦、小腦及脊髓之間的神經纖維，亦含有許多重要的神經核。

▶ 中腦

中腦 (midbrain) 位於間腦及橋腦之間。其白質部分有上下行神經徑路，以及有連接第三及第四腦室的大腦導水管貫穿通過。中腦背側有四個圓形隆起，稱為**四疊體** (corpora quadrigemina)，其中上方的兩個稱為**上丘** (superior colliculi)，**與視覺反射有關**；下方的兩個則稱為**下丘** (inferior colliculi)，**與聽**

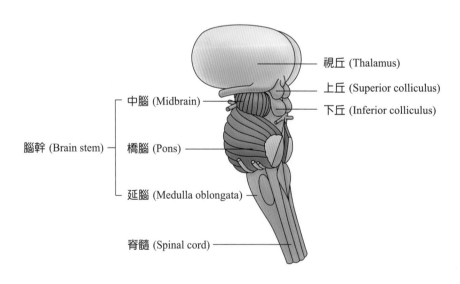

視丘 (Thalamus)
上丘 (Superior colliculus)
下丘 (Inferior colliculus)
中腦 (Midbrain)
腦幹 (Brain stem)
橋腦 (Pons)
延腦 (Medulla oblongata)
脊髓 (Spinal cord)

■ 圖 6-19　腦幹主要結構分布圖。

覺反射有關。位於中腦腹側的大腦腳，為大腦與脊髓之間的主要聯結，含有上行神經纖維（脊髓視丘徑）及下行神經纖維（皮質脊髓徑）。

中腦也有一些重要的神經核，如黑質(substantia nigra)及紅核(red nucleus)。黑質以多巴胺為神經傳遞物質，其神經纖維投射到基底核的紋狀體，功能和運動控制有關。當此神經纖維退化時會引起巴金森氏病。紅核接受來自大腦皮質以及小腦來的纖維，下傳至脊髓，可控制肌張力和姿勢。

此外，第 3 對腦神經（動眼神經）及第 4 對腦神經（滑車神經）的神經核亦位於此，與眼球運動及瞳孔反射有關。

▶ 橋腦

橋腦 (pons) 位在中腦下方，為腦幹和小腦的橋樑，以中小腦腳和小腦相連接。第 5~8 對腦神經皆由橋腦腹面發出。第 5 對（三叉神經）的神經核位於橋腦腹外側；第 6 對（外旋神經）、第 7 對（顏面神經）和第 8 對（前庭耳蝸神經）的神經核則位於橋腦腹面與延腦的交界處（延腦橋腦溝）。

橋腦的網狀結構中有兩個與呼吸有關的中樞，即呼吸調節中樞 (pneumotaxic center) 和長吸中樞 (apneustic center)，二者與延腦內的呼吸節律中樞共同調節呼吸作用。

▶ 延腦

延腦 (medulla oblongata) 又稱延髓 (medulla)，位於腦幹的最下方，是所有連接腦部及脊髓的上行徑及下行徑必經的部位。

延腦腹側有兩個略呈三角形的構造，稱為錐體 (pyramids)，外側皮質脊髓徑在此處交叉到對側，負責控制四肢動作。

薄核及楔狀核位於延腦背側，由薄束及楔狀束上行傳來的感覺訊息在此傳到對側，然後再經視丘傳至大腦皮質感覺區。延腦外側表面的橄欖體內含下橄欖核及副橄欖核，其發出的神經纖維與對側小腦相連。此外，還有第9~12對腦神經的神經核位於延腦。

延腦的網狀系統內有三個與生命維持有關的反射中樞，延腦也因此被稱為「**生命中樞**」，這些中樞分別為：

1. **心臟中樞 (cardiac center)**：調節心跳及心收縮力。
2. **呼吸中樞**：對血液中的CO_2濃度極為敏感，可調節呼吸的基本規律。
3. **血管運動中樞 (vasomotor center)**：可調控血管平滑肌的收縮及舒張，進而控制血管的管徑，與血壓的控制有關。

延腦也存在其他與生命維持無直接相關的中樞，包括吞嚥、嘔吐、咳嗽、打噴嚏及打嗝等反射中樞。

網狀結構(reticular formation)主要分布於間腦及腦幹，因摻雜白質與灰質而呈網狀，是一複雜的神經網路，與意識及清醒功能有關，亦形成**網狀活化系統**(reticular activating system, RAS)，可被傳入的感覺神經衝動活化，進而喚醒大腦皮質（圖6-20）。對於警覺度及注意力的集中也非常重要，並影響意識清醒程度；麻醉劑主要是抑制此結構的功能而產生睡眠現象。

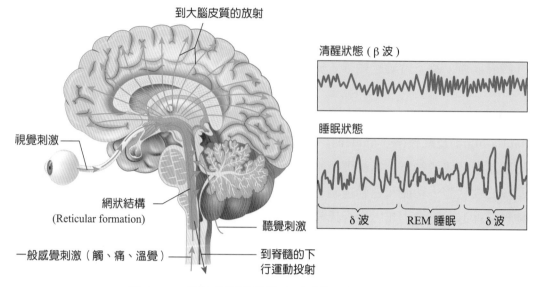

到大腦皮質的放射

視覺刺激

網狀結構
(Reticular formation)

聽覺刺激

一般感覺刺激（觸、痛、溫覺）

到脊髓的下
行運動投射

清醒狀態（β波）

睡眠狀態

δ波　　　REM 睡眠　　　δ波

■ 圖 6-20　腦幹的網狀結構及形成的網狀活化系統。

6-5 小腦
Cerebellum

▶ 小腦的結構

　　小腦是腦的第二大部分，位於延腦及橋腦的後方，在大腦枕葉的下方。小腦可被小腦鐮分成左右兩個小腦半球和中間的蚓狀部(vermis)。每一個小腦半球又可分為前葉、後葉、小葉與小結葉(flocculonodular lobe)，其中小腦後葉在人類占據了小腦的大部分（圖6-21）。小腦前後葉與骨骼肌的下意識動作有關。小腦表層的皮質為灰質，髓質為白質，白質內含有四對小腦核，並以三對小腦腳(cerebellar peduncles)和腦幹連接。

　　上小腦腳連接中腦及小腦；中小腦腳連接橋腦及小腦，是大腦皮質的運動纖維經橋腦傳入小腦的路徑；下小腦腳連接延腦及小腦，是延腦和脊髓傳入小腦的路徑。

　　依據小腦的進化和傳入纖維聯繫，小腦又可分為古、舊和新小腦三部分。古小腦就是小葉小結葉，在進化上出現最早，存在於

所有的脊椎動物小腦中，主要與前庭神經和前庭神經核密切聯繫。舊小腦包括前葉和後葉蚓狀部的一部分，舊小腦主要接受來自脊髓的本體感覺和皮膚感覺的資訊。新小腦僅見於哺乳類，包括古、舊小腦以外的部分，主要透過中小腦腳聯繫大腦皮質。

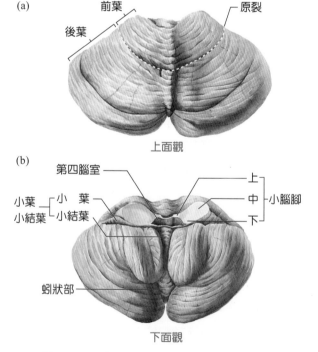

(a)

前葉　　　　　原裂

後葉

上面觀

(b)

第四腦室

上
中　小腦腳
下

小葉
小結葉

小　葉
小結葉

蚓狀部

下面觀

■ 圖 6-21　小腦。(a) 前上觀；(b) 後下觀。

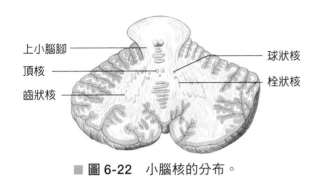

上小腦腳 ——

頂核 ——

齒狀核 ——

—— 球狀核

—— 栓狀核

■ **圖 6-22** 小腦核的分布。

小腦白質中的四對小腦核，最大的是齒狀核 (dentate nucleus)，其內側有栓狀核 (emboliform nucleus) 和球狀核 (globose nucleus)，頂核 (fastigial nucleus) 位於第四腦室頂的上方（圖 6-22）。

▶ 小腦的功能

小腦的主要功能包括維持身體平衡、調節肌肉張力及協調隨意動作。小腦可接受平衡覺（來自內耳半規管）、本體覺（來自肌肉及關節）、視覺、聽覺、皮膚感覺等感覺傳入，並加以整合，藉以調整能維持身體平衡的肌肉收縮並調節肌肉張力。

小腦參與隨意動作的控制及協調。在運動時，小腦可提供時間的資訊給大腦皮質及脊髓，使動作以正確的順序及時機執行。並負責動作協調，控制動作的速度、力量及方向等，使動作平滑流暢並終止於適當的位置。例如使用手指碰觸鼻子、將食物放進嘴巴或藉由觸覺找尋皮包中的鑰匙等，均需要小腦予以協調。

此外，小腦亦與動作的學習及記憶有關。若小腦損傷，則曾經學習過之動作將無法再啟動，因此每次做動作時將會視為新動作再學習一次，故常會產生動作不協調之表現。

知識小補帖 Knowledge+

小腦受損時會造成運動障礙，稱為**運動失調** (ataxia)。運動失調是指肌力正常的情況下，動作的協調發生障礙，導致肢體隨意運動的幅度及協調發生紊亂，以及不能維持軀體姿勢和平衡。運動失調病人在移動肢體或轉動眼球時會出現震顫的現象，稱為**意向性震顫** (intention tremor)，與巴金森氏病的靜止性震顫不同，意向性震顫只有在表現意向性動作時才會發生。其他症狀包括：低肌肉張力 (hypotonia)、步伐笨拙、易失去平衡，以及在學習新的運動技能時有困難。

6-6 脊髓
Spinal Cord

脊髓起源於胚胎時期神經管的後部，與腦相比是分化較小的一部分，仍保持著明顯的節段性。在生理狀況下，脊髓雖可獨立完成一些反射活動，但它所執行的大部分複雜功能都是在腦的控制下進行的。

▶ 脊髓的結構

一、脊髓的外形

脊髓位於椎管內，上接延腦，下端止於**脊髓圓錐**(conus medullaris)。軟脊髓膜自脊髓圓錐向下延伸為一根細長的**終絲**(filum terminale)，終絲非神經纖維，止於尾骨背面的骨膜。脊髓可藉31對脊神經根的出入而分為31節，即8個頸節、12個胸節、5個腰節、5個薦節及1個尾節。

脊髓的全長粗細不等，有2個膨大部位，其內的神經元和纖維較多，與肢體的發達有關。分別為：

1. **頸膨大** (cervical enlargement)：自頸髓第4節到胸髓第1節；相當於臂神經叢發出的節段，支配上肢。

2. **腰薦膨大** (lumbosacral enlargement)：自腰髓第2節至薦髓第3節。相當於發出腰薦神經叢的節段，支配下肢。

前根自前外側離開中樞，由運動神經纖維組成；後根經後外側進入脊髓，由脊神經節感覺神經元的軸突所組成。腰、薦、尾部的前後根在通過相應的椎間孔之前，圍繞終絲在椎管內向下行走一段較長距離，它們共同形成**馬尾** (cauda equina)。在成人（男性）

一般第1腰椎以下已無脊髓，只有馬尾。故臨床上常在第3、4或4、5腰椎之間的間隙進行腰椎穿刺 (lumbar puncture)。

由於成人脊髓和脊柱的長度不等，所以脊髓的節段與脊柱的節段並不完全對應。了解某節椎骨對某節脊髓的相應位置，對臨床工作具有實用意義。例如在創傷中，可憑藉受傷的椎骨位置來推測脊髓可能受損的節段（圖6-23）。

二、脊髓的內部結構

脊髓的橫切面可見（圖6-24），中央管 (central canal) 的周圍是 H 形的**灰質** (gray matter)，主要分布的是神經元細胞體；灰質的外面是**白質** (white matter)，主要是縱行排列的神經纖維。

每側的灰質，前部擴大為前角〔又稱腹角 (dorsol horn)〕，後部狹細為後角〔又稱背角 (ventral horn)〕。在全部胸髓和上 2~3 節腰髓，前後角之間還有側角。白質藉脊髓的縱溝分為 3 個索 (funiculi)：前索、外側索及後索。

1. 脊髓灰質區：含有大量大小不等的多極神經元。

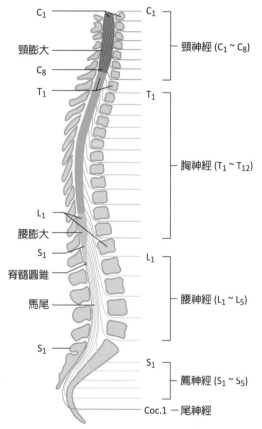

■ **圖 6-23** 脊髓節段與椎骨序數的關係模式圖。

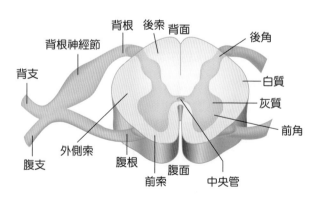

■ **圖 6-24** 脊髓各部分示意圖。

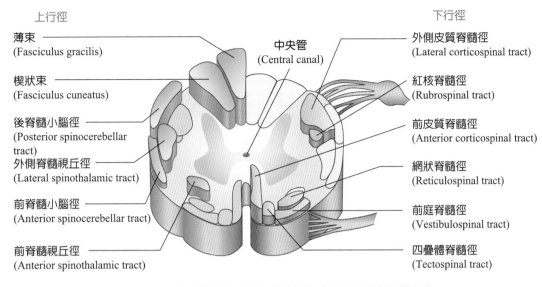

上行徑

薄束
(Fasciculus gracilis)

楔狀束
(Fasciculus cuneatus)

後脊髓小腦徑
(Posterior spinocerebellar tract)

外側脊髓視丘徑
(Lateral spinothalamic tract)

前脊髓小腦徑
(Anterior spinocerebellar tract)

前脊髓視丘徑
(Anterior spinothalamic tract)

中央管
(Central canal)

下行徑

外側皮質脊髓徑
(Lateral corticospinal tract)

紅核脊髓徑
(Rubrospinal tract)

前皮質脊髓徑
(Anterior corticospinal tract)

網狀脊髓徑
(Reticulospinal tract)

前庭脊髓徑
(Vestibulospinal tract)

四疊體脊髓徑
(Tectospinal tract)

■ **圖 6-25** 脊髓的上行徑（感覺徑）和下行徑（運動徑）。

(1) 灰質後角：感覺神經元經背根神經節傳入此區。

(2) 灰質前角：**運動神經元細胞體**所在，區分為大型的 α 運動神經元和小型的 γ 運動神經元。

(3) 灰質側角：側角由中、小型細胞組成，稱中間外側核 (intermediolateral nucleus)，是交感神經的節前神經元細胞體聚集的位置。

2. 脊髓白質區：由許多纖維束構成。凡同起止、同功能的纖維束，稱為一個脊髓徑，然而許多脊髓徑並非如此簡單，而是有多個起點和止點。白質含有上行徑及下行徑，在白質中排列形成6個索。

▶ 脊髓徑

脊髓的主要功能是作為腦部與周邊神經系統之間的連結通路，以及作為反射的整合中樞。脊髓在結構和功能上比腦原始。脊髓透過脊神經所完成的複雜功能，許多是在腦

的各級中樞控制和調節下，經由各脊髓徑來完成的。

脊髓徑(spinal cord tracts)分上行徑（感覺徑）和下行徑（運動徑）兩種（圖6-25）。上行徑起自脊神經節細胞或脊髓灰質，將各種感覺訊息自脊髓傳導到腦。下行徑起自腦的不同部位，止於脊髓。

一、上行徑 (Ascending Tracts)

上行徑傳達皮膚感覺接受器、本體感覺接受器（位於肌肉及關節）及臟器接受器的感覺訊息（表6-4）。大部分身體同側的感覺訊息會交叉至對側後，再傳至大腦予以分析訊息（圖6-26）。某些形式的感覺交叉發生於延腦，而有些則在脊髓的高度就交叉到對側。

上行徑一般由三個神經元組成。一級神經元將感覺接受器接收的神經衝動傳入中樞（脊髓或腦幹），二級神經元再將衝動自脊髓或腦幹傳至視丘，三級神經元繼續將衝動自視丘傳入相對應的大腦感覺皮質。

表 6-4 脊髓的主要上行徑

	上行徑	位置	起點	終點	功能
脊髓視丘徑路	前脊髓視丘徑 (Anterior spinothalamic tract)	前索	脊髓灰質的後角，但交叉到對側	視丘，最後傳到大腦皮質	傳導粗略觸覺及壓力感覺
	外側脊髓視丘徑 (Lateral spinothalamic tract)	側索	脊髓灰質的後角，但交叉到對側	視丘，最後傳到大腦皮質	傳導痛覺及溫度覺至大腦皮質
後柱徑路	薄束及楔狀束 (Fasciculus gracilis and fasciculus cuneatus)	後索	周邊的傳入神經元，上行於同側脊髓中，在延腦交叉	延腦的薄核及楔狀核，最後到視丘，然後到大腦皮質	傳導精細準確的觸覺、壓覺及本體感覺
脊髓小腦徑路	後脊髓小腦徑 (Posterior spinocerebellar tract)	側索	脊髓的灰質後角，不交叉	小腦	傳導身體的感覺衝動至同側小腦；協調肌肉收縮
	前脊髓小腦徑 (Anterior spinocerebellar tract)	側索	脊髓的灰質後角，有些纖維交叉，有些不交叉	小腦	傳導身體兩側的感覺衝動至小腦；協調肌肉收縮

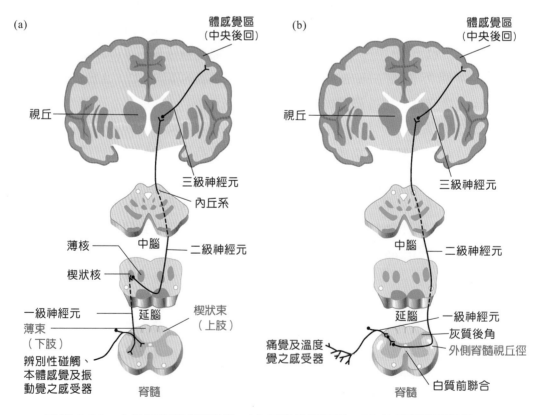

■ 圖 6-26 上行徑傳導感覺訊息。(a) 薄束及楔狀束；(b) 外側脊髓視丘徑。

表 6-5　脊髓的主要下行徑

<table>
<tr><td colspan="2">下行徑</td><td>位置</td><td>起源</td><td>功能</td></tr>
<tr><td rowspan="2">錐體徑</td><td>外側皮質脊髓徑
(Lateral corticospinal tract)</td><td>脊髓外側柱</td><td>大腦皮質</td><td>控制對側肌肉的精細動作（占80%），在延腦交叉</td></tr>
<tr><td>前皮質脊髓徑
(Anterior corticospinal tract)</td><td>脊髓前柱</td><td>大腦皮質</td><td>控制對側肌肉的精細動作（占20%），在脊髓交叉</td></tr>
<tr><td rowspan="4">錐體外徑</td><td>紅核脊髓徑
(Rubrospinal tract)</td><td>脊髓外側柱</td><td>紅核（中腦）</td><td>維持對側肌肉的張力及姿勢，負責軀幹的姿態維持</td></tr>
<tr><td>四疊體脊髓徑
(Tectospinal tract)</td><td>脊髓前柱</td><td>小腦上丘（中腦）</td><td>維持對側頭部肌肉的動作</td></tr>
<tr><td>前庭脊髓徑
(Vestibulospinal tract)</td><td>脊髓前柱</td><td>前庭核（延腦）</td><td>維持同側肌肉的張力及姿勢，負責軀幹的姿態維持</td></tr>
<tr><td>網狀脊髓徑
(Reticulospinal tract)</td><td>脊髓前柱及側柱前半</td><td>網狀結構（延腦及橋腦）</td><td>控制骨骼肌的活動</td></tr>
</table>

二、下行徑 (Descending Tracts)

下行徑一般由上運動神經元與下運動神經元組成。上運動神經元自大腦運動皮質傳至脊髓；下運動神經元又分為 α 和 γ 運動神經元，自脊髓傳至骨骼肌。

由大腦下行的下行徑主要有兩種形式（表 6-5）：(1) **皮質脊髓徑** (corticospinal tracts)，又稱為**錐體徑** (pyramidal tracts) 或**錐體系統** (pyramidal system)；(2) **錐體外徑** (extrapyramidal tracts)。

錐體徑是人類脊髓中最大的下行徑。發出錐體徑纖維的細胞體主要位於中央前回的運動皮質，由大腦皮質直接下行至脊髓，中間沒有突觸；腦部其他區域也發出構成錐體徑的纖維。

皮質脊髓徑中，約 80% 的纖維**在延腦錐體處交叉**，而後再往下行，稱為外側皮質脊髓徑；剩餘的未交叉的纖維則形成前皮質脊髓徑，在脊髓交叉（圖 6-27）。由於下行路徑交叉的緣故，右大腦半球控制身體左側的肌肉，而左大腦半球則控制身體右側的肌肉。皮質脊髓徑主要控制需要靈巧度的精細動作。

研究發現，實驗中若將動物的錐體徑切除後，再電刺激其大腦皮質、小腦及基底核，仍能產生動作，而產生這些動作的下行徑就被定義為錐體外徑。錐體外徑主要由中腦及腦幹所發出（表6-5）。如前所述，這些路徑部分會受到運動迴路的組成構造所控制，特別是尾狀核、殼核、蒼白球、黑質與

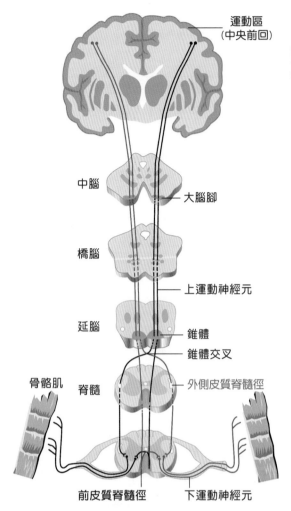

■ **圖 6-27** 下行徑的錐體徑。

視丘。參與此動作控制的大腦皮質、小腦及基底核之間含有許多突觸相互連結，可以藉由刺激或抑制錐體外徑起源之神經核而間接影響動作。

錐體外徑中，網狀脊髓徑 (reticulo-spinal tracts) 為主要的下行徑，是由腦幹之網狀結構發出，接受大腦及小腦刺激性或抑制性的訊息。小腦未發出任何下行徑，只是間接地透過前庭核、紅核及基底核（這些核將軸突送往網狀結構）影響動作。這些神經核再分別透過前庭脊髓徑 (vestibulospinal tracts)、紅核脊髓徑 (rubrospinal tracts) 及網狀脊髓徑將軸突往下送至脊髓（圖6-28）。

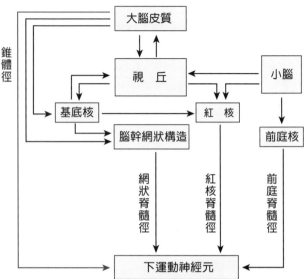

■ **圖 6-28** 上運動神經元控制骨骼肌的路徑。紅色為錐體徑（皮質脊髓徑），黑色為錐體外徑。

6-7 周邊神經系統
Peripheral Nervous System

中樞神經系統藉由腦及脊髓發出的神經（腦神經及脊神經）與身體聯絡，這些神經與位於中樞神經系統外的細胞體的聚合組成周邊神經系統。

▶ **腦神經**

腦神經(cranial nerves)是與腦相連的周邊神經，共12對（圖6-29）。第I對嗅神經(olfactory nerve)與大腦相連；第II對視神經(optic nerve)與間腦相連；後十對腦神經則與腦幹相連。其中第III對動眼神經(oculomotor nerve)和第IV對滑車神經(trochlear nerve)連於中腦；第V對三叉神經(trigeminal nerve)、第VI對外旋神經(abducens nerve)、第VII對顏面神經（facial nerve）和第VIII對

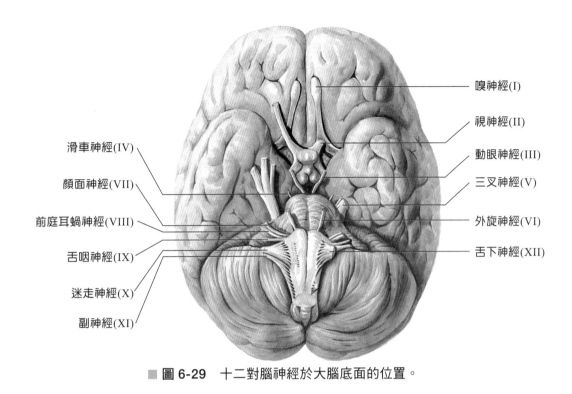

嗅神經(I)

視神經(II)

動眼神經(III)

三叉神經(V)

外旋神經(VI)

舌下神經(XII)

滑車神經(IV)

顏面神經(VII)

前庭耳蝸神經(VIII)

舌咽神經(IX)

迷走神經(X)

副神經(XI)

■ 圖 6-29　十二對腦神經於大腦底面的位置。

前庭耳蝸神經(vestibulocochlear nerve)與橋腦相連；第IX對舌咽神經(glossopharyngeal nerve)、第X對迷走神經(vagus nerve)、第XI對副神經(accessory nerve)和第XII對舌下神經(hypoglossal nerve)則與延腦相連。除了第X對迷走神經有延伸到胸腔及腹腔之外，其餘腦神經皆只分布到頭頸部。腦神經的總整理如表6-6。

　　腦神經的形成及分布的大致有規律可循：凡運動纖維均為傳出纖維，起點均在中樞以內，凡感覺纖維均為傳入纖維，其神經元的細胞體絕大多數是在腦外聚集成神經節，節內神經元的樹突接受各種感覺刺激，軸突則將這些感覺衝動傳至中樞內的相關神經核團。

　　腦神經的組成有感覺性、運動性和混合性三種，大部分為混合神經 (mixed nerves)。

1. 純感覺性的腦神經：I、II、VIII。

2. 混合神經：III、IV、VI、XI、XII 是運動神經並具有本體感覺神經纖維；而 V、VII、IX、X 則為混合神經。

　　腦神經中的內臟運動纖維是屬於副交感的部分（III、VII、IX、X四對腦神經）。腦神經中體感覺和內臟感覺纖維的細胞本體絕大多數是偽單極神經元，並不在腦中，而是在腦外集結成神經節，有第V對腦神經的三叉神經節、有第VII對腦神經的顏面神經節，以及第IX和X對的上神經節、下神經節，均為感覺性神經節。而由雙極神經元細胞體聚集構成第VIII對腦神經的前庭神經節和耳蝸神經節，則位於耳內，它們是與平衡、聽覺傳入相關的神經節。

▶ 脊神經

　　脊神經 (spinal nerves) 共有 31 對，這些神經根據其所發出的脊髓部位分為 $C_1 \sim C_8$ 的

表 6-6　腦神經的組成與功能摘要

名　稱		組　成	功　能
I 嗅神經		感覺	傳導嗅覺訊息
II 視神經		感覺	傳導視覺訊息
III 動眼神經		運動	支配提上瞼肌及眼球外在肌（不包含外直肌及上斜肌）；支配控制瞳孔括約肌與水晶體睫狀肌
		感覺：本體感覺	由其運動纖維支配的肌肉傳來的本體感覺
IV 滑車神經		運動	控制眼球上斜肌的運動
		感覺：本體感覺	傳導眼球上斜肌的本體感覺
V 三叉神經	眼支 (ophthalmic division)	感覺	角膜、鼻皮膚、前額及頭皮的感覺
	上頜支 (maxillary division)	感覺	鼻黏膜、**上排齒及牙齦**、顎、上唇及臉頰皮膚的感覺
	下頜支 (mandibular division)	感覺	顳部、舌頭、**下排齒及牙齦**、下巴及下頜皮膚的感覺
		運動	支配咀嚼肌及可拉緊鼓膜的肌肉
		感覺：本體感覺	咀嚼肌的本體感覺
VI 外旋神經		運動	支配眼球外直肌
		感覺：本體感覺	眼球外直肌的本體感覺
VII 顏面神經		運動	支配臉部表情肌及可拉緊鐙骨的肌肉
		運動：副交感神經	使淚腺分泌淚液，舌下及頜下腺唾液腺的分泌
		感覺	舌前 2/3 味蕾、鼻及顎的感覺
		感覺：本體感覺	面部表情肌的本體感覺
VIII 前庭耳蝸神經		感覺	與平衡感及聽覺有關的感覺
IX 舌咽神經		運動	支配吞嚥所使用的咽部肌肉
		感覺：本體感覺	咽部肌肉的本體感覺
		感覺	舌後 1/3 味蕾、咽、中耳腔及頸動脈竇的感覺
		運動：副交感神經	腮腺唾液腺分泌
X 迷走神經		運動	咽部（吞嚥）及喉部（發音）肌肉的收縮
		感覺：本體感覺	內臟肌肉的本體感覺
		感覺	舌後味蕾、耳廓感覺及總體臟器的感覺
		運動：副交感神經	許多內臟功能的調節
XI 副神經		運動	咽部動作；軟顎 控制頭部、頸部及肩膀的斜方肌和胸鎖乳突肌
		感覺：本體感覺	移動頭部、頸部及肩膀的肌肉的本體感覺
XII 舌下神經		運動	舌頭內、外肌及舌下肌
		感覺：本體感覺	舌頭肌肉的本體感覺

8 對頸神經 (cervical nerves)，T_1~T_{12} 的 12 對胸神經 (thoracic nerves)，L_1~L_5 的 5 對腰神經 (lumbar nerves)，S_1~S_5 的 5 對薦神經 (sacral nerves) 及 1 對尾神經 (coccygeal nerve)（圖 6-23）。

脊神經均為混合神經，含有感覺及運動神經纖維，都包含在同一束脊神經內直到接近進入脊髓前才分開成兩條纖維，稱為「根」。每條脊神經都由兩條「根」在椎間孔處匯合而成。**腹根** (ventral root) 內含有體運動纖維和內臟運動纖維；**背根** (dorsal root) 內含有體感覺纖維和內臟感覺纖維。背根在椎間孔附近有橢圓形膨大端，其內**聚集所有感覺神經元的細胞本體**，稱**背根神經節** (dorsal root ganglia, DRG)。匯合後的脊神經

具有四種神經纖維成分，因此稱為混合性神經。脊神經幹 (trunk of spinal nerve) 很短，出椎間孔後立即分為腹支、背支、脊髓膜支和交通支（圖 6-30）。

▶ 反射

反射 (reflex) 是指由**反射弧** (reflex arc) 接受到刺激而自動發生的反應。它是由於直接刺激感覺接受器而引起的，腦部並不直接參與此感覺刺激的反射反應，例如：初生嬰兒嘴唇碰到乳頭就會有吸吮的動作；人進食時，口舌黏膜遇到食物，會引起唾液分泌等。

反射的結構基礎和基本單位是反射弧，它包括五個基本組成部分（圖 6-31）：

1. **感覺接受器** (sensory receptor)，或稱為感受器。
2. **感覺神經元** (sensory neuron)，即傳入神經元。
3. **反射中樞** (reflex center) 或**中間神經元** (interneuron)。
4. **運動神經元** (motor neuron)，即傳出神經元。
5. **動作器** (effector)。

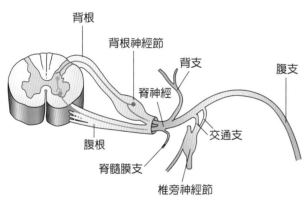

■ **圖 6-30** 　脊神經的組成模式圖。

表 6-7　主要神經叢的分支

神經叢	組成	重要的分支神經	分布區域
頸神經叢	C_1~C_4	膈神經 (phrenic nerve)	頸部肌肉、橫膈膜
臂神經叢	C_5~C_8, T_1	尺神經 (ulna)、正中神經 (median)、橈神經 (radial)、肌皮神經 (musculocutaneous nerve)	肩胛部、手部肌肉
腰神經叢	L_1~L_4	股神經 (femoral nerve)、閉孔神經 (obturator nerve)	大腿、小腿、腳部肌肉
薦神經叢	L_5~S_3	坐骨神經 (sciatic nerve)、會陰神經（陰部神經）(pudendal nerve)	臀部、外生殖器

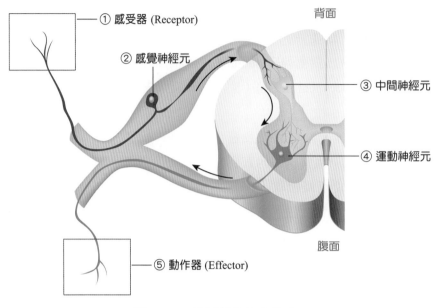

① 感受器 (Receptor)

② 感覺神經元

背面

③ 中間神經元

④ 運動神經元

腹面

⑤ 動作器 (Effector)

■ 圖 6-31　反射弧的基本組成。

反射動作單獨由脊髓來完成的稱為**脊髓反射**(spinal reflex)，而不需要上傳至腦。其反射結果若引起骨骼肌的收縮稱為**軀體反射**(somatic reflex)，若引起心肌、平滑肌或腺體的分泌，則稱為**自主神經反射**(autonomic reflex)。脊髓反射主要由簡單的反射弧組成，其過程為感受器（皮膚）受到刺激 → 感覺神經元衝動傳到脊髓 → 與中間神經元產生衝動 → 將衝動傳到給運動神經元 → 動作器（刺激肌肉收縮，以避免傷害）（圖6-32）。這些兩個或三個神經元即構成一反射弧，可以執行簡單、快速、自動的反應，包括一些基本的保護反射、姿勢反射以及排便、排尿反射等。

若依參與的神經元之間形成突觸的數目，可將之分成**單突觸反射** (monosynaptic reflex)、**雙突觸反射** (disynaptic reflex) 及**多突觸反射** (polysynaptic reflex)。最簡單的反射是單突觸反射，它的反射弧不需要中間神

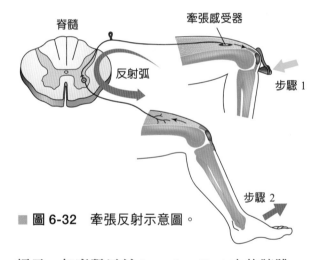

脊髓　　　　　牽張感受器

反射弧

步驟 1

步驟 2

■ 圖 6-32　牽張反射示意圖。

經元，如**牽張反射** (stretch reflex) 中的膝跳反射 (knee-jerk reflex)（圖6-32），它的感覺神經元直接與運動神經元形成突觸。其他有些反射就比較複雜，需要許多中間神經元的參與，並在不同層次的脊髓兩側造成運動反應（詳見第9章）。

參考資料 | References

馬青 (2007)·*生理學精要*·吉林科學技術。

馮琮涵、黃雍協、柯翠玲、廖智凱、胡明一、林自勇、鍾敦輝、周綉珠、陳瀅 (2021)·*人體解剖學*·新文京。

馮琮涵、鄧志娟、劉棋銘、吳惠敏、唐善美、許淑芬、江若華、黃嘉惠、汪蕙蘭、李建興、王子綾、李維真、莊禮聰 (2022)·*解剖生理學*（三版）·新文京。

範少光 (2000)·*人體生理學*（二版）·北京醫科大學。

賴明德、王耀賢、鄧志娟、吳惠敏、李建興、許淑芬、陳晴彤、李宜倖 (2022)·*解剖學*（二版）·新文京。

韓秋生、徐國成、鄒衛東、翟秀岩 (2004)·*組織學與胚胎學彩色圖譜*·新文京。

Fox, S. I. (2006)·人體生理學（王錫崗、于家城、林嘉志、施科念、高美媚、張林松、陳瑩玲、陳聰文、黃慧貞、溫小娟、廖美華、蔡宜容譯；四版）·新文京。（原著出版於 2006）

Fox, S. I. (2015). *HUMAN PHYSIOLOGY* (14th ed.). McGraw-Hill College.

Guyton, A. C., & Hall, J. E. (2000). *Textbook of medicial Physiology* (10th ed). WB Saunders.

複·習·與·討·論

一、選擇題

1. 運動失調 (ataxia) 主要是因為腦部哪一區域受損？ (A) 橋腦 (pons) (B) 下視丘 (hypothalamus) (C) 小腦 (cerebellum) (D) 前額葉皮質 (prefrontal cortex) 徑

2. 下列哪個腦區受損會造成表達性的失語症？ (A) 阿爾柏特氏區 (Albert's area) (B) 布洛卡氏區 (Broca's area) (C) 史特爾氏區 (Stryer's area) (D) 沃爾尼克氏 (Wernicke's area)

3. 支配骨骼肌的運動神經元細胞體是位於脊髓的何處？ (A) 白質外側柱 (B) 白質前柱 (C) 灰質外側角 (D) 灰質前角

4. 下列何者屬於邊緣系統？ (A) 海馬 (B) 黑質 (C) 松果腺 (D) 基底核

5. 延髓的錐體內含： (A) 薄束 (gracile fasciculus) (B) 楔狀束 (cuneate fasciculus) (C) 皮質脊髓徑 (corticospinal tract) (D) 脊髓丘腦徑 (spinothalamic tract)

6. 下列哪個腦區受損會造成理解性的失語症？ (A) 阿爾柏特氏區 (Albert's area) (B) 孛羅卡氏區 (Broca's area) (C) 史特爾氏區 (Stryer's area) (D) 沃爾尼克氏區 (Wernicke's area)

7. 破壞下視丘的哪一部分，會引起過度進食的現象？ (A) 腹內側核 (B) 下視丘外部 (C) 視交叉上核 (D) 弓狀核

8. 拔牙前，醫生進行局部麻醉以阻斷下列何者之傳導來減少疼痛？ (A) 三叉神經 (B) 顏面神經 (C) 舌咽神經 (D) 舌下神經

9. 掌管視覺功能的腦葉為： (A) 額葉 (B) 頂葉 (C) 枕葉 (D) 顳葉

10. 下列何種感覺訊息不經由視丘傳送至大腦？ (A) 視覺 (B) 溫覺 (C) 嗅覺 (D) 平衡覺

11. 麻醉藥主要會抑制下列何種神經結構而產生睡眠現象？ (A) 脊髓 (B) 延腦 (C) 腦幹網狀結構 (D) 邊緣系統

12. 上矢狀竇位於下列何處？ (A) 硬腦膜 (B) 蜘蛛膜 (C) 蜘蛛膜下腔 (D) 軟腦膜

13. 控制軀體肌肉的運動神經元主要聚集於脊髓的哪個部分？ (A) 前角 (B) 後角 (C) 外側角 (D) 灰質連合

14. 下列何者主司情緒和動機？ (A) 胼胝體 (B) 基底核 (C) 間腦 (D) 邊緣系統

15. 有關正常快速動眼睡眠的特徵，下列何者錯誤？ (A) 四肢之活動絕少 (B) 血壓上升或不規則 (C) 男性可能出現陰莖勃起現象 (D) 腦波呈現慢波

16. 下列何者受損會導致短期記憶無法形成新的長期記憶，但不影響過去的長期記憶？ (A) 橋腦 (B) 海馬 (C) 顳葉 (D) 枕葉

17. 哪一部分腦區受損，會造成不正常的身體動作，如震顫或骨骼肌不隨意的動作？　(A) 邊緣系統　(B) 海馬回　(C) 杏仁核　(D) 基底核

18. 下列有關腦波圖的敘述，何者不正確？　(A) 清醒時，頻率較高，波幅較低　(B) 睡眠時，波幅較高，頻率較低　(C) α波較β波頻率為低　(D) δ波每秒僅約8次週期

19. 成年人最會出現α波的時機是在何時？　(A) 慢波睡眠期　(B) 快速動眼睡眠期　(C) 閉眼而放鬆的清醒狀態　(D) 開眼或集中精神的清醒狀態

20. 下列何者不是下視丘的主要功能？　(A) 調節體溫　(B) 調節晝夜節律 (circadian rhythm)　(C) 控制腦垂體 (pituitary) 荷爾蒙分泌　(D) 調節呼吸節律

21. 下列何者負責將訊息傳到對側大腦半球？　(A) 紋狀體　(B) 海馬體　(C) 胼胝體　(D) 乳頭體

22. 關於外側皮質脊髓路徑 (lateral corticospinal tract) 之敘述，下列何者錯誤？　(A) 在脊髓交叉　(B) 控制靈巧精細的動作　(C) 屬於錐體路徑　(D) 由大腦皮質出發

23. 林先生腦內某部位發生中風後，出現飢餓、多食、肥胖等症狀。下列何者是林先生最可能發生病變的部位？　(A) 視丘　(B) 下視丘　(C) 基底核　(D) 小腦

24. 以腦波圖 (electroencephalogram) 檢測一位清醒、有意識的成人，觀察到大量的δ波，顯示此人較可能處於下列何種情境？　(A) 注意力集中 (focused)　(B) 心情放鬆 (relaxed)　(C) 嚴重精神損害 (severe emotional distress)　(D) 腦部受損 (brain trauma)

25. 手被刺傷的痛覺是由大腦何處掌管？　(A) 額葉　(B) 頂葉　(C) 枕葉　(D) 顳葉

26. 調控心臟節律的加速中樞位於何處？　(A) 大腦　(B) 小腦　(C) 延腦　(D) 橋腦

27. 下列何處是控制人體生物時鐘之最主要部位？　(A) 延腦　(B) 橋腦　(C) 視丘　(D) 下視丘

二、問答題

1. 簡述大腦皮層運動區的功能特徵。

2. 試說明正常腦電波的分類和各種波形的意義？

3. 學習和記憶有哪些形式與過程？

4. 睡眠分為哪些階段？並簡述其意義。

三、腦力激盪

1. 基底核的功能是什麼？當其受損傷時有何表現？其機制如何？

複習與討論解答
請掃描QR code

07
CHAPTER

學習目標 Objectives

1. 敘述自主神經系統的結構及特徵。
2. 描述體神經系統與自主神經系統的區別。
3. 敘述自主神經系統之交感神經分系的構造和一般功能。
4. 敘述自主神經系統之副交感神經分系的構造和一般功能。
5. 掌握交感神經系統和腎上腺髓質之間功能的關係。
6. 了解自主神經系統的神經傳遞物質及各自的分布情況。
7. 解釋膽鹼性接受器的分類方法，並了解這些接受器所產生的效應。
8. 解釋腎上腺素性接受器的分類方法，並了解這些接受器所產生的效應。
9. 比較不同神經傳遞物質接受器的性質。
10. 描述交感神經分系與副交感分系對內臟活動調節的特點，並了解它們分別對不同器官或系統的主要功能。
11. 了解內臟的自主神經反射，並了解排尿反射與排便反射過程。
12. 敘述高級腦部中樞對自主神經系統的控制。

本章大綱 Chapter Outline

自主神經系統
The Autonomic Nervous System

HUMAN
PHYSIOLOGY

1889 年，蘭利 (John N. Langley) 等人透過利用尼古丁 (nicotine) 研究神經纖維與周邊神經節細胞的關係時發現，從脊髓胸腰部和腰薦部發出的神經纖維，在分布和功能上都與體神經纖維不同，提出自主神經系統 (autonomic nervous system, SNS) 的概念。自主神經系統可調節不受意識控制的各內臟系統運作，維持體內重要的生理活動，如心血管運作、水及電解質平衡、消化道運動和分泌、體溫、腺體分泌等，又被稱為內臟神經系統 (visceral nervous system)。依解剖構造及生理功能來看，自主神經系統可分為交感神經分系 (sympathetic division) 及副交感神經分系 (parasympathetic division)，這兩大分系的生理功能多為相互拮抗。本章將介紹其基本構造及功能。

7-1 自主神經系統的結構

Structure of the Autonomic Nervous System

▶ 體神經系統與自主神經系統的比較

周邊神經系統負責將訊息輸出的部分可細分為體神經系統 (somatic nervous system, SNS) 和自主神經系統。體神經系統與自主神經系統最簡單的區分，就是體神經系統掌管骨骼肌活動，而自主神經系統掌管內臟活動（包括平滑肌、心肌及腺體）。體神經系統與自主神經系統的運動神經（輸出分支）在結構和功能上的差異包括：

1. 體神經系統從中樞神經系統發出的神經纖維直達骨骼肌，這些神經元的細胞本體成群位於腦幹或脊髓腹角，其大直徑且帶髓鞘的軸突離開中樞神經後，一路直達骨骼肌，中間不須經過神經節交換神經元；而自主神經系統包含兩個神經元，由中樞神經傳出纖維則須經過自主神經節 (autonomic ganglia) 交換另一個神經元後，才能再支配動作器（腎上腺髓質除外，只需一個神經元）。

2. 體神經系統以神經幹的形式存在；自主神經系統在分布過程中，常攀附在臟器和血管表面形成神經叢，再由神經叢分出許多分支至動作器。例如直腸、膀胱、生殖器、心臟、氣管、胃、腸、肝和胰腺等器官上面都有這些神經叢。最為豐富的是分布於胃和小腸的黏膜下神經叢 (submucosal plexus) 和腸肌神經叢 (myenteric plexus)，由於這兩者有著相似的結構與功能，因而被特稱為腸道神經系統 (enteric nervous system)。

3. 軀體骨骼肌大多是受單一體神經支配，主要是促進性影響，使骨骼肌收縮；而內臟器官除了腎上腺髓質、汗腺、骨骼肌的微血管外，大部分都是受交感神經和副交感神經的雙重神經支配，包含促進性及抑制性影響的拮抗調節，如副交感神經若使器官平滑肌收縮，交感神經則使其舒張。

4. 在周邊神經傳遞物質方面，體神經纖維末梢釋放的是乙醯膽鹼 (acetylcholine, ACh)；而自主神經系統神經末梢釋放的神經傳遞物質則是多樣的，除了乙醯膽鹼、正腎上腺素 (norepinephrine, NE) 外，還包括很多胜肽類物質，如腦啡肽 (enkephalin)、腦內啡 (endorphin) 等。體神經系統和自主神經系統的特性比較如表 7-1 所示。

表 7-1 體神經系統和自主神經系統的特性比較

特性（類別）	體神經系統 (SNS)	自主神經系統 (ANS)
	中樞神經系統 (CNS)　體神經系統 (Somatic nervous system)　作用器官 (Effector organ)　骨骼肌	中樞神經系統 (CNS)　自主神經系統 (Autonomic nervous system)　神經節　節前纖維　節後纖維　平滑肌、心肌、腺體或腸胃道神經元
周邊神經經路	在中樞神經系統與動作器之間，只有一個神經元	在中樞神經系統與動作器之間，具有兩個神經元的組成（節前神經元、節後神經元）
動作器	骨骼肌	平滑肌、心肌、腺體
最高控制中樞	大腦皮質	下視丘
控制型態	受意識控制（隨意）	不受意識控制（不隨意）
對動作器的影響	促進性	包括促進性及抑制性，取決於交感神經或副交感神經支配而定
神經纖維	有髓鞘	節前纖維有髓鞘，節後纖維無髓鞘
神經傳遞物質	乙醯膽鹼	乙醯膽鹼或正腎上腺素

自主神經系統的構造

自主神經系統分為交感神經分系與副交感神經分系（圖 7-1），均由**節前神經元**和**節後神經元**將中樞神經系統與內臟動作器連在一起。節前神經元的細胞體位於中樞神經系統內，其軸突形成的**節前纖維 (preganglionic fiber)** 在自主神經節中與節後神經元形成突觸（圖 7-2）。節後神經元的軸突構成**節後纖維 (postganglionic fiber)**，支配動作器。但腎上腺髓質例外，直接由交感神經的節前纖維支配，一經刺激便分泌腎上腺素及正腎上腺素到血液中，成為群體活化的一部分，合稱為交感神經腎上腺系統 (sympathoadrenal system)。

一、節前神經元

節前神經元自中樞神經系統延伸至自主神經節，其神經纖維（軸突）稱為節前纖維，它們大部分為有髓鞘的B纖維(B fiber)。

（一）交感神經

交感神經的節前神經元細胞體，位在胸髓第 1 節至腰髓第 2 節 ($T_1 \sim L_2$) 的灰質側角。因交感神經由胸腰脊髓處發出，又稱為胸腰神經分系 (thoracolumbar division)。

（二）副交感神經

副交感神經的節前神經元細胞體，則在腦幹第 3、7、9、10 對腦神經的神經核及薦髓第 2~4 節 ($S_2 \sim S_4$) 的灰質側角，其中 75% 的副交感神經纖維是經由迷走神經（第 10 對腦神經）的神經核發出，並傳至胸腹部內臟。

因副交感神經由腦幹及薦部脊髓發出，又稱頭薦神經分系 (cranioscaral division)。

二、節後神經元

節後神經元從自主神經節延伸至動作器，節後纖維大多是無髓鞘的 C 纖維 (C fiber)，終止於內臟接受器。

交感神經的節前纖維較節後纖維為短，每條節前纖維與較多數目的節後神經元形成突觸，因此，交感神經活動的範圍較為廣泛；副交感神經的節前纖維較節後纖維為長，節前纖維通常延伸至動作器附近才與少數節後神經元形成突觸，故副交感神經活動的範圍較為局限，主要作用於頭部、胸腹部及骨盆腔內臟。

三、自主神經節

自主神經節為節後神經元細胞體聚集之處，且是節前神經元與節後神經元形成突觸之處。依其所處位置可分為交感神經幹神經節、椎前神經節及終末神經節。

（一）交感神經幹神經節
(Sympathetic Trunk Ganglia)

靠近中樞，僅接受交感神經分系的節前纖維，位於脊柱兩側，從頸椎第 2 節延伸到薦椎 ($C_2 \sim S$)，又稱**交感神經鏈 (sympathetic chain)** 或**椎旁神經節 (paravertevral ganglia)**。頸椎處 ($C_2 \sim C_7$) 較明顯的神經節有上頸神經節、中頸神經節及下頸神經節（表 7-2 及圖 7-1）。

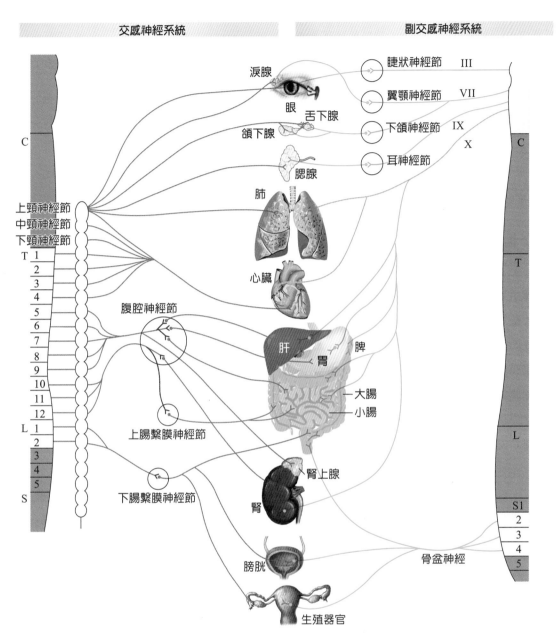

■ **圖 7-1** 自主神經系統分布圖。

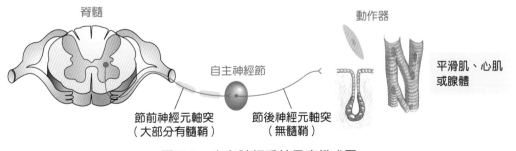

■ **圖 7-2** 自主神經系統反應模式圖。

表 7-2　上頸神經節、中頸神經節及下頸神經節的特性

交感神經幹神經節	特 性
上頸神經節 (Superior cervical ganglion)	• 位於顱底附近，三者中最大 • 負責調控頭部與上頸部的血管、腺體及平滑肌活動
中頸神經節 (Middle cervical ganglion)	• 調控第 5、6 對腦神經所支配的腺體及平滑肌活動 • 調節甲狀腺、副甲狀腺及心臟之活動
下頸神經節 (Inferior cervical ganglion)	• 與第 1、2 對胸神經節形成星狀神經節 (satellite ganglion) • 調控第 7、8 對腦神經及第 1、2 對胸神經等所支配之內臟活動

（二）椎前神經節
(Prevertebral Ganglion)

靠近中樞，僅接受交感神經分系的節前纖維，位於脊柱前、鄰近腹主動脈處，又稱**副神經節**(collateral ganglion)。較明顯的椎前神經節有腹腔神經節(celiac ganglion)、上腸繫膜神經節(superior mesenteric ganglion)、下腸繫膜神經節(inferior mesenteric ganglion)等（圖7-1及圖7-3）。

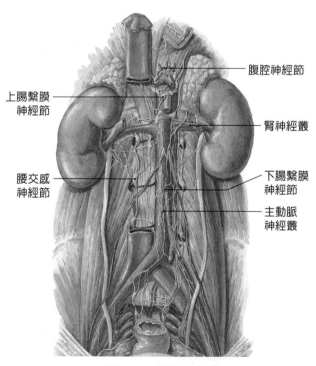

■ **圖 7-3　椎前神經節**

上腸繫膜神經節
腰交感神經節
腹腔神經節
腎神經叢
下腸繫膜神經節
主動脈神經叢

（三）終末神經節 (Terminal Ganglion)

僅接受副交感神經的節前纖維，位於內臟動作器附近或臟器壁內，故又稱**壁內神經節** (intramural ganglion)。靠近頭部的副交感神經節有睫狀神經節、翼顎神經節、下頜神經節及耳神經節（表 7-3 及圖 7-1）。

7-2　自主神經系統的功能
Function of Autonomic Nervous System

▌ 自主神經系統的神經傳遞物質及接受器

早在半個多世紀前，英國的生理學家Loewi就經由青蛙心臟的灌流實驗首先發現，自主神經興奮是經由其末梢釋放的化學物質來引發生理效應的。當支配青蛙心臟的迷走神經受到電刺激而引起心跳速率減慢時，若用引自此青蛙心臟的灌流液，去灌注另一青蛙的心臟標本，可使後者的心跳速率也隨之減慢，於是將此引起心臟抑制的物質稱為迷走素(vagusstoff)。另一些學者後來經由其他實驗，也肯定了交感神經末梢興奮時

表 7-3　靠近頭部的副交感神經節及特性

類別	特性
睫狀神經節 (Ciliary ganglion)	· 位於眼眶內視神經外側 · 節前纖維經由動眼神經到達此神經節 · 支配瞳孔括約肌、睫狀肌
翼顎神經節 (Pterygopalatine ganglion)	· 節前纖維經由顏面神經到達此神經節 · 支配鼻腔黏膜、咽、顎部及淚腺
下頷神經節 (Submandibular ganglion)	· 節前纖維經由顏面神經到達此神經節 · 支配頷下腺及舌下腺
耳神經節 (Otic ganglion)	· 節前纖維經由舌咽神經到達此神經節 · 支配耳下腺

同樣釋放化學物質，並命名為交感素 (sympathin)，不久即先後由實驗證明迷走素為乙醯膽鹼 (ACh)，交感素為**正腎上腺素 (NE)**。

一、神經傳遞物質

自主神經的節前纖維與節後纖維均需藉由神經傳遞物質來傳遞訊息，神經傳遞物質主要包括乙醯膽鹼 (Ach) 及正腎上腺素 (NE)。自主神經的節後纖維與內臟動作器的接合點稱為神經動作器接合處 (neuroeffector junction)，包括接合到腺體的神經腺體接合處，以及接合到肌肉的神經肌肉接合處。

（一）乙醯膽鹼 (ACh)

釋放乙醯膽鹼作為神經傳遞物質的神經纖維，稱為**膽鹼性纖維**(cholinergic fibers)，包括：(1)**體運動神經纖維**；(2)**交感神經的節前纖維**；(3)少部分交感神經節後纖維，例如支配汗腺及支配骨骼肌的交感性血管舒張神經纖維；(4)**副交感神經的節前纖維**；(5)**副交感神經的節後纖維**（圖7-4）。由於ACh會被細胞外的**乙醯膽鹼酯酶**(acetylcholinesterase, AChE)分解而不會出現在血液之中，致使訊息傳遞終止，因此，膽鹼性纖維的作用較為短暫而局限。

（二）正腎上腺素 (NE)

釋放 NE 作為神經傳遞物質的神經纖維，稱為**腎上腺素性纖維 (adrenergic fibers)，絕大部分的交感神經節後纖維以 NE 為神經傳遞物質**，除上述提到的支配汗腺的交感神經和支配骨骼肌的交感性血管舒張神經纖維以外。另外，腎上腺髓質的嗜鉻細胞受刺激時，會分泌由正腎上腺素甲基化而來的腎上腺素 (epinephrine, Epi)。NE 會被**單胺氧化酶** (monoamine oxidase, MAO) 及**兒茶酚氧位甲基轉移酶** (catechol-o-methyltransferase, COMT) 分解，致使訊息傳遞終止，但被分解的速度較慢，使其作用時間及範圍較 ACh 長且廣。

（三）嘌呤類和胜肽類

自主神經的節後纖維尚會釋放第三類神經傳遞物質－嘌呤類或胜肽類化學物質。這類非膽鹼性和非腎上腺素性的神經纖維主要存在於胃腸道內，其神經元細胞體位於消化

道管壁內的神經叢中,並受副交感神經節前纖維的支配。此外,部分交感神經纖維含有神經胜肽 Y 的囊泡,只有在活化狀態很高的時候,才會被釋放,使血管長期收縮。由於胜肽類神經傳遞物質參與對心肌和冠狀血管的調節,因此,心臟中也發現有胜肽類神經纖維的存在。

二、接受器

神經傳遞物質的接受器 (receptor) 是指突觸後膜或動作器細胞膜上,能與神經傳遞物質特異性結合的某些大分子蛋白質。神經傳遞物質被釋出後,必須與細胞膜上的特定接受器結合,才會產生作用。自主神經系統的接受器主要可分為以下幾類。

(一)膽鹼性接受器

膽鹼性接受器 (cholinergic receptor) 包括兩大類:蕈毒鹼型接受器（簡稱為 M 接受器）及尼古丁（菸鹼）型接受器（簡稱為 N 接受器）,它們均需經由 ACh 的刺激活化。

1. **M 接受器是 G 蛋白連接接受器**,廣泛分布於副交感神經節後纖維支配的動作器細胞膜上,當 ACh 與 M 接受器結合後,會產生一系列副交感神經興奮的效應,包括**心臟活動的抑制、消化腺分泌的增加、支氣管和胃腸道平滑肌的收縮**等。此外,支配汗腺的交感神經和骨骼肌的交感性血管舒張神經纖維末梢釋放的也是 ACh,其對應接受器也屬於 M 接受器。

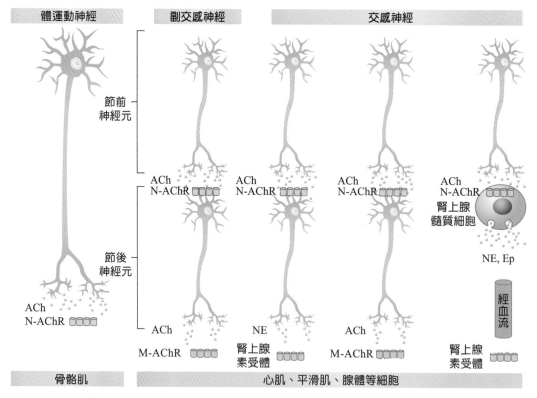

■ **圖 7-4** 周邊輸出神經系統不同部位所使用的神經傳遞物質及其受體。

Ach：乙醯膽鹼；NE：正腎上腺素；Epi：腎上腺素；N-AChR：尼古丁型膽鹼受體；M-AChR：蕈毒鹼型膽鹼受體。

2. N 接受器屬於離子通道型接受器,分布於交感和副交感神經節神經元的突觸後膜,和**骨骼肌神經肌肉接合處的運動終板膜上**。ACh 與 N 接受器結合,引起自主神經節後神經元和骨骼肌的興奮。N 接受器可分為 Nn 和 Nm 兩種亞型,分布在神經節神經元突觸後膜上的為 Nn 接受器;分布於運動終板膜上的為 Nm 接受器。

（二）腎上腺素性接受器

能與兒茶酚胺〔包括正腎上腺素(NE)及腎上腺素(Epi)〕結合的接受器,稱為腎上腺素性接受器(adrenergic receptor),可分為兩類,即α型腎上腺素性接受器（簡稱α接受器）和β型腎上腺素性接受器（簡稱β接受器）。α接受器又分為α_1、α_2兩個亞型,β接受器也再分為β_1、β_2、β_3三種亞型。α接受器和β接受器分布區域不同,有的組織器官只有α接受器或β接受器（詳見第5章表5-5）。兒茶酚胺與α接受器或β接受器結合後所產生的效果也不同。一般來說,與α_1接受器結合後,會使細胞內Ca^{2+}濃度上升,與α_2接受器結合會使cAMP濃度下降,兩者均會引起興奮效應,但對小腸平滑肌則產生抑制作用;**與β接受器結合後均可使細胞內cAMP濃度上升**,主要引起抑制效應,但對心臟則造成興奮作用。

▶ 自主神經系統的作用

自主神經系統對各器官系統活動的調節作用,歸納於表 7-4,於相應的各章節中作較詳細的介紹。交感和副交感神經系統對內臟活動的調節具有以下特性:

1. **雙重神經支配**(dual innervation)**且多為相互拮抗**:除了汗腺、豎毛肌、腎上腺髓質和大多數血管僅接受交感神經支配外,大部分組織器官都接受交感和副交感神經的雙重支配,且兩者的作用往往是相互拮抗,例如在心臟,迷走神經具有抑制作用,交感神經則具有興奮作用。但在少數器官,兩者的作用也可以一致,例如交感和副交感神經都可以使唾液分泌,但交感神經引起的唾液分泌量少且黏稠,而副交感神經引起的唾液分泌量多且稀薄。

2. **緊張性支配** (tonic innervation):自主神經常處於興奮狀態,且持續將神經衝動送至作用器官,稱為緊張性支配。例如切斷支配心臟的副交感神經,會導致心跳加速,而切斷支配心臟的交感神經,則引起心跳減慢,由此可知交感及副交感神經平時對心臟的支配都具有緊張性作用。

3. **自主神經系統的作用與動作器的功能狀態有關**:例如刺激交感神經可透過 β_2 接受器引起無孕子宮的舒張,透過 α_1 接受器引起有孕子宮的收縮。又如胃幽門,若原先處於收縮狀態,刺激迷走神經能使之舒張;若原先處於舒張狀態,刺激迷走神經能使之收縮。

4. **交感神經和副交感神經具有不同的功能意義**:在人體的內、外環境發生急遽變化時,如劇烈的肌肉運動、情感的急遽波動、溫度的急遽變化和大量失血等,交感神經系統興奮,動員許多器官的潛在能力,此時出現心跳速率加快、皮膚和腹腔內臟血管收縮、血液儲存庫排出血液,以增加循環血量、血中紅血球數量增加、

表 7-4 交感神經和副交感神經對各系統器官的主要作用

器官或系統	交感神經	副交感神經
循環系統	• 心跳增強、加快 (β_1) • 腹腔內臟血管、皮膚血管 (α) 以及分布於唾液腺與外生殖器的血管收縮 • 肌肉血管收縮（腎上腺素性纖維）或舒張（膽鹼性纖維）	• 心跳減慢，心房收縮減弱 • 部分血管（如軟腦膜動脈與分布於外生殖器的血管等）舒張
呼吸器官	• 支氣管平滑肌舒張 (β_2)	• 支氣管平滑肌收縮，黏膜腺分泌
消化器官	• 分泌黏稠唾液，抑制胃腸運動 (α_2, β_2) • 促進括約肌收縮 (α_1) • 抑制膽囊活動 (α_2)	• 分泌稀薄唾液，促進胃腸運動和使括約肌舒張 • 促進胃液、胰液分泌 • 促進膽囊收縮
泌尿生殖器官	• 促進腎近曲小管和亨利氏環對 Na^+ 和水再吸收 (β_2) • 逼尿肌舒張 (β_2)、括約肌收縮 (α_1) • 有孕子宮收縮，無孕子宮舒張，陰莖射精 (α_1)	• 逼尿肌收縮、括約肌舒張 • 陰莖勃起
眼	• 虹膜放射肌收縮，瞳孔擴大 (α) • 睫狀體放射肌收縮，睫狀體環增大 • 上眼瞼平滑肌收縮 (β_2)	• 虹膜環狀肌收縮，瞳孔縮小 • 睫狀體環狀肌收縮，睫狀體環縮小 • 促進淚腺分泌
皮膚	• 豎毛肌收縮 • 促進汗腺分泌（膽鹼性纖維）	無
內分泌	• 促進腎上腺髓質分泌（節前纖維）	• 促進胰島素分泌
代謝	• 促進肝醣分解	無

註：(1) 血管、汗腺、豎毛肌僅由交感神經支配，並無副交感神經支配。

(2) α 及 β_1 接受器活化後大多產生興奮性反應；β_2 接受器活化後後大多產生抑制性反應。

(3) β_1 接受器幾乎只存在於心臟。

支氣管平滑肌舒張、肝醣分解加速及血糖濃度上升、腎上腺素分泌增加等現象，稱為「**戰或逃反應**」，藉由耗能作用以使個體因應危境，以提高人體的適應能力和生存能力。而人體在安靜狀態下，副交感神經受到活化所產生的反應—休息反應(rest response)，有利於人體的修整恢復、促進消化吸收、積蓄能量以及加強排泄和生殖功能等，因此，生理作用大多與交感神經分系相互拮抗，如促進肌肉鬆弛、增進內臟活動（促進消化、排尿、排便等），將緊張的身體狀態回復到平時狀態。

▶ 內臟的自主神經反射

內臟的活動大多不受意識控制，屬於自**主神經反射** (autonomic reflex)，其反射弧與體反射弧相似，由感受器、感覺神經元、中間神經元（反射中樞）、運動神經元（包括節前神經元及節後神經元）、動作器（包括平滑肌、心肌及腺體）所構成（圖 7-5）。

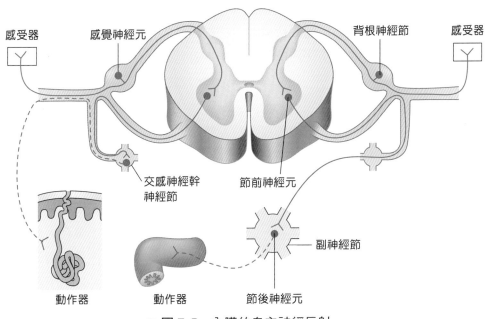

■ 圖 7-5　內臟的自主神經反射。

　　唾液分泌、排尿、排便、飢餓及反胃等為常見的內臟自主神經反射，反射的初級調節中樞為脊髓（因交感神經和部分副交感神經起源於脊髓的灰質側角部位），為了更適應生理功能的需要，會有高級調節中樞參與調控。下列以排尿反射 (micturition reflex) 為例說明（圖 7-6）。

⊙ 排尿反射

　　當尿液充盈膀胱達一定容量時，會刺激膀胱壁內分布的牽張感受器，神經衝動沿骨盆神經傳入薦髓，興奮副交感神經，使**逼尿肌**收縮、**尿道內括約肌**舒張，此為脊髓排尿反射。興奮的神經衝動也傳到腦幹和大腦皮質的排尿中樞，來自排尿中樞的衝動，進一步興奮副交感節前神經元，使膀胱逼尿肌收縮、尿道內括約肌舒張。而當尿液流入尿道，刺激尿道的感受器時，衝動沿骨盆神經

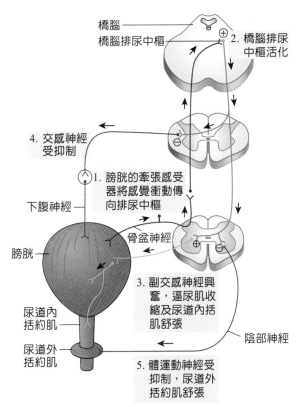

■ 圖 7-6　排尿反射。

再次傳到脊髓排尿中樞，進一步加強其活動，並反射性地抑制陰部神經的活動，使尿**道外括約肌**舒張，尿液被強大的膀胱內壓驅動而排出。

　　膀胱逼尿肌及尿道內括約肌為平滑肌，受骨盆神經內的副交感神經纖維和下腹神經中的交感神經纖維支配。當副交感神經興奮時，逼尿肌收縮、尿道內括約肌舒張，促進排尿；反之，交感神經興奮，則使逼尿肌鬆弛、尿道內括約肌收縮，阻止尿液的排放。而尿道外括約肌為骨骼肌，受意識控制，由陰部神經支配，其興奮可使尿道外括約肌收縮。

▶ 腦部中樞對自主神經系統的控制

　　自主神經反射可調節大部分的內臟功能。在自主神經反射中，感覺訊息傳入脊髓後，會往上傳入腦幹的神經中樞，將訊息整合後，可經由興奮或抑制自主神經系統的節前神經元活性，達到調節內臟功能的目的。除了感覺訊息外，腦幹的神經中樞還受到更高位的腦部區域的調控（圖 7-7）。

1. **腦幹**：延腦可直接調節自主神經運動纖維的活性，控制許多內臟活動，又被稱為生命中樞，因為許多基本生命現象，如心跳、呼吸等的反射調節，在延腦可初步完成，且延腦發出的副交感神經纖維，經由第3、7、9、10對腦神經，可支配著頭部和顏面的所有腺體、心臟、支氣管、喉部、食道、胃、胰腺、肝臟和小腸等，而這些器官大部分的感覺訊息亦是透過迷走神經傳入纖維傳入延腦（表7-5）。此外，腦幹網狀結構中也存在許多與調節內臟活

動有關的神經元，其下行徑調節脊髓的自主神經功能。

2. **下視丘**：可與邊緣系統和大腦皮質共同調控個體的狀態，被認為是**自主神經系統最重要的調控中心**，因為內部有口渴、飢餓、體溫及腦下腺的調節中樞（詳見第6章），可整合內臟活動，透過下行纖維與腦幹和脊髓的交感、副交感神經節前神經元聯繫，調節自主神經活動。與邊緣系統有雙向的纖維聯繫，整合人體的行為和內臟與其他生理活動，進行調節功能。下視丘本身可分泌激素，經由下視丘－垂體徑調節腦下腺的內分泌活動。

3. **邊緣系統**：與飢餓、性慾、恐懼等基本情緒衝動有關，尚可調控自主神經系統之功能，如臉潮紅、蒼白、昏厥、盜汗、心跳加快等，皆是因情緒刺激而活化自主神經所產生的生理反應。研究發現，刺激動物邊緣系統的不同部位，可引起各種內臟活動的自主性功能變化，例如刺激猴子的扣帶回前部，可引起血壓波動、心跳變慢、

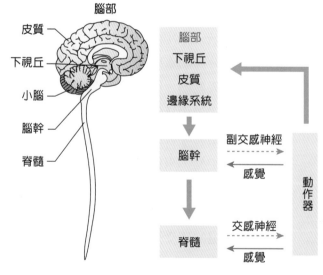

■ **圖 7-7**　腦部中樞對自主神經作用之模式圖。

表 7-5　感覺訊息經迷走神經傳入到延腦中樞後的反射效應

位　置	接受器型式	反射效應
胃腸道	牽張感受器	飽足感、疼痛、胃腸不適
主動脈	壓力感受器	受血壓上升的刺激，造成反射性心跳減慢
	化學感受器	血中 CO_2 濃度增加和 O_2 濃度減少的刺激，會造成呼吸加快、心跳速率增加及血管收縮
肺　部	J 型感受器	受肺充血的刺激，造成喘不過氣的感覺、反射性心跳減慢、血壓下降
	牽張感受器	抑制吸氣動作；血管擴張；心跳速率加快
心　臟	心房牽張感受器	抑制抗利尿激素的分泌，造成排尿量增加
	心室牽張感受器	血管擴張、反射性心跳減慢

呼吸運動抑制或減慢、胃運動和胃液分泌的變化、瞳孔擴大或縮小、排尿及排便、勃起、出汗等反應；刺激扣帶回中、後部，則有呼吸加速的反應。

4. **大腦皮質**：在動物實驗中，電刺激動物的大腦皮質區域，除了能引起軀體運動反應外，也能引起內臟活動的改變。例如，刺激上肢或下肢代表區，除了引起相應的肢體運動外，也引起豎毛、出汗，以及上肢或下肢的血管反應。刺激引起眼肌運動的大腦皮質區域，可同時引起瞳孔的反應；刺激皮層內側面的特定區域，則能產生直腸與膀胱運動的變化；而刺激皮層外側面的特定部位，會發生呼吸及血管運動的變化。電刺激人類大腦皮質也能見到類似反應，說明了大腦皮質具有調節自主神經系統的功能，而此種調節作用的區域分布與軀體運動代表區有一致的地方。

參考資料 | References

馮琮涵、黃雍協、柯翠玲、廖智凱、胡明一、林
　自勇、鍾敦輝、周綉珠、陳瀅 (2021)・*人體
　解剖學*・新文京。

馮琮涵、鄧志娟、劉棋銘、吳惠敏、唐善美、許
　淑芬、江若華、黃嘉惠、汪蕙蘭、李建興、
　王子綾、李維真、莊禮聰 (2022)・*解剖生理
　學*（三版）・新文京。

壽天德 (2005)・*神經生物學*（第二版）・高等教
　育。

劉利兵、朱大年、汪華僑 (2008)・*基礎醫學概論*・
　高等教育。

賴明德、王耀賢、鄧志娟、吳惠敏、李建興、許
　淑芬、陳晴彤、李宜倖 (2022)・*解剖學*（二
　版）・新文京。

韓秋生、徐國成、鄒衛東、翟秀岩 (2004)・*組織
　學與胚胎學彩色圖譜*・新文京。

Saunders.Fox, S. I. (2006)・*人體生理學*（王錫崗、
　于家城、林嘉志、施科念、高美媚、張林松、
　陳瑩玲、陳聰文、黃慧貞、溫小娟、廖美華、
　蔡宜容譯；四版）・新文京。（原著出版於
　2006）

Widmaier (2017)・*Vander's 人體生理學：身體功
　能的作用機制*（潘震澤譯；十四版）・合記。
　（原版出版於 2016）

Guyton, A. C., & Hall, J. E. (2000). *Textbook of
　medicial Physiology* (10th ed). WB

複·習·與·討·論

一、選擇題

1. 下列關於交感神經系統 (sympathetic nervous system) 的敘述，何者正確？ (A) 節前神經元 (preganglionic neuron) 位於大腦 (B) 節前纖維 (preganglionic fiber) 長度皆大於節後纖維 (postganglionic fiber) (C) 大部分節後神經元 (postganglionic neuron) 之細胞本體位於脊柱 (vertebral column) 附近 (D) 節前與節後纖維 (preganglionic and postganglionic fibers) 末梢皆釋放相同神經傳導物質

2. 分布於腎上腺髓質內的交感神經末梢，主要是分泌下列何項神經傳導物質？ (A) 腎上腺素 (B) 乙醯膽鹼 (C) 正腎上腺素 (D) 多巴胺

3. 下列何者屬於副交感神經的功能？ (A) 增加血壓 (B) 幫助射精 (ejaculation) (C) 瞳孔縮小 (pupil constriction) (D) 減少唾液分泌

4. 有關神經系統支配內臟器官的敘述，下列何者正確？ (A) 多數由接受體神經支配 (B) 多數僅受的副交感神經支配 (C) 多數僅受交感神經支配 (D) 多數均由交感及副交感神經同時支配

5. 交感神經興奮可能引起下列何種作用？ (A) 瞳孔收縮 (B) 支氣管收縮 (C) 腸胃道腺體分泌增加 (D) 心跳加速

6. 下列何種構造表現的乙醯膽鹼受器主要是蕈毒鹼型 (muscarinic)？ (A) 副交感神經之目標器官 (B) 交感神經之目標器官 (C) 副交感神經之節後神經 (D) 腎上腺髓質 (adrenal medulla)

7. 下列何種構造不具接受交感神經與副交感神經兩者共同支配的特性？ (A) 心臟 (B) 豎毛肌 (C) 支氣管 (D) 膀胱

8. 下列何者並非活化蕈毒型膽鹼性接受器可能引起的作用？ (A) 使心肌收縮力減弱 (B) 使腸道收縮張力增強 (C) 使膀胱逼尿肌收縮 (D) 使骨骼肌收縮

9. 副交感神經節前纖維和節後纖維的神經傳遞物質為何？ (A) 前者是正腎上腺素，後者是乙醯膽鹼 (B) 兩者都是正腎上腺素 (C) 兩者都是乙醯膽鹼 (D) 前者是乙醯膽鹼，後者是正腎上腺素

10. 下列何者是椎旁神經節？ (A) 上腸繫膜神經節 (B) 下腸繫膜神經節 (C) 腹腔神經節 (D) 交感神經節

11. 下列何者屬於交感神經之反應？ (A) 豎毛肌收縮 (B) 胃酸分泌增加 (C) 支氣管收縮 (D) 心臟收縮力降低

12. 自主神經系統的內臟傳出途徑由幾個運動神經元組成？ (A) 1 個 (B) 2 個 (C) 3 個 (D) 4 個

13. 下列何者發出「節前交感神經纖維」？　(A) 整個脊髓的灰質　(B) $C_1 \sim T_{12}$ 脊髓　(C) $T_1 \sim L_2$ 脊髓　(D) $T_1 \sim L_5$ 脊髓

14. 下列關於副交感神經系統的敘述，何者錯誤？　(A) 副交感節後神經元釋放乙醯膽鹼　(B) 副交感節後神經元經由活化尼古丁型接受器，引起平滑肌的收縮　(C) 副交感神經的活性增加會引起支氣管肌肉的收縮　(D) 副交感神經節非常靠近其節後神經元所支配的器官

15. 將一實驗動物體內通往腎上腺髓質的交感節前神經切除後，對該動物在靜止狀態下與遭受壓力時，血中腎上腺素的濃度有什麼影響？　(A) 完全沒有影響　(B) 血中腎上腺素皆處於高濃度　(C) 靜止狀態會降得非常低，在遭受壓力時也無法增加　(D) 靜止狀態時處於正常濃度，在遭受壓力時會增加更多

16. 下列有關「戰或逃反應」之敘述何者錯誤？　(A) 血糖濃度增加　(B) 肝臟糖解作用減少　(C) 心跳加速　(D) 到活動中肌肉之血流增加

17. 下列何者不屬於交感神經的起源？　(A) 第一胸脊髓　(B) 第二薦脊髓　(C) 第二腰脊髓　(D) 第一腰脊髓

18. 下列自主神經傳導物質接受器之作用，何者會引起皮膚及腹腔內臟的血管收縮？　(A) α 型腎上腺素性接受器　(B) β 型腎上腺素性接受器　(C) 尼古丁型膽鹼性接受器　(D) 蕈毒型膽鹼性接受器

19. 下列何者並不屬於自主神經系統之神經節？　(A) 睫狀神經節　(B) 腹腔神經節　(C) 上腸繫膜神經節　(D) 背根神經節

20. 皮膚上所見到的雞皮疙瘩現象，與下列何者較無關係？　(A) 豎毛肌收縮　(B) 交感神經興奮　(C) 副交感神經興奮　(D) 天氣寒冷

二、問答題

1. 周邊膽鹼性接受器和腎上腺素性接受器各有哪些類型和亞型？

2. 周邊神經系統中有哪些屬於膽鹼性纖維？哪些屬於腎上腺素性纖維？

3. 簡述膽鹼性接受器的種類及分布。

4. 試述自主神經系統的結構與功能特徵。

三、腦力激盪

1. 試述自主神經接受器的分類、分布及各自的阻斷劑。

2. 交感與副交感神經系統的結構及功能活動上，生物學意義有何不同？

複習與討論解答
請掃描QR code

08 CHAPTER

學習目標 Objectives

1. 說明感覺接受器的分類並舉例，解釋張力感受器和相位感受器的不同。
2. 解釋接受器電位的形成並了解感覺是如何形成的。
3. 描述體感覺的分類並敘述各類相關感受器的例子及神經傳導路徑。
4. 解釋感受區的概念及側邊抑制現象。
5. 描述視覺的影像形成過程並解釋視覺的調適作用。
6. 掌握桿細胞的光反應及錐細胞的彩色視覺。
7. 解釋暗適應與亮適應現象。
8. 解釋中央凹的作用及桿細胞的敏銳度現象。
9. 了解視覺的傳導路徑並解釋常見的視覺障礙現象。
10. 解釋聽覺感受器如何產生神經衝動，以及如何產生音調的知覺。
11. 了解聽覺的神經傳導路徑及解釋相關的聽覺障礙現象。
12. 解釋前庭器各部位在平衡覺的作用，並敘述平衡覺的神經傳導路徑。
13. 解釋嗅細胞的感受機制、嗅覺的神經傳導路徑及特性。
14. 了解酸、甜、苦、鹹的刺激對味覺細胞的作用方式。
15. 描述味覺的神經傳導路徑及相關的特性。

本章大綱 Chapter Outline

感覺
Sensory Physiology

HUMAN
PHYSIOLOGY

人體的外在和內在環境經常處於變化之中，這些變化首先作用於人體的各種感覺接受器 (sensory receptor)。每一種感覺接受器僅會對特定的環境刺激產生反應，並將自然界中各種不同的能量轉換 (transduce) 為相對應的神經衝動，也可以說感覺接受器的功能，如同一種能量轉換器。接著，這些神經衝動再沿著相對應的感覺神經傳入，經過特定的神經傳導路徑到達大腦皮質特定區域，即產生特定的感覺。由上述意指：各種感覺的刺激都是透過特定的感覺接受器、感覺傳入途徑和中樞神經系統三個部分的整體活動而產生。

一般來說，人體的感覺主要可分為兩大類。第一類為一般感覺，或稱為體感覺 (somesthetic senses)，包括體表皮膚和體內臟器感覺（觸覺、壓覺、痛覺及溫度覺等），以及肌肉關節的本體覺。一般感覺的接受器構造較簡單，沒有特化成器官。另一類為特殊感覺 (special senses)，指視覺、聽覺、平衡覺、嗅覺及味覺，其感覺接受器已特化成器官構造。本章將對這些感覺、感覺接受器及其間的聯繫進行詳細的介紹。

8-1 感覺接受器
Sensory Receptor

人體在整個生命過程，不斷地接受來自身體內在及外在環境變化所產生的各種訊息，這些訊息以不同種類的能量形式刺激人體，在人體的體表或組織內部有一些專門感受內在及外在環境改變的特殊構造或細胞，稱為**感覺接受器**或**感受器**。例如聲波、光線、溫度及機械性的作用力等。感覺接受器將這些刺激轉換成動作電位或漸進電位，方使得感覺神經系統可以接收到身體環境變化的訊息。

感覺接受器的種類

感覺接受器的樣式和功能都各異，可依據構造或功能的差異作為接受器分類標準。例如痛覺、觸壓覺有關的觸覺小體和環層小體，其接受器樣式為游離神經末梢；或有些接受器則是高度分化的接受器細胞，以類似突觸的樣式直接或間接與感覺神經末梢相聯繫（圖 8-1），如視網膜中的光感接受器桿細胞和錐細胞，耳蝸中的聲波接受器毛細胞等。

人體的感覺接受器種類繁多，但每種感覺接受器只會對某特定的刺激特別敏感，該刺激即稱為此接受器的**適當刺激** (adequate stimulus)，至於其他的刺激，除非刺激強度很大，否則不容易興奮之。例如視網膜的感光細胞，只需少量的光線刺激，即可產生神經衝動，若以其他方式刺激引起視覺反應，則需非常強大的刺激，如眼睛受到重擊時，有眼冒金星的感覺。

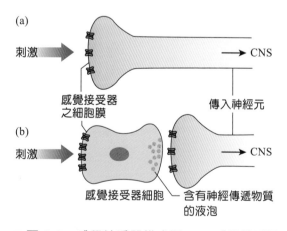

■ 圖 8-1　感覺接受器模式圖。(a) 感覺接受器細胞本身就是傳入神經元；(b) 感覺接受器細胞為一特化的細胞，接受刺激後可釋放神經傳遞物質，促使傳入神經元產生神經衝動。

一、感覺接受器的分類

1. 依據刺激種類作分類（表 8-1）：

   (1) 化學接受器 (chemoreceptors)：當體內或體外的化學環境出現變化時，化學接受器即會接收到刺激，例如味覺變化的味蕾、嗅覺化的嗅覺上皮，以及感受血中氧 (O_2) 和二氧化碳 (CO_2) 濃度變化的頸動脈體與主動脈體。

   (2) 光接受器 (photoreceptors)：當環境中的光線明暗變化時，即會刺激光接受器，例如視網膜上的錐細胞及桿細胞。

   (3) 溫度接受器 (thermoreceptors)：環境中冷熱變化時，溫度接受器即感應溫度變化，例如皮膚中的某些游離神經末梢。

   (4) 機械力接受器 (mechanoreceptors)：當身體受到機械力刺激時，會被活化而產生接受器電位 (receptor potential)，如皮膚上的觸覺和壓覺接受器及內耳的毛細胞。

   (5) 傷害接受器 (nociceptors)：能在小刺激的情況下感知到刺激，其屬於高閾值，如痛覺接受器。

2. 依據感覺部位作分類：

   (1) 本體覺接受器 (proprioceptors)：能感受身體的移動或動作改變的訊息，包括肌梭、高爾基肌腱器及關節感覺接受器等。

   (2) 皮膚感覺接受器(cutaneous receptors)：能感受體表皮膚的各種感覺變化，包括觸覺和壓覺接受器、冷熱的溫度接受器、痛覺接受器。

   (3) 特殊感覺接受器 (specific receptors)：能感受臉部五官刺激的變化，包括眼睛的視覺、鼻子的嗅覺、口腔的味覺和耳朵的聽覺及平衡覺等。

二、張力接受器及相位接受器

張力接受器(tonic receptor)與相位接受器 (phasic receptor)相對應（圖8-2）。在記錄感覺神經纖維的放電情形時，張力接受器只要連續地給予刺激，便可持續性放電，屬於慢適應接受器，例如痛覺接受器、本體覺接受器；而相位接受器同樣給予連續地刺激，只在刺激的開始和結束點有出現放電，屬於

表 8-1　感覺接受器的分類（以刺激種類為分類基礎）

分 類	感受機制	舉 例
化學接受器	當體內的化學分子濃度改變，或身體接收到外在環境的化學物質時，藉化學分子的交互作用會影響感覺細胞對離子的通透性	嗅覺、味覺接受器（外在接受器）及頸動脈化學接受器（內在接受器）
光接受器	身體感受到光的刺激時，利用光化學反應會影響接受器細胞對離子的通透性	視網膜的錐細胞與桿細胞
機械力接受器	當身體受到機械力刺激時，感覺神經樹突的細胞膜或毛細胞會變形，以活化感覺神經末梢	皮膚的觸覺及壓覺接受器；前庭器及耳蝸
傷害接受器	當身體組織受到傷害時，受傷的組織會釋放化學物質而活化感覺神經末梢	皮膚痛覺接受器

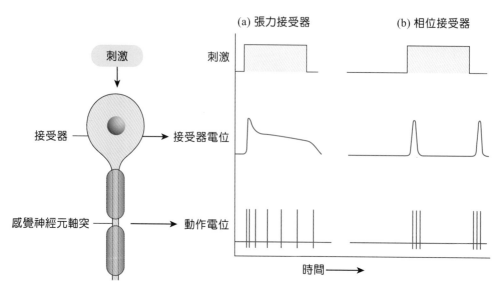

■ 圖 8-2　張力接受器和相位接受器。(a) 張力接受器能對長期刺激產生持續性的放電，此屬於慢適應的感覺；(b) 相位接受器，剛收到刺激時放電速率立刻增加；若持續刺激時，放電速率立即減弱，屬於快適應的感覺。

快適應接受器，例如嗅覺接受器、觸覺接受器。一般來說，張力性的感覺神經纖維直徑較細，相位性的反之較粗，但並非全部的感覺神經纖維皆如此。

▶ 接受器電位

　　感覺接受器實際上為一種能量轉換器，指將適當刺激轉換成感受器細胞的跨膜電位變化。此電位稱為**接受器電位**(receptor potential)或**發生電位**(generator potential)，該電位大多屬於**去極化**形式的興奮性突觸後電位(EPSP)，為非傳導性、**漸增性**的電位。由於感覺神經元屬於偽單極神經元，當接受器電位刺激到達閾值時，將激活感覺神經元生成動作電位，並將感覺訊息傳至中樞神經系統。

　　以巴氏小體(pacinian corpuscles)為例來說明。巴氏小體又稱為環層小體(lamellated corpuscle)，位於表皮深層和皮下組織內，主

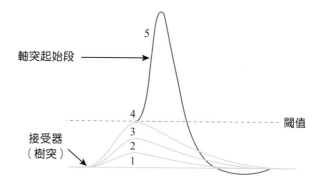

■ 圖 8-3　接受器電位（發生電位）。接受器接收感覺的刺激後產生的局部性電位變化 (1-4)，當接受器電位強度達到閾值時，就可引發感覺神經元產生動作電位 (5)。

要感受壓覺。當皮膚感受到輕微壓力時，巴氏小體的膜電位會產生低於閾值的去極化現象（圖8-3）。若皮膚感受到壓力增強，膜電位的強度也隨之會增加，當膜電位達到閾值時，即產生動作電位。由於巴氏小體的接受器為相位接受器，一旦持續的接受到壓力時，其電位不會持續增強，反而會快速減弱，產生適應性。

值得一提的是，巴氏小體的構造屬於多層的樹突神經纖維膜重疊而成，若將這些纖維膜一層一層去除後，再刺激樹突神經末梢時，此時的電位接受狀態會變成張力接受器的型態。當張力接受器受到刺激時，其所產生的電位會隨著刺激強度增加而增強，當接受器電位達到閾值時，其刺激幅度與動作電位的放電頻率 (frequency) 會成正比增加（圖8-4）。腦部在判定刺激強弱的程度，即以感覺神經所傳入的動作電位放電頻率為依據，意指當感受到刺激強烈時，即因感覺神經傳入的動作電位放電頻率高所致。

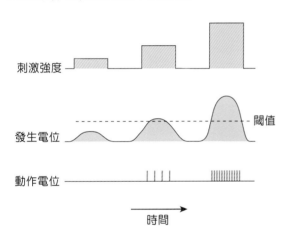

■ 圖 8-4 張力接受器對刺激的反應。隨強度增加，發生電位強度也增加。

8-2 體感覺
Somesthetic Senses

體感覺包括皮膚接受器及本體覺接受器接收到的感覺。皮膚的感覺包括觸、壓、冷、熱及痛覺，皆由不同神經元樹突末梢所傳導，其中冷、熱及痛覺的接受器是由裸露的感覺神經末梢所構成。本體覺是由肌肉內部的肌梭、肌腱和關節等處的刺激所引起的感覺。

▶ 觸覺

觸覺 (tactile sensation) 是身體感受機械接觸（接觸刺激）的感覺，特別是體表的刺激最明顯，其是由觸覺接受器是受到壓力和牽引力等非傷害性的機械刺激所激活，若觸覺刺激持續或強度到達體表比較深層組織時，則稱為**壓覺** (pressure sensation)。若以神經放電頻率來作區分，感覺神經持續性放電稱為壓覺，反之神經非持續性的放電則稱為觸覺。

一、觸覺接受器

人體皮膚的觸覺接受器分布很廣且種類多，包括感覺神經末梢、軸突末梢擴大形成的**洛弗尼末梢** (Ruffini endings) 及**梅克爾氏盤** (Merkel's discs)，另還有一些由樹突末梢所構成的觸覺及壓覺接受器，包括**梅斯納氏小體** (Meissner's corpuscles) 及**巴氏小體** (pacinian corpuscles)（表 8-2 及圖 8-5）。

二、觸覺的神經傳導途徑

負責傳遞皮膚的觸壓覺的神經纖維直徑較粗，且具髓鞘，屬於 A_β 神經纖維。當身體接受到精細觸壓覺及本體覺刺激時，A_β 神經纖維沿同側的脊髓背角（亦稱後角）進入，經背索薄束、楔狀束上行徑（為一級神經元）傳導至延腦，並在此與二級神經元交會形成突觸，再將訊息交叉至對側的延腦，再由內側蹄系 (medial lemniscus) 的神經纖維（為二級神經元）傳達至視丘（第 6 章圖 6-26a）。再與視丘的三級神經元形成突觸，並將訊息投射至大腦皮質中央後回 (postcentral gyrus)，也就是體感覺皮質區 (somatosensory cortex)。

表 8-2　皮膚接受器

接受器	結構與功能
游離神經末梢	位於身體皮膚毛囊周圍的感覺神經元無髓鞘樹突，專司輕觸、熱、冷、痛覺
洛弗尼末梢	位於皮膚真皮層深部和皮下組織，其樹突末梢膨大，有開口的長形小囊，專司長期的壓覺
梅克爾氏盤	位於身體表皮層基部末端膨大的樹突末梢，專司長期的觸及壓覺
梅斯納氏小體	位於皮膚真皮層的乳頭狀層，其樹突外被結締組織包覆，專司觸感的改變及慢速振動
巴氏小體	位於皮膚的真皮層深部，其樹突外有一層層的結締組織以同心圓方式包覆，專司重壓覺

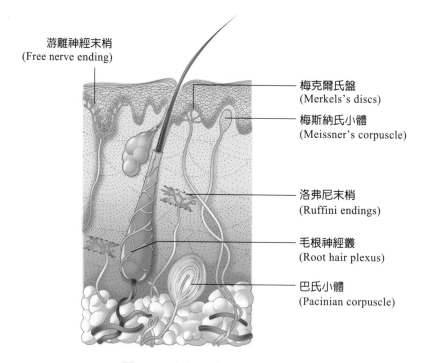

游離神經末梢
(Free nerve ending)

梅克爾氏盤
(Merkels's discs)

梅斯納氏小體
(Meissner's corpuscle)

洛弗尼末梢
(Ruffini endings)

毛根神經叢
(Root hair plexus)

巴氏小體
(Pacinian corpuscle)

■ 圖 8-5　各類皮膚感覺接受器。

另外，當身體接受到粗略的觸壓覺刺激時，A_β 神經纖維（為一級神經元）沿同側的脊髓背角進入並交叉至脊髓對側，再經由前脊髓視丘徑 (anterior spinothalamic tract) 上行徑（為二級神經元）傳遞至視丘，在視丘與三級神經元形成突觸，並將感覺訊息投射至大腦皮質中央後回也就是體感覺皮質區。

三、感受區及感覺敏銳度

當體表皮膚的某一範圍受到刺激時，激活感覺神經元將訊息最後傳導至大腦皮質中央後回的感覺區，意指大腦皮質中央後回的神經元在體表皮膚有相對應的感受範圍，此範圍即為感覺神經元的反應區或稱**感受區** (receptive field)。

反應區的大小與皮膚接受器數量成反比。例如，身體背部及下肢的體表面積雖然很大，但其皮膚所存在的感覺神經末梢數量卻很少，相對而言該反應區的範圍比較大。反觀之，指尖的體表面積雖小，但所存在的接受器數量則很多，因此指尖的反應區範圍相對較小。

輕觸覺反應區的大小可以由兩點觸覺辨識閾值測試 (two-point touch threshold) 得知。方法是以測量器的兩端同時輕觸皮膚，不斷縮小兩觸點的距離，讓受試者感覺是兩個觸點還是一個觸點。當兩觸點的距離縮小一定程度時，受試者會感覺成一個觸點，意指測試受試者所感受到兩觸點間的最小距離，即為兩點觸覺辨識閾值（表 8-3）。可以辨識兩觸點的距離越近，表示測得的閾值小，也就是反應區小，其兩觸點辨別能力則越精準，感覺敏銳度越好。反之，若感覺到兩觸點的距離越遠，表示測得的閾值大，也就是反應區大，其兩觸點辨別能力則越不精準，感覺敏銳度越不好。因此，兩點觸覺辨識閾值測試可作為觸覺敏銳度的依據。

盲人點字(braille)即是運用此原理來使用。盲人點字的字是由6個凸起的點所構成，每兩點間的距離一定要大於指尖的兩點觸覺辨識閾值，才能明確且快速辨認。使用點字法，盲人的摸讀速度約每分鐘可達平均100個字。

四、側邊抑制

以圓鈍物或針形物輕輕觸壓受測者的皮膚，將使皮膚上大量的接受器被啟動，但反應區活化的程度卻不相同。觸壓反應區中央的感覺最明顯，而周圍的感覺則較弱，這種感覺被敏銳化 (sharpening) 的現象稱之為神經系統的**側邊抑制作用** (lateral inhibition)（圖8-6）。

側邊抑制作用及感覺敏銳化的現象主要是由中樞神經系統所調控。當皮膚受到觸壓刺激時，反應區中央的感覺神經元受到的刺激最強，同時亦抑制反應區周邊的感覺神經元，且抑制程度亦有所差異，例如在聽覺上，側邊抑制作用可協助大腦將不同頻率的聲調做區分；在視覺上，則可以協助大腦將環境中的明暗做區隔；在嗅覺方面，可以協助大腦將氣味做更清楚地分辨。

▶ 溫度覺

溫度覺 (thermal sensation) 是透過冷覺與熱覺兩種不同溫度範圍的接受器，感受外界環境的溫度變化所引起的感覺。

表 8-3 身體各部位的兩點觸覺辨識閾值

身體部位	兩點觸覺辨識閾值 (mm)
腳拇趾	10
足底	22
小腿	48
大腿	46
背部	42
腹部	36
上臂	47
前額	18
手掌	13
大拇指	3
食指	2

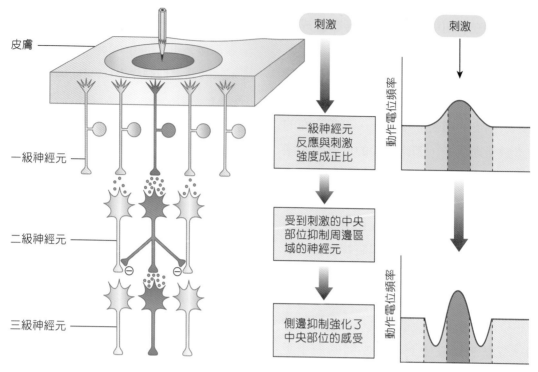

■ 圖 8-6 側邊抑制。

一、溫度接受器

　　溫度接受器一般分為兩種，即對熱敏感的熱接受器和對冷敏感的冷接受器。這兩種接受器在皮膚表層中呈點狀分布，叫做**熱點** (hot spot) 和**冷點** (cold spot)，其中冷接受器位於真皮層上部區域，當受到冷刺激時會被激活，若受到熱刺激即被抑制；而熱接受器位於真皮層下部區域，遇到熱刺激時會被激活，而遇冷則會被抑制。

　　溫度接受器比較密集分布在臉部、手背、前臂掌側面、足背、胸部、腹部以及生殖器官等皮膚。在一定範圍內的溫度，溫度接受器具有適應能力，故出現對溫度敏感度下降情形，熱接受器的適應能力只需幾秒鐘，但身體對熱的感覺適應性則需幾分鐘以上，可見人對熱的適應性並非完全取決於熱接受器，必須有中樞神經系統參與適應過程。

二、溫度覺的神經傳導路徑

　　一般認為冷和熱的接受器結構和功能各有明顯區別，但至今尚無法完全證實兩者確切的結構，傳導冷和熱刺激的神經纖維也不相同，傳導冷覺的神經纖維是一種細而有髓鞘的軸突（Aδ神經纖維），分布在皮膚的淺層，接近表皮層，其傳導速度約為11 m/sec；傳導熱覺的神經纖維是無髓鞘的細纖維，屬於C神經纖維(C fiber)，分布的範圍在皮膚的中層，傳導速度很慢，約0.6~1.0 m/sec，C神經纖維亦傳導其他訊息，例如痛覺，當有人受到45℃以上的熱覺刺激時，會產生熱燙痛的感覺；但溫度覺傳入中樞神經的途徑，與痛覺神經衝動的傳入途徑可能不盡相同。

　　冷、熱覺由上述各自的傳入纖維進入脊髓背角，並與二級神經元外側脊髓視丘徑(lateral spinothalamic tract) 形成突觸，並交

叉至脊髓對側上傳至視丘，接著在視丘與三級神經元形成突觸，並將感覺訊息投射至大腦皮質中央後回（圖 6-26）。

三、溫度覺的生理功能

用電生理學方法記錄冷和熱接受器被激活的電位，可發現熱接受器在22~46℃範圍內有產生電位衝動，在溫度40℃時出現的電位頻率最高，但最高也只是每秒4次左右。冷接受器在12~35℃範圍內有產生電位衝動，在溫度25℃時出現的電位頻率最高，每秒可達10次左右；在溫度35~45℃之間則沒有電位衝動產生；但在溫度45℃以上時，又有電位產生，這種現象叫做「異常放電」(abnormal release)。此外，熱覺的產生與其所受刺激的皮膚面積有關，若受到刺激的面積太小，則對熱的感覺不夠明顯，如加大受刺激皮膚的表面積，對熱的感覺則逐漸明顯，可見主觀(subjective)產生熱覺的過程中，中樞神經有空間性加成作用。

溫度接受器在恆溫動物體內有一定的感受範圍，例如人體的皮膚溫度保持在36℃，測定對熱的感覺，隨外界溫度（如水溫）上升時，熱的感覺會越明顯，當溫度上升到43~44℃時感覺最熱，溫度若再升高，主觀熱覺即不再增強；但當溫度升高到45℃時，即開始有熱、痛的感覺。若將人體的皮膚溫度保持在30℃，測定對冷的感覺，隨刺激溫度的逐步下降，冷覺會越顯著，直到環境溫度下降到17℃時，身體開始感到難忍。熱接受器的接受範圍為36~45℃時是單獨作用的，冷接受器在31℃以下也是單獨作用的，在31~36℃時熱、冷兩種接受器都同時被激活，此時人體既感覺熱又冷。

溫度覺是恆溫動物調節體溫的重要環節。當外界溫度或體內溫度（如血液的溫度）發生變動時，透過溫度接受器接收溫度變化刺激，傳入性神經衝動到達大腦的同時，也傳向下視丘的體溫調節中樞，從下視丘這裡發出傳出性神經衝動，以調控產熱器官（如骨骼肌等）或散熱結構（如皮下血管等），維持體溫的恆定。

▶ 痛覺

痛覺 (pain sensation) 是各種強烈不舒服的刺激作用於人體，引起組織損傷所產生的一種不愉快的感覺，稱為傷害性刺激。人體透過痛覺接受器可及時發現引起疼痛的刺激，並對刺激作出反應，所以痛覺是一種保護性機制。在臨床上，根據體表和體內疼痛的性質和部位，有助於疾病的診斷。

體表的痛覺可分為兩種類型，分別為**快痛** (fast pain) 和**慢痛** (slow pain)。快痛在受到傷害性刺激後很快發生（0.1秒內），是一種尖銳而定位清楚的「刺」痛。慢痛往往在刺激後 0.5~1.0 秒才被感覺到，是一種定位不明確的持續性「燒灼感」疼痛 (burning pain)，刺激消失後還可持續幾秒鐘，常伴有不愉快的情緒及心血管和呼吸等方面的改變。這兩種痛覺由不同神經纖維和不同路徑和不同傳導速度傳入中樞。

一、痛覺接受器

痛覺接受器通常是游離神經末梢，也就是一種沒有形成特殊結構的接受器。例如在皮膚、肌肉和血管壁上密集大量的分布游離神經末梢，其中大部分是用來感受痛覺。

二、痛覺的神經傳導路徑

快痛覺、慢痛覺各有不同的神經傳導路徑：

（一）快痛的傳導路徑

快痛的傳入神經為較粗有隨鞘的 **Aδ 纖維**，神經衝動的傳導速度為 6~30 m/sec。Aδ 纖維經脊髓背角傳入，並在脊髓交叉至對側與二級神經元形成突觸，再經**外側脊髓視丘徑**上傳至視丘，絕大部分神經纖維會與視丘中的三級神經元形成突觸，並將感覺訊息投射到大腦皮質中央後回（圖6-26）。快痛傳導速度快，是人體快速對痛有反應的路徑，其和觸覺接受器配合，快痛可精確的定位。

（二）慢痛的傳導路徑

慢痛的傳入神經纖維為較細無髓鞘的**C 纖維**，傳導速度為0.5~2 m/sec。C纖維進入脊髓後角後，在脊髓內經過一個或多個神經元的更換，再交叉到脊髓對側，經**外側脊髓視丘徑**上行，在腦幹中慢痛纖維廣泛終止於延腦、橋腦、中腦的網狀結構以及四疊體上丘和下丘的邊緣組織。網狀結構神經元突出的短纖維上行終止於視丘的板內核 (intralaminar nucleus)。因此，視丘、網狀結構和其他較次級的中樞與慢痛有關。慢痛的定位能力較差，有提高整個神經系統興奮和喚醒作用，因此慢痛常是失眠的重要原因。

P物質(substance P)是一種神經胜肽。目前認為P物質是C纖維的神經傳遞物質，C纖維神經末梢釋放P物質至突觸裂隙的速率較慢，同時P物質在突觸裂隙中去活化的速度也很慢，這是慢痛形成較晚且持續時間較長的原因。

三、內臟痛與牽連痛

體內的痛覺可分為兩種類型，分別是**內臟痛** (visceral pain) 與**牽連痛** (referred pain)。身體某部分感受到疼痛，有時候並不是該身體區域的傷害接受器受到刺激的結果，反而是內臟器官受損所造成的，即內臟痛。內臟痛的接受器也是游離神經末梢，其傳入神經纖維行走在自主神經幹中，即迷走神經、交感神經和骨盆神經中。

某些內臟疾病可引起體表的特定部位，發生疼痛不舒服感覺，這種現象稱為牽連痛。例如**心絞痛**(angina pectoris)病人常感到**左肩**、左臂內側、左側頸部疼痛和心前區疼痛；膽囊炎病人時常感到右肩部疼痛；闌尾炎病人早期感到上腹部或臍周圍疼痛等。一般認為牽連痛的發生，是因為內臟與體表的感覺神經元在脊髓中連結到相同的聯絡神經元所致（圖8-7），這些聯絡神經元將訊息傳入視丘，並由視丘再送入與特定身體部位相對應的體感覺皮質區域。

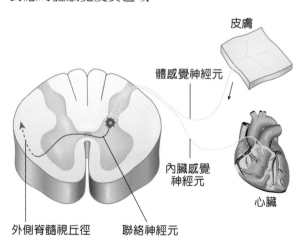

皮膚

體感覺神經元

內臟感覺神經元

心臟

外側脊髓視丘徑　聯絡神經元

■ **圖 8-7** 內臟傷害接受器引起牽連痛的機制。

內臟痛與體表皮膚痛相較，具有下列特徵：

1. 內臟的感覺神經末梢分布比較稀疏，因此內臟所產生的痛覺比較模糊、不易明確指出疼痛的確切部位，且痛覺緩慢、持久，有時甚至不會有主觀的感覺，有時會引起身體體表特定部位牽連痛。

2. 引起體表皮膚的感覺神經末梢分布較密集，皮膚對痛的刺激（如刀割、燒灼等），一般定位清楚且不會引起內臟痛。

▶ 本體覺

本體覺(proprioception)是來自身體內部的肌肉、肌腱、關節等處的刺激，使我們不需透過視覺，便可以得知本身軀幹、肢體的動作及其相對位置，也就是對自己肢體、軀幹或關節的位置與動作的感覺，以及對肌肉張力的感覺。廣泛來說，當運動涉及關節、肢體的移動時，皮膚的觸覺亦參與本體覺的產生。

一、本體覺接受器

本體覺接受器 (proprioceptor) 主要位於肌肉、肌腱和關節囊中，主要包括**肌梭 (muscle spindle)** 及 **高爾基肌腱器 (Golgi tenden organ)**。

肌梭位於骨骼肌內，平行包埋於肌纖維之間。肌梭的感覺神經元為游離末梢，當肌肉長度拉長時，可受刺激而興奮；當肌肉收縮長度縮短時則被抑制。肌梭主要提供肌肉長度變化的訊息，並參與**牽張反射 (stretch reflex)** 的產生。高爾基肌腱器位於肌腱內，亦含有游離神經末梢，可感受肌肉施予肌腱的張力，提供骨骼肌收縮程度的訊息。因此，肌梭及高爾基肌腱器分別感受肌肉被牽張的程度，以及肌肉收縮和關節伸展的程度，並將這些感覺訊息傳入中樞神經系統（軀體運動中樞），以調節骨骼肌的運動（詳見第9章）。

二、本體覺的神經傳導路徑

依傳導路徑與功能的不同，分為意識性本體覺和非意識性本體覺。意識性本體覺指軀幹和四肢的深部感覺，與皮膚接受器激活產生的感覺一樣，其傳導路徑由三級神經元組成，具體傳導途徑請參見圖 6-26。

非意識性本體覺又稱為反射性深部感覺，其傳入小腦的深部本體覺，由二級神經元組成。一級神經元的細胞本體在脊神經節（背根神經節）內，其樹突位於肌肉、肌腱、關節等深部本體覺接受器，軸突自背根神經節入脊髓背角，經脊髓小腦徑上行至小腦。

過去學者認為本體覺接受器只參與皮質和下意識的肌肉反應。近代研究修正此觀點，例如，局部麻醉上肢所有皮膚傳入纖維後，手指的位置感覺依然存在著，說明肌肉及關節的傳入纖維依然可到達大腦皮質的體感覺皮質區。值得注意的是，肌肉和關節的傳入纖維還可以經過中繼細胞(relay cells)途徑到達運動皮質。因此感覺與運動系統之間有著十分密切的聯繫。

8-3 視覺
Vision

視覺是指眼睛接受外界環境特定波長範圍的電磁波(electromagnetic wave)刺激，經過特定的神經傳導途徑到達中樞神經系統，經過處理後所獲得的主觀感覺。眼睛是人的視覺器官，視網膜的錐細胞和桿細胞是視覺（光）接受器，適當的刺激波長為380~760 nm的電磁波（稱為可見光）。

眼睛是人類和高等動物最重要的感覺器官，人腦從外界獲得的所有訊息中，大約有70% 以上來自於視覺系統。

▶ 眼睛的構造

眼睛即視覺器官 (visual organ)，由眼球和附屬構造兩部分組成。眼球具有將光波轉換為神經訊息的能力。眼睛附屬構造則是位於大腦和眼睛周圍的淚腺和眼外肌等構造。

眼球壁從外向內依次分為纖維層、血管層和視網膜層三層。

1. 纖維層 (fibrous tunic)：由強韌的膠原纖維結締組織組成，為眼球的最外層，具有保護作用。可分為角膜和鞏膜兩部分。

   (1) 角膜 (cornea)：占據纖維層的最前部，呈透明狀，曲率較大，有折射光線作用。角膜內無血管，但有豐富的感覺神經末梢，故角膜的感覺十分敏銳。

   (2) 鞏膜 (sclera)：角膜之後的整個外膜部分，均屬鞏膜，又稱眼白，呈乳白色的纖維組織，無法透光。它與角膜共同構成眼球外壁的堅韌外層，可維持眼球形狀。

2. 血管層(vascular tunic)：為眼球的中間層，含豐富的血管、神經和色素，呈棕黑色，又稱葡萄膜層。血管層由前至後可分為虹膜、睫狀體和脈絡膜三部分。

   (1) 虹膜 (iris)：虹膜由色素細胞、虹膜肌構成。虹膜肌分為環狀肌（或稱括約肌）及放射狀肌（或稱輻射肌或擴大肌），其為平滑肌特性。虹膜中間有一黑洞稱為瞳孔 (pupil)，在弱光下或看遠方時，交感神經興奮，刺激輻射肌收縮，瞳孔放大；在強光下或看近距離物體時，副交感神經興奮，刺激環狀肌收縮，瞳孔縮小。

   (2) 睫狀體 (ciliary body)：是脈絡膜向前的延伸，是血管層最肥厚的部分。睫狀體內有平滑肌稱為睫狀肌 (ciliary muscle)，該肌的收縮與舒張可使懸韌帶 (suspensory ligament) 鬆弛與緊張，從而調節水晶體的曲率。

   (3) 脈絡膜 (choroid)：約占血管層的後2/3，為一層柔軟的暗褐色薄膜，後方有視神經穿過。其功能是提供眼球視網膜外部營養，並吸收眼球內分散的光線，以免光線散射。

3. 視網膜 (retina)：又稱為神經層 (nervous tunic)，為眼球壁的最內層。只存在眼球的後面部分，主要功能為感光及影像的形成。可再分為色素層及神經層。

   (1) 外層的色素層：往前延伸連接睫狀體的平坦部，由單層色素的單層細胞組成，為視網膜不具視覺的部分。

   (2) 內層的神經層：包含三個神經元的區帶，依電位衝動傳導的順序由外到

內，分成**光接受器細胞** (photoreceptor cell)、**雙極細胞** (bipolar cell) 及**神經節細胞** (ganglion cell)（圖 8-8）。光接受器細胞可接受光線的刺激，依其形狀分為**桿細胞** (rod cell) 及**錐細胞** (cone cell)。

視網膜後部偏顳側中央存在一凹陷，此處呈黃色，稱為**黃斑** (macula lutea)，在黃斑中央有一小凹陷，稱為**中央凹** (fovea centralis)，此處只含有**錐細胞**（不含桿細胞），**是視覺最敏銳的地方**。離中央凹越遠則錐細胞越少，桿細胞反之越多。所有神經節細胞的軸突最後集中在眼球後方，形成視神經並以 90 度轉入**視神經盤** (optic disc) 離開眼球。視神經盤為神經纖維、血管通過之處，因此沒有任何的桿細胞及錐細胞，而無法形成影像，故又稱為盲點 (blind spot)，以上結構用眼底鏡檢查時，可在視網膜後部見到（圖 8-9）。

水晶體 (lens) 位於虹膜之後，玻璃體之前，不含血管，由數層的蛋白纖維組成，其各層的排列如同洋蔥。水晶體被懸韌帶固定在眼球內部特定的位置，在正常的情況下，水晶體為完全透明，當因疾病或創傷導致水晶體變為不透明時，即稱為**白內障** (cataract)。

以水晶體為界將眼球分隔為兩個空腔：前腔 (anterior cavity) 和後腔 (posterior cavity)。前腔又以虹膜為界再分為**前房** (anterior chamber) 及**後房** (posterior chamber)（圖 8-10），前腔內部充滿著**房水** (aqueous humor)；後腔內部為**玻璃體** (vitreous

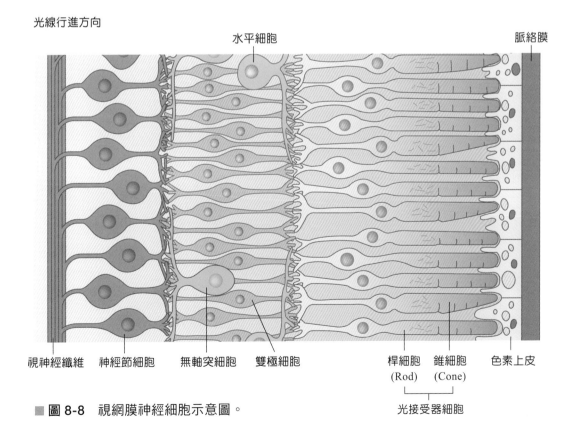

光線行進方向　　　　　　　　　水平細胞　　　　　　　　　脈絡膜

視神經纖維　神經節細胞　無軸突細胞　雙極細胞　　　桿細胞 (Rod)　錐細胞 (Cone)　色素上皮

光接受器細胞

■ **圖 8-8**　視網膜神經細胞示意圖。

(a)

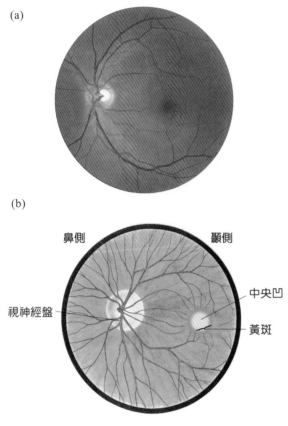

(b)

鼻側　　　　　　　　顳側

視神經盤

中央凹

黃斑

■ 圖 8-9　(a) 眼底鏡下的視網膜；(b) 示意圖。視神經纖維離開視神經盤後，即稱為視神經。

chamber)，房水和玻璃體皆具有維持眼壓，以防止眼球塌陷的功能，不過具有調節眼壓變化的為房水。

房水是由睫狀體上皮細胞（又稱睫狀突）所分泌，然後從後房經瞳孔流至前房，再由前房隅角流經〔**許萊姆氏管 (canal of Schlemm)，或稱為鞏膜靜脈竇 (scleral venous sinus)**〕，最後排至靜脈，回收到血液中。正常狀況下，房水的分泌與排出維持平衡，以穩定眼壓；但若房水製造過多或排出受阻，會使房水堆積在眼前腔，造成眼壓升高，出現青光眼，嚴重有可能會失明。

▶ 視覺生理

在眼球內與視覺產生有關的結構是屈光系統 (dioptric system) 和感光系統。**屈光系統由角膜、房水、水晶體和玻璃體組成**，感光系統則由視網膜的光接受器細胞（桿細胞及

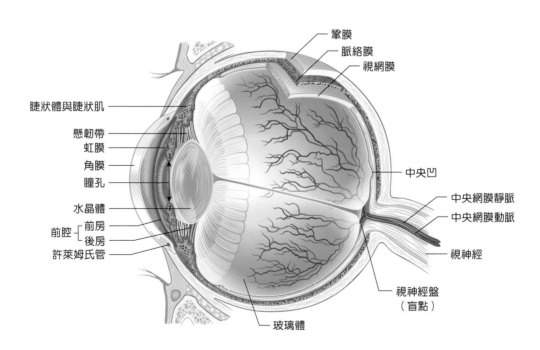

鞏膜
脈絡膜
視網膜

睫狀體與睫狀肌

懸韌帶
虹膜
角膜
瞳孔

水晶體

前腔 ┌ 前房
　　└ 後房

許萊姆氏管

中央凹

中央網膜靜脈
中央網膜動脈

視神經

視神經盤
（盲點）

玻璃體

■ 圖 8-10　眼球的基本構造（水平切面）。

錐細胞）及其相連的雙極細胞和神經節細胞構成。

眼睛受到適當可見光範圍內的刺激，透過眼球內的屈光系統和感光系統在視網膜上形成影像。視網膜上的光接受器細胞，能將可見光刺激的視覺訊息轉變為電位訊號，最後由神經節細胞將視覺訊息傳入中樞。神經節細胞為整個視網膜中唯一可產生動作電位者。

一、屈光系統

(一) 折 射

當光線由空氣進入另一個單球面屈光體介質時，光線折射情況取決於該介質與空氣界面的曲率半徑和介質本身的折射指數(refractive index)。介質的**折射**(refraction)作用會使光線改變行進的方向，以空氣的折射指數定位為1.00，則房水及水晶體折射指數分別為1.33及1.40，角膜折射指數為1.38。因此，光線與眼球構造折射指數相差最懸殊的界面為「空氣—角膜」接觸區，當光線穿過眼角膜時會出現最大的折射現象。此外，

折射率與分界面的曲率弧度也有關係；在眼球構造中，角膜的弧度固定不變，但水晶體的弧度可被睫狀肌來調節，所以眼球會將影像精確地聚焦投射於視網膜黃斑上，主要靠改變水晶體的形狀來調節。由於光線投射到視網膜上的成像是經過折射，所以與實際影像相比對，視網膜的成像是呈上、下顛倒及左、右相反（圖8-11）。

(二) 瞳孔的縮放作用

瞳孔的大小可隨光線的強弱而改變，即弱光下交感神經活化瞳孔放大，強光下副交感神經（即動眼神經）活化瞳孔縮小，稱為**瞳孔反射**或**光反射**，其意義在於**調節進入眼球內的光線量**，以保護視網膜。瞳孔對光反射的過程為：當強光照射視網膜時，經視神經將衝動傳入至光反射中樞，再經動眼神經中的副交感纖維傳出，使瞳孔環狀肌收縮，引起瞳孔縮小；當光線微弱時，虹膜的輻射肌受交感神經元刺激而收縮，使瞳孔放大（圖8-12）。

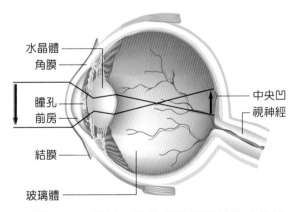

■ 圖 8-11　折射。外界光線經折射後成像於視網膜上。

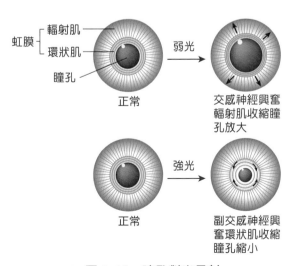

■ 圖 8-12　瞳孔對光反射。

光反射的效應是雙眼同時進行的，光照一側眼時，兩眼瞳孔同時縮小，這種現象稱為同感性對光反射(consensual light reflex)。光反射的中樞位在中腦。

(三) 水晶體的調節作用

當眼睛在看遠處物體（6公尺以外）時，所有從物體反射進入眼內的光線，可視為是平行光線。正常眼睛在休息時，不須作任何調節，平行光線都能在折射後準確地聚焦在視網膜上，此種在眼睛休息狀態下，可看清物體的最遠處，即稱為**遠點**(far point)。若折射率不變，眼睛看近物（6公尺以內）時，由於距離移近，進入眼內的光線由平行光線變為輻散(divergence)，經折射後會聚焦於視網膜的後方，因此眼睛必須經過一系列的調節作用，才能在視網膜上形成清晰的影像。

藉由睫狀肌收縮及放鬆可改變懸韌帶的張力，進而調節水晶體的曲率弧度，使光線準確地投射在視網膜上，此稱為**調節作用**(accommodation)（圖8-13）。以**看近物**為例，當看近物時，視網膜上物體影像模糊，當模糊的影像訊息到達視覺皮質時，反射性地激活動眼神經中的**副交感神經興奮**，使睫狀肌的環狀肌收縮，引起懸韌帶放鬆，水晶體自身便彈性地回彈，而改變形狀向前方和後方凸出變圓，以前方凸出較為明顯，也就是明顯增加水晶體前表面曲率，使光線折射力增強，物體影像前移，焦點正好落在視網膜黃斑上。反之，**看遠處**時，**交感神經興奮**，睫狀肌放鬆，懸韌帶拉緊，水晶體受牽張而變扁，降低水晶體前表面曲率，使光線折射力下降，物體影像後移，焦點落入視網膜黃斑。

水晶體的最大調節能力可用**近點**(near point) 來表示。所謂近點，是指眼睛盡最大能力調節所能看清物體的最近距離。

(四) 眼睛的會聚

當眼睛看近物時，兩眼瞳孔縮小，且眼球同時向內轉聚合，使影像投射於視網膜相對應的點上，其意義在於產生單一清晰的影像視覺，即稱為眼睛的**會聚**(convergence)（圖8-14）。

二、感光系統：視網膜的光化學反應

光線自外界進入眼睛，透過眼球的屈光系統將光線聚焦在視網膜黃斑上，這是一種物理性的折射作用，與照相機拍照在底片上成像的原理並無太大的區別。

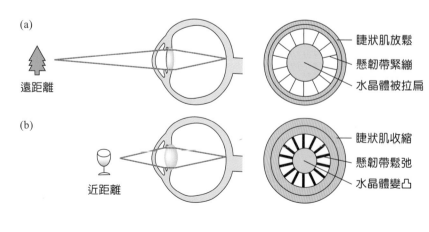

(a) 遠距離

睫狀肌放鬆
懸韌帶緊繃
水晶體被拉扁

(b) 近距離

睫狀肌收縮
懸韌帶鬆弛
水晶體變凸

■ 圖 8-13　水晶體的調焦作用。(a) 當睫狀肌放鬆時，懸韌帶被拉緊，水晶體隨之被懸韌帶向外拉扁，可看遠距離的影像；(b) 當睫狀肌收縮時，懸韌帶放鬆，水晶體變凸，適合看近物。

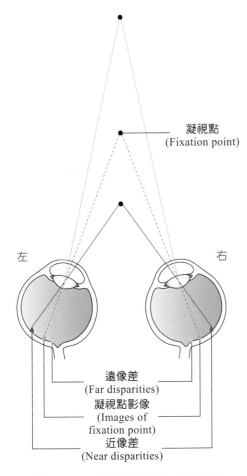

■ 圖 8-14　眼睛的會聚作用模式圖。

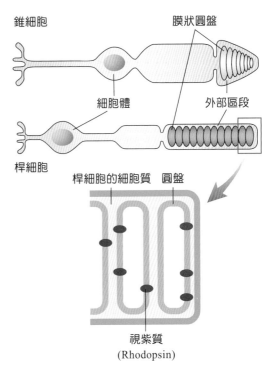

■ 圖 8-15　錐細胞和桿細胞的結構圖。每一個光接受器細胞都內含外部區段和內部區段。

眼睛形成的視覺「影像」，是屬於意識或心理層次的主觀映象。視網膜作為眼睛感光系統的部分，包含來自視網膜接受光線刺激，並將光線轉換為神經纖維上的電性活動，最終傳至視覺皮質內。

視網膜上的光接受器細胞（桿細胞和錐細胞），其外部區段有膜狀圓盤（圖 8-15），受光線照射時，圓盤上的感光色素分子會產生光化學變化，進而活化光接受器。感光色素分子由**視質**(opsin)與**視黃醛**(retinal)兩部分所組成。桿細胞與錐細胞內所含的感光色素分子，依其視質的不同，分別吸收不同波長的光線。

(一) 桿細胞的光化學反應

桿細胞外部區段的圓盤上鑲嵌著感光色素分子，稱為**視紫質** (rhodopsin)，可感受弱光，其內含的感光色素分子主要吸收綠光，而讓紅光與藍光通過，其最大吸收波長 (absorption maximum) 約為 500 nm。由於桿細胞上的視紫質無法吸收紅光，所以夜間眼睛對於綠色物體的視覺較為清晰。

視紫質由**順式視黃醛** (11-*cis* retinal) 和視質所組成。當視紫質吸收光線時，經由**褪色反應**，又稱漂白反應 (bleaching reaction)，將順式視黃醛裂解為**反式視黃醛** (all-*trans* retinal) 和視質（圖 8-16），產生光化學變化而產生視覺電性訊息。由於視黃醛是維生素 A 的衍生物，因此當**維生素 A 缺乏**時，視紫質合成不足，則患有**夜盲症** (night blindness or nyctalopia)。

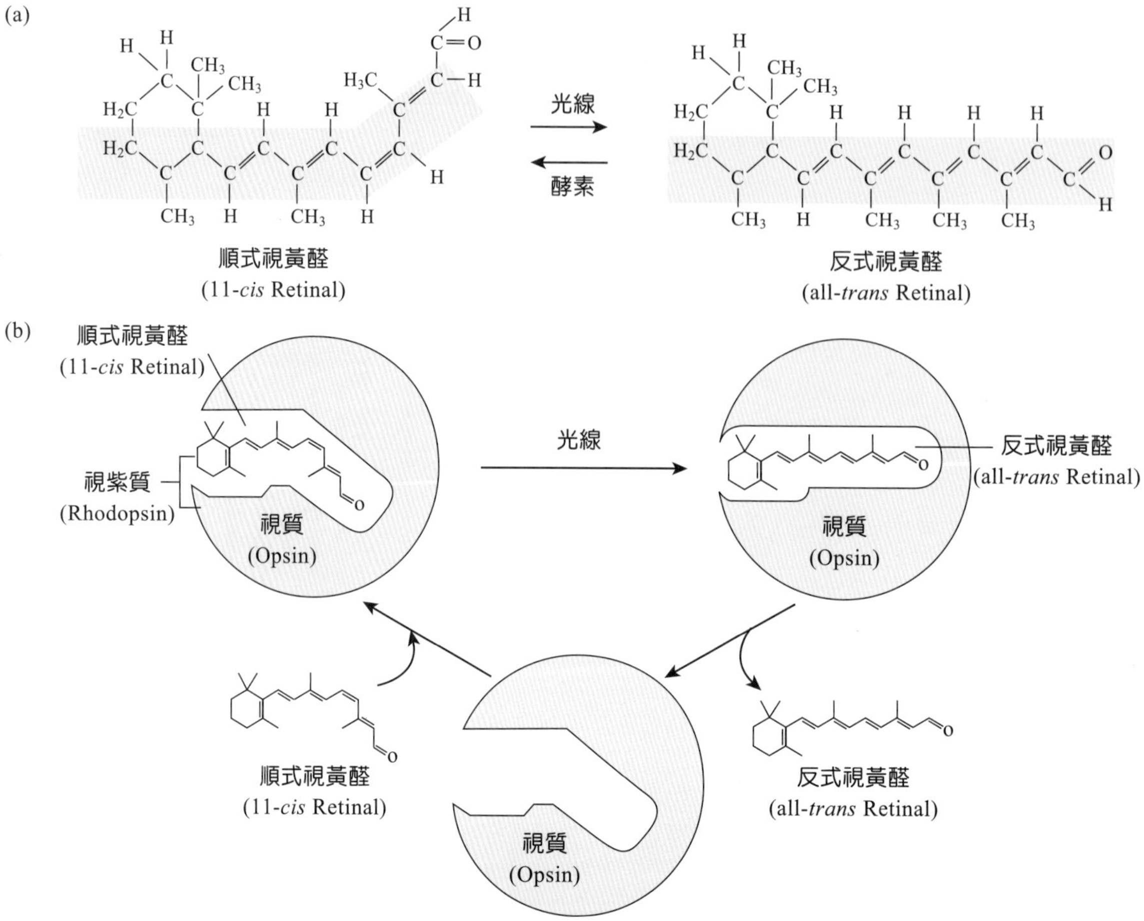

(a)

順式視黃醛
(11-*cis* Retinal)

反式視黃醛
(all-*trans* Retinal)

(b)

順式視黃醛
(11-*cis* Retinal)

視紫質
(Rhodopsin)

視質
(Opsin)

反式視黃醛
(all-*trans* Retinal)

視質
(Opsin)

順式視黃醛
(11-*cis* Retinal)

視質
(Opsin)

反式視黃醛
(all-*trans* Retinal)

■ 圖 8-16　視紫質的結構及其循環。

視黃醛可分為反式 (all-*trans*) 或順式 (11-*cis*) 兩種形式。其差異在於反式視黃醛較穩定，不需與視紫質結合即可存在；而順式視黃醛則需與視紫質結合。褪色反應發生的原理為：當視紫質吸收光能後，順式視黃醛會轉變成反式視黃醛而脫離視紫質，分離出來的視質隨後與具有調節性的**傳導素** (transducin) G 蛋白結合，使得 G 蛋白結構上的 α 次單位被解離出來，並與**磷酸雙酯酶** (phosphodiesterase, PDE) 結合，進一步催化 cGMP 轉變成不具有活性的 GMP，導致細胞膜上的 cGMP 調控的陽離子通道 (cGMP-gated cation chammels) 關閉，促使 Na^+ 內流

減少，桿細胞產生抑制性的過極化電位（圖 8-17），最終調節神經節細胞興奮而產生動作電位，並將視覺神經衝動傳入腦部視覺皮質。

當桿細胞不受光照時，細胞膜上有相當數量的 cGMP 調控的陽離子通道(cGMP-gated cation chammels)處於開放狀態，形成 Na^+ 持續性地流入，並由桿細胞外部區段流入內部區段。同時，內部區段細胞膜上 Na^+-K^+ 幫浦的連續活動，將 Na^+ 不斷地運輸到細胞外，維持了細胞內外 Na^+ 的動態平衡，這種現象稱為**暗電流**(dark current)。這是光接受器細胞的特殊之處，當處在靜止（無光線刺激）時，

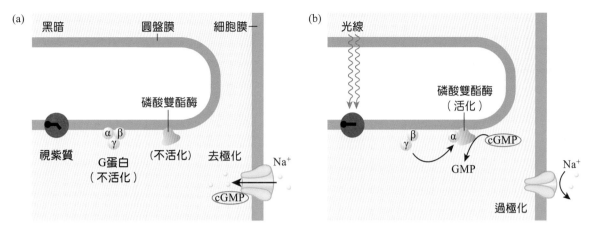

■ 圖 8-17　桿細胞的光反應機制。(a) 無光線刺激時，Na$^+$ 通道開啟，桿細胞處於去極化的狀態；(b) 有光線照射時，Na$^+$ 通道關閉，桿細胞過極化。

其靜止膜電位為–30 ～ –40 mV，為興奮性去極化狀態。

(二) 錐細胞與彩色視覺

錐細胞外部區段的圓盤上，亦含有特殊的感光色素分子，稱為**光視質**(phodopsin)，對光線的敏感性較差，需在較強的光線下才有產生反應。依其最大吸收波長的不同可分成三種，分別對紅、綠、藍光敏感。

錐細胞的特性就是具有辨別顏色的能力。在視網膜上存在著對三原色紅、綠、藍色光線特別敏感的三種錐細胞，當某一種顏色的光線作用於視網膜上時，會以一定的比例使三種錐細胞興奮（圖 8-18），這樣的訊息傳至腦部，就會產生該顏色的感覺。例如用紅光單顏色光刺激，紅、綠、藍三種錐細胞興奮程度的比例為 4:1:0 時，便產生紅色的感覺，所以三原色紅、綠、藍錐細胞有如調色盤，可依不同的錐細胞活化程度，調色出各種不同的視覺顏色。

光線作用於錐細胞時，也發生與桿細胞類似的過極化電位，最終在相應的神經節細胞上產生動作電位，其神經傳導機制與桿細胞類似。

(三) 暗適應與亮適應

當人長時間暴露於光亮的環境中，突然進入暗處時，最初會看不見任何東西，經過一定時間後，視覺敏感性才逐漸增加，再逐漸看見在暗處的物體，這種現象稱為**暗適應** (dark adaptation)。而相反的，當人長時間處於暗處，突然進入明亮處時，最初會感到一片耀眼的光亮，也是不能看清物體，稍待片刻後才能恢復視覺，這種現象稱為**亮適應** (light adaptation)。

暗適應是眼睛在暗處對光的敏感性逐漸增加的過程，大約需 20 分鐘左右就可達到桿細胞的最大敏感度。弱光下敏感度逐漸提高的原因，是由於原來處於明亮處，受光刺激產生褪色反應，造究桿細胞及錐細胞的感光

色素大量減少,在黑暗中桿細胞需要視紫質感受光線,但來不及製造,故需經過一段時間合成感光色素,這就是使得眼睛在最初的5分鐘內出現暗適應的原因,而5分鐘後,由於視紫質逐漸合成,增強桿細胞活性,使其對弱光敏感,則在暗處可逐漸看見物體。

亮適應進程很快,通常幾秒鐘即可完成,這是因為桿細胞在暗處蓄積大量視紫質,進入明亮處遇到強光時迅速分解,從而產生耀眼的光感覺。當桿細胞感光色素迅速

裂解之後,亦就是桿細胞活性下降後,對光不敏感的錐細胞則能在明亮處恢復視覺。

三、視覺敏銳度及敏感度

當光線聚焦於視網膜的黃斑中央凹時,光接受器即被刺激,因此,黃斑中央凹對光線敏銳性相當強。當在閱讀或注視物體時,眼球轉動方向會自動隨著物體位置而調整,以使光線能準確地投射在黃斑中央凹上。

視網膜中含有約一億兩千萬個桿細胞及六百萬個錐細胞,並約有120萬條神經纖維傳送視覺訊息。也就是說,光接受器受到光線刺激後,視覺訊息以會聚形式傳遞至1個神經節細胞;但錐細胞與桿細胞的會聚程度不同,其中以桿細胞會聚程度較高。

黃斑**中央凹**除了色素上皮外,只有**錐細胞分布且密度為最多**之處,約有4,000個錐細胞,沒有桿細胞存在,故中央凹是視網膜最薄處;而中央凹周圍區域則同時有錐細胞及桿細胞分布(圖8-19)。當光線直接落在黃斑中央凹的錐細胞上,錐細胞透過與雙極細胞和神經節細胞形成一對一的視覺傳導途

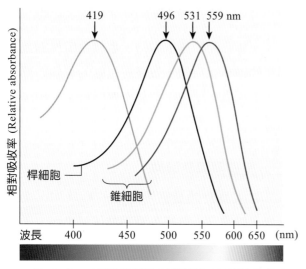

■圖 8-18　三種錐細胞及桿細胞的相對吸光度。

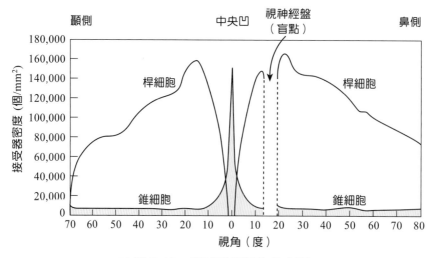

■圖 8-19　光感受器細胞分布圖。

徑，使中央凹成為視覺最敏感區域。一個神經節細胞可接收中央凹內的一個錐細胞直徑（約2 μm）大小區域的視網膜訊息。

在中央凹以外的周圍區域，大多是桿細胞分布，桿細胞會在弱光刺激的情形下被活化。所以當弱光照射時，光線必須投射於黃斑周邊，才能激活桿細胞，視覺訊息並以會聚形式經由一條神經纖維傳送。也就是說，一個神經節細胞與多個雙極細胞形成突觸，則一個神經節細胞會接收大量桿細胞的視覺訊息，約接收1 mm^{2}大小區域的視網膜訊息。**弱光時，桿細胞**對光線敏銳度高，但對影像的敏銳度卻很差，所以夜間看物體無法像白天那樣清晰。

四、視覺的神經傳導路徑

當光線投射入眼睛時，受到角膜和水晶體的折射作用，使得雙眼視網膜的左半部接收到右半側的視野影像，雙眼視網膜的右半部則接收到左側視野影像（圖 8-20）。由神經節細胞軸突發出的纖維稱為視神經。視神經在**視交叉** (optic chiasma) 處進行半交叉，指來自視網膜鼻側的視神經交叉到對側，而顳側的視神經不交叉仍在同側向前行進。來自對側（有交叉）和同側（不交叉）的視神經共同組成一側的**視徑** (optic tract)，視徑到達視丘後部的**外側膝狀體** (lateral geniculate body)，在此處視徑與視放射形成突觸，視放射神經纖維上行經內囊，到達大腦枕葉視覺區的**紋狀皮質** (striate cortex)（圖 8-20）。

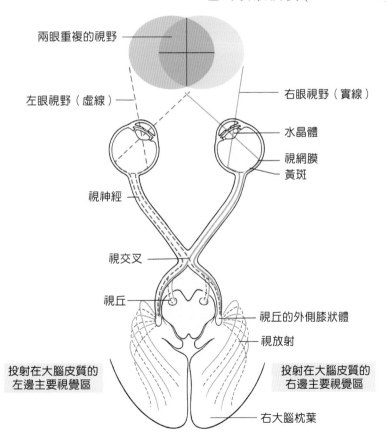

兩眼重複的視野

左眼視野（虛線）

右眼視野（實線）

水晶體

視網膜

黃斑

視神經

視交叉

視丘

視丘的外側膝狀體

視放射

投射在大腦皮質的左邊主要視覺區

投射在大腦皮質的右邊主要視覺區

右大腦枕葉

■ **圖 8-20** 視覺的神經傳導路徑。視覺訊息先送到外側膝狀體，再投射到大腦皮質；視神經纖維交叉，使得大腦半球的視覺皮質接受來自對側視野的訊息。

膝狀體紋狀系統(geniculostriate system)是由視丘外側膝狀體與枕葉紋狀皮質所組成，約有70~80%的視網膜訊息會傳到膝狀體紋狀系統，主要控制視覺影像的認知功能；另，約有20~30%的視網膜訊息是經由四疊體系統(tectal system)傳到中腦四疊體(optic tectum)的上丘，上丘主要調節瞳孔反射和整合視覺訊息，以協助眼球運動及身體動作的協調性。

總之，視覺訊息的神經傳導途徑為：光線→桿細胞及錐細胞產生電位（過極化電位）→雙極細胞→神經節細胞（唯一可產生動作電位）→神經節細胞軸突集合成為視神經→視交叉→視徑→視丘的外側膝狀體→視放射(optic radiation)→大腦枕葉的視覺區。

五、視覺訊息的神經處理

(一) 神經節細胞的感受區

在黑暗中，每個神經節細胞都有基礎緩慢放電活動。在光照刺激條件下，對神經節細胞而言，單一光束刺激，比廣泛光源刺激有效。神經節細胞感受到單一光束直接投射至感受區中心時，該區域的神經節細胞放電速度會明顯增加；當上述光束僅稍微移開感受區中心時，感受區周圍的光線，則會抑制感受區中心的神經節細胞放電速度。所以，光線落於感受區中心與落於感受區周圍所產生的反應是互相拮抗的。

神經節細胞感受區有兩種反應模式（圖8-21）：

1. **中心開啟型感受區 (on-center field)**：此時光線落在感受區中心時，感受區中心的神經節細胞被激活。
2. **中心關閉型感受區 (off-center field)**：此時光線落在感受區周圍時，感受區中心的神經節細胞被抑制。

當外界的光線是分散時，會同時激活與抑制神經節細胞，每個神經節細胞的活性受到光線強度的影響，所以大範圍的光源對視網膜的刺激效果，會比單一光束來得弱，這也是一種側邊抑制的形式，目的是增加視覺的敏銳度。

(二) 外側膝狀體

雙眼的視覺訊息皆會傳送到外側膝狀體，但是外側膝狀體內的大細胞層和中細胞層只會接收來自單眼的視覺訊息。實驗發現，外側膝狀體的神經元感受區為圓形，也與神經節

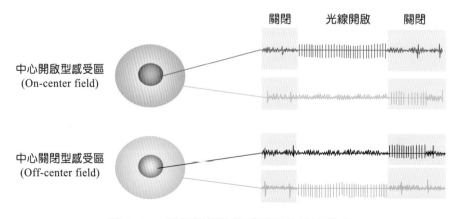

關閉　　光線開啟　　關閉

中心開啟型感受區
(On-center field)

中心關閉型感受區
(Off-center field)

■ 圖 8-21　神經節細胞的感受區的反應模式。

細胞相似，亦具有感受區中心和感受區周圍。如前所述，外側膝狀體神經元的感受區，即為神經節細胞在視網膜所能看到的訊息，這種與視網膜視覺位置點對點的對應圖，稱之為視網膜對應圖(retinotopic map)。

(三) 大腦皮質

外側膝狀體會將視覺訊息傳送至大腦枕葉的紋狀皮質（布羅曼氏第 17 區），再投射到枕葉的紋狀外皮質（布羅曼氏第 18 及 19 區）（參考圖 6-6），因此第 17、18 及 19 區之間的皮質神經元接收到光線刺激而活化。

視覺皮質神經元可分為簡單 (simple)、複雜 (complex) 及超複雜 (hypercomplex) 神經元，紋狀皮質（第 17 區）同時含有這三種神經元。而第 18 及 19 區只含有複雜及超複雜神經元。簡單神經元感受區多為矩形，這是因為視放射神經纖維以特定排列而成。複雜神經元接受來自簡單神經元的訊息，而超複雜神經元又接受來自複雜神經元的訊息。

▶ 視覺障礙

由於生理狀況、生活習慣、遺傳因素及意外受傷等狀況，引起眼睛相關結構異常，從而導致視覺異常，稱為視覺障礙 (visual impairment)。常見的視覺障礙包括：

1. **近視 (myopia)**：由於眼球前後徑太長，或水晶體的曲率太大，使影像不能正常落於視網膜上，而落於視網膜前，導致視覺模糊的現象，可戴凹透鏡來改善（圖 8-22a）。
2. **遠視 (hyperopia)**：由於眼球前後徑過短，或水晶體的曲率太小，這樣入眼的平行光線在到達視網膜時尚未聚焦，形成一個模糊的影像，焦點落於視網膜後，此時可戴凸透鏡矯正（圖 8-22b）。
3. **散光 (astigmatism)**：因角膜或水晶體的表面曲率不平整所致，使光線折射後出現不同的焦點。散光病人無論從哪一角度，都無法將輻射狀排列的所有線條看清楚，可使用圓柱面透鏡進行矯正。

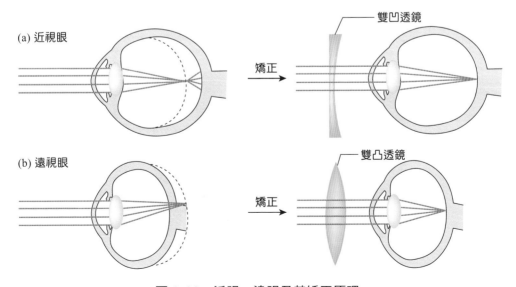

■ 圖 8-22　近視、遠視及其矯正原理。

4. **老花眼**(prebyopia)：由於年齡的增加，**水晶體**有新的纖維增生而逐漸**變大、變硬**，再加上懸韌帶、睫狀肌也隨年齡增加而逐漸退化，因此調節能力較差，無法對近距離的物體對焦，需戴單面凸透鏡加以矯正。

5. **青光眼**(glaucoma)：因前腔房水分泌過多或回流受阻，例如許萊姆氏管(Schlemm's canal)阻塞，造成眼壓上升超過正常範圍，可能會引起視網膜及視神經受損，導致視野缺損、視力受損，甚至失明。

6. **色盲**(color blind)：為性聯遺傳疾病，主要發生在X染色體上的基因異常，造成錐細胞缺乏。好發生於男性，男性發生機率約8%，女性約0.5%。依據錐細胞缺乏的種類，分為紅色盲(protanopia)、綠色盲(deuteranopia)及藍色盲(tritanopia)三種。色盲只有極少數是視網膜後天病變引起，絕大多數是由遺傳因素決定。

7. **斜視** (strabismus)：是因**眼球外在肌**收縮協調發生問題所致。

8-4 聽覺
Hearing Sensation

耳朵是負責接收聲波並產生聽覺訊息的器官，聲波激活聽覺接受器細胞（**耳蝸柯氏器的毛細胞**）興奮，並經聽神經將訊息傳入中樞，經各級聽覺中樞分析後產生的聽覺，對動物適應環境和人類認識大自然有著重要的意義，亦是有聲語言互相交流思想、溝通往來的重要途徑。

▶ 耳朵的構造

耳朵 (ear) 可分為**外耳** (external ear)、**中耳** (middle ear) 及**內耳** (inner ear)（圖 8-23）。

一、外 耳

外耳主要負責收集聲波，並以空氣為媒介傳送聲波。可分為**耳廓** (auricle)〔又稱耳翼 (pinna)〕、**外耳道** (external auditory canal) 以及鼓膜。

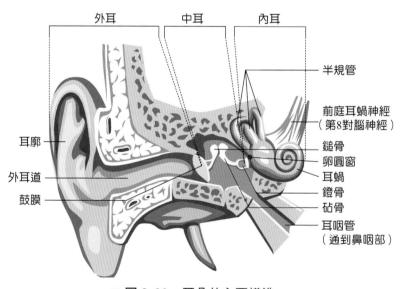

外耳　中耳　內耳

半規管
前庭耳蝸神經（第8對腦神經）
鎚骨
卵圓窗
耳蝸
鐙骨
砧骨
耳咽管（通到鼻咽部）

耳廓
外耳道
鼓膜

■ 圖 8-23　耳朵的主要構造。

外耳道指外耳至**鼓膜** (tympanic membrane) 的管道，其外部 1/3 管道為軟骨，是耳廓軟骨的延續；內部 2/3 管道為硬骨，為顳骨所形成，其路徑成「S」形。

二、中耳

中耳是傳導聲波的主要部分，結構雖小，但極為重要。中耳位於外耳和內耳之間，大部分在顳骨內，為一個充滿空氣且不規則的空腔，又稱**鼓室** (tympanic cavity)。中耳內有三塊聽小骨 (auditory ossicles)，它們由外而內分別是**鎚骨** (malleus)、**砧骨** (incus) 及**鐙骨** (stapes)，所以在中耳以骨骼作為聲波傳導的媒介。鎚骨附著在鼓膜上的內側面，而

鐙骨又與耳蝸上的**卵圓窗** (oval window) 相連，藉此可將聲波的振動傳入耳蝸。

耳咽管 (auditory tube) 又稱為**歐氏管** (Eustachian tube)，為**連接中耳與鼻咽**的一個管道，負責**平衡鼓膜（外耳與中耳）兩邊的壓力**，如飛機起降時或上下山時，會產生耳朵閉塞感（耳鳴），引起暫時性聽力減弱，是因為鼓膜兩邊壓力失去平衡所導致。鼻咽處的發炎，有時會經由耳咽管而波及中耳，引起中耳炎。

三、內耳及耳蝸

內耳為浸泡在液體中的構造。因形狀複雜，又稱為**迷路**(labyrinth)，可分為膜性迷路及骨性迷路兩部分（圖8-24）。其外部為

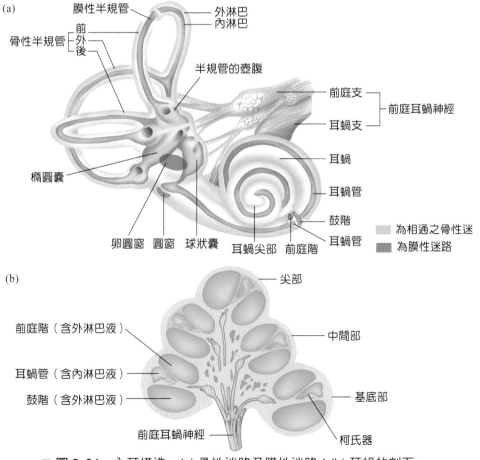

■ **圖 8-24** 內耳構造。(a) 骨性迷路及膜性迷路；(b) 耳蝸的剖面。

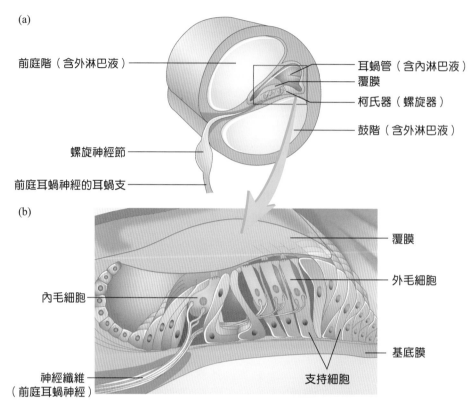

前庭階（含外淋巴液）
螺旋神經節
前庭耳蝸神經的耳蝸支
內毛細胞
神經纖維（前庭耳蝸神經）

耳蝸管（含內淋巴液）
覆膜
柯氏器（螺旋器）
鼓階（含外淋巴液）
覆膜
外毛細胞
基底膜
支持細胞

■ **圖 8-25** 柯氏器（螺旋器）。(a) 位於耳蝸的柯氏器；(b) 柯氏器的細部結構。

骨性迷路，套在骨性迷路內的為膜性迷路。填充在膜性迷路腔內的液體稱為**內淋巴液** (endolymph)，填充在膜性迷路與骨性迷路之間腔隙內的液體稱為**外淋巴液**(perilymph)，所以在內耳以液體作為聲波傳導媒介。內、外淋巴液互不相通，有營養內耳和**傳遞聲波**的作用。骨性迷路可分為前庭、半規管及耳蝸，膜性迷路則包括橢圓囊、球狀囊、耳蝸管及膜性半規管等構造，就功能而言，耳蝸職司聽覺，前庭及半規管則掌管平衡覺。

耳蝸外觀如蝸牛殼，為一骨性的螺旋狀管道，圍繞蝸軸約二圈半，為與聽覺有關的構造。耳蝸的橫切面分為三個腔，上為**前庭階** (scala vestibuli)，此通道與中耳的卵

圓窗相接；中間為**耳蝸管** (cochlear duct)，內部充滿內淋巴液；下方的腔室為**鼓階** (scala tympani)，其終止於中耳的圓窗 (round window)。前庭階和鼓階內充滿外淋巴液，前庭階與鼓階在蝸頂處藉蝸孔 (helicotrema) 彼此相通。

聽覺接受器位於耳蝸管基底膜上，稱為**柯氏器** (Corti's organ) 或**螺旋器** (spiral organ)，由**毛細胞** (hair cell) 及**支持細胞** (supporting cell) 所組成（圖 8-25）。毛細胞分為內毛細胞與外毛細胞，毛細胞的上端與**覆膜** (tectorial membrane) 相連。

蝸軸內有**螺旋神經節** (spiral ganglion)，屬於前庭耳蝸神經（第 8 對腦神經），其神

經元連接著毛細胞的基底膜，位於耳蝸底部的基底膜對高頻聲波敏感，位於耳蝸尖部則對低頻聲波敏感。因此，耳朵之所以能夠分辨聲音的頻率，是與柯氏器基底膜的位置（底部或尖部）有關（圖 8-27）。

▶ 聽覺生理

聲音的強度(intensity)是決定聲音響度(loudness)的因素。**聲波強度**的單位是**分貝**(decibel, dB)，指聲波振幅的大小（表 8-4）。人耳能聽見的聲音最低強度為 0 分貝。聲音強度越強，分貝值越高，可承受最大強度為 120 分貝的聲音。每相差 10 分貝代表聲音的實際強度相差 10 倍，相差 20 分貝則強度相差 100 倍(10^2)。聲音的音調是指聲音在每秒鐘發生振動的次數或頻率決定，單位為赫茲(Hz)，頻率越高則音調越高。人耳所能聽到的聲音頻率範圍大約在 20~20,000 Hz 之間，在此音頻範圍內可區分 0.3% 的音頻差異，在強度範圍內可區分最細微的強度差異有 0.1~0.5 分貝。

一、外耳及中耳的功能

耳廓的形狀有收集聲波功能，在辨識聲源方位上有重要的作用。聲波由外耳道傳入後，可刺激鼓膜產生微小的振動，藉此可將聲波振動傳入中耳。

聲波由外耳空氣直接傳入內耳液體（內淋巴）會有 99.9% 的能量被反射出來，只有 0.1% ($1/10^3$) 的聲音可傳入內耳液體，約等於損耗了 30 dB 的音量。因此，假設沒有中耳的傳導，外耳道聲波通過中耳的氣腔，直接撞擊內耳卵圓窗，引起內耳腔內液體（淋巴）的振動，將 0.1% 的聲音傳入內耳，這相當於在外耳大聲說話，傳入內耳變成剛好能聽到的耳語聲。很顯然中耳的傳音功能十分重要。

(一) 中耳的傳音作用

聲波在外耳道首先引起鼓膜的振動，鼓膜是由振動特性極好的彈性膜組成，由環狀和輻射狀的膠原纖維相互重疊而成，這種結構使鼓膜有良好的剛性。從聲學特性來看，鼓膜可看作一種壓力接受器，鼓膜振動的幅度雖然微小，但能隨聲波產生精細變化的振幅。因此，鼓膜的振動可包含外界聲波的所有訊息。

事實上，鼓膜是透過聽小骨系統一起傳送聲波至耳蝸。當鼓膜向內運動時，鼓膜的細微振動依序傳給附著在鼓膜上的鎚骨，接著傳給砧骨及鐙骨，又由於鐙骨的底面板與卵圓窗相連，最終振動推入耳蝸內；當鼓膜

表 8-4	在不同環境下測出的聲音強度（約略值）
分貝	**場 合**
20	耳語聲；微風吹動的樹葉聲
40	普通辦公室的談話聲音；鐘擺的聲音
50	平時說話的聲音、吸塵器的聲音
60	兩個人以上的吵鬧聲或是大聲講話的聲音
70	電話的鈴聲；屋外的卡車聲
80	熱鬧街道上的聲音；大客車的行進的聲音
90	火車通過的聲音；狗連續的吠叫聲
110	汽車的喇叭聲
120	飛機起降與引擎的聲音；會令耳朵疼痛的聲音

向外運動時，鐙骨板回縮，卵圓窗則做反向運動。因此，鼓膜的**機械振動**，透過聽小骨系統的傳導，引起內耳卵圓窗的振動，將聲波傳入耳蝸內。

(二) 中耳的增壓功能

所謂中耳增壓，是指聲波透過鼓膜及聽小骨，作用於卵圓窗時，其振動的壓力增大，而振動幅度減小。根據測試結果，聲波傳至卵圓窗的壓力，相當於作用在鼓膜上的 24 倍，這種增益效應是經由鼓膜和鐙骨板的面積比 (area ratio)，及鎚骨柄和砧骨長度的槓桿比 (level ratio) 而產生（圖 8-26）。

鼓膜和鐙骨板相當於活塞 (plunger) 的兩端，根據力學原理，作用於鼓膜的總壓力約等於作用於卵圓窗的總壓力（微小機械摩擦損耗不計）；但由於鼓膜的面積大大超過卵圓窗的面積，根據測量鼓膜的有效面積（約 55 mm^2）約為鐙骨板面積（3.2 mm^2）的 17 倍，故作用於卵圓窗膜的壓力則遠遠大過鼓膜上的壓力。

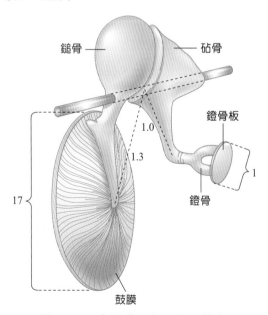

鎚骨 —
砧骨 —
鐙骨板
1.0
1.3
1
鐙骨
17
鼓膜

■ 圖 8-26　中耳增壓作用原理模式圖。

三塊聽小骨中的各關節具有改變力量方向的作用，鎚骨的連接點（相當於槓桿的支點）位於鎚骨靠近骨頭處，類似一個槓桿，其長臂為鎚骨支點到鼓膜長度，短臂為鎚骨支點到鐙骨頭長度，前者是後者的1.3倍。因此，經由鼓膜作用於鎚骨柄上的槓桿作用，鐙骨的壓力會增加1.3倍。也就是說，透過中耳的增壓作用，卵圓窗單位面積所產生的壓力會增加17×1.3＝22.1倍，相當於26~28 dB。

(三) 中耳的保護作用

一般情況下，中耳具有增壓作用，但是當聲波太強時，中耳亦具有減弱聲音的作用，阻止過量的聲音傳入內耳，這種保護性作用是透過中耳的**鐙骨肌**(stapedius muscle)和**鼓膜張肌**(tensor tympani muscle)所控制。

當鼓膜張肌收縮時，鎚骨柄被拉向內側，帶動鼓膜朝中耳腔內移動，鼓膜緊張度增加，各聽小骨的連接更為緊密，促使聲波傳導效能降低。鐙骨肌收縮時，將鐙骨板沿垂直於活塞方向振動，引起砧骨及鐙骨之間的關節做平行細微的移動（鐙骨肌收縮對鐙骨肌的位置影響不大），從而增加中耳聲音的抗性，降低中耳傳導聲波的效能。當兩條肌肉同時收縮時，由於鼓膜向內移，聽小骨鏈 (ossicular chain) 被壓縮，關節的移位和鐙骨板的橫向牽拉，使傳入內耳的聲波可減弱30~40 dB。

鐙骨肌和鼓膜張肌反射作用是保護內耳，使其免受聲波過強的刺激。另外，由於減弱的聲音主要是低頻部分，在強雜訊環境中，透過中耳肌的作用，有利於語言聲音（中

頻部分）的分辨。但是，對突發性的短暫強噪音，如槍聲、爆炸聲等，常來不及保護而造成內耳神經永久的損傷。

(四) 耳咽管的功能

正常情況下，耳咽管是保持著閉合狀態，有利於呼吸時鼻咽腔氣壓的變化，而不影響中耳腔的氣壓，並防止咽喉發聲時向中耳內傳播。另一方面，當吞嚥、打噴嚏等動作可使耳咽管間隙打開，透過短暫的開啟，外界大氣通過管道進入中耳內，保持中耳內壓與外界大氣壓平衡。當鼓膜兩側壓力相等時，有利於鼓膜的振動和聽小骨的傳導。

連接耳咽管及鎚骨的鼓膜張肌收縮時，耳咽管才會打開；若中耳腔和外界大氣壓出現壓力差，有時也能被動的打開，當中耳內氣壓大於外界氣壓時，氣體經由耳咽管向外排除比較容易，而當外界氣壓大於中耳內氣壓時，則氣體要進入中耳比較困難。特別是大氣壓大大超過中耳壓力達 90 mmHg 時，即使進行吞嚥，亦難讓管腔打開，這是因為耳咽管的膜受到壓力直接作用而閉合，如飛機突然下降或迅速潛入深水時，容易出現耳鳴的現象。

耳咽管還具有引流作用。耳咽管黏膜上皮細胞能分泌黏液，且其表面有豐富的纖毛，而中耳黏膜分泌物和脫落的上皮細胞，可藉助耳咽管黏膜上皮的纖毛運動和黏液流動，排出耳咽管。耳咽管的軟骨黏膜較厚，黏膜下層有疏鬆結締組織，使其表面產生皺摺，可阻止液體和異物從鼻咽倒流入中耳。

二、耳蝸的作用

聲波透過外耳和中耳的集音和傳導，引起內耳卵圓窗的振動，接著，內耳把機械能量轉換為生物電能（神經衝動），傳入中樞神經系統，才引起聽覺。

(一) 聲波在耳蝸中的傳送

內耳的功能是將傳到耳蝸的機械振動轉變為聽神經上的動作電位，亦就是將機械能轉換為生物電能，在這個轉變過程，耳蝸管基底膜的振動是關鍵性的作用。

含內淋巴液的耳蝸管，在耳蝸尖部的末端處為盲端，而前庭階與鼓階的外淋巴液在耳蝸尖部蝸孔處相通。當聲波的振動到達卵圓窗時，卵圓窗來回振動促使前庭階的外淋巴液產生波動，此波動依方向傳向鼓階，使鼓階的外淋巴液亦隨之波動，再由波動的外淋巴液傳到耳蝸底部，使圓窗向中耳腔產生位移。

低頻率聲波引起的外淋巴液波動，其傳送距離最遠可由前庭階經蝸孔傳送至鼓階。但音頻越高，聲波被傳送的距離越短，所以聲波頻率不同，其傳播距離和最大振幅（位移）出現的部位也會不同。基底膜的振動，最先發生在靠近卵圓窗處的基底膜，隨後沿基底膜向耳蝸尖部傳播。高頻聲波只能推動耳蝸底部小範圍的基底膜振動；中頻聲波能從底部推動基底膜振動向前延伸，到耳蝸中央部振幅最大，然後逐漸消失；低頻聲波則從底部基底膜的振動推進到耳蝸尖部，以尖部振幅最大（圖8-27）。依據聽覺訊息在基底膜發生位置的不同，傳入大腦後便被解釋為不同的音調。

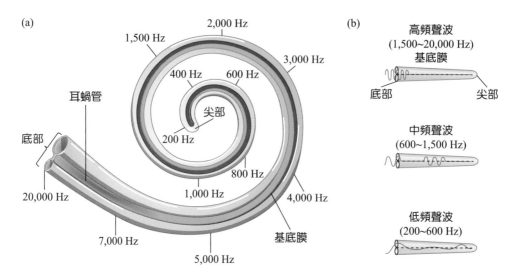

■ **圖 8-27** 聲波的傳導。不同音頻的聲波對基底膜的作用位置。

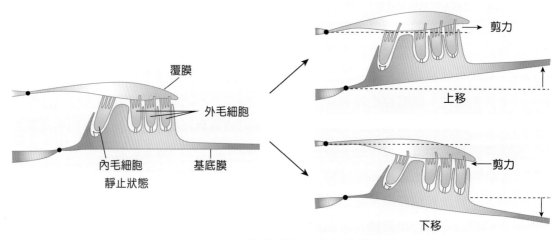

■ **圖 8-28** 外毛細胞產生動作電位的原理。

（二）耳蝸的神經衝動產生

聲波傳入耳蝸內，使基底膜振動，引起該位置的毛細胞興奮。毛細胞將基底膜振動的機械能轉換為膜電位變化的生物電能，即接受器電位。接受器電位傳至毛細胞底部，引起細胞釋放神經傳遞物質，最後形成動作電位，傳入中樞引起聽覺。

毛細胞的一端與基底膜相連，另一端則有**實體纖毛**(stereocilia)與覆膜相連。當外淋巴液振動時，耳蝸管會產生位移，使得覆膜與基底膜之間產生剪力(shear force)（圖8-28）。促使實體纖毛位移和彎曲，因而開啟毛細胞膜上的離子通道，進而產生**去極化**，促使毛細胞釋放神經傳遞物質，刺激與其相連的感覺神經元（耳蝸神經）活化。

當基底膜受到的壓力越大，實體纖毛的彎曲度就越大，毛細胞釋放的神經傳遞物質就越多，進而使感覺神經元（耳蝸神經）產

生動作電位的頻率也越高。實驗顯示，當實體纖毛彎曲僅 0.3 nm 時，即可引發動作電位。也就是說，聲波刺激越大，實體纖毛彎曲程度亦隨之越大，感覺神經元引發動作電位的頻率也就越高，耳朵所聽到的聲音也就越大。

三、聽覺的神經傳導路徑

耳蝸管的聽覺訊息先由前庭耳蝸神經傳至延腦，再經由延腦的神經元將聽覺訊息投射至中腦的下丘（圖 8-29）；下丘的神經元再投射至視丘，經過視丘的內側膝狀體，聽覺訊息傳送至顳葉的聽覺皮質。在聽覺皮質上，有特定的區域接收耳蝸管基底膜位置相對應的聽覺訊息。聽覺皮質中的每一區域可視為耳蝸內各區域基底膜毛細胞的投射區，或是將其視為不同音調的投射區。

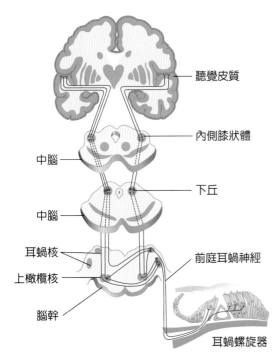

■ 圖 8-29　聽覺的神經傳導路徑。

總而言之，聽覺傳導的途徑為：前庭耳蝸神經的耳蝸支 → 延腦 → 中腦的下丘 → 視丘內側膝狀體 → 大腦**顳葉**的聽覺皮質。

▶ 聽覺障礙

引起聽覺障礙 (hearing impairments) 的兩個主要原因為：(1) **傳導性聽力損失** (conductive hearing loss)；(2) **感覺神經性聽力損失** (sensorineural hearing loss) 或稱為知覺性聽力損失 (perceptive hearing loss)。一般就接收音頻的程度來說，傳導性聽力損失的病人，對於所有音頻接收都會發生障礙；而感覺神經性聽力損失的病人，則還可以接收部分的音頻。

外耳或中耳病變引起的聽覺障礙稱為傳導性聽力損失。傳導性聽力損失的外耳疾患有：耳道栓塞、外耳道閉鎖、外耳道炎症、腫瘤所致的外耳道狹窄等。若是內耳柯氏器至腦部的神經路徑過程中發生病變所導致的聽力受損，則稱為感覺神經性聽力損失，例如：暴露於極大噪音中，造成內耳的受損。哺乳動物的內耳毛細胞一旦受損，便無法再生，聽力障礙將永久存在。爬蟲類及鳥類的毛細胞卻有再生的現象。

造成聽力損失的原因有很多，可能的因素為聽覺構造出現病變或老化所引起，因老化造成的聽力障礙，又稱為**老年性聽力損失** (presbycusis)。

一般正常聽力約在 20 歲左右開始出現衰退的現象。高音頻的聲波 (18,000~20,000 Hz) 會先出現衰退，男性影響程度比女性多。高音頻聲波的障礙會隨著年齡的增加而範圍變廣，其範圍可能逐漸擴大至 4,000~8,000 Hz。

助聽器 (hearing aids) 可將聲波放大，促使聲波經鼓膜傳至內耳，適用於傳導性聽覺障礙病人。人工電子耳 (cochlear implants) 能將接收的聲波轉換為電能，以刺激前庭耳蝸神經，故適用於感覺神經性聽覺障礙病人。

8-5 平衡覺
Sense of Equilibrium

平衡覺是指身體移動而引起的感覺，與身體的位置、平衡狀態有關。平衡覺的接受器位於內耳，稱為**前庭器** (vestibular apparatus)，主要提供頭部的方向位置。前庭器為骨性迷路中央球形隆起處，向內延伸連接耳蝸，上接骨性半規管。（圖 8-24）。

▶ 前庭器的構造

前庭器的構造主要分成**耳石器官** (otolith organs) 和**半規管** (semicircular cannals) 兩部分。

一、耳石器官

耳石器官包括**橢圓囊** (utricle) 及**球狀囊** (saccule)。橢圓囊和球狀囊的內部含有**聽斑** (macula acustica)，聽斑由感覺上皮細胞、膠質狀的**耳石膜** (otolithic membrane) 及負載在耳石膜上的極小碳酸鈣結晶體—**耳石** (otoliths) 組成（圖 8-30a）。耳石的密度相對較大，是內淋巴液和周邊組織密度的 2~3 倍。而毛細胞的纖毛埋在耳石膜中。在聽斑內，毛細胞的**動纖毛** (kinocilium) 排列呈一致方向。

二、半規管

半規管為三個不同平面（水平、前和後）且相互垂直的管道。半規管呈弧形，繞 3/4 圈，兩端開口銜接橢圓囊（圖 8-24a）。

膜性半規管的底部有膨大部位，稱為**壺腹** (ampulla)。壺腹中隆起的區域為**壺腹嵴** (crista ampullaris)，是半規管感受平衡的結構，它的表面有毛細胞和支持細胞組成的感

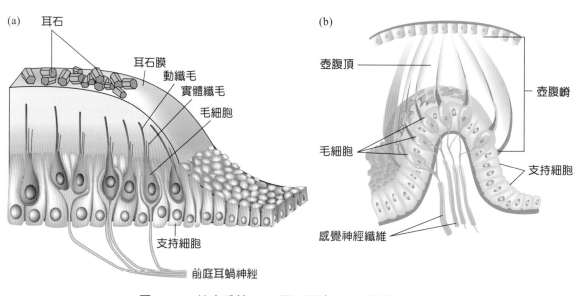

(a)
耳石
耳石膜
動纖毛
實體纖毛
毛細胞
支持細胞
前庭耳蝸神經

(b)
壺腹頂
壺腹嵴
毛細胞
支持細胞
感覺神經纖維

■ **圖 8-30** 前庭系統：(a) 耳石器官；(b) 半規管的壺腹。

覺上皮。毛細胞的纖毛埋於**壺腹頂** (cupula)，是一種膠質狀的膜（圖 8-30b），為可滑動的膠狀彈性組織，可隨內淋巴液流入或流出壺腹腔出現位移。

每一個壺腹崤平衡覺接受器都含有毛細胞，是特化的上皮細胞，每根毛細胞含有 20~50 根**實體纖毛** (stereocilia)，實體纖毛是由蛋白絲構成，纖毛中比較大的一根才是真正的纖毛構造，稱為**動纖毛** (kinocilium)。動纖毛總是位於毛細胞表面的同一側，且排列方向均相同。

▶ 平衡覺生理

一、前庭器毛細胞的電生理現象

聽斑和壺腹崤的毛細胞與耳蝸的毛細胞一樣，是機械性接受器細胞。在毛細胞的兩側及底部都與前庭神經產生突觸連結。

當毛細胞的實體纖毛向動纖毛方向彎曲時，壓迫細胞膜，刺激陽離子通道開放，內淋巴液中的 K^+ 湧入毛細胞內，產生去極化，使得毛細胞釋放神經傳遞物質，刺激前庭耳蝸神經前庭支活化，平衡覺的神經訊息沿著前庭支傳入腦部。當實體纖毛往反方向彎曲時，陽離子通道完全關閉，使得毛細胞過極化，減少神經傳遞物質釋放，促使前庭神經的動作電位發生頻率也隨之減少（圖 8-31）。

二、靜態平衡：線性加速度平衡

橢圓囊和球狀囊的功能是感受頭部空間位置和**線性加速度** (linear acceleration)，以維持身體的安靜平衡。球狀囊聽斑平面與地平面接近垂直，故當頭部沿垂直方向線性加速度運動時會刺激球狀囊聽斑，其毛細胞的動纖毛排列方向幾乎只有兩種，即向上和向下兩種毛細胞。當頭部作垂直方向線性加速度運動（如人在電梯上升或下降）時，一群毛細胞興奮，另一群毛細胞則抑制，中樞神經系統根據特定毛細胞的興奮和抑制，判斷頭部作向上或向下的垂直加速度運動。

橢圓囊和球狀囊不僅可感受頭部動態的線性加速度，也可感受靜態條件下頭部相對於重力方向的位置。當頭部處於不同位置時，由於重力和慣性的作用，使耳石膜與毛細胞的相對位置發生改變，導致纖毛產生彎

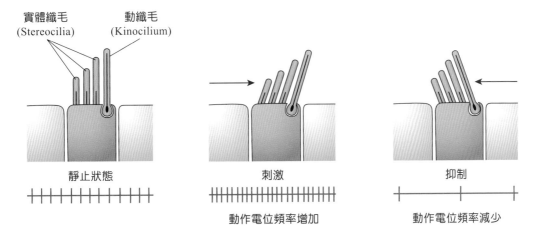

實體纖毛
(Stereocilia)　動纖毛
(Kinocilium)

靜止狀態　　　　刺激　　　　抑制

動作電位頻率增加　　　動作電位頻率減少

■ 圖 8-31　前庭器毛細胞的電生理現象。實體纖毛向動纖毛方向彎曲時，使與其相連的感覺神經元被刺激興奮；實體纖毛向反方向彎曲，感覺神經元的興奮性將被抑制。

曲，倒向某一方向，使得感覺神經發生變化產生衝動，平衡覺訊息經前庭神經前庭支傳入中樞後，可引起相對應的感覺，同時反射性地調節軀體肌肉張力引起姿勢反射，以維持身體的平衡。

三、動態平衡：角加速度平衡

當頭部轉動時產生的**角加速度**(angular acceleration)，會刺激半規管維持身體的動態平衡。透過雙側半規管的協同，中樞相關構造會感受到頭部轉動的平面、方向和程度。兩側的半規管近似和地面平行，可感受頭部沿水平方向轉動所形成的角加速度。當頭部向左旋轉時，半規管此時會跟著向左旋轉，但內部的內淋巴液會產生向右側旋轉的相對運動（圖8-32），所以，左側水平半規管內淋巴液體從管道內流入壺腹腔，使左側壺腹嵴毛細胞的實體纖毛向動纖毛方向彎曲，毛細胞去極化，前庭神經前庭支產生衝動增加（興奮）；而右側半規管內淋巴液體，則從壺腹腔流出進入半規管內，右側壺腹嵴實體

纖毛則背離動纖毛方向，導致毛細胞過極化，促使前庭支動作電位頻率減少。內淋巴液體流入和流出壺腹腔，使得壺腹嵴毛細胞，在壺腹頂做往返運動，中樞神經則根據一側壺腹嵴興奮而另一側抑制的訊息，感受頭部轉動的方向和加速度。

當頭部繼續以均勻速度向左旋轉時，由於半規管內液體已能隨著管道一起運動，而

知識小補帖

　　梅尼爾氏病 (Ménière's disease) 為內耳的一種淋巴液代謝障礙，可能由於內淋巴液生產過剩，或吸收障礙所引起的內淋巴水腫 (hydrops endolymphaticus)，但導致水腫的機制尚不清楚。梅尼爾氏病主要的臨床表現有：復發性的眩暈 (vertigo)、耳鳴及持續性的聽力減退，甚至聽力損失，有時亦會伴隨噁心、嘔吐、眼球震顫等症狀。此病雖不會危及生命，但常造成嚴重的不適而影響日常生活。梅尼爾氏病的治療，目前以手術及藥物治療為主。

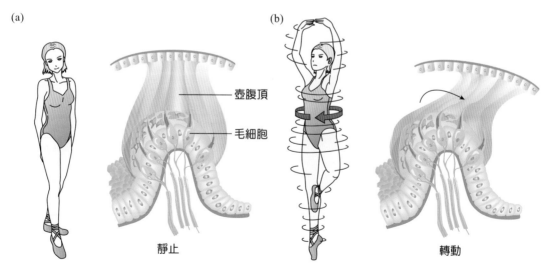

(a) 　　　　　　　　　(b)

壺腹頂

毛細胞

靜止　　　　　　　　　轉動

■ 圖 8-32　半規管內壺腹頂的平衡作用模式圖。(a) 在靜止狀態或固定速度下的壺腹頂與半規管的內淋巴；(b) 頭部轉動時，內淋巴的波動引起壺腹頂的擺動，進而刺激毛細胞產生興奮或抑制。

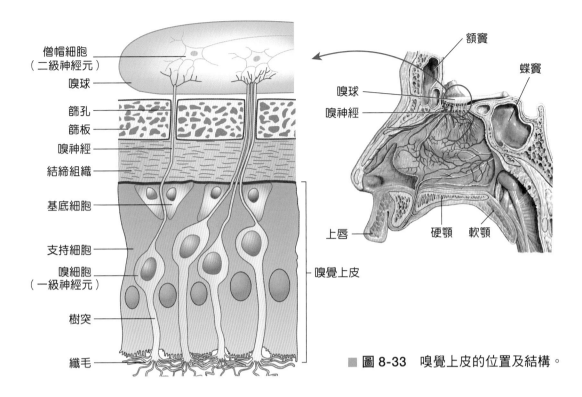

僧帽細胞
（二級神經元）

嗅球

篩孔

篩板

嗅神經

結締組織

基底細胞

支持細胞

嗅細胞
（一級神經元）

樹突

纖毛

嗅覺上皮

額竇

蝶竇

嗅球

嗅神經

上唇

硬顎　軟顎

■ 圖 8-33　嗅覺上皮的位置及結構。

不產生衝擊壺腹頂的推力，使得壺腹頂依靠彈性回到正中位置，實體纖毛則不再彎曲，毛細胞和感覺神經元進入休息狀態。當頭部向左旋轉突然停止時，半規管內的內淋巴液因慣性繼續向左旋轉，此時，右側半規管內淋巴液流入壺腹腔而興奮，在左側則流出壺腹腔而抑制，形成和開始旋轉時相反的結果。

半規管雖不能在靜態或固定方向運動的動態平衡中發揮作用，但在人體做快速和精細改變運動方向時，半規管可預測到人體將失衡的訊息，中樞神經則可提前作出反應。例如，人體在向前奔跑快速轉彎時，半規管可感受到這種角加速度，中樞神經接收到訊息則可提前校正，使人體不會跌倒。

8-6　嗅 覺
Smell

嗅覺是化學物質刺激嗅覺接受器所引起的「氣味」感覺，它是一種很主觀的感覺。嗅覺上皮 (olfactory epithelium) 為嗅覺接受器。

▶ 嗅覺上皮

嗅覺上皮位於鼻腔的最頂端，篩骨的篩板下方（圖 8-33），其黏膜內側向下覆蓋鼻中隔，外側覆蓋上鼻甲突起。嗅覺上皮面積越大，嗅覺靈敏度越高。狗的嗅覺很靈敏，即嗅覺上皮比人類大十倍以上。

嗅覺上皮由嗅細胞(olfactory cell)、支持細胞(supporting cell)和基底細胞(basal cell)構成。嗅覺的接受器細胞是嗅細胞，它是中樞神經系統衍生而來的雙極神經元，其樹突呈桿狀，表面有許多嗅覺纖毛伸入外表面的

黏液層。每個嗅細胞約有6~12根嗅覺纖毛，纖毛細胞膜上含有大量可與不同氣體物質結合的接受器蛋白分子，稱氣味分子結合蛋白(odorant-binding protein)，當氣味分子與其結合可興奮嗅細胞，嗅細胞無髓鞘的軸突通過篩板進入**嗅球**(olfactory bulb)，將嗅覺訊息傳向嗅覺中樞，引起嗅覺。

▶ 嗅覺生理

空氣中的有機化學物質為適當的刺激嗅覺接受器，激活嗅覺訊息生成。化學物質被吸入鼻腔內，與嗅覺上皮黏液層接觸，並溶解於黏液內，與嗅覺纖毛細胞膜上的氣味分子結合蛋白結合，活化嗅細胞產生去極化（接受器電位）。

一、嗅細胞的接受器電位

嗅覺接受器蛋白位於嗅細胞的細胞膜上，尤其是那些無法運動的纖毛。其表面有上千種氣味結合蛋白，每種蛋白可與一種或者多種氣味分子特異性的結合。這些氣味分子結合蛋白與G蛋白原本呈結合狀態，當與

氣味分子結合時，會促使G蛋白解離，活化細胞內的腺苷酸環化酶(adenylyl cyclase)，在ATP作用下產生cAMP（圖8-34）。細胞質中cAMP濃度升高，便會開啟離子通道（Na^+和Ca^{2+}通道），使Na^+和Ca^{2+}往細胞內擴散，進而產生**接受器電位**，經由電位加成作用而生成動作電位。

二、嗅覺的神經傳導路徑

嗅球中含有許多呈圓形的小球(glomeruli)，小球中有二級神經元〔（由僧帽細胞(mitral cell)的軸突形成，稱為嗅徑等）〕。嗅細胞產生的興奮性衝動傳入嗅球後，嗅細胞軸突會與二級神經元形成突觸，而每一個小球可感受一種嗅覺訊息。例如，在一間充滿各種香水的房間裡，每種香水的味道是經由小球中所產生的興奮形式而被辨識。藉由嗅球中的側邊抑制作用，可分辨出氣味的差異，主要是因小球彼此間的神經元形成樹突突觸有關。

嗅球中，僧帽細胞的軸突可匯合形成**嗅徑** (olfactory tract)，將嗅覺神經衝動直接傳

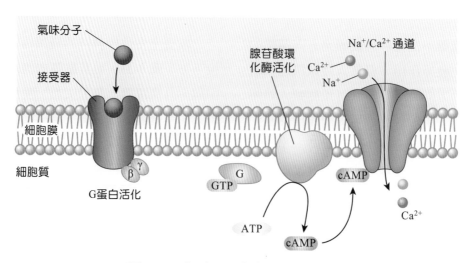

■ 圖 8-34　氣味分子與嗅細胞作用機制。

到大腦內側顳葉以及海馬回和杏仁核，最後神經衝動傳至大腦皮質的嗅覺區。

三、嗅覺的特性

1. **嗅覺靈敏度** (olfactory acuity)：是指在空氣中氣味分子以最小濃度可產生嗅覺的狀態。人類對於不同氣味分子的靈敏度不同（圖 8-35）。對於相同氣味，靈敏度也會因人而異。同一個人對嗅覺的靈敏度變動範圍也很大，尤其是內在因素的影響特別明顯，如感冒或鼻腔阻塞時，對嗅覺的靈敏度就會大大降低。

2. **嗅覺的適應現象**：指某種氣味突然出現時，可引起明顯的嗅覺，但如果這種氣味持續存在，則逐漸不再感覺得到。**嗅覺的適應通常很快**，一般氣味約數分鐘內便可適應，但較強烈的氣味則需較久，這種嗅覺的適應現象，不等於嗅覺的疲勞，只是對所聞的氣味提高閾值，對其他的氣味則不受影響。

3. **嗅細胞的更新**：脊椎動物嗅覺接受器細胞有一個重要特性，就是它們在成年後仍不斷更新和再生。嗅細胞接受化學刺激，容易受毒性損傷，需要不斷更新以適應需求。更新週期為數十天，新細胞包括從樹突到軸突的完整結構。

8-7 味 覺
Taste

味覺是指食物在人的口腔內，對味覺化學接受器的刺激而產生的一種感覺。味覺的接受器為味蕾，而味蕾主要分布於舌頭表面乳頭內，不同類型的味蕾可以感受不同的味覺。

▶ 味蕾的構造

味蕾(taste bud)為味覺的接受器，主要存在於舌頭，在軟顎及咽部也有少量的味蕾。人體有數種不同類型的味蕾，分別感受4~5種基本味覺。每個味蕾約有40個細胞，包括**味覺細胞**(taste cell, or gustatory cell)和**支持細胞**（圖8-36）。味蕾的表面有一小孔與

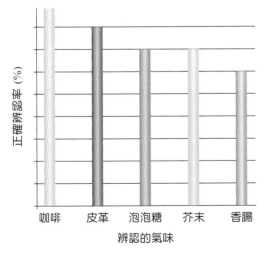

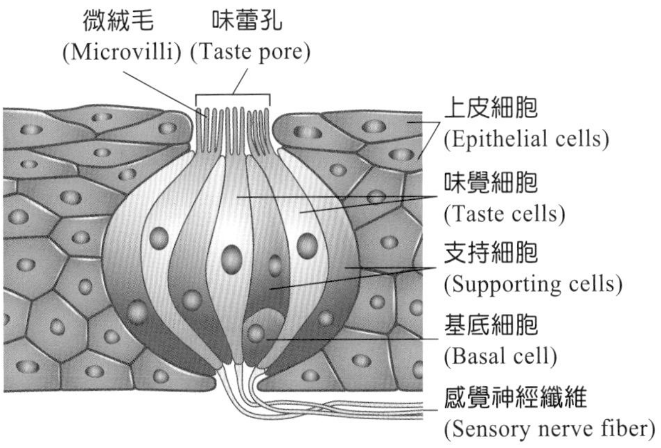

■ **圖 8-35** 人類對不同氣味分子的正確識別能力。

微絨毛 味蕾孔
(Microvilli) (Taste pore)

上皮細胞
(Epithelial cells)

味覺細胞
(Taste cells)

支持細胞
(Supporting cells)

基底細胞
(Basal cell)

感覺神經纖維
(Sensory nerve fiber)

■ **圖 8-36** 味蕾的結構。

舌表面相通，稱為**味蕾孔**(taste pore)。味覺細胞前端有毛狀突起的**微絨毛**，是味覺感受的關鍵部位。微絨毛由味蕾孔伸到味蕾的外面，可接受化學分子的刺激；其下方與感覺神經纖維相連，這些神經纖維負責將味覺訊息傳送到大腦。

▶ 味覺生理

人和動物的味覺可以感受和區分多種味道，眾多的味道是由 4~5 種基本的味覺組合而成的。每一個味蕾含有許多味覺細胞，可以辨識不同的味道。而一個感覺神經元可以同時接收不同味蕾中味覺細胞的刺激，但只傳遞一種特定的味覺訊息。感覺神經元受到味覺訊息活化後，舌頭便能感受到複雜味覺。

一、味覺的感受機制

不同的味覺細胞，其產生接受器電位的機制並不完全相同（圖8-37）。食物中的**鹹味**是由 Na^+ 或其他陽離子引起的。Na^+ 通過微絨毛細胞膜上特殊的化學控制型離子通道進入細胞內，造成味覺細胞**去極化**而釋放神經傳遞物質。此外，與 Na^+ 相關的陰離子(Cl^-)同時亦可調控鹹度的接受性，例如：相較於游離的 Na^+，NaCl 對鹹味更容易產生敏感性。其原因可能是 Cl^- 易穿過味覺細胞間的緊密接合(tight junctions)，而使 Na^+ 易產生鹹味。**酸味**與鹹味的感受機制相似，均是離子活化細胞膜通道所產生。引起酸味感受的離子是 H^+。

甜味及**苦味**的感受機制則與酸味及鹹味不同，它們須與細胞膜上的接受器蛋白結合，促使 G 蛋白(**gustducin**)與接受器蛋白結

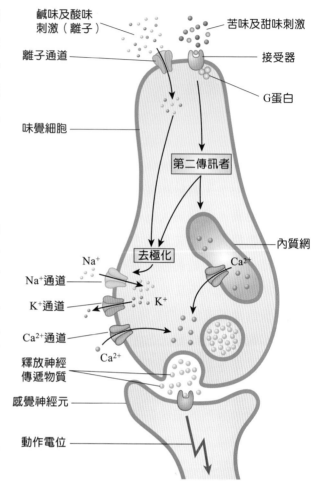

■ 圖 8-37　不同味覺的感受機制。

合，引發一系列的反應，進而使味覺細胞產生去極化。雖然所有的甜味及苦味都是透過 G 蛋白的作用，但 G 蛋白所活化的第二傳訊者種類，會因不同的味覺分子而有所不同。以糖的甜味來說，當糖分子與細胞膜上特異性接受器結合後，啟動 G 蛋白，而 G 蛋白會活化腺苷酸環化酶而產生 cAMP，cAMP 會導致味覺細胞基底側膜上的 K^+ 通道關閉，引起細胞產生去極化。而另一方面，糖精(saccharin)等人工甜味劑的甜味，則是使用不同的第二傳訊者種類。

苦味的產生，也因苦味的物質結構不同，所引起的感受機制亦不同，不過都是透

過 G 蛋白偶合接受器，導致 K⁺ 通道關閉，Ca^{2+} 進入細胞內，引發接受器電位。

二、味覺的神經傳導路徑

　　化學物質刺激味覺細胞產生神經衝動後，位於**舌前2/3**的味蕾，藉由**顏面神經**傳入味覺；位於**舌後1/3**的則經由**舌咽神經**傳入；舌頭以外部位（會厭、軟顎）的味覺則由**迷走神經**傳入。味覺訊息先傳到延腦，並於此與二級神經元形成突觸再投射至視丘，三級神經元則從視丘投射至大腦皮質中央後回的主要味覺區（大腦皮質的43區）。

　　味覺的神經傳導路徑即為：化學物質刺激 → 味覺細胞 → **第 7、9 及 10 對腦神經** → 延腦 → 視丘 → 大腦皮質中央後回的主要味覺區（大腦皮質的 43 區）。

三、味覺的特性

1. **味覺的敏銳度**：舌表面在不同部位對不同味覺分子的敏銳度不同，引起甜味和鹹味的味蕾主要分布於舌尖部，酸味味蕾分布在舌面的兩側，苦味分布於舌的後端和軟顎（圖 8-38）。味覺的敏銳度受食物或刺激物本身溫度影響，在 20~30℃，味覺敏銳度是最高。

2. **味覺的適應現象**：味覺接受器受味覺物質長時間刺激時，味覺的敏銳度會迅速降低。例如，人們在吃食物時，第一口的食物特別鮮美，此後這種鮮美的程度則逐漸減輕但不會完全消失。

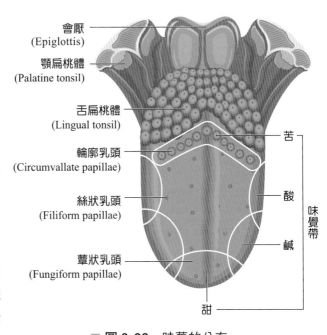

■ **圖 8-38**　味蕾的分布。

參考資料 | References

朱長庚 (2009)·*神經解剖學*·人民衛生。

馮琮涵、黃雍協、柯翠玲、廖智凱、胡明一、林自勇、鍾敦輝、周綉珠、陳瀅 (2021)·*人體解剖學*·新文京。

馮琮涵、鄧志娟、劉棋銘、吳惠敏、唐善美、許淑芬、江若華、黃嘉惠、汪蕙蘭、李建興、王子綾、李維真、莊禮聰 (2022)·*解剖生理學*（三版）·新文京。

劉利冰、朱大年、汪華僑 (2008)·*基礎醫學概論*·高等教育。

賴明德、王耀賢、鄧志娟、吳惠敏、李建興、許淑芬、陳晴彤、李宜倖 (2022)·*解剖學*（二版）·新文京。

韓秋生、徐國成、鄒衛東、翟秀岩 (2004)·*組織學與胚胎學彩色圖譜*·新文京。

Saunders.Fox, S. I. (2006)·*人體生理學*（王錫崗、于家城、林嘉志、施科念、高美媚、張林松、陳瑩玲、陳聰文、黃慧貞、溫小娟、廖美華、蔡宜容譯；四版）·新文京。（原著出版於 2006）

Fox, S. I. (2015). *HUMAN PHYSIOLOGY* (14th ed.). McGraw-Hill College.

複·習·與·討·論

一、選擇題

1. 關於視覺路徑，物體影像經水晶體投射至視網膜時，其影像與原物體方位相比較，下列敘述何者正確？ (A) 影像方位與原物體相同 (B) 影像呈現上下顛倒且左右相反 (C) 影像呈現上下顛倒，但左右與原物體相同 (D) 影像呈現左右相反，但上下與原物體相同

2. 下列何者位於真皮層且專司觸覺？ (A) 巴氏小體 (B) 梅斯納氏小體 (C) 黑色素細胞 (D) 柯氏器

3. 下列何種特殊感覺產生的接受器電位主要為過極化作用？ (A) 視覺 (B) 聽覺 (C) 嗅覺 (D) 味覺

4. 下列關於嗅覺的敘述，何者正確？ (A) 傳送嗅覺的神經路徑經由視丘到大腦皮質 (B) 嗅覺產生的機制是以 cGMP 為第二傳訊者系統 (C) 嗅覺與情緒及記憶的生理功能相關 (D) 嗅覺感受器屬於張力感受器

5. 耳咽管連通下列哪兩個部位，以平衡鼓膜內外氣壓？ (A) 鼻咽、內耳 (B) 鼻咽、中耳 (C) 口咽、內耳 (D) 口咽、中耳

6. 動態平衡感受器「嵴」(crista) 位於內耳的： (A) 球囊 (B) 橢圓囊 (C) 耳蝸管 (D) 半規管

7. 有關舌頭的敘述，下列何者錯誤？ (A) 味蕾也存在於舌頭以外的區域 (B) 舌上的每個舌乳頭未必皆有味蕾 (C) 舌下神經並不支配所有舌外在肌 (D) 舌下神經並不支配所有舌內在肌

8. 舌頭表面的哪一種乳頭分布廣泛，且具有味蕾？ (A) 絲狀乳頭 (B) 蕈狀乳頭 (C) 輪廓狀乳頭 (D) 葉狀乳頭

9. 夜間或幽暗處的視力主要靠下列哪一種光感受器細胞？ (A) 桿細胞 (B) 錐細胞 (C) 雙極細胞 (D) 神經節細胞

10. 下列何者與聽覺的傳導無關？ (A) 毛細胞 (B) 耳蝸神經 (C) 外側膝狀核 (D) 內側膝狀核

11. 光線通過下列何種眼球構造時，不會產生折射作用？ (A) 瞳孔 (B) 水晶體 (C) 角膜 (D) 房水

12. 下列有關蕈狀乳頭 (fungiform papilla) 的敘述，何者正確？ (A) 舌乳頭中體積最小 (B) 舌乳頭中數目最多 (C) 含有味蕾 (D) 分布在舌根

13. 聲音在中耳的傳導方式是何種傳導？ (A) 空氣傳導 (B) 液體傳導 (C) 機械傳導 (D) 電位傳導

14. 下列何者不屬於維持平衡的前庭系統？ (A) 半規管 (B) 耳蝸 (C) 橢圓囊 (D) 球狀囊

15. 有關嗅覺的敘述，下列何者錯誤？ (A) 需經過視丘傳到大腦皮質 (B) 具有快適應作用 (C) 嗅覺細胞為一種雙極神經元 (D) 嗅覺細胞含有氣味分子結合蛋白

16. 氣味物質與嗅覺感受器結合後，會導致嗅細胞的膜電位產生下列何者反應？ (A) 動作電位 (B) 過極化 (C) 再極化 (D) 去極化

17. 青光眼是由於眼球何處異常而造成眼壓過高？ (A) 視網膜 (B) 水晶體 (C) 前腔 (D) 玻璃體

18. 下列有關嗅覺之性質，何者錯誤？ (A) 人體有四種基本嗅覺 (B) 嗅覺之適應性非常快 (C) 嗅覺只有在吸氣時才能產生 (D) 嗅球內沒有嗅覺接受器

19. 下列何者是黃斑中央小凹為視覺最敏銳之處的原因？ (A) 含有最多的網膜素 (B) 含有最多的視桿細胞 (C) 含有最多的視紫素 (D) 含有最多的視錐細胞

20. 轉移痛與下列何者最相關？ (A) 肢體痛 (B) 偏頭痛 (C) 截肢痛 (D) 內臟痛

21. 下列何者屬於本體感覺的接受器？ (A) 裸露神經末梢 (B) 路氏小體 (C) 肌梭 (D) 頸動脈竇

22. 下列何者是眺望遠處時眼睛產生調節焦距的作用機轉？ (A) 交感神經興奮，睫狀肌鬆弛 (B) 懸韌帶鬆弛，水晶體變薄 (C) 懸韌帶拉緊，水晶體變厚 (D) 副交感神經興奮，睫狀肌收縮

23. 人體聽覺系統中的內耳毛細胞受到刺激時會去極化而興奮起來，這主要是由於下列何種離子流入所引起？ (A) Na^+ (B) K^+ (C) Ca^{2+} (D) Mg^{2+}

24. 下列關於視覺的敘述，何者正確？ (A) 視網膜中的桿細胞是彩色視覺所必需 (B) 交感神經刺激，造成瞳孔收縮 (C) 看近物時，睫狀肌收縮，水晶體變凸 (D) 視網膜的中央凹是視神經出眼球的地方，無視覺功能

二、問答題

1. 視覺的神經傳導路徑為何？

2. 試述視網膜兩種視覺感受器細胞的主要功能是什麼？

3. 聲音傳到內耳的途徑為何？

4. 近視、遠視、散光的形成原因和矯正方法是什麼？

5. 說明不同音頻的聲波傳至耳蝸基底膜時的反應為何。

三、腦力激盪

1. 如果某藥物破壞了視網膜內所有錐細胞，則此人視覺會產生什麼變化？

複習與討論解答
請掃描QR code

09

CHAPTER

學習目標 Objectives

1. 熟悉運動終板和運動單位的組成。

2. 熟悉興奮－收縮偶聯的過程。

3. 解釋何謂肌肉收縮的肌絲滑動學說。

4. 條列出橫橋循環的各個步驟，並解釋 ATP 在肌肉收縮中所扮演的角色。

5. 熟悉肌肉長度和速度與張力的關係。

6. 描述肌肉的抽動收縮，並解釋肌肉為何會產生加成和強直作用。

7. 描述肌梭的結構和功能，並解釋牽張反射的機制。

8. 解釋交互神經支配的意義，並敘述交叉伸肌反射使用的神經路徑。

9. 解釋 γ 運動神經元對肌肉收縮之神經控制，以及維持肌肉緊張度的重要性。

10. 解釋最高攝氧量的重要性，並描述磷酸肌酸在肌肉中的功用。

11. 解釋快肌纖維與慢肌纖維在構造和功能上的不同。

12. 比較心肌和骨骼肌在構造上及生理功能上的不同。

13. 描述平滑肌的構造及其收縮上的調節。

本章大綱 Chapter Outline

肌 肉
Muscle

HUMAN
PHYSIOLOGY

人體的 600 條肌肉彼此間互相合作，幫助人體對抗地心引力，以及控制每個動作。從眨眼到微笑，或諸如攀岩之類的劇烈運動，都需要肌肉的收縮和放鬆才得以達成。每一塊肌肉是由許多細微的肌纖維所集結而成，並經由如橡皮筋功用的肌腱與骨骼相連，以完成人體每個動作。

雖然我們任何時候都可以決定如何牽動骨骼肌來做出想要的動作，但很多時候，肌肉的活動是我們無法察覺的。例如，人體為了保持平衡，常常透過細微調整骨骼肌來保持姿勢，這種姿勢的改變也許你自己並沒有發現，但這種動態的平衡其實隨時都在發生著。除此之外，有些肌肉是我們無法隨意控制的，例如消化系統中就有許多非隨意肌負責碾碎食物的平滑肌；另外還有一群非隨意肌幫助我們的心臟持續跳動，稱為心肌。

人體肌肉依功能特性可分為（圖 9-1）：

1. **骨骼肌** (skeletal muscle)：產生隨意運動。
2. **平滑肌** (smooth muscle)：調控內臟器官的功能。
3. **心肌** (cardiac muscle)：構成心臟壁，可推動血液循環。

根據神經支配，可將肌肉分為體運動神經支配的**隨意肌**（骨骼肌）和自主神經支配的**不隨意肌**（包括平滑肌及心肌）。根據形態學特徵，肌肉又可分為**骨骼肌**及**心肌**屬於**橫紋肌**(striated muscle)，其細胞呈纖維狀，有明顯橫紋，細胞核位於細胞膜下方；而多數的平滑肌則是由長紡錘形的單核細胞構成，屬於無橫紋肌。

9-1 骨骼肌
Skeletal Muscles

運動系統的肌肉屬於橫紋肌，由於絕大部分肌肉附著於骨骼上，故又名**骨骼肌**。骨骼肌纖維構成骨骼肌組織，每塊骨骼肌主要由骨骼肌組織構成，外由結締組織膜包覆、內有神經血管分布。骨骼肌收縮受意識支配，故又稱「隨意肌」。

每塊肌肉都是具有一定形態、結構和功能的器官，有豐富的血管及淋巴分布，在體

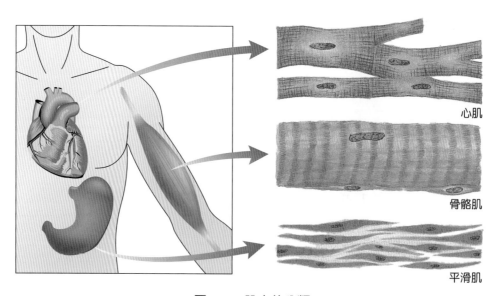

心肌

骨骼肌

平滑肌

■ **圖 9-1** 肌肉的分類。

神經支配下收縮或舒張，進行隨意運動。肌肉具有一定的彈性，當被拉長後，拉力解除時可自動恢復到原來的程度，肌肉的彈性可以減緩外力對人體的衝擊。肌肉內還有感受本身體位和狀態的本位覺接受器，不斷將衝動傳向中樞，反射性地保持肌肉的緊張度，以維持姿勢和確保運動時的協調。

人體肌肉中，除了少部分止於皮膚的皮肌和止於關節囊的關節肌外，絕大部分肌肉均一端起於骨骼，另一端止於骨骼，中間跨過一個或數個關節。以跨越關節的運動軸為準，在同一個運動軸且作用相反的兩組肌肉稱為**拮抗肌** (antagonistic muscles)，例如手肘前側的**屈肌** (flexor muscle) 和後側的**伸肌** (extensor muscle)，在進行某一動作時，其中一組肌肉收縮的同時，另一組與其拮抗的肌群則適度放鬆，二者對立但同時發揮作用，相輔相成。

▶ 骨骼肌的構造

每塊骨骼肌外側包覆著結締組織稱為**肌外膜**(epimysium)。肌外膜向內延伸形成**肌束膜**(perimysium)，連同血管和神經的分支，將肌肉分隔為個別的**肌束**(fascicle)。每條肌束內含有許多**肌纖維**(muscle fiber)，肌纖維之間又以**肌內膜**(endomysium)相隔（圖 9-2a）。

肌纖維即**肌細胞** (muscle cell)。骨骼肌纖維呈長條圓柱形，長 1~40 mm，直徑 10~100 μm，外圍包覆一層相當於細胞膜的構造，稱為**肌漿膜** (sarcolemma)。骨骼肌纖維為多核細胞，一條肌纖維內含有幾十個甚至幾百個細胞核，細胞核呈扁橢圓形，位於肌漿膜下方，肌漿質（sarcoplasm，即肌細胞的細胞質）內含大量與肌細胞長軸平行排列的**肌原纖維** (myofibril)。肌原纖維的直徑約為 1 μm，由於其排列非常緊密，使得肌纖維內其他胞器如粒線體等，皆被限制在相鄰肌原纖維之間的夾縫當中。

每一條肌原纖維都有相間排列的**明帶**〔又稱為 I 帶 (I band)〕和**暗帶**〔又稱為 A 帶 (A band)〕（圖 9-2b）。明帶染色較淺，而暗帶染色較深。暗帶中間有一段較明亮的區域稱 **H 帶** (H band)。H 帶的中間則有一條膨大的 M 線 (M line)。明帶中間有一條較暗的粗大線稱為 **Z 線** (Z line)，兩條 Z 線之間的區段稱為**肌節** (sarcomere)，其為肌纖維收縮單位，長約 1.5~3.5 μm。相鄰的各肌原纖維在同一個平面上，同時有明帶和暗帶明顯相間排列的橫紋，因而骨骼肌被稱為橫紋肌（圖 9-3）。

肌原纖維由上千條粗、細兩種**肌絲** (myofilament) 規律排列而成。**粗肌絲** (thick filament) 長約 1.5 μm，位於肌節顏色較深的 A 帶，中間固定在 M 線上，兩端呈游離。**細肌絲** (thin filament) 位於顏色較淺的 I 帶，長約 1 μm，一端固定在 Z 線上，另一端呈游離穿插於粗肌絲之間，可延伸到 H 帶 (H band) 外緣。因此，I 帶只含有細肌絲，故其外觀顏色較淡；H 帶（A 帶中央）僅含不與細肌絲重疊的粗肌絲，故 A 帶中央顏色較明亮，而兩端顏色較深，乃是因粗肌絲與細肌絲相互重疊所致。

為了進一步了解肌原纖維的立體結構，我們可以由其橫切面來觀察（圖 9-4）。從橫切面可知，Z 線實際上呈圓盤狀，所以也

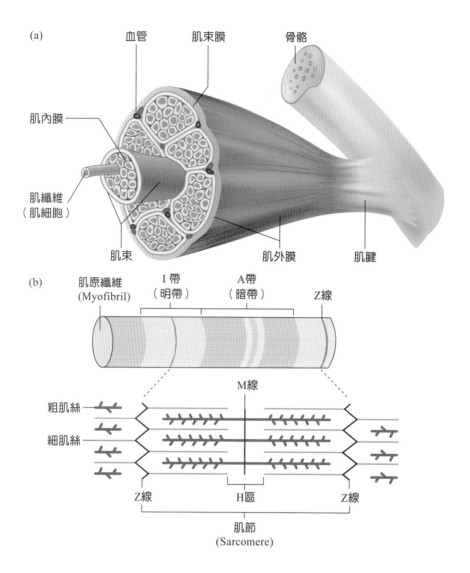

■ **圖 9-2** 骨骼肌的結構。

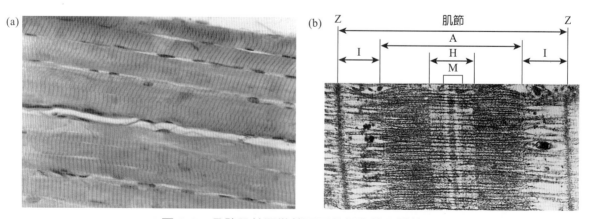

■ **圖 9-3** 骨骼肌於顯微鏡下可見細胞核及橫紋。

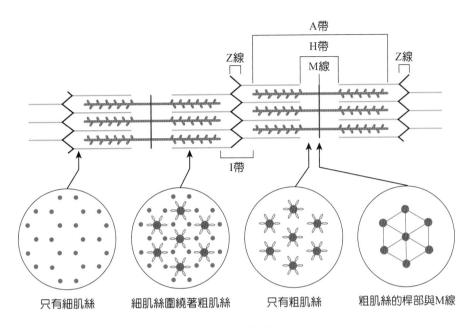

只有細肌絲　　　細肌絲圍繞著粗肌絲　　　只有粗肌絲　　　粗肌絲的桿部與M線

■ 圖 9-4　肌節模式圖。

被稱為 **Z 盤** (Z disc)，穿越 Z 盤的細肌絲以六角形排列方式環繞在粗肌絲的周圍。

　　除了肌原纖維外，由骨骼肌的超微結構中，可觀察到另有高度發達的管狀系統。在肌纖維橫切面的同一水平面上，其細胞膜（即肌漿膜）有多個點由表面向肌漿質內凹陷，形成**橫小管**(tranverse tubule)，又稱為**T小管**(T tubule)（圖9-5）。**肌漿網** (sarcoplasmic reticulum, SR)是肌肉胞器特化的平滑內質網，內部存有大量鈣離子(Ca^{2+})。結構上，肌漿網末端膨大呈囊狀的部分稱**終池**(terminal cisternae)，其和橫小管一起包繞在每一條肌原纖維表面。**一條橫小管和兩側的終池**合稱**三聯體**(triad)，具有**傳導動作電位**，使肌漿網Ca^{2+}通道迅速開放，進而導致肌原纖維具有收縮能力。

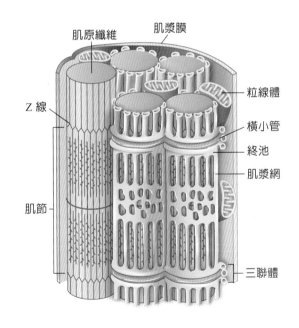

■ 圖 9-5　肌漿膜向內凹陷形成橫小管，橫小管和兩側的終池合稱三連體，可傳遞動作電位。

臨·床·焦·點

裘馨氏肌肉萎縮症 (Duschenne's Muscular Dystrophy, DMD)

裘馨氏肌肉萎縮症是一種性聯隱性遺傳疾病，病人 X 染色體 Xp2.1 上有一大段的基因缺失，導致肌細胞缺乏 dystrophin 蛋白。該疾病以進行性肌肉耗損為特徵，是兒童期最常見的肌肉萎縮症。dystrophin 蛋白位在肌漿膜的下方，是穩定肌漿膜的一個重要成分，可保護肌細胞，使其在肌肉收縮的過程中不會受到破壞。

裘馨氏肌肉萎縮症病人因肌肉中缺乏 dystrophin 蛋白，使肌肉自出生後便不斷受到破壞而逐漸萎縮。病人多在 5 歲以前出現病變，約 10~12 歲無法行走，平均壽命低於 20 歲。後期常因呼吸肌無力、心肌病變等，導致呼吸道感染及心肺衰竭甚至死亡。

▶ 肌肉的收縮作用

一、運動單位

由脊髓前角發出的運動神經元，經由運動終板支配骨骼肌的運動。運動神經元軸突末梢與肌漿膜上特化區域的**運動終板**(motor end plate)形成突觸，稱為**神經肌肉接合處**(neuromuscular junction, NMJ)（圖 9-6）。神經末梢在神經肌肉接合處釋放**乙醯膽鹼**(acetylcholine, ACh)，當乙醯膽鹼與突觸後膜運動終板上的 ACh 尼古丁型接受器結合，使運動終板**對鈉離子的通透性增加**，產生去極化的興奮性突觸後電位(EPSP)，又稱為終板電位，引起肌纖維興奮並進而使其收縮。

一條運動神經元和它所支配的全部骨骼肌纖維所組成的結構和功能單位，稱為一個**運動單位** (motor unit)（圖 9-7）。而**一條肌纖維只接受一條運動神經元的單一軸突末梢刺激**。一般而言，一個運動單位所支配的肌纖維數量少，其屬於控制較靈活而精細的動作，但為力量小的骨骼肌，例如眼外肌；若一個運動單位所支配的肌纖維數量多，則屬於力量大、較不靈活的骨骼肌，例如腿部的腓腸肌。

二、興奮－收縮偶聯的過程

（一）肌絲的分子結構

粗肌絲由**肌凝蛋白** (myosin) 分子按照特定的規律排列而成。單個肌凝蛋白分子呈豆芽狀（圖 9-8），分為頭部和桿部，頭部有 ATP 結合位置點和與細肌絲肌動蛋白結合的位置點。

頭部與桿部之間類似關節，可利用 ATP 的化學能使頭部扭曲。M 線兩側的肌凝蛋白對稱排列，頭部位於粗肌絲的兩端並露出表面，又稱為**橫橋** (cross bridge)，每一條肌凝蛋白含有 2 個球狀頭部並形成 2 個橫橋。橫橋與細肌絲上的肌動蛋白結合，可以啟動肌凝蛋白頭部的 ATP 酶活性，ATP 被水解後釋放能量，使肌凝蛋白的頭部發生彎曲，將細肌絲拉向肌節中央 M 線，從而產生肌纖維縮短的收縮運動。

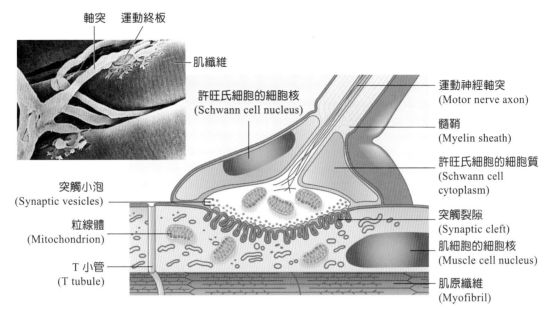

■ 圖 9-6　運動終版的結構。

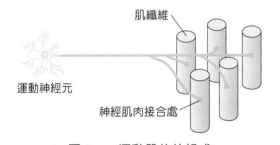

■ 圖 9-7　運動單位的組成。

　　細肌絲由**肌動蛋白** (actin filament)、**旋轉肌球素** (tropomyosin)、**旋轉素** (troponin) 三種分子組成。肌動蛋白的單體呈球形，有極性，每個單體上均有與肌凝蛋白頭部相結合的位置點，促進肌肉舒張。許多單體連成一串，呈纖維狀，形成兩股細長的螺旋鏈（圖 9-8）。旋轉肌球素由較短的雙股螺旋多肽鏈相連形成長鏈，嵌於肌動蛋白兩端的螺旋鏈溝內，並覆蓋著肌動蛋白上的肌凝蛋白結合位置點。旋轉素是由三種蛋白質組成的複合體，包括**旋轉素 I** (troponin I, TnI)、**旋轉素 T** (troponin T, TnT) 及**旋轉素 C** (troponin C,

TnC)。旋轉素藉 TnT 固定於旋轉肌球素上，TnI 可進而與肌動蛋白結合，抑制橫橋結合；**TnC 則負責與鈣離子結合**。

（二）興奮－收縮偶聯

　　肌漿膜的動作電位向肌漿質傳入肌纖維，促使肌漿質中的 Ca^{2+} 濃度升高，進而誘發肌肉收縮的過程，稱為**興奮－收縮偶聯** (excitation-contraction coupling)。動作電位從肌漿膜經 T 小管系統傳入，激發 Ca^{2+} 從肌漿網的**終池**釋放至肌漿質。在靜止狀態的肌纖維，旋轉素 I 與肌動蛋白緊密結合，**旋轉肌球素則覆蓋著肌動蛋白上的肌凝蛋白結合位置點**。一旦 Ca^{2+} 和旋轉素 C 結合，旋轉素 I 和肌動蛋白的結合被削弱，使旋轉肌球素從肌動蛋白側邊移位，暴露出肌凝蛋白結合位置點。一個 Ca^{2+} 的結合可暴露 7 個結合位置點，從此誘發肌肉收縮（圖 9-9）。

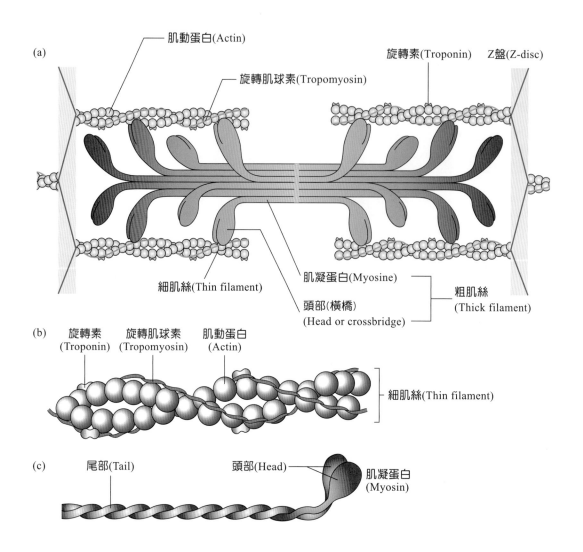

(a)
肌動蛋白(Actin)
旋轉素(Troponin)　Z盤(Z-disc)
旋轉肌球素(Tropomyosin)
肌凝蛋白(Myosine)
頭部(橫橋)
(Head or crossbridge)
粗肌絲
(Thick filament)
細肌絲(Thin filament)

(b)
旋轉素
(Troponin)
旋轉肌球素
(Tropomyosin)
肌動蛋白
(Actin)
細肌絲(Thin filament)

(c)
尾部(Tail)
頭部(Head)
肌凝蛋白
(Myosin)

■ 圖 9-8　粗肌絲與細肌絲的相關位置及分子結構。

之後，**肌漿網經由Ca²⁺幫浦**（Ca^{2+}-Mg^{2+} ATP酶）**回收Ca²⁺**，當肌漿網外Ca^{2+}濃度降低至一定程度(1×10^{-8} M)，肌凝蛋白與肌動蛋白的化學作用終止，肌纖維開始舒張過程；當肌漿質Ca^{2+}濃度小於1×10^{-9} M，肌凝蛋白與肌動蛋白的結合作用被抑制。當Ca^{2+}濃度大於1×10^{-5} M，兩者結合作用形成橫橋促進收縮，因此，**Ca²⁺像一個開關**(calcium switch)調控著骨骼肌的收縮。

T小管膜上有二氫吡啶接受器 (dihydropyridine receptor, DHPR)，DHPR 是一個電位控制型 Ca^{2+} 通道。當 T 小管膜的去極化使 DHPR 開啟，透過一種機械聯繫，再使相鄰的肌漿網膜上雷恩諾鹼接受器 (ryanodine receptor, RyR) 開啟，促使肌漿網釋放 Ca^{2+} 進入肌漿質。RyR 分布於肌漿網上，是一種非電位控制型的 Ca^{2+} 釋放通道。DHPR 和 RyR 組成為一個功能單位，稱為**接合複合體** (junctional complex)。

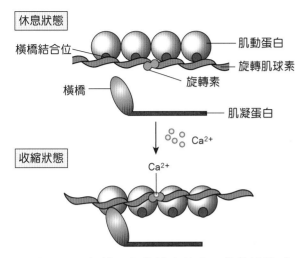

休息狀態

橫橋結合位

橫橋

收縮狀態

肌動蛋白

旋轉肌球素

旋轉素

肌凝蛋白

Ca²⁺

Ca²⁺

■ **圖 9-9** 鈣離子和旋轉素結合，使旋轉肌球素向側方移位，暴露出肌動蛋白上可與肌凝蛋白結合的位點。

肌肉收縮和舒張的過程可摘要如下：動作電位傳至運動神經元的軸突末梢，釋放乙醯膽鹼 (ACh) → ACh 與運動終板上的 **ACh 尼古丁型接受器結合**→運動終板膜上的鈉離子和鉀離子通道開放→產生終板電位 (EPSP)→肌纖維產生動作電位→動作電位沿 T 小管膜傳入→終池釋放 Ca²⁺ 並擴散至粗、細肌絲→ Ca²⁺ 和旋轉素結合，暴露出肌動蛋白上的肌凝蛋白結合位置點→肌動蛋白與肌凝蛋白之間形成橫橋→產生肌絲往肌節 M 線滑動→肌纖維縮短→ Ca²⁺ 從旋轉素解離→ Ca²⁺ 以主動運輸送回肌漿網→肌凝蛋白與肌動蛋白結合作用終止→肌纖維舒張（圖 9-10）。

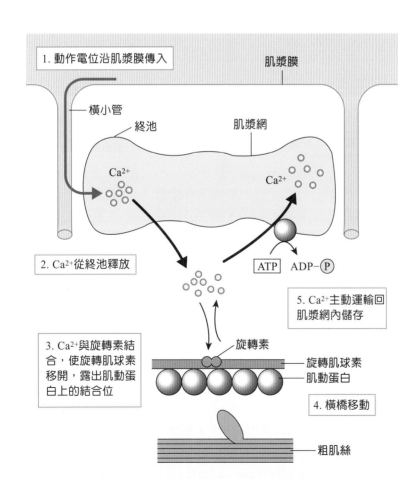

1. 動作電位沿肌漿膜傳入

肌漿膜

橫小管

終池

肌漿網

Ca²⁺

Ca²⁺

2. Ca²⁺從終池釋放

ATP ADP-Ⓟ

5. Ca²⁺主動運輸回肌漿網內儲存

3. Ca²⁺與旋轉素結合，使旋轉肌球素移開，露出肌動蛋白上的結合位

旋轉素

旋轉肌球素

肌動蛋白

4. 橫橋移動

粗肌絲

■ **圖 9-10** 肌肉收縮和舒張的過程。

三、肌肉收縮的肌絲滑動學說

　　1950年代，赫胥黎(A. F. Huxley)提出**肌絲滑動學說**(sliding filament theory)。基本含意是肌肉收縮時，細肌絲在粗肌絲上滑行，肌節結構變化為**A帶（暗帶）長度不變，H帶變窄**（達最大收縮時，H帶消失），I帶（明帶）縮短，肌肉收縮是相鄰**兩條Z線的靠近**（肌節縮短）。

　　粗肌絲（又稱**肌凝蛋白**）上的**橫橋頭部含 ATP 酶**，可把 ATP 的化學能轉變為機械能，而這種機械能只有在肌凝蛋白與肌動蛋白結合時才能釋放出來，其作用像一個划船的「槳」。肌凝蛋白頭部從肌動蛋白分子上解離是一個耗能的主動過程，此時 ATP 分解為 ADP 和磷酸根 (Pi) 並分離（圖 9-11）。

橫橋與肌動蛋白結合、擺動、解離、復位和再結合的重複過程稱為**橫橋週期** (cross-bridge cycle)，包括以下幾個步驟：

1. 靜止狀態：肌凝蛋白頭部豎起，ATP 已分解成 ADP +Pi，但其能量儲存於頭部，直到與肌動蛋白相結合後，能量才能釋放出來，故此時若無 Ca^{2+} 和旋轉素結合，肌動蛋白上肌凝蛋白結合位置點被「旋轉素－旋轉肌球素複合物」所掩蓋。

2. 結合：Ca^{2+} 從終池釋放後，Ca^{2+} 與旋轉素結合，細肌絲發生構形變化，暴露肌動蛋白上的肌凝蛋白結合位置點，使肌凝蛋白附著於此結合位置，形成橫橋。

3. 擺動：磷酸根(Pi)從肌凝蛋白頭部釋放出來後，磷酸根(Pi)激發橫橋擺動〔稱為

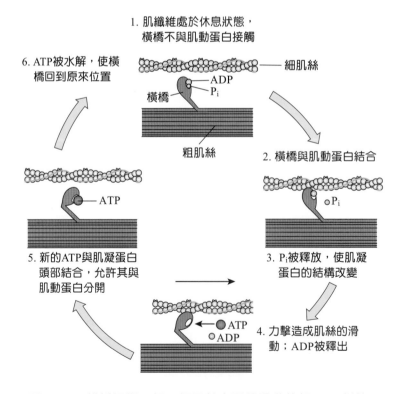

1. 肌纖維處於休息狀態，橫橋不與肌動蛋白接觸

6. ATP被水解，使橫橋回到原來位置

細肌絲

ADP
Pi

橫橋

粗肌絲

2. 橫橋與肌動蛋白結合

Pi

5. 新的ATP與肌凝蛋白頭部結合，允許其與肌動蛋白分開

ATP

3. Pi被釋放，使肌凝蛋白的結構改變

ATP
ADP

4. 力擊造成肌絲的滑動；ADP被釋出

■ **圖 9-11**　橫橋週期。粗、細肌絲之間的滑動依賴 ATP 耗能。

力擊(power stroke)〕，促使肌凝蛋白頭部彎曲，牽拉細肌絲往肌節中央M線滑動，使粗、細肌絲發生較大程度的重疊，引起肌肉縮短。此時ADP亦從頭部解離釋放出來。

4. 解離：當橫橋強烈地擺動（力擊）之末，一個新的ATP分子結合於肌凝蛋白頭部，促使肌凝蛋白離開肌動蛋白。

5. 復位：ATP 分解為 ADP+Pi，脫磷酸根 (Pi) 釋放的化學能，使肌凝蛋白頭部回復到原來位置，使頭部可準備附著到下一個肌動蛋白的肌凝蛋白結合位置點。

橫橋每一次「力擊」，僅使肌節縮短約 10 nm，必須重複進行多次的循環，才能完成肌肉收縮。

總之，橫橋週期是把儲存於 ATP 的化學能轉化為機械能的一系列化學反應，而 ATP 在這個週期中有兩個作用：一是提供收縮所需的能量（力擊），二是使橫橋從肌動蛋白上鬆脫（解離）。如果 ATP 耗竭，附著於肌動蛋白的橫橋則無法脫離，肌肉會變得僵硬而不能放鬆。

四、全有或全無定律

對於單一肌纖維來說，對刺激的反應具有「全有或全無」(all or none) 的特性。也就是說，當刺激小於閾值刺激時，肌纖維不發生收縮；一旦刺激超過閾值，則整個肌纖維的收縮力都一樣，而不會出現部分收縮的情形。由於同一運動單位的所有肌纖維是由同一條運動神經元所支配，故其收縮亦遵守全有或全無定律。

知識小補帖　　Knowledge+

一般情況下，人體在死亡後，全身肌肉首先會很快地變為鬆軟，此時各關節能被任意屈曲，此種情況稱為肌肉鬆弛。在肌肉鬆弛過後，就會出現肌肉收縮、變硬，關節僵硬，不能輕易被彎曲，此時稱為**屍僵** (rigor mortis)。因為人體在死亡後，體內的氧化磷酸化過程逐漸停止，**ATP 不再被合成**，肌肉中現存的 ATP 因為水解而急劇減少，導致細胞膜上的 Ca^{2+}-ATP 酶幫浦開啟，細胞內 Ca^{2+} 濃度上升，肌纖維收縮，但 **ATP 不足以使粗肌絲與細肌絲鬆開**，導致肌肉失去彈性而攣縮。然而，通常再過一段時間（幾小時到幾天），組織內部的酶開始消化肌肉本身（稱為自溶現象），這個過程會導致屍僵自然緩解。

人類的屍僵現象一般在死亡後 10 分鐘到 8 小時內出現，24~48 小時後自然緩解。在法醫學上可以用來判定死亡、死亡時間和屍體是否被移動。

一塊肌肉中通常含有興奮性不同的運動單位，因此並不遵守全有或全無定律。當刺激強度過小，不能引起任何反應；隨著刺激強度增加到某一定值，可引起少數興奮性較高的運動單位興奮，引起少數肌纖維收縮，表現出較小的張力變化。隨著刺激強度繼續增加，會有較多的運動單位興奮，肌肉收縮幅度及產生的張力也不斷增加。當刺激強度增大到某一臨界值時，所有的運動單位都被興奮，引起肌肉最大幅度的收縮，產生最大的張力，此後若再增加刺激強度，肌肉不會再引起張力繼續增加（圖 9-12）。

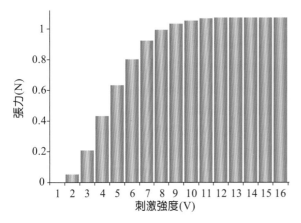

■ **圖9-12** 肌張力隨刺激強度的變化。

五、肌肉收縮的種類

（一）等長收縮與等張收縮

　　肌肉在收縮過程中，若肌肉**長度不變**，則不產生關節運動，但**肌肉內部張力會不斷增加**，此種收縮稱為**等長收縮**(isometric contraction)（圖9-13）。等長收縮在生活中是非常常見的一種收縮方式。比如我們現在能坐在電腦前保持一定的姿勢，就是髖關節和腰、背、頸部及脊柱周圍的相關肌肉一直在做等長收縮，以對抗重力和維持坐著姿勢，而不癱倒下來。所以坐著雖然是不動，但是時間一久一樣會覺得腰部的肌肉疲勞酸痛。

　　和等長收縮相對應的是**等張收縮**(isotonic contraction)，是指肌肉收縮的過程中**張力保持不變**，但**肌纖維長度縮短**（或者延長），引起關節活動。由於所作的功等於張力和距離的乘積，因此等張收縮做功，而等長收縮並不做功。日常生活中的一舉一動都是肌肉等張收縮完成的。比如我們用力彎曲手肘的時候，肱二頭肌就會鼓起來，這就是肱二頭肌在做等張收縮，內部的張力沒

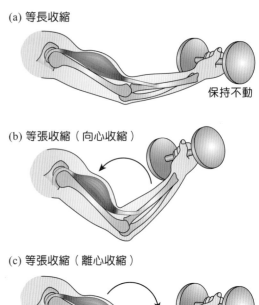

■ **圖9-13** 肌肉收縮的種類。

變，但是肌腹長度縮短（所以鼓起來），同時引起了肘關節的屈曲運動。

（二）向心收縮與離心收縮

　　等張收縮還可以根據運動方向的不同，再分為**向心收縮**(concentric contraction)和**離心收縮**(eccentric contraction)（圖9-13）。收縮的時候，肌肉起點和止點相互接近，肌肉的長度變短，就是肌肉的向心收縮。例如在上樓梯的時候，支撐腿（踩在上一階，準備向上蹬起的那條腿）大腿前側的股四頭肌，出力的同時縮短，讓膝關節從屈到伸，把身體蹬起來移上一層臺階，此時就是在做向心性的等張收縮。

　　和向心收縮相反，收縮的時候肌肉的起點和止點相互遠離，收縮的過程中肌肉的長度變長，這種收縮稱為離心收縮。例如在下

樓梯時，股四頭肌收縮出力，但是支撐腿（踩在臺階上，準備彎曲的那條腿）的膝關節是從伸直到彎曲的，此時即是肌肉收縮的時候變長，是肌肉的離心收縮。

（三）肌肉長度與張力的關係

　　肌肉及其結締組織具有一些彈性，當肌肉被拉長但無負載時，所產生的張力稱為被動張力 (passive tension)；此種張力是來自結締組織被拉長的的力量，可想像成當一彈性繩被拉長時所產生的張力；主動張力 (active tension) 則是指肌肉收縮以對抗外力或負載重量時的力量。初長度 (initial length) 指肌肉開始收縮時的長度。

　　在**等長收縮**的條件下，測定肌肉在不同的初長度 (initial length) 時，肌肉收縮所能產生的最大張力，所得到的主動張力和肌肉長度之間的關係曲線，稱為**長度－張力關係曲線** (length-tension relationship)（圖 9-14）。在主動張力達最大值時的初長度稱為**最適初長度** (optimal initial length)，一般最適初長度也就是肌肉處於靜止狀態時的長度 (resting length)。小於或大於最適初長度，產生的張力均較小。這**與粗肌絲及細肌絲之間的重疊程度有關**，進而影響橫橋形成的數量。

　　當肌肉被過度拉長，例如肌節初長度為 3.65 μm 時，由於粗、細肌絲幾乎完全不重疊，此時肌肉收縮的主動張力為零；當肌節初長度為 3.0 μm 時，粗、細肌絲部分重疊，主動張力有所增加；當肌節初長度為 1.95~2.25 μm 時，兩者發生最佳重疊，結合的橫橋數量最多，張力最大，此時為最適初長度。當肌節初長度縮短為 1.27~1.67 μm 時，由於兩側細肌絲穿過 M 線發生相互干

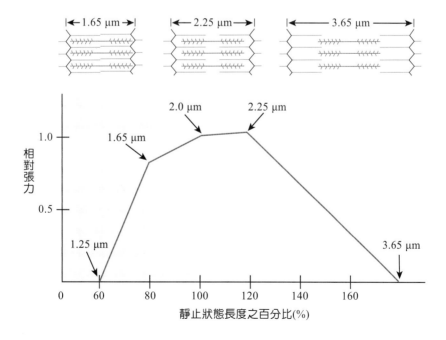

■ **圖 9-14**　長度－張力關係曲線與肌節的變化。

擾，且在肌節處於極短狀態時，興奮－收縮偶聯的某些步驟效力降低，包括Ca^{2+}和旋轉素結合減少，故肌肉所能產生的張力有限。

（四）骨骼肌收縮的加成作用

沿肌纖維接收到一個動作電位刺激，產生一次短暫性的收縮和舒張，稱為**抽動收縮**(twitch)，抽動收縮產生的收縮力量很小。由於動作電位的時程僅1~2毫秒，動作電位的不反應期僅限於動作電位的上升段和部分下降段，而抽動收縮的過程持續約幾十到幾百毫秒，這說明了在肌肉舒張前肌纖維可以再被啟動。重複的刺激誘發動作電位，則產生後一個收縮，這可以使前一個尚未結束的收縮發生**加成作用**(summation)。隨著刺激頻率的增加，各個收縮反應逐漸融合，使肌肉處於持續的收縮狀態，稱為**強直收縮**(tetanus)。當加成發生在前一次收縮的舒張期（各次收縮之間有出現舒張），會形成**不完全強直收縮**(incomplete tetanus)；若加成發生在前一次收縮的收縮期（各次收縮之間完全沒有舒張），則形成**完全強直收縮**(complete tetanus)（圖9-15）。

完全強直收縮所產生的張力約是抽動收縮的四倍。一塊肌肉抽動收縮的持續時間決定了強直刺激的頻率。例如，抽動收縮的時程是 10 毫秒，低於 100 次／秒的刺激頻率會引起不相連的抽動收縮，高於 100 次／秒的頻率則引起強直收縮。

▶ 骨骼肌的能量需求

骨骼肌的重量占體重的 50% 左右，其能量的消耗大部分用於肌纖維收縮，而休息狀態時，能量消耗則主要用於合成代謝或離子運輸過程。

一、肌肉的能量來源

ATP 的分解直接供應肌肉收縮所需的能量，但肌纖維內所儲存的 ATP 量只夠讓肌肉收縮數秒鐘。在肌肉持續活動之下，需靠其他來源快速地補充 ATP，其來源有以下幾種：

1. **磷酸肌酸**(creatine phosphate)：具有儲存高能磷酸根的功能。當肌纖維中的ATP不足時，磷酸肌酸中的磷酸根可迅速地與ADP結合成為ATP。這類反應快速，不需要氧氣，做為重度體力勞動最初的能量供應，但持續時間短，約幾秒到1分鐘。由於肌纖維的磷酸肌酸含量是ATP含量的3~4倍，其儲存量供短時間運動用。在運動後的恢復期中，累積的肌酸又可被ATP磷酸化，重新生成磷酸肌酸（圖9-16）。

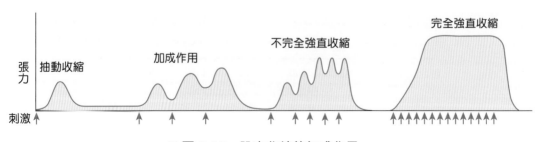

■ 圖 9-15　肌肉收縮的加成作用。

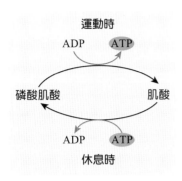

■ **圖 9-16** 磷酸肌酸具有儲存高能磷酸根的功能。

2. **有氧呼吸**(aerobic respiration)：醣類及脂肪可透過**氧化磷酸化**(oxidative phosphorylation)產生ATP供應能量，此過程為需氧反應。**休息狀態**下的主要能量來源為**脂肪酸**。中度運動及長時間的輕度運動時，ATP以中等速度分解，反應較緩慢，主要能量來源有葡萄糖、脂肪酸及胺基酸。運動剛開始時以消耗葡萄糖為主；運動時間若延長，如馬拉松賽跑時，則利用脂肪酸的比例增加。葡萄糖經代謝分解可產生二氧化碳、水以及38個ATP，有氧代謝不產生疲勞物質－乳酸。

3. **無氧呼吸** (anaerobic respiration)：肌肉在進行劇烈運動時，ATP 分解速度很快，當磷酸肌酸所提供的能量不能滿足肌肉活動所需時，便會藉由**無氧代謝**將葡萄糖轉換為**乳酸**及 **ATP**。此時每個葡萄糖分子可產生 2 個 ATP，其產生 ATP 的效率較有氧呼吸差，但速度快。

　　總之，脂肪酸和葡萄糖是肌肉休息及長時間輕度到中度有氧運動的主要能量來源，以氧化磷酸化為主，乳酸產生量很少。劇烈運動時，主要的供應能量物質則是以肝醣和血液中的葡萄糖為主，糖解作用顯著加強，產生大量乳酸。

二、骨骼肌的新陳代謝

　　運動過程，骨骼肌的能量消耗須靠體內連續補充供應，在一般非劇烈運動情況之下，有氧代謝是能量供應的主要形式，但在骨骼肌進行中重度運動的前45~90秒內，細胞處於進行無氧呼吸狀態，這是由於心肺系統需要一段時間來增加肌肉氧氣的供應。

（一）最高攝氧量

　　當運動強度增加到一定限度後，人體的攝氧和耗氧能力便不再繼續增加，此時的攝氧量就是**最高攝氧量** (maximal oxygen uptake)，指體內利用有氧呼吸可達到的最高氧氣消耗速率，稱為身體的最高攝氧量或**有氧呼吸能力** (aerobic capacity)，常縮寫成 VO_2max。VO_2max 是用來反映運動員的有氧能力和運動潛能最重要的指標。一般人的 VO_2max 為每公斤體重 45 mL/min，而運動員可達到每公斤體重 60~70 mL/min。

　　除遺傳因素外，限制VO_2max的主要因素有兩個：心輸出量(cardiac output)和肌肉有氧能力。心輸出量就是單位時間內心臟向外幫浦出去的血液量（詳見第11章）。心輸出量的增加促使血液循環增快，血液的重複利用率提高，進而提高人體的攝氧能力。經過一定的有氧訓練，運動員的心室壁會增厚，心室腔增大，從而導致心輸出量能力提高，這是提高VO_2max的主要因素。

肌肉有氧能力主要受慢肌纖維的比例及發達程度影響，前者主要取決於遺傳因素，後者則可藉由有氧訓練提升。

（二）氧債

氧債(oxygen debt)是由於劇烈運動中，肌肉的需氧量超過最大攝氧量，能量須靠無氧代謝供應。氧債主要來自兩個方面：一是在運動開始時，由於氧運輸系統具有一定的惰性，使攝氧量不能滿足需氧量的要求；二是在從事劇烈運動的過程中，攝氧量始終不能滿足需氧量的要求。這兩部分的氧債需要在運動恢復期來償還。人體負載氧債的能力與無氧耐力有密切關係，所以氧債是評定一個人無氧耐力(anaerobic endurance)的重要指標。一般人從事劇烈運動時，其負載氧債的量約為10公升左右，受過良好訓練的運動員可高達15~20公升。

三、慢肌纖維及快肌纖維

骨骼肌纖維依據其收縮速度可分為兩類，分別為：(1) 第一型纖維 (type I fibers)，又稱為**慢肌纖維** (slow-twitch fibers)；(2) 第二型纖維 (type II fibers)，又稱為**快肌纖維** (fast-twitch fibers)。

從形態學上來看，快肌纖維的直徑較慢肌纖維大，收縮蛋白較多，肌漿網也較發達；而慢肌纖維周圍的微血管網較豐富，且含有較多的**肌紅素** (myoglobin)（表 9-1）。肌紅素與血紅素相似，可幫助慢肌纖維內的氧氣輸送，故慢肌纖維又稱為**紅肌纖維** (red fibers)。相對的，快肌纖維含肌紅素少，故又稱為**白肌纖維** (white fibers)。此外，慢肌纖維還含有較多的粒線體，且粒線體的體積較大。在神經支配上，慢肌纖維由較小的運動神經元支配，運動神經纖維較細，傳導速度較慢；而快肌纖維由較大的運動神經元支配，神經纖維較粗，傳導速度較快。

表 9-1　慢肌纖維及快肌纖維的比較

性　質	第一型（慢肌、紅肌）纖維	第二型（快肌、白肌）纖維
肌纖維直徑	較小	較大
Z 線寬度	較寬	較窄
肌紅素含量	高	低
粒線體	較多、較大	較少、較小
肝醣含量	低	高
肌凝蛋白 ATP 水解酶活性	低	高
微血管	多	少
細胞呼吸型式	有氧	無氧
醣解能力	低	高
運動單位的收縮力量	較小	較大
對疲勞的耐力	高（不易疲勞）	低（易疲勞）

綜合前述，快肌纖維及慢肌纖維的生理學特徵，整理如下：

1. **快肌纖維收縮速度快**。因每塊肌肉中的快慢肌比例不同，快肌比例高的肌肉收縮速度快。

2. 快肌運動單位的收縮力量明顯大於慢肌運動單位。因**快肌直徑大**於慢肌，快肌的**肌纖維數目多**。運動訓練可使肌肉的收縮速度加快，收縮力量加大。

3. 慢肌抗疲勞能力強於快肌。慢肌因粒線體較多且較大，氧代謝酶活性高，肌紅素（儲氧）含量較豐富，微血管網較發達，因此可供給較多氧氣及能量。而**快肌纖維**中，肝糖分解酶含量較高，無氧代謝能力強，易導致**乳酸累積，肌肉疲勞**。

在人體骨骼肌中，快肌纖維與慢肌纖維是相互混雜的，每塊肌肉中快肌與慢肌的分布比例不同，例如比目魚肌以慢肌為主，而腓腸肌以快肌為主。

▶ 骨骼肌的神經控制

一、錐體徑對骨骼肌的控制

骨骼肌主要受錐體徑支配。**上運動神經元** (upper motor neuron) 細胞本體主要位於大腦皮質中央前回（運動皮質），其發出的軸突聚集形成下行徑，稱為**錐體徑** (pyramidal tract) 或稱為**皮質脊髓徑**（第 6 章圖 6-27），其直接或間接終止於脊髓前角，並在此處與**下運動神經元** (lower motor neuron) 形成突觸。下運動神經元發出的軸突參與脊神經前根及脊神經體運動神經纖維的構成，負責支配軀幹和四肢的骨骼肌。

錐體系統任何途徑若受到損傷，都會引起其支配的骨骼肌發生隨意運動障礙，使其出現**麻痺** (paralysis)。由於下運動神經元受上運動神經元的控制，下運動神經元對肌肉具有營養作用和組成反射弧，故上下兩級神經元受損時，所表現的麻痺症狀並不相同。

上運動神經元損傷時，引起的骨骼肌麻痺稱為**中樞性麻痺**，由於下運動神經元失去了上運動神經元的控制，下運動神經元興奮性增強，病人出現肌腱反射亢進、肌肉張力增強，又稱為**痙攣性麻痺** (spastic paralysis)，並出現病理性反射如**巴賓斯基徵象** (Babinski sign)。巴賓斯基徵象是指用鈍針劃過足底外側緣皮膚時，腳拇趾會出現背屈和其他 4 趾呈扇形分開的反射動作。在 1 歲半之前的正常兒童也會出現此反射，這是因為兒童皮質脊髓徑尚未發育完全之故。

知識小補帖　Knowledge⁺

肌肉組織的再生能力很有限。若肌肉損傷的範圍不大，且肌漿膜健全，通常可透過殘存部分的肌細胞核分裂，產生肌漿質，分化出肌原纖維而完全再生癒合。若肌纖維完全斷裂，雖有再生現象，但斷裂的兩端最後不能直接連接，則以纖維組織癒合。

此外，成人的骨骼肌中具有一種幹細胞，稱為衛星細胞 (satellite cell)，位於肌纖維的外側。當肌肉受損時，衛星細胞可經由細胞分裂而增生，並與肌纖維融合，使其得到某種程度的修補。衛星細胞在肌細胞的生長、損傷修復與運動訓練適應過程中具有重要功能，但衛星細胞修復骨骼肌細胞的能力並不完整，且會隨著年齡而減退，其原因尚不清楚。

下運動神經元受損時，引起的骨骼肌麻痺稱為**周邊性麻痺**，骨骼肌深、淺反射均消失，肌肉張力減弱或消失，肌肉變軟，又因肌肉失去下運動神經元的營養作用，肌肉會有明顯萎縮。此種麻痺也稱為**弛緩性麻痺** (flaccid paralysis)。

二、錐體外徑對骨骼肌的控制

錐體外徑 (extrapyramidal tracts) 是指錐體徑以外具有控制骨骼肌活動的神經路徑，涉及腦內許多結構，主要包括大腦皮質、紋狀體、基底核、網狀結構以及小腦等。它們之間有複雜的神經纖維聯繫，最後主要透過**紅核脊髓徑**和**網狀脊髓徑**等影響脊髓前角細胞（詳見第 6 章）。

錐體外徑的主要生理功能包括：協助錐體徑隨意運動的準備、調節肌肉張力、維持軀體運動姿勢等，亦就是伴隨隨意運動出現的不自主運動（潛意識動作），例如走路時，手會不自主的擺動。錐體外徑對下運動神經元的反射亦具有控制作用。

錐體外徑發生病變時，將直接間接影響到隨意運動，並產生各種臨床症狀。例如，基底核受損會造成肌肉僵硬、震顫、**舞蹈症**(chorea)及**運動不能**(akinesia)；小腦損傷後，隨意動作的力量、方向、速度和範圍均不能好好地控制，表現為無力、失衡及動作協調困難（運動失調）等症狀。

三、肌梭

肌梭(muscle spindle)是感受肌肉長度變化或牽拉刺激的一種梭形感覺接受器，在調節骨骼肌活動上具有重要作用。肌梭長約

知識小補帖　Knowledge+

巴金森氏病 (Parkinson's disease) 又稱震顫麻痺 (paralysis agitans)，是中老年人最常見的中樞神經系統退化疾病，引起運動功能方面的障礙。主要是因中腦黑質 (substantia nigra) 的神經元發生病變，**多巴胺**的合成減少，導致對乙醯膽鹼抑制能力減弱，則乙醯膽鹼的興奮作用相對增強。臨床症狀主要為靜止性震顫 (resting tremor)、肌肉僵硬 (rigidity) 及動作遲緩 (bradykinesia)。

1~7 mm，外層為結締組織囊，囊內有6~12根肌纖維，稱為**梭內肌纖維**(intrafusal muscle fiber)，囊外的一般肌纖維稱為**梭外肌纖維** (extrafusal muscle fiber)，肌梭附著在梭外肌纖維上，與肌纖維平行排列（圖9-17）。梭內肌纖維的中段肌漿質較多，肌原纖維較少；有些肌纖維的細胞核排列成串，有些肌纖維的細胞核聚集在中段而使中段膨大。感覺神經元（Ia纖維）進入肌梭時，其軸突末梢呈環狀圍繞著梭內肌纖維兩端。

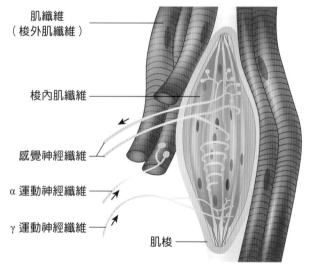

■ 圖 9-17　肌梭的結構和神經分布。

梭內肌纖維接受γ運動神經元(gamma motoneuron)支配,梭外肌纖維接受脊髓前角的α運動神經元(alpha motoneuron)支配。α運動神經元興奮時,梭外肌纖維收縮縮短,使梭內肌纖維鬆弛。當梭外肌纖維受到牽張(stretch)時,梭內肌纖維同樣受到牽張,使感覺神經元（Ia纖維）傳入的動作電位頻率增加,並經脊神經後根傳到脊髓後角,直接與支配該肌或協同肌的α運動神經元形成興奮性突觸聯繫,產生肌肉收縮效應,進而使肌梭回到原來狀態。此外,由肌梭發出的感覺神經纖維分支,還能透過中間神經元與支配拮抗肌的運動神經元產生抑制性突觸聯繫。

梭外肌纖維的張力受脊髓前角α運動神經元調節。當肌梭的感覺神經元衝動增加,α運動神經元興奮時,γ運動神經元也興奮,則梭內肌纖維收縮,α運動神經元的衝動頻率也增高,則呈肌肉持續縮短狀態。如果沒有γ運動神經元作用,當梭外肌纖維收縮時,梭內肌纖維被放鬆,感覺神經元的衝動減少,使α運動神經元興奮減弱,則肌肉放鬆。

四、高爾基肌腱器

高爾基肌腱器(Golgi tendon organ)分布於肌腱內,靠近肌腹與肌腱的連接處。高爾基肌腱器是一種肌肉張力接受器,可感受肌肉張力的變化。來自高爾基肌腱器的刺激,經感覺神經元（Ib纖維）傳入脊髓後角,透過中間神經元抑制α運動神經元,防止肌肉超負荷牽拉,屬自主性回饋的抑制反應,讓肌肉放鬆,以避免肌肉張力超負荷的傷害。

五、骨骼肌的反射作用

骨骼肌除了由意識操控外,還可以對特殊的刺激產生下意識的反射收縮。由於接受器部位不同,又分為淺層反射(superficial reflex)和深層反射(deep reflex)。淺層反射指刺激皮膚、黏膜的接受器,引起骨骼肌收縮的反射,如腹壁反射(abdominal reflex),也就是輕劃腹壁皮膚引發局部腹肌收縮的反射;深層反射指刺激肌梭接受器,引起骨骼肌收縮的反射。由於肌梭受到突然的牽拉而引起肌肉反射性收縮,所以又稱牽張（伸張）反射(stretch reflex),其反射弧(reflx arc)

臨·床·焦·點　　Clinical Focus

肌萎縮側索硬化症 (Amyotrophic Lateral Sclerosis, ALS)

肌萎縮側索硬化症又叫做魯蓋瑞氏症 (Lou Gerhig's disease),俗稱漸凍人,是一種侵犯運動神經元的慢性進行性神經退化疾病,並使得運動神經元所支配的骨骼肌萎縮,但感覺、意識及智力大多不受影響。臨床上的表現有上、下運動神經元合併受損的混合性癱瘓。肌萎縮側索硬化症通常以手腳肌肉無力、萎縮為首發症狀,一般從一側開始,然後再波及對側。隨病程進行,

病人逐漸失去行動及言語能力,嚴重時吞嚥及呼吸亦有困難。

迄今還不知道確切的肌萎縮側索硬化症致病原因。目前歸納可能有關的因素包括遺傳因素、毒性物質、自體免疫、病毒的侵犯、神經營養或生長激素的缺乏等。目前的治療採症狀處理為主,以減輕肌肉痙攣、增強或維持肌力。

由感覺神經元（Ib纖維）進入脊髓直接與運動神經元（α運動神經元）形成突觸，沒有聯絡神經元參與，因此牽張反射屬於**單突觸反射**(monosynaptic reflex)。

膝跳反射 (knee jerk reflex) 屬於牽張反射 (stretch reflex)，為單突觸反射。此反射是指膝半屈和小腿自由下垂時，輕快地叩擊膝蓋骨下方，由於快速牽拉肌肉，梭內肌纖維受牽張時，使肌梭接受器感受到機械牽拉刺激而產生神經衝動，經由傳入神經 Ib 纖維傳向脊髓，傳入神經纖維直接與傳出神經元形成突觸，引起股四頭肌收縮，使小腿前伸作急速前踢的反應（圖 9-18）。牽張反射通常受中樞神經系統的影響，其反應強弱、快慢可反映中樞神經系統的功能狀態，臨床上用以檢查中樞神經系統的疾患。

人體在安靜狀態時，骨骼肌不是完全鬆弛，而是始終有肌纖維輕度收縮，使肌肉保持一定的緊張度，稱為**肌肉張力** (muscle tone)。肌肉張力可透過脊髓反射來維持，也屬於牽張反射（深層反射）。即肌肉的接受器（肌梭）經常由於重力牽拉受到刺激，透過脊髓節段反射弧使被牽拉的肌肉緊張性收縮，保持肌肉張力。

當肢體皮膚受到傷害性刺激時（如針刺、熱燙等），該肢體的屈肌強烈收縮，而伸肌出現舒張，使該肢體產生屈曲反應，以使該肢體脫離傷害性刺激，此種反應稱為屈肌反射(flexor reflex)，又稱**縮回反射**(withdrawal reflex)。反之，**伸肌反射**(extensor reflex)出現時，與伸肌相拮抗的屈肌便發生舒張，使肢體伸直。這種相對關係為脊髓反射的特徵，也是興奮和抑制交互影響不同運動神經元的結果，這種神經支配的關係稱為**交互神經支配**(reciprocal innervation)。交互神經支配在中樞神經系統中具有重要的生理意義，它使反射活動產生相互協調的動作，從呼吸運動、眼球運動、

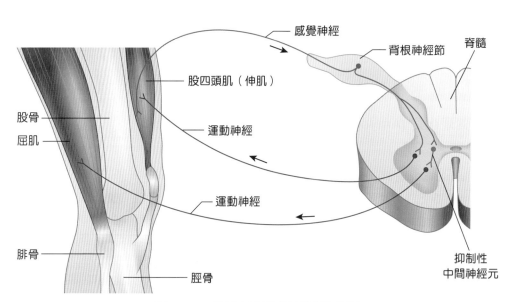

■ 圖 9-18　膝跳反射的反射弧模式圖。

複雜的隨意肢體運動、甚至最簡單的牽張反射，都有拮抗肌群的交互抑制。

屈肌反射的強度與刺激強度有關，例如足部的較弱刺激僅引起踝關節屈曲，如刺激強度加強，則膝關節及髖關節也將發生屈曲。如刺激更強，則可在同側肢體發生屈肌反射，同時對側肢體亦出現伸直反射活動，此稱為**交叉伸肌反射**(crossed extensor reflex)，亦屬於姿勢反射，具有保持身體平衡、維持姿勢的意義。

9-2 心 肌
Cardiac Muscle

心肌是由心肌細胞構成的一種肌肉組織，是心臟舒縮活動的功能基礎。心肌細胞與骨骼肌的結構相似，都有橫紋，但在結構上仍有一些不同之處。心肌受自主神經支配，為不隨意肌。

▶ 心肌的構造

心肌細胞為短柱狀單核細胞，而骨骼肌纖維則長條圓柱狀的多核細胞。心肌細胞之間有**肌間盤**(intercalated disk)結構，該處細胞膜凹凸相嵌，並以**間隙接合**(gap junction)彼此緊密相接（圖9-19）。肌間盤有利於心肌細胞間的興奮性傳遞，一方面是由於該處結構對電流的阻抗較低，興奮波易於通過；另一方面則因該處的間隙接合可允許鈣離子等離子通透輸運。因此，正常的心房肌或心室肌細胞雖然彼此分開，但**幾乎同時興奮而同步收縮**，大大提高了心肌收縮的效能。

心肌細胞的細胞核位於細胞中央，形狀似橢圓或長方形，其長軸與肌原纖維的方向一致。肌原纖維繞核而行，核的兩端富有肌漿，其中含有豐富的肝醣顆粒和粒線體，以適應心肌持續性節律收縮活動的需要。從橫斷面來看，心肌細胞的直徑比骨骼肌小，前

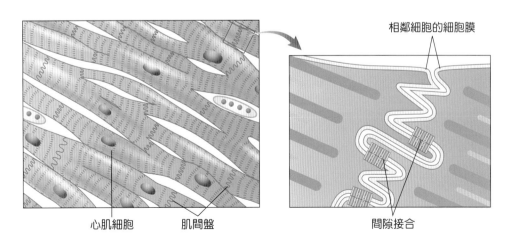

心肌細胞　　肌間盤　　相鄰細胞的細胞膜　　間隙接合

■**圖 9-19** 心肌；心肌細胞很短並具有橫紋，細胞之間以肌間盤相連接。

者約為 15 μm，而後者則為 100 μm 左右；從縱斷面來看，心肌細胞的肌節長度也比骨骼肌的肌節為短。

▶ 心肌收縮的生理學

一、心肌的興奮－收縮偶聯

心肌的調節蛋白主要由細肌絲上的**旋轉肌球素**(tropomyosin)和**旋轉素**(troponin)組成，調節蛋白本身沒有收縮作用。旋轉肌球素呈桿狀，含有兩條多胜肽鏈，頭尾串聯並形成螺旋狀細長纖維，嵌在肌動蛋白雙螺旋的溝槽內，覆蓋肌動蛋白上的肌凝蛋白結合位置點；而旋轉素則與 Ca^{2+} 進行可逆性的結合，以改變旋轉肌球素的位置，從而調節粗、細肌絲的結合與分離。

當心室肌細胞興奮時，細胞膜電位可以啟動細胞膜上的 **L 型 Ca^{2+} 通道** (L type calcium channel) 開啟，**細胞外 Ca^{2+} 順濃度梯度進入細胞**，進一步啟動肌漿網內儲存的 Ca^{2+} 大量釋放，使細胞質內 Ca^{2+} 濃度迅速升高。細胞質內 Ca^{2+} 和旋轉素結合，改變旋轉肌球素的位置，從而暴露肌動蛋白上的肌凝蛋白位置點，使肌凝蛋白頭部與肌動蛋白結合形成橫橋。細胞質 Ca^{2+} 濃度的升高可啟動**肌凝蛋白**的 Ca^{2+}-Mg^{2+} ATP 酶，**水解 ATP 釋放能量**，引發心肌收縮，完成由化學能向機械能的轉化，形成一次興奮－收縮偶聯。在此過程中，Ca^{2+} 為興奮－收縮偶聯活動中的重要調節物質，ATP 則為粗、細肌絲的滑動提供能量。

當心肌細胞再極化時，人部分 Ca^{2+} 由肌漿網 Ca^{2+}-ATP 酶（鈣幫浦）送入並儲存在肌漿網，小部分由細胞膜的鈉鈣交換體 (Na^+-Ca^{2+} exchanger, NCX) 和 Ca^{2+}-ATP 酶運輸至細胞外，使細胞質 Ca^{2+} 濃度迅速降低，Ca^{2+} 與旋轉素解離，肌動蛋白的作用點又被掩蓋，橫橋解除，心肌舒張。

二、心肌收縮的特性

心肌和骨骼肌同屬橫紋肌，都由長軸平行的肌原纖維－粗、細肌絲所構成，兩者收縮原理相似。但心肌細胞的結構和電生理特性並不完全和骨骼肌相同，所以心肌的收縮有其特性。

（一）心肌收縮對細胞外 Ca^{2+} 的依賴性

在骨骼肌細胞，觸發肌肉收縮的 Ca^{2+}，主要來自肌漿網釋放的 Ca^{2+}。但心肌細胞的肌漿網不如骨骼肌發達，Ca^{2+} 儲存量少，故其收縮有賴於細胞外 Ca^{2+} 的內流，如果去除細胞外 Ca^{2+}，心肌就不能收縮，而停在舒張狀態。心肌興奮時，細胞外 Ca^{2+} 透過肌漿膜和橫小管膜上的 **L 型 Ca^{2+} 通道**流入細胞質，觸發肌漿網終池大量釋放 Ca^{2+}。心肌肌漿網上有兩種鈣釋放通道，分別稱之為 **ryanodine** 接受器和 **IP_3** 接受器，在心肌主要以 ryanodine 接受器為主要作用。Ca^{2+} 是 ryanodine 接受器專一性的活化物質，從細胞外內流的 Ca^{2+} 可與之結合而使通道開放，讓大量的 Ca^{2+} 從肌漿網釋放入細胞質，使細胞質內 Ca^{2+} 濃度升高 100 倍而引起收縮。這種由細胞外少量的 Ca^{2+} 引起細胞內肌漿網大量釋放 Ca^{2+} 的機制，稱為**鈣誘導鈣釋放** (calcium-induced calcium release, CICR) 機制。

心肌的舒張有賴於細胞內 Ca^{2+} 濃度的降低。心肌收縮結束時，肌漿網膜上的鈣幫浦 (calcium pump) 逆濃度差將細胞質中的 Ca^{2+} 主動運輸送回肌漿網，同時肌漿膜透過鈉鈣交換體 (Na^+-Ca^{2+} exchanger, NCX) 和鈣幫浦 (Ca^{2+}-ATP) 將 Ca^{2+} 排出細胞外，使細胞質 Ca^{2+} 濃度下降，心肌細胞舒張。

（二）全有或全無收縮

骨骼肌收縮的功能單位稱為運動單位，骨骼肌收縮的強度，取決於參與收縮的運動單位數量和每個運動單位收縮強弱。心肌和骨骼肌不同，心房和心室都分別是一個功能合胞體，一個細胞的興奮可以迅速傳播到全心房或全心室，引起整個心房或心室的收縮，稱為「全有或全無」收縮。心肌收縮的強弱不像骨骼肌由參與收縮的單位數量來決定，而是完全由各個心肌細胞收縮強度來取決。

（三）不發生完全強直收縮

心肌細胞的有效不反應期特別長，相當於心肌細胞的整個收縮期和舒張早期，因此，心肌不可能在收縮期內因為刺激，而產生新的動作電位及收縮，也就是說，心肌不會發生完全強直收縮，這一特徵確保心臟可以交替進行收縮和舒張活動，有利於心臟的充血和射血。

（四）心肌細胞的自律性

心肌不同於骨骼肌，需要運動神經元刺激才有動作電位及收縮。心臟能夠自發、有節律地進行放電，稱為自動節律性，簡稱

節律性，其來源為心臟內特殊傳導系統的節律細胞。正常情況下，**竇房結**是心臟興奮和收縮的主要**節律點** (pacemaker)（詳見第 11 章）。

9-3　平滑肌
Smooth Muscle

在脊椎動物，除心臟之外，內臟肌大多是由平滑肌所組成。平滑肌主要分布於血管、氣管、胃、腸等臟器的壁內。平滑肌纖維可單獨存在，但絕大部分是成束或成層分布。

平滑肌肌原纖維—粗肌絲和細肌絲間缺乏規律性排列，因此，平滑肌無肌節構造，也不具橫紋。平滑肌受自主神經支配，為不隨意肌。平滑肌收縮和舒張的速度較慢，橫紋肌每次收縮大約是0.1秒，而平滑肌需要數秒，甚至數十秒。

▶ 平滑肌的構造

平滑肌為長紡錘形的單核細胞組成，細胞核呈長橢圓形或桿狀，位於中央。收縮時，細胞核可扭曲呈螺旋形。平滑肌纖維大小不一，一般長200 μm，直徑8 μm；小血管壁平滑肌短至20 μm，而妊娠子宮平滑肌可長達500 μm。

平滑肌纖維表面為肌漿膜，其向下凹陷形成眾多的小凹。平滑肌肌漿膜表面缺乏橫小管 (caveola)，且肌漿網發育較差，呈小管狀，位於肌漿膜小凹相鄰近處。

平滑肌的細胞骨架比較發達，主要由**緻密體** (dense body) 和**中間絲** (intermediate filament) 組成。緻密體為梭形小體，是細肌絲和中間絲的附著點，功能相當於橫紋肌 Z 線。相鄰的緻密體之間由直徑 10 nm 的中間絲相連，構成平滑肌的菱形網架，在細胞內擔負著細胞骨架作用（圖 9-20）。

平滑肌肌漿中，主要有粗、細兩種肌絲。細肌絲直徑約 5 nm，呈花瓣狀環繞在粗肌絲周圍。粗、細肌絲的數量比約為 1:12~30。粗肌絲直徑 8~16 nm，均勻分布於細肌絲之間。粗肌絲呈圓柱形，表面有縱行排列的橫橋。

相鄰的平滑肌纖維之間有**間隙接合**，利於化學訊息和神經衝動的傳遞，使眾多平滑肌纖維可同時收縮而形成整體收縮功能。

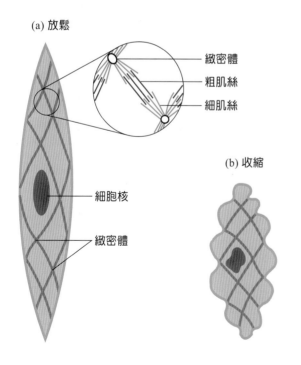

■ 圖 9-20 平滑肌。相鄰的緻密體構成平滑肌的菱形網架。

▶ 平滑肌的生理學

一、平滑肌的收縮機制

在骨骼肌中，Ca^{2+} 要和旋轉素結合，肌動蛋白才能與橫橋接合，使肌絲產生滑動；然而，平滑肌的細肌絲中**缺乏旋轉素**，因此，Ca^{2+} 引起平滑肌細胞—粗、細肌絲相互滑行的機制與骨骼肌不同。

在平滑肌中，橫橋的啟動開始於受到磷酸化，而此過程需要一種稱為**肌凝蛋白輕鏈激酶** (myosin light-chain kinase, MLCK) 的酵素催化，其過程為 Ca^{2+} 先與平滑肌細胞質中的**攜鈣素** (calmodulin) 蛋白結合，形成**鈣離子－攜鈣素複合物** (calciumcalmodulin complex)，此複合物可使 MLCK 活化；活化的 MLCK 進而催化橫橋磷酸化，再進一步引發肌絲滑動及收縮。與骨骼肌相較，平滑肌橫橋啟動的機制需要較長的時間，這和平滑肌收縮較緩慢的特性相一致。

平滑肌纖維的收縮，目前認為，與橫紋肌「肌絲滑動」原理大致相同。每個收縮單位是由粗肌絲（肌凝蛋白）和細肌絲（肌動蛋白）結合引起，它們的一端以細肌絲附著於肌漿膜內面。粗肌絲的橫橋有半數沿著相反方向擺動，所以當平滑肌纖維收縮時，不但細肌絲沿著粗肌絲全長滑動，而且相鄰的細肌絲滑動方向是相對。因此，平滑肌纖維收縮時，粗、細肌絲重疊範圍增大，平滑肌纖維呈螺旋狀扭曲而變短和增粗。

二、平滑肌的自主神經支配

　　大多數平滑肌接受自主神經系統的支配，但其中小動脈只接受交感神經系統支配，而其他器官的平滑肌則接受交感和副交感的雙重支配。此外，消化道管壁肌肉層中有內在神經叢存在（詳見第14章），其可接受外來的自主神經支配，另亦有局部感覺神經元存在，因此，可以引發各種反射。

　　自主神經進入平滑肌組織有多層次分支，每條分支纖維間隔一段距離即出現一個膨大、呈念珠狀的構造，稱為**曲張體**(varicosity)，其內含有突觸小泡（第 5 章圖 5-20）。當神經衝動到達時，突觸小泡即釋放神經傳遞物質或其他神經活性物質出來。由於每個曲張體和其標的平滑肌細胞的距離約為 80~100 nm，因此，神經傳遞物質需擴散較遠距離才能到達目標細胞。

三、平滑肌在功能上的分類

　　平滑肌在各器官扮演的功能有很大差異，但一般可分為兩大類：**單一單位**(single-unit)與**多單位**(multi-unit)平滑肌（圖 9-21）。

　　單一單位平滑肌細胞間以間隙接合做為管道，因此，動作電位很容易藉由間隙接合溝通聯繫，提供離子通透及物質在細胞之間傳遞，而可進行同步性活動。此種平滑肌通常具有自發性，在沒有外來的自主神經支配下，亦可自主進行近於正常收縮的活動，以胃腸、子宮、輸尿管平滑肌為代表。

　　多單位平滑肌細胞間**沒有間隙接合**，各平滑肌細胞在活動上是各自獨立，由個別**自主神經纖維控制**，類似骨骼肌細胞，例如豎毛肌、虹膜肌、睫狀肌及大血管平滑肌等。

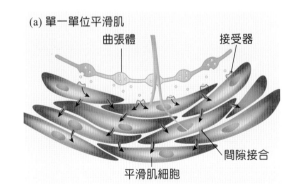
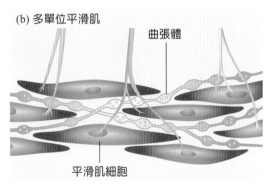

(a) 單一單位平滑肌　曲張體　接受器　間隙接合　平滑肌細胞

(b) 多單位平滑肌　曲張體　平滑肌細胞

■ 圖 9-21　單一單位與多單位平滑肌。

參考資料 | References

朱大年 (2007)・*生理學*・人民衛生。

姚泰 (2005)・*生理學*・人民衛生。

陳季強 (2004)・*基礎醫學教程*・科學。

馮琮涵、黃雍協、柯翠玲、廖智凱、胡明一、林自勇、鍾敦輝、周綉珠、陳瀅 (2021)・*人體解剖學*・新文京。

馮琮涵、鄧志娟、劉棋銘、吳惠敏、唐善美、許淑芬、江若華、黃嘉惠、汪蕙蘭、李建興、王子綾、李維真、莊禮聰 (2022)・*解剖生理學*（三版）・新文京。

賴明德、王耀賢、鄧志娟、吳惠敏、李建興、許淑芬、陳晴彤、李宜倖 (2022)・*解剖學*（二版）・新文京。

韓秋生、徐國成、鄒衛東、翟秀岩 (2004)・*組織學與胚胎學彩色圖譜*・新文京。

Berne, R. M., & Levy, M. N. (2004). *Physiology. Mosby*.

Fox, S. I. (2015). *HUMAN PHYSIOLOGY* (14th ed.). McGraw-Hill College.

Guyton, A. C., & Hall, J. E. (2006). *Textbook of Medical Physiology*. Saunders.

Pocock, G., & Richards, C. D. (2004). *Human Physiology*. Oxford University Press Inc.

複·習·與·討·論

一、選擇題

1. 有關骨骼肌與心肌收縮的比較，下列敘述何者正確？ (A) 兩者都是透過橫小管來傳導動作電位 (B) 兩者的收縮速度都很慢 (C) 骨骼肌與心肌一樣，肌纖維長度越長，收縮時產生的張力就越大 (D) 單一骨骼肌纖維與心肌纖維一樣，都是刺激頻率越高，產生的張力就越大

2. 死亡後開始出現肌肉僵硬的現象，主要是由下列哪一個原因造成？ (A) 乳酸的堆積 (B) 缺少鈣離子 (C) 肝醣耗盡 (D) 缺乏 ATP

3. 骨骼肌或心臟肌細胞電顯構造中所看到的三合體 (triad)，是如何組成的？ (A) 由細胞膜和終池 (terminal cisternae) 所組成 (B) 由一個橫小管 (transverse tubule) 和兩旁肌漿網的終池所組成 (C) 由一個橫小管和兩旁的肌漿所組成 (D) 由粒線體和終池所組成

4. 骨骼肌細胞膜的動作電位經由下列何種結構傳入肌纖維內部的肌漿網，促使鈣離子釋出，使骨骼肌細胞收縮？ (A) 肌漿膜 (B) 鈣幫浦 (Ca²⁺ pump) (C) T 小管 (D) 粒線體

5. 運動單位 (motor unit) 是指下列何者？ (A) 大腦運動區之每一個運動細胞而言 (B) 大腦運動區之每一個細胞及脊髓中與其突觸之運動細胞群而言 (C) 能完成一組反射運動之肌肉群而言 (D) 由一個運動神經元及其所支配之肌肉纖維而言

6. 運動神經元支配下列何者？ (A) 心臟肌肉 (B) 小腸平滑肌 (C) 血管上之平滑肌 (D) 肌梭內之梭內肌纖維

7. 心肌細胞興奮時會增加細胞質中鈣離子的濃度，下列敘述何者正確？ (A) 從細胞外流入的鈣離子量等於從肌漿網釋放的量 (B) 從細胞外流入的鈣離子量大於從肌漿網釋放的量 (C) 從細胞外流入的鈣離子量小於從肌漿網釋放的量 (D) 從細胞外流入的鈣離子量等於從粒線體釋放的量

8. 當骨骼肌發生疲勞現象時，下列何者最不可能發生？ (A) 細胞內 glycogen 及 creatine phosphate 含量減少 (B) ATP 及 lactate 含量降低 (C) pH 降低 (D) 肌肉收縮張力變小

9. 下列何者是骨骼肌細胞儲存 Ca²⁺ 的主要位置？ (A) 橫小管 (B) 肌漿網 (C) 粒線體 (D) 高基氏體

10. 平滑肌缺乏下列何種成分？ (A) 旋轉素 (troponin) (B) 肌動蛋白 (C) 肌凝蛋白 (D) 調鈣蛋白 (calmodulin)

11. 以間隙接合 (gap junction) 形成的電性突觸 (electrical synapse) 並不存在於： (A) 心肌細胞 (B) 平滑肌細胞 (C) 骨骼肌細胞 (D) 神經細胞

12. 運動神經受興奮時，乙醯膽鹼會從神經末梢釋放出來。而該物質作用在運動神經終板的受體時： (A) 會直接刺激細胞膜的電壓依賴型鈉離子通道 (B) 會使神經終板的膜電位過極化 (C) 會使神經終板對鉀離子的通透性降低 (D) 會使神經終板對鈉離子的通透性增加

13. 人體骨骼肌細胞內的 Ca^{2+} 主要是儲存在下列何處？ (A) 肌漿網 (B) 粒線體 (C) T 小管 (D) 微粒體

14. 下列有關運動終板 (motor end plate) 的敘述，何者錯誤？ (A) 平滑肌無此構造 (B) 此構造之乙醯膽鹼受器 (acetylcholine receptor) 活化後可通透鈉離子 (C) 此構造為運動神經元軸突末梢與肌漿膜接合處之特化區域 (D) 此構造之乙醯膽鹼受器被活化後會引起肌肉舒張

15. 間盤 (intercalated disc) 為下列何者之特殊結構？ (A) 骨骼肌 (B) 心肌 (C) 平滑肌 (D) 橫紋肌

16. 有關紅肌與白肌的敘述，下列何者正確？ (A) 紅肌是無氧肌 (B) 紅肌因含有血紅素而得名 (C) 紅肌比白肌含更多的粒線體 (D) 紅肌纖維一般比白肌纖維粗

17. 在肌肉收縮與舒張過程 (muscle contraction / relaxation cycle) 中，ATP 結合於下列哪一分子？ (A) 肌凝蛋白 (myosin) (B) 肌動蛋白 (actin) (C) 旋轉素 (troponin) (D) 旋轉肌凝素 (tropomyosin)

18. 下列哪些肌細胞有明顯的明暗相間之橫紋構造？ (A) 骨骼肌、心肌與平滑肌 (B) 骨骼肌與心肌 (C) 心肌與平滑肌 (D) 平滑肌與骨骼肌

19. 下列何種細胞特性為骨骼肌特有，心肌與平滑肌則無？ (A) 橫小管 (transverse tubule) (B) 肌漿網 (sarcoplasmic reticulum) (C) 多核 (multiple nuclei) (D) 旋轉素 (troponin)

20. 有關屍僵 (rigor mortis) 的敘述，下列何者正確？ (A) 人一旦停止呼吸，無法進行有氧呼吸之後就會發生 (B) 由於 ATP 的缺乏，使得肌動蛋白無法與肌凝蛋白分離，而處於收縮狀態 (C) 由於電壓依賴性鈣通道持續讓鈣離子流入肌細胞，而讓肌肉處於收縮狀態 (D) 屍僵一般在死亡後幾分鐘就會消失

21. 有關骨骼肌長度－張力關係之敘述，下列何者正確？ (A) 肌纖維在收縮前之起始長度與收縮張力成反比 (B) 最適長度 (optimal length) 乃指肌纖維收縮後，可完全舒張之長度 (C) 粗、細肌絲形成之橫橋 (cross bridge) 越多，收縮之力量越小 (D) 正常生理狀態下 resting length 約等於 optimal length

22. 下列有關肌原纖維 (myofibril) 的敘述，何者正確？ (A) 由單一骨骼肌細胞 (skeletal muscle cell) 組成 (B) 圓柱形的肌原纖維由肌絲 (muscle fiber) 組成 (C) 為肌肉組織中儲存鈣離子的膜狀結構 (D) 直接連接肌肉細胞和肌腱 (tendon)

23. 有關無氧快肌與有氧慢肌的比較，下列何者正確？ (A) 無氧快肌的運動單位一般比較小 (B) 無氧快肌的肌纖維一般比較小 (C) 無氧快肌一般比較容易疲乏 (D) 無氧快肌一般比較會先收縮

24.平滑肌收縮時，肌細胞內之 Ca^{2+} 結合至何種蛋白分子？　(A) calmodulin　(B) troponin　(C) tropomyosin　(D) myosin

25.下列有關骨骼肌與平滑肌收縮機制的敘述，何者正確？　(A) 兩者皆需要細胞外鈣的流入來啟動收縮　(B) 鈣離子在骨骼肌會結合至旋轉素 (troponin)；反之，鈣離子在平滑肌會結合至攜鈣素 (calmodulin) 來引發肌肉收縮反應　(C) 兩者皆需橫小管 (transverse tubule) 來引發細胞內鈣升高　(D) 兩者都有旋轉肌凝素 (tropomyocin) 的參與

26.在骨骼肌之神經肌肉接合處，神經所釋放之主要神經傳遞物質是下列何者？　(A) 乙醯膽鹼 (acetylcholine)　(B) 鈣離子　(C) 多巴胺 (dopamine)　(D) 一氧化氮 (NO)

27.下列何種物質或反應，能最快提供 ATP 給肌肉使用？　(A) 有氧磷酸化　(B) 糖解作用　(C) 磷酸肌酸　(D) 磷脂質

28.肌肉細胞在鬆弛狀態時，下列何者會接在肌動蛋白絲上，阻斷橫橋與肌動蛋白的結合？　(A) 旋轉肌球素 (tropomyosin)　(B) 旋轉素 (troponin)　(C) 肌凝蛋白 (myosin)　(D) ATP

29.當一骨骼肌被拉長超過其最適長度 (optimal length)，則其收縮產生之最大張力將降低的原因為：　(A) 粗肌絲與細肌絲重疊程度降低　(B) 鈣離子釋放量降低　(C) ATP 產量降低　(D) 動作電位傳播速度降低

30.有關心肌纖維的敘述，下列何者正確？　(A) 屬於隨意肌　(B) 沒有橫紋　(C) 心肌纖維具有分枝　(D) 形成心臟壁的最內層

31.下列哪一個蛋白質不參與骨骼肌 (skeletal muscle) 的收縮？　(A) 肌凝蛋白 (myosin)　(B) 旋轉素 (troponin)　(C) 旋轉肌凝素 (tropomyosin)　(D) 攜鈣素 (calmodulin)

二、問答題

1. 試簡單繪出靜止狀態及收縮後的肌節的結構，並標出各構造的名稱。

2. 試述神經肌肉接合處的訊息傳遞過程。

3. 試述骨骼肌收縮的機制（肌絲滑動學說）。

4. 小華車禍受傷，下肢動彈不得，膝跳反射 (knee jerk reflex) 消失，但手部肌肉握力仍正常，無眩暈症狀，他最有可能的受傷的部位為下列何者？為什麼？(A) 初級運動皮質 (primary motor cortex)　(B) 脊髓運動神經元　(C) 小腦　(D) 基底核。

三、腦力激盪

1. 在蛙坐骨神經－腓腸肌標本上，單次電刺激坐骨神經後，在腓腸肌記錄到抽動收縮曲線，試述產生上述現象的生理過程。

掃描　複習與討論解答
請掃描QR code

10
CHAPTER

學習目標 Objectives

1. 描述血液的理化特性與功能。
2. 敘述血液的組成。
3. 描述紅血球的生理特性及功能。
4. 描述貧血分類及其可能原因。
5. 描述白血球的生理特性及功能。

6. 描述血小板的生理特性及功能。
7. 描述造血器官和造血過程。
8. 描述血液凝固和血塊溶解的機制。
9. 解釋 ABO 血型和 Rh 血型。
10. 描述輸血和輸血反應。

本章大綱 Chapter Outline

血 液
Blood

HUMAN
PHYSIOLOGY

血液是由血球和血漿組成的流體組織，在心臟、血管內循環流動，有促進人體各部位組織液互動的作用，是個體與外在環境進行物質交換的中間環節。血液的主要生理功能有：

1. 運輸作用：血液將 O_2、營養物質和調節物質（如激素等）運送到全身各處，同時將組織細胞的代謝產物和 CO_2 運輸到腎、肺等器官排出體外。

2. 調節酸鹼平衡：血液中含有多種緩衝物質，可緩衝代謝產物或異物侵入引起的酸鹼值 (pH) 變化，以維持體內環境穩定狀態。

3. 防禦和保護作用：當細菌、病毒等病原微生物入侵時，血液中的白血球和血漿中的抗體、補體等物質會參與免疫防禦，維持個體正常生理狀態。

當血管受到損傷時，會啟動血小板和各種凝血因子，形成凝血塊，阻止出血。如果流經體內各器官的血流量不足，均可引起嚴重的代謝紊亂和組織損傷，臨床上許多疾病可引起血液組成成分或性質發生改變，故檢查血液各成分及理化性質的變化，不但能反映血液系統的疾病，也能一定程度上反映全身或局部組織器官的病變，在醫學診斷與治療上均有重要價值。

10-1 血液的特性
Characteristics of Blood

▶ 血液的理化特性

一、血液的比重

正常人全血的**比重** (specific gravity) 為 1.05~1.06。紅血球在血液中數量最多，其比重為 1.090~1.092，與紅血球內的血紅素含量呈正相關；血漿的比重為 1.025~1.030，其主要影響因素取決於蛋白含量。利用紅血球和

血漿比重的差異，可進行紅血球與血漿的分離。

二、血液的黏度

液體的**黏度** (viscosity) 來自於液體內部分子或顆粒間的摩擦力。血液的黏度通常以相對值表示，即血液或血漿與水相比，當流過等長的兩根毛細玻璃管所需要時間之相對值。若水的黏度為 1（溫度為 37℃），則全血的相對黏度為 4~5，血漿的相對黏度為 1.6~2.4。

在溫度不變的情況下，血液的黏度主要取決於紅血球數量，而血漿的黏度則主要取決於血漿蛋白的含量。水和乙醇可做為「理想液體」，因其黏度不隨剪切率(shear rate)的改變而變化。在大動脈管腔內，血液流速很快的情況，血液即類似如理想液體作用。由於血液的黏度是形成血流阻力的一個重要因素，若血流速度極低於一定限制時，黏度與剪切率則呈負相關，亦就是血液黏度越大，血流阻力越大，血流速度則越慢。某些疾病會減慢血流速度，造成紅血球可能堆疊在一起〔稱為錢串狀結構(rouleaux formation)，詳見後文介紹〕，則血液黏度上升，血流阻力增大，從而影響微循環的正常功能。

三、血漿滲透壓

滲透壓 (osmotic pressure) 是指溶液具有吸引和保留水分的能力或壓力，它是引起滲透現象的動力。滲透壓與單位體積溶液中的溶質顆粒數目呈正比，與溶質的種類及顆粒大小無關。滲透現象是由半透膜隔離兩種不

同濃度的溶液，溶液水分子從低濃度（低滲透壓，水多）的一側向高濃度（高滲透壓，水少）的一側移動。

人體的血漿滲透壓約為300 mOsm，由血漿的**晶體滲透壓**(crystal osmotic pressure) 和**膠體滲透壓**(colloid osmotic pressure)組成，構成前者血漿晶體滲透壓的物質，主要(80%)由Na^+和Cl^-形成，約為300 mOsm；構成後者血漿膠體滲透壓的物質，主要(80%)由白蛋白形成，不超過1.5 mOsm。

血漿中大部分晶體物質不易通過細胞膜，在細胞外形成穩定的晶體滲透壓，因此，血漿晶體滲透壓可維持紅血球細胞內外水含量的平衡，其具有保持紅血球形態正常的重要作用（表10-1）。由於水和小部分的晶體物質可自由通過微血管壁，因此，血漿與組織液的晶體物質濃度基本上是相等，亦就是微血管內外的晶體滲透壓是相等的。而形成血漿膠體滲透壓的血漿蛋白，其分子量大，不易通過微血管壁，致使血漿膠體滲透壓高於組織液的膠體滲透壓，成為組織液水分子進入微血管的主要動力，故血漿膠體滲透壓，是主要維持血管內外水平衡和維持血液容積的因子。例如營養不良的病人，由於

血漿蛋白減少，血漿膠體滲透壓下降，血管內的水分過多地滲入組織間隙，造成組織液滯留形成組織水腫。血漿晶體滲透壓與血漿膠體滲透壓的比較整理於表10-1。

四、血漿的酸鹼值 (pH)

正常人血漿的 pH 為 **7.35~7.45**。當 pH $<$ 7.35 時稱為**酸中毒** (acidosis)，pH $>$ 7.45 時稱為**鹼中毒** (alkalosis)。血漿 pH 值能夠保持相對恆定，主要是依賴血漿中的**緩衝劑** (buffer pair)，血漿中最重要的緩衝劑是 $NaHCO_3$ / H_2CO_3。一般酸性或鹼性物質進入血液時，這些緩衝劑能夠將它們對血漿 pH 的影響降到最小。此外，肺臟和腎臟可排出體內過多的酸和鹼，故血漿酸鹼值能夠保持相對恆定（詳見第 13 章及第 15 章）。

10-2 血液的組成
Composition of the Blood

一般成人血液約占體重的 8%。血液是由**血球** (blood cells) 和**血漿** (plasma) 組成，整理如圖 10-1 所示。

表 10-1　血漿晶體滲透壓與血漿膠體滲透壓的比較

比較項目	血漿晶體滲透壓	血漿膠體滲透壓
定 義	血漿內由晶體物質構成的滲透壓	血漿內由膠體物質構成的滲透壓
構成物	電解質（主要為 NaCl）	血漿蛋白（主要為白蛋白）
數 值	300 mOsm/kgH_2O	1.5 mOsm/kgH_2O
生理意義	維持紅血球內外水平衡和正常形態，避免細胞水腫	維持微血管內外水平衡，防止組織水腫
產生原因	電解質易通過血管壁，不易通過細胞膜	膠體物質不易通過血管壁

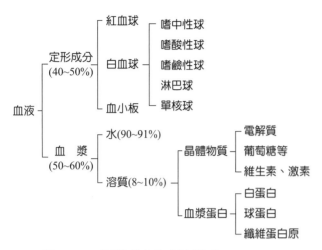

■ 圖 10-1　正常成人的血液組成。

▶ 血漿

　　血液經抗凝劑處理後，離心 30 分鐘，可將血漿 (plasma) 和血球分離。上層淺黃色的液體為血漿，約占血液容積 **50~60%**，下層紅色血柱是紅血球，中間是一層薄薄白色不透明的白血球和血小板。血球在全血中所占的容積百分比稱為**血比容** (hematocrit, Hct)（圖 10-2），正常成年男性 Hct 為 40~50%，女性 Hct 為 37~48%。

　　血漿是含有多種溶質的水溶液，主要成分是水，占 90% 以上。血漿中含有多種蛋白質，約占 6~8%，此外還有 2% 小分子物質，包括多種電解質、代謝產物、營養物質、激素等。血漿中的各種溶質和水分都可輕易地通過微血管壁，血液中的各種電解質的濃度基本上代表組織液中的物質濃度。臨床上檢測血液成分變化有助於對疾病的診斷。

　　血漿蛋白 (plasma protein) 是血漿中不同的分子大小與結構蛋白質的總稱，主要可分為**白蛋白** (albumin)、**球蛋白** (globulin) 和**纖維蛋白原** (fibrinogen) 三類。**白蛋白**約占血漿的 3.8~4.8%，是**血漿中含量最多的蛋白質**，

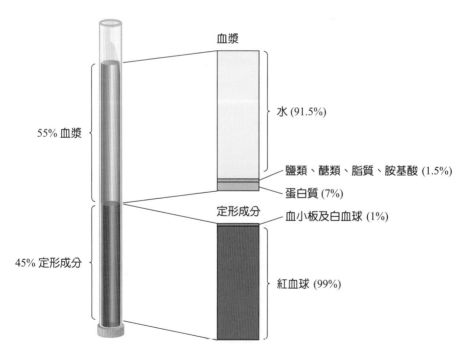

■ 圖 10-2　血液的成分。

由肝臟合成，功能是產生血漿膠體滲透壓及運輸某些小分子、脂溶性物質等作用。球蛋白約占血漿的 2~3%，在免疫功能中的免疫抗體都是球蛋白，臨床上常檢查白蛋白／球蛋白的比值 (albumin / globulin ratio, A/G ratio) 作為肝功能指標，A/G 正常值為 1.5~2.5，低於這個範圍代表肝功能異常。纖維蛋白原在血漿中含量較少，約占 0.2~0.4%，由肝細胞合成，是血液凝固的重要物質。

　　全血不加抗凝劑處理，血液會自行凝固，靜置數小時後，有清亮淡黃色的液體析出，此種液體稱為**血清** (serum)。血清與血漿的區別主要在於纖維蛋白原、凝血因子和血小板因子是否存在（表 10-2 和圖 10-3）。

紅血球

一、紅血球的數量與功能

　　紅血球 (erythrocyte; red blood cell, RBC) 是血液中含量最多的細胞，成年男性紅血球數為 $(4.5~5.5) \times 10^6 /mm^3$；女性為 $(3.8~4.6) \times 10^6 /mm^3$。正常成熟的紅血球呈**雙凹圓盤狀**（圖 10-4），**無細胞核、粒線體和膜狀胞器**，直徑約 **7~8 μm**，周邊最厚處約 2.5 μm，中央最薄處約 1 μm。

　　紅血球的主要功能是運輸氧氣和二氧化碳，這依賴於紅血球內部的**血紅素** (hemoglobin, Hb)。血紅素是一種結合蛋白，由**血球蛋白** (globin) 和**血基質** (heme) 組成，

表 10-2　血清與血漿的區別

比較項目	血　清	血　漿
定　義	血液凝固後分離出的淺黃色液體	從抗凝血液中分離出的液體
纖維蛋白原	無	含有
凝血因子	無	含有
血小板因子	含有	無

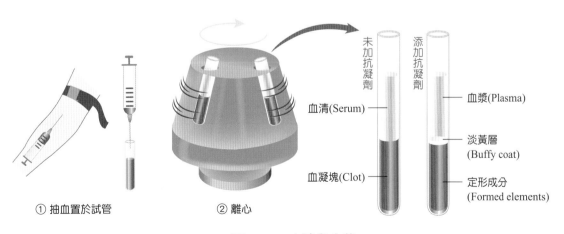

① 抽血置於試管　　② 離心

■ 圖 10-3　血清與血漿。

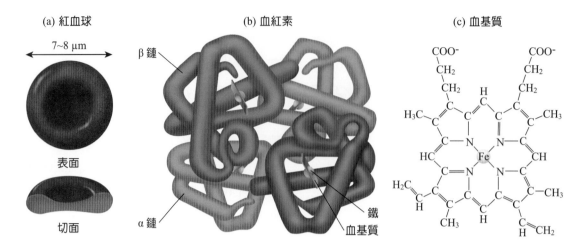

■ **圖 10-4** 紅血球：(a) 型態；(b) 血紅素結構；(c) 血基質分子結構。

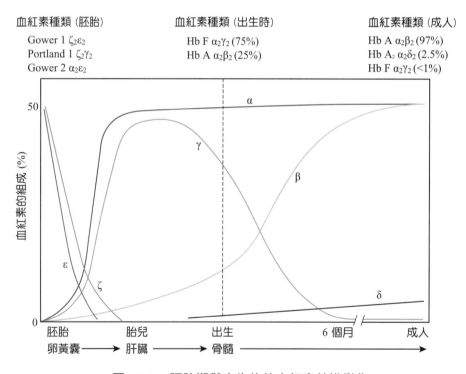

■ **圖 10-5** 胚胎期與出生後的血紅素結構變化。

血基質中含有**鐵**，鐵原子可與氧結合。每個血紅素分子能結合 **4 個氧**。每克血紅素可攜帶約 1.34 mL 的氧。成年男性血紅素含量為 14~18 g/dL，成年女性為 12~16 g/dL，新生兒在出生早期（5 天之內）能達到 20 g/dL，

數週後下降，1 歲以後再逐漸升高，直至青春期達到成人水準（圖 10-5）。血紅素的運輸功能有賴於紅血球的完整性，當紅血球破裂時，血紅素溢出，則喪失攜帶氧和二氧化碳的功能。

此外，**一氧化碳**(CO)也能與血紅素結合，且其親和力遠大於氧氣和血紅素的結合，一氧化碳與血紅素的結合率約為氧氣的**210倍**。一氧化碳與血紅素形成的結合物不能攜帶氧氣，並且不易解離，從而造成一氧化碳中毒，出現組織細胞缺氧現象，嚴重者可危及生命。

二、紅血球的生理特性

（一）懸浮穩定性

懸浮穩定性 (suspension stability) 是指紅血球在血漿中保持懸浮狀態不易下沉的特性。其原因是紅血球表面和血漿中白蛋白皆帶負電荷，產生同性排斥作用，紅血球不易聚集，呈現較好的懸浮穩定性。但由於紅血球的比重大於血漿，紅血球將逐漸下沉。臨床上，血液經過抗凝劑處理後靜置 1 小時，測量紅血球下降的距離，稱為**紅血球沉降速率** (erythrocyte sedimentation rate, ESR)，簡稱血沉。男性的正常值為 0~15 mm/h，女性為 0~20 mm/h。ESR 的快慢用來衡量紅血球懸浮穩定性的大小，ESR 越小，表示紅血球懸浮穩定性越好。

臨床上，ESR 可作為非特異性發炎指標，通常合併其他檢驗指標，對某些疾病的診斷和治療效果具有監控和評估作用，例如活動性肺結核 (tuberculosis)、風濕熱 (rheumatism) 等病人可引起紅血球懸浮穩定性的下降，ESR 加快，主要是因紅血球較快速以凹面彼此相貼，堆疊在一起形成**錢串狀結構** (rouleaux formation)（圖 10-6）。紅血球的堆疊致使總表面積和總體積比值減小，加快紅血球下沉。

影響紅血球懸浮穩定性的因素，主要是血漿中的白蛋白帶負電荷，提高紅血球懸浮穩定性；球蛋白、纖維蛋白原及膽固醇帶正電荷，會促進紅血球的堆疊，使 ESR 加快。

（二）滲透脆性

紅血球的**滲透脆性** (osmotic fragility) 是指紅血球在低張溶液中，因水分滲入而發生膨脹、破裂，產生**溶血** (hemolysis) 的特性。臨床上，將紅血球置於一系列不同滲透壓的 NaCl 溶液中可以發現，在 0.9~0.85% 的等張溶液中，紅血球能保持正常形態；在低張溶液 (0.8~0.6%) 中，紅血球逐漸膨脹成球形；隨著濃度的減小 (0.46~0.42%)，部分紅血球開始破裂；在濃度降到 0.34~0.32% 時完全溶血。

紅血球滲透壓抵抗曲線（圖 10-7），表示紅血球溶血率隨 NaCl 溶液濃度降低，有逐漸增加的關係，顯示紅血球滲透脆性與低張 NaCl 溶液的抵抗力呈反比關係，正常曲線呈「S 形」。當遺傳性球形紅血球症 (hereditary spherocytosis) 時，曲線向左移動；海洋性貧血 (thalassemia) 與溶血有關，故其紅血球溶血率與低張 NaCl 溶液濃度近似線性關係。

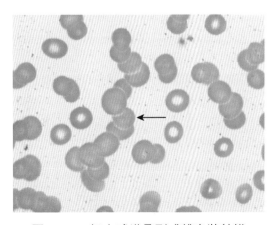

■ **圖 10-6** 紅血球堆疊形成錢串狀結構。

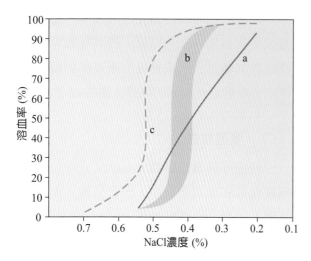

■ **圖 10-7** 紅血球滲透壓抵抗曲線。(a) 海洋性貧血;(b) 正常曲線;(c) 遺傳性球形紅血球症。

（三）可塑變形性

紅血球在血液循環中,受血流推力影響,經常需要擠過比自身直徑小的微血管和血竇孔隙,紅血球會發生捲曲變形,在通過後又恢復原狀,這種變形能力稱為可塑變形性 (plastic deformation)。具有此特性的主要原因,是由於紅血球表面積大於其容積,使

知識小補帖　Knowledge+

鐮刀型貧血 (sickle-cell anemia) 是由於血球蛋白 β 基因的第 6 位密碼子 GAG〔麩胺酸 (glutamate)〕突變為 GTG〔纈胺酸 (valine)〕,引起紅血球形狀由正常的雙凹圓盤狀變成長橢圓形,狀似鐮刀。鐮刀型紅血球會使攜氧量降低,紅血球僵硬,不容易變形,經過微血管時很容易破裂並形成血塊,造成微血管阻塞,組織缺氧,導致局部缺血和梗塞。如果血塊阻塞腦部血管,則會導致腦中風。

得變形能力較大。正常紅血球的變形能力大於異常的紅血球。

三、紅血球的生成與調節

（一）紅血球的生成與促成熟因素

紅血球的生成過程:造血幹細胞→紅血球先驅細胞 (erythroid progenitor cells) →前紅血球母細胞 (proerythroblast) →紅血球母細胞 (erythroblast) →網狀紅血球 (reticulocyte) →成熟紅血球(圖 10-16)。

紅血球攜氧能力是血紅素,合成血紅素的原料為蛋白質和鐵等(表 10-3)。鐵是合成血紅素必需的原料,每天用於合成血紅素的鐵含量約為 20~25 mg,其中 95% 的鐵來自於體內老化的紅血球,提供體內對鐵的再利用,另一小部分 5% 是從食物中吸收,約 1 mg。食物中的鐵多以 Fe^{3+} 形式存在,經胃酸的作用,將其還原為 Fe^{2+},經小腸吸收進入血漿後與**運鐵蛋白** (transferrin) 結合,運送至紅骨髓供血紅素合成(圖 10-8)。

紅血球發育過程中,細胞核的 DNA 對於細胞分裂及血紅素的合成有著重要作用。而合成 DNA 必需要有**維生素 B_{12}** 和**葉酸** (folic acid) 作為核苷酸合成的輔助因子。葉酸缺乏會造成紅血球 DNA 合成障礙,細胞分裂受

表 10-3　紅血球的生成原料和成熟因子

項目		作用
造血 (Hb) 原料	蛋白質	合成血球蛋白
	鐵	合成血基質
紅血球成熟因子	葉酸	促進 DNA 合成
	維生素 B_{12}	促進葉酸利用

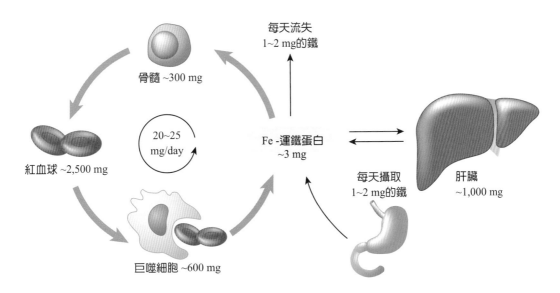

每天流失
1~2 mg的鐵

骨髓 ~300 mg

20~25
mg/day

Fe -運鐵蛋白
~3 mg

紅血球 ~2,500 mg

每天攝取
1~2 mg的鐵

肝臟
~1,000 mg

巨噬細胞 ~600 mg

■ 圖 10-8　鐵的代謝途徑，以及鐵在各部位的最大利用量或最大儲存量。正常人體內鐵的總量約 3~5 克，其中近 2/3 為血紅素鐵，其餘為在肌紅素、各種酶和輔酶因子中的鐵和在血漿中運輸的鐵。

到抑制，致使紅血球生長停止而不能成熟，造成貧血。維生素 B_{12} 則是增加葉酸利用率，從而間接影響 DNA 的合成。此外，紅血球合成還需要維生素 B_6、B_2、C、E 和微量元素銅、錳、鈷、鋅等。

（二）紅血球生成的調節

正常情況下，紅血球數量維持在一個動態平衡，其數量是相對恆定，成人體內紅血球約含有 $25×10^{12}$ 個。成人的紅血球主要由**紅骨髓**生成，每秒鐘約有 $25×10^5$ 個紅血球生成，以取代被**脾臟**和**肝臟**銷毀的老化紅血球；但當人體處於失血或某些疾病時，紅血球的生成數量和速度亦會發生適當調整。

紅血球的生成主要受**紅血球生成素**(erythropoietin, EPO)的調節（圖10-9）。紅血球生成素是一種醣蛋白，主要在腎臟合成。EPO主要促進紅血球先驅細胞增殖和前紅血球母細胞分化，並促進紅骨髓釋放網狀紅血球。組織缺氧（氧分壓降低）是刺激EPO合成並釋放的主要原因。當人體進入低氧環境時，EPO開始增加，從而促進紅血球合成，直到組織供氧足夠。如高原居民及長期從事體力勞動的人等，其紅血球數量較多，主要是在組織缺氧的刺激下，腎臟合成EPO增加所致。此外，雄性素(androgen)、甲狀腺激素和生長激素也有提高血漿中EPO濃度的作用，增加紅血球合成。這可能是成年男性紅血球和血紅素數量高於女性的原因之一。

四、紅血球的破壞

正常紅血球的壽命是 **120 天**。衰老或受損紅血球的變形能力減弱且脆性增加，約有 10% 的衰老紅血球在血流湍急處被衝擊而破損，稱為血管內破壞 (intravascular destruction)。紅血球在血管內破壞發生溶血後，被釋放的血紅素與血漿中的結合球蛋白 (haptoglobin) 結合，進一步被肝臟攝取，脫鐵的血基質轉變為**膽紅素** (bilirubin)。另外 90% 衰老紅血球在通過**脾臟、肝臟、紅骨髓**

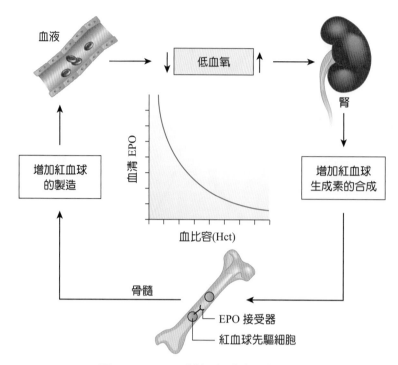

■ 圖 10-9　EPO 對紅血球生成的調節。

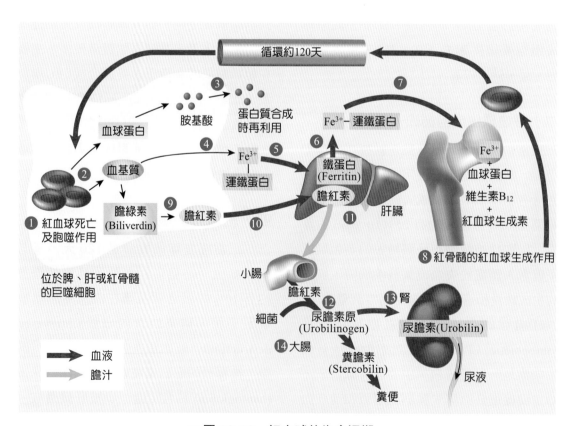

■ 圖 10-10　紅血球的生命週期。

等處的微小孔隙時，易發生滯留而**被巨噬細胞所吞噬**，稱為血管外破壞 (extravascular destruction)。巨噬細胞所吞噬的紅血球，經消化後，鐵可被再利用，而膽紅素則經由肝臟隨膽汁排出，最後排出體外（圖 10-10）。

紅血球破壞過程：

1. 血管外破壞（占 90%）：

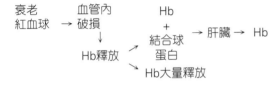

2. 血管內破壞（占 10%）：

白血球

白血球(leukocyte; white blood cell, WBC)是一類有核細胞，在血液中呈球形，在組織中則有不同程度的變形。根據白血球的形態、功能和來源可分為**顆粒性白血球**(granulocyte)、**單核球**(monocyte)和**淋巴球**(lymphocyte)三大類。其中，顆粒性白血球依據所含嗜色顆粒的性質，又可分為**嗜中性球**(neutrophil)、**嗜酸性球**(eosinophil)和**嗜鹼性球**(basophil)（圖10-11）。正常人白血球總數為4,000~10,000/ mm^3，其中以嗜中性球最多，占50~70%；嗜酸性球占0.5~5%；嗜鹼性球占0~1%；單核球占3~8%；淋巴球占20~40%（表10-6）。

臨·床·焦·點 Clinical Focus

貧 血 (Anemia)

貧血是指各種原因導致周邊血液紅血球總量低於正常值的臨床症狀。臨床上一般以血紅素濃度 (Hb)、紅血球計數 (RBC)、血比容 (Hct) 等指標來檢測有無貧血和貧血程度。一般標準認為，成年男性 Hb < 14 g/dL、RBC < 4.5×10^6 /mm^3、Hct < 0.42 /L；女性 Hb < 12 g/dL、RBC < 4.0×10^6 /mm^3、Hct < 0.37 /L 就可診斷為貧血。貧血的臨床表現為臉色蒼白，伴有頭暈、疲倦、心悸等症狀。

貧血具有不同的分類方法，根據紅血球形態可分成大細胞性貧血 (macrocytic anemia)、**正常細胞性貧血** (normocytic anemia) 和**小細胞低色素性貧血** (microcytic hypochromic anemia)（表10-4）；依血紅素濃度可分成輕度、中度、重度和極重度貧血（表 10-5）。

貧血是臨床上常見的疾病，有許多因素都可能引起貧血。在貧血診斷上，所謂的正常值僅僅是相對而言。一般貧血病人紅血球計數的減少，與血紅素濃度的降低呈正比，但小細胞低色素性貧血的紅血球計數減少，比血紅素濃度的減少相對較少，以致貧血較輕者，其紅血球計數不一定低於正常；而巨母紅血球性貧血 (megaloblastic anemia) 血紅素濃度相對的偏高，紅血球計數相對偏低。

當脫水、水中毒或急性大量失血後，血液容積尚未恢復到正常時，血紅素的濃度不能準確反映貧血真實程度，因此，臨床上要考慮這些因素對貧血的影響。此外，急性大量血管內溶血時，血漿內含有較高濃度的游離血紅素，這時血紅素測定的結果會高於實際貧血程度，此種特殊情況下，血比容和紅血球計數更能反映貧血程度。

表 10-4　貧血的紅血球形態分類

類型	MCV (fl)	MCH	常見疾病
大細胞性貧血	> 100	32 ~ 35	主要為維生素 B_{12} 和葉酸缺乏或抗癌藥物引起。如：巨母紅血球性貧血 (megaloblastic anemia)、伴網狀紅血球大量增生的溶血性貧血、骨髓增生性異常症候群 (myeloproliferative syndrome abnormalities)、肝臟疾病等
正常細胞性貧血	80~100	32 ~ 35	病因種類繁多，如：急性失血、慢性疾病引起之貧血、再生不良性貧血 (aplastic anemia)、純紅血球再生不良症 (pure red cell aplasia)、骨髓疾病性貧血等
小細胞低色素性貧血	< 80	< 32	如：缺鐵性貧血、海洋性貧血、鐵粒母紅血球性貧血 (sideroblastic anemia)、血球蛋白生成障礙性貧血等

註：MCV = 血球平均體積 (mean cell volume)；MCH = 血球平均血紅素含量 (mean cell hemoglobin)。

表 10-5　貧血的嚴重度劃分標準

貧血嚴重程度	極重度	重度	中度	輕度
血紅素濃度 (g/dL)	< 3	3~	6~	9~

一、白血球的生理特性和功能

白血球參與體內的防禦功能。除淋巴球外，有些白血球可伸出**偽足**(pseudopodia)作**變形蟲運動**(amoeboid movement)，使得白血球可以穿過血管壁進入組織，另具有趨化特性。白血球趨向某些化學物質，如人體細胞的降解產物、抗原－抗體複合物、細菌等，並遊走在其周圍，進行包圍併吞入細胞質內，完成吞噬過程。

（一）嗜中性球

顆粒性白血球中大部分都是嗜中性球，嗜中性球**細胞核有明顯的分葉**（圖10-11c）。血管內的嗜中性球約有一半隨血液循環，通常白血球計數指的就是嗜中性球數量；另一半的嗜中性球不隨血液循環，而附著在小血管壁上。此外，紅骨髓中約 2.5×10^{12} 個成熟的嗜中性球儲備待用著，當需要時，這些儲備的顆粒性白血球可大量進入血液中。

(a) 嗜酸性球　(b) 嗜鹼性球　(c) 嗜中性球　(d) 淋巴球　(e) 單核球

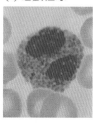 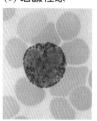 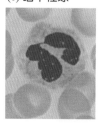 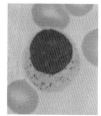 

■ **圖 10-11**　白血球分類。

表 10-6　白血球正常值及主要功能

白血球種類	絕對數 (×10⁹/L)	百分比 (%)	主要功能
白血球	4.0~10.0		
嗜中性球（桿狀核）　　　（分葉核）	0.04~0.5 2.0~7.0	1~5 50~70	1. 具有吞噬作用，參與急性炎症反應 2. 具有趨化作用
嗜酸性球	0.02~0.5	0.5~5	1. 參與免疫作用，吞噬被抗體標示的物質 2. 限制嗜鹼性球，限制立即型過敏反應 3. 參與寄生蟲免疫反應
嗜鹼性球	0.0~1.0	0.5~1	1. 釋放肝素，防止血液凝固 2. 釋放組織胺參與過敏反應
單核球	0.12~0.8	3~8	1. 具有極強的吞噬作用 2. 參與慢性炎症反應，釋放內生性致熱原，引起發熱
淋巴球	0.8~4.0	20~40	1. T 淋巴球參與細胞性免疫 2. B 淋巴球參與體液性免疫

嗜中性球是血液中已分化成熟，且可迅速吞噬細菌的白血球，具有很強的吞噬作用和趨化性，可進行變形蟲運動，能夠很快地移行，通過血管壁，進入組織發揮免疫作用。當細菌或細胞的降解產物出現時，由於**趨化作用**(chemotaxis)，會吸引大量嗜中性球聚集進行吞噬活動。假若嗜中性球數量減少至 1×10^9 /L 時，人體的抵抗力則明顯降低，容易發生感染。

（二）嗜鹼性球及嗜酸性球

嗜鹼性球為白血球中數量最少的，其細胞質存在較大的鹼性深染的顆粒，顆粒中含有**肝素**(heparin)、**組織胺**(histamine)和**趨化激素**(chemokine)等。**肝素具有抗凝血作用**，同時作為脂肪酶的輔助因子，加速脂肪分解為脂肪酸的過程；組織胺和過敏性慢反應物質相同，可使微血管壁通透性增加，刺激支氣管平滑肌收縮；趨化激素可吸引嗜酸性球聚集。

嗜酸性球的細胞質較大，細胞內橢圓形的顆粒含有**過氧化物酶**和**主要鹼性蛋白**(major basic protein)。嗜酸性球能夠限制嗜鹼性球，引起立即型過敏反應。當嗜鹼性球被啟動時，其釋放的趨化激素吸引嗜酸性球聚集，嗜酸性球一方面產生**前列腺素 E** (prostaglandin E, PGE)，抑制嗜鹼性球釋放生物活性物質；另一方面亦吞噬嗜鹼性球排出的顆粒，阻止生物活性物質發揮作用，並且釋放組織胺酶破壞嗜鹼性球中組織胺等物質。此外，嗜酸性球還參與對抗蠕蟲（*Helminth*，寄生蟲的一種）的免疫反應，透過釋放過氧化物酶和主要鹼性蛋白，殺傷蠕蟲。

（三）單核球

單核球是一類體積較大的細胞，是**白血球中體積最大**的，細胞內含有眾多的非特異性酯酶，具有比嗜中性球更強大的吞噬作用。一般情況下，單核球在血液中停留2~3天後遷移到周圍組織，在組織中單核球體積繼續增大，胞內的溶酶體顆粒數目也持續增多，吞噬能力則大大提高，此時的單核球稱為**巨噬細胞**(macrophage)。

巨噬細胞能合成和釋放多種**細胞激素** (cytokine)，如群落刺激因子 (colony-stimulating factor, CSF)、介白素（IL-1、IL-3、IL-6 等）、腫瘤壞死因子 (tumor necrosis factor, TNF)、干擾素 (interferon, IFN) 等，這些細胞激素能調節其他細胞的生長和生理反應。單核球參與非特異性免疫反應的誘導，以及淋巴球特異性免疫系統反應的初期階段。

（四）淋巴球

淋巴球是免疫系統中的一類重要細胞，主要參與特異性免疫反應，在免疫反應過程中扮演著核心作用（詳見第12章）。其中，在胸腺發育成熟的T淋巴球（T細胞），藉由產生多種細胞激素完成細胞性免疫；而在紅骨髓發育成熟的B淋巴球（B細胞），則透過產生免疫球蛋白（抗體）完成體液性免疫。

二、白血球的生成與破壞

白血球的生成由造血幹細胞分化成各種定向先驅細胞族系(committed progenitors)，包括顆粒性白血球族系、單核／巨噬細胞族系、淋巴球族系。各細胞族系中的原始細胞為母細胞，其已失去多向性分化能力，只能在該族系內繼續分化，直至成熟階段（圖10-16）。

1. **顆粒性白血球族系**：由**骨髓母細胞** (myeloblast) 開始，經前骨髓細胞 (promyelocyte)、骨髓細胞(myelocyte)和後骨髓細胞(metamyelocyte)三個階段發育成熟，分別成為嗜中性球、嗜鹼性球和嗜酸性球。在發育過程中，細胞體積逐漸由大變小，細胞核由大圓形逐漸變為桿狀或分葉狀。發育成熟的三種顆粒性白血球儲存在紅骨髓，並逐步釋放進入血液。從骨髓母細胞發育成熟為嗜中性球約需12~14天。

2. **單核／巨噬細胞族系**：單核球母細胞 (monoblast) 經發育後變成單核球，進入血液。在血液中存留時間約為數星期，然後轉入組織內變為巨噬細胞。

3. **淋巴球族系**：淋巴球來自紅骨髓。幹細胞分化出兩類淋巴細胞，一類通過血液到胸腺發育繁殖，成熟後進入血液循環變成 T 淋巴球。另一類從紅骨髓進入脾臟淋巴組織，發育成熟後變為 B 淋巴球。

白血球在體內發揮重要的免疫功能，其在血液中停留的時間較短，壽命也較難準確判斷。嗜中性球在進入組織後，3~4天後即衰老死亡；單核球進入組織成為巨噬細胞，可存活3個月；而淋巴球可以往返於血液、組織液和淋巴系統之間，並且可以增強分化，故其壽命難以準確判斷。

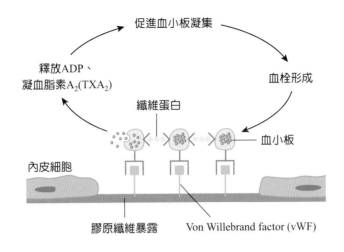

■ **圖 10-12** 血小板黏著與聚集。

▶ 血小板

血小板 (platelet; thrombocyte) 是起源於**紅骨髓**中成熟的**巨核細胞** (megakaryocyte)，其細胞質裂解脫落形成的**碎塊細胞質**。正常的血小板呈兩面微凸，梭形或橢圓形，體積小，無細胞核。健康成年人血小板的正常值為 25~40 萬個／ mm^3。

一、血小板的生理特性

（一）黏著

當血管壁損傷時，管壁內膜下暴露出膠原組織，血小板便黏著於膠原組織上。血小板進行黏著需要血小板膜上的醣蛋白 (glycoprotein)、血管內皮的膠原蛋白和血漿中的 von Willebrand 因子 (von Willebrand factor, vWF) 共同參與（圖 10-12）。

（二）聚集

血小板聚集指血小板彼此黏著成一團的現象（圖 10-12）。血小板聚集主要是由受損組織或血小板釋放致聚劑所引起，可分為生理性致聚劑主要有**腺苷雙磷酸** (adenosine diphosphate, ADP)、腎上腺素、血清胺 (serotonin, 5-HT)、組織胺、膠原蛋白、凝血酶 (thrombin)、凝血脂素 A_2 (thromboxane A_2, TXA_2) 等；病理性致聚劑有細菌、病毒、免疫複合物、藥物等。

致聚劑引起血小板聚集的機制，可能是致聚劑與血小板膜上相應接受器結合，引起第二傳訊物質 (second messenger) 在血小板內傳遞，導致血小板聚集。凡能降低血小板內 cAMP 含量，提高 Ca^{2+} 濃度的因素，均可促進血小板聚集；反之，凡能提高血小板內 cAMP 含量，降低 Ca^{2+} 濃度的因素〔例如血管內皮細胞分泌的前列腺環素 (prostacyclin, PGI_2)〕，均可以抑制血小板聚集，而達到抑制凝血反應的作用（圖 10-13）。

（三）釋放

血小板受刺激後，會將細胞內的顆粒內含物質釋放出來。其中，腺苷雙磷酸 (ADP)

能促使血小板聚結，形成血小板血栓；血清胺促進小動脈收縮，有利於止血。

（四）收縮

血小板內的收縮蛋白(spectrin)具有ATP酶活性，在Ca^{2+}的參與下發生收縮作用，使止血過程更加牢固。

（五）吸附

血小板的表面可吸附很多凝血因子，一旦血管破裂時，隨著血小板的黏著和聚集，可以吸附大量凝血因子，使得局部凝血因子濃度顯著提高，促進凝血過程進行。

二、血小板的生理功能

（一）參與止血作用

小血管破裂出血時，數分鐘內就能自行止血，這種現象稱為**止血作用 (hemostasis)**（圖 10-14）。由於破損的血管內皮細胞及黏附在管壁上的血小板會釋放血管收縮物質，如血清胺、凝血脂素 A_2 (TXA$_2$)、內皮素 (endothelin) 等，使管壁破損處血管縮小或封閉；接著，血小板黏著、聚集在血管破損處，形成血小板血栓；同時，凝血系統被啟動，血漿中的纖維蛋白原轉變為纖維蛋白，在管壁破損處交織成網，達到止血反應。

（二）促進凝血

血小板內含有許多血小板因子，當血管壁破損時，血小板黏著、聚集使得局部凝血因子濃度明顯升高；僅血小板的磷脂質表面就能使**凝血酶原 (prothrombin)** 啟動速度加快2萬倍。

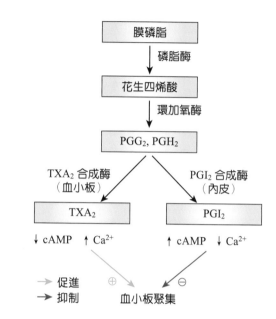

■ **圖 10-13** 血小板和內皮細胞中前列腺素的代謝。

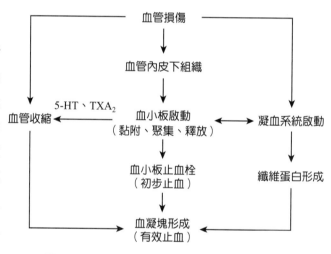

■ **圖 10-14** 止血作用（過程）示意圖。

三、血小板的生成、調節與破壞

血小板的生成由造血幹細胞分化成巨核族系先驅細胞，再分化為巨核母細胞 (mcgakeryoblast)，經過前巨核細胞 (promegakaryocyte)，發育為成熟的巨核細胞 (megakeryocyte)（圖 10-16）。

血小板來自成熟巨核細胞裂解脫落的碎塊細胞質,不具細胞核,一個巨核細胞可產200~700個血小板。從巨核母細胞到血小板釋放入血液,需8~10天,一半以上的血小板進入血液循環,其餘儲存在脾臟。

由肝細胞產生的**血小板生成素**(thrombopoietin, TPO)是促進血小板生成的醣蛋白,它促進巨核族系先驅細胞的增殖與分化,以及巨核細胞的成熟與釋放血小板。進入血液循環的血小板壽命為7~14天,最初兩天具有生理功能,衰老的血小板在脾臟、肝臟和肺臟組織中被吞噬破壞。

▶ 造血

一、造血器官

在個體發育過程中,胚胎發育早期造血是由**卵黃囊**開始,而後轉移至**肝**和**脾**。當胚胎發育至第4個月後,肝、脾的造血逐漸減少,幹細胞轉移至**骨髓**造血。嬰兒出生後,肝、脾造血停止,幾乎完全依靠骨髓造血(圖10-15)。當造血需求增加時,嬰幼兒的肝和脾可恢復造血功能,稱為**髓外造血**(extramedullary hemopoiesis),以補充骨髓功能不足,此時可能出現肝脾腫大。到成年期,各種血球細胞除T淋巴球之外均發源於紅骨髓,並發育成熟。

二、造血過程

造血 (hemopoiesis) 是指血球細胞不斷發育、成熟的過程,它是一個連續且階段性的過程。一般造血過程分為造血幹細胞 (hemopoietic stem cells, HSC)、定向先驅細胞 (committed progenitors)、前體細胞 (precursors) 三個階段。

造血幹細胞是各類血球細胞的起源,它具有自我更新和多向分化的能力,其既能保持自身細胞數量的穩定,又能形成各族系的定向先驅細胞。各族系定向先驅細胞在體外培養時,可形成相應的群落,如紅血球先驅細胞(CFU-E)、顆粒性白血球-單核球先驅細胞(CFC-GM)、巨核先驅細胞(CFC-Meg)、前T淋巴球、前B淋巴球。在前體細胞階段,已經發育為型態上可以被辨認的各族系母細胞,最終成為具有特殊功能的各類血球細胞(圖10-16)。

由於造血幹細胞主要存在於骨髓,臨床上抽取正常人骨髓,提供給造血或免疫功能低下病人,進行骨髓造血幹細胞移植(骨髓移植),可在接受者體內重建造血和免疫功能。

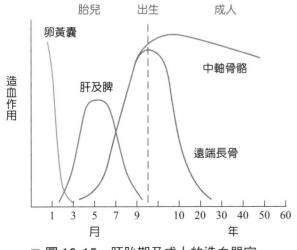

■ **圖 10-15** 胚胎期及成人的造血器官。

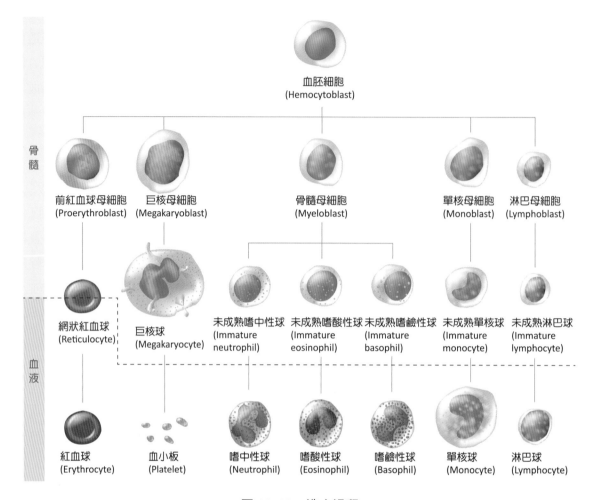

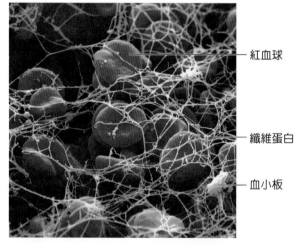

■ 圖 10-16　造血過程。

10-3 凝血及抗凝血
Blood Coagulation and Anticoagulation

血液凝固

　　血液經一系列酵素（酶）生化反應，由流體狀態轉變為膠凍狀不能流動的凝塊過程，稱為**血液凝固**(blood coagulation)。在一系列的酵素（酶）生化反應中，只要凝血啟動因子被活化，凝血過程將依順序完整一次發生，最終結果是纖維蛋白凝結，並交織成網（圖10-17）。

■ 圖 10-17　凝血塊的掃描式電子顯微鏡照片（含有紅血球、纖維蛋白及血小板）。

紅血球

纖維蛋白

血小板

一、凝血因子

　　直接參與血漿與組織中血液凝固的物質稱為**凝血因子**(blood coagulation factor)。目前國際普遍認定的凝血因子共12種，以羅馬數字編號，即**第一至第十三因子**(factor I ～ XIII)。此外，還有**前激肽釋放酶**(prekallikrein)、**高分子量激肽原**(high molecular weight kininogen, HMWK)及血小板磷脂質等也直接參與凝血過程（表10-7）。

　　表10-7凝血因子中，除 Ca^{2+} 與磷脂質外，其餘的因子全是蛋白質；III因子 (factor III) 只存在於血管外，其餘的凝血因子均存在於血漿中，多數在肝臟中合成，其中凝血因子 II、VII、IX、X 的合成需要維生素 K 參與。

二、凝血過程

　　血液凝固是一系列凝血因子相繼酶解活化的過程。凝血過程大致可分為以下三個階段（圖10-18）。

（一）凝血酶原活化物的形成

　　依據啟動活化**凝血酶原活化物**(prothrombin activator)的凝血因子是否來自於血液，被分為內源性和外源性兩種途徑。這兩種途徑在活化**X因子**後，路徑合而為一。啟動凝血酶原活化物過程：

1. **內源性途徑**(intrinsic pathway)：是指參與凝血反應的因子全部來自血液。通常是由血管內膜下組織（尤其是膠原蛋白）與XII接觸後，導致XII活化而啟動內源性凝血反應。被活化後的XII轉變成XIIa (XII activated)，而XIIa可使XI活化為XIa；XIIa還可裂解**前激肽釋放酶**(prekallikrein)，使其成為**激肽釋放酶**(kallikrein)，該酶以正迴饋方式進一步促進XIIa生成。這其中高分子量激肽原(HMWK)能夠媒介XII、XI和前激肽釋放酶的接觸，促進凝血因子活化。生成的XIa在 Ca^{2+} 參與下，能使IX活化成IXa。IXa與VIIIa、Ca^{2+} 在血小板磷脂膜上形成複合物，即可活化X成為Xa。IX的活化為凝血過程重要的調速步驟，在有VIII存在的情況下，XIa活化IX的速度能提高20萬倍。

2. **外源性途徑**(extrinsic pathway)：是由於組織或血管外損傷，血管外凝血的**組織因子**(tissue factor, TF)進入血管，啟動凝血反應的過程。組織因子是一種跨膜醣蛋白，廣泛存在於血管外組織中，尤以腦、肺和胎盤組織特別豐富。創傷出血後，組織因子與血液接觸，啟動VII，在 Ca^{2+} 存在的情況下，迅速啟動X成為Xa。在這個過程中，VIIa作為蛋白酶對X發揮啟動作用，組織因子作為輔助因子，可使VIIa的催化能力提高1,000倍，而Xa形成後又以正迴饋的模式影響VII，生成更多的Xa。

表 10-7　各種凝血因子

編號	同義名	合成部位	主要活化物	主要抑制物	主要功能
I	纖維蛋白原 (fibrinogen)	肝細胞	—	—	形成纖維蛋白
II	凝血酶原 (prothrombin)	肝細胞（需維生素 K）	凝血酶原複合物	抗凝血酶 III	凝血酶促進生成纖維蛋白；啟動 V-VIII-XI-XIII-血小板
III	組織因子 (tissue factor, TF)；組織凝血質 (tissue thromboplastin)	內皮細胞	—	—	外源性凝血的啟動因子
IV	鈣離子 (Ca^{2+})	—	—	—	輔因子
V	前加速素 (proaccelerin)	內皮細胞、血小板	凝血酶＋ Xa	活化蛋白質 C	加速 Xa
VII	前轉化素 (proconvertin)	肝細胞（需維生素 K）	Xa	組織因子途徑抑制物 (TFPI)、抗凝血酶 III	III-VII 啟動 X 和 XI
VIII	抗血友病因子 (antihemophilic factor, AHF)	肝細胞	凝血酶＋ Xa	不穩定，自發失活；活化蛋白質 C	加速 IXa
IX	血漿凝血質成分 (plasma thromboplastin component, PTC)；耶誕因子 (Christmas factor)	肝細胞（需維生素 K）	XI+VIIa- 組織因子複合物	抗凝血酶 III	啟動 Xa
X	Stuart-Prower 因子	肝細胞（需維生素 K）	VIIa-III 複合物、IXa-VIIIa 複合物	抗凝血酶 III，TFPI	形成凝血酶原活化物
XI	血漿凝血質前質 (plasma thromboplastin antecedent, PTA)	肝細胞	XIIa、凝血酶	α 抗胰蛋白酶抗凝血酶 III	啟動 IXa
XII	Hageman 因子；接觸因子 (contact factor)	肝細胞	膠原蛋白、帶負電異物表面	抗凝血酶 III	啟動 XIa
XIII	纖維蛋白穩定因子 (fibrin stabilizing factor)	肝細胞、血小板	凝血酶	—	使纖維蛋白單體聚合成纖維蛋白網
	高分子量激肽原 (HWMK)	肝細胞	—	—	促進 XIIa
	前激肽釋放酶 (prekallikrein)	肝細胞	XIIIa	抗凝血酶 III	啟動 XIIa

註：目前認為 VI 因子與活化的 V 因子是相同的物質，因此被除名。

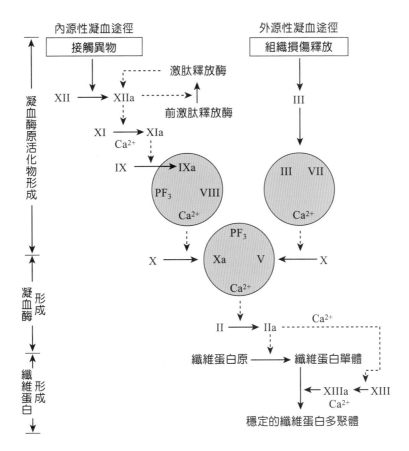

■ **圖 10-18** 　血液凝固過程。

（二）凝血酶的形成

在凝血酶原活化物形成的作用下，**凝血酶原** (prothrombin; factor II) 被啟動，生成凝血酶 (thrombin, IIa)。凝血酶除了催化纖維蛋白原外，還啟動多種凝血因子。

（三）纖維蛋白的形成

凝血酶(IIa)促使纖維蛋白原(I)轉變為纖維蛋白單體(Ia)，在XIII和Ca^{2+}的作用下，纖維蛋白單體相互聚合，形成不溶於水的交織狀纖維蛋白多聚體，並網住血球形成血凝塊。

▶ 抗凝血與血塊溶解

正常生理情況下，血管內皮保持光滑完整，讓血液能保持液態。然而，有時可能出現血管內皮損傷，發生凝血現象，但也僅僅發生在破損的血管局部，不會擴展到全身造成血液循環障礙。這是因為體內存在著相應的**抗凝血系統** (anticoagulative system) 和**纖維蛋白溶解** (fibrinolysis) 機制，能夠對凝血反應做出適當的限制和調節，維持血液正常的循環。

一、抗凝血系統

目前已知的抗凝血系統包括細胞抗凝血系統（如單核球／吞噬細胞可吞噬多種凝血因子及可溶性纖維蛋白單體）和體液抗凝血系統〔如蛋白質 C 系統、組織因子途徑抑制物 (TFPI) 和肝素等〕。

（一）細胞抗凝血系統

血液中的單核球／巨噬細胞能吞噬凝血因子、組織因子、凝血酶原活化物等物質；同時，血管中的內皮細胞能抑制血小板黏著和聚集，並活化蛋白質C，使凝血因子V、VIII失去活性。

（二）體液抗凝血系統

1. **抗凝血酶 III** (antithrombin III, AT III)：血漿中的抗凝血酶 III 是由肝細胞和血管內皮細胞分泌的球蛋白。抗凝血酶 III 透過其精胺酸 (arginine) 殘基與 IIa、IXa、Xa、XIa、XIIa 等凝血因子活性部位的絲胺酸 (serine) 殘基結合，從而達到抗凝血作用。正常情況下，抗凝血酶 III 作用非常緩慢而且很微弱，不能有效的抑制凝血，但當它與肝素結合後，其抗凝血作用可增加上千倍。

2. **蛋白質C系統**：包括蛋白質C (protein C)、蛋白質S (protein S)、凝血酶調節蛋白 (thrombomodulin, TM)和蛋白質C抑制物。蛋白質C是由肝臟合成的維生素K依賴性血漿蛋白。平時以無活性的酶原形式存在於血漿中。在凝血過程中，當凝血酶與血管內皮細胞上的凝血酶調節蛋白結合後，啟動蛋白質C活性，可以使Va和VIIIa去活化（圖10-19），進一步阻礙Xa與血小板膜上的**磷脂質**(phospholipid)結合，抑制凝血酶原的活化，促進纖維蛋白溶解。

3. **組織因子途徑抑制物** (tissue factor pathway inhibitor, TFPI)：是一種相對穩定的醣蛋白，主要由小血管內皮細胞生成，是外源性凝血途徑的特異性抑制物。TFPI 主要作用是與 Xa 結合，並抑制其活性；在 Ca^{2+} 的存在下，TFPI 與 VIIa- 組織因子複合物結合，形成 TF-VIIa-TFPI-Xa 四合體，從而抑制 TF-VIIa 的活性，對外源性凝血途徑發揮負迴饋抑制作用。

4. **肝素**(heparin)：是一種酸性黏多醣，主要由肥大細胞(mast cell)和**嗜鹼性球**產生。當肝素和抗凝血酶III結合時，可使其與凝血酶(prothrombin; factor II)的親和力增加上百倍，且凝血酶(IIa)去活化速度亦增快一千倍；肝素還可刺激血管內皮細胞大量釋放TFPI及其它抗凝血物質，從而抑制凝血過程；除此之外，肝素還能增強蛋白質C的活性，刺激血管內皮細胞釋放胞漿素原活化物，以增強纖維蛋白的溶解。在臨床上，肝素被廣泛作為抗凝劑。

二、纖維蛋白溶解

在生理性止血過程中，組織損傷形成的血栓，在出血停止後將逐漸被溶解，使血管逐漸恢復通暢，這利於受損組織的再生和修復。

血凝塊中的纖維蛋白被分解之過程，稱為纖維蛋白溶解 (fibronolysis)，主要參與的物質包括**胞漿素原** (plasminogen)、**胞漿素** (plasmin)、**胞漿素原活化物** (plasminogen

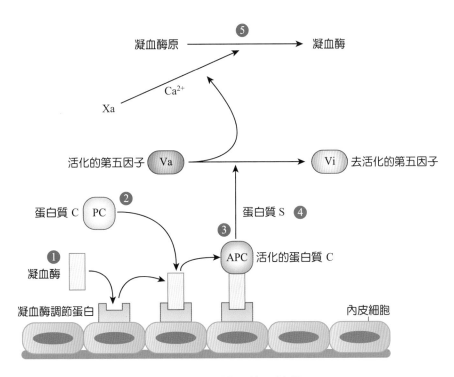

■ 圖 **10-19** 蛋白質 C 途徑。

activator) 與**纖維蛋白溶解抑制物** (fibrinolytic inhibitor) 等，纖維蛋白溶解過程分為胞漿素原的啟動與纖維蛋白的降解。

（一）胞漿素原的啟動

胞漿素原是一種醣蛋白，主要在肝、骨髓、嗜酸性球和腎臟中合成，在血漿中含量很高。人體內有很多物質都可以啟動胞漿素原，使胞漿素原脫下一段胜肽鏈成為胞漿素。胞漿素原的啟動有兩個途徑：一是依賴體內凝血因子活化物，如XIa、XIIa、激肽釋放酶(kallikrein)等都能啟動胞漿素原；二是來自各種組織的胞漿素原活化物(tissue plasminogen activator, tPA)和腎臟中和合成的尿激酶(urokinase, UK)（圖10-20）。在纖維蛋白存在的條件下，tPA啟動胞漿素原的效應

可以增加近千倍；另尿激酶在組織中能降解細胞外基質，促使細胞遷移。

上述兩個途徑的存在，使得凝血反應與纖維蛋白溶解保持平衡，並在組織修復中發揮著重要作用。

（二）纖維蛋白與纖維蛋白原的降解

胞漿素可作用於纖維蛋白或纖維蛋白原分子中的離胺酸 (lysine) －精胺酸胜肽鍵，使得纖維蛋白或纖維蛋白原被水解為許多可溶性的片段，稱為纖維蛋白降解產物。這些降解產物通常不再發生凝固，而且還具有抗凝血作用。

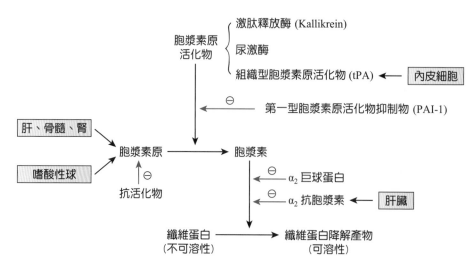

圖 10-20　纖維蛋白溶解系統啟動與抑制示意圖。

三、纖維蛋白溶解抑制物及其作用

　　人體中存在著許多纖維蛋白溶解抑制物，主要有：(1) 內皮細胞分泌的**第一型胞漿素原活化物抑制物** (plasminogen activator inhibitor type-1, PAI-1)：PAI-1 透過抑制 tPA 來限制血栓進行纖維蛋白溶解特性；(2) 由肝臟產生的 α_2 抗胞漿素 (α_2-antiplasmin)：能夠干擾胞漿素原吸附纖維蛋白，抑制胞漿素活性；(3) 補體 C1：主要使 XIIa、激肽釋放酶去活化，抑制尿激酶的催化，進而抑制胞漿素原的啟動。

　　纖維蛋白溶解抑制物大多是絲胺酸蛋白酶抑制物，不僅可以抑制胞漿素，還可抑制含有絲胺酸殘基的凝血酶、激肽釋放酶等凝血系統因子，這對凝血系統和纖維蛋白溶解系統保持動態平衡具有重要的意義。

10-4　血型及輸血
Blood Type and Blood Transfusion

　　血型(blood type)是指紅血球表面特異性抗原的類型，細胞表面特異性抗原是人類免疫系統識別「自我」或「異己」的標記。若將血型不相容的兩種血液樣本混合，其中紅血球就會發生**凝集反應**(agglutination)，紅血球凝集機制就是抗原－抗體結合反應。

　　凝集原(agglutinogen)特異性取決於紅血球細胞膜上的特異性蛋白質、醣蛋白或醣脂，在凝集反應中產生抗原角色；而與凝集原發生特異性反應的抗體則稱為**凝集素**(agglutinin)。凝集素是由γ球蛋白構成，而每個抗體上有2~10個抗原結合位置點，當發生抗原－抗體結合時，在抗體的媒介情況下，多個相應的紅血球膜上抗原相互凝集成團。

　　現今獲得國際認可的紅血球血型系統有23 個，其中與臨床關係最為密切的為 ABO 和 Rh 血型系統。

ABO 血型

1901年Landsteiner根據紅血球與血清混合後，是否發生凝集反應，來判斷紅血球膜表面是否存在A抗原和B抗原，提出人類有4種不同血型，分別稱為：**A型、B型、AB型、O型**。紅血球膜上只含A抗原者，血型為A型；只含B抗原者，血型為B型；若A與B兩種抗原都有者，血型為AB型；A與B兩種抗原都沒有者，血型為O型。

不同血型者的血漿或血清中，含有與自身紅血球抗原不相對應的抗體。在A型人的血清中，只含有抗B抗體；B型人的血清中，只含有抗A抗體；AB型人的血清中，都沒有抗A和抗B抗體；**O型人的血清中，則同時有抗A和抗B抗體**（表10-8和圖10-21）。

一、ABO 血型的抗原

人類 ABO 血型抗原是由第 9 號染色體上的 ABO 基因控制，抗原鑲嵌在紅血球膜上的醣脂分子中，醣脂的醣鏈組成和連接順序是決定 ABO 血型抗原特異性（圖 10-22）。ABO 血型抗原前身物質是含有四個醣分子的寡醣鏈，在 H 基因控制下，前身物質的半乳糖 (galactose) 末端連接上一個岩藻糖 (fucose)，形成 H 抗原，H 抗原存在於所有人的紅血球上，即 O 型紅血球雖然不含 A、B 抗原，但含有 H 抗原。在 A 基因控制下，H 抗原接上一個 **N- 乙醯半乳糖胺** (N-acetylgalactosamine)，形成 A 抗原，故決定 A 抗原的醣類是 N- 乙醯半乳糖胺。在 B 基因控制下，H 抗原接上一個**半乳糖**，形成 B 抗原，故決定 B 抗原的醣類是半乳糖。

二、ABO 血型的抗體

血型抗體有兩類，天然抗體和免疫抗體。ABO 血型抗體在出生後 2~8 個月開始產生，8~10 歲時達到高峰，是屬於天然抗體。天然抗體多屬 IgM，分子量大，不能通過胎盤。故即使孕婦與胎兒血型不合，也不會使胎兒的紅血球發生凝集破壞。

表 10-8 血型系統中凝集原和凝集素

血型	凝集原（抗原）	凝集素（抗體）
A 型	A	抗 B
B 型	B	抗 A
AB 型	A，B	無
O 型	無	抗 A，抗 B

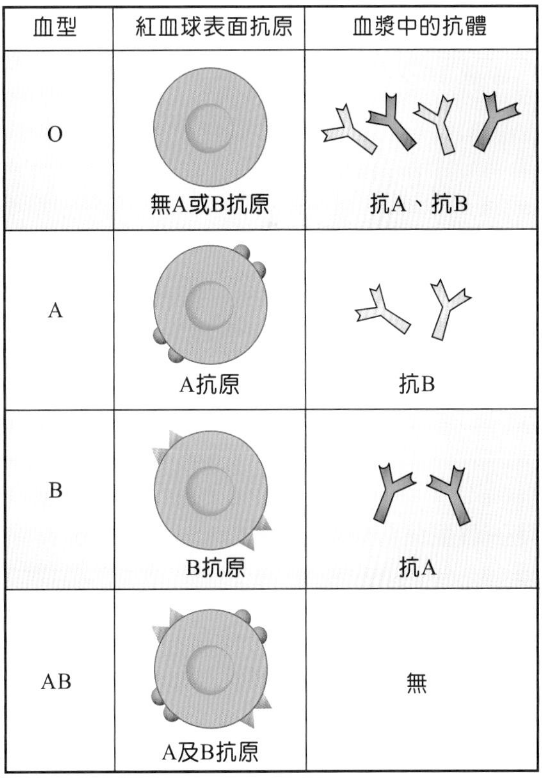

血型	紅血球表面抗原	血漿中的抗體
O	無A或B抗原	抗A、抗B
A	A抗原	抗B
B	B抗原	抗A
AB	A及B抗原	無

■ **圖 10-21** ABO 血型的抗原及抗體。

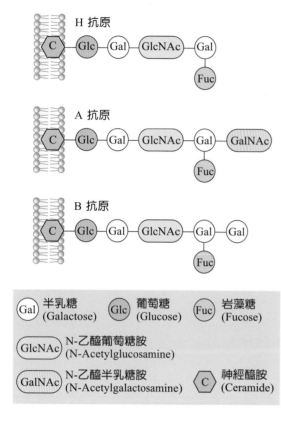

圖 10-22 ABO 血型抗原的醣鏈組成。

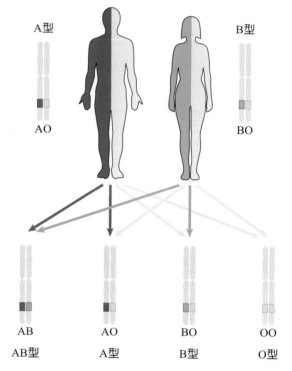

表 10-9	ABO 血型的基因型與表現型
血型的表現型	基因型
A 型	AO, AA
B 型	BO, BB
AB 型	AB
O 型	OO

註：A 及 B 基因為顯性基因，O 基因為隱性基因。

圖 10-23 ABO 血型遺傳。

免疫抗體是人體接受與自身血型不同的紅血球抗原後，經免疫反應產生的抗體，它屬於IgG抗體，分子量小，能夠通過胎盤進入胎兒體內。如果母體曾因外源性抗原（A抗原或B抗原）進入體內產生免疫抗體時，若孕婦與胎兒血型不符合，母體的免疫抗體會進入胎體體內，引起胎兒紅血球破壞，發生**新生兒溶血性疾病**(hemolytic disease of newborn)。

三、ABO 血型的遺傳

人體細胞含 23 對染色體，其中一半來自父親，另一半來自母親，這些染色體分別來自於父母雙方成千上萬的遺傳基因，以此代代相傳。人類 ABO 血型的遺傳由第 9 號染色體上的 A、B、O 基因控制。這三個基因可組成六組基因型，對應著四種血型表現型（表 10-9）。

在精、卵細胞結合時，子女的染色體分別來自父母雙方的基因，如父親血型為A型，其血型基因型為AO或AA；假定為AO，

其半數生殖細胞為A型基因，另一半為O型基因；若母親為B型，其血型基因型為BO或BB；假定為BO，則其所生子女血型表現型就可能為A、AB、O、B型（圖10-23）。假定母親血型基因型為BB型，則其所生子女血型表現型就為AB型或B型。由此得出ABO血型遺傳規律（表10-10），也可以推知子女可能的血型和不可能出現的血型，故可從子女的血型表現型來推斷親子關係，但血球有許多種血型，在法醫學上依據ABO血型判斷親子關係，只能做為參考依據，不能做為絕對肯定的判斷。

四、ABO 血型的鑑定

輸血安全的前提條件是正確的血型鑑定，和每次輸血前必須做**交叉配對試驗** (crossmatch test)，避免輸血不當造成病人有嚴重損害。常規 ABO 血型鑑定方法如下（表10-11）：

1. **血球定型法** (cell typing)：亦稱前向定型法 (forward typing)，用已知的抗 A 和抗 B 抗體，檢驗被測者的紅血球有無 A 或 B 抗原。

2. **血清定型法** (serum typing)：亦稱反向定型法 (reverse typing)，用已知血型的紅血球檢驗被測者血清中，有無抗 A 或抗 B 抗體。

五、輸血

輸血(blood transfusion)已經成為治療某些疾病、搶救生命和確保手術得以順利進行的重要方法。為了確保輸血過程中的安全，避免輸血不當造成嚴重損害，必須遵守輸血原則。輸血原則包括：

表 10-10　ABO 血型遺傳規律

子女血型 母親血型 ＼ 父親血型	A	B	AB	O
A	A, O	A, B, AB, O	A, B, AB	A, O
B	A, B, AB, O	B, O	A, B, AB	B, O
AB	A, B, AB	A, O, AB	A, B, AB	A, B
O	A, O	B, O	A, B	O

表 10-11　ABO 血型常規鑑定方法

鑑定方法 血型	血球定型法			血清定型法		
	A 型血清 （抗 B）	B 型血清 （抗 A）	O 型血清 （抗 A，抗 B）	A 型紅血球	B 型紅血球	O 型紅血球
A	－	＋	＋	－	＋	－
B	＋	－	＋	＋	－	－
AB	＋	＋	＋	－	－	－
O	－	－	－	＋	＋	－

註：「＋」表凝集；「－」表不凝集。

1. 在輸血前，必須進行血型鑑定，以確保供血者和受血者的血型相同。對於需要反覆輸血的病人和生育婦女，另需要注意 Rh 血型是否相同，避免 Rh 陰性受血者產生 Rh 抗體情形發生。

2. 每次輸血前必須做交叉配對試驗。

3. 無同型血時，慎輸異型血。

4. 提倡成分輸血 (blood component therapy)。

（一）交叉配對試驗

交叉配對試驗 (crossmatch test) 是將供血者的紅血球與受血者的血清混合（主要配對），同時將供血者的血清與受血者的紅血球混合（次要配對）的試驗（圖 10-24）。經由交叉配對試驗的結果，可判斷輸血的可行性（表 10-12）：

1. 若交叉配對試驗的主要及次要配對試驗都沒有凝血，即為配對成功，可以輸血。

2. 若主要配對發生凝集，則為血型不合，禁止輸血。

3. 若主要配對不發生凝集，而次要配對發生凝集，在緊急情況下，可進行少量輸血，但需密切注意受血者是否發生輸血反應，如果發生輸血反應，應當立即停止輸血。

成分輸血是把血液中的各種成分，分別製成高純度或高濃度的製品，如紅血球、顆粒性白血球、血小板和血漿等，按照病人不同疾病對輸血不同需求進行輸血。如嚴重貧血病人，主要是紅血球數量不足，血液總量不一定少，故適合輸入紅血球濃縮懸液；對於缺乏凝血因子引起的凝血功能障礙病人，適合輸注血漿；大面積燒傷病人，血液容量減少，可輸血漿補充血容量；血小板缺乏病人，可輸入濃縮的血小板懸液。成分輸血既增強治療的針對性，亦減少不良反應，又能節約血源。

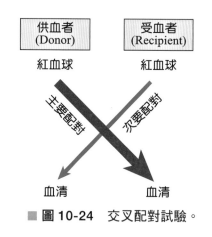

■ 圖 10-24 交叉配對試驗。

表 10-12 輸血的可行性判斷

交叉配對試驗		配對結果	輸血可行性判斷
主要配對	次要配對		
凝集	凝集	不合	不可輸血
凝集	不凝集	不合	不可輸血
不凝集	凝集	基本相合	原則上不輸血，但在緊急時，可考慮緩慢、少量輸血
不凝集	不凝集	成功	可以輸血

在成分輸血的情況下，因O型紅血球缺乏A及B抗原，故O型紅血球可供給A型、B型、AB型的人，O型的人則可接受A型、B型、AB型的血漿；同理，因AB型血漿缺乏抗A及抗B抗體，因此AB型的人可接受A型、B型、O型紅血球，AB型血漿則可供給A型、B型、O型的人（圖10-25）。

在緊急狀況時，**O 型血**（無 A、B 抗原）可輸給 A 型、B 型、AB 型或 O 型的人，因此稱為**全能供血者**；**AB 型**（無抗 A、抗 B 抗體）的人可接受 A 型、B 型、AB 型或 O 型血，稱為**全能受血者**。然而，若輸血量太大時，仍有發生輸血反應的可能，因此在臨床上並不建議如此施行。

（二）輸血反應

輸血反應 (transfusion reaction) 是指受血者因輸血導致無法預期的不良反應。根據反應時間可分為急性和遲發性輸血反應，根據是否溶血分為溶血性和非溶血性輸血反應。通常因血型不合造成輸血反應，在臨床上主要有兩種：

1. 急性溶血性輸血反應：受血者在輸血24小時內發生溶血，症狀常出現發燒、噁心嘔吐、呼吸困難、低血壓、多處疼痛（腰、背、腹、胸、頭、輸注處）、血尿 (hematuria)、急性腎衰竭(acute renal failure)和瀰漫性血管內凝血(disseminated intravascular coagulation, DIC)等。

2. 遲發性溶血性輸血反應：受血者在輸血數天後發生溶血，症狀常表現發熱、寒顫、貧血、黃疸 (jaundice)、血漿膽紅素升高、網狀紅血球升高等。常發生於稀有血型不合、首次輸血致敏產生同種抗體、再次輸該供血者紅血球後發生同種免疫性溶血。

急性或遲發性溶血性輸血反應的合併症有腎衰竭及瀰漫性血管內凝血，嚴重甚至可能導致死亡。

▶ Rh 血型

1940 年 Landsteiner 和 Wiener 將恆河猴 (Rhesus monkey) 的紅血球多次注入家兔體內，引起家兔產生抗恆河猴紅血球的抗體。此抗體不僅能使恆河猴紅血球凝集，還能凝集人類紅血球，約 85% 白種人的紅血球能被這種血清凝集，這種凝集原稱為 **Rh 凝集原**。

一、Rh 血型抗原

Rh 血型系統是一個很複雜的系統，目前已發現 40 多種的 Rh 抗原。其中 D、E、C、c、e 五種抗原與臨床關係密切，以 D 抗原的抗原性最強，故通常將含有 D 抗原的紅血球稱為 Rh 陽性 (Rh+)，不含 D 抗原的紅血球稱為 Rh 陰性 (Rh-)。

二、Rh 血型抗體

Rh 血型系統無論陽性還是陰性，其血漿中均不含有天然性抗 Rh 抗體，屬於 IgM，但是當 Rh 陰性 (Rh-) 受血者接受 Rh 陽性

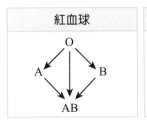
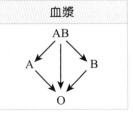

■ **圖 10-25** 紅血球和血漿的異型成分之輸血可行性。

表 10-13　ABO 血型與 Rh 血型的比較

比較項目	ABO 血型	Rh 血型
血型分型	四種：A、B、AB、O	兩種：Rh 陽性、Rh 陰性
抗原	A、B、H 抗原	D、E、C、c、e 抗原
血型的天然抗體	有	無
抗體特徵	完全抗體 IgM，不能通過胎盤	不完全抗體 IgG，能通過胎盤
人群比例	A、B、O 各約 30%，AB 約 10%	Rh 陽性約 99%、Rh 陰性約 1%
輸血反應	發生快（立即輸血反應）	發生慢（延遲性輸血反應）
溶血反應	直接溶血：由抗原、抗體直接引起的血管內溶血，以血尿症為主	間接溶血：由凝集紅血球逐漸被巨噬系統破壞的血管外溶血，以高膽紅素血症為主

(Rh⁺) 供血者的血液後，受血者體內的免疫系統被啟動，就會產生抗 Rh 抗體。當 Rh 陰性受血者再次接受 Rh 陽性供血者的血液時，其體內的抗體就會和供血者的紅血球發生凝集反應而溶血。

三、新生兒溶血性疾病

當血型 Rh 陰性的母親首次懷有 Rh 陽性的胎兒時，雖然懷孕期間胎兒的 Rh 抗原不會通過胎盤進入母體；但在分娩過程中，胎兒紅血球或 D 抗原可能進入母體中，啟動母體免疫系統產生抗 Rh 抗體。之後，當母親再次懷孕且胎兒亦為 Rh 陽性時，由於母體產生的抗 Rh 抗體為免疫抗體，屬於 IgG，分子量很小，能通過胎盤進入胎兒體內，與胎兒紅血球發生凝集反應，引發**新生兒溶血性疾病** (hemolytic disease of newborn)，嚴重時可能造成胎兒死亡（圖 10-26）。

一般在第一胎因抗 Rh 抗體濃度不高，發病甚少。初級免疫反應產生的 IgM 抗體需要 2~6 個月，且較弱，不能通過胎盤進入胎兒體內，不久後才產生少量的 IgG 抗體，經過一段時間後抗體即停止並減弱。故第一胎常處於初級免疫反應的潛伏階段。當再次妊娠，發生次級免疫反應時，僅需數日就可出現抗 Rh 抗體，且主要為 IgG 抗體（能通過胎盤）迅速增多，故往往在第二胎發病出現狀況。因此，當 Rh 陰性母親於第一胎 Rh 陽性胎兒分娩後，需於 72 小時內肌肉注射特異性抗 RhD 的免疫球蛋白 (RhoGAM)，降低母體內的 Rh 抗原活性，防止母體產生抗 Rh 抗體，減少第二次妊娠時新生兒溶血性疾病的發生。

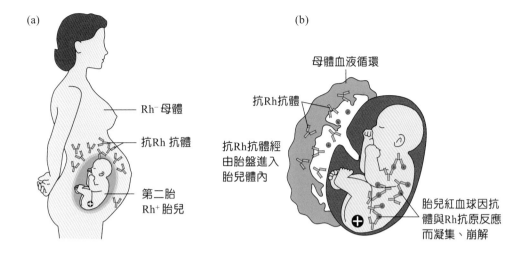

■ **圖 10-26** Rh 陰性母親第二次懷有 Rh 陽性胎兒時，易發生新生兒溶血。

參考資料 | References

王庭槐 (2008)·*生理學*（第二版）·高等教育。

古河太郎、本田良行 (1994)·*現代の生理學*（第三版）·金原出版株式會社。

朱大年 (2008)·*生理學*（第七版）·人民衛生。

朱妙章 (2009)·*大學生理學*·高等教育。

余承高、陳棟梁、秦達念 (2007)·*圖表生理學*·中國協和醫科大學。

姚泰 (2001)·*生理學*·人民衛生。

馬青 (2007)·*生理學精要*·吉林科學技術。

馮琮涵、黃雍協、柯翠玲、廖智凱、胡明一、林自勇、鍾敦輝、周綉珠、陳瀅 (2021)·*人體解剖學*·新文京。

馮琮涵、鄧志娟、劉棋銘、吳惠敏、唐善美、許淑芬、江若華、黃嘉惠、汪蕙蘭、李建興、王子綾、李維真、莊禮聰 (2022)·*解剖生理學*（三版）·新文京。

賴明德、王耀賢、鄧志娟、吳惠敏、李建興、許淑芬、陳晴彤、李宜倖 (2022)·*解剖學*（二版）·新文京。

Levy, M. N., Stanton, B. A., Koeppen, B. M., Berne, & Levy (2008)·*生理學原理*（梅岩艾、王建軍譯；四版）·高等教育。（原著出版於 2007）

Fox, S. I. (2015). *HUMAN PHYSIOLOGY* (14th ed.). McGraw-Hill College. Saunders.

複·習·與·討·論

一、選擇題

1. 下列關於紅血球 (erythrocyte, RBC) 的敘述，何者正確？ (A) 呈雙凹圓盤狀，直徑大約 7~8 奈米 (nm) (B) 人類的紅血球發育成熟後具有多葉狀的細胞核 (C) 血紅素含有鐵原子，可與氧氣或二氧化碳結合 (D) O+ 型血液，係指紅血球表面同時有 O 型與 Rh 型的抗原

2. 下列何者不為造血器官？ (A) 肝臟 (B) 心臟 (C) 脾臟 (D) 骨髓

3. 有關血小板之敘述，下列何者錯誤？ (A) 源自巨核細胞 (megakaryocyte) (B) 有細胞膜 (C) 正常狀況下，每立方毫米血液約含 25~40 萬個血小板 (D) 生命期約 120 天

4. 一氧化碳與血紅素的親和力約為氧的多少倍？ (A) 0.21 (B) 2.1 (C) 21 (D) 210

5. 正常情形下，白血球中數量最多與直徑最大的分別是： (A) 嗜中性球與嗜酸性球 (B) 嗜中性球與單核球 (C) 淋巴球與嗜酸性球 (D) 淋巴球與單核球

6. 下列關於血清與血漿的敘述何者正確？ (A) 血清不含纖維蛋白原 (fibrinogen) (B) 血漿不含纖維蛋白原 (C) 兩者皆不含纖維蛋白原 (D) 兩者皆含纖維蛋白原

7. 增強抗凝血酶 III 的抗凝作用的物質為何？ (A) 肝素 (B) 蛋白質 C (C) 蛋白質 S (D) 凝血酶調節蛋白 (TM)

8. 使纖維蛋白分解成纖維蛋白降解產物的因子為何？ (A) 胞漿素 (B) PAI-1 (C) 凝血酶 (D) 活化素

9. 有關 γ- 球蛋白 (γ-globulins) 的敘述，下列何者正確？ (A) 存在血清中 (B) 是血漿中最多的蛋白質 (C) 能參與凝血反應 (D) 構成血液膠體滲透壓的主要成分

10. 關於紅血球的敘述，何者錯誤？ (A) 血紅素使血液呈紅色 (B) 成人的紅血球主要由黃骨髓生成 (C) 成熟的紅血球不具細胞核及胞器 (D) 老化的紅血球可被脾臟及肝臟中的巨噬細胞破壞

11. 有關血球功能的敘述，下列何者錯誤？ (A) 紅血球能運送氧氣 (B) 嗜中性球及單核球能吞噬入侵的微生物 (C) 嗜酸性球會釋放組織胺引發過敏反應 (D) 淋巴球能製造抗體

12. 在凝血過程中，纖維蛋白原 (fibrinogen) 受到凝血酶及何種離子之作用方可形成纖維蛋白 (fibrin)？ (A) Mg^{2+} (B) K^+ (C) Ca^{2+} (D) Na^+

13. 根據 ABO 系統，血型 AB 型的病人是全能受血者，是因為其血漿中： (A) 只有抗 A 抗體 (B) 只有抗 B 抗體 (C) 同時有抗 A 與抗 B 抗體 (D) 缺乏抗 A 與抗 B 抗體

14. 血液凝固的本質變化為何？ (A) 纖維蛋白形成 (B) 血小板聚集 (C) 紅血球堆疊 (D) 血球細胞凝集

15. 內源性凝血過程的起始是下列何者？ (A) 啟動 III (B) 啟動 XII (C) 啟動血小板 (D) 啟動纖維蛋白原

16. 血漿中最多的蛋白質是： (A) 白蛋白 (B) 球蛋白 (C) 脂蛋白 (D) 纖維蛋白原

17. 合成血紅素的原料為何？ (A) 蛋白質和鐵 (B) 維生素 B_{12} 和葉酸 (C) 內在因子 (D) 紅血球生成素 (EPO)

18. 紅血球生成素 (erythropoietin) 是由哪一個器官分泌？ (A) 腎臟 (B) 心臟 (C) 脾臟 (D) 胰臟

19. 關於紅血球的敘述，何者錯誤？ (A) 血紅素使血液呈紅色 (B) 成人的紅血球主要由黃骨髓生成 (C) 成熟的紅血球不具細胞核及胞器 (D) 老化的紅血球可被脾臟及肝臟中的巨噬細胞破壞

20. 有關白血球之敘述，下列何者錯誤？ (A) 嗜中性球細胞核有明顯的分葉 (B) 單核球 (monocytes) 為最大之白血球 (C) 嗜鹼性球為顆粒性白血球中數目最少之白血球 (D) 嗜酸性球可製造肝素 (heparin)

21. 血型抗體主要是下列何者？ (A) IgA 和 IgG (B) IgG 和 IgD (C) IgA 和 IgM (D) IgG 和 IgM

22. 若每毫升血液中可結合的血紅素數目為 X，未與氧氣結合的血紅素數目為 Y，則下列何者是血紅素氧飽合百分率 (percentage hemoglobin saturation) 之估算式？ (A) Y 除以 X 再乘以 100％ (B) (X＋Y) 除以 Y 再乘以 100％ (C) (X－Y) 除以 X 再乘以 100％ (D) Y 除以 (X＋Y) 再乘以 100％

23. 臨床上輸血之前除檢查血型之外，尚需做下列何種檢查以確保輸血之安全？ (A) 紅血球計數 (B) 白血球分類 (C) 交叉配對試驗 (D) 血球沉降試驗

24. Rh 血型不合引起新生兒溶血，可能發生之時機為何？ (A) Rh 陰性母親懷第一胎 Rh 陽性胎兒 (B) Rh 陰性母親懷第二胎 Rh 陽性胎兒 (C) Rh 陽性母親懷第一胎 Rh 陰性胎兒 (D) Rh 陽性母親懷第二胎 Rh 陰性胎兒

25. 下列有關正常血液特性之敘述，何者正確？ (A) 健康男性之血球容積比 (Hct) 為 60％ (B) 血漿黏稠度與水相同 (C) 血清不含凝血因子，而血漿含凝血因子 (D) 血中一半的氧是由氧合血紅素攜帶

26. 一般情況下，血漿約占血液容積的多少 ％？ (A) 30％ (B) 40％ (C) 55％ (D) 65％

27. 嗜鹼性球是由下列何者分化而成？ (A) 骨髓母細胞 (B) 淋巴母細胞 (C) 巨核母細胞 (D) 單核母細胞

28. 紅血球懸浮穩定性較低時，將發生什麼現象？ (A) 溶血 (B) 血栓形成 (C) 堆疊加速 (D) 脆性增加

二、問答題

1. 簡述血漿滲透壓的組成和生理意義。

2. 簡述血漿蛋白的種類及其生理功能。

3. 怎樣製備血清與血漿？兩者有何區別？

4. 什麼是紅血球沉降速率？其正常值是多少？影響因素有哪些？

5. 簡述各類白血球的生理功能。

6. 試述血小板在止血過程中的作用。

7. 什麼是血液凝固？簡述血液凝固的基本過程，試比較內源性和外源性凝血途徑的區別。

8. 肝功能嚴重受損或脂肪消化不良時，為何容易引起出血傾向？

9. 何謂血型？ABO 血型的分型依據是什麼？鑑定 ABO 血型有何臨床意義？

10. 透過交叉配對試驗如何判斷輸血的可行性？

三、腦力激盪

1. 在無標準 A、B 血清時，如何利用已知的 B 型血鑑定其他人未知的 ABO 血型？

2. 何謂貧血？試從紅血球生理角度分析不同類型貧血的原因及其特點。

3. 某人患胃黏膜萎縮，胃腺分泌功能發生障礙，引起營養不良。請思考此人的紅血球與組織液有何變化？說明產生機制。

複習與討論解答
請掃描QR code

11

CHAPTER

學習目標 Objectives

1. 描述循環系統的組成及其功能。
2. 描述心臟的解剖構造與生理功能。
3. 解釋心跳與心輸出量的控制機制。
4. 描述心電圖的導程及其波形。
5. 描述各種血管的構造及生理功能。
6. 了解血壓的形成與調控機制。
7. 分辨體循環與肺循環的區別。
8. 描述肝門循環與胎兒循環的特徵。

本章大綱 Chapter Outline

心血管系統
Cardiovascular System

HUMAN
PHYSIOLOGY

循環系統是由心臟和血管組成，心臟是推動血液循環的動力器官，血管是由動脈、靜脈和微血管組成的管道，具有運輸血液、分配血液和物質交換的作用。血液在心臟和血管內依一定方向周而復始地流動，稱為血液循環。

血液循環的主要功能：

1. 物質運輸功能：透過血液循環將營養物質和氧氣運送至全身器官組織和細胞，同時將組織和細胞產生的代謝物及二氧化碳運出體外，以確保人體新陳代謝不斷進行。此外，輸送內分泌細胞分泌的激素及生物活性物質，作用於相對應的標的器官，維持身體內在環境穩定及防禦功能。

2. 內分泌功能：心房肌細胞可分泌心房鈉尿胜肽 (atrial natriuretic peptide, ANP)，血管內皮細胞產生內皮衍生舒張因子 (endothelium derived relaxing factor, EDRF) 和內皮素 (endothelin, ET)，參與人體多種功能調節。

11-1　心臟
The Heart

心臟是由心肌細胞構成的中空腔室器官，具有瓣膜結構，還有特殊傳導系統。在生命期間，心臟始終不停地、有節律地收縮和舒張。心臟舒張時接受靜脈血液回流，收縮時把血液射入動脈，瓣膜扮演閥門的作用，控制血流單方向流動。

心臟節律性舒縮的基礎，乃因心肌細胞產生電性活動，然後引起心肌機械性舒縮，再進一步產生心房和心室壓力和容積變化，進而推動血液流動，同時伴隨瓣膜開閉，引起心音出現。

心輸出量作為評量心臟幫浦排血功能的指標，它受到神經和體液調節，亦受到心臟自身對心搏量調節的影響。

▶ 心臟的解剖結構

一、心臟的腔室及瓣膜

人體心臟位於胸腔內，橫膈上方，兩肺之間。大小似拳頭，呈圓錐形。心臟由中隔 (septum) 分為互不相通的左、右心，且各自又分為**心房** (atria) 和**心室** (ventricle)，故心臟內具有四個腔室（圖 11-1），即左心房 (left atria)、右心房 (right atria)、左心室 (left ventricle) 和右心室 (right ventricle)。心臟四個腔室皆與大血管相連，右心房與上、下腔靜脈和冠狀竇相連，左心房與左、右肺靜脈相連，右心室與肺動脈幹相連，左心室與升主動脈相連。

心臟有4個瓣膜（圖11-2），在心房與心室交界處有**房室瓣**(atrioventricular valve,

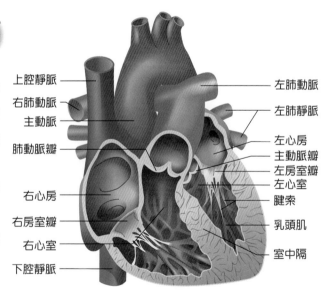

左肺動脈
左肺靜脈
左心房
主動脈瓣
左房室瓣
左心室
腱索
乳頭肌
室中隔

上腔靜脈
右肺動脈
主動脈
肺動脈瓣
右心房
右房室瓣
右心室
下腔靜脈

■ **圖 11-1**　心臟的腔室及構造。

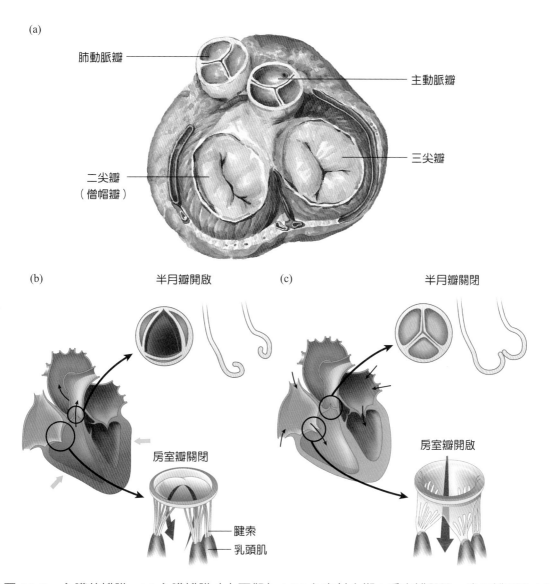

■ 圖 11-2　心臟的瓣膜。(a) 心臟瓣膜（上面觀）；(b) 心室射血期：房室瓣關閉、半月瓣開啟；(c) 心室充血時：半月瓣關閉、房室瓣開啟。

AV valve)。位於左心房和左心室間的稱為二尖瓣(bicuspid valve)，或稱僧帽瓣(mitral valve)，位於右心房和右心室間的稱為三尖瓣(tricuspid valve)。房室瓣開口朝向心室，由腱索(chordae tendineae)連接心室內壁的乳頭肌(papillary muscles)。當心室收縮時，因心室與心房之間的壓力差，引起房室瓣關閉，防

止血液自心室逆流回心房。另外，心房與心室之間以房室瓣纖維環連接，無心肌連接，使得心房肌與心室肌可在不同時間內收縮。

在心室與動脈之間有半月瓣(semilunar valve)，位於左心室與升主動脈基部的稱為主動脈瓣(aortic valve)，位於右心室與肺動脈幹基部的稱為肺動脈瓣(pulmonary valve)。當心室收縮時,因心室與動脈之間的壓力差,半月瓣被迫打開,使血液能夠進入體循環與肺循環;當心室舒張時,心室的壓力小於動脈,半月瓣會迅速關閉,防止動脈血液逆流回心室。

二、心臟表面的血液供應

(一) 冠狀循環的解剖特徵

冠狀循環 (coronary circulation) 指供給心臟血液的血液循環(圖 11-3)。冠狀動脈由**升主動脈**基部發出左、右冠狀動脈 (coronary artery),其血流量約占心輸出量的 4~5%(200~250 mL/min)。左冠狀動脈分支為迴旋支 (circumflex branch) 和前室間支 (anterior interventricular branch)〔或稱左前降支 (left anterior descending)〕,其中迴旋支供應左心房及左心室心肌的血液,前室間支供應兩心室心肌的血液。右冠狀動脈分支為邊緣支 (marginal branch) 和後室間支 (posterior interventricular branch)〔或稱後降

動脈 (posterior descending artery)〕,其中,邊緣支供應右心房及右心室的血液,後室間支供應兩心室的血液。心臟的靜脈系統大多與動脈伴行,除心前靜脈 (anterior cardiac vein) 直接流回右心房,其他靜脈皆經由冠狀竇 (coronary sinus) 注入右心房。

冠狀循環解剖學特徵:

1. 左右冠狀動脈主幹行走於心臟表面,其小分支常以垂直於心臟表面的方向穿入心肌,並在心內膜下層分支成網,使冠狀血管容易在心肌收縮時受到壓迫。

2. 心肌微血管網分布相當豐富,微血管數目與心肌纖維數目的比例為 1:1。在心肌橫斷截面上,每平方毫米面積內約有 2,500~3,000 根微血管,因此,心肌與冠狀微血管之間可迅速進行物質交換。

3. 人類冠狀血管之間的側支吻合,多見於心內膜下。出生時,正常心臟冠狀動脈側支就已存在,但較細小,血流量也很少;當冠狀動脈突然阻塞時,不易快速建立側支循環,因此引起心肌梗塞。如果冠狀動脈阻塞是緩慢形成,則可建立新的代償性側支循環。

(二) 冠狀循環的生理特徵

1. 途徑短,血流快:冠狀循環的血流從主動脈基部,流經全部冠狀血管回到右心房,只需短短幾秒鐘就可完成。

2. 血壓較高,血流量大:冠狀動脈開口在主動脈基部,且血流途徑短,並直接流入較小血管中,其血壓維持在較高水準。冠狀循環血流量為 225 mL/min,占心輸出量的 4~5%,而心臟的重量只占體重的 0.5%。

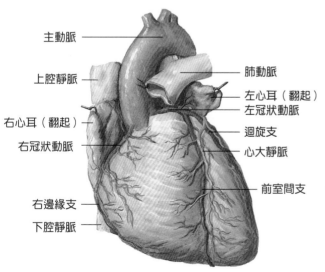

主動脈
上腔靜脈
右心耳(翻起)
右冠狀動脈
右邊緣支
下腔靜脈
肺動脈
左心耳(翻起)
左冠狀動脈
迴旋支
心大靜脈
前室間支

■ **圖 11-3** 心臟的冠狀循環。

人體安靜狀態下，冠狀循環在每百克心肌血流量為 60~80 mL/min，當心肌活動增強時，冠狀循環血流量可增加到每百克心肌 300~400 mL/min，此因冠狀血管擴張性好，冠狀血管可達到最大舒張狀態。心肌耗氧量大，主要透過有氧呼吸而獲得大量能量，所以需要大量血液供應，以適應心臟長期持續活動。

3. 動靜脈血氧含量差值大，氧攝取率大：通常 100 mL 動脈血的含氧量為 20 mL，不同器官從血液中攝取和利用氧的速度和數量各不同，故血液流經不同器官後，動靜脈的血氧差會有所不同。心肌富含肌紅素 (myoglobin)，具有較強的攝氧能力。正常安靜時，動脈血流經心臟後，其中 65~70% 的氧 (12 mL) 被心肌攝取，比骨骼肌的攝氧率 (5~6 mL) 約大一倍，從而滿足心肌較大的耗氧量。因此，血液流經冠狀循環微血管後，冠狀靜脈血氧含量較低，當人體進行劇烈運動時，心肌耗氧量會大大增加，但心肌從血液中攝取氧的潛力已達上限，已很難再提高心肌的攝氧能力，故主要依靠擴張冠狀動脈、增加血流量來提高心肌所需的氧氣供應，當冠狀循環供血不足時，極易出現心肌缺氧的現象。

4. **心舒期供血**為主：冠狀血管大部分分支深埋在心肌組織中，心臟舒張和收縮的節律性，對冠狀血管血流量影響很大，其中對左冠狀動脈血流量的影響尤為顯著。

在左心室等容收縮期內，心肌強烈收縮，壓迫左冠狀動脈血管，使得血流突然減慢、暫停，甚至倒流。在左心室快速射血期，主動脈壓急劇升高，冠狀動脈血壓隨之上升，但因心肌收縮擠壓血管，冠狀血管血流量只有少量增加。心室進入減慢射血期時，主動脈壓有所下降，冠狀血管血流量也下降。當心室進入舒張期，心肌對冠狀血管的壓迫解除，血流阻力急劇減小，此時主動脈壓仍然較高，故冠狀血管血流量快速增加，在舒張早期達最高峰，然後隨主動脈壓下降而逐漸減少。

右冠狀動脈血流量，也隨右心室的舒張和收縮活動發生變化，只因右心室肌肉比較薄弱，收縮時對血流影響性不如左心室明顯。安靜時，右心室收縮期血流量與舒張期相近，甚至略多於舒張期。

總之，整個心動週期中，心舒期冠狀血管血流量大於心縮期。且心舒期長於心縮期，故**心臟血液供應主要在心舒期**。影響冠狀動脈血流量，主要因素是舒張期壓力和心舒期時間長短，當體循環周邊總阻力增大時，動脈舒張壓升高，冠狀血管血流量增多。當心跳加快時，由於心動週期縮短，心舒期時間縮短更明顯，冠狀血管血流量相對亦減少。

（三）冠狀循環血流量的調節

冠狀循環血流量受心肌自身代謝、神經和體液等因素調節，其中，以心肌代謝為主要調節作用。

⊙ 心肌自身代謝的調節

心肌收縮的能量主要來源為脂肪有氧代謝，心肌耗氧量很大，安靜時每百克心肌的耗氧量為 7~9 mL/min。在運動、精神緊張等情況下，心肌自身代謝能力會明顯增加，耗氧量增加，冠狀血管擴張，冠狀血管血流

量最多可增加至原來的 5 倍。實驗證明，冠狀循環血流量與心肌代謝能力成正比，在失去神經支配和激素作用時，此關係依然存在。目前認為，擴張冠狀血管的主要物質是心肌代謝產物，其中最重要代謝物質是腺苷(adenosine)。當心肌代謝增強或局部氧含量減低（缺氧）時，心肌細胞分解 ATP 供應能量的代謝產物 AMP，在 5'- 核苷酸酶作用下生成腺苷（圖 11-4），腺苷具有強烈擴張血管作用，且在生成後幾秒鐘內即被破壞，因此腺苷不會引起其他器官的血管擴張。

心肌其他代謝產物如 H^+、CO_2、乳酸、緩激肽等也有擴張冠狀血管作用，但均較腺苷弱。正常情況下，心肌代謝能力高低決定冠狀血管血流量的多寡。故冠狀動脈硬化的病人，由於血管擴張困難，易發生心肌缺血。

神經調節

冠狀動脈平滑肌受交感神經和迷走神經雙重支配。刺激交感神經，可使冠狀動脈先收縮後舒張，冠狀動脈初期收縮，是交感神經啟動血管平滑肌α腎上腺素接受器，使血管收縮，後期舒張是交感神經同時啟動心肌 $β_1$腎上腺素接受器，使心肌活動增加、耗氧量增加、代謝加速、代謝產物增多所造成的繼發性反應，然而，血管收縮作用往往被強大的繼發性血管舒張作用所掩蓋，因此，交感神經興奮常引起冠狀動脈舒張，當給予β腎上腺素接受器拮抗劑後，再刺激交感神經，則直接表現冠狀動脈收縮反應。

迷走神經對冠狀動脈的直接作用是引起舒張作用。離體實驗中，給予冠狀動脈灌注乙醯膽鹼(Ach)，可使冠狀動脈舒張；但在完整體內，刺激迷走神經對冠狀動脈血流量的影響小，可能是因迷走神經擴張冠狀動脈的作用被心肌活動減弱，或代謝產物減少引起的繼發性血管收縮作用所掩蓋。

激素調節

腎上腺素和正腎上腺素可透過增強心肌代謝活動和耗氧量，使冠狀血管血流量增加；也可直接作用於冠狀血管平滑肌的α或β腎上腺素接受器，引起冠狀血管收縮或舒張。甲狀腺素增多時，可增加$β_1$腎上腺素接收器數量，加強心肌代謝，增加耗氧量，使冠狀動脈舒張增加血流量。大劑量血管加壓

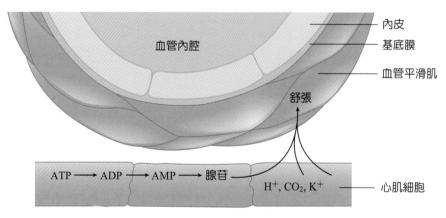

■ 圖 11-4 體液因素舒張冠狀動脈的機制。

素和血管收縮素II能使冠狀動脈收縮，使冠狀血管血流量減少。

三、心臟的傳導系統

心臟的傳導系統 (conducting system) 由特化的心肌組織構成，包括**竇房結** (sinoatrial node, SA node)、**房室結** (atrioventricular node, AV node)、**房室束** (atrioventricular bundle, AV bundle) 或稱**希氏束** (bundle of His)、**浦金氏纖維** (Purkinje fibers)（圖 11-5）。心臟傳導系統主要功能是產生興奮性電流，並傳導整個心臟，從而維持心臟正常節律，確保心房、心室協調性收縮。

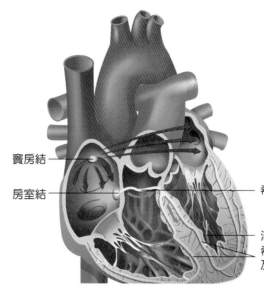

竇房結 ——

房室結 ——

—— 希氏束

—— 浦金氏纖維
希氏束右支
及左支

■ **圖 11-5** 心臟的傳導系統。

（一）心臟傳導系統的組成

1. **竇房結**：是傳導系統中自律性最高的組織，亦是心臟主導性的**節律點** (pacemaker)。它位於右心**房與上腔靜脈交界處的心外膜下**，呈狹長的橢圓形，主要由中央部位的節律點細胞(pacemaker cells)和周邊的過渡細胞(transitional cells)組成，節律點細胞自動產生興奮性電流，向外傳播到心房肌，並形成心臟搏動，故竇房結節律點稱為**竇性心律**(sinus rhythm)，正常人竇性心律的頻率為60~100次／分。竇房結內興奮傳導速度0.05 m/sec。

2. **結間途徑** (internodal pathway)：指在竇房結與房室結之間不完全特化的心肌構造，其傳導速度 (1.7 m/sec) 較其他心房肌 (0.4 m/sec) 快，可將興奮電流從竇房結傳到房室結。

3. **房室結**：位於右側心**房和心室之間**的特殊傳導組織，是心律電流經心房傳入心室唯一的通道，包括房結區（位於心房和結區

之間，具有傳導性和自律性）、結區（房室結中心部，具有傳導性，無自律性）和結希區（位於結區和希氏束之間，具有傳導性和自律性）。**房室結傳導速度最慢** (0.02~0.05 m/sec)，使得此興奮電流由心房傳至心室需要一段時間延擱（0.13秒），此種現象稱為**房室結延擱** (AV node delay)，它的生理意義在於確保心房先興奮、心室後興奮，以避免心房和心室同時收縮和實現心臟射血機能。

4. **房室束**：為房室結延伸部分，穿入心室後，走行於室間隔內，分左、右束分支 (left and right bundle branch)。右束分支較細，沿途分支少，分布於右心室；左束分支呈帶狀，分支多，分布於左心室。房室束主要含浦金氏細胞。

5. **浦金氏纖維**：來自左、右束分支末梢部分呈網狀分布於心室壁內，形成浦金氏纖維網。分布於所有心室肌細胞。在**心肌組織中，浦金氏纖維傳導速度最快**，大約 4 m/sec。

（二）心臟傳導系統的功能

心臟傳導系統主要功能是產生興奮性電流，並傳導整個心臟，從而維持心臟正常的節律，確保心房、心室協調性收縮，誘發心臟腔內血流由心房流入心室，再經心室肌收縮將血液排出心臟。

▶ 心動週期及心音

一、心動週期

心動週期 (cardiac cycle) 指心臟一次收縮和舒張所構成的活動週期，包括心臟的**收縮期** (systole phase) 和**舒張期** (diastole phase)。心臟排血幫浦主要在於心室功能，所以心動週期通常指心室活動週期，尤其左心室。

心臟的活動順序是心房收縮在先，心室收縮在後。如果每分鐘心跳 75 次，則 1 次心動週期約 0.8 秒〔60 秒 ÷75 次／分（心跳速率）= 0.8 秒／次〕。心動週期最初的 0.1 秒為心房收縮而心室舒張，接下來 0.3 秒為心房舒張而心室收縮，最後 0.4 秒為心房及心室都舒張稱為全心舒張期，即心室收縮末到心房舒張末的時間（圖 11-6）。

一個完整的心動週期，心房收縮期為0.1秒，舒張期為0.7秒；心室收縮期為0.3秒，舒張期為0.5秒。舒張期明顯長於收縮期，目的是使心肌得到充分休息，有利於心臟持久工作，並有足夠時間確保靜脈血液回流充盈心臟。當心跳速率增加時，收縮期和舒張期都縮短，但舒張期縮短會更顯著，使心肌休息時間縮短，不利於心臟持久活動。

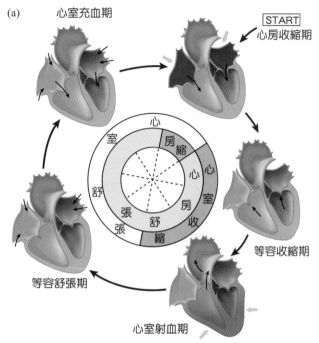

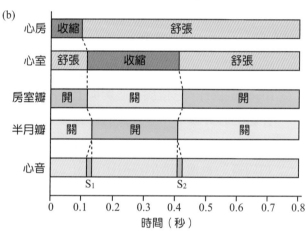

■ **圖 11-6** 心動週期。

在心動週期中，壓力、瓣膜、血流方向、心室容積和心音的關係總結在表 11-1。為了便於說明，將心動週期分成下列三期（圖 11-7）：

1. **心房收縮期** (arial systole)：心房收縮，心房容積縮小，房內壓升高，血液順壓力差快速注入心室，占心室總充血量的 30%，此期時間約 0.1 秒。

2. **心室收縮期** (ventricular systole)：包括等容收縮期、快速射血期和減慢射血期三個時期。

(1) **等容收縮期** (isovolumic contraction period)：心室開始收縮，室內壓升高超過房內壓，**房室瓣回推關閉，產生第一心音**，防止血液倒流入心房。此時室內壓尚低於動脈壓，故動脈瓣仍處於關閉狀態，心室腔暫時處於封閉狀態。從房室瓣關閉到主動脈瓣開啟前的時期，心室腔內未有血液送出，腔室容積未改變，稱等容收縮期，約 0.05 秒。在等容收縮期內，心室肌作強烈的等長收縮，心室肌張力快速增大，室內壓亦以最快速率升高。當心室肌收縮力下降或動脈壓增高時，室內壓上升速率減慢，等容收縮期相對延長，使得射血時間推遲。

(2) **快速射血期** (rapid ejection period)：等容收縮期末，室內壓超過動脈壓，**動脈瓣開啟**，心室將血液射入動脈。此時，室內壓上升至最大，心室肌急劇縮短，射血速度很快，心室容積迅速縮小，稱為快速射血期，歷時約 0.1 秒。此期射血量相當於心縮期全部射血量的 80~85%。

(3) **減慢射血期** (reduced ejection period)：快速射血期後，大量血液進入動脈，動脈壓力上升，同時，心室內血液量減少，心室收縮強度減弱，導致射血速度逐漸變慢，稱為減慢射血期，歷時約 0.15 秒，直至動脈瓣關閉為止。在減慢射血期內，室內壓略低於動脈壓，由於血液受到心室肌收縮的推擠作用獲得較大動能，依靠慣性作用，仍逆壓力差緩慢進入動脈。減慢射血期末，心室容積縮至最小。

3. **心室舒張期** (ventricular diastole)：包括等容舒張期、快速充血期、減慢充血期三個時期。

(1) **等容舒張期** (isovolumetric relaxation period)：減慢射血期結束，心室開始舒張，室內壓降低。動脈內血液順壓力差向心室反流，推動**動脈瓣關閉，產生**

表 11-1　在心動週期中，壓力、瓣膜、血流方向、心室容積和心音的關係

	心動週期的時相	壓力關係	房室瓣	半月瓣	血流方向	心室容積	心音
心室收縮期	等容收縮期（0.05 秒）	房壓＜室壓≦主動脈壓	關閉	關閉	血液存心室	不變	S_1
	快速射血期（0.10 秒）	房壓＜室壓＞主動脈壓	關閉	開放	心室→動脈	↓	
	緩慢射血期（0.15 秒）	房壓＜室壓＜主動脈壓	關閉	開放	心室→動脈	↓↓	
心室舒張期	等容舒張期（0.07 秒）	房壓≦室壓＜主動脈壓	關閉	關閉	血液存心室	不變	S_2
	快速充血期（0.11 秒）	房壓＞室壓＜主動脈壓	開放	關閉	心房→心室	↑	S_3
	緩慢充血期（0.22 秒）	房壓＞室壓＜主動脈壓	開放	關閉	心房→心室	↑↑	
心房收縮期（0.1 秒）		房壓＞室壓＜主動脈壓	開放	關閉	心房→心室	最大	S_4

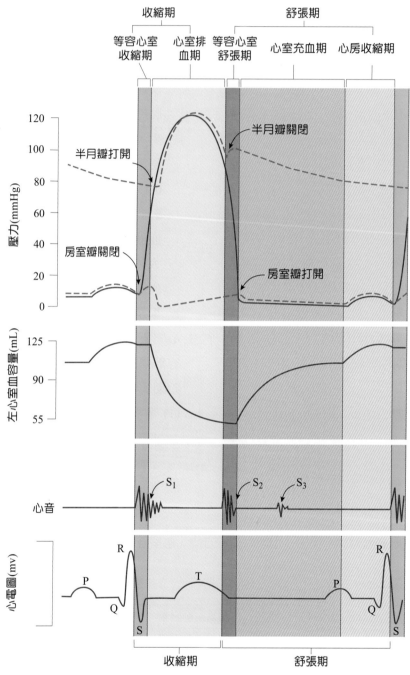

圖 11-7 心動週期的壓力、容積、心音及心電圖。

第二心音，防止血液回流入心室。此時，室內壓大於房內壓，房室瓣仍處於關閉狀態，心室腔暫時為封閉狀態。從動脈瓣關閉到房室瓣開啟前的時期，心房腔內血液尚未流入心室，心室容積不變，故稱為等容舒張期（圖 11-6），經歷時間約 0.07 秒。

(2) **快速充血期** (rapid filling period)：當心室進一步舒張，室內壓繼續下降，降到低於房內壓時，血液順壓力差衝開**房室瓣**快速流入心室，心室容積急劇增大，稱為快速充血期，歷時約 0.11 秒。此時心房處於舒張狀態，心房內的血液向心室內快速流動，主要依靠心室舒張引起室內壓下降所形成的「抽吸」作用。大靜脈血液經心房流入心室，故心室有力地收縮有利於向動脈內射血，另心室舒張所形成的「抽吸」作用，也有利於靜脈血液向心房回流和心室充血。此期流入心室血量約占總充血量的 70%。

(3) **減慢充血期** (reduced filling period)：隨著心室內血量增多，房室之間的壓力差逐漸減小，血流速度減慢，稱減慢充血期。此期全心處於舒張狀態，房室瓣仍開放，房內壓與室內壓接近大氣壓。大靜脈內的血液經心房緩緩流入心室，心室容積緩慢增大，歷時約 0.22 秒。接著進入下一心動週期，心房開始收縮。

在心臟射血的過程中，心室扮演幫浦主要作用，心室的收縮與舒張引起心室內壓力變化巨大，造成室內壓與房內壓，及室內壓與動脈壓之間壓力差的存在，血液順壓力差流動，推動瓣膜關閉或開放，確保血液單方向流動，從心房流向心室，再從心室流向動脈。心房在心臟排血過程中不具主要作用，臨床上心房肌發生異常收縮時，心室充血量雖有所減少，但尚不致引起嚴重後果；但如果心室肌收縮異常，心室不能正常射血，則心臟排血功能立即發生障礙，如不及時搶救，將危及病人生命。

二、心音 (Heart Sounds)

心音是將聽診器放在胸壁特定部位，聽到心臟跳動的聲音（圖 11-8）。在一個心動週期，通常用聽診方法可以聽到第一和第二心音（表 11-2）。

1. **第一心音** (first sound, S_1)：發生在心室等容收縮期，又稱心縮音，由**房室瓣關閉**引起。在心尖搏動處聽診最清楚，其特徵是**音調低**，持續**時間長**，為心臟開始收縮的指標，發生於心電圖 QRS 波後。

2. **第二心音** (second sound, S_2)：發生在心室等容舒張期，又稱心舒音，由**半月瓣關閉**引起。在主動脈瓣和肺動脈瓣聽診區（胸骨旁第 2 肋間）聽診最清楚，其特徵是音

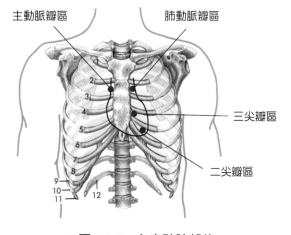

■ **圖 11-8** 心音聽診部位。

表 11-2　心音的分類、產生時間、產生機制、特徵和生理意義

比較項目　　　　　　心音		第一心音 (S₁)	第二心音 (S₂)
心動週期時相		心室等容收縮期	心室等容舒張期
產生原因		房室瓣關閉	半月瓣關閉
聽診特徵	音調	低	高脆
	強度	響	較 S₁ 弱
	時程	長	較短（0.08 秒）
	最響部位	心尖（左第 5 肋間鎖骨中線）	心底（胸骨旁第 2 肋間）
生理意義		代表收縮期開始	代表舒張期開始
心電圖位置		QRS 複合波後 0.02~0.04 秒	T 波終末或稍後

調較高，持續時間較短，為心臟開始舒張的指標，發生於心電圖 T 波後。

心雜音 (murmur) 發生在瓣膜關閉不全或動脈狹窄的病變，或心室中隔缺損。當瓣膜關閉不緊密，血液會逆向流動，產生雜音，醫師可透過聽診器診斷心臟疾病。

▶ 心臟的電性活動及心電圖

一、心臟的電性活動

心肌組織具有興奮性、自動節律性、傳導性和收縮性四種生理學特性。其中，收縮性是心肌以肌絲滑動為基礎的機械特性，而興奮性、自動節律性和傳導性是心肌以電性活動為基礎的電生理特性。心肌細胞興奮性電流產生和傳導，是心臟完成收縮和實現幫浦排血的基礎。

（一）心肌細胞分類

根據組織學特徵、電生理特性及功能上的區別，心肌細胞可分為兩大類（表 11-3）：

1. 普通的心肌細胞：包括心房肌和心室肌，含豐富的肌原纖維，主要執行收縮功能，故又稱為工作細胞。工作細胞一般不能自動產生節律性興奮，也就是不具有自動節律性。

2. 特殊分化的心肌細胞：組成心臟特殊傳導系統，主要包括節律點細胞 (pacemaker cells)（包含竇房結和房室結）和浦金氏細胞 (Purkinje cells)，它們除了具有興奮性和傳導性之外，還具有自動產生節律性興奮的能力，故稱為自律性細胞，它們缺少（或無）肌原纖維，故不具有收縮功能。

依據心肌細胞動作電位去極化速度，將心肌細胞分為快反應細胞和慢反應細胞；依據心肌細胞的自動節律性，可將心肌細胞分為自律性細胞與非自律性細胞。將上述四者綜合整理於表 11-4。

表 11-3　心肌細胞的功能分類

比較項目＼心肌細胞		工作細胞	自律性細胞
組織細胞		心室肌 心房肌	竇房結（節律點細胞、過渡細胞）→ 房室結（房結區、結區、結希區）→ 房室束→左、右束分支→浦金氏纖維
生理學特性	興奮性	有	有
	自律性	無	有（結區、過渡細胞除外）
	傳導性	有	有
	收縮性	有	無
組織學特徵	肌原纖維	豐富	缺少或無
	屬 性	心肌細胞	節律點細胞、浦金氏細胞

表 11-4　心肌細胞的電性分類

依據 0 期去極化速度＼依據自律性	自律性細胞	非自律性細胞
快反應細胞	浦金氏纖維、房室束及左右束分支	心房肌、心室肌
慢反應細胞	竇房結節律點細胞、房結區、結希區	結區、竇房結過渡細胞

（二）單個心肌細胞的電性活動

心肌細胞作為可興奮細胞，當刺激超過閾值強度(threshold intensity)時，心肌細胞產生動作電位。心肌動作電位的特徵：(1)動作電位上升段與下降段波形不對稱；(2)具有高原期(plateau period)；(3)再極化過程緩慢多時相；(4)不同部位的心肌，其動作電位形態和靜止膜電位負值不同（圖11-9）；(5)傳導系統的第4期緩慢去極化(slow depolarization)，其電位負值隨著向下傳導逐漸增大。

不同類型的心肌細胞，其膜電位在波形、持續時間、跨膜離子流都有差別，結合表 11-4，以快反應非自律性的心室肌、快反應自律性的浦金氏纖維和慢反應自律性的竇房結產生的膜電位為例，說明三類心肌細胞的電性活動。心室肌、浦金氏纖維和竇房結三類心肌細胞的電性活動整理在表 11-7。

→ 快反應非自律性的心室肌細胞：膜電位

心室肌的膜電位包括靜止膜電位和動作電位。**靜止膜電位約為 −90 mV**。心室肌細胞的動作電位比較複雜，持續時間較長，整個過程分為 0、1、2、3、4 共五個時期（圖 11-10 和表 11-5）。

1. **去極化期（0 期）**：當心肌細胞受到刺激發生興奮時，膜電位由靜止膜電位 −90 mV 上升到 +30 mV 左右，細胞膜由極化狀態轉為去極化狀態，去極化幅度達 120 mV，

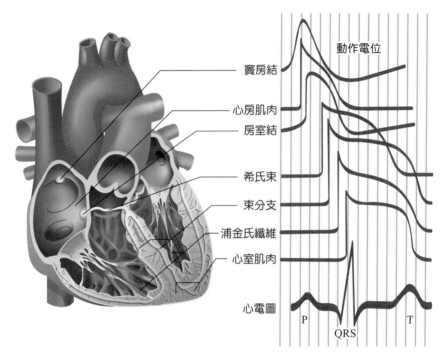

■ 圖 11-9　不同部位心肌的動作電位。

歷時僅 1~2 毫秒 (ms)。此期形成機制是細胞膜上的電壓門 Na⁺ 通道開放，大量 Na⁺ 順濃度差和電位差快速內流，形成 Na⁺ 的平衡電位。由於 Na⁺ 通道的啟動與快速失去活性，所以開放時間很短，故稱為快速 Na⁺ 通道。故以快速 Na⁺ 通道為 0 期去極化的心肌細胞，稱為快反應細胞，如心房肌、心室肌及浦金氏細胞。

2. **快速再極化初期（1 期）**：此期心肌開始再極化，膜電位由 +30 mV 快速下降到 0 mV 左右，歷時 10 ms。此期形成機制是快速 Na⁺ 通道失去活性而關閉，同時**啟動 K⁺ 通道，使 K⁺ 外流**形成。

3. **高原期或緩慢再極化期（2 期）**：膜電位保持在 0 mV 左右，膜內外兩側幾乎呈等電位狀態，波形平坦，故稱為**高原期**，歷時 100~150 ms。高原期形成機制是由於

L 型 Ca^{2+} 通道(L-type calcium channel)開啟，**Ca^{2+} 緩慢內流**(I_{Ca-L})，同時有少量 K⁺ 經由緩慢 K⁺ 通道外流，使得膜兩側電荷相同，離子流動方向相反，使膜電位穩定在 0 mV 水準。高原期是心室肌動作電位持續時間長的主要原因，也是心肌細胞與其他細胞在動作電位方面，主要區別的特徵。在高原期的 Ca^{2+} 通道，其啟動與失去活性均較 Na⁺ 通道緩慢，故稱為慢通道。

4. **快速再極化末期（3 期）**：再極化速度加快，膜電位由 0 mV 左右迅速下降至 −90 mV，歷時 100~150 ms。此期形成機制是 L 型 Ca^{2+} 通道失去活性關閉，而緩慢 K⁺ 通道仍然開放，引起細胞膜對 K⁺ 通透性進一步增高，使其他 K⁺ 通道開放，加速 K⁺ 快速外流所致。

5. **靜止期（4 期）**：再極化完畢，膜電位穩定在靜止膜電位水準，故稱為靜止期。在形成動作電位的過程中，有一定數量的 Na^+、Ca^{2+} 內流和部分 K^+ 外流，致使細胞內外離子分布發生改變。細胞膜上鈉鉀幫浦和鈉鈣交換體 (Na^+/Ca^{2+} exchanger, NCX) 被啟動，負責排出 Na^+ 和 Ca^{2+}、攝入 K^+，恢復細胞內外原有離子的正常濃度梯度，保持心肌細胞正常興奮性。

→ **快反應自律性的浦金氏纖維：動作電位**

　　浦金氏纖維動作電位的 0、1、2、3、4 期，與心室肌細胞動作電位的波形相似、產生原理亦相同（圖 11-11），不同點在第 4 期不穩定，會產生自動去極化。第 4 期自動去極化的機制，主要是**起搏電流** (funny pacemaker current, I_f)，I_f 電流是啟動 **HCN 通道** (hyperpolarizationactivated cyclic nucleotide-gate channels, HCN channels) 所產生非特異性的向內電流，主要運送 Na^+，還有少量 K^+ 參與。

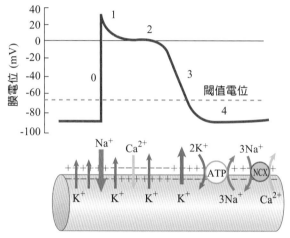

■ **圖 11-10** 心室肌動作電位和主要離子流。

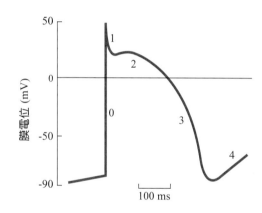

■ **圖 11-11** 浦金氏纖維的動作電位。

■ **表 11-5　心室肌細胞的膜電位形成機制**

時　相			膜電位 (mV)	持續時間 (ms)	形成機制
靜止膜電位			-90	－ －	K^+ 平衡電位
動作電位	去極化過程	0 期（去極化期）	-90 ~ +30	1~2	Na^+ 通道開放，大量 Na^+ 內流
	再極化過程	1 期（快速再極化初期）	+30 ~ 0	5~10	K^+ 通道開放，少量 K^+ 外流
		2 期（高原期）	0	100~150	Ca^{2+} 內流（及少量 Na^+ 內流）與 K^+ 外流相平衡
		3 期（快速再極化末期）	0 ~ -90	100~150	K^+ 通道開放，大量 K^+ 外流
		4 期（靜止期）	-90	－ －	鈉鉀幫浦及鈉鈣交換體的共同活動

⊙ 慢反應自律性的節律點：動作電位

節律點電位 (pacemaker potential) 指竇房結節律點細胞的動作電位，整個過程只有 0、3、4 三個時期，沒有 1 期和 2 期（圖 11-12）。其特點為：

1. 0 期去極化幅度低，去極化速率慢，持續時程長（約 7 ms）。
2. 最大再極化電位小 (–70 mV)。
3. 閾值電位 –40 mV。
4. 第 4 期自動去極化速度比浦金氏纖維快。

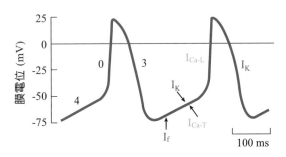

■ **圖 11-12** 竇房結節律點細胞的動作電位及離子流。

節律點電位形成機制（表 11-6）：

1. 0 期去極化是 Ca^{2+} 經緩慢的 L 型 Ca^{2+} 通道內流 (I_{Ca-L}) 所致。
2. 3 期再極化是啟動 K^+ 通道，造成 K^+ 遞增性外流 (I_K)，使膜內淨負電荷逐漸增加。
3. 4 期自動去極化機制有三種離子電流：I_K 外向電流 (K^+)、I_f 內向電流 (Na^+) 和 I_{Ca-T}（T 型 Ca^{2+} 通道）內向電流 (Ca^{2+}) 共同完成。

由慢通道（I_{Ca-L} 通道）開啟，而產生第 0 期去極化速度緩慢的心肌細胞，稱為慢反應細胞，包括竇房結及房室結。

表 11-6　節律點電位及其電生理形成機制

時 相	形成機制	離子電流
去極化 0 期	Ca^{2+} 通道開放，大量 Ca^{2+} 內流	I_{Ca-L}
再極化 3 期	K^+ 通道開放，大量 K^+ 外流	I_K
去極化 4 期	K^+ 外流和起搏電流及 Ca^{2+} 內流	I_f、I_{Ca-T}、I_K

表 11-7　三類心肌細胞的電性活動比較

心肌細胞 比較項目	心室肌細胞 （快反應非自律性細胞）	浦金氏纖維 （快反應自律性細胞）	竇房結細胞 （慢反應自律性細胞）
膜電位分期	0、1、2、3、4 期	0、1、2、3、4 期	0、3、4 期
靜止膜電位 / 最大舒張電位值	靜止膜電位值 -90 mV	最大舒張電位 -90 mV	最大舒張電位 -70 mV
閾值電位	-70 mV	-70 mV	-40 mV
0 期去極化幅度	大 (120 mV)	大 (120 mV)	小 (70 mV)
0 期時程	短 (1~2 ms)	短 (1~2 ms)	長（7 ms 左右）
0 期去極化速度	迅速	迅速	緩慢
0 期結束時膜電位值	+30 mV	+30 mV	0 mV
4 期自動去極化速度	——	慢	快
4 期膜電位	穩定	不穩定，自動去極化	不穩定，自動去極化

二、心肌的生理特性

心肌的生理特性有興奮性、傳導性、自動節律性和收縮性。前三者是以心肌生物電活動為基礎，故屬電生理特性，後者屬機械特性。

（一）興奮性

當心肌細胞受到刺激產生動作電位的能力，稱為心肌的興奮性 (excitability)。影響心肌興奮性的因素包括：(1) 靜止膜電位或最大再極化電位的水平與興奮性呈正比關係；(2) 閾值電位的大小與興奮性反比關係；(3) 引起去極化的離子通道特性。

心肌細胞發生一次完整動作電位的過程中，膜電位會伴隨發生變化，尤其 Na^+ 通道，經歷啟動、失去活性和恢復活性三種週期性變化。若有第二個刺激而興奮心肌細胞時，會發生規律性的變化，以心室肌細胞為例，其興奮性週期性變化可分為以下幾個時期（圖11-13）。

1. 絕對不反應期 (absolute refractory period, ARP)：從心肌細胞去極化開始，到再極化膜電位降至約 -55 mV 期間內，Na^+ 通道處於完全失活狀態，不論給予多麼強大的刺激，也不能使膜電位再次去極化，細胞興奮性下降到零，這個時期稱為**絕對不反應期** (absolute refractory period, ARP)。

2. 相對不反應期 (relative refractory period, RRP)：ARP 之後，膜電位繼續下降，但心肌興奮性開始逐漸恢復，但仍低於正常，Na^+ 通道亦部分復活，但需高於閾值的刺激才能引起部分 Na^+ 通道開啟，以及有可能產生新的動作電位，這一段時間稱

為相對不反應期 (relative refractory period, RRP)。在整個動作電位再極化期完畢前，膜電位接近但大於閾值電位時，只要用低於閾值的刺激，就可使其去極化產生新的動作電位，此稱為**超常期** (super-normal period, SNP)。最後，達到正常靜止膜電位時，心肌才恢復正常的興奮性。

心肌動作電位的特點是**絕對不反應期特別長**，相當於整個收縮期和舒張早期（圖11-13）。在絕對不反應期內，心肌細胞不會產生第二次新的動作電位和收縮，所以心臟收縮後一定發生舒張，確保心肌不會產生強直收縮，並**確保收縮與舒張交替的節律性活動**，有利於實現心臟幫浦排血功能。

（二）自動節律性

自動節律性 (autorhythmicity) 指心肌細胞在沒有外來刺激的情況下，能自發地產生節律性跳動或興奮的能力，簡稱自律性。心臟具有自律性特色，是來自於心肌內特殊傳

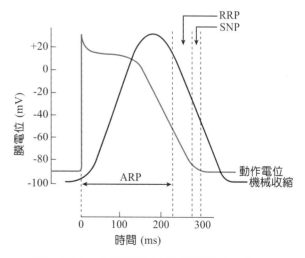

■ **圖 11-13** 心肌動作電位與機械收縮曲線。

導系統的自律性細胞。由於心肌特殊傳導系統各部位的自律性高低不同，在正常情況下竇房結的自律性最高（約100次／分），房室結次之（約50次／分），心室內傳導組織最低（20~40次／分），所以，竇房結是主導整個心臟興奮和收縮的正常部位，亦就是心臟的正常節律點，在臨床上稱為**竇性心律**。其他特殊傳導組織的自律性不能表現出來，稱為潛在節律點，若竇房結以外的部位，出現節律點的心臟活動，臨床上稱為異位節律點，會引起**異位性心律**(ectopic rhythm)。

（三）傳導性

指心肌細胞傳導電位的能力，其傳導性特點包括單方向傳導、傳導速度不同，以及房室結有延擱作用。某些因素可影響心肌傳導性，如心肌細胞的直徑及間隙接合數量，其與傳導速度呈正比關係，另外，相鄰細胞膜電位未興奮部位亦與傳導速度呈正比關係。

（四）收縮性

心肌收縮性是指心肌接受大於閾值的刺激後，產生收縮反應的能力。心肌細胞收縮原理與骨骼肌細胞相似，受到刺激後，在細胞膜上產生興奮，再透過興奮－收縮偶聯，引起細肌絲向粗肌絲滑行，造成整個細胞收縮。心肌收縮的特點有：

1. **對細胞外Ca^{2+}的依賴性**：心肌細胞肌漿網不發達，Ca^{2+}含量儲存少，因此，在收縮過程中有賴於細胞外Ca^{2+}的內流。在心肌動作電位的高原期，細胞外Ca^{2+}通過L型Ca^{2+}通道(I_{Ca-L})流入細胞內，使細胞內Ca^{2+}增加，並活化肌漿網上的**ryanodine（雷恩諾鹼）接受器**(RyR)，使肌漿網釋放大量的Ca^{2+}，此機制稱為**鈣離子誘發性鈣離子釋放**(calcium-induced calcium release)，引起心肌收縮。

2. 心肌細胞不產生強直收縮：由於心室肌細胞絕對不反應期特別長，即使在收縮期內接受刺激，心肌也不會產生興奮和收縮，故心肌細胞不產生強直收縮。

3. 「全有或全無」式收縮：心肌細胞之間以**肌間盤** (intercalated disc) 相連，肌間盤的電阻很低，興奮性電流在心肌細胞間迅速傳播，當刺激強度達到閾值後，所有心肌細胞都一起參與收縮；另外，心臟內的特殊傳導系統可加速興奮性電流的傳導，故心室肌細胞幾乎同步收縮，稱為「全有或全無」式收縮，心肌亦被稱為「合體細胞」。

三、自主神經的支配與影響

（一）交感神經

心交感神經的節前神經元，位於脊髓第1~5胸段；節後神經元的軸突組成心臟神經叢，支配心臟各個部分，包括竇房結、房室結、房室束、心房肌和心室肌。心交感神經興奮時，節後神經元末梢釋放**正腎上腺素**(norepinephrine, NE)，可引起心跳速率加快、房室傳導加快、心房肌和心室肌的收縮能力加強（圖11-14）。

NE 與心肌細胞膜上的 **β_1 型腎上腺素性接受器**（簡稱 β_1 接受器）結合後，透過 G 蛋白－腺苷酸環化酶 (AC)-cAMP 途徑啟動

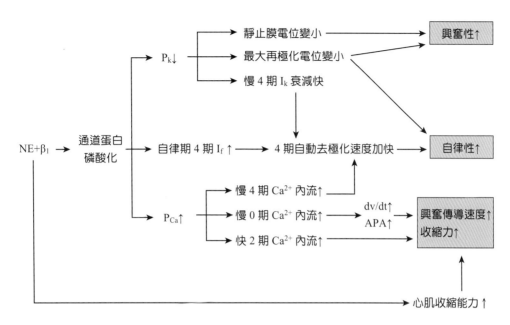

■ **圖 11-14** 交感神經對心臟的作用及機制。dv/dt：0 期去極化速度；APA：動作電位幅度。

蛋白激酶 A (PKA) 活化，其可啟動心肌細胞膜上的 L 型 Ca^{2+} 通道 (I_{Ca-L}) 及 HCN 通道（產生 I_f 電流），並使 K^+ 通道失活。

1. **啟動 L 型 Ca^{2+} 通道**，使房室結 L 型 Ca^{2+} 電流 (I_{Ca-L}) 增強，使其去極化速度和幅度增大，房室傳導速度加快；心室肌 L 型 Ca^{2+} 內流增強和誘導 RYR Ca^{2+} 釋放增加，使快反應細胞高原期（2 期）Ca^{2+} 內流 (I_{Ca-L}) 增加，使心肌收縮力增強。

2. **啟動 HCN 通道**，使 I_f 電流增強，啟動 T 型 Ca^{2+} 通道，使 I_{Ca-T} 電流增強，加速竇房結 4 期自動去極化，I_f 電流和 I_{Ca-T} 電流增強是心跳速率加快的主要原因。

3. **K^+ 通道失活**，K^+ 通透性降低，使非自律性細胞的靜止膜電位變小，自律性細胞的最大再極化電位變小，引起細胞興奮性增高；慢反應自律性細胞 4 期 K^+ 外流 (I_K) 減小，I_K 衰減加快，使得 4 期自動去極化速度加快，自動節律性增高。

另外，活化肌漿網上的 Ca^{2+} 幫浦，促進肌漿網 Ca^{2+} 的回收，降低旋轉素 C (TnC) 與 Ca^{2+} 的親和力，促進舒張期 TnC 與 Ca^{2+} 的解離，加速心肌舒張，有利於心室充血。

（二）副交感神經

心臟接受雙側副交感神經支配，迷走神經節前神經元位於延腦，其軸突和心交感神經一起組成心臟神經叢，並和交感纖維伴行進入心臟。迷走節後神經纖維支配竇房結、心房肌、房室結、房室束及其分支，心室肌也有少量迷走神經支配。心**迷走神經興奮**時，其神經末梢釋放乙醯膽鹼 (ACh)，作用於心肌細胞膜的 M 型膽鹼性接受器（簡稱 M 接受器），可引起心**跳速率減慢**、房室傳導減慢、心房肌收縮能力減弱（圖 11-15）。心迷走神經的作用主要表現在竇房結和心房肌，對心室肌作用不大。

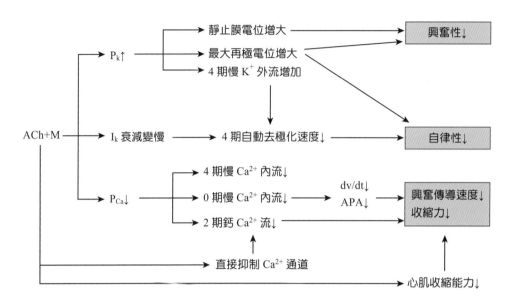

■ **圖 11-15** 副交感神經對心臟的作用及機制。dv/dt：0 期去極化速度；APA：動作電位幅度。

乙醯膽鹼啟動 M 接受器後，透過 G 蛋白 -AC 途徑，使細胞內 cAMP 濃度降低，PKA 活性降低，表現出與 β_1 接受器相反的效應。

1. 造成心跳速率減慢的機制：

   (1) ACh 與竇房結的 M 接受器結合後，經 G 蛋白媒介，啟動 K^+ 通道 (I_K)，引起 K^+ 外流，使最大再極化電位負值增大，而遠離閾值電位水準，進一步降低竇房結的自律性和心跳速率。

   (2) ACh 透過啟動一氧化氮合成酶 (nitric oxide synthase, NOS)，使細胞內 cGMP 濃度升高，使 Ca^{2+} 通道開啟速率降低，Ca^{2+} 內流減少，引起竇房結閾值電位水平上移，降低竇房結的自律性和心跳速率。

   (3) ACh 也能抑制自律性細胞 4 期內向電流 (I_f)，減慢竇房結自動去極化和心跳速率。

2. 心房肌收縮能力減弱，是由於心房肌細胞 Ca^{2+} 通道被抑制，Ca^{2+} 內流減少所致。此外，K^+ 電流啟動，使動作電位再極化加快，高原期縮短，導致 Ca^{2+} 內流進一步減少。

3. 房室傳導減慢則與房室結細胞 0 期 Ca^{2+} 內流減弱、去極化速度和幅度降低有關。

四、心電圖

人體是導體，心臟的興奮性可經心臟周圍導電組織和體液傳到體表，將測量電極放置在人體表面一定位置，可記錄到心臟電性變化曲線，稱為**心電圖** (electrocardiogram, ECG)。心電圖反映整個心臟興奮電位生成、傳導和恢復等過程。

（一）心電圖的導程

心電圖的測量方式，是在身體兩個不同部位安置兩個金屬電極板，用導線連到心電圖掃描記錄器的 (+)、(-) 兩端，使電流進入電

流計再回返到人體，構成一個完整的電路，此記錄方法稱為**導程** (leads)。臨床上記錄心電圖通常採用十二個導程（表 11-8），分為兩類：

1. **雙極肢導程** (bipolar limb leads)（圖 11-16a）：電極放在手腕和腳踝上，記錄此 2 處之間的電壓差，包括第一肢導程〔右手臂 (-) 到左手臂 (+)〕、第二肢導程〔右手臂 (-) 到左腳 (+)〕、第三肢導程〔左手臂 (-) 到左腳 (+)〕。

2. **單極導程** (unipolar leads)：指記錄身體單一探查電極 (-) 與無關電極 (+) 之間的電位差，分為單極肢導 (unipolar limb leads) 和單極胸導 (unipolar chest leads)。

   (1) **單極肢導**：將探查電極放在肢體的右手臂 (R)、左手臂 (L) 及左腳 (F)，分別簡寫為 aVL〔探查電極 (-) 與左手臂相連，無關電極 (+) 連接右手臂與左腳〕、aVR〔探查電極 (-) 與右手臂相連，無關電極 (+) 連接左手臂與左腳〕、aVF〔探查電極 (-) 與左腳相連，無關電極 (+) 連接左手臂與右手臂〕（圖11-16b）。

   (2) **單極胸導**：探查電極 (-) 放在胸壁心前六個位置，即 V1~V6（圖 11-16c）。

（二）正常心電圖波形及其生理意義

正常典型心電圖包括3個波：P波(P wave)、QRS複合波(QRS complex)、T波(T wave)；2個間隔：PR間隔(P-R interval)、QT間隔(Q-T interval)；2個節段：PQ節段(P-Q segment)、ST節段(S-T segment)（圖11-17和表11-9）。

1. **P 波**：代表**左右心房的去極化**。P 波小、圓鈍，歷時 0.08~0.1 秒，波幅不超過 0.25 mV。

表 11-8 心電圖導程

導程名稱		電極配置
雙極肢導	第一肢導 (I)	右手臂和左手臂
	第二肢導 (II)	右手臂和左腳
	第三肢導 (III)	左手臂和左腳
單極肢導	右手加強肢導 (aVR)	右手臂
	左手加強肢導 (aVL)	左手臂
	左腳加強肢導 (aVF)	左腳
單極胸導	第一胸導 (V_1)	胸骨右側第四肋間
	第二胸導 (V_2)	胸骨左側第四肋間
	第三胸導 (V_3)	在 V_2 與 V_4 之間
	第四胸導 (V_4)	鎖骨中線與第五肋間交界處
	第五胸導 (V_5)	左腋前線與 V_4 同一水準
	第六胸導 (V_6)	左腋中線與第五肋間交界處

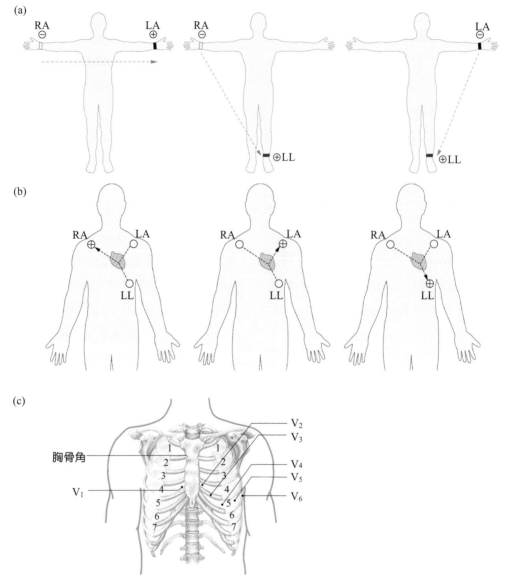

圖 11-16 心電圖的導程：(a) 雙極肢導程；(b) 單極肢導；(c) 單極胸導。

2. **QRS 複合波**：代表**左右心室的去極化**電位變化。典型的 QRS 複合波包括三個緊密相連的電位波動，第一個向下為 Q 波，之後是高而尖峭的向上 R 波，最後一個是向下的 S 波。在不同導程中，這三個波的幅度變化較大，且不一定都出現。正常 QRS 複合波歷時 0.06~0.10 秒。代表去極化電位在左、右心室傳導所需的時間。

3. **T波**：反映**兩心室再極化**過程的電位變化，波幅為0.1~0.8 mV，歷時0.05~0.25秒。在R波為主的導程中T波不低於R波的1/10。T波的方向與QRS複合波的主波方向相同。

4. **U 波**：有時在 T 波之後，出現一個低而寬的小波，方向與 T 波一致，波寬 0.1~0.3 秒，波幅大多在 0.05 mV 以下，U 波的意義和成因目前還不十分清楚。

在心電圖中，除了上述各波的形狀有特定意義之外，各波之間的間隔也具有重要的理論和臨床意義。

1. **PR 間隔**（或 PQ 間隔）：是指從 P 波起點到 QRS 波起點之間的時程，為 0.12~0.20

秒。PR間隔代表由竇房結產生的興奮電位，經由心房、房室結和房室束到達心室，引起心室開始興奮所需要的時間，也稱為房室傳導時間。若在房室傳導阻滯時，PR間隔延長。

2. **QT 間隔**：從 QRS 複合波起點到 T 波終點的時程，代表心室開始興奮去極化到再極化完畢的時間，QT 間隔的時程與心跳速率成反比關係。

3. **PQ 節段**：從 P 波終點到 Q 波起點之間的時程，通常與基線同一水準，PQ 節段代表興奮電位通過房室結和房室束的傳導時間，由於房室結延擱作用，故 PQ 節段主要代表房室結的傳導時間。

4. **ST 節段**：指從 QRS 複合波的終點到 T 波起點的時程。它代表兩心室完全興奮去極化，心室各部分之間不存在電位差，曲線回到基線水準。

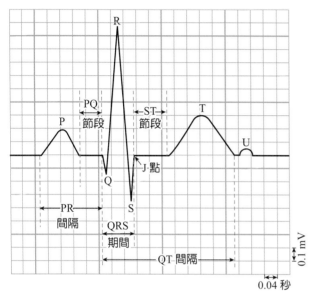

■ 圖 **11-17** 心電圖圖形。

■ 表 **11-9** 心電圖的定義與生理學意義

名稱	定義與生理學意義	波幅 (mV)	時間（秒）
P 波	心房去極化的電位波，代表心房收縮	0.05~0.25	0.08~0.11
QRS 複合波	心室去極化的電位波，代表心室收縮	不定（＜2）	0.06~0.10
T 波	心室再極化的電位波，代表心室舒張	0.1~0.8	0.05~0.25
PR 間隔	從 P 波起點到 QRS 複合波起點，代表心房去極化到心室去極化前的時間，即房–室傳導時間	—	0.12~0.20
QT 間隔	Q 波起點到 T 波終點，代表心室去極化到完全再極化的時間，即心室收縮時間	—	0.4~0.43
PQ 節段	從 P 波終點到 QRS 複合波起點，代表興奮在房室結的傳導時間	與基線相同	0.06~0.14
ST 節段	從 S 波終點到 T 波起點，心室完全去極化的時間	與基線相同	0.05~0.15

臨·床·焦·點

Clinical Focus

心律不整

　　正常人心臟跳動節律應該是規律的，主要由竇房結控制，稱為竇性心律。如果心臟病變導致心臟搏動異常，例如心跳過快、過慢或不規則，即稱為心律不整 (cardiac arrhythmia)。各種早期收縮 (premature beat)、竇性心搏過速、竇性心搏過緩、傳導阻滯、心房纖維顫動 (atrial fibrillation) 等都屬於心律不整（圖 11-18）。

　　心律不整可發生在健康人身上，如過度疲勞、吸菸、飲酒等引起，但最常見原因在於冠心病、心肌炎、心肌病、風濕性心臟病等引起；老年性的心律不整大多見於器質性病變。心律不整可使心房和心室收縮模式改變，導致心臟排血量下降，引起心悸、胸悶或胸痛、頭暈、無力、呼吸短促等症狀，透過心電圖檢查可以診斷各類心律不整。治療心律不整的方法包括抗心律不整藥物、裝置心律調節器、電氣燒灼術 (radiofrequency ablation) 等。

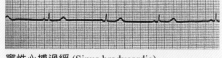

竇性心搏過緩 (Sinus bradycardia)

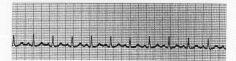

竇性心搏過速 (Sinus tachycardia)

■ 圖 11-18　心律不整的心電圖。

（三）心電圖與心肌動作電位的關係

　　心肌細胞的電位變化是心電圖的來源，心電圖的 P 波和 QRS 複合波，分別由心房肌和心室肌細胞動作電位的 0 期形成，T 波是心室肌細胞再極化的 3 期形成。ST 節段和心室肌細胞動作電位的 2 期相一致，QT 間隔和心室肌細胞動作電位時程一致，說明兩者在時間上有一定的對應關係。但是，心電圖與單個心肌細胞動作電位卻有很大不同：

1. 動作電位是細胞內記錄法，其參考電極放在細胞外表面，微電極插入細胞內，記錄細胞內電位，反映細胞膜內外電位差。心電圖採用細胞外記錄法，兩種記錄電極放在體表，記錄電極二點間的電位差，經由人體體表反映心臟活動。

2. 心肌細胞電位變化是單個細胞在靜止或興奮時，細胞膜內外電位變化曲線，心電圖是反映整個心臟心肌細胞電活動的綜合反應，電極放置部位不同，心電圖波形則不一樣。

3. 細胞電位變化能夠反映膜內外的極化狀態，但心電圖不能反映膜的極化狀態。

▶ 心輸出量

　　心輸出量 (cardiac output, CO) 指心臟每分鐘搏出的血液量，即心輸出量 (CO) ＝心搏量 (SV) × 心跳速率 (HR)。影響心輸出量的主要因素包括心跳速率、心室舒張末期容積 (EDV)、心室收縮末期容積 (ESV)、心室肌收縮力和動脈血壓（表 11-10 和圖 11-19）。

表 11-10 影響心輸出量的因素

影響因素 \ 影響效果		心搏量	心輸出量
心室舒張末期容積 (EDV) ↑		↑	↑
心室收縮末期容積 (ESV) ↑		↓	↓
心肌收縮能力 ↑		↑	↑
心跳速率 ↑	極限量小於 180 次／分		↑
	極限量大於 180 次／分	↓	↓

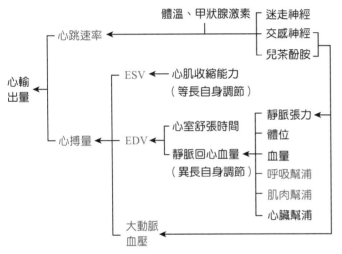

■ 圖 11-19　影響心輸出量的因素。

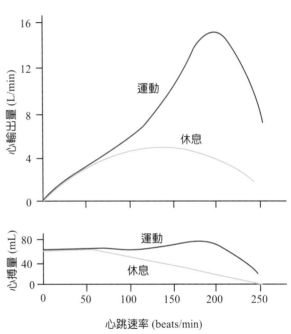

■ 圖 11-20　心跳速率對心輸出量的影響。

一、心跳速率

　　每分鐘心臟搏動的次數稱為**心跳速率** (heart rate, HR)。正常的心跳速率為 60~100 次／分 (beat/min)。當心跳速率小於 60 次／分時，稱為心搏過緩 (bradycardia)；當心跳速率大於 100 次／分，稱為心搏過速 (tachycardia)。

　　由於心輸出量＝心搏量 × 心跳速率；當心跳速率在正常的 60~100 次／分時，隨著心跳速率的增加，心輸出量增加；但當心跳速率大於 180 次／分時，由於舒張期縮短，心室充血量減少，則心搏量減少，心輸出量降低（圖 11-20）。

　　影響心跳速率的因素：

1. 自主神經控制心跳速率的兩個途徑：
   (1) 延腦心跳加速中樞：刺激交感神經分泌腎上腺素，引起心跳速率加快，心肌收縮力增強。

(2) 延腦心跳抑制中樞：刺激迷走神經分泌乙醯膽鹼，引起心跳速率減緩。

2. 體液影響心跳速率的因素：主要有腎上腺素、正腎上腺素和甲狀腺素。

3. 體溫影響心跳速率的因素：體溫升高1℃，心跳速率增快10~18次。

二、心搏量的調節

心搏量 (stroke volume, SV) 是指一次心跳時，心室排出的血液量，即心搏量 (SV) ＝心室舒張末期容積 (end-diastolic volume, EDV) － 心室收縮末期容積 (end-systolic volume, ESV)，公式如下：

$$CO = SV \times HR = (EDV - ESV) \times HR$$

（一）心室舒張末期容積 (EDV)

心室舒張末期容納的血液量，EDV ＝靜脈回心血量＋心室餘血量，其正常值約為120~130毫升；EDV主要取決於靜脈回心血量 (venous return)（又稱前負荷），影響靜脈回心血量的因素有：

1. 心室舒張時間：也就是心室充血期持續時間，例如心跳速率增加時，心舒期縮短，心室充血期時間縮短，EDV減少，心搏量減少。

2. 靜脈回流速度：靜脈回流速度加快，EDV增加，心搏量增加。靜脈回流速度取決於周邊靜脈壓與心房壓之差，差值越大，靜脈回流越快。影響此壓力差的因素：

(1) 心臟幫浦：當心臟幫浦排血功能衰竭時，心房壓和中心靜脈壓增高，周邊靜脈壓與心房壓之差縮小，不利於靜脈回流。

(2) 呼吸幫浦：吸氣時胸腔容積增大，使腔靜脈周圍（胸腔）壓力降低，有利於靜脈回血，呼氣時相反。一吸一呼像一個幫浦，促進靜脈血回流。

(3) 肌肉幫浦：由於大靜脈有瓣膜，故肌肉活動就像幫浦，可擠壓靜脈血從周邊單向流回心臟。

(4) 靜脈張力：當靜脈本身張力增加，靜脈血回流快；靜脈張力降低，靜脈回流慢。例如全身廣泛性靜脈曲張的病人，由於靜脈張力降低，靜脈回流減慢。

(5) 體位：臥位時，靜脈血回流快。

（二）心室收縮末期容積 (ESV)

ESV指心室收縮期後，仍留在心室內的血液量，其正常值約為50~60毫升；影響ESV的因素包含動脈血壓（又稱後負荷）和心肌收縮能力。當動脈血壓增高時，心室等容收縮期延長，心搏量減少，ESV增加。

心肌活動改變自身收縮強度和速度的內在特性，稱為心肌收縮能力(myocardiac contractility)，其受心肌興奮－收縮偶聯過程的各個環節影響。在完整心臟實驗結果顯示，給予正腎上腺素後，心室功能曲線（圖11-22）向左上移位，心搏量增加，心室幫浦排血功能增強；在相同前負荷（為靜脈回心血量）條件下，給予乙醯膽鹼後，心室功能曲線向右下移位，心搏量減少，心室幫浦排血功能減弱。

兒茶酚胺(catecholamine, CA)增加心肌收縮力，其原因之一就是啟動β_1接受器，經由G蛋白啟動腺苷酸環化酶，使cAMP增多，促使細胞膜上Ca^{2+}通道蛋白磷酸化，Ca^{2+}通道

開啟，Ca^{2+}內流增加，進一步誘發肌漿網中Ca^{2+}的釋放（啟動外鈣誘發內鈣釋放），使得旋轉素(troponin)對細胞質中的Ca^{2+}利用率增加，橫橋數活化增加及橫橋ATP酶活性增高，使心肌收縮能力增強。

心室肌收縮力

心室肌收縮力(ventricular contractility)由心肌纖維長度決定。當靜脈回心血量增加，心室舒張末期容積增加，導致心肌纖維長度拉長，心室肌收縮力增加，促使心搏量增加、心輸出量增加，此現象稱為**心臟的法蘭克一史達林定律**(Frank-Starling Law of the Heart)（圖11-21）。

1895年德國生理學家法蘭克(Otto Frank)，在青蛙離體的心臟樣本觀察，心肌收縮力隨心室舒張末期容積（前負荷）增加而增強的現象。1914年英國生理學家史達林(Ernest Starling)，利用狗的心肺樣本，透過改變右心房和主動脈壓，觀察到心室舒張末期容積(EDV)增加，心搏量增加，顯示心室肌收縮力的大小，取決於心室舒張末期容積，亦就是**心室肌纖維被拉長的程度。**

圖11-21為史達林實驗記錄，當突然增加右心房壓後，引起心室容積變化曲線（上圖），波形向下表示心室容積增大。曲線上界表示心室收縮末期容積，下界為舒張末期容積，兩者之間寬度表示心搏量。前負荷（靜脈回心血量）升高後，經過幾次心搏，心室容積逐漸增大，此時心室舒張期流入的血量，和心室收縮射出的血量之間存有差異，亦就是心室收縮排出的血量，少於前一次心室舒張流入的血量，使得心室血量逐步累積並擴張，因而拉長心室肌纖維。心室舒

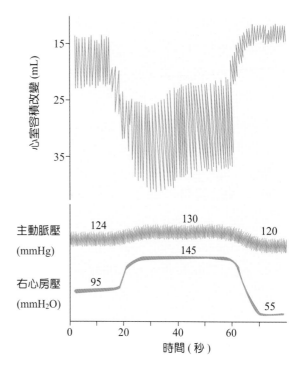

■ **圖11-21** 心搏量隨心室舒張末期容積增加而增加的現象。在狗的心肺樣本上，將右心房壓快速從 95 mmH₂O 升至 145 mmH₂O，再快速降至 55 mmH₂O 之心室容積的變化。

註：容積曲線的下移，表示心室容積的變大。

張末期容積增大，使心肌長度增長，隨之增強心肌收縮力，增加心搏量。當前負荷持續增大時，心室舒張容量和心肌纖維長度也隨之增大，當達到平衡後，心輸出量恰好等於增大後的心室充血量。

後人把**心室舒張末期容積**與**心室收縮力**的**正相關**關係，稱為法蘭克一史達林定律，把心室舒張末期容積（或壓力）與心搏量的關係曲線稱為**法蘭克一史達林曲線**，又稱**心室功能曲線** (ventricular function curve)（圖11-22）。心室功能曲線大致分三個區段：

1. 當心室充血壓力 (filling pressure) 在 5~10 mmHg 時，心肌處於自然工作段，心室功能曲線表現為上升。心搏量隨舒張末期壓

力（或容積，即前負荷）增加而增加，其原因在於前負荷拉長肌纖維，使得肌節長度增加，粗、細肌絲有效重疊程度增加，心肌收縮力增強，心搏量增加。

2. 充血壓力在 12~15 mmHg 時，是人體心室最適的前負荷，心肌產生最大張力，最大作功，此時肌節長度為 2.0~2.2 μm，正是肌節的最適長度，粗、細肌絲處於最佳重疊狀態，肌節作等長收縮產生最大張力。心肌的最適前負荷有一段範圍，若距離自然工作段較遠，則允許心臟幫浦排血功能增強的範圍則較寬，顯示心肌有較大程度可儲備前負荷。

3. 充血壓力在 15~20 mmHg 時，心室功能曲線逐漸平坦，說明前負荷已在上限範圍內，其對心臟幫浦排血功能影響不大。隨後曲線呈平坦狀或輕度下傾，但並不出現明顯的下降，說明正常心室充血壓力即使超過 20 mmHg，心搏量是不變或輕度減小，只有在發生嚴重病理變化的心室，功能曲線才出現下降。這是由於心肌細胞外間質含有大量膠原纖維，使心肌具有抗延伸性，心肌伸展性很小，使心臟不會在前負荷明顯增加時，引起心搏量和作功下降，其具有重要生理意義。

法蘭克—史達林機制的生理意義，在於對心搏量進行精細調節，維持左右心室心搏量的精確平衡，同時確保心輸出量和靜脈回心血量達到平衡。如果一側心室突然排出過多的心搏量，導致同樣過多的靜脈血量，回流到另一側心室，隨之拉長該心室心肌纖維舒張長度，增大心搏量，以達到與前一次心室心搏量相同水準。

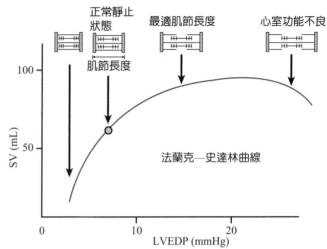

■ 圖 11-22　法蘭克—史達林曲線。正常靜止時，左心室舒張末期壓力 (LVEDP) 約 8 mmHg，心搏量 (SV) 為 70 mL。

11-2 血管
Blood Vessels

人體的血管可分成**動脈** (artery)、**微血管** (capillary) 和**靜脈** (vein)。血液從心室射出後，流經動脈、小動脈、微血管、小靜脈和靜脈的血管系統後，再返回心房。由於血管所處部位及中膜結構的不同，使得血管功能有很大差異，動脈負責人體各器官血流分布並維持血壓，微血管是血液中營養物質與組織液之間進行物質交換的場所，靜脈的任務則是將血液送回到心臟。

動脈與靜脈管壁結構可分成三層（圖 11-23），最外層稱為**外膜**(tunica externa)，是由膠原組織及彈性纖維組成；中層稱為**中膜**(tunica media)，是由彈性纖維及平滑肌組成；最內層稱為**內膜**(tunica interna)，是由內皮細胞(endothelium)及基底膜(basement membrane)組成。雖然動脈與靜脈有相同的基本結構，但兩者間仍存在差異。以相同大小的動、靜脈來看，動脈有彈性膜和較厚的平滑肌，所以動脈較靜脈厚、圓且有彈性及較高壓力；另外，大多靜脈有瓣膜，動脈則無。**微血管壁只由單層內皮細胞構成**，為管壁最薄的血管。

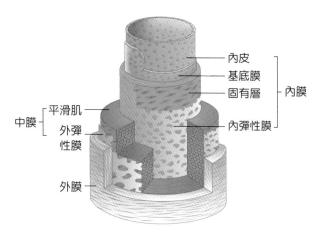

■ 圖 11-23　血管的基本結構。

臨·床·焦·點　　Clinical Focus

動脈粥狀硬化 (Atherosclerosis)

　　動脈粥狀硬化主要常見於體循環的大型動脈（如主動脈）和中型動脈（如冠狀動脈和腦動脈）。病理變化包括血管內膜有黃色粥狀外觀的脂質聚積、血栓形成、纖維組織增生，並合併有動脈中層逐漸退化和鈣化等多種病變，促使血管壁增厚變硬、失去彈性和管腔縮小、栓塞的特徵，使得動脈遠端缺血，導致局部組織壞死，

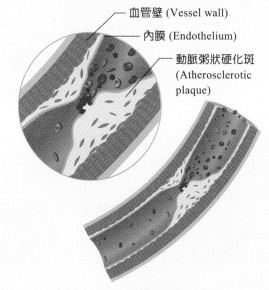

血管壁 (Vessel wall)

內膜 (Endothelium)

動脈粥狀硬化斑 (Atherosclerotic plaque)

■ 圖 11-24　動脈粥狀硬化。

形成心臟和腦缺血疾病的主要原因。常見病因有高血壓、高血脂症、吸菸、糖尿病、肥胖等。

　　目前認為**氧化後的低密度脂蛋白** (oxidized LDL, ox-LDL) 是引發動脈粥狀硬化的起始原因。ox-LDL 會**使動脈內皮細胞受損**，造成血管內皮發炎。血流中的單核球受到發炎反應吸引，而進入血管內皮並分化成**巨噬細胞**，巨噬細胞將 ox-LDL 吞噬，而進一步轉為**泡沫細胞** (foam cells)。隨後，再經平滑肌纖維化、鈣化等一連串改變，而形成**動脈粥狀硬化斑** (atherosclerotic plaque)，或稱為**粥狀瘤** (atheroma)（圖 11-24）。斑塊的成分主要包括纖維、脂肪，以及發炎性細胞如單核球、巨噬細胞和淋巴球等。

　　臨床常用的治療，包括均衡飲食、適量運動、不吸菸、控制危險因素（如高血壓、高膽固醇、糖尿病等）及使用藥物（如降血脂藥、抗血小板藥物）等。而多攝取含有抗氧化成分（如茄紅素、β 胡蘿蔔素、維生素 E 等）的食物，可抑制 LDL 的氧化，有助於預防動脈粥狀硬化的發生。

▶ 動脈

大動脈屬於**彈性型動脈**(elastic artery)，其結構特徵為中膜較厚，彈性纖維豐富，平滑肌纖維較少，主要分布在主動脈、肺動脈及其主要分支（如頭臂動脈、鎖骨下動脈、頸總動脈、椎動脈、總髂骨動脈等），主要負責緩衝心室收縮期的收縮壓，及在心室舒張期確保血液連續流動的作用。

中型動脈屬於**肌肉型動脈**(muscular artery)，其結構特徵為中膜內含大量平滑肌纖維，主要分布在腋動脈、肱動脈、橈動脈、肋間動脈、脾動脈、腸繫膜動脈、股動脈、膕動脈、脛動脈等，功能是將血液分配送至身體各器官及組織。

小動脈 (arteriole) 指直徑小於 1 mm 的動脈，可將血液送至微血管，其結構簡單，僅由內皮細胞及平滑肌構成，主要調節進入微血管的血流量和周邊阻力的作用，所以小動脈對血管阻力（血壓）有顯著的影響性。

▶ 微血管

微血管是連接小動脈與小靜脈之間的血管，又稱微循環(microcirculation)。微循環的組成主要包括小動脈(arteriole)、後小動脈(metarteriole)、微血管前括約肌(precapillary sphincter)、直捷通路(thoroughfare channel)，以及小靜脈(venule)（圖11-25）。

直捷通路是指血流從小動脈經過後小動脈、直捷通路到達小靜脈，此條血管通路較直，流速較快，加上管壁較厚，其可承受較大的血流壓力，故經常處於開放狀態，此路徑的血液可快速通過微循環返回心臟，其主要分布在骨骼肌。

有些小動脈不與微血管相接，而是經**動靜脈吻合支**(arteriovenous anastomosis)直接回到小靜脈。動靜脈吻合支的管壁厚，有完整的平滑肌層，大多分布在皮膚、手掌、足底和耳廓，其管徑變化與體溫調節有關。當環境溫度升高時，動靜脈吻合支開放，皮膚等組織血流量增加，有利於散發人體熱能；環境溫度降低時，動靜脈吻合支關閉，皮膚等組織血流量減少，有利於保存人體內的熱能。動靜脈吻合支與直捷通路的比較如表11-11。

微血管根據其內皮構造，可分為**連續型微血管** (continuous capillary)、**窗孔型微血管** (fenestrated capillary)、**不連續型微血管** (discontinuous capillary) 三類（圖 11-26）。其特性整理於表 11-12。

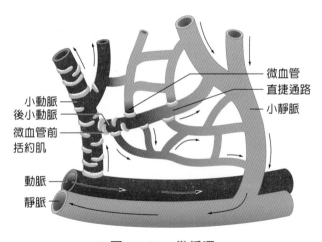

小動脈
後小動脈
微血管前括約肌
動脈
靜脈

微血管
直捷通路
小靜脈

■ **圖 11-25** 微循環。

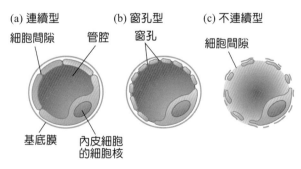

(a) 連續型
細胞間隙　管腔

(b) 窗孔型
窗孔

(c) 不連續型
細胞間隙

基底膜　內皮細胞的細胞核

■ **圖 11-26** 微血管的類型。

表 11-11　直捷通路與動靜脈吻合支的比較

途徑	直捷通路	動靜脈吻合支
血管組成	小動脈→後小動脈→直捷通路→小靜脈	小動脈→動靜脈吻合支→小靜脈
血流速度	快	迅速（更快）
物質交換	少	無
主要分布	骨骼肌	皮膚
血管狀況	通常開放	平時關閉，體溫升高時開放
生理意義	血液迅速回流心臟	體溫調節

表 11-12　微血管的類型與特性

特性 \ 種類	連續型微血管	窗孔型微血管	不連續型微血管
內皮細胞型態	緊密相連	細胞間有 80~100 nm 的孔隙，並附著黏液蛋白	細胞間隙較大，約 1 μm
部位	主要在肌肉、肺、皮膚及血腦障壁上	腎臟、小腸絨毛、內分泌腺等部位	骨髓、肝脾的血竇中
通透性	對水和蛋白質的通透性都很低	水及蛋白質能通過	對水和蛋白都有高通透

微循環的血流動力學特徵：

1. 血壓低，阻力大，血流緩慢。血液在流經微循環血管網時，血壓是逐漸降低的，在微血管動脈端的血壓約為30~40 mmHg，而在微血管靜脈端只有10~15 mmHg，微血管血壓高低取決於微血管前、後阻力的比值。一般而言，組織中微循環的血流量，與小動脈和小靜脈之間的血壓差成正比，與微循環中總血流阻力成反比。微血管分支多，數量大，總橫截面積為最大，因而其血流最慢。

2. 灌流量易變，潛在血容量大。微循環的灌流量與動脈血壓成正比，與微循環血流阻力成反比。當動脈血壓高時，微循環灌流量多，反之則灌流量少。在安靜狀態下，骨骼肌組織大約只有20%的微血管處於開放狀態，其所容納的血量約為全身血量的10%，若全部開放則其潛在血容量相當大。

▶ 靜脈

靜脈結構與動脈相同，含有外膜、中膜、內膜三層，但其所含彈性纖維及平滑肌較少，且不具備內、外彈性膜。靜脈與動脈相比，其管腔較寬、管壁較薄，壓力最低，故靜脈有「**血液的儲存庫**」之稱，約儲存全身血液的60~70%。靜脈含有**瓣膜**，其作用為防止血液逆流，當站立時，下肢靜脈血依靠靜脈瓣膜關閉、**骨骼肌收縮**及**呼吸**動作，將血液單向回流至心臟（圖11-27）。

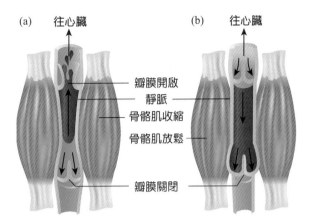

■ 圖 11-27　骨骼肌舒縮對靜脈血回流的作用。

圖中標示：
往心臟（a）、往心臟（b）、瓣膜開啟、靜脈、骨骼肌收縮、骨骼肌放鬆、瓣膜關閉

知識小補帖　Knowledge+

靜脈曲張 (varicose veins) 係指靜脈瓣膜功能障礙（圖 11-28a），致使大量靜脈血因重力蓄積於下肢，產生靜脈壓過高，日積月累，導致靜脈管壁失去彈性，下肢表淺靜脈發生擴張、延長、彎曲成團狀（圖 11-28b），晚期可併發慢性潰瘍的病變。主要形成原因是長期維持相同的姿勢，另外，亦與遺傳、口服避孕藥及懷孕有關；透過適當運動、穿著彈性襪、避免過緊的衣物及高跟鞋、久坐或久站等，皆可預防靜脈曲張。

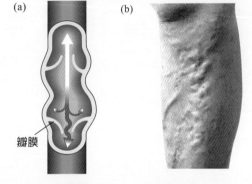

■ 圖 11-28　靜脈曲張。

圖中標示：(a)、(b)、瓣膜

11-3　血流、血壓與阻力

Blood Flow, Blood Pressure, and Vascular Resistance

血液在心血管系統中流動的力學，稱為**血液動力學** (hemodynamics)，主要研究血流量、血流阻力、血壓及其三者之間的關係。由於血管壁具有彈性和擴張性，加上血液又含有血球和血漿蛋白等非理想液體，因此，血液動力學除了具有一般流體力學的共同特性外，還具有其自身的特性。

血流量指每分鐘流經血管某一截面的血量，取決於血管兩端的壓力差和血流阻力。血流阻力主要受血管半徑影響，當血管舒張，血管半徑增大，血流阻力減小而增加血流量；當血管收縮則增加血流阻力並降低血流量。血管的舒縮變化，是受到人體內在和外在調節機制共同調控。

血壓是血液對血管壁施加的壓力，構成血壓的前提條件是心血管內血量充盈。心臟射血量和血管周邊總阻力是血壓形成的基本因素，大動脈的彈性，具有緩衝收縮壓和維持舒張壓的作用，人體透過神經和體液因素調控血壓。本節主要介紹血流量、血流阻力與血壓，其中以血壓為重點內容。

▶ 血流

血流量係指單位時間內流經血管某一截面的血量，也稱容積速度，常用單位mL/min或L/min表示。血流(blood flow)中的一個質點在血管內移動的線速度，稱為血流速度。血液在血管內流動時，血流速度與血流量成正比，與血管的總橫截面積成反比。因此，血液在主動脈中流速最快，在**總橫截面積最大的微血管流速最慢**（圖11-29）。

在封閉的管道系統中，任一截面的流量都相等的，只是流速不同。同樣的，在整個體循環中，流經動脈、微血管和靜脈各段血管的總血流量相等，都等於心輸出量。但分配到各器官的血流量不同。通常安靜狀況下的血流量分配如下：(1) 肝臟和消化道約 1,400 mL/min；(2) 骨骼肌約 1,200 mL/min；(3) 腎臟約 1,100 mL/min；(4) 腦 750 mL/min；(5) 皮膚 500 mL/min；(6) 心臟 250 mL/min，其餘分布於其他器官（表 11-13）。

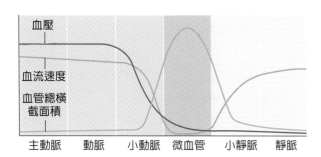

■ 圖 11-29　各段血管血壓、血流速度與血管總橫截面積的關係。

一、血流的物理原理

血液在血管內流動時，血流量 (Q)、血管兩端的壓力差 ($\triangle P$) 與血流阻力 (R) 的關係可用**歐姆定律** (Ohm's law) 來說明（圖 11-30）：

$$血流量 (Q) = \frac{血壓 (\triangle P)}{阻力 (R)} \qquad (11\text{-}1)$$

即，血流量與壓力差成正比，而與血流阻力成反比關係。

法國科學家 Poiseuille 提出了血流量計算公式，**Poiseuille 定律** (Poiseuille's law)：

$$Q = \frac{\triangle P(\pi r^4)}{8\eta L} \qquad (11\text{-}2)$$

由上式可知血流量 (Q) 與血管兩端的壓力差 ($\triangle P$) 及血管半徑的 4 次方 (r^4) 成正比，與血管長度 (L) 和血液黏稠度 (η) 成反比。

表 11-13　心輸出量的分布

器 官	血流量 mL/min（百分比）			
	安靜狀態	輕度運動	強運動	最強運動
肝臟和消化道	1,400 (24%)	1,100 (11.5%)	600 (3.4%)	300 (1.2%)
腎臟	1,100 (19%)	900 (9.5%)	600 (3.4%)	250 (1.0%)
腦	750 (13%)	750 (8.0%)	750 (4.3%)	750 (3.0%)
心臟（冠狀循環）	25 (4%)	350 (4.0%)	750 (4.3%)	1000 (4.0%)
骨骼肌	120 (21%)	4,500 (47.0%)	12,500 (71.4%)	22,000 (88.0%)
皮膚	500 (9%)	1,500 (16.0%)	1,900 (10.9%)	600 (2.4%)
其他器官	600 (10%)	400 (4.0%)	400 (2.3%)	100 (0.4%)
全部器官	5,800 (100%)	9,500 (100%)	17,500 (100%)	25,000 (100%)

把公式 11-1 與公式 11-2 進行轉換，成為計算血流阻力的 **Poiseuille-Hagen 公式**：

$$R = \frac{8\eta L}{\pi r^4} \qquad (11\text{-}3)$$

即**血流阻力** (R) 與血管長度 (L) 及血液黏稠度 (η) 成正比，與**血管半徑的四次方** (r⁴) 成反比。當其他條件都相同時，若管徑變為原先的一半，則血流阻力便會增加 $2^4 = 16$ 倍。由此可知，**對血流阻力影響最大的因素為血管管徑**。

二、層流及亂流

血液在血管內流動的方式分為**層流** (laminar flow) 和**亂流** (turbulent flow) 兩類。層流指流體每個質點的流動方向都一致，與血管的長軸平行；但各質點的流速不相同，在血管軸心處流速最快，越靠近管壁，流速越慢。因而設想血管內的血液，由無數層同軸的圓柱面流體構成，在同一層的液體質點流速相同，且流速由軸心向管壁依次遞減（圖 11-31）。圖中箭頭方向指示血流方向，箭頭的長度表示流速，在血管的縱剖面上各箭頭的連線形成一條拋物線，Poiseuille 定律適用於層流。

當血液的流速加快到一定程度後，會發生亂流。亂流會出現在血液中各個質點流動方向不一致時，並出現漩渦，Poiseuille 定律不適用於亂流，亂流的形成條件可用**雷諾數** (Reynolds number, Re) 來判斷，其定義：

$$Re = \frac{VD\rho}{\eta}$$

其中，V 為血液的平均流速，D 代表管腔直徑，ρ 為血液密度，η 為血液黏稠度。當 Re 超過 2,000 時，就發生亂流。從上式可知，在血流速度快，血管管徑大，血液黏稠度低的情況下，易發生亂流。在生理情況下，心室

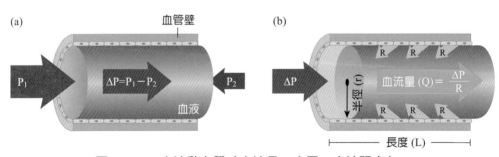

■ **圖 11-30** 血流動力學（血流量、血壓、血流阻力）。

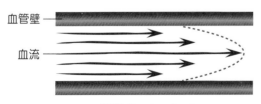

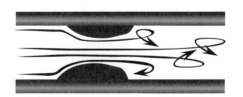

層流 (Laminar flow)　　　亂流 (Turbulent flow)

■ **圖 11-31** 層流及亂流。

腔和主動脈內的血流有出現亂流，其餘血管系統中的血流則屬於層流；病理情況下，如房室瓣狹窄、主動脈瓣狹窄以及動脈導管未閉合等，均可因亂流形成而產生雜音。

三、血流量的影響因素

由 Poiseuille 定律可知，血流量的影響因素包括血管兩端的壓力差、血管半徑、血液黏稠度和血管長度。血流量與血管兩端的壓力差和血管半徑 4 次方成正比，與血液黏稠度和血管長度成反比。

1. **血管兩端的壓力差**：血流量與血管兩端的壓力差成正比。假設把體循環作為從左心室出發到右心房結束的管道，管道起始端（主動脈）與末端（腔靜脈與右心房的連接處）之間有壓力差，使血液得以流經整個體循環系統。平均動脈壓 (mean arterial pressure, MAP) 大約 100 mmHg，右心房壓力約 0 mmHg，故推動血液流動的動力 ($\triangle$P) 大約 100 mmHg。

2. **血管半徑**：血流量與血管半徑4次方成正比。主動脈半徑最大，故血流量多，阻力小；**小動脈半徑最小，阻力最大**，故周邊總阻力主要指小動脈血管阻力，其血流速度最小。在平均動脈壓一定時，**器官的血流量**主要取決於**小動脈**管徑的**收縮或舒張**狀況，當小動脈舒張，半徑增加，阻力下降，血流量增加；小動脈收縮，半徑減小，阻力上升，血流量減少。

3. **血液黏稠度**：血液黏稠度與血流量成反比，與血流阻力成正比。在其他因素恆定的情況下，黏稠度越高，血管阻力越大，血流量越小。影響血液黏稠度的主要因素有：

(1) 血比容 (hematocrit, Hct)：血比容是決定血液黏稠度最重要的因素，男性血比容平均值約為 42%，女性約為 38%，血比容越大，血液黏稠度就越高。

(2) 血流的剪切率 (shear rate)：指相鄰的層流之間血液流速差 (dv) 和層流厚度 (dx) 的比值＝ dv/dx。剪切率也就是圖 11-31 拋物線的斜率，均質液體的黏稠度不隨剪切率的變化而改變，稱為牛頓流體 (Newtonian liquid)，反之，血液的黏稠度隨剪切率的減小而增大，稱為非牛頓流體 (non-Newtonian fluid)。當剪切率較高時，層流現象更為明顯，即紅血球集中在中軸，紅血球移動時發生的旋轉和紅血球間的撞擊都很少發生，故血液黏稠度較低；相反的，當剪切率較低時，紅血球發生聚集，血液黏稠度增高。

(3) 血管管徑：大血管管徑不影響血液黏稠度，但在小動脈管徑小於 0.2~0.3 mm 時，血液的流動只要剪切率夠大，則血液黏稠度隨著血管管徑變小而降低，其原因尚不清楚，但對個體具有明顯的益處，否則血液在小血管流動時，其阻力將會大幅度增高。

(4) 溫度：血液黏稠度隨溫度的降低而升高。人體的體表溫度比核心溫度低，故血液流經體表時黏稠度會升高。

4. **血管長度**：血流量與血管長度成反比，但是正常生理狀況下人體血管長度不會有明顯變化，故其對血流量不會有影響。

四、血流的外在調節

循環系統受自主神經系統及內分泌系統的調控，其屬於外在調節。自主神經包括交感神經、副交感神經；激素包括血管收縮素 II、血管加壓素（又稱抗利尿激素）。

（一）交感神經的調節

大部分交感神經節後神經元末梢釋放正腎上腺素，稱為腎上腺素性纖維 (adrenergic fibers)。正腎上腺素與 α 接受器結合後，可使血管平滑肌收縮；而與 β_2 接受器結合後，可使血管平滑肌舒張。但是，正腎上腺素與 β_2 接受器結合能力較弱，故交感神經興奮時主要引起血管收縮效應 (vasoconstriction)。

交感神經的腎上腺素性纖維幾乎支配所有血管，但其分布密度在不同部位有所不同，以皮膚血管分布最密，骨骼肌和內臟血管次之，冠狀血管和腦血管分布較少。交感神經即使處於平靜狀態，仍然有持續性每分鐘約1~3次的低頻衝動產生，使全身血管平滑肌維持一定的張力，稱為交感性血管收縮張力(sympathetic vasoconstrictor tone)。當處於「戰鬥或逃跑」的緊急狀態時，交感神經活性大大增加，分泌大量的正腎上腺素，作用在消化系統、腎臟及皮膚血管上的α腎上腺素性接受器，使血管收縮，血流量減少。

交感神經支配骨骼肌小動脈，其末梢釋放乙醯膽鹼 (ACh)，故稱為膽鹼性纖維 (cholinergic fibers)，主要引起血管舒張效應 (vasodilation)。交感神經膽鹼性纖維平時沒有緊張性活動，當處於應急狀態和發生防禦反應時才有衝動發出，使骨骼肌血管擴張，血流量增加，此時腎上腺髓質分泌之腎上腺素，也可刺激血管上的 β_2 腎上腺素性接受器，引起骨骼肌血管擴張。

綜合上述可知，人處於攻擊或逃跑狀態時，內臟及皮膚的血管會收縮，使血流減少；而骨骼肌血管擴張，血流增加。表示人體處在緊急狀態下，大量血流量供給骨骼肌應對緊急突發事件，產生對緊急的防禦反應。

（二）副交感神經的調節

副交感神經末梢釋放 ACh，作用於血管平滑肌 M 膽鹼性接受器，使血管舒張。由於分布的限制性，僅對消化道外分泌腺體和外生殖器少數器官，有進行局部血流調節。故副交感神經對循環系統的周邊總阻力影響很小，不參與全身血流調節。

（三）激素對血流的調節

血管收縮素 II (angiotensin II) 直接刺激小動脈平滑肌，使其收縮。抗利尿激素 (antidiuretic hormone, ADH) 在高濃度時，也有促進小動脈收縮的效應，故又稱為血管加壓素 (vasopressin)。不過高濃度的 ADH 才有顯著的血管加壓效應，而在生理濃度狀態的 ADH，其對血管收縮的效應則較不明顯。

五、血流的內在調節

體內各器官的血流量取決於器官組織的代謝活動，代謝活動越強，耗氧量越大，血流量也就越多。故血流調節除了神經和激素調節機制外，還有局部組織內部的調節機制，指器官血流量受到血管管徑阻力的調節，而得以控制。神經、體液和局部機制對血流調節的相互關係，在各個器官血管是不

同的，多數情況下，機制之間有協同作用，但有些情況也可能產生相互對抗的作用。另外，血流量變化範圍在不同器官也有很大的差別，代謝活動變化較大的器官，如骨骼肌、胃腸、肝、皮膚等，其血流量的變化範圍大；反之，腦、腎等器官的血流量則比較穩定，在一定的血壓變化範圍內，其血流量可保持穩定。

實驗證明，若將調節血管活動的外部神經、體液因素都去除，在一定的血壓變動範圍內，器官、組織的血流量可經由局部機制，而得到適當調節，這種調節機制存在於器官組織或血管本身，故也被稱為**自我調節**(autoregulation)。關於器官組織血流量的局部調節機制，一般認為主要有代謝性及肌原性兩類。

（一）代謝性自我調節機制

組織細胞代謝耗氧，並產生各種代謝產物。局部組織中的氧和代謝產物，對該局部組織的血流量具有代謝性自我調節(metabolic autoregulation)作用。當組織代謝活動增強時，局部組織中**氧分壓降低**，多種代謝產物積聚增加，如CO_2、H^+、腺苷、ADP、K^+、乳酸等，其皆可使局部的小動脈和微血管前括約肌舒張（圖11-4）。因此，當組織代謝活動增強（如骨骼肌運動），代謝物質促使小動脈和微血管前括約肌舒張，局部血流量增多，稱為主動性充血(active hyperemia)，此現象可提供組織更多的氧，並帶走代謝產物，這種代謝性局部血管舒張效應，有時作用相當明顯。若同時發生交感性血管收縮增強，該局部組織的血管仍還是處於舒張狀態。

（二）肌原性自我調節機制

許多血管平滑肌經常保持一定的緊張性收縮，稱為肌原性(myogenic)活動。血管平滑肌還有一個特性，當血管壁被牽張時，其肌原性活動（血管緊張性）會被增強，所以，某一器官的血管灌注壓突然升高時，血管壁壓力增大，血管平滑肌受到牽張刺激，於是肌原性活動增強，使局部的小動脈和微血管前括約肌收縮，其結果引起器官血流阻力增大，器官血流量則不因灌注壓升高而增多，目的讓器官血流量可保持相對穩定；當器官血管的灌注壓突然降低時，則發生相反變化，即出現血管舒張，保持血流量穩定。這種肌原性的自我調節現象，在腎血管表現特別明顯，在腦、心、肝、腸繫膜和骨骼肌的血管也能看到，但皮膚血管一般沒有這種表現。

六、血流的旁分泌調節

旁分泌調節 (paracrine regulation) 是指同一器官所分泌的物質，會影響相鄰組織細胞的功能，血管即為旁分泌調節的組織。血管內皮細胞可產生多種血管活性物質，其可影響血管平滑肌的舒張或收縮。

（一）血管內皮細胞產生的血管舒張物質

血管內皮細胞可產生內皮衍生舒張因子(endothelium derived relaxing factor, EDRF)、前列腺環素以及緩激肽等血管舒張物質。

內皮衍生舒張因子 (EDRF) 其化學本質為**一氧化氮** (nitric oxide, NO)。NO 組成物

為 L- 精胺酸，其在內皮細胞受內皮型一氧化氮合成酶 (endothelial nitric oxide synthase, eNOS) 催化下生成 NO。NO 活化可溶性鳥苷酸環化酶 (soluble guanylyl cyclase, sGC)，使 cGMP 濃度升高，降低 Ca^{2+} 濃度，使**血管平滑肌舒張**（圖 11-32）。引起 NO 生成釋放的因素包括：

1. 機械性刺激：血流對血管內皮產生剪力 (shear stress)。
2. 化學物質刺激：P 物質、血清胺、ATP、乙醯膽鹼等刺激生成。
3. 某些血管收縮物質：正腎上腺素、血管加壓素、血管收縮素 II 等。
4. 藥物：硝化甘油 (nitroglycerin) 能促進一氧化氮生成，因而引起血管擴張，尤其可使小動脈和冠狀動脈擴張，緩解心肌缺血，常用於治療心絞痛。

另外，在內皮細胞內，花生四烯酸 (arachidonic acid, AA) 在環氧化酶 (cyclooxygenase, COX) 和前列腺環素合成酶的催化下，合成產生**前列腺環素** (prostacyclin I_2, PGI_2)。PGI_2 可活化腺苷酸環化酶 (Adenylate cyclase, AC)，使 cAMP 增加，cAMP 阻斷 Ca^{2+} 內流，降低 Ca^{2+} 濃度，使血管平滑肌舒張（圖 11-32）。波動性血流對血管內皮產生的剪力，亦可使內皮細胞釋放 PGI_2，引起血管舒張。

血漿中激肽原 (kininogen) 在激肽釋放酶 (kallikrein, KLK) 水解作用下，產生**緩激肽** (bradykinin)。緩激肽具有強烈的血管舒張作用，使血壓下降，降低周邊阻力，從而發揮調節動脈血壓的作用。另亦有增加微血管壁通透性功能。

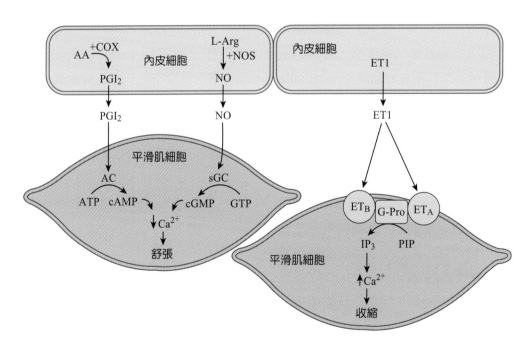

■ 圖 11-32　血管內皮生成的血管活性物質。

（二）內皮細胞產生的血管收縮因子

　　血管內皮細胞除了製造血管舒張物質外，還能生成多種血管收縮物質，稱為**內皮衍生血管收縮因子** (endothelium-derived vasoconstrictor factor, EDCF)。其中，**內皮素** (endothelin, ET) 是迄今最強的血管收縮因子。

　　內皮素是由21個胺基酸組成的多胜肽，在胺基酸結構上形成三種亞型：ET1、ET2和ET3。內皮素以一種旁分泌的方式，活化特定的接受器，再透過不同組織所分布的接受器，引起複雜的生理反應（圖11-32）。內皮素接受器有ET_A和ET_B兩種：

1. ET_A接受器：對 ET1 的親和力比 ET3 大 10 倍。內皮素所致的血管收縮效應，是透過 ET_A 接受器來發揮該作用。

2. ET_B接受器：對三種內皮素亞型，都有相同的親和力。內皮素透過 ET_B 接受器，引起 NO 等釋放，而引起血管舒張效應。

　　內皮素對血液動力學的效應，是由 ET_A 所致的血管收縮和 ET_B 所致的血管舒張共同決定。在正常生理情況下，內皮素可刺激小動脈收縮，而增加周邊總阻力，增加血壓，而這個作用會與其他血管舒張劑共同合作，以幫助維持血壓穩定。

▶ 血壓

一、血壓的形成條件

　　血壓 (blood pressure, BP) 是指血液對血管壁的壓力。血管各段的血壓各不相同（圖11-33），臨床上所說的血壓一般是指動脈血壓。血壓分為：

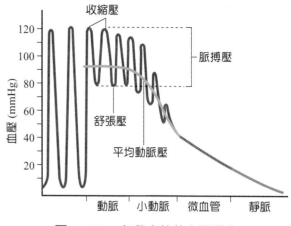

■ **圖 11-33**　各段血管的血壓變化。

1. **收縮壓** (systolic pressure) 指心臟收縮期血液對動脈管壁的最高壓力，正常約為 120 mmHg。

2. **舒張壓** (diastolic pressure) 是指心臟舒張期血液對動脈管壁的最低壓力，正常約為 80 mmHg。

　　通常血壓以「收縮壓／舒張壓」的方式表示，即 120/80 mmHg。收縮壓與舒張壓的差值稱為**脈搏壓** (pulse pressure)，約為 40 mmHg。**舒張壓＋1/3脈搏壓＝平均動脈壓** (mean arterial pressure, MAP)（圖11-33）。

　　動脈血壓形成的條件：

1. 血液充盈在循環系統內：通常採用循環血量與血管容積比值，來衡量血液充盈程度。

2. 心臟射血量和血管**周邊總阻力** (total peripheral resistance, TPR)：即血壓＝心輸出量 × 周邊總阻力。

3. 主動脈和大動脈管壁的彈性：用來緩衝收縮壓及維持舒張壓，使脈搏壓差穩定。

二、動脈血壓的影響因素

血壓 (BP) ＝心輸出量 (CO) × 周邊總阻力 (TPR)，由此公式可知，血壓主要取決於心輸出量及周邊總阻力，而心輸出量等於心搏量 (SV) 與心跳速率 (HR) 的乘積，周邊總阻力則與血液黏稠度 (η)、血管長度 (L) 成正比，與血管管徑 (r) 的四次方成反比，即：

$$心輸出量 \underset{(CO)}{} = 心搏量 \underset{(SV)}{} × 心跳速率 \underset{(HR)}{}$$

$$周邊總阻力 (TPR) = \frac{8ηL}{πr^4}$$

其中，血液黏稠度及血管長度都不易改變，因此影響血壓的因素可表示為：

$$BP \propto \frac{SV × HR}{r^4}$$

影響動脈血壓的因素，可歸納如下述五種，其對收縮壓、舒張壓和脈搏壓的影響因素，整理如表 11-14。

1. **心搏量**(SV)：在其他因素不變的情況下，心搏量增加，意指心縮期射入動脈血量增加。此時，血液對動脈管壁施加的壓力大增，動脈的收縮壓明顯升高，血液加快流向周邊。心舒期末，動脈內部存留的血量，與心搏量增加前相比，並無增加很多，故舒張壓較少升高。心搏量增加引起動脈血壓升高的主要表現有：收縮壓明顯升高，舒張壓升高不多，所以脈搏壓增大；反之，心搏量減少，收縮壓降低，脈搏壓減小。在一般情況下，收縮壓的高低主要反映心搏量的增減，由於心搏量等於心室舒張末期容積(EDV)與收縮末期容積(ESV)之差，因此，當靜脈回血量和心肌收縮能力增加時，心搏量則增加；反之，心搏量則減少。

2. **心跳速率**(HR)：在心搏量和周邊總阻力不變，心跳速率加快時，心舒期縮短，血液流向周邊血管的血量減少，心舒期末存留在主動脈內血量增加，升高舒張壓。故心跳速率加快，引起動脈血壓升高的主要表現有：舒張壓明顯升高，收縮壓升高不多，脈搏壓減小；反之，心跳速率減慢時，舒張壓降低，脈搏壓增大。

3. **周邊總阻力**：如果心輸出量不變，而周邊總阻力加大時，心舒期血液流向周邊的速度明顯減慢，則心舒張末期存留在主動脈

血壓變化＼影響因素	收縮壓	舒張壓	脈搏壓	主要作用
心搏量↑	↑↑	↑	↑	收縮壓
心跳速率↑	↑	↑↑	↓	舒張壓
周邊總阻力↑	↑	↑↑	↓	舒張壓
單純大動脈彈性↓	↑	↓	↑↑	脈搏壓
循環血量↓或失血	↓	↓	↓	－

表 11-14 影響動脈血壓的因素

註：增加↑；明顯增加↑↑。

的血量明顯增加，升高舒張壓。心縮期，由於動脈血壓升高（後負荷增加），使動脈內增多的血量相對較少，收縮壓升高不如舒張壓明顯。故周邊總阻力增加，引起動脈血壓升高的主要表現有：舒張壓顯著升高，收縮壓升高不多，脈搏壓減小；反之，當周邊總阻力減小時，舒張壓明顯降低，脈搏壓加大。通常，舒張壓的高低主

要反映周邊總阻力的大小。**周邊總阻力主要由血管管徑決定**，例如原發性高血壓，因小動脈持續收縮和動脈粥狀硬化，引起周邊總阻力增加。

4. **大動脈彈性**〔順應性 (compliance)〕：大動脈管壁彈性具有緩衝血壓波動幅度的作用，緩衝心縮期的收縮壓不致於過高，心舒期的舒張壓不致過低。當大動脈管壁變

臨·床·焦·點　　　　　　　　　　　　Clinical Focus

血壓的測量

　　通常採用血壓計測量肱動脈的方法（圖 11-34），水銀柱血壓計的組成包括壓脈帶 (cuff)、充氣橡皮球、水銀柱壓力計以及橡皮導管連接。測量血壓時，將壓脈帶繞住上臂，聽診器置於肘窩肱動脈處，監聽動脈搏動聲音。

　　測量血壓初始，壓脈帶內充氣加壓，當壓脈帶氣囊壓力超過動脈收縮壓時，動脈管壁完全閉陷，並阻止心動週期各期血流，當逐漸放氣時，氣囊壓力漸漸下降，降至和動脈收縮壓相等時，心臟射出的血液，僅在動脈血壓最大時血流可流過肱動脈，並產生亂流引起血管壁振動，此時，放在壓脈帶下方的聽診器，可聽到亂流引起的拍

擊聲，**第一個拍擊聲**出現時的水銀數值，即為**動脈收縮壓**。

　　隨著氣囊壓力逐漸下降，每次心臟收縮會有更多的血液流過肱動脈，拍擊聲會變為較響亮的重擊聲。隨著氣囊壓力繼續下降，當氣囊壓力降至低於動脈舒張時，肱動脈恢復原狀，在心動週期的任何階段肱動脈都不會被閉陷，則通過肱動脈的血流轉為層流，而不會引起血管壁振動。因此，聽診器聽不到聲音，表現為**聲音變弱或消失**，此時對應的水銀數值為**動脈舒張壓**。收縮壓反映左心室收縮力，舒張壓反映血管的阻力。兩者之差為脈搏壓。

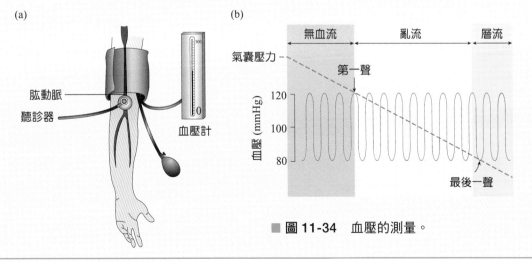

圖 11-34　血壓的測量。

硬時，其緩衝作用減弱，血壓升高，其中收縮壓會升高，但舒張壓降低，脈搏壓明顯增大。

5. **循環血量（血液容積）的比例**：當血管系統容積不變，血量減小時（例如失血），則體循環平均血壓下降，動脈血壓下降。或者血量不變，但血管系統容積加大時，動脈血壓也將下降。

三、短期血壓的調控

指血壓突然出現變化時，人體生理機能透過反射性調節，在幾秒鐘內穩定血壓的過程。參與短期血壓調節的反射包括壓力感受器反射 (baroreceptor reflex)、化學感受器反射 (chemoreceptor reflex) 和右心房反射 (right heart atrial reflex) 等。

（一）壓力感受器反射

壓力感受器位於**頸動脈竇**及**主動脈弓**上，是一種牽張感受器，當血壓增加時，血管壁受拉扯而刺激壓力感受器放電增加，調節血壓下降至正常，稱為壓力感受器反射或降壓反射 (depressor reflex)（表 11-15）。反之，當血壓降低時，壓力感受器放電減少，促使血壓回升，稱為降壓反射減弱。

⊙ 動脈壓力感受器

頸動脈竇、主動脈弓是動脈壓力感受器 (arterial baroreceptor) 最重要的部位（圖11-35）。頸動脈竇位在頸內、頸外動脈分叉處之上，偏近頸內動脈略擴大的血管壁外膜下，結構為橢圓形膨大的感覺神經末梢。主動脈弓分布在主動脈弓及鎖骨下動脈管壁的外膜及中膜內，結構與頸動脈竇類似。

當動脈血壓升高時，動脈管壁受牽張的程度增大，動脈壓力感受器發放的神經衝動隨之增多。在一定範圍內，動脈壓力感受器傳入神經衝動的頻率與動脈血壓成正相關（圖 11-36），從圖中可看出，動脈血壓小於 60 mmHg 時，竇神經 (sinus nerve) 沒有衝動發出，當血壓超出 60 mmHg 時，竇神經放電衝動增加，當動脈血壓在 180 mmHg 時達到飽和狀態。當正常頸動脈竇內壓為 100 mmHg 時最為敏感，也是生理血壓所處的正常範圍。

頸動脈竇的傳入神經組成為頸動脈竇神經，竇神經加入舌咽神經（第IX對腦神經），進入延腦。主動脈弓的傳入神經為主動脈神經，其加入迷走神經（第X對腦神經），進入延腦。壓力訊息傳入到達延腦後，抑制血管運動控制中樞(vasomotor control center)的神經元，**減弱交感神經活性**。

表 11-15　壓力感受器反射

血壓	壓力感受器	傳入神經		心血管中樞	傳出神經	動作器	對血壓的作用
突然增高	頸動脈竇 (+) 主動脈弓 (+)	舌咽 N (+) 迷走 N (+)	延腦	心迷走中樞 (+) 心交感中樞 (-) 血管收縮中樞 (-)	心迷走神經 (+) 心交感神經 (-) 交感性血管收縮神經 (-)	心臟 (-) 心臟 (-) 血管舒張	→心輸出量↓→血壓↓ →心輸出量↓→血壓↓ →周邊總阻力↓→血壓↓

註：(＋) 興奮；(－) 抑制。

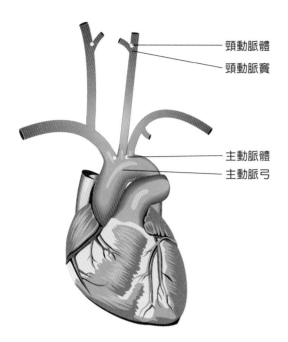

■ **圖 11-35** 動脈壓力與化學感受器。

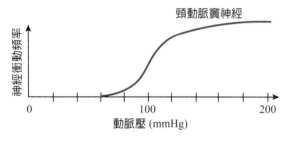

■ **圖 11-36** 平均血壓與竇神經放電頻率的關係。

⊙ 傳出神經和反射效應

　　傳出神經為交感性血管收縮纖維支配血管，心交感神經和心迷走神經支配心臟（圖11-37）。動脈血壓升高時，頸動脈竇和主動脈弓傳入神經衝動增加，透過延腦中樞機制，促使心迷走中樞活性加強，心交感中樞活動和交感性血管收縮中樞活性減弱，其總效應為**心跳速率減慢**，心輸出量減少，血管擴張，周邊阻力降低，促使動脈血壓降低至正常。

　　反之，當動脈血壓降低時，壓力感受器傳入衝動減少，使延腦心迷走中樞活化心迷走神經減弱，心交感中樞和交感性血管收縮中樞活化交感神經增強，產生**心跳速率加快**，心輸出量增加，周邊阻力增高，血壓回升至正常。顯示壓力感受器反射具有雙向調節效應，且快速調節動脈血壓保持穩定。

⊙ 壓力感受器反射的生理意義

　　當心輸出量、周邊阻力和血流量等因素突然發生變化時，透過壓力感受器反射的快速調節機制，可緩衝動脈血壓升降的驟然變化，維持動脈血壓的相對穩定性，其作用屬於負迴饋調節機制，具有重要的生理意義。

　　例如體位變化的血壓調節，當人體從臥位突然站立時，由於重力的關係，頭部和上半身的血壓會突然下降，血壓明顯下降時，會引起昏厥。由於血壓下降，壓力感受器反射減弱，使心血管交感神經中樞活性加強，心迷走中樞活性減弱，引起血管收縮，心跳速率加快，心輸出量增加，使血壓回升到正常水準（圖11-38），預防因為血壓不穩而出現身體損傷。

（二）化學感受器反射

　　動脈化學感受器(arterial chemoreceptor)包括頸動脈體和主動脈體，其為周邊化學感受器。頸動脈體位於內、外頸動脈分叉處，主動脈體位於主動脈弓下方（圖11-35）。當體內缺氧、**CO_2分壓過高**、H^+濃度過高時，均可刺激動脈化學感受器活化，產生衝動傳入延腦中樞，主要興奮呼吸中樞，引起呼吸加深加快；同時，也興奮心血管中樞（圖

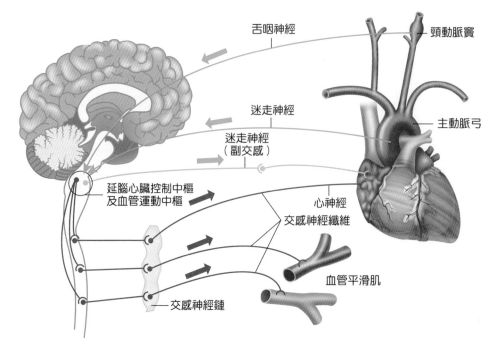

■ 圖 11-37　傳出神經和反射效應。

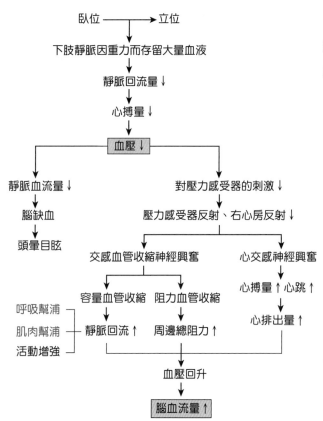

■ 圖 11-38　體位變化的血壓調節。

11-39），使心肌收縮力、心跳速率和血管收縮（周邊阻力）增加，引起血壓升高。化學感受器反射的主要特點：

(1) 周邊化學感受器對動脈血氧分壓下降敏感，但對血氧含量降低不敏感，因此，慢性貧血和一氧化碳中毒雖然血氧含量降低，但氧分壓沒有明顯降低，故不會經由化學感受器反射，來引起呼吸增加和血壓升高。

(2) 正常情況下，化學感受器反射主要調節呼吸運動，不參與血壓調節。只有在人體嚴重缺氧、窒息、**血容量不足（大失血）**、動脈血壓過低和酸中毒等情況下，才對心血管活動發揮明顯調節作用，**提高心輸出量和動脈血壓**，使血液重新分配，確保心、腦等重要器官的血液供應。反射過程如表 11-16 所示。

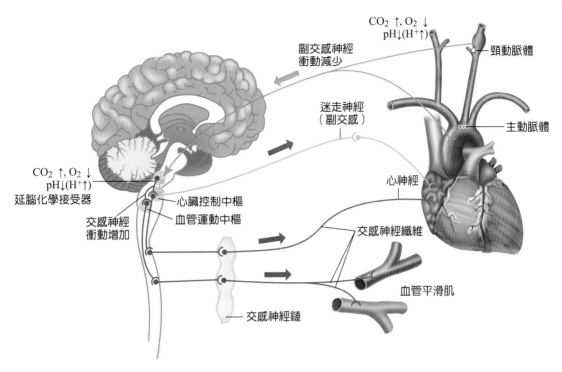

CO₂ ↑, O₂ ↓
pH↓(H⁺↑)
副交感神經
衝動減少
頸動脈體
迷走神經
（副交感）
主動脈體
CO₂ ↑, O₂ ↓
pH↓(H⁺↑)
延腦化學接受器
心臟控制中樞
血管運動中樞
心神經
交感神經
衝動增加
交感神經纖維
血管平滑肌
交感神經鏈

■ **圖 11-39** 化學感受器反射。

■ **表 11-16** 化學感受器反射

血液	化學感受器	傳入神經	中樞		傳出神經	效應
PO₂ ↓ PCO₂ ↑ H⁺ ↑	頸動脈體 主動脈體	竇神經 迷走神經	心血管中樞	心迷走中樞 (-) 心交感中樞 (+) 血管收縮中樞 (+)	→心迷走神經 (-) →心交感神經 (+) →交感性血管收縮神經 (+)	→心跳速率↑→血壓↑ →心輸出量↑→血壓↑ →周邊總阻力↑→血壓↑
			呼吸中樞 (+)		→迷走神經	→呼吸加深加快

(3) 化學感受器反射與壓力感受器反射的比較如表 11-17。

（三）右心房反射

在心房和肺血管中存有**心肺感受器** (cardiopulmonary receptor)。當血容量增多時，促使靜脈回心血量增大，啟動心肺感受器，經迷走神經傳入延腦中樞，再由交感神經傳出至心臟，使心跳速率加快，心肌收縮力加強，稱為 **Bainbridge 反射** (Bainbridge reflex)，此反射具有防止血液淤積在靜脈、心房和肺循環內的作用。

在回心血量增大情況下，心房容積擴張刺激心房肌細胞釋放**心房鈉尿胜肽** (atrial natriuretic peptide, ANP) 增多，引起腎血管舒張，增加腎絲球過濾率 (GFR)，促進腎小

表 11-17　壓力感受器反射與化學感受器反射的比較

比較項目	壓力感受器反射	化學感受器反射
感受刺激	血壓搏動性變化比非搏動性變化更敏感	缺 O_2、$CO_2 \uparrow$、$H^+ \uparrow$
感受器	頸動脈竇、主動脈弓壓力感受器	頸動脈體、主動脈體化學感受器
中樞作用	心迷走中樞緊張性增強 心交感中樞緊張性減弱 交感性血管收縮中樞緊張性減弱	心迷走中樞緊張性減弱 心交感中樞緊張性增強 交感性血管收縮中樞緊張性增強 呼吸中樞緊張性增強
總合作用	血壓↓	呼吸↑、血壓↑
特性	平時經常發生作用（當血壓在 60~180 mmHg 時），頸動脈竇比主動脈弓更敏感，屬負迴饋機制	平時不發生調節作用，在缺氧、$CO_2 \uparrow$、酸中毒或嚴重失血時發生作用
生理意義	經常監視血壓波動，對維持正常血壓的相對穩定有重要作用	以緩濟急（首先確保心腦血液供應）的調節反應

管排鈉、排水，導致尿液排泄增多，降低血液容積，並抑制 ADH 分泌，使遠曲小管和集尿管對水的再吸收減少，導致尿量增多，降低循環血量。ANP 還可抑制腎素 (renin) 釋放，使**腎素－血管收縮素－醛固酮系統** (renin-angiotensin-aldosterone system, RAA system) 活性受抑制，腎小管對鈉及水的再吸收減少，尿液排出增多，有利於細胞外液量的排除。反之，則尿量減少，血容量增加。反射過程如圖 11-40 所示。

在控制心跳速率方面，壓力感受器反射與 Bainbridge 反射是相對抗關係。當血壓升高時，壓力感受器反射降低心跳速率，促使血壓調降；而當血容量增加時，以 Bainbridge 反射為主，使心跳速率加快，防止血液淤積在心房；但當血容量降低時，以壓力感受器反射為主，增加心跳速率，促使血壓回升。

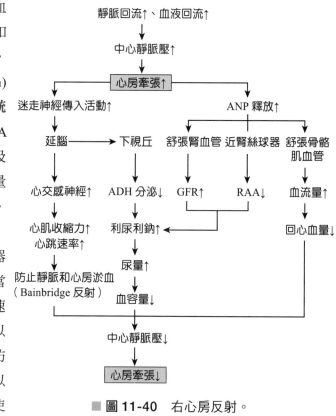

■ 圖 11-40　右心房反射。

四、長期血壓的調節

血壓的長期調節是透過腎素－血管收縮素－醛固酮系統 (RAA system)、抗利尿激素 (ADH) 和心房鈉尿胜肽 (ANP) 等體液調節機制完成。

（一）腎素－血管收縮素－醛固酮系統

正常情況下，此系統經由血管收縮效應，直接對動脈血壓進行調節，以及經由醛固酮分泌使鈉和體液量保持平衡，使循環血量和血壓相對穩定。

當全身血壓下降或血量減少時，腎臟的入球小動脈壓力降低，其血管壁上的壓力感受器（近腎絲球細胞）牽張減弱，使腎素分泌增加；當腎絲球過濾率減少，過濾Na^+降低，可啟動遠曲小管緻密斑化學感受器，使近腎絲球細胞分泌腎素。腎素作用於血漿內的**血管收縮素原**(angiotensinogen)，產生**血管收縮素I** (angiotensin I)，其流經肺臟時，在血管收縮素轉換酶(angiotensin-converting enzyme, ACE)的催化下，生成具有更強活性的**血管收縮素II** (angiotensin II)。血管收縮素II的作用為小動脈血管收縮，以及促進腎上腺皮質合成和分泌**醛固酮**(aldosterone)。醛固酮可促進腎遠曲小管和集尿管再吸收Na^+，其透過Na^+-K^+交換，產生排K^+留Na^+的作用，隨著Na^+再吸收，同時Cl^-和水再吸收也隨之增加，使循環血容量增加，血壓升高（圖11-41）。

（二）抗利尿激素

抗利尿激素在下視丘的視上核 (supraoptic nucleus) 和室旁核 (paraventricular nucleus) 合成和分泌，經下視丘－垂體徑 (hypothalamic-hypophyseal tract) 傳送至腦下腺後葉儲存（圖 11-42）。當體內血漿滲透壓升高，循環血量減少，血壓降低時，刺激下視丘的滲透壓感受器（口渴中樞），使 ADH 從腦下腺後葉釋放出來；反之，當循環血量增加時，則會抑制 ADH 分泌。

ADH 啟動 G 蛋白偶聯的 V_1 和 V_2 接受器，發揮其作用。V_1 和 V_2 分別存在於血管平滑肌和腎小管。ADH 與腎臟遠曲小管和集尿管上皮細胞膜上 V_2 接受器結合，透過 cAMP 與蛋白激酶系統，使腎小管腔膜蛋白

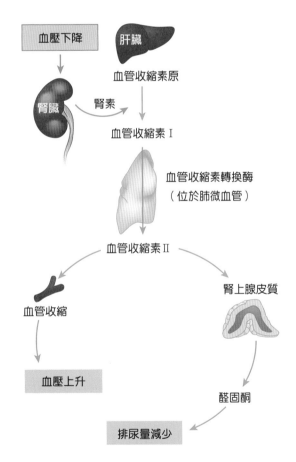

■ **圖 11-41** 腎素－血管收縮素－醛固酮系統 (RAA system)。

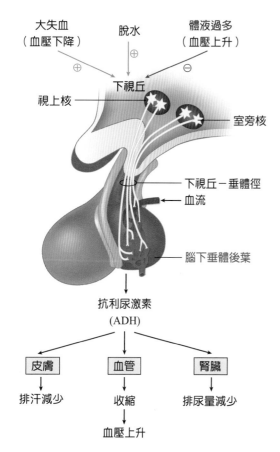

■ 圖 11-42　抗利尿激素的合成與儲存部位。

知識小補帖　Knowledge+

　　高血壓 (hypertension) 是指收縮壓 ≥ 130 mmHg 和（或）舒張壓 ≥ 80 mmHg（臺灣高血壓學會，2022）。根據血壓升高程度，將高血壓分成 1~2 期（表 11-18）。高血壓可分為原發性 (primary) 和繼發性 (secondary)，前者原因不明，可能與遺傳、高血脂、高鹽飲食、肥胖、吸菸、飲酒有關；後者是指由某些確定的疾病或病因引起的高血壓。常見因素有抗利尿激素、腎素、醛固酮、腎上腺素、促腎上腺皮質激素 (ACTH) 分泌過多所造成。

　　高血壓的治療通常以飲食控制，如限制食鹽、脂肪及膽固醇的攝入量，並配合降血壓藥物，包括利尿劑、β 接受器阻斷劑、Ca^{2+} 通道阻斷劑、血管收縮素轉換酶抑制劑、血管收縮素 II 接受器阻滯劑等。

磷酸化，增加腎小管對水的通透性，促進水的再吸收，引起尿量減少，產生抗利尿作用 (antidiuresis)（詳見第 15 章）。ADH 與血管平滑肌 V_1 接受器結合，透過 Ca^{2+} 動員，引起大部分血管收縮，造成血壓升高，產生血管升壓作用 (vasopressor effect)。但 ADH 與 V_1 接受器親和力低，所以在正常生理情況下，ADH 主要是抗利尿作用；但在禁水和失血等情況下，ADH 濃度明顯上升，則對血管收縮作用明顯增加，ADH 才有維持動脈血壓穩定的重要作用。

（三）心房鈉尿胜肽對血壓的調節

　　心房鈉尿胜肽 (ANP) 是由心房肌細胞所合成及分泌的多胜肽激素，其接受器是細胞膜上的一種鳥苷酸環化酶。當心房壁受牽扯時（如血量過多、頭低腳高位、中心靜脈壓升高和身體浸入水中），可刺激 ANP 分泌，其主要生理作用如下（圖 11-43）：

1. 降低血壓：ANP 具有舒張血管平滑肌，降低周邊血管總阻力；減少心搏量，使心輸出量減少，降低血壓作用。

2. 利鈉、利尿及減少循環血量作用：ANP 作用於腎臟，經由第二傳訊物質 cGMP，使血管平滑肌細胞質 Ca^{2+} 濃度下降，舒張入球小動脈，增強腎絲球過濾率；同時透過 cGMP 使集尿管上皮細胞管腔膜上的 Na^+

通道關閉，抑制 Na⁺、Cl⁻、水的再吸收，使腎臟排水和排 Na⁺ 增多，導致體內細胞外液量減少，循環血量減少。

3. ANP 抑制腎素、醛固酮和 ADH 的分泌。

4. ANP 還有對抗 RAA 系統、內皮素和交感神經的血管收縮作用。

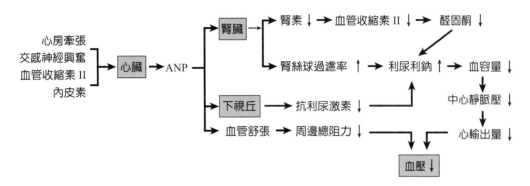

■ **圖 11-43** ANP 降血壓機制。

心衰竭 (Heart Failure)

　　心衰竭是指心臟結構或功能性疾病，導致心肌收縮力下降，心臟不能排出足夠的血液來滿足組織代謝需要，以致於周圍組織血液灌注不足，出現肺循環或體循環積血，臨床主要表現有呼吸困難、無力和水腫。

　　按發病部位和臨床表現，常分為左心衰竭、右心衰竭和全心衰竭。左心衰竭指左心室代償功能不全而發生的心衰竭，臨床上常見於高血壓、主動脈瓣狹窄、肥厚性梗阻性心肌病等引起，以肺循環積血為特徵；右心衰竭常見於肺心病、肺動脈高壓、肺動脈瓣狹窄等，以體循環積血為特徵。左心衰竭後，肺動脈壓力增高，使右心負荷加重，長時間後亦會出現右心衰竭，即為全心衰竭。心肌炎、心肌病病人有可能出現全心衰竭。

　　按疾病的急緩，分為急性和慢性心衰竭。急性心衰竭臨床上以急性左心衰竭最常見，表現為急性肺水腫或心源性休克；慢性心衰竭是緩慢的發展過程，一般有代償性心臟擴大或肥厚及其他代償機制參與。

　　按發病機制，分為收縮性心衰竭和舒張性心衰竭。收縮性心衰竭的特點是心臟增大，心室收縮末期容積增加和射血率(ejection fraction)下降，為臨床常見的心衰竭；舒張性心衰竭是由於心室鬆弛性降低，僵硬度增加，使心室舒張期充血受限，心室舒張末期壓力升高和心搏量減少，心肌常顯著肥厚，但心臟大小正常、射血率無明顯減少，病人心衰竭症狀也不太明顯，可見於高血壓、冠心病的某一階段，嚴重者見於原發性限制型心肌病、原發性梗阻性肥厚型心肌病。通常舒張性心衰竭發生在先，進而發展為收縮功能障礙。

11-4 血液容積
Blood Volume

組織液來源為微血管動脈端過濾出來的液體，大部分組織液從微血管靜脈端再吸收、小部分進入微淋巴管形成淋巴液。腎臟藉由前列腺素及腎素（啟動 RAA system）的分泌，對體內的水和鹽進行代謝性調節，進而影響血液容積的變化。

體液占正常成人體重的60%，其中2/3分布在細胞內，稱為細胞內液(intracellular fluid)，另1/3分布在細胞外，稱為細胞外液(extracellular fluid)，包括組織液、血漿、淋巴液、腦脊髓液等，其中約80%的細胞外液存在於組織中，稱為組織液(tissue fluid)或組織間液(interstitial fluid)。組織液是血漿從微血管壁過濾後形成，除蛋白質含量較少外，其他成分與血漿相同。正常情況下，組織液和血漿的分布量處於動態平衡狀態，其受到血漿溶質濃度、血壓以及組織液溶質濃度的調控，來共同維持其分布量的平衡狀態。

表 11-18 血壓的定義和分類

類別	收縮壓 (mmHg)		舒張壓 (mmHg)
正常血壓	< 120	且	< 80
高血壓前期	120~129	且	< 80
第一期高血壓	130~139	或	80~88
第二期高血壓	> 140	或	> 90

資料來源：臺灣高血壓學會 (2022)．*高血壓定義標準*。https://www.ths.org.tw/

血液容積是屬於細胞外液的一部分。細胞內液和細胞外液的容積總量，是處於相對恆定狀態，這對維持正常體液分布是必要的，同時亦藉此調節血液容積、血流量和心輸出量。

▶ 腎臟對血量的調節

腎臟對血量的調節作用，特徵是作用較緩慢。當血壓和循環血量增加時，腎臟透過水和鹽代謝及其所分泌的前列腺素、腎素（啟動 RAA system）對血量和血壓進行調節，其屬於長效調節機制。

1. 透過水和鹽代謝調節：腎臟是水和鹽代謝調節的重要器官，當人體循環血量和心輸出量增加時，血壓升高，腎臟對水和鹽的排出量隨之增加，尿量增多，使人體的血容量和心輸出量減少，血壓降低；反之，亦然。

2. 前列腺素的調節：主要由腎髓質和集尿管分泌前列腺素，其主要生理作用為舒張血管、降低周邊血管總阻力，以及抑制近曲小管對鈉、水的再吸收，減少血容量，使動脈血壓降低。當高血壓時，前列腺素可使腎皮質血管擴張，增加血流，而腎髓質血流減少，出現血液重新分配，對抗血管收縮的影響，增加鈉和水的排泄，促使血壓下降。腎性高血壓病人循環血液中前列腺素減少，可能是其發病原因之一。

3. 腎素－血管收縮素－醛固酮系統 (RAA system) 的調節：參見圖 11-41。

▶ 微血管及組織間的體液交換

一、組織液生成

　　微血管的主要功能是進行物質交換。血液中的物質藉由擴散作用進入組織間，組織液及組織細胞產生的代謝產物，亦藉由擴散作用進入微血管。微血管與組織間隙進行物質交換的動力，可分為靜水壓 (hydrostatic pressure) 和滲透壓 (osmotic pressure) 兩種。

1. 在微血管內：

(1) **微血管靜水壓** (hydrostatic pressure in the capillary, P_c)：其與血壓、血量成正比，為推動水分子向微血管外移動的力量。

(2) **血漿膠體滲透壓** (colliod osmotic pressure of plasma, π_p)：其與血液的蛋白質濃度成正比，吸引水分子向微血管內移動的力量。

2. 在組織間隙內：

(1) **組織間液靜水壓** (hydrostatic pressure of interstitial fluid, P_i)：其與組織間液的壓力、液體量成正比，使水分子向微血管內移動的力量。

(2) **組織間液膠體滲透壓** (colliod osmotic pressure of interstitial fluid, π_i)：其與組織間液的蛋白質濃度成正比，使水分子向微血管外移動的力量。

　　以上四種壓力的總和，決定體液淨擴散的方向，稱為**有效過濾壓** (net filtration pressure, NFP)。

$$有效過濾壓 = P_c + \pi_i - P_i - \pi_p$$

　　例如圖 11-44(a) 中所示，微血管與組織間隙物質的交換動力分別為：

1. 微血管靜水壓 (P_c)：向血管外，動脈端為 37 mmHg；靜脈端為 17 mmHg。

2. 血漿膠體滲透壓 (π_p)：向血管內，與血漿蛋白質濃度成正比，25 mmHg。

3. 組織間液靜水壓 (P_i)：向血管內，1 mmHg。

4. 組織間液膠體滲透壓 (π_i)：向血管外，與組織間液的蛋白質濃度成正比，0 mmHg。

在微血管動脈端：
$$
\begin{aligned}
有效過濾壓 &= P_c + \pi_i - P_i - \pi_p \\
&= 37 + 0 - 1 - 25 \\
&= +11 \text{ mmHg} \\
&\quad （表示動脈端濾過）
\end{aligned}
$$

在微血管靜脈端：
$$
\begin{aligned}
有效過濾壓 &= P_c + \pi_i - P_i - \pi_p \\
&= 17 + 0 - 1 - 25 \\
&= -9 \text{ mmHg} \\
&\quad （表示靜脈端吸收）
\end{aligned}
$$

　　因此，微血管物質交換過程中，血液中水分在動脈端濾出進入組織間隙，在靜脈端則被再吸收回微血管中（圖 11-44b）。

二、組織液生成的影響因素

　　在正常情況下，組織液不斷生成，又不斷被再吸收，保持著動態平衡狀態，故血量和組織液體量可維持相對穩定。如果此種動態平衡遭到破壞，使組織液生成過多或再吸收減少，均可造成組織間隙中有過多的液體滯留，形成組織**水腫** (edema)。凡是影響有

(a)

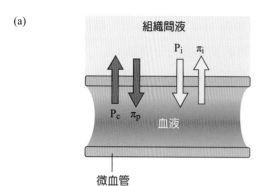

(b)

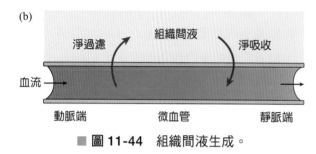

圖 11-44 組織間液生成。

表 11-19 組織液增多的影響因素

原因	實例
1. 微血管血壓↑	靜脈回流受阻
2. 組織液膠體滲透壓↑	病理性微血管通透性上升，部分血漿蛋白過濾進入組織液
3. 血漿膠體滲透壓↓	低蛋白血症
4. 淋巴回流受阻	絲蟲病導致淋巴管阻塞引起的象皮腿；乳腺癌阻塞淋巴管
5. 微血管通透性↑	炎症、過敏反應

效過濾壓和微血管通透性的因素，都可影響組織液的生成和回流（表 11-19）。

1. 微血管血壓升高：當**微血管血壓升高**時，組織液生成增多。例如，小動脈擴張時，進入微血管內的血量增多，微血管靜水壓(P_c)升高，使組織液生成增多，在局部炎症就可出現這種情況，而產生局部水腫。右心衰竭時，靜脈回流受阻，微血管靜水壓升高，引起組織水腫。

2. 血漿膠體滲透壓(π_p)降低：血漿膠體滲透壓降低，可使有效過濾壓升高，組織液生成增多，而引起組織水腫。例如，某些腎臟疾病，由於大量血漿蛋白隨尿排出體外或蛋白質性營養不良，以及肝臟疾病，導致蛋白質合成減少，均可使**血漿蛋白濃度**降低，血漿膠體滲透壓下降，有效過濾壓增加，使組織液生成增多，出現水腫。

3. 淋巴液回流受阻：由於小部分組織液，經淋巴管回流進入血液。如果淋巴管**回流受阻**，則引起組織液滯留而出現水腫，在絲蟲病 (filariasis) 或腫瘤壓迫時，即可能出現這種情況。

4. 微血管通透性增加：正常微血管壁不能過濾血漿蛋白，而在通透性增高時，則可能濾出。在燒傷、過敏反應時，由於局部組織胺等物質大量釋放，**血管壁通透性增高**，致使部分血漿蛋白濾出，使組織液膠體滲透壓升高，有效過濾壓升高，組織液生成增多，回流減少，引起水腫。

11-5 循環路徑

The Route of Blood Circulation

人體的血液循環路徑（圖 11-45），動脈血液自左心室射入主動脈，經過各級動脈至各器官微血管進行物質交換，物質交換後變成靜脈血，經各級靜脈至上下腔靜脈，返回右心房；靜脈血從右心房到右心室，射入肺動脈，在肺部微血管進行氣體交換，使缺氧血變成**充氧血**，經**肺靜脈**返回左心房，再回到左心室。完成一次血液循環過程，即：

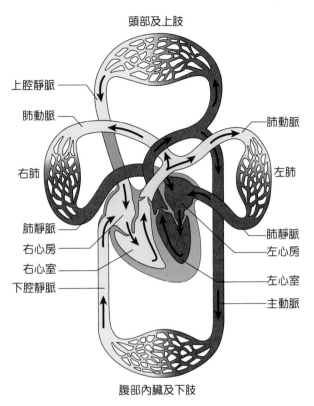

頭部及上肢

上腔靜脈
肺動脈　　　　　　　　　　肺動脈

右肺　　　　　　　　　　　左肺

肺靜脈　　　　　　　　　　肺靜脈
右心房　　　　　　　　　　左心房
右心室　　　　　　　　　　左心室
下腔靜脈
　　　　　　　　　　　　　主動脈

腹部內臟及下肢

■ 圖 11-45　血液循環路徑。

左心室→主動脈瓣→主動脈→各級動脈
→各器官微血管（物質交換）→（物質交換
後變成缺氧血的靜脈血）→各級靜脈→上、
下腔靜脈→**右心房**→三尖瓣→右心室→肺動
脈瓣→肺動脈→肺部微血管（氣體交換）→
（氣體交換後變成充氧血）→肺靜脈→**左心
房**→二尖瓣→**左心室**

　　其中，血液從左心室開始到右心房的過
程稱為體循環；從右心室開始到左心房的過
程稱為肺循環。

▶ 體循環

　　體循環 (systemic circulation) 是指血液
由左心室流經全身各器官返回右心房的過
程。體循環主要特點是路程長，流經範圍廣

泛，以動脈血滋養全身各部，並將其代謝產
物經靜脈運回心臟。

一、皮膚的血流分布及調節

　　皮膚覆蓋於體表，保護身體內部環境，
同時防止細菌入侵，是保護人體的第一道防
線。皮膚血液循環主要功能是確保體溫穩
定，所以其與人體其他組織不同處，皮膚血
流量變化很大，其目的是維持體內溫度恆定
所需要。

　　溫度調節機制是由小動脈和動靜脈吻合
支，以不同程度的收縮或舒張來完成。動靜
脈吻合支主要分布於耳朵、鼻子、嘴唇、手
掌、腳趾、腳底等部位，將血液直接從小動
脈輸送到小靜脈和靜脈叢，一般小動脈和動
靜脈吻合支兩者都是由交感神經纖維支配，
身體部分的皮膚血管受到中樞神經的高級中
樞控制，在情緒狀態可透過延腦中樞而影響
交感神經的活性，進而影響皮膚的血流。例
如在恐懼反應時，人會發生臉色蒼白和冷汗
的現象，這是由於臉部交感神經受抑制，導
致皮膚血管收縮和汗腺活化所致。

　　環境溫度是影響皮膚血流調節的重要因
素之一。當遭遇較低環境溫度時，交感神經
刺激皮膚血管收縮，皮膚的血流量降低，皮
膚呈現蒼白減少熱量從身體散失。因此長期
受寒冷刺激時，皮膚的血流量極度降低，造
成組織死亡，稱為**凍瘡** (frostbite)。

　　若直接施加熱於皮膚，不僅導致局部血
管阻力、血管容量和動靜脈吻合支的舒張，
還反射性導致身體其他部位的血管舒張。當
環境溫度暖和時，交感神經活性降低，皮膚
的小動脈將會舒張，若環境溫度繼續高於體

溫，其他區域的皮膚小動脈也將舒張，皮膚呈現紅潤以利於熱量的散出。若皮膚血流增加，不足以降低身體溫度，就會刺激汗腺分泌，汗液蒸發可幫助身體降溫；同時，汗腺也會分泌緩激肽，增加流向皮膚和汗腺的血流量，促進更多量的汗液分泌。

二、骨骼肌的血流分布及調節

當骨骼肌收縮時，會產生很多代謝活動的終產物，這些代謝物質能擴張血管，降低血管阻力，從而發揮調節骨骼肌血流量的作用。因此，骨骼肌的血流量與肌肉活動狀態有關。

在靜止狀態下的骨骼肌，其小動脈會發生不同步的間歇性收縮和舒張，產生較高的血管阻力，進而產生一種低速的血流，由於肌肉有較大的質量。因此，在安靜狀態下，骨骼肌仍占身體全部血流量的20~25%。此外，骨骼肌血管有膽鹼性交感神經纖維支配，可刺激血管舒張，故在準備運動時可調節骨骼肌血管活動。

當運動時，血管舒張阻力降低，使得骨骼肌血流量增加數倍，其機制從神經調節轉為代謝性調節；運動期間，骨骼肌的高代謝率會引起局部的變化，例如CO_2濃度增加、pH值降低、氧氣降低、細胞外K^+增加以及腺苷分泌，這些物質可引起骨骼肌小動脈血管舒張，進而降低血管阻力，並增加肌肉血流速率，同時促使微血管前括約肌開啟，讓更多的微血管擴張。因此，在最劇烈運動時，骨骼肌的血流量約為身體全部的88%之多（表11-13），劇烈運動的血流量約增加為安靜狀態的5倍多。故骨骼肌血流量增加的幅度，主要取決於運動的劇烈程度（代謝物產生的程度）。

三、腦部的血流分布及調節

腦血流的供應，來自左右頸內動脈和左右椎動脈，它們在腦底部連成腦底動脈環，稱為**威利氏環** (Willis circle)（圖11-46），由威利氏環發出的分支，分別供應腦的各部位。腦部靜脈血進入靜脈竇，經由左右頸內靜脈流回到上腔靜脈。

當腦部缺氧數秒鐘，人將會失去意識；在腦部缺氧幾分鐘後，大腦將受到不可逆的損傷。正常情況下，腦部血流分布不受交感神經活性的影響；但若動脈壓上升到一定程度時（約 200 mmHg），交感神經會刺激大腦血管收縮。腦循環的調節為：

1. 腦血管的自我調節：腦血流量主要取決於動、靜脈壓力差和血流阻力。在正常情況下，頸內靜脈接近於右心房壓，且變化不大，腦血流阻力的變化也很小，所以影響腦血流量的主要因素是頸動脈壓，其機制稱為肌原性自我調節機制。

2. 動脈血中 CO_2 分壓：血液中 CO_2 分壓是維持腦血管張力的主要因素，腦動脈血中 CO_2 分壓增加，可使腦血管出現明顯的擴張，使得腦血流量增加。反之，過度通氣時，CO_2 分壓減少，腦血管收縮，腦血流量減少，可引起頭暈等症狀。

3. 神經調節：腦血管受交感性血管收縮纖維與副交感血管舒張纖維共同支配，但刺激或切斷這些支配腦血管的神經後，發現腦血流量沒有明顯的變化，所以神經因素對腦血管的調節作用，其影響性非常小。

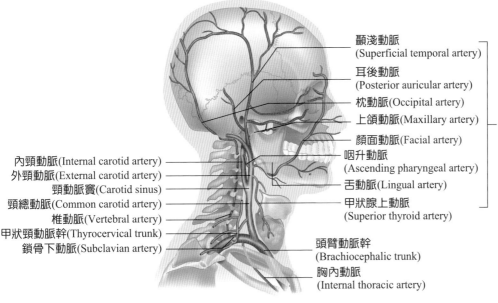

顳淺動脈
(Superficial temporal artery)

耳後動脈
(Posterior auricular artery)

枕動脈(Occipital artery)

上頜動脈(Maxillary artery)

顏面動脈(Facial artery)

咽升動脈
(Ascending pharyngeal artery)

舌動脈(Lingual artery)

甲狀腺上動脈
(Superior thyroid artery)

外頸動脈的分支
(Branches of external
carotid artery)

內頸動脈(Internal carotid artery)
外頸動脈(External carotid artery)
頸動脈竇(Carotid sinus)
頸總動脈(Common carotid artery)
椎動脈(Vertebral artery)
甲狀頸動脈幹(Thyrocervical trunk)
鎖骨下動脈(Subclavian artery)

頭臂動脈幹
(Brachiocephalic trunk)

胸內動脈
(Internal thoracic artery)

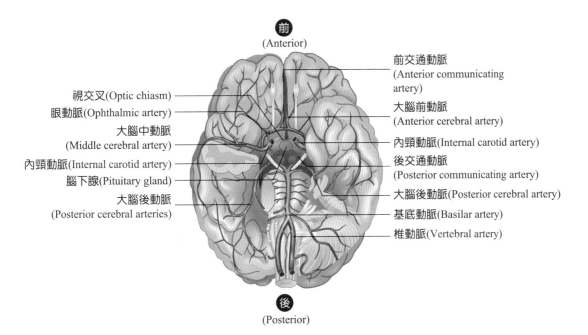

前
(Anterior)

視交叉(Optic chiasm)
眼動脈(Ophthalmic artery)
大腦中動脈
(Middle cerebral artery)
內頸動脈(Internal carotid artery)
腦下腺(Pituitary gland)
大腦後動脈
(Posterior cerebral arteries)

前交通動脈
(Anterior communicating
artery)

大腦前動脈
(Anterior cerebral artery)

內頸動脈(Internal carotid artery)

後交通動脈
(Posterior communicating artery)

大腦後動脈(Posterior cerebral artery)

基底動脈(Basilar artery)

椎動脈(Vertebral artery)

後
(Posterior)

■ 圖 11-46　頭頸部動脈、腦循環。

▶ 肺循環

　　肺循環 (pulmonary circulation) 又稱為小循環，是指血液由右心室經肺臟，再回到左心房的血液循環路徑。肺動脈中流動的血液為缺氧血（含二氧化碳多的血液），為全身唯一為缺氧血的動脈；而肺靜脈中流動的血液則為充氧血（含氧氣豐富的血液），為全身唯一為含氧血的靜脈。

一、肺循環的特性

（一）結構方面

1. 循環途徑短，血流阻力小：肺動脈及其分支短而粗，整個肺循環的途徑比體循環短很多，而且血管管徑粗，總截面積大，因此血流阻力很小。

2. 動脈管徑較大，血管阻力小、壓力低：肺動脈、肺小靜脈比體循環的動脈管徑大很多，且可擴張性大，所以血管阻力小、壓力低，且肺部血容量變化範圍亦較大。

3. 動脈血管壁薄：因為血流阻力低，肺循環壓力低，右心室的心肌壁較左心室薄，肺動脈壁僅為主動脈的 1/3，且彈性纖維較少，血流阻力很小，肺動脈壓低。

4. 肺部的血液供應：是由肺循環和體循環兩套血管系統組成，呼吸道組織的營養物質由支氣管動脈到支氣管靜脈的體循環供應，呼吸系統的換氣是由肺動脈和肺靜脈的肺循環完成任務。

（二）生理方面

　　肺循環的全部血管在胸腔內，且胸膜腔的壓力低於大氣壓。故相較於體循環，肺循環有以下特點：

1. 血流阻力和血壓較低：肺動脈主幹長約 4 cm，分支短且粗，管壁較主動脈及其分支薄，這些特點使得右心室和左心室在心輸出量相似情況下，**肺循環阻力明顯小於體循環**。主動脈的收縮壓為 120 mmHg、舒張壓為 80 mmHg，而肺動脈的收縮壓則為 25 mmHg、舒張壓 10 mmHg，其**平均動脈壓約 15 mmHg**。肺循環壓力約為 15 mmHg 左右，而血液流至左心房的壓力約為 5 mmHg，其 2 者壓力差只有 10 mmHg，故肺循環是一個**低阻力、低壓力**系統，且易受心功能影響。

2. 肺血容量變化大：肺部血容量約為 450 mL，約占全身血量的 9%。由於肺組織和肺血管的順應性大，故肺部血容量容易受呼吸運動變化影響，在吸氣時肺血容量可增加 1,000 mL，呼氣時肺血容量可減少 200 mL，因此，肺循環血管具有暫時儲存血庫的作用。

3. 肺泡內無組織液存在：正常情況下，肺部微血管壓力相當低，約 7 mmHg，血漿膠體滲透壓平均為 25 mmHg，由於肺部組織液靜水壓和膠體滲透壓都極低，故很少有組織液生成和肺泡內無液體積聚，且肺組織間隙內呈負壓狀態，負壓迫使肺泡膜與肺微血管壁緊密相貼，有利於肺泡和血液之間的氣體交換。在左心室衰竭時，肺靜脈壓力升高，肺微血管壓力隨著升高，將迫使液體積聚在肺泡或肺組織間隙中，形成肺水腫。

二、肺循環血流量的調節

1. 神經性調節：肺循環血管受交感神經和副交感神經支配。交感神經對肺血管的直接作用，是血管收縮和血流阻力增大；而迷走神經使肺血管舒張，肺循環血容量增加、肺血管阻力稍有降低。組織胺、腎上腺素、正腎上腺素、血管收縮素 II 則能引起肺循環血管收縮。

2. 肺泡氣體氧分壓的調節：肺泡氣體低氧狀態，其對肺循環血流量的調節具有明顯作用。血液氧分壓降低時，肺泡周圍的小動脈收縮，血流阻力增大，使該局部的血流量減少。這一反應有利於較多的血液流經氧含量較高的肺泡，使肺內氣體交換得以充分進行。如在高海拔地區，當吸入氣體氧分壓過低時，可引起肺循環小動脈廣泛性收縮，使肺部血流阻力加大，肺動脈壓明顯升高，發生肺動脈高壓，導致右心室肥厚。

▶ 肝門循環

　　肝臟血流供應相當豐富，血容量約為人體總量的 14%，血流經肝動脈 (hepatic artery) 和**肝門靜脈** (hepatic portal vein) 進入肝臟，再經**肝靜脈** (hepatic vein) 離開肝臟，最後回到心臟。進入肝臟的血液，有 30% 由肝動脈供應，屬於肝臟的營養血管（充氧血）；另 70% 則來自肝門靜脈，肝門靜脈是匯集來自脾臟、胰臟、胃腸道及膽囊等消化器官的靜脈血液，屬於肝臟的功能血管（帶著營養物的缺氧血）。

　　肝門循環 (hepatic portal circulation) 是指消化器官的靜脈血液在回到心臟前，須先進入肝門循環。肝門循環的途徑：消化道的微血管→上腸繫膜靜脈、脾靜脈→肝門靜脈→肝臟→肝靜脈→下腔靜脈→回流心臟（圖11-47）。當肝臟疾病（如肝硬化）導致肝門靜脈循環障礙時，血流受阻，可引起脾臟淤血腫大。肝門靜脈與腔靜脈之間存在側支吻合，正常情況下，吻合支不開放。

　　肝門循環的生理功能：

1. 調節血液中葡萄糖濃度：肝臟能代謝葡萄糖和儲存肝醣。如進食後，血糖濃度升高，部分的葡萄糖在肝臟中轉化為肝醣儲存；而在血糖濃度降低時，肝臟則將肝醣轉化為葡萄糖釋出，提供能量。

2. 消化道吸收的胺基酸，在肝臟內進行蛋白質合成、脫胺、轉胺等作用，合成的蛋白質進入血液循環，提供全身器官組織所需。胺基酸代謝產生的氨合成尿素，尿素經腎臟尿液排出。

3. 血液中的非營養性物質，如藥物、有毒物質，藉酵素催化作用轉為無毒性的物質，透過代謝作用排出體外，或將血液中有毒物質吸收儲存在肝臟，利用肝臟一系列酵素催化作用，去除其活性再排出。

4. 肝細胞可不斷地生成膽汁酸和分泌膽汁，膽汁在消化過程中，可促進脂肪在小腸內的消化和吸收（詳見第 14 章）。

▶ 胎兒循環

　　胎兒循環(fetal circulation)是指胎兒出生前，胎兒依靠母體提供氧氣、營養及代謝

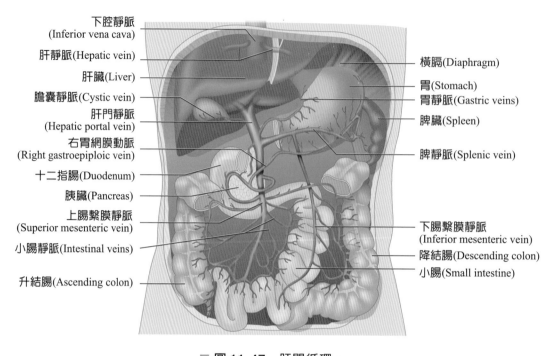

下腔靜脈 (Inferior vena cava)
肝靜脈 (Hepatic vein)
肝臟 (Liver)
膽囊靜脈 (Cystic vein)
肝門靜脈 (Hepatic portal vein)
右胃網膜動脈 (Right gastroepiploic vein)
十二指腸 (Duodenum)
胰臟 (Pancreas)
上腸繫膜靜脈 (Superior mesenteric vein)
小腸靜脈 (Intestinal veins)
升結腸 (Ascending colon)

橫膈 (Diaphragm)
胃 (Stomach)
胃靜脈 (Gastric veins)
脾臟 (Spleen)
脾靜脈 (Splenic vein)
下腸繫膜靜脈 (Inferior mesenteric vein)
降結腸 (Descending colon)
小腸 (Small intestine)

■ 圖 11-47　肝門循環。

物排除的循環途徑。出生後，新生兒必須自行呼吸及排除代謝廢物，並從自己的消化系統中攝取養分，因此，新生兒血液流經呼吸、消化和泌尿系統的循環途徑，則有相當程度的改變。

一、胎兒血液循環途徑

母體提供胎兒的含氧血，自胎盤 (placenta) 經一條臍靜脈 (umbilical vein) 進入胎兒體內，其分為 3 支：一支直接進入肝臟，一支與肝門靜脈匯合進入肝臟，此兩支的血液最後經肝靜脈進入下腔靜脈；另一支經靜脈導管 (ductus venosus) 直接進入下腔靜脈（圖 11-48）。下腔靜脈另收集下肢、骨盆腔和腹腔器官來的靜脈血，最後下腔靜脈將混合血送入右心房。另從頭、頸部及上肢回流的靜脈血，經上腔靜脈亦進入右心房。

上、下腔靜脈血液回到右心房，大部分的血液通過卵圓孔 (foramen ovale) 進入左心房；另小部分經右心室進入肺動脈。胎兒肺臟尚無呼吸功能，故肺動脈血僅小部分 (5~10%) 入肺，再由肺靜脈回流到左心房；而大部分的血液（90%以上）經動脈導管 (ductus arteriosus) 注入主動脈弓及其三大分支，分布到頭、頸和上肢，供應胎兒頭部發育的營養和氧；另部分血液流入腹主動脈。

腹主動脈血液經分支分布到骨盆、腹腔器官和下肢外，還經 2 條臍動脈 (umbilical artery) 將缺氧血運送到胎盤，與母體血液進行氣體和物質交換後，再由臍靜脈將含氧血送往胎兒體內。

由於胎兒體內充氧血和缺氧血相互混合，胎兒血液的含氧量相對較少，故胎兒血紅素 (HbF) 比成人血紅素 (HbA) 更易和氧氣

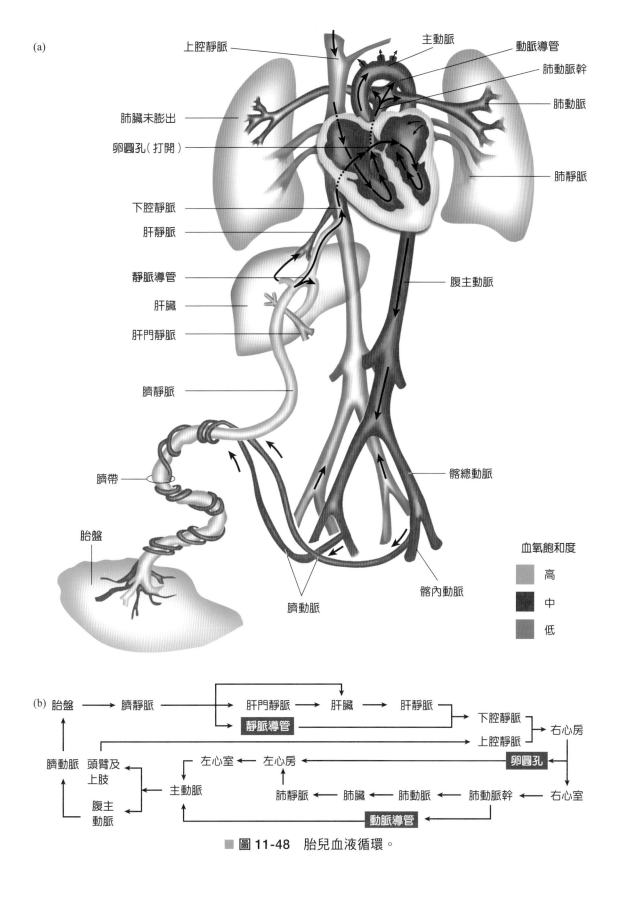

■ 圖 11-48　胎兒血液循環。

結合；但在出生後幾天，新生兒開始製造成人血紅素，不再只具有胎兒血紅素。

二、胎兒出生後血液循環的變化

胎兒出生後，胎兒循環即刻中斷，由肺開始呼吸，血液循環逐漸發生改變：

1. 臍靜脈閉鎖，形成肝臟的**肝圓韌帶**(round ligament)；臍動脈大部分閉鎖成為**外側臍韌帶**(lateral umbilical ligament)；靜脈導管閉鎖成為**靜脈韌帶**(ligamentum venosum)，埋於肝臟壁之纖維索。

2. 肺臟開始呼吸，肺動脈大量血液進入肺臟，動脈導管因平滑肌收縮，而呈現關閉狀態，出生後2~3個月完全閉鎖，成為**動脈韌帶**(ligamentum arteriosum)。

3. 由於臍靜脈閉鎖，從下腔靜脈注入右心房的血液減少，右心房壓力降低，同時肺臟開始呼吸，大量血液從肺臟流入左心房，使左心房壓力增高，促使卵圓孔關閉。約出生半年，卵圓孔完全關閉，最後僅留下凹陷痕跡，稱為**卵圓窩**(fossaovalis)。若卵圓孔或動脈導管未封閉，稱為**開放性動脈導管**(patent ductus arteriosus, PDA)，則血液氧含量低，嬰兒皮膚將呈現淡藍色，稱為藍嬰症。

參考資料 | References

王庭槐 (2008)·*生理學*（第二版）·高等教育。

朱大年 (2008)·*生理學*（第七版）·人民衛生。

朱文玉 (2009)·*醫學生理學*（第二版）·北京大學醫學出版社。

朱妙章 (2009)·*大學生理學*·高等教育。

余承高、陳棟樑、秦達念 (2007)·*圖表生理學*·中國協和醫科大學。

夏強 (2002)·*醫學生理學*·科學。

馬青 (2007)·*生理學精要*·吉林科學技術。

馮琮涵、黃雍協、柯翠玲、廖智凱、胡明一、林自勇、鍾敦輝、周綉珠、陳瀅 (2021)·*人體解剖學*·新文京。

馮琮涵、鄧志娟、劉棋銘、吳惠敏、唐善美、許淑芬、江若華、黃嘉惠、汪蕙蘭、李建興、王子綾、李維真、莊禮聰 (2022)·*解剖生理學*（三版）·新文京。

賴明德、王耀賢、鄧志娟、吳惠敏、李建興、許淑芬、陳晴彤、李宜倖 (2022)·*解剖學*（二版）·新文京。

臺灣高血壓學會 (2022)·*高血壓定義標準*。https://www.ths.org.tw/

韓秋生、徐國成、鄒衛東、翟秀岩 (2004)·*組織學與胚胎學彩色圖譜*·新文京。

Levy, M. N., Stanton, B. A., Koeppen, B. M., Berne, & Levy (2008)·*生理學原理*（梅岩艾、王建軍譯；四版）·高等教育。（原著出版於 2007）

Saunders.Fox, S. I. (2006)·*人體生理學*（王錫崗、于家城、林嘉志、施科念、高美媚、張林松、陳瑩玲、陳聰文、黃慧貞、溫小娟、廖美華、蔡宜容譯；四版）·新文京。（原著出版於 2006）

Fox, S. I. (2015). *HUMAN PHYSIOLOGY* (14th ed.). McGraw-Hill College.

複·習·與·討·論

一、選擇題

1. 第一心音發生在下列何時？ (A) 心房收縮時 (B) 早期心室舒張時 (C) 主動脈瓣關閉時 (D) 房室瓣關閉時

2. 基底動脈由下列何者匯集而成？ (A) 左右椎動脈 (B) 左右頸內動脈 (C) 左右頸外動脈 (D) 左右大腦後動脈

3. 房室結 (atrioventricular node) 位於心臟的何處？ (A) 心室中隔 (interventricular septum) (B) 心房中隔 (interatrial septum) (C) 右房室瓣 (right atrioventricular valve) (D) 左房室瓣 (left atrioventricular valve)

4. 動脈瓣從關閉到下一次開放的時間為何？ (A) 心室舒張期 (B) 心室射血期 (C) 心室舒張期＋等容收縮期 (D) 心室射血期＋等容舒張期

5. 第二心音發生於心電圖中之何時？ (A) P 波時 (B) QRS 複合波時 (C) T 波後 (D) PR 時段 (PR interval)

6. 影響動脈血壓的因素中，下列哪一項敘述是正確的？ (A) 心輸出量 (Cardiac output) 增加，則血壓下降 (B) 血液黏滯度 (Blood viscosity) 增加，則血壓下降 (C) 末梢小動脈收縮，則血壓上升 (D) 血液容積減少，則血壓上升

7. 正常時，收縮壓的高低主要反映下列何者？ (A) 心跳速率 (B) 周邊阻力 (C) 心臟射血能力 (D) 主動脈管壁彈性

8. 一氧化氮對血管平滑肌作用的細胞內機制為何？ (A) cGMP ↑ → Ca^{2+} ↓ →血管舒張 (B) cAMP ↓ → Ca^{2+} ↑ →血管收縮 (C) cAMP ↑ → Ca^{2+} ↓ →血管舒張 (D) IP_3 ↑ → Ca^{2+} ↑ →血管收縮

9. 利用心縮壓與心舒壓數值，可計算平均動脈壓的近似值為何？ (A) 心舒壓＋ 2/3（心縮壓－心舒壓） (B) 心縮壓＋ 2/3（心縮壓－心舒壓） (C) 心舒壓＋ 1/3（心縮壓－心舒壓） (D) 心縮壓＋ 1/3（心縮壓－心舒壓）

10. 心肌細胞受到刺激時所引發快速去極化的原因為何？ (A) 細胞膜對 Na^+ 通透性增加 (B) 細胞膜對 Ca^{2+} 通透性增加 (C) 細胞膜對 K^+ 通透性增加 (D) 細胞膜對 Mg^{2+} 通透性增加

11. 心電圖中的 P 波與 QRS 複合波分別代表什麼現象？ (A) 心房去極化與心室去極化 (B) 心房去極化與心室再極化 (C) 心室去極化與心房再極化 (D) 心房再極化與心室去極化

12. 法蘭克－史達林定律的作用為何？ (A) 維持心搏量與血壓的平衡 (B) 維持心搏量與回心血量平衡 (C) 透過心跳速率調節心肌收縮能力 (D) 確保心輸出量隨代謝需要而增加

13. 下列何者為可增加心搏量的因素？　(A) 乙醯膽鹼　(B) 靜脈回流增加　(C) 興奮副交感神經　(D) 抑制交感神經

14. 小隱靜脈收集小腿淺層靜脈血液並注入：　(A) 股靜脈　(B) 膕靜脈　(C) 脛前靜脈　(D) 脛後靜脈

15. 王小姐的心跳為 60 次 / 分鐘，心舒張及心收縮末期容積分別是 120 毫升及 50 毫升，則王小姐的心輸出量 (cardiac output) 為多少升 / 分鐘？　(A) 4.2　(B) 4.6　(C) 5.0　(D) 5.4

16. 第一心音與第二心音的產生原因分別為何？　(A) 半月瓣關閉與房室瓣關閉　(B) 半月瓣關閉與房室瓣開放　(C) 房室瓣關閉與半月瓣關閉　(D) 房室瓣關閉與半月瓣開放

17. 有關冠狀循環的敘述，下列何者正確？　(A) 冠狀動脈是主動脈弓上的主要分支　(B) 冠狀動脈主要供應腦部的血液　(C) 心臟之靜脈血大多回流入冠狀竇，再注入左心房　(D) 邊緣動脈主要將充氧血送到右心室壁

18. 在心肌動作電位中，高原期的維持是因心肌細胞有：　(A) 快速鈉通道　(B) L 型鈣通道　(C) 鈉鉀 ATPase　(D) T 型鈣通道

19. 有關心臟收縮時的變化，下列敘述何者正確？　(A) 右心室收縮時二尖瓣開啟　(B) 左心室收縮時三尖瓣開啟　(C) 右心室收縮時半月瓣開啟　(D) 左心室收縮時房室瓣開啟

20. 有關平滑肌內離子對血管的影響之敘述，下列何者正確？　(A) 鈣離子濃度上升，會促使血管收縮　(B) 氫離子濃度上升，會促使血管收縮　(C) 鈉離子濃度上升，會促使血管收縮　(D) 鎂離子濃度上升，會促使血管收縮

21. 循環系統中，總血容量增加時會引起下列何種現象？　(A) 減少抗利尿激素 (ADH) 的分泌　(B) 尿液中鈉離子濃度減少　(C) 增加腎素的分泌　(D) 增加醛固酮的分泌

22. 下列何者的管壁不具平滑肌？　(A) 大動脈　(B) 大靜脈　(C) 小動脈　(D) 微血管

23. 當迷走神經興奮時，對心臟的影響下列何者正確？　(A) 心跳速率變慢、電位衝動傳導速度變快　(B) 心跳速率變快、電位衝動傳導速度變慢　(C) 心跳速率與電位衝動傳導速度皆變慢　(D) 心跳速率與電位衝動傳導速度皆不變

24. 有一位病人的收縮壓為 120 毫米汞柱 (mmHg)，脈搏壓為 30 毫米汞柱，請問其平均動脈壓為多少毫米汞柱？　(A) 95　(B) 100　(C) 105　(D) 110

25. 正常的心動週期中，動作電位會在何處有延遲傳遞的現象？　(A) 心室心肌　(B) 竇房結 (SA node)　(C) 房室結 (AV node)　(D) 房室束 (bundle of His)

26. 心臟壁大部分的缺氧血，會先收集到何處，再注入右心房？　(A) 上腔靜脈　(B) 下腔靜脈　(C) 肺靜脈　(D) 冠狀竇

27. 胎兒心臟的卵圓孔，連通的是哪兩個腔室？　(A) 左、右心房　(B) 左、右心室　(C) 左心房與左心室　(D) 右心房與右心室

28.迷走神經末梢分泌之乙醯膽鹼可以使心跳速率減慢，其原因為促使心臟節律性細胞： (A) 增加對鈉離子的通透性 (B) 增加對鉀離子的通透性 (C) 減少對鉀離子的通透性 (D) 減少對鈉離子的通透性

29.在正常的心電圖中，QRS 複合波是因下列何者產生的？ (A) 心房的去極化 (B) 心房的再極化 (C) 心室的去極化 (D) 心室的再極化

30.心包腔位於： (A) 纖維性心包膜與漿膜性心包膜的壁層之間 (B) 漿膜性心包膜的壁層與臟層之間 (C) 漿膜性心包膜的臟層與心肌層之間 (D) 漿膜性心包膜的臟層與心內膜之間

31.下列有關胎兒血液循環之敘述，何者錯誤？ (A) 胎兒出生後，臍靜脈閉鎖後成為靜脈韌帶 (B) 大部分之充氧血經由靜脈導管流入下腔靜脈 (C) 胎兒出生後，卵圓孔關閉 (D) 臍動脈內流的是缺氧血

32.巨噬細胞吞噬下列何種脂蛋白會導致動脈粥狀硬化的產生？ (A) 非常低密度脂蛋白 (VLDL) (B) 低密度脂蛋白 (LDL) (C) 中密度脂蛋白 (IDL) (D) 高密度脂蛋白 (HDL)

33.下列有關心臟的敘述，何者正確？ (A) 迷走神經纖維主要分布在心室且能降低心跳收縮強度 (B) 一般右心室血液輸出正常情況下，輸出血液量比左心室高 (C) 大量 K^+ 離子會使經由心房束傳至心室的心臟衝動被阻斷 (D) 過量的細胞外鈣離子會使心跳加快

34.胎兒循環系統中，哪一構造位於肝臟的後側，且出生後閉鎖？ (A) 動脈導管 (B) 靜脈導管 (C) 卵圓孔 (D) 臍動脈

35.王先生的心跳為 70 次／分鐘，心舒張及心收縮末期容積分別是 120 毫升及 50 毫升，王先生的心輸出量為多少？ (A) 4.2 升／分鐘 (B) 4.6 升／分鐘 (C) 4.9 升／分鐘 (D) 5.2 升／分鐘

36.有關正常心跳速率的敘述，下列何者正確？ (A) 每分鐘約跳動 100 次 (B) 不受神經系統控制 (C) 腎上腺素作用於竇房結上 α 接受器以增加心跳 (D) 副交感神經作用時會使心跳變慢

37.循環系統中，何種血管的血流阻力最大？ (A) 主動脈 (B) 小動脈 (C) 大靜脈 (D) 小靜脈

38.心臟組織中傳導速度最快的是： (A) 心房細胞 (atrial cell) (B) 浦金埃氏纖維 (Purkinje's fiber) (C) 房室結 (AV node) (D) 希氏束 (bundle of His)

39.胎兒循環中，靜脈導管連接下列何者之間？ (A) 臍靜脈和肝靜脈 (B) 臍靜脈和下腔靜脈 (C) 下腔靜脈和肝靜脈 (D) 臍靜脈和肝門靜脈

40.當病人長期躺臥在床，突然站立起床時，最可能會引起下列何種現象？ (A) 靜脈流回心臟的血量、心輸出量與血壓皆下降 (B) 靜脈流回心臟的血量、心輸出量與血壓皆上升 (C) 靜脈流回心臟的血量與心輸出量上升，而血壓下降 (D) 靜脈流回心臟的血量與心輸出量下降，而血壓上升

41. 若血壓維持不變，血管半徑變為原來的兩倍，此時流經此條血管的血流量將變為：(A) 2 倍 (B) 4 倍　(C) 8 倍　(D) 16 倍

42. 血液的儲存庫是指下列何者？　(A) 動脈　(B) 微血管前括約肌段　(C) 微血管　(D) 靜脈

43. 下列有關循環的敘述，何者正確？　(A) 肺循環是一個低壓高阻力的血流系統　(B) 體循環和肺循環的總血流量不相同　(C) 肝門靜脈含大量養分和氧氣　(D) 胎兒的臍靜脈血是充氧血

44. 下列何種因子會造成血管收縮？　(A) 副交感神經 (parasympathetic neuron)　(B) 抗利尿激素 (ADH)　(C) 組織胺 (histamine)　(D) 緩激肽 (bradykinin)

二、問答題

1. 簡述冠狀循環的生理特性。

2. 試述正常心臟興奮傳導途徑及影響心臟傳導性的因素有哪些？

3. 試述一個心動週期中，心臟的壓力、容積、瓣膜開關和血流方向的變化。

4. 試比較第一心音與第二心音產生的原因、特性和意義。

5. 試述心室肌細胞動作電位的分期、各期形成的電生理機制。

6. 試述竇房結節律點細胞的動作電位（節律點電位）及其電生理形成機制。

7. 試述心室肌細胞在一次興奮過程中，興奮性的週期變化及其特性。

8. 何謂心輸出量？並說明影響心輸出量的因素和機制。

9. 簡述血管內皮的生理功能。

10. 什麼是動脈血壓？影響動脈血壓的因素有哪些？各因素對收縮壓、舒張壓和脈搏壓的影響效果。

三、腦力激盪

1. 急性失血（失血量占全身血量 10% 左右）時，人體可出現哪些代償性反應？

2. 臨床上安裝心臟節律器時，節律器頻率應當比病人心跳速率快還是慢？說明其道理。

3. 從血壓的形成和影響因素考慮，有哪些措施可以降低血壓？

複習與討論解答
請掃描QR code

12
CHAPTER

學習目標 Objectives

1. 了解何謂淋巴液和淋巴循環，以及淋巴循環的生理意義。
2. 了解淋巴細胞和淋巴器官的種類及功能。
3. 理解非特異性免疫的特性及與特異性免疫的關係。
4. 理解特異性免疫的定義及特性。
5. 掌握抗原的定義及決定抗原分子免疫原性的條件。
6. 理解 MHC、HLA 的定義及關係；掌握 MHC 的功能。
7. 掌握 T 細胞的分類及功能，了解 T 細胞如何發生活化、增殖和分化，以及細胞性免疫的效應及特性。
8. 掌握 B 細胞的功能，了解 B 細胞如何發生活化、增殖和分化，以及體液性免疫效應及特性。
9. 掌握免疫球蛋白的基本結構，了解五類免疫球蛋白的特性與功能。
10. 了解補體系統的組成、補體活化的古典途徑及作用。
11. 了解過敏反應的發生機制。
12. 了解自體免疫疾病的分類及發生機制。
13. 了解移植的類型及移植排斥反應的機制和類型。
14. 了解抗腫瘤免疫的機制。

本章大綱 Chapter Outline

淋巴系統及免疫
Lymphatic System and Immunity

HUMAN
PHYSIOLOGY

淋巴系統 (lymphatic system) 由各級淋巴管道、淋巴器官和散布的淋巴組織構成。而淋巴器官 (lymphoid organs) 依其功能可分為中央淋巴器官（如胸腺、骨髓）和周邊淋巴器官（如淋巴結、脾臟和扁桃體），是免疫系統中產生淋巴細胞和引起免疫反應的重要結構。

大家經常聽到「免疫」一詞，一般會認為免疫就是指人體的抵抗力，但對免疫的真正含義並不十分了解。從本質上而言，免疫是指生物體內一種生理性保護功能，針對生物體對異物的識別、排除或消滅等一系列免疫反應過程，例如與生物體自身成分相異的病原或非病原生物性，或未與生物體胚胎期免疫細胞接觸過的物質，進行識別產生免疫反應，在過程中可能引起自體組織損傷，也可能沒有組織損傷。也就是說，免疫反應通常對生物體是有利的，但在某些條件下也有可能對生物體造成損害（如過敏反應、自體免疫疾病等）。

免疫能力大致分為特異性免疫 (specific immunity) 與非特異性免疫 (nonspecific immunity)，兩者密切相關。非特異性免疫是生物體在演化過程中，不斷與病原菌對抗所形成，並可遺傳給後代的一種免疫功能，它與人體的組織結構和生理機能關係密切；特異性免疫是生物體在後天受內外環境刺激，而獲得的免疫功能，它能專一性識別再次接觸的相同抗原，並作出相應的反應，需在高度分化的組織和細胞參與下才能完成。

12-1　淋巴循環
Lymph Circulation

淋巴系統由淋巴管道、淋巴組織和淋巴器官組成，淋巴液在淋巴系統中運行，稱為淋巴循環，其重要特徵是單向流動而非形成

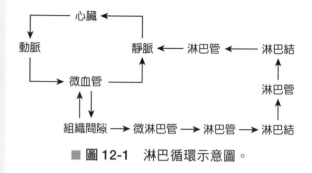

■ 圖 12-1　淋巴循環示意圖。

真正的循環（圖 12-1）。**淋巴液** (lymph) 沿淋巴管道和淋巴結的淋巴竇流入靜脈，最後流向心臟。淋巴液形成循環，具有協助靜脈引流組織液之重要角色。

▶ 淋巴液

淋巴管道和淋巴結內的液體稱為**淋巴液**，或簡稱為**淋巴**。當血液流經微血管動脈端時，某些成分經微血管壁進入組織間隙，形成組織液。組織液與細胞進行物質交換後，大部分經微血管靜脈端吸收入靜脈，小部分的組織液和大分子物質進入微淋巴管，形成淋巴液。因此，來自某組織的淋巴液成分，與該組織的組織液非常相近。而組織液是從微血管滲出來的液體，除蛋白質外，淋巴液的成分又與血漿相似。淋巴液中的蛋白質以小分子居多，且亦含有纖維蛋白原 (fibrinogen)，所以淋巴液在體外也會凝固。不同器官的淋巴液，其所含的蛋白質濃度不同，例如肢體於休息時淋巴液的蛋白質含量為 $1{\sim}1.5$ g/dL。

來自小腸絨毛的中央乳糜管至**胸管** (thoracic duct)，其管道內的淋巴液，因含有乳糜微粒而呈白色，其他部位的淋巴管道內的淋巴液則呈無色透明。

▶ 淋巴管

最細的**淋巴管** (lymphatic vessel)，稱**微淋巴管** (lymphatic capillary)，人體除了腦、軟骨、角膜、晶狀體、內耳、胎盤以外，其他器官都有微淋巴管分布，數目與微血管相近。小腸絨毛內的微淋巴管為**乳糜管** (lacteal)。微淋巴管集合成淋巴管網，再匯合成淋巴管。全部淋巴管匯合成全身最大的兩條淋巴導管，即左側的胸管和右側的**右淋巴管** (right lymphatic duct)，分別進入左、右鎖骨下靜脈（圖 12-2）。

微淋巴管有一端為封閉的盲端管道，管壁由單層扁平內皮細胞構成，內皮細胞之間不是相互連接，而是相互覆蓋，形成開口向管內的單向活瓣膜（圖 12-3），組織液只能流入，而不能倒流，且通透性比微血管好。

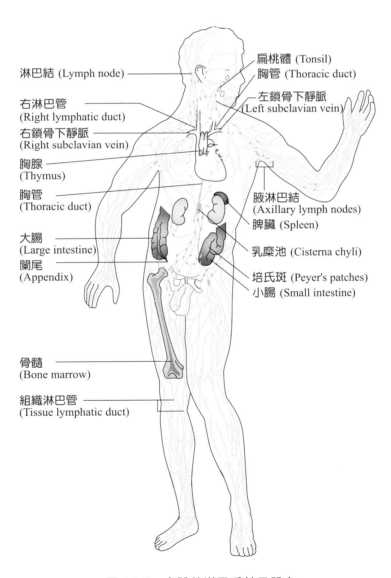

淋巴結 (Lymph node)

右淋巴管
(Right lymphatic duct)

右鎖骨下靜脈
(Right subclavian vein)

胸腺
(Thymus)

胸管
(Thoracic duct)

大腸
(Large intestine)

闌尾
(Appendix)

骨髓
(Bone marrow)

組織淋巴管
(Tissue lymphatic duct)

扁桃體 (Tonsil)
胸管 (Thoracic duct)

左鎖骨下靜脈
(Left subclavian vein)

腋淋巴結
(Axillary lymph nodes)

脾臟 (Spleen)

乳糜池 (Cisterna chyli)

培氏斑 (Peyer's patches)

小腸 (Small intestine)

■ 圖 12-2　人體的淋巴系統及器官。

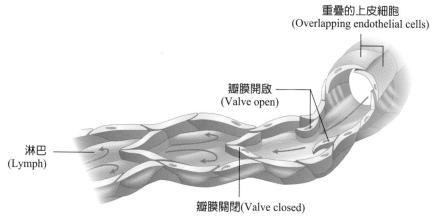

重疊的上皮細胞
(Overlapping endothelial cells)

瓣膜開啟
(Valve open)

淋巴
(Lymph)

瓣膜關閉(Valve closed)

■ 圖 12-3　微淋巴管的構造。

淋巴循環

　　組織液和微淋巴管之間的壓力差，是推進組織液流入淋巴管的動力。微淋巴管經匯合形成淋巴管，淋巴管管壁中有平滑肌，可以收縮，且管內有許多**活瓣**，其方向均朝向心臟。因此，淋巴管中的瓣膜，使淋巴液只能從周邊向心臟方向流動。淋巴管壁平滑肌收縮活動和瓣膜開關一起構成淋巴管幫浦。除了淋巴管壁平滑肌收縮外，由於淋巴管壁薄、壓力低，任何來自外部對淋巴管的壓力，都能推動淋巴液流動，例如**骨骼肌收縮**、鄰近動脈的搏動以及外部物體對身體組織的壓迫和按摩等，都可成為推動淋巴液回流至心臟的動力。

　　淋巴循環的生理意義：

1. 回收蛋白質：每天組織液中約有 75~200 克蛋白質由淋巴液回收到血液中，保持組織液膠體滲透壓在較低水準，有利於微血管對組織液的重吸收。

2. 運輸脂肪：由小腸吸收的脂肪，80~90% 是由小腸絨毛的微淋巴管吸收。

3. 調節血漿和組織液之間的液體平衡：每天在微血管動脈端過濾的液體總量約24公升，其中約3公升經淋巴循環回到血液中。即一天中回流的淋巴液量大約相當於全身的血漿總量。

4. 清除組織中的紅血球、細菌及其他微粒：此作用主要與淋巴結內的巨噬細胞和淋巴細胞產生的免疫反應有關。

12-2 免疫系統的細胞及器官
Cells and Organs of the Immune System

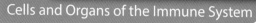

　　人體的免疫功能是在淋巴細胞、單核／巨噬細胞和其他相關細胞及其產物相互作用下完成，這些具有免疫作用的細胞及其相關組織和器官，構成人體執行免疫功能的結構。

　　免疫系統在體內分布廣泛，例如周邊淋巴器官位於全身各個部位。淋巴細胞和其他免疫細胞不僅定居在淋巴器官中，也分布在黏膜和皮膚等組織中，免疫細胞及其產物（即免疫分子）亦可透過血液在體內各處循

環游動，以持續地執行識別和排除抗原性異物的功能。各種免疫細胞和免疫分子既相互合作，又相互制約，使免疫反應能有效地在適度的範圍內進行。

參與免疫反應的細胞

凡參與免疫反應或與其相關的細胞均可稱為免疫細胞 (immunocyte)。根據免疫細胞的功能特點，可將其分為淋巴細胞、抗原呈現細胞及發炎反應細胞三類。

成人體內的淋巴細胞依免疫功能可再分為三大類，其中 **T 細胞** (T cell) 和 **B 細胞** (B cell) 是最主要的兩大類，分別負責**細胞性免疫** (cell-mediated immunity) 和**體液性免疫** (humoral immunity)，這兩類細胞均具有特異性抗原接受器，接受特定抗原刺激後，T、B 細胞能發生活化、增殖和分化，產生特異性免疫反應（詳見本章第 4 節）。第三類淋巴細胞不需要預先接觸抗原，就能殺傷某些被病毒感染的宿主細胞和某些腫瘤細胞，稱為**自然殺手細胞** (natural killer cell)，簡稱 **NK 細胞** (NK cell)，在抗病毒感染和抗腫瘤免疫方面有一定作用。

抗原呈現細胞 (antigen presenting cell, APC) 包括血液中的嗜中性球、**單核球** (monocyte)，組織中的**巨噬細胞** (macrophage)，以及分布在皮膚、其他非淋巴器官和淋巴器官中的**樹突狀細胞** (dendritic cell, DC)，這些細胞能事先捕獲和處理抗原，並將處理後的抗原呈現給 T 細胞，因此，稱為抗原呈現細胞。巨噬細胞不僅是抗原呈現細胞，在細胞性免疫所致的發炎反應中也具有重要作用。

分布在血液和組織中的各種顆粒性白血球 (granulocyte)、肥大細胞 (mast cell) 以及血小板等，都參與免疫反應所致的發炎反應，故這些細胞亦稱為**發炎細胞**。

淋巴器官

淋巴器官根據其功能又分為中央淋巴器官〔又稱為初級 (primary) 淋巴器官〕和周邊淋巴器官〔又稱為次級 (secondary) 淋巴器官〕兩類。中央淋巴器官是各類免疫細胞發生、分化和成熟的場所，在人類和哺乳類動物包括胸腺和骨髓，在鳥類則包括法氏囊 (bursa of Fabricius)。周邊淋巴器官是淋巴細胞和其他免疫細胞定居、增殖以及產生免疫反應的場所，包括淋巴結、脾臟和其他淋巴組織，如黏膜相關淋巴組織 (mucosa-associated lymphoid tissue, MALT) 和皮膚相關淋巴組織 (cutaneous-associated lymphoid tissue)。

一、中央淋巴器官

（一）骨髓

骨髓 (bone marrow) 是各種血球和免疫細胞發生和分化的場所。骨髓中的造血幹細胞 (hematopoietic stem cell) 首先分化成骨髓幹細胞 (myeloid stem cell) 和淋巴幹細胞 (lymphoid stem cell)，前者可再分化成紅血球、單核球、顆粒性白血球和血小板；後者則發育為各種淋巴細胞的先驅細胞，其中一部分隨血流進入胸腺發育成熟為胸腺依賴性淋巴細胞 (thymus dependent lymphocyte)，簡稱 **T 細胞** (T cell) 或 **T 淋巴**

球 (T lymphocyte)，產生細胞性免疫。另一部分先驅細胞，在人類和哺乳類動物，仍在骨髓內繼續發育成熟為骨髓依賴性淋巴細胞 (bone marrow dependent lymphocyte)，但在鳥類則進入法氏囊，發育成熟為囊依賴性淋巴細胞 (bursa dependent lymphocyte)，均簡稱 **B 細胞** (B cell) 或 **B 淋巴球** (B lymphocyte)，產生體液性免疫（圖 12-4）。另有第三類淋巴細胞即 **NK 細胞**，也在骨髓中分化成熟。

骨髓功能若有缺陷時，不僅嚴重損害造血功能，也將導致免疫缺乏 (immunodeficiency)。如大劑量放射線破壞骨髓功能，使造血功能和免疫功能同時喪失，這時只有輸入正常骨髓，才能重建免疫功能，說明骨髓對免疫功能的重要性。

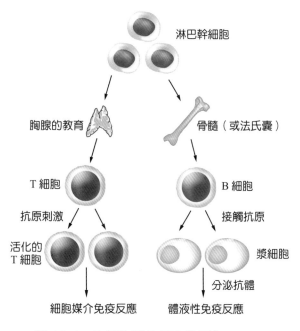

■ **圖 12-4** B 細胞與 T 細胞的活化。

（二）胸腺

胸腺(thymus)的基本結構單位是胸腺小葉，分皮質(cortex)和髓質(medulla)兩部分（圖12-5），皮質層又分淺皮質層和深皮質層。胸腺髓質由胸腺細胞(thymocyte)及胸腺

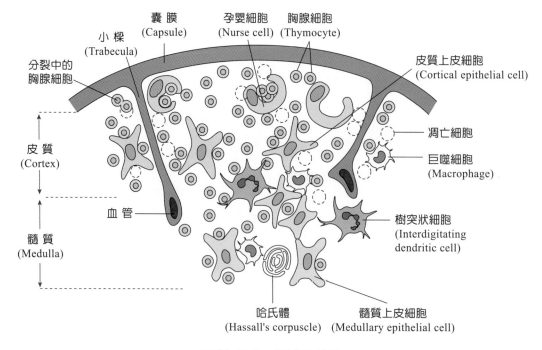

■ **圖 12-5** 胸腺的結構。

基質細胞(thymic stromal cell, TSC)組成，前者大多數為處在不同發育階段的T細胞，當胸腺細胞較成熟，輸出到周邊即為T細胞；後者則包括胸腺上皮細胞(epithelial cell)、巨噬細胞和樹突狀細胞等。胸腺淺皮質層中有從骨髓遷移來的前驅T細胞(pre-T cell)，體積較大，增殖能力強；深皮質層內密集分布著大量體積較小的皮質胸腺細胞，約占胸腺細胞總數的80~85%。

胸腺是T細胞的中央淋巴器官，骨髓中的前驅T細胞隨血流進入胸腺，首先在淺皮質層內增殖，隨後進入深皮質層增殖和分化，但大部分（>95%）胸腺細胞在皮質內自行凋亡(apoptosis)；只有少數（<5%）胸腺細胞繼續向髓質遷移，再分化成熟形成具有

不同功能的T細胞亞型，最後（大約僅1%）從髓質輸出到周邊淋巴器官。

二、周邊淋巴器官

（一）淋巴結

人體約有500~600個**淋巴結**(lymph node)，主要分布在全身的淋巴通道上，是淋巴液的過濾器官。淋巴結中的淋巴細胞，T細胞約占75%，B細胞約占25%，另還有大量的巨噬細胞。

淋巴結實質可分為**皮質**(cortex)、**副皮質**(paracortex)和**髓質**(medulla)（圖12-6）。皮質區中含有**淋巴小結**(lymphatic nodule)，稱為**初級濾泡**(primary follicle)，主要由B細胞聚集而成，經抗原刺激後，B細胞在**生發**

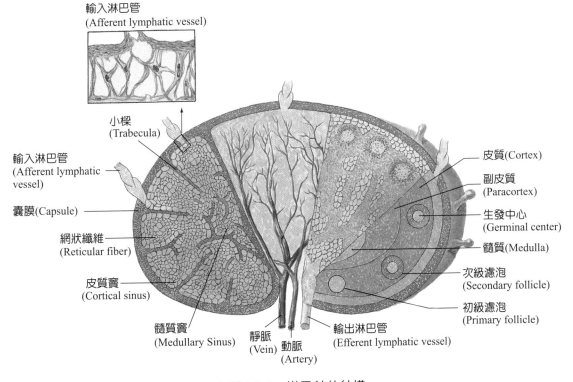

輸入淋巴管
(Afferent lymphatic vessel)

小樑
(Trabecula)

輸入淋巴管
(Afferent lymphatic vessel)

囊膜(Capsule)

網狀纖維
(Reticular fiber)

皮質竇
(Cortical sinus)

髓質竇
(Medullary Sinus)

靜脈
(Vein)

動脈
(Artery)

輸出淋巴管
(Efferent lymphatic vessel)

皮質(Cortex)

副皮質
(Paracortex)

生發中心
(Germinal center)

髓質(Medulla)

次級濾泡
(Secondary follicle)

初級濾泡
(Primary follicle)

■ **圖12-6** 淋巴結的結構。

中心(germinal center)進行分裂增殖，此處又稱**次級濾泡**(secondary follicle)，內含不同分化階段的B細胞和漿細胞。副皮質區主要由T細胞定居。髓質由髓索和髓竇組成，髓索中含有B細胞、漿細胞和**巨噬細胞**等；髓竇內為淋巴液通道，與輸出淋巴管(efferent lymphatic vessel)相通，髓竇中有許多巨噬細胞，能吞噬和清除細菌等異物。免疫反應過程中，在淋巴結生成的致敏T細胞和特異性抗體可匯集於髓竇，隨淋巴液通道進入血液循環，再分布到全身發揮免疫作用。

（二）脾臟

脾臟 (spleen) 是人體最大的淋巴器官。外包被膜，實質分**白髓** (white pulp) 和**紅髓** (red pulp)（圖 12-7），紅髓量多，位於白髓周圍。白髓內沿中央動脈分布的淋巴組織，稱**小動脈周圍淋巴鞘** (periarterial lymphoid sheath, PALS)，主要由 T 細胞組成；白髓內有淋巴小結和生發中心，含大量 B 細胞。淋巴小結以外的白髓區仍以 T 細胞分布為主，在白髓與紅髓交界的邊緣區則以 B 細胞為多。紅髓包括脾索 (splenic cord) 和脾竇，脾索為條索狀，含大量 B 細胞、漿細胞、巨噬細胞和樹突狀細胞等，由脾索圍成的**脾竇內充滿血液**，脾索和脾竇壁上的巨噬細胞，能吞噬和清除血液中的有害異物和損傷老化的血球細胞。脾臟是血液免疫反應場所，也是體內產生抗體的主要器官。

（三）黏膜相關淋巴組織

淋巴細胞和其他免疫細胞，除了分布在結構完整的淋巴器官外，還廣泛分布在呼吸

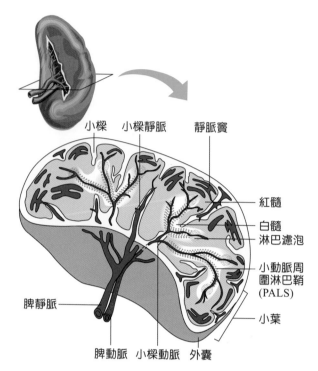

小樑　小樑靜脈　　靜脈竇

紅髓

白髓
淋巴濾泡

小動脈周圍淋巴鞘
(PALS)

小葉

脾靜脈

脾動脈　小樑動脈　外囊

■ **圖 12-7**　脾臟內淋巴組織結構。

系統、消化系統、泌尿生殖系統的黏膜和皮膚組織。由於全身黏膜和皮膚組織的面積很大，所以分布在其內免疫相關的細胞總數，可能多過於其他淋巴器官。黏膜和皮膚組織，是人體接受外來抗原刺激的首要和最主要部位，不僅是免疫防禦的第一道防線，也是發生免疫反應的主要部位，參與的免疫細胞不僅激發全身的免疫反應，在局部免疫反應亦有著重要的作用。

黏膜相關淋巴組織 (MALT) 可以是鬆散沒有組織性的淋巴球聚落，存在於黏膜固有層中；也可以是具有組織性構造的**扁桃體** (tonsil) 及位於腸道黏膜下層的**培氏斑** (Peyer's patch) 等（圖 12-8）。

扁桃體位於消化道（口咽）和呼吸道（鼻咽）的交會處，此處的黏膜含有大量淋巴組織，是口咽上部皮下的淋巴組織團塊，

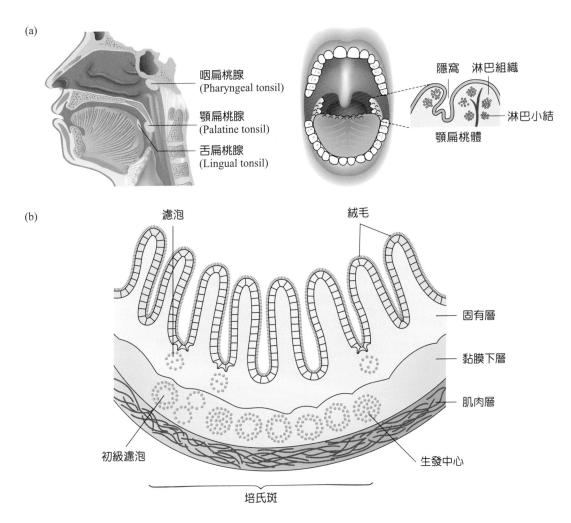

■ 圖 12-8　黏膜相關淋巴組織：(a) 顎扁桃體；(b) 培氏斑的結構。

依其位置分別稱為顎扁桃體、咽扁桃體和舌扁桃體，其中以顎扁桃體積最大。扁桃體內有大量分散的淋巴組織及淋巴小結，內部的淋巴細胞數量及發育程度，與抗原刺激密切相關，在淋巴小結中，B 細胞占淋巴細胞總數的 60%，T 細胞占 39%，在分散的淋巴組織則 T 細胞較多，也有散布的 B 細胞，其中以淋巴小結較多且大，顯示扁桃體與體液性免疫功能的關係較密切。咽部是消化道飲食和呼吸道氣體必經之路，經常接觸病原菌和異物，是經常接觸抗原引起局部免疫反應的部位，扁桃體和咽部有豐富的淋巴組織，負責執行此特殊區域的防禦保護任務。

培氏斑又稱腸道集合淋巴結，這種淋巴組織從黏膜層延伸到黏膜下層形成淋巴濾泡，在濾泡區主要是 B 細胞，大部分 T 細胞位於濾泡間區。在成熟的培氏斑裡，T 細胞占 10~40%，B 細胞占 40~70%。人類腸道培氏斑為腸黏膜免疫反應誘導和活化部位，其主要分布於**迴腸**中。

12-3　非特異性免疫
Nonspecific Immunity

　　非特異性免疫，又稱**先天性免疫** (innate immunity)，是生物體在長期演化過程中，逐漸建立一系列防禦致病菌等抗原的免疫能力，是生物體的第一道防線，也是特異性免疫的基礎。從演化發育來看，無脊椎動物的免疫都是非特異性的，脊椎動物除了非特異性免疫之外，另發展出特異性免疫，兩者緊密結合，不能分開。從個體發育來看，當抗原入侵人體以後，首先發揮的是非特異性免疫，接著再可能產生特異性免疫。因此，非特異性免疫是一切免疫防禦能力的基礎。

▷ 屏障結構

　　人體內有一些屏障結構，可有效阻擋外來物質或微生物的入侵，包括：

1. **皮膚及黏膜屏障**：健康完整的皮膚和黏膜，是阻止病原菌入侵強而有力的屏障，更是人體的第一道防線。例如汗腺分泌的乳酸及皮脂腺分泌的脂肪酸，有一定的抗菌作用；呼吸道和消化道黏膜有豐富的黏膜相關淋巴組織(MALT)和腺體，能分泌溶菌酶，以及在胃液、唾液、淚液等體液內皆有分泌型IgA等抗菌物質；胃液的強酸性可在微生物侵入人體之前將其消滅；此外，消化道中正常菌叢可保護宿主免於受到致病菌的感染。

2. **血腦障壁**：一般由軟腦膜、脈絡叢及微血管壁外的星形膠細胞所構成。能阻止微生物及其他有害物質從血液進入腦組織或腦脊髓液，對中樞神經系統有保護作用。

3. **胎盤障壁**：由母體子宮內膜的基蛻膜和胎兒絨毛膜、部分羊膜組成。正常情況下，母體感染的病原菌及其有害產物，不易通過胎盤障壁進入胎兒。

▷ 吞噬作用

　　病原菌穿過體表向生物體內部入侵、擴散時，生物體的吞噬細胞及體液中的抗微生物物質會發揮抗感染作用。人體內吞噬細胞分為兩類，一類是小型的吞噬細胞，主要是**嗜中性球**，其次是嗜酸性球；另一類是較大型的吞噬細胞，即**單核吞噬細胞** (mononuclear phagocyte) 系統，包括血液中的單核球，以及淋巴結、脾、肝、肺以及腦部內的巨噬細胞等。

　　當病原菌通過皮膚或黏膜入侵組織後，嗜中性球先從微血管游出，並聚集到病原菌侵入部位。其殺菌過程的主要步驟如下（圖12-9）：

1. **趨化與黏附**：吞噬細胞在發揮其功能時，首先黏附於血管內皮細胞，並穿過細胞間隙到達血管外，由趨化激素 (chemokine) 的作用使其作定向移動，到達病原菌所在部位。

2. **識別與吞入**：單核球／巨噬細胞和樹突狀細胞等先天性免疫細胞表面，有一種能夠直接識別，並結合病原菌或宿主細胞凋亡特定分子結構的接受器，稱為模式識別接受器 (pattern recognition receptor, PRR)，其可與病原菌鍊結的分子結構 (pathogen associated molecular pattern, PAMP) 結合，並以非特異性方式吞噬病原菌。不同種類的病原菌可表現不同的 PAMP，主要包括

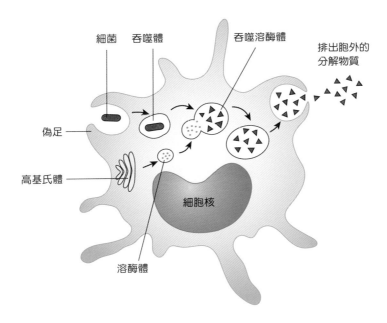

細菌　吞噬體　　　吞噬溶酶體　　排出胞外的分解物質

偽足

高基氏體

溶酶體

細胞核

■ **圖 12-9**　吞噬細胞的吞噬殺傷過程。

脂多醣 (lipopolysaccharide, LPS)、磷壁酸 (teichoic acid)、肽聚醣 (peptidoglycan)、甘露糖 (mannose)、細菌 DNA、雙鏈 RNA 和葡聚醣 (glucan) 等，這些結構通常不存在宿主細胞。

3. 殺菌和消化：吞噬細胞殺菌方式分氧化性殺菌和非氧化性殺菌兩類。前者指氧分子 (O_2) 參與的殺菌過程，其機制是透過氧化酶的作用，使氧分子活化成為各種活性氧或氯化物，直接殺害於病原菌；後者不需要氧分子參與，主要經由酸性環境和殺菌性蛋白來達成。

吞噬作用的結果可分為完全吞噬及不完全吞噬。病原菌被吞噬後經殺菌、消化而被排出者，稱為完全吞噬；由於生物體的免疫力和病原菌種類及毒性不同，有些細菌如結核桿菌、痲瘋桿菌等，雖被吞噬但卻不會被殺死，甚至在細胞內生長繁殖並隨吞噬細胞遊走，擴散到全身，稱為不完全吞噬。吞噬細胞在吞噬過程中，由於溶酶體釋放多種水解蛋白酶，破壞鄰近的正常細胞，因此常造成組織損傷和發炎反應。

▶ 自然殺手細胞

自然殺手細胞 (NK cells) 是一類缺乏 T 細胞和 B 細胞表面標記，及細胞質含嗜天青顆粒 (azurophilic granules) 的大顆粒淋巴細胞 (large granular lymphocyte)。血液中的 NK 細胞約占淋巴細胞總數的 5~10%，在脾內約有 3~4%，也有出現在肺臟、肝臟和腸黏膜，但在胸腺、淋巴結和胸管中罕見。

NK 細胞以非特異性免疫直接攻擊標的細胞，這種天然的防禦能力，既不需要預先由抗原致敏，也不需要抗體參與。NK 細胞攻擊的標的細胞主要是腫瘤細胞、病毒感染細胞、較大的病原菌（如真菌和寄生

蟲）、同種異體移植的器官、組織等。活化後的 NK 細胞釋放出毒性分子，如穿孔素 (perforin)、顆粒酶 (granzyme) 和腫瘤壞死因子－α (tumor necrosis factor-α, TNF-α) 等，以做為攻擊標的細胞的媒介。

組織和體液中的抗病原菌物質

在正常體液中，有一些非特異性殺菌物質，如**補體**(complement)、**調理素**(opsonin)、**溶菌酶**(lysozyme)、**干擾素**(interferon)等（詳見後文），有助於消滅入侵的微生物。在實驗條件下，這些物質對某種細菌可表現出抑菌、殺菌或溶菌等作用。這些物質在體內的直接作用不大，常須配合其他殺菌因素才能發揮免疫功能。

補體是血漿蛋白組成成分，補體系統中的各成份是以無活性狀態存在於血漿中。需要時，再經由活化物（如抗原—抗體複合物等）的誘導下，依次被啟動，最終發揮溶解、破壞細菌、病毒等致病菌的作用（詳見本章第4節）。

調理素是存在於血漿和其他體液中的物質，其能與細胞及微生物某些特定的顆粒相結合，促進吞噬細胞更容易將細菌吞噬。吞噬細胞表面具有特異性抗體 Fc 接受器以及 C3b 接受器，因此，特異性抗體亦具有促進吞噬細胞吞噬病菌功能；補體 C3b 片段亦有特異性抗體類似的作用（詳見本章第 4 節）。

溶菌酶是一種能水解細菌肽聚醣的鹼性蛋白，主要透過破壞細菌細胞壁肽聚醣中的 β-1,4 糖苷鍵，使肽聚醣分解，導致細胞壁破裂，使細菌溶解內容物逸出。溶菌酶也可以作為非特異性的天然調理素，結合到細菌表面減少負電荷，並促進吞噬細胞對細菌的吞噬作用。在人體中，溶菌酶在外分泌腺體分泌的液體，如唾液、眼淚以及其他體液中廣泛存在，也存在於顆粒性白血球的細胞質顆粒中。

發炎反應

發炎反應(inflammation)是指具有血管系統的生物體，受到致炎因子的刺激，發生一系列的防禦反應，血管反應是發炎反應的重要環節，其表現為發炎部位**紅**、**腫**、**熱**、**痛**和功能障礙，以及全身白血球增多和體溫升高等。正常情況下，發炎是有益於人體的，是生物體的自動防禦反應，可以促進受損的組織修復，但是過於劇烈的發炎反應，對生物體反而是有害的，可能使組織壞死，造成功能障礙。

一、致炎因子

任何引起組織損傷的因素，都可能引起發炎反應，這些因素稱為致炎因子 (inflammatory agent)。可歸納為下列幾類：

1. 生物性因子：細菌、病毒、寄生蟲等微生物感染是發炎最常見的原因。由生物病原菌引起的發炎又稱為感染 (infection)。
2. 物理性因子：刀刺傷、燙傷、凍傷等。
3. 化學性因子：外源性化學物質，如強酸或強鹼燒傷等；內源性毒性物質，如壞死組織的分解產物，及在病理條件下堆積於體內的代謝產物如尿素等。
4. 過敏反應：第一型過敏反應如過敏性鼻炎、蕁麻疹；第二型過敏反應如抗基底膜性腎絲球腎炎；第三型過敏反應如免疫

複合物沉積所致的腎絲球腎炎；第四型過敏反應如結核、傷寒等；另外，還有許多自體免疫疾病所造成的組織損傷（詳見後文）。

二、發炎介質

　　發炎介質 (inflammatory mediator) 是指參與或引起發炎反應的活性物質。發炎介質有外源性（細菌及其代謝產物）和內源性（在致炎因子作用下，由局部組織或血漿產生和釋放的活性物質）兩大類，一般後者的作用力最為明顯。內源性發炎介質通常以非活性狀態存在於體內，在致炎因子的作用下，誘導其變為具有生物活性的物質，並在發炎病理變化中扮演重要的媒介作用。

　　由細胞釋放的發炎介質有血管活性胺(vasoactive amine)、前列腺素(prostaglandin)、白三烯素(leukotriene)、溶酶體和其他由淋巴球分泌的細胞激素(cytokine)等；由血漿產生的發炎介質包括激肽系統、補體系統、凝血系統和纖維蛋白溶解系統等。發炎介質在發炎過程中，主要作用是**血管擴張**使血管壁**通透性升高**，及發炎細胞趨化作用(chemokinesis)，導致：(1)血流動力學改變（炎性充血）；(2)血管壁通透性增高（炎性滲出）；(3)白血球游出和聚集（炎性浸潤）等變化。

▶ 補體系統

　　補體系統 (complement system) 存在於人或動物血清中，其與免疫相關，並具有酵素活性的球蛋白，目前已知補體有近40種可溶性蛋白和膜結合蛋白組成，包括直接參與補體系統啟動的各種固有成分，和調控補體啟動的各種去活化因子 (inactivated factor)、抑制因子 (inhibitor)，以及分布於細胞表面的補體接受器等。

　　補體成分以符號「C」表示，按其發現順序分別稱為C1、C2、…C9，其中C1由C1q、C1r和C1s三個次單位組成。補體成分經酵素催化後裂解成片段，小片段用a表示，如C3a；大片段用b表示，如C3b。具有酵素

臨·床·焦·點　　　　　Clinical Focus

發 燒 (Fever)

　　發燒是指體溫上升超過正常範圍。通常能引起人體或動物發熱的物質稱為致熱原 (pyrogen)，一般又分為外源性致熱原和內源性致熱原兩類。外源性致熱原是細菌、病毒侵入人體，產生毒素直接刺激體溫調節中樞，引起體溫升高；內源性致熱原是人體白血球為了抵抗感染，與入侵的病原菌對抗所產生的代謝產物。

　　外源性致熱原可以刺激體內細胞釋放內源性致熱原，如在發炎反應時，細菌內毒素及組織受損分解的產物，作用於白血球而產生內源性致熱原，再作用於體溫調節中樞而致體溫升高。例如介白素-1 (IL-1)、腫瘤壞死因子 (TNF) 和前列腺素 E 等發炎介質，都是重要的內源性致熱原。

　　發燒的生物學意義可從兩方面來看。一方面，一定程度的發熱，可能增強吞噬細胞的吞噬功能，有利於淋巴細胞增殖和抗體形成增多，促進干擾素產生，有抗病毒、抗細菌和抗癌效應；然而，發熱過高或過久，會使人體各個系統和器官功能以及代謝發生嚴重障礙，甚至衰竭。

活性的成分，在符號上劃一橫線表示，如 $\overline{C4b2b}$，若失去活性則以符號前加i表示，如 iC3b。**補體接受器**(complement receptor, CR) 存在於不同細胞表面，能與活化態的補體片段相結合，可以媒介多種生物效應產生。

一、補體系統的活化

在生理情況下，多數補體以非活化形式存在。補體系統活化過程中，可以產生多種生物活性物質，引起一系列生理效應，參與人體對抗微生物防禦反應，增強體液性免疫反應，同時亦媒介發炎反應，可能導致組織損傷。

啟動補體系統的途徑，稱為古典途徑 (classical pathway)，其活化物是 IgG、IgM 與抗原結合形成免疫複合物，經過補體系統識別及活化，最後形成大分子量的膜攻擊複合物 (membrane attack complex, MAC)，即由 C5~C9 所組成的 $C5b6789_n$。MAC 包含由 12~15 個 C9 分子組成的管狀複合物，此複合物貫穿整個標的細胞膜，成為內徑約 11 nm 的跨膜孔道（圖 12-10），使標的細胞膜失去屏障作用，水分大量內流，導致細胞膨脹而溶解，或者到死量的鈣離子被動通透入細胞內，導致非依賴性滲透壓作用的細胞死亡。

二、補體的功能

補體系統透過在標的細胞表面形成 MAC，導致標的細胞溶解的古典途徑，是生物體抵抗微生物感染的重要防禦機制。補體溶解細胞的效應不僅可以對抗細菌，也可以對抗其他致病菌及寄生蟲感染。當補體缺陷時，生物體易受病原菌感染。

在補體活化過程所產生的補體片段，也具有以下功能：

1. **調理作用**：補體啟動過程所產生的C3b、C4b和iC3b均是重要的調理素(opsonin)，當它們與標的細胞（或免疫複合物）結合後，另一端可結合嗜中性球或巨噬細胞，做為標的細胞與吞噬細胞之間的橋樑，促使吞噬細胞進行吞噬作用（圖12-20），這可能是生物體抵抗全身性細菌或真菌感染的主要防禦機制。

2. **免疫黏附作用**：免疫複合物啟動補體後，可經 C3b 黏附到具有 C3b 接受器的紅血球、血小板或某些淋巴細胞上，形成較大的聚合物，有助於被巨噬細胞吞噬清除（圖 12-11）。

3. **發炎介質作用**：局部發炎時，補體片段可使微血管通透性增強，吸引白血球到

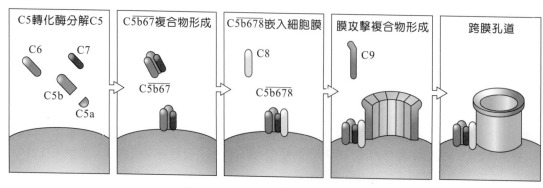

■ **圖 12-10**　膜攻擊複合物的形成。

發炎部位。例如 C3a、C5a 具有**過敏毒素** (anaphylatoxin) 作用，促使肥大細胞或嗜鹼性球釋放組織胺，引起血管擴張，增加微血管通透性，並使平滑肌收縮等。C5a 亦有趨化作用，吸引吞噬細胞到達發炎的部位。

 12-4 特異性免疫
Specific Immunity

特異性免疫又稱為**後天性免疫** (acquired immunity)，是個體出生後，在生活過程中與致病菌及其代謝產物等抗原分子接觸後，產生的一系列免疫防禦功能。根據反應機制分為：(1) **細胞性免疫** (cell-mediated immunity)，即由 T 細胞活化發揮免疫效應；(2) **體液性免疫** (humoral immunity)，即由 B 細胞活化產生特異性抗體發揮免疫效應。

根據獲得免疫的方式，可分為：

1. **主動免疫** (active immunity)：即生物體受到外來抗原的刺激，自動產生免疫反應而獲得的免疫力，包括：

(1) 自然主動免疫 (natural active immunity)：是指在感染某種病原菌後，產生對該病原菌再次侵入的抵抗力。

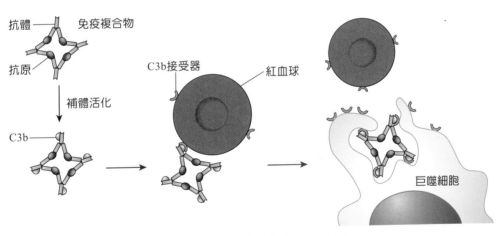

■ **圖 12-11** 補體的免疫黏附作用。

表 12-1　非特異性免疫與特異性免疫的比較

特 性	非特異性免疫	特異性免疫
細胞組成	黏膜和上皮細胞、吞噬細胞、NK 細胞等	T 細胞、B 細胞、抗原呈現細胞 (APC)
作用階段	即刻至 96 小時內	96 小時後
識別接受器	模式識別接受器，較少多樣性	抗原特異性識別接受器，有多樣性
作用特性	非特異作用，抗原識別範圍廣泛，不需複製擴增和分化	特異性作用，抗原識別專一，需複製擴增和分化
作用時間	無免疫記憶，作用時間短	有免疫記憶，作用時間長

(2) 人工主動免疫(artificial active immunity)：是用人工接種方法，例如注射抗原性物質〔稱為疫苗(vaccine)〕至體內，使人體免疫系統受抗原刺激，而產生體液性和細胞性免疫反應的過程。

2. **被動免疫** (passive immunity)：即生物體接受外來免疫物質，從而產生對某種疾病有免疫力，包括：

(1) 自然被動免疫(natural passive immunity)：指經由母體獲得某種特異性抗體，從而獲得對某種病原菌有免疫力，例如從母體胎盤獲得IgG抗體，或從初乳(colostrum)獲得IgA抗體。

(2) 人工被動免疫(artificial passive immunity)：是將含有特異性抗體的免疫血清或細胞激素等製劑，直接注入體內，使之立即獲得免疫力。

▶ 抗原

抗原 (antigen, Ag) 是指能夠刺激生物體免疫系統活化，並產生相應的免疫性產物與抗原發生特異性結合，使之產生特異性免疫反應。

一、抗原的特性

（一）抗原的基本特性

抗原的兩種基本特性為**免疫原性** (immunogenecity) 及**抗原性** (antigenicity)。免疫原性指抗原分子能夠刺激生物體產生特異性免疫反應的性質。抗原性指抗原分子與免疫反應產物（如抗體或免疫效應細胞）發生特異性結合的性質，具有這兩種特性的物質稱為完全抗原或**免疫原** (immunogen)。

（二）抗原的異物性與特異性

1. 異物性 (foreignness)：是指抗原與生物體自身成分相異，或未與胚胎期免疫細胞接觸過的物質。異物性是免疫原的核心，抗原與生物體間的親緣關係越遠，組織結構差異越大，其免疫原性越強。

2. 抗原的特異性 (specificity)：抗原只和相對應的抗體或致敏淋巴細胞相結合，這一特性稱為抗原的特異性。

（三）抗原表位

抗原表位(epitope)指位在抗原分子中，決定抗原特異性的化學基團，又稱**抗原決定基**(antigenic determinant)。抗原表位的性質、數量和結構形狀決定抗原的特異性，其與相對應的淋巴細胞表面接受器結合，啟動淋巴細胞引起特異性免疫反應。因此，抗原表位是被免疫細胞識別的標記，以及免疫反應具有特異性免疫的基礎。

二、抗原的分類

1. 根據抗原性質，分為：

(1) 完全抗原：具有免疫原性和抗原性的物質。

(2) 半抗原(haptens)：又稱不完全抗原，指無免疫原性，只有抗原性物質。半抗原若與蛋白載體結合亦可成為完全抗原，如青黴烯酸(penicillenate)，其為青黴素(penicillin)降解產物，即為半抗原，當與人體蛋白結合形成青黴烯酸蛋白，而

成為具有免疫原性的完全抗原，可引起過敏反應。

2. 根據抗原刺激 B 細胞產生抗體是否需要 T 細胞輔助，分為：

(1) **胸腺依賴性抗原** (thymus-dependent antigen, TD-Ag)：此類抗原刺激 B 細胞產生抗體過程，需 T 細胞的協助。絕大多數蛋白質抗原屬於此類，如細胞、細菌、血清蛋白。

(2) **非胸腺依賴性抗原** (thymus-independent antigen, TI-Ag)：此類抗原刺激 B 細胞產生抗體時，一般不需要 T 細胞的協助，如細菌脂多醣、莢膜多醣、聚合鞭毛素等。

3. 根據抗原是否經由抗原呈現細胞內合成，分為：

(1) **內源性抗原**：是經由抗原呈現細胞內合成的抗原，包括病毒和細菌感染後的細胞，在其細胞質內及細胞核內合成抗原，以及腫瘤細胞內合成的腫瘤抗原。

(2) **外源性抗原**：指吞噬外來或自身抗原，例如巨噬細胞直接吞噬細菌或自身受損細胞等，或細菌增殖新合成的抗原成分。

▶ 細胞性免疫

細胞性免疫指由T細胞活化產生的免疫效應。當病原菌抗原進入體內後，首先由抗原呈現細胞(APC)吞噬或攝取抗原，並在其胞內加工處理後，再呈現給T細胞辨識，T細胞獲得活化訊號後，發生活化、增殖和分化，產生具有**作用性的T細胞**(effector T cell)。當再次遇到相同抗原時，曾被活化的T細胞可釋放細胞激素，或透過**毒殺性T細胞** (cytotoxic T cell, T_C cell)攻擊被抗原性標的細胞。

一、抗原的呈現

（一）抗原呈現細胞

在免疫反應過程中，除了 T 細胞和 B 細胞扮演核心作用外，單核／巨噬細胞和樹突狀細胞也參與其中，主要是負責處理和呈現抗原，故稱為抗原呈現細胞 (antigen presenting cell, APC)。抗原呈現細胞透過吞噬作用攝取和處理抗原，並將處理後得到的多胜肽片段與 MHC II 分子結合，再表現於細胞表面呈現給 CD4+ T_H 細胞。抗原呈現細胞主要有單核／巨噬細胞、樹突狀細胞和 B 細胞三類。

雖然有核細胞表面均表現 MHC I 分子，其可將細胞內的蛋白抗原降解為多胜肽片段，並與 MHC I 分子結合，表現在細胞表面呈現給 CD8+ T 細胞 (T_C cell)，亦有呈現抗原作用，但習慣上不將這些細胞歸類為專職的抗原呈現細胞，而稱其為標的細胞。

（二）主要組織相容性複合物 (MHC)

主要組織相容性複合物 (major histocompatibility complex, MHC) 是主要組織相容性抗原基因群編碼的產物，是早期從組織器官移植實驗中發現的。組織相容性抗原為高度多態性複雜的抗原系統，現已證明 MHC 不僅控制著同種移植排斥反應，更重要的是其與免疫反應、免疫調節及某些病理狀

態均有密切相關。MHC 的功能是將其產物抗原胜肽呈現並啟動 T 細胞活化，因此，MHC 在啟動特異性免疫反應有著重要作用。

人類白血球抗原(human leukocyte antigen, HLA)是人類的主要組織相容性抗原系統。因該抗原首先在白血球表面檢測到而得名。編碼該抗原的基因也稱HLA複合物。人類MHC的基因位於第6號染色體，分成三類基因區：MHC I、MHC II及MHC III。MHC是人體中多態性最豐富的基因系統，若按隨機組合，人群中的基因型可達10^8種以上。因此，人群中除同卵雙胞胎之外，個體間MHC型別完全相同的可能性極小。因MHC多態性使得種群(population)能對各種病原菌產生合適的免疫反應，以應付多變的環境條件。

MHC 最主要功能是作為抗原呈現分子。已知 MHC 兩類分子所呈現的抗原有不同的特點。細菌、蛋白質等非自身細胞產生的**外源性抗原**，經由抗原呈現細胞吞噬或內化降解後，再與 **MHC II** 分子結合，形成抗原胜肽－ MHC II 分子複合物運送到細胞表面，供 CD4$^+$ T 細胞識別。病毒抗原、腫瘤抗原等**內源性抗原**，在細胞內首先經蛋白酶降解成胜肽片段，在內質網與 **MHC I** 分子結合，形成抗原胜肽－ MHC I 分子複合物，經高基氏體運送到細胞表面，供 CD8$^+$ T 細胞識別。

二、T 細胞

T 細胞在胸腺中發育成熟。T 細胞在特異性免疫具有關鍵性作用，不僅負責細胞性免疫，對 B 細胞誘導的體液性免疫亦有輔助和調節作用。

（一）T 細胞表面分子

T 細胞表面有多種膜分子。這些膜分子可做為 T 細胞識別抗原、接受訊號和細胞之間相互作用的分子機轉基礎，也是鑑定及分離 T 細胞和 T 細胞亞型的重要依據。

所有 T 細胞表面都有能結合特異性抗原的膜分子，稱為 **T 細胞接受器** (T cell receptor, TCR)。成熟 T 細胞的 TCR 與細胞膜上的 CD3 分子結合，形成 TCR-CD3 複合物（圖 12-12），只有完整的 TCR-CD3 複合物，才能將 TCR 識別抗原的訊息傳遞到細胞內，使 T 細胞啟動活化。

T細胞表面另有輔助分子，如CD4／CD8分子能與MHC分子結合，做為TCR-CD3**協同接受器**(co-receptor)，協助識別MHC分子，和幫助TCR-CD3複合物媒介的訊號傳遞（圖12-13），以協助T細胞與APC相互接觸，及啟動抗原刺激後的活化過程。

1. **CD4 分子**：CD4 分子可與 **MHC II** 分子結合，可增強 TCR 對 MHC II 分子呈現的抗原的敏感性，促進抗原識別後的 TCR-CD3 複合物媒介的訊號傳遞。另外，CD4 分子是人類免疫缺乏病毒 (HIV) 的接受器，HIV 通常首先侵犯和破壞 CD4$^+$ T 細胞，造成 AIDS 病人免疫功能缺損。

2. **CD8 分子**：CD8 分子可與 **MHC I** 分子結合，可增強 TCR 對 MHC I 分子呈現的抗原的敏感性，促進抗原識別後的 TCR-CD3 複合物媒介的訊號傳遞作用。

（二）T 細胞的分類

CD4 和 CD8 分子分別出現在不同的 T 細胞表面，因此，T 細胞可分成兩大亞群：

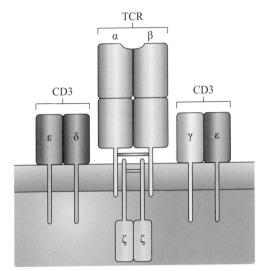

■ 圖 12-12　TCR-CD3 複合物結構示意圖。

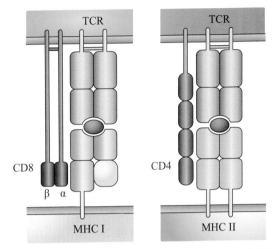

■ 圖 12-13　CD4 和 CD8 分子與 MHC 分子結合示意圖。

CD4$^+$ CD8$^-$ T 細胞（簡稱 CD4$^+$ T 細胞）及 CD4$^-$ CD8$^+$ T 細胞（簡稱 CD8$^+$ T 細胞）。

1. **CD4$^+$ T 細胞**：又稱為**輔助性 T 細胞** (help T cell)，簡稱 **T$_H$ 細胞** (T$_H$ cell)，其所識別的抗原，是由抗原呈現細胞 (APC) 所呈現的抗原胜肽－ MHC II 分子複合物。T$_H$ 細胞根據其產生的細胞激素種類分為 T$_H$1 和 T$_H$2 兩個亞群，T$_H$1 細胞主要參與細胞性免疫和遲發型過敏反應，主要對抗細胞內微生物的感染，和參與細胞性免疫所引起的發炎反應；T$_H$2 細胞主要協助 B 細胞產生抗體。

2. **CD8$^+$ T細胞**：其所識別的抗原是標的細胞表面的抗原胜肽－MHC I分子複合物，又稱為**毒殺性T細胞**(cytotoxic T cell)，簡稱CTL或T$_C$細胞(T$_C$ cell)，主要對抗被病毒感染的細胞或癌細胞等，與標的細胞接觸後，釋放細胞毒性蛋白，如穿孔素(perforin)、顆粒酶(granzyme)等，使標的細胞溶解和發生凋亡。

（三）T 細胞的活化

　　T細胞識別抗原具有**MHC限制性**(MHC restriction)（圖12-14），CD4$^+$ T細胞識別APC呈現的抗原胜肽-MHC II複合物；CD8$^+$ T細胞識別標的細胞膜表面的抗原胜肽-MHC I複合物（圖12-13）。T細胞活化需要兩個訊號和細胞激素的作用：

1. **第一活化訊號**（抗原特異性訊號）：指 T 細胞表面 TCR-CD3 複合物識別特異性抗原胜肽-MHC 複合物，由 CD3 分子傳導所產生的訊號，另 CD4、CD8 分別協助識別 MHC II 和 MHC I 分子。

2. **第二活化訊號**（協同刺激訊號）：APC 表面的黏附分子與 T 細胞表面相對應的配體結合（如 B7-CD28 分子等），促進 APC 與 T 細胞直接接觸，產生 T 細胞活化的協同刺激訊號。

3. **細胞激素產生**（IL-2 等）也是 T 細胞充分活化並增殖的重要條件。

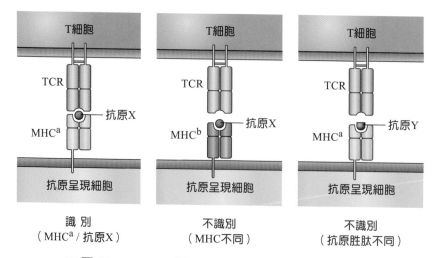

■ 圖 12-14　TCR 與 APC 相互作用的 MHC 限制性。

三、T 細胞媒介的特異性免疫效應

（一）T_H1 細胞的作用

T_H1 細胞可透過活化巨噬細胞及各種細胞激素的作用，對抗細胞內細菌的感染。

➔ 對巨噬細胞的作用

T_H1 細胞分泌巨噬細胞活化因子 IFN-γ 等，且膜表面表現 CD40L 與巨噬細胞膜表面 CD40 結合，啟動巨噬細胞活化訊號（圖 12-15）；另 T_H1 細胞釋放細胞激素，誘導巨噬細胞聚集到感染部位，引起局部單核／巨噬細胞和淋巴細胞浸潤的發炎反應。

整個免疫反應過程中，由抗原呈現細胞誘導T_H1細胞活化、增殖、分化等作用，是具有明確的特異性免疫，但在效應階段所釋放的細胞激素，其作用為擴大非特異性免疫。如IFN-γ活化單核／巨噬細胞，使其B7分子和MHC II分子表現增加，促進更多的T細胞增殖，並釋放更多的IFN-γ、TNF等，產生的效應具有放大發炎作用和殺傷標的細

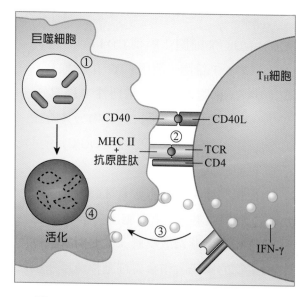

■ 圖 12-15　T_H1 細胞對巨噬細胞的活化作用。

胞；同時巨噬細胞釋放IL-1、IL-8、TNF-α等細胞激素，促使發炎反應加劇。

當 T_H1 細胞再次與抗原接觸後 24~48 小時發生反應，72 小時達高峰。由於 T_H1 細胞所媒介的免疫反應發生較慢，因此，T_H1 細胞也稱為遲發型過敏反應 T 細胞 (delay type hypersensitivity T cell, T_{DTH} cell)。

⊙ 對淋巴細胞的作用

T_H1 細胞產生的 IL-2 等細胞激素，可促進 T_H1 細胞、T_C 細胞等增殖，從而放大免疫效應。此外，T_H1 細胞亦可透過分泌 IFN-γ 和 IL-2，輔助 B 細胞產生抗體。

（二）T_H2 細胞的作用

T_H2 細胞與 B 細胞接觸作用，提供 CD40L-CD40 結合以及分泌細胞激素 IL-4、IL-5、IL-6、IL-10、IL-13 等兩種方式，提供第二訊號輔助 B 細胞啟動體液性免疫反應。

（三）T_C 細胞的作用

T_C 細胞可特異性識別標的細胞表面的抗原胜肽 -MHC I 複合物後被啟動，透過三種方式導致標的細胞死亡或凋亡（圖 12-16）：

1. 釋放毒性蛋白質，如穿孔素，形成膜孔道導致細胞死亡。

2. 釋放顆粒酶，經由穿孔素在標的細胞表面形成孔道，進入標的細胞降解 DNA，導致標的細胞凋亡。

3. 透過 FasL（位於 T_C 表面）與 Fas（位於標的細胞表面）結合，降解標的細胞 DNA，誘導細胞凋亡。

四、細胞性免疫的特性及作用

細胞性免疫的特性包括發生緩慢（1~3天）、多局部性免疫反應，在組織學變化方面，以 T 細胞為主，巨噬細胞、NK 細胞為協同作用的細胞浸潤型發炎反應。

細胞性免疫主要作用包括對抗細胞內感染（細菌、病毒、真菌、寄生蟲）、抗腫瘤免疫、引起遲發型過敏反應，以及參與移植排斥反應、某些藥物過敏、某些自體免疫疾病等。

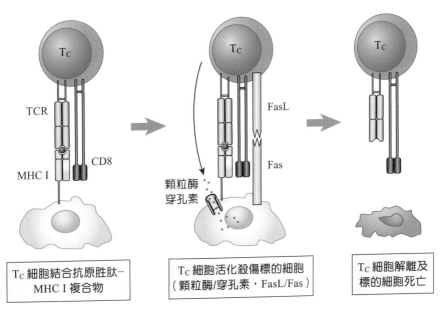

■ 圖 12-16　T_C 細胞殺傷標的細胞的方式。

細胞激素

細胞激素 (cytokine) 是一類能在細胞間傳遞訊息，具有免疫調節和效應功能的蛋白質或小分子多胜肽，有類似激素或神經傳遞物質的作用。細胞激素通常由淋巴細胞、單核／巨噬細胞、纖維母細胞、內皮細胞等相關細胞產生分泌。常見的細胞激素的種類及作用如下：

1. 介白素 (interleukin, IL)：是媒介白血球間相互作用的細胞激素的統稱，在名稱後加阿拉伯數字編號以示區別，例如 IL-1、IL-2…等，新確定的細胞激素依次命名。後來發現 IL 不僅媒介白血球間的相互作用，還參與其他細胞的相互作用，如造血細胞、血管內皮細胞、纖維母細胞、神經細胞等。

2. 干擾素 (interferon, IFN)：是 1957 年從病毒感染的細胞上清液中，發現的第一類細胞激素。當時證明它具有抑制病毒複製的生物活性，因而命名為干擾素。根據其來源和結構，可將 IFN 分為 α、β 及 γ 三型，它們分別由白血球、纖維母細胞和活化態 T 細胞產生。IFN 除了有抗病毒作用外，還有抗腫瘤、免疫調節、控制細胞增殖及引起發熱等作用。

3. 群落刺激因子(colony-stimulating factor, CSF)：是在進行造血細胞體外研究中發現，可刺激不同的造血幹細胞，在半固體培養基中形成細胞群落。根據其作用範圍，分別命名為顆粒性白血球群落刺激因子(granulocyte colony-stimulating factor, G-CSF)、巨噬細胞群落刺激因子(macrophage colony-stimulating factor, M-CSF)、顆粒性白血球－巨噬細胞群落刺激因子(granulocyte-macrophage colony-stimulating factor, GM-CSF)和多群落刺激因子（multi-colony stimulatig factor, multi-CSF，即IL-3）等。

4. 腫瘤壞死因子 (tumor necrosis factor, TNF)：是一類能直接造成腫瘤細胞死亡的細胞激素，根據來源和結構分為 α 和 β 兩型。TNF-α 由單核／巨噬細胞產生；TNF-β 由活化態 T 細胞產生，又名淋巴毒素 (lymphotoxin)。TNF 除了有殺腫瘤細胞的作用之外，還可引起發熱和發炎反應。

體液性免疫

體液性免疫由 B 細胞活化產生特異性抗體 (antibody, Ab)，進而產生免疫效應。當病原菌進入體內時，B 細胞可直接識別和結合，並獲得第一步活化訊號，在 T 細胞及其細胞激素協助下，B 細胞獲得第二步活化訊號，隨後發生增殖並分化成漿細胞 (plasma cell)。漿細胞產生和分泌抗體，抗體具有結合、中和以及清除外來抗原異物的作用。

一、B 細胞

B 細胞主要功能是產生抗體，負責體液性免疫。對 T 細胞的功能也有重要作用，特別在識別抗原時，能將處理後的抗原呈現給 T 細胞，提供協同刺激訊號，使 T 細胞充分活化。

（一）B 細胞表面分子

B 細胞表面也有多種膜表面分子，藉以識別抗原、免疫細胞之間相互作用，也是鑑定和分離 B 細胞的重要依據。例如 **B 細胞接受器** (B cell receptor, BCR) 是存在於 B 細胞表面的 **膜免疫球蛋白** (membrane immunoglobulin, mIg)，是 B 細胞特徵性表面標記。

B細胞表面也有輔助分子，其對B細胞活化過程有著重要作用，促進抗原刺激訊號傳遞，參與B細胞與T細胞之間相互作用等。如 CD40（為協同刺激接受器）與其配體結合，可為B細胞提供協同刺激訊號，使B細胞能進入充分活化，繼而B細胞增殖、產生抗體等過程。

（二）B 細胞的活化、增殖和分化

B 細胞活化需兩種訊號，第一活化訊號指抗原刺激訊號，即抗原與 BCR 複合物結合，訊號經由 BCR 傳入胞內。第二活化訊號指 T_H 細胞訊號，其有二種方式獲得：(1) T_H2 細胞與 B 細胞間相互作用提供 CD40L-CD40；(2) T_H 細胞分泌細胞激素，如 IL-2、IL-4、IL-5、IL-6 等。

當 B 細胞成為活化態，有一部分分化為 **漿細胞**，進行合成和分泌各類**免疫球蛋白**（即**抗體**），漿細胞壽命較短，其生存期僅數日，隨後即死亡；另一部分分化為 **記憶 B 細胞** (memory B cell)，停止增殖和分化，並存活數月至數年，當再次與同一抗原接觸時，記憶性 B 細胞很快發生活化和分化，產生抗體的潛伏期短，抗體濃度高，維持時間長，與個體的次級免疫反應相關。

二、抗體

當 B 細胞被抗原活化後，分化為成熟的漿細胞，其可合成及分泌具有免疫功能的球蛋白，稱為**免疫球蛋白** (immunoglobulin, Ig) 或**抗體** (antibody, Ab)，主要存在於血清等體液中，透過與相對應抗原特異性結合，發揮體液性免疫功能。免疫球蛋白存在形式有兩種：

1. **分泌型** (secreted form)：能分泌進入體液，負責體液性免疫反應。
2. **膜型** (membrane-bound form)：即 B 細胞膜上的抗原識別接受器。

當 B 細胞活化分化為成熟的漿細胞時，其膜型免疫球蛋白 Ig 數量逐漸降低，而分泌型 Ig 逐漸增加。

（一）免疫球蛋白的結構

免疫球蛋白 (Ig) 是由四條對稱多胜肽鏈構成的單體，包括兩條分子量較大的重鏈和兩條分子量較小的輕鏈，輕、重鏈間由**雙硫鏈** (disulfide bond) 相連（圖 12-17）。

1. **重鏈** (heavy chain, H chain)：由於重鏈胺基酸組成及序列的差異，使得不同免疫球蛋白 (Ig) 的抗原性不相同。根據重鏈抗原性的差異，免疫球蛋白可分為五類，即 IgM、IgG、IgA、IgD 及 IgE，其相應的重鏈分別稱之為 μ、γ、α、δ 及 ε 鏈。
2. **輕鏈** (light chain, L chain)：分子量約 25 kD，根據輕鏈抗原性的不同，分為 κ、λ 兩型。

重鏈和輕鏈又各自再分為可變區及恆定區：

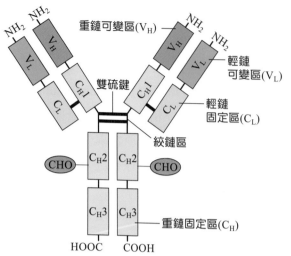

■ **圖 12-17** 免疫球蛋白的結構。

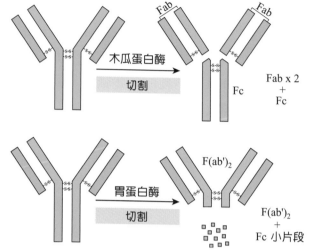

■ **圖 12-18** 利用蛋白酶將抗體降解為片段，可輔助了解其結構及功能。

1. **可變區** (variable region, V region)：指其胺基酸組成及序列變化大而得名，是特異性抗原結合的部位。可變區的變化是抗體與龐大不同的抗原特異性結合的分子基礎。

2. **恆定區** (constant region, C region)：指其胺基酸組成和排列順序穩定而得名。

　　Ig 分子在一定條件下，容易被蛋白酶水解為各種片段（圖 12-18），其為研究 Ig 結構與功能的重要方法之一，常用的蛋白酶有**木瓜蛋白酶** (papain) 和**胃蛋白酶** (pepsin)。

（二）免疫球蛋白的特性和功能

1. **IgG** (immunoglobulin G)：為血清中含量最高的抗體，約占血清抗體總量的 75%。出生後 3 月開始合成，3~5 歲達成人水準。另亦是**唯一能主動穿過胎盤的 Ig**，其為重要的自然被動免疫作用，具有防止新生兒感染，為主要對抗感染的抗體，具有抗菌、抗病毒、中和毒素及免疫調節等作用。免疫次級反應以 IgG 為主，且其維持時間較長。

2. **IgM** (immunoglobulin M)：在胚胎晚期開始合成，故其為最早合成的抗體，主要分布在血液循環內，占血清總抗體的 5~10%，具有強大的殺菌、啟動補體、免疫調理和凝集作用（較 IgG 高 500~1,000 倍）。IgM 是生物體受抗原刺激後血清中最早出現的抗體，所以 IgM 是免疫初級反應主要的抗體。

3. **IgA** (immunoglobulin A)：分為血清型及分泌型抗體。血清型IgA約占血清總抗體的 10~20%，為單體結構式。分泌型IgA廣泛存在於母乳（初乳中含量較高）、唾液及呼吸道黏膜、胃腸道及泌尿生殖道分泌液中，皮膚和黏膜表面的分泌型IgA，具有局部抗感染作用，黏膜表面的分泌型IgA可與入侵的微生物結合，發揮免疫屏障作用，並能中和病毒，抑制病毒複製。嬰兒可從初乳中獲得高濃度的分泌型IgA，並於出生後4~6月開始合成分泌型IgA，至青少年時期達成人水準。

4. **IgD** (immunoglobulin D)：血清含量低，約占總抗體的 1%，功能尚不清楚。

5. **IgE** (immunoglobulin E)：正常人血清中 IgE 含量極低，約占總抗體的 0.002%。IgE 對肥大細胞及嗜鹼性球具有高度親和性，與**第一型過敏反應**有密切相關（詳見本章第 5 節）。

三、體液性免疫效應

體液性免疫主要是透過抗體發揮特異性免疫效應。抗體與病毒或細菌毒素結合，能消除病毒傳染或細菌毒素的生物效應，稱為**抗體中和作用** (neutralization)，有此作用的抗體稱為中和抗體，其主要作用在於抵抗細胞外的游離病毒。針對外毒素的中和抗體又稱為**抗毒素** (antitoxin)，抗毒素與外毒素特異性結合形成免疫複合物，可阻止外毒素吸附於易感細胞，同時讓外毒素不能表現毒性。

中和抗體的作用機制是：(1)改變病毒表面構形，阻止病毒吸附於易感細胞，使病毒不能穿入細胞內進行增殖；(2)病毒與中和抗體形成免疫複合物，促使巨噬細胞吞噬清除；(3)有包／被膜的病毒，其表面抗原與中和抗體結合後，啟動補體，可促使病毒溶解。

抗體依賴性細胞媒介型毒殺作用 (antibody-dependent cell-mediated cytotoxicity, ADCC) 指具有毒殺性的免疫細胞（如 NK 細胞）透過其表面 Fc 接受器，辨識有包覆標的抗原的抗體表面 Fc 部位結合，直接攻擊之（圖 12-19）。

抗體具有**調理作用** (opsonization)，例如 IgG 的 Fc 可與嗜中性球及巨噬細胞上的 Fc 接受器結合，從而增強吞噬細胞的吞噬作用（圖 12-20）。

此外，抗體可透過啟動補體系統，引起溶菌、溶解細胞等效應（詳見後文）。在某些情況下，抗體還可參與過敏反應，引起病理性損傷。

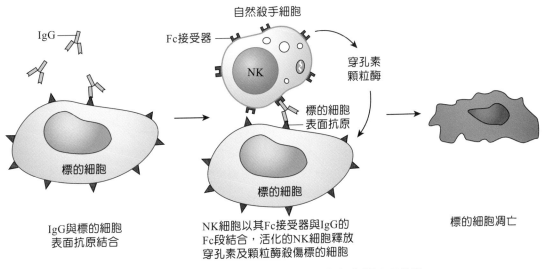

■ **圖 12-19** 抗體依賴性細胞媒介型毒殺作用 (ADCC)。

四、抗體產生的一般規律

1. **初級反應** (primary response)：指抗原第一次進入人體所引起的反應，特徵是潛伏期長，需 1~2 週後才能產生抗體（圖 12-21），抗體效價低，維持時間較短；最初出現 IgM，隨後出現 IgG，在一定時間內 IgG 能保持稍高的水準，與抗原親和力低。

2. **次級反應** (secondary response)：指再次接觸相同抗原所產生的反應，其特徵與初級反應不同，潛伏期較短，一般 1~2 天，甚至數小時即可產生抗體，以高親和力的 IgG 抗體為主且其含量高，約為初級反應幾倍到幾十倍，維持時間很長，而 IgM 的含量與留存時間與初級反應相似，但與抗原親和力高。

抗體產生的規律，有利於臨床診斷及預防接種，當進行疫苗接種或製備免疫血清時，應採用再次或多次疫苗接種，目的是產生高力價、高親和力的抗體，以維持長久的免疫力。在免疫反應過程中，IgM 是最先出

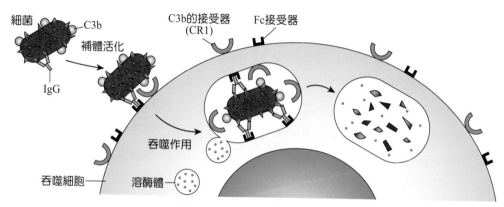

■ 圖 12-20　抗體的調理作用。

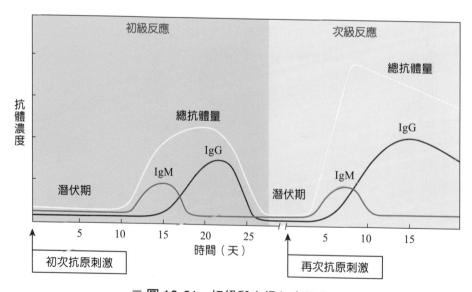

■ 圖 12-21　初級與次級免疫反應。

現的抗體,因此,檢測IgM可作為早期診斷和初步感染指標之一,當檢測IgG的力價比前次增高4倍以上者,表示正在再次或曾經感染的證據。

12-5 與免疫系統相關的疾病
Diseases Related with The Immune System

▶ 過敏反應

過敏反應(hypersensitivity)指生物體再次接觸相同抗原〔**過敏原**(allergen)〕時,產生免疫反應同時,亦引起組織損傷或功能紊亂。根據過敏反應的發生機制及臨床特徵,共分為四型,其分類與比較可參考表12-2。

一、第一型過敏反應

第一型過敏反應(type I hypersensitivity),亦稱為**IgE媒介型過敏反應**(IgE-mediated hypersensitivity),主要由血清中IgE媒介,反應可能是局部性,也有可能是全身性。在四型過敏反應中,此型發生速度最快,當第二次接觸抗原後,數分鐘內出現免疫反應,故又稱為**立即型過敏反應**(immediate hypersensitivity),此型有明顯的個體差異和遺傳傾向。

過敏原經由各種途徑進入體內,刺激抗原特異性B細胞分化成熟為漿細胞,產生IgE抗體(圖12-22)。IgE抗體以其Fc與肥大細胞或嗜鹼性球表面的Fc接受器(FcεR)結合,使生物體處於致敏狀態(致敏階段),當同一種過敏原再次進入致敏生物體時,即與上述細胞表面的IgE結合,引起一系列反應,使

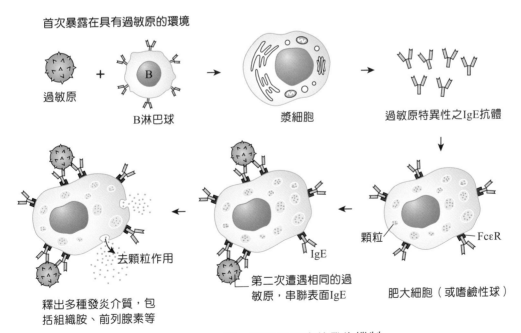

首次暴露在具有過敏原的環境

過敏原　B淋巴球　　漿細胞　　過敏原特異性之IgE抗體

去顆粒作用

釋出多種發炎介質,包括組織胺、前列腺素等

第二次遭遇相同的過敏原,串聯表面IgE

IgE

顆粒　　FcεR

肥大細胞(或嗜鹼性球)

■ 圖 12-22　第一型過敏反應的發生機制。

細胞膜穩定性下降，通透性增強，細胞內顆粒脫出，釋放許多生物活性介質，引起過敏反應發作（激發和效應階段）。

由 IgE 媒介型過敏反應所導致的常見疾病包含藥物過敏性休克〔青黴素 (penicillin) 引起最常見〕、血清過敏性休克、過敏性鼻炎 (allergic rhinitis) 和過敏性氣喘 (asthma)、異位性皮膚炎 (atopic dermatitis) 及乾草熱 (hay fever) 等。

二、第二型過敏反應

第二型過敏反應(type II hypersensitivity) 是由 IgG 或 IgM 與細胞表面的抗原結合，在補體、單核球／巨噬細胞、嗜中性球及 NK 細胞等參與下，引起細胞裂解死亡為主的病理損傷，故第二型過敏反應又稱為**抗體媒介細胞毒殺型過敏反應** (antibody-dependent cytotoxicity hypersensitivity)。

第二型過敏反應常見疾病有輸血反應、新生兒溶血性疾病（詳見第 10 章）、自體免疫溶血性貧血等。

三、第三型過敏反應

第三型過敏反應(type III hypersensitivity) 是抗原與相應的抗體（IgG、IgM 類）結合，在血液循環中形成可溶性免疫複合物，透過啟動補體、血小板和嗜中性球等參與下，引起組織損傷的過程，故第三型過敏反應又稱為**免疫複合物型過敏反應**(immune complex-mediated hypersensitivity)。

第三型過敏反應常見疾病有血清病 (serum sickness)、鏈球菌感染後腎絲球腎炎（免疫複合物型腎炎）、全身性紅斑性狼瘡、類風濕性關節炎等。

四、第四型過敏反應

第四型過敏反應 (type IV hypersensitivity) 是由 T 細胞再次接觸相同抗原 24~72 小時後發生的反應，以 T 細胞、巨噬細胞、NK 細胞浸潤和組織損傷為主的發炎，故第四型過敏反應又稱為**遲發型過敏反應** (delayed type hypersensitivity)。在這四種過敏反應類型中，只有第四型過敏反應與抗體無關，主要由活化態的淋巴球及巨噬細胞媒

表 12-2 過敏反應的分類與比較

類型	功能性名稱	媒介物	誘發因子	典型疾病
I	立即型或 IgE 媒介型過敏反應	IgE、肥大細胞	過敏原	異位性過敏 (atopy) 急性過敏反應 (anaphylaxis)
II	抗體媒介細胞毒殺型過敏反應	主要為 IgG 及補體	不相容之 ABO 抗原、Rh 抗原	輸血性溶血 新生兒溶血性疾病
III	免疫複合物型過敏反應	抗體－抗原複合物、補體、發炎細胞	抗血清，自體免疫反應	血清病 鏈球菌感染後腎絲球腎炎
IV	遲發型或細胞媒介型過敏反應	被致敏之 T 淋巴球；被活化之巨噬細胞	有機分子；胞內寄生菌	接觸性皮膚炎；移植排斥反應；結核菌素反應

介產生過敏反應，因此稱為**細胞媒介型過敏反應** (cell-mediated hypersensitivity)。

第四型過敏反應常見的疾病有感染性遲發型過敏反應（如結核病時的肺空洞形成）、接觸性皮膚炎、移植排斥反應等。

▶ 移植及排斥

一、移植

移植 (transplantation) 是指應用正常的細胞、組織或器官替換喪失功能的細胞、組織或器官，以重建和維持個體生理功能的治療方法。被移植的細胞、組織或器官稱為**移植物** (graft)，提供移植物的個體稱為**提供者** (donor)，接受移植物的個體稱為**接受者** (recipient)。

根據移植物來源及提供者與接受者的遺傳背景，一般將移植分為四類（圖 12-23）：

1. **自體移植** (autograft)：移植物取自接受者自身。如燒傷者，將自身健康的皮膚移植至燒傷部位上，移植物可終生存活。

2. **同系移植** (isograft)：指遺傳背景（遺傳基因型）完全相同的兩個個體間移植，如同卵雙胞胎或同品系動物間移植，移植後不發生排斥反應。

3. **同種異型移植** (allograft)：同種異基因，指同種不同個體間的移植，移植物取自同種但遺傳背景不同的另一個體，移植後常出現排斥反應，排斥反應的強弱，取決於提供者及接受者遺傳背景差異程度，差異越大，排斥越強，目前臨床進行的移植多屬此類。

4. **異種移植** (xenograft)：指不同種屬個體間的移植，如豬的心臟瓣膜移植給人類。由於提供者與接受者間遺傳背景差異較大，此類移植會產生較強的排斥反應。

二、同種異型移植的排斥反應

移植排斥是指接受者免疫系統辨識移植抗原後，產生免疫反應，進而破壞移植物的過程。引起移植排斥反應的抗原稱移植抗原，主要包括組織相容性抗原、血型抗原和組織特異性抗原等。

移植排斥反應在急性反應早期，移植物常出現 T 細胞為主的細胞浸潤。先天無胸腺小鼠（裸鼠）體內無成熟 T 細胞，其接受同種或異種移植後，不發生排斥反應，顯示 T 細胞在移植排斥過程中，具有核心作用。

移植手術後，接受者和移植物可移動的細胞能相互流動。其中以 APC 和淋巴細胞的移動最為重要，這是移植抗原被 T 細胞識別的前提，接受者 T 細胞接受器 (TCR) 透過直接和間接途徑辨識移植物同種異型 MHC 抗原。

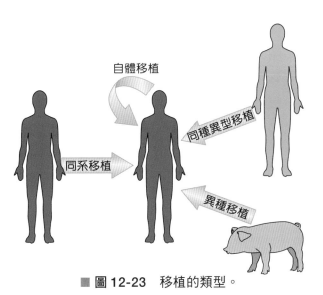

自體移植

同種異型移植

同系移植

異種移植

■ 圖 12-23　移植的類型。

（一）宿主抗移植物反應

宿主抗移植物反應 (host versus graft reaction, HVGR) 指宿主免疫細胞辨識提供者組織相容性抗原，進而產生對移植物的排斥反應，可分為超急性、急性和慢性排斥反應。

超急性排斥反應指移植物內部血液循環恢復後，在數分鐘或數小時內發生排斥反應，由體液性免疫做為媒介，主要因接受者體內預先有抗提供者同種異型抗原的抗體，同種異型抗原有HLA抗原、ABO血型抗原、血小板抗原等。當移植手術後，抗體與移植物細胞表面相應抗原結合，啟動補體，導致微血管通透性增強，引起大量嗜中性球聚集，造成小動脈血栓形成，繼而出現缺血、變性、壞死。

急性排斥反應是同種移植後，最常見的排斥反應，大多發生在移植後1週～3個月內。發生急性排斥反應的快慢和輕重，取決於提供者組織相容性抗原差異程度、免疫抑制劑使用情況及接受者免疫功能狀態有關。若早期應用免疫抑制劑，急性排斥反應大多可緩解。

慢性排斥反應大多發生於移植手術後數月或數年，病程緩慢，包括免疫學因素和非免疫學因素，如局部缺血、再灌注損傷、免疫抑制劑副作用、巨細胞病毒感染、高血壓和糖尿病等。

（二）移植物抗宿主反應

移植物抗宿主反應 (graft versus host reaction, GVHR) 指移植物針對宿主發動免疫攻擊，亦就是移植物中具有活性的免疫細胞，對宿主的MHC抗原產生免疫反應所引起的組織損傷。常見於骨髓、胸腺、脾臟等淋巴器官移植或大量輸血後。其發生條件為：(1)移植物中必須含有足夠數量具有活性的免疫細胞；(2)宿主與移植物之間組織不相容，亦就是MHC配型不合；(3)宿主處於免疫缺乏或免疫功能嚴重缺損，無法清除移入的細胞。GVHR最常發生於同種骨髓移植後，造成宿主的損傷，稱為移植物抗宿主疾病 (graft versus host disease, GVHD)。

▶ 自體免疫疾病

自體免疫是指個體產生對抗自體成分的抗體或淋巴細胞，若自體免疫反應導致病理變化，並出現臨床症狀時，稱為自體免疫疾病 (autoimmune disease)。

一、自體免疫疾病的分類

自體免疫疾病根據其病變範圍，可分為器官特異性 (organ-specific) 和非器官特異性 (non-organ specific) 兩大類。器官特異性自體免疫疾病，其自體抗原及病變常局限於某一特定器官，典型的疾病有第1型糖尿病、葛瑞夫茲氏病 (Graves' disease) 等。非器官特異性自體免疫疾病，也稱全身性或系統性自體免疫疾病，其自體抗原和病變可見於多種器官及結締組織中，典型的疾病有全身性紅斑性狼瘡 (systemic lupus erythematosus, SLE)、類風濕性關節炎 (rheumatoid arthritis, RA) 等。

另根據自體免疫疾病發病，有無誘因可分為原發性與繼發性。原發性發病原因不明，與遺傳密切相關；繼發性發病常有比較明確的原因，與遺傳無關，預後一般良好，

如因藥物引起的可逆性狼瘡樣反應、外傷引起的交感性眼炎(sympathetic ophthalmia)等。

二、自體免疫疾病的免疫損傷機制

自體免疫疾病的組織損傷機制,多由自體抗體和／或T細胞媒介的第二、三、四型過敏反應所致。常見的自體免疫疾病中,自體免疫溶血性貧血(autoimmune hemolytic anemia)、自體免疫性紫斑症(autoimmune purpura)、古德巴斯德症候群(Goodpasture's syndrome)、重症肌無力(myasthenia gravis)、葛瑞夫茲氏病屬於第二型過敏反應;橋本氏甲狀腺炎(Hashimoto's thyroiditis)及第1型糖尿病屬於第四型過敏反應;全身性紅斑性狼瘡的免疫損傷機制包括第二、三、四型過敏反應;類風濕性關節炎基本上以第四型為主、第三型為次的過敏反應。

三、自體免疫疾病的發生機制

自體免疫疾病發生機制尚未完全清楚,目前認為可能的機制有:

1. 自我耐受性 (self-tolerance) 的破壞,透過各種途徑使體內 T 細胞或 B 細胞異常啟動所致。

2. 免疫調節功能異常:免疫系統透過多管道正、負迴饋調節,將免疫反應控制在適當強度之內,維持免疫系統恆定;此外,免疫系統還受抗原、神經系統和內分泌系統的調節。當自體免疫疾病發生,往往是免疫功能紊亂的一種表現。

3. 遺傳因素:例如 MHC (HLA) 在自體免疫疾病中具重要作用,但每種疾病可能涉及多種遺傳因素。

▶ 腫瘤免疫學

腫瘤是在各種致癌因素作用下（如化學物質、放射線照射和病毒感染等）,組織細胞的生長調控基因發生突變或異常表現的結果。**腫瘤免疫學** (tumor immunology) 主要探討腫瘤的抗原性、個體抗腫瘤的免疫效應、腫瘤發生和發展的相互關係,以及腫瘤免疫學診斷和免疫治療等。

臨·床·焦·點 　　　　　　　　　Clinical Focus

後天免疫缺乏症後群 (AIDS)

後天免疫缺乏症候群(acquired immunodeficiency syndrome, AIDS),俗稱愛滋病,是感染**人類免疫缺乏病毒**(human immunodeficiency virus, HIV)所引起的免疫缺乏,特別是缺乏細胞性免疫。HIV主要攻擊CD4$^+$T細胞（輔助型T細胞）,造成CD4$^+$T細胞數目減少,進而影響免疫功能,病人容易發生伺機性感染及惡性腫瘤,中樞神經系統退化性病變亦為其特徵之一。HIV可存在於血液、精液、陰道分泌物、乳汁、唾液和腦脊髓液等體液中,主要傳播方式包括性接觸、血液傳染及母子垂直感染（經胎盤、產道或乳汁）。

迄今尚無有效的 HIV 疫苗,可能原因是HIV 有高度變異性。目前臨床治療常用的藥物,主要為反轉錄酶抑制劑和病毒蛋白酶抑制劑。「雞尾酒療法」是指使用二種或二種以上抗HIV 藥物,並同時進行免疫調節和抗感染治療,以期降低病毒量、提高免疫力,控制病情的發展,延長病人的壽命。

一、腫瘤抗原

腫瘤抗原 (tumor antigen) 泛指在腫瘤發生及發展過程中，組織細胞新出現或過度表現的抗原物質。腫瘤細胞抗原成分非常複雜，不但含有大量正常抗原成分，也存在正常細胞所沒有的新抗原。

個體產生腫瘤抗原的可能機制包括：

1. 基因突變。
2. 細胞癌變過程中，使原本不表現的基因被啟動。
3. 抗原合成過程，某些環節發生異常，如醣基化異常，導致蛋白質特殊降解產物的產生。
4. 胚胎時期，抗原或分化抗原異常或異位表現。
5. 某些基因產物過度表現，尤其是訊號傳遞分子。
6. 外源性基因（如病毒基因）的表現。

腫瘤抗原依據其特異性，可分為兩類：

1. **腫瘤特異性抗原** (tumor specific antigen, TSA)：僅表現於腫瘤組織，而不存在於正常組織。TSA 主要誘導 T 細胞免疫，且能被特異性毒殺性 T 細胞所辨識。化學或物理因素誘導產生的腫瘤抗原、自發腫瘤抗原、和病毒誘導的腫瘤抗原等多屬此類。
2. **腫瘤相關性抗原** (tumor associated antigen, TAA)：指腫瘤組織細胞和正常組織細胞，同時都可表現的抗原物質，但在腫瘤細胞的表現量遠超過正常細胞。如胚胎抗原、分化抗原、和過度表現的癌基因產物等。胚胎抗原如肝細胞癌變時產生的 **α 胎兒蛋白** (alpha-fetoprotein, AFP)，可用於肝癌的早期篩檢、療效和復發的重要指標；

癌胚胎抗原 (carcinoembryonic antigen, CEA) 則如結腸癌、胰腺癌、胃癌、肝癌的診斷、療效、預後和復發的重要指標。

二、個體對腫瘤抗原的免疫反應

（一）特異性免疫反應

在**免疫監視** (immunological surveillance) 和**抗腫瘤效應** (anti-tumor effect) 中，特異性抗腫瘤免疫機制占有主導地位。

➔ 細胞性免疫機制對抗腫瘤

在生物體抗腫瘤效應機制中，細胞性免疫機制的主要作用如下：

1. T_C 細胞分泌穿孔素、顆粒酶和 TNF-α / -β，直接媒介腫瘤細胞壞死或凋亡，並表現 FasL 與腫瘤細胞表面的 Fas 結合，誘導腫瘤細胞凋亡。
2. T_H1 細胞分泌的眾多細胞激素中，IL-2 為 T_C 細胞活化所必需的物質，IL-2 和 IFN-γ 能夠啟動和增強 T_C 細胞、NK 細胞和巨噬細胞抗腫瘤效應，IFN-γ 還可以促進腫瘤細胞表現 MHC I 分子，有助於腫瘤抗原呈現和啟動 T_C 細胞；TNF 能直接破壞腫瘤細胞。

➔ 體液性免疫機制對抗腫瘤

1. 補體溶解細胞效應：IgM 和 IgG 抗體與腫瘤表面抗原結合後，啟動補體活化的古典途徑，最終形成膜攻擊複合物，溶解腫瘤細胞。
2. ADCC 效應：NK 細胞、巨噬細胞和嗜中性球表面上 FcγR 與抗腫瘤抗體 (IgG) 結合，藉助 ADCC 效應殺傷腫瘤。

3. 抗體免疫調理作用：抗腫瘤抗體與吞噬細胞表面上 FcγR 結合，增強吞噬細胞的吞噬功能。此外，抗腫瘤抗體與腫瘤抗原結合可活化補體，藉由所產生的 C3b 與吞噬細胞表面 CR1 結合，促進其吞噬作用。

4. 抗體可透過包圍腫瘤細胞表面的某些接受器，進而影響腫瘤細胞的生物學行為，例如某些抗腫瘤的抗體與腫瘤細胞表面 p185 結合，抑制腫瘤細胞增殖；抗運鐵蛋白 (transferrin) 的抗體可阻斷運鐵蛋白與腫瘤表面運鐵蛋白接受器結合，抑制腫瘤細胞生長。

5. 抗體干擾腫瘤細胞黏附作用：某些抗體可阻斷腫瘤表面黏附分子，與血管內皮或其他細胞表面的黏附分子配體結合，從而阻止腫瘤細胞生長、黏附和轉移。

（二）非特異性免疫反應

1. 補體溶解細胞作用：腫瘤細胞能分泌 IL-6、C 反應蛋白 (C-reaction protein, CRP) 等發炎介質，這些介質可啟動補體系統活化，進而溶解腫瘤細胞。

2. NK細胞的細胞毒殺作用：許多腫瘤細胞 MHC I分子表現缺失或降低，不能與NK細胞表面抑制性接受器(killer inhibitory receptor, KIR)結合。不過，腫瘤細胞表面某些醣類配體，可與NK細胞表面活化性接受器(killer activator receptor, KAR)結合，使NK細胞活化並發揮細胞毒殺效應。NK表面可表現FasL，且分泌細胞毒性蛋白，藉由類似於T_C細胞的機制破壞腫瘤細胞。

3. 巨噬細胞的非特異性殺傷作用：活化的巨噬細胞可分泌 TNF、蛋白水解酶、IFN 和活性氧等細胞毒性分子，直接破壞腫瘤細胞；另外分泌 IL-1 等細胞激素，可直接或間接破壞腫瘤細胞；另可透過非特異性吞噬作用破壞腫瘤細胞。

三、腫瘤的免疫治療

腫瘤的**免疫治療** (immunotherapy)，其基本原理是藉由免疫學理論和技術，提高腫瘤抗原的免疫原性，增強生物體對腫瘤免疫效應的敏感性，透過特異性和非特異性抗腫瘤免疫機制，最終清除腫瘤。迄今，免疫治療僅作為傳統手術、化學藥物、放射治療的輔助療法。

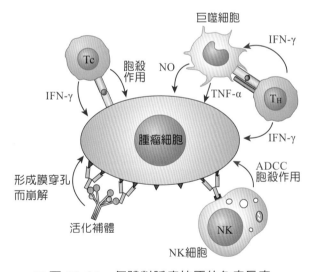

■ **圖 12-24** 個體對腫瘤抗原的免疫反應。

參考資料｜References

金伯泉 (2008)‧*醫學免疫學*（五版）‧人民衛生。

高曉明 (2006)‧*免疫學教程*‧高等教育。

陳慰峰 (2005)‧*醫學免疫學*（四版）‧人民衛生。

馮琮涵、黃雍協、柯翠玲、廖智凱、胡明一、林自勇、鍾敦輝、周綉珠、陳澄 (2021)‧*人體解剖學*‧新文京。

馮琮涵、鄧志娟、劉棋銘、吳惠敏、唐善美、許淑芬、江若華、黃嘉惠、汪蕙蘭、李建興、王子綾、李維真、莊禮聰 (2022)‧*解剖生理學*（三版）‧新文京。

賴明德、王耀賢、鄧志娟、吳惠敏、李建興、許淑芬、陳晴彤、李宜倖 (2022)‧*解剖學*（二版）‧新文京。

龔非力、熊思東 (2007)‧*醫學免疫學*（二版）‧科學。

Saunders.Fox, S. I. (2006)‧*人體生理學*（王錫崗、于家城、林嘉志、施科念、高美媚、張林松、陳瑩玲、陳聰文、黃慧貞、溫小娟、廖美華、蔡宜容譯；四版）‧新文京。（原著出版於 2006）

Fox, S. I. (2015). *HUMAN PHYSIOLOGY* (14th ed.). McGraw-Hill College.

Janeway, C., Travers, P., Walport, M., & Shlomchik, M. (2004). *Immunobiology : The immune system in health and disease* (6th ed). Garland Science.

複·習·與·討·論

一、選擇題

1. B 淋巴球 (B lymphocyte) 主要分布在何處？ (A) 腎上腺 (B) 淋巴結 (C) 胸腺 (D) 甲狀腺

2. 過敏反應時，何種血球會釋出組織胺？ (A) 嗜中性球 (neutrophils) (B) 嗜酸性球 (eosinophils) (C) 肥大細胞 (mast cells) (D) B 淋巴球 (B lymphocytes)

3. 淋巴系統的功能不包括下列何者？ (A) 運送組織液回到心血管系統 (B) 將腸道吸收的脂肪運送到血管中 (C) 參與血液的凝集反應 (D) 為免疫系統的一部分

4. 有關淋巴結的敘述，下列何者錯誤？ (A) 淋巴結內有巨噬細胞 (B) 輸出淋巴管較輸入淋巴管的數目少 (C) 具有生發中心可製造淋巴球 (D) 構造上可區分為紅髓及白髓

5. 製造抗體的細胞是： (A) 單核球 (monocyte) (B) 漿細胞 (plasma cell) (C) 巨噬細胞 (macrophage) (D) T 淋巴球 (T lymphocyte)

6. 人體受抗原刺激後發生免疫反應的主要部位的為何？ (A) 骨髓 (B) 胸腺 (C) 法氏囊 (D) 淋巴結

7. 抗腫瘤免疫效應機制中，具有主導作用的是下列何者？ (A) 體液免疫 (B) 細胞免疫 (C) 巨噬細胞殺傷腫瘤 (D) NK 細胞殺傷腫瘤

8. 感染後獲得的免疫屬於何種免疫？ (A) 人工主動免疫 (B) 人工被動免疫 (C) 自然主動免疫 (D) 自然被動免疫

9. 臨床上最常見的移植類型為何？ (A) 自體移植 (B) 同系移植 (C) 同種異型移植 (D) 異種移植

10. 在第一型過敏反應中發揮重要作用的抗體類型為何？ (A) IgG (B) IgA (C) IgM (D) IgE

11. 非特異性免疫又稱為？ (A) 適應性免疫 (B) 後天性免疫 (C) 細胞免疫 (D) 先天性免疫

12. T 細胞在何處分化成熟？ (A) 骨髓 (B) 胸腺 (C) 脾臟 (D) 淋巴結

13. 下列何者不是脾臟的功能？ (A) 具有免疫的功能 (B) 靜脈竇能儲存血液 (C) 胚胎時期是造血器官 (D) 能幫助脂肪消化

14. 細胞免疫是由下列哪種細胞所媒介？ (A) T 細胞 (B) B 細胞 (C) 巨噬細胞 (D) 肥大細胞

15. 血清中的抗體屬於： (A) 白蛋白 (B) 球蛋白 (C) 纖維蛋白 (D) 醣蛋白

16. 有關淋巴循環的生理功能敘述，下列何者錯誤？ (A) 主要回收組織液中的鉀離子 (B) 運輸脂肪 (C) 調節血漿和組織液之間的液體平衡 (D) 清除組織中紅血球跟細菌

17. 在組織器官移植時,人或動物體內,能引起強烈而迅速的排斥反應的抗原稱為什麼? (A) 組織相容性抗原 (B) 移植抗原 (C) 主要組織相容性抗原 (D) 白血球抗原

18. 腫瘤相關性抗原是指下列何者? (A) 某一腫瘤細胞所特有的抗原 (B) 腫瘤細胞不表現的抗原 (C) 正常細胞不表現的抗原 (D) 腫瘤細胞高量表現,正常細胞也可以少量表現的抗原

19. 何者是具有吞噬外來微生物作用的顆粒性白血球 (granular leukocytes)? (A) 單核球 (B) 嗜中性球 (C) 嗜酸性球 (D) 嗜鹼性球

20. 新生兒從母乳中獲得的抗體為何? (A) IgA (B) IgD (C) IgE (D) IgG

二、問答題

1. 簡述吞噬細胞吞噬病原菌後的結果。

2. 試比較非特異性免疫與特異性免疫的不同。

3. 簡述抗原的基本特性。

4. 簡述 CD4$^+$ T 細胞的分類及功能。

5. 何謂抗體的中和作用?抗體是如何發揮中和作用的。

6. 試比較抗體產生的初級反應與次級反應有哪些主要不同點。

7. 簡述何謂移植物抗宿主反應及其發生的條件。

三、腦力激盪

1. 試述 IgG 是如何發揮 ADCC 效應和調理作用的。

2. 試述青黴素引起過敏性休克的發生機制。

複習與討論解答
請掃描 QR code

13

CHAPTER

學習目標 Objectives

1. 說明肺內壓和胸膜內壓在通氣過程中的作用。

2. 解釋順應性和彈性，學習表面張力在呼吸力學的意義，並描述肺表面活性劑的作用。

3. 掌握未用力呼吸時吸氣和呼氣的過程，解釋不同的肺容積和肺容量。

4. 描述延腦、橋腦和大腦皮質在呼吸調節中的作用。

5. 說明為什麼呼吸控制的主要刺激因素是血液中 P_{CO_2} 和 pH 值變化，而不是其中含氧量的變化。

6. 解釋延腦內的化學感受器以及在主動脈體和頸動脈體的周邊化學感受器如何反應 P_{CO_2}、pH 值和 O_2 改變。

7. 描述氧合血紅素解離曲線，解釋曲線形狀的意義，並以實例說明如何運用此曲線推演出氧卸下的百分比。

8. 學習血液中 pH 值和溫度如何影響氧的運送，並解釋 2,3-DPG 在運送氧的生理意義。

9. 列出二氧化碳在血液內的不同存在形式，並解釋組織內的氯轉移。

10. 解釋二氧化碳如何影響血液的 pH 值，和描述換氣不足與換氣過度如何影響酸鹼平衡。

本章大綱 Chapter Outline

呼吸系統
Respiratory System

HUMAN
PHYSIOLOGY

呼吸是生物體與外界環境之間的氣體交換 (gas exchange) 過程，個體從外界環境攝取新陳代謝所需要的氧氣，排除代謝過程中產生的二氧化碳。因此呼吸是維持生物體生命活動所必需的基本生理活動之一。

在人體，呼吸過程主要由下列四個環節組成（圖 13-1）：

1. 肺通氣 (pulmonary ventilation)：指空氣進出肺臟的機械過程。
2. 外呼吸 (external respiration)，或稱為肺呼吸，指肺泡與肺微血管血液之間的氣體交換過程。
3. 氣體在血液中的運輸。
4. 內呼吸 (internal respiration)，或稱為組織呼吸，即組織微血管的血液與組織細胞之間的氣體交換過程。

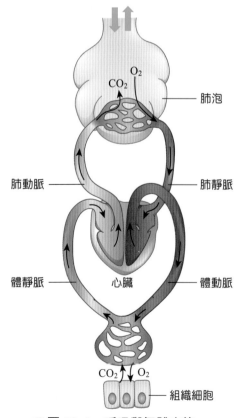

■ 圖 13-1　呼吸與氣體交換。

13-1　呼吸系統的組成
The Respiratory System

呼吸系統是由鼻、咽、喉、氣管、支氣管和肺所組成（圖 13-2）。與肺通氣有關的結構還包括胸廓和胸膜腔。鼻、咽、喉、氣管及支氣管是氣體出入的通道；肺泡是執行氣體交換的場所；胸廓是啟動呼吸過程的動力；胸膜腔位於肺與胸廓之間，有串聯二者的作用。

▶ 呼吸道

呼吸道包括鼻、咽、喉、氣管及支氣管的整個管道。以喉部聲門為界線，可分為**上呼吸道**（鼻、咽、喉）及**下呼吸道**（氣管、支氣管、肺）。呼吸道依據功能又可分為**傳導區**(conducting zone)及**呼吸區**(respiratory zone)。傳導區包括由氣管到終末細支氣管，此區僅是氣體的通道，無氣體的交換作用；呼吸區則是指呼吸性細支氣管至肺泡，氣體在此區進行氣體交換。

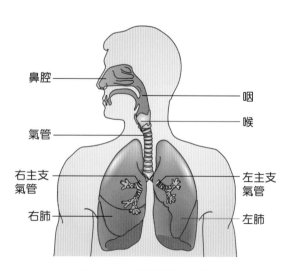

■ 圖 13-2　呼吸系統的組成。

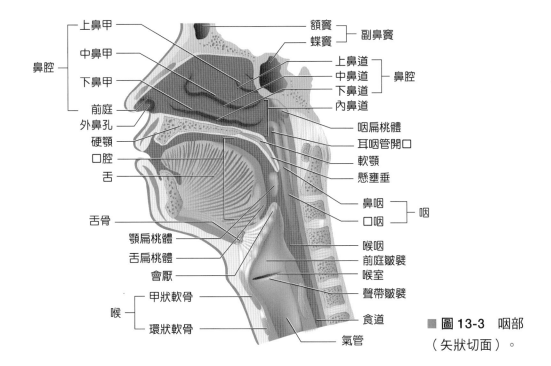

■ 圖 13-3　咽部
（矢狀切面）。

圖中標示：

上鼻甲、中鼻甲、下鼻甲、前庭、外鼻孔、硬顎、口腔、舌、舌骨、顎扁桃體、舌扁桃體、會厭、甲狀軟骨、環狀軟骨、鼻腔、喉

額竇、蝶竇、副鼻竇、上鼻道、中鼻道、下鼻道、內鼻道、鼻腔、咽扁桃體、耳咽管開口、軟顎、懸雍垂、鼻咽、口咽、咽、喉咽、前庭皺襞、喉室、聲帶皺襞、食道、氣管

一、鼻

空氣經由鼻 (nose) 進入呼吸道。鼻包括外鼻部及鼻腔，外鼻部以兩個外鼻孔與外界相通，鼻腔則以兩個內鼻孔與咽部相通。整個鼻腔襯有黏膜，鼻毛及鼻黏膜所分泌的黏液可攔截空氣中的灰塵顆粒或微生物，再經由上皮細胞的纖毛推送到咽部吞下或咳出。黏液還具有使空氣濕潤的作用，鼻黏膜中豐富的微血管則可使吸入的空氣加溫。

臉部骨骼中有一些充滿氣體的空腔稱為副鼻竇(paranasal sinuses)，其開口位於鼻腔。鼻腔及副鼻竇可作為發音時的共鳴箱，輔助發音。

二、咽

咽 (pharynx) 位於鼻腔、口腔及喉的後方，又可分為鼻咽、口咽及喉咽三個區域，彼此相連（圖 13-3）。**鼻咽**後壁上有咽扁桃體 (palatine tonsil)，兩側壁上有**耳咽管** (Eustachian tube) 開口，與中耳相通，可平衡中耳腔內的壓力。喉咽為食物及空氣的共同通道，前方開口與喉互通，往下延伸則為食道。

三、喉

喉(larynx)是位於咽及氣管之間的一小段空氣通道，由九塊軟骨構成，包括單一的甲

知識小補帖　　Knowledge+

纖維性囊腫 (cystic fibrosis) 是體染色體隱性遺傳疾病。由於腺體上皮細胞的 **Cl⁻ 載體蛋白**異常，造成分泌之黏液水含量減少，分泌物過於黏稠因而導致阻塞及感染。主要造成外分泌腺體（呼吸道、胰臟、腸胃道、汗腺等）的功能異常。

狀軟骨(thyroid cartilage)、會厭軟骨(epiglottic cartilage)、環狀軟骨(cricoid cartilage)及成對的杓狀軟骨(arytenoid cartilage)、小角軟骨 (corniculate cartilage)和楔狀軟骨(cuneiform cartilage)。**會厭軟骨**位於喉部頂端，吞嚥時，會厭軟骨會蓋住喉的入口，以避免食物經由喉部掉入氣管及肺。

聲音的產生是喉部的主要功能之一。喉部骨骼肌可將**聲帶**拉緊，使聲帶在呼氣時因氣體通過產生震動而發出聲音，聲音的高低及大小則取決於聲帶的張力。

四、氣 管

氣管 (trachea) 位於食道前方，由 16~20 塊 C 形氣管軟骨構成（圖 13-4），由喉部延伸至約第 5 胸椎的高度，然後再分成左、右主支氣管。氣管軟骨可維持氣道暢通，避免氣管壁塌陷而阻塞氣體通道。氣管上皮的黏液及纖毛亦可黏附並移除空氣中的顆粒及微生物。

五、支氣管

支氣管 (bronchus) 為一個如樹枝狀不斷分支的管道系統，因此可稱為「支氣管樹」。氣管首先分為左、右主支氣管 (primary bronchus)。左右相較，右主支氣管較短、粗且直（見圖 13-4），因此異物較易從**右主支氣管**掉入肺中。主支氣管進入肺葉後分支形成次級 (secondary) 或肺葉 (lobar) 支氣管，進入肺節再分支形成三級 (tertiary) 或肺節 (segmental) 支氣管，而後再繼續分支為細支氣管 (bronchiole)、終末細支氣管 (terminal bronchiole)。**終末細支氣管**為傳導區的最末端，之後從**呼吸性細支氣管** (respiratory

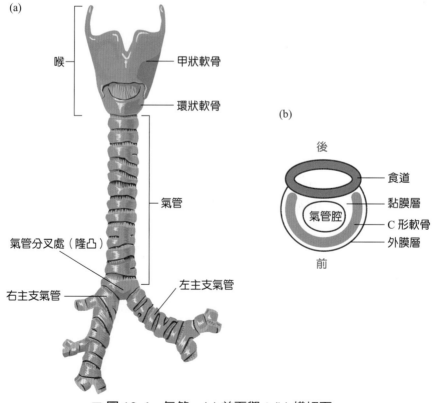

■ 圖 13-4 氣管。(a) 前面觀；(b) 橫切面。

bronchiole) 至肺泡的構造屬於呼吸區（圖 13-5）。

當支氣管樹一再分支時，其構造也有所變化。主支氣管具有軟骨環，隨著管道變細逐漸變為軟骨板，到終末細支氣管則開始不具有軟骨，且平滑肌逐漸增加。上皮組織則由主支氣管的**偽複層纖毛柱狀上皮**，到終末細支氣管時變為**單層立方上皮**。

▶ 肺 臟

肺臟(lung)位於胸腔中，分為左右兩部分，中間以縱隔腔及心臟分隔開，下方以橫膈與腹腔相隔，前後有肋骨及胸骨保護。左肺又分為上、下兩葉，右肺則有上、中、下三葉（圖13-2）。每個肺葉可分為數個肺節，每個肺節又分隔成許多**肺小葉**(lobule)。

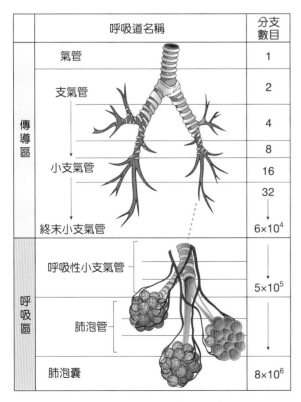

呼吸道名稱		分支數目
傳導區	氣管	1
	支氣管	2
		4
		8
	小支氣管	16
		32↓6×10⁴
	終末小支氣管	
呼吸區	呼吸性小支氣管	5×10⁵
	肺泡管	
	肺泡囊	8×10⁶

■ 圖 13-5　呼吸道的分支。

肺小葉是肺臟的結構單位，被結締組織包圍，每一個肺小葉內含有數百個**肺泡**(alveolus)。

一、肺 泡

肺泡是肺臟的功能單位，空氣由終末細支氣管進入呼吸性細支氣管，再進入肺泡，進行氣體交換。肺泡是由**單層鱗狀上皮細胞**構成，直徑約 0.25~0.5 mm，但總面積約達 100 m^2。它們提供了龐大的表面積，以供氣體交換。

肺泡聚集在一起形成蜂巢狀的肺泡囊(alveolar sac)，肺泡囊中各個肺泡的空氣能夠經由極小的孔道進入其他肺泡。這些肺泡囊位於**呼吸性細支氣管**的末端，呼吸性細支氣管是一種非常薄的氣管（圖 13-6）。

肺泡壁（肺泡膜）的結構是由第一型和第二型肺泡細胞構成（圖13-7）。**第一型肺泡細胞**(type I alveolar cell)為鱗狀上皮細胞，其相互連接成肺泡膜，占肺泡總表面積的 95~97%，因此與血液之間的氣體交換主要是透過第一型肺泡細胞。第一型肺泡細胞的基底膜與微血管內皮細胞融合，因此血液與空氣間的擴散距離只有0.3 μm，大約是人類頭髮寬度的百分之一。

第二型肺泡細胞 (type II alveolar cell) 散布於第一型細胞之間，含有分泌顆粒，數量少，不構成呼吸膜，但其分泌的**表面活性劑**(surfactant) 可降低肺泡氣液介面的表面張力（稍後討論）。此外，肺泡內還有**肺泡巨噬細胞** (alveolar macrophage)，又稱為**塵細胞**(dust cell)，附著於肺泡壁上或游離於肺泡腔內，可吞噬進入肺中的微粒或微生物。

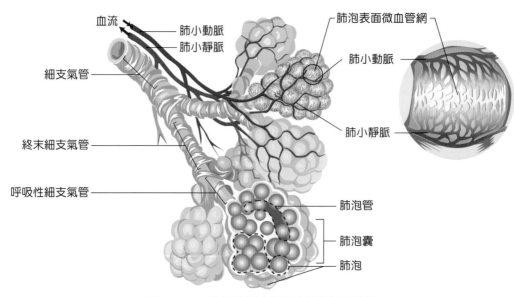

■ 圖 13-6 呼吸性細支氣管及肺泡的結構。

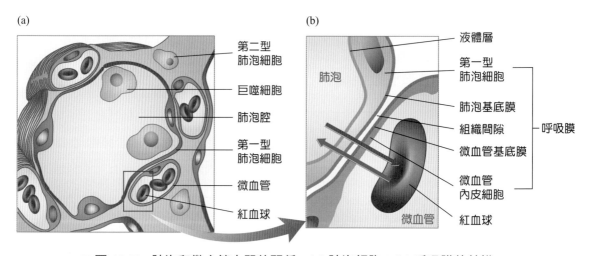

■ 圖 13-7 肺泡和微血管之間的關係。(a) 肺泡細胞；(b) 呼吸膜的結構。

二、呼吸膜

　　肺泡壁的外面有豐富的微血管網（圖13-6）。在肺泡腔和微血管腔之間存在五層結構：微血管的內皮層及基底膜、組織間隙、肺泡的基底膜及上皮層。這五層結構統稱為**呼吸膜**(respiratory membrane)，或稱為肺泡－微血管膜(alveolocapillary membrane)，是氣體交換的構造（圖13-7b）。

▶ 胸腔

　　胸腔 (thoracic cavity) 是由脊柱、肋骨、胸骨、肋間軟組織和胸壁軟組織共同形成的腔隙，其下被橫膈封閉。胸腔內含心臟、大血管、氣管、食道和位於中間區域的胸腺，而其他部分則由左右肺臟所填滿。

　　肺臟及胸腔表面皆覆有一層**漿膜**，稱為**胸膜 (pleura)**，**肺臟表面的稱為臟層胸膜**

(visceral pleura)，**襯於胸腔壁的稱為壁層胸膜** (parietal pleura)，兩層胸膜之間的空間稱為**胸膜腔** (pleural cavity)，內含薄薄一層由胸膜分泌的**漿液，具有潤滑的作用**，可防止呼吸時兩層胸膜之間產生摩擦（圖 13-8）。

13-2 肺通氣作用
Pulmonary Ventilation

呼吸的類型包括平靜呼吸和用力呼吸兩種形式，平靜呼吸其吸氣主動，呼氣被動；用力呼吸其吸氣和呼氣均主動。另外，依呼吸的方式又分為腹式呼吸、胸式呼吸和混合呼吸，腹式呼吸是以橫膈膜運動為主而進行的呼吸；胸式呼吸是以肋間肌運動為主而進行的呼吸；正常成人的呼吸方式為混合呼吸，**成人呼吸頻率約每分鐘12~18次**。

吸氣及呼氣

一、呼吸的機械作用

正常吸氣是由呼吸肌的收縮引起，呼氣則是因吸氣肌放鬆而產生。除此以外，用力呼吸時還有其他呼吸輔助肌收縮參與（圖 13-9）。

安靜、未用力的吸氣是由**橫膈**和**外肋間肌** (external intercostal muscle) 收縮所致，其中橫膈是主要的作用肌。當橫膈收縮時會使膈頂下降，增加了胸腔的垂直徑；外肋間肌收縮則會上提胸廓，以增加胸廓的左右徑及前後徑。由於這些肌肉的收縮，使胸腔容積加大，因而降低了肺泡內的壓力，使空氣流入肺內，完成吸氣動作。

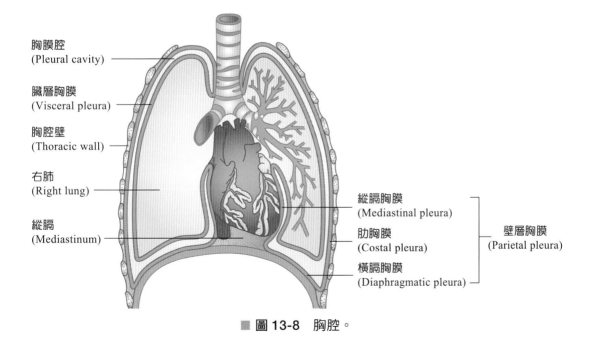

胸膜腔
(Pleural cavity)

臟層胸膜
(Visceral pleura)

胸腔壁
(Thoracic wall)

右肺
(Right lung)

縱膈
(Mediastinum)

縱膈胸膜
(Mediastinal pleura)

肋胸膜
(Costal pleura)

橫膈胸膜
(Diaphragmatic pleura)

壁層胸膜
(Parietal pleura)

■ 圖 13-8 胸腔。

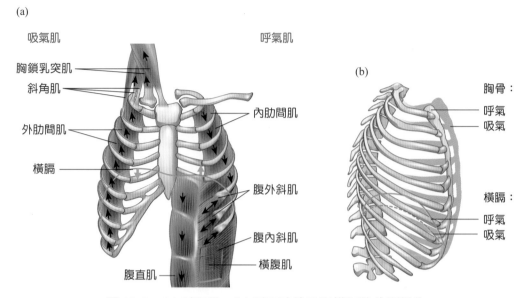

■ 圖 13-9 (a) 呼吸肌；(b) 呼吸時肋骨和橫膈的位置變化。

在**用力吸氣**（深吸氣）時，則需要更多的胸廓肌肉參與。其中主要是斜角肌 (scalenes) 及胸小肌 (pectoralis minor)。胸鎖乳突肌 (sternocleidomastoid muscle) 則在極度呼吸的情況下才會用到。

安靜的呼氣是一種被動的過程。在完成吸氣動作後，橫膈和胸廓吸氣肌肉放鬆，胸廓與肺臟自然彈性回縮至原來的位置，肺部容積因而變小，肺泡內壓力增加，然後將空氣擠出肺泡，完成呼氣過程。在運動或用力呼氣時，呼氣變為主動的過程。此時，內肋間肌收縮，使肋骨下移，腹部肌肉也會收縮，使腹內壓增加並推擠腹部的器官向上推移橫膈，進一步減少胸腔的容積，並將更多氣體推出肺泡。

二、肺通氣的物理原理

空氣移動進出肺臟是因肺容積的改變引發壓力不同所造成的結果，所以**肺內壓**〔或肺泡壓 (alveolar pressure)〕與大氣壓的壓力差是促成肺通氣的直接動力。

肺內壓的改變是由肺容積的改變所引起。**依據波以耳定律**(Boyle's Law)：「在密閉容器中的定量氣體，氣體的壓力與其體積成反比」。也就是說，定量氣體之體積增加時，壓力變小；體積縮小時，壓力增加。吸氣前，肺泡內的壓力相當於大氣壓（以 0 mmHg 表示）。吸氣時，肺容積增加而使肺內壓變小，當低於外界大氣壓時，空氣從高壓區向低壓區移動，空氣因此流入肺泡中（圖13-10b），直至肺內壓與大氣壓相等，完成吸氣動作（圖13-10c）。呼氣時，則因肺容積減少使肺內壓升高，當肺內壓超過大氣壓的時候，空氣因此被擠壓出肺泡（圖13-10d），直到肺內壓與大氣壓相等，完成呼氣動作（圖13-10a）。安靜吸氣時，肺內壓大約低於大氣壓3 mmHg（以–3 mmHg表示）；安靜呼氣時，肺內壓至少高於大氣壓約3 mmHg（以+3 mmHg表示）。

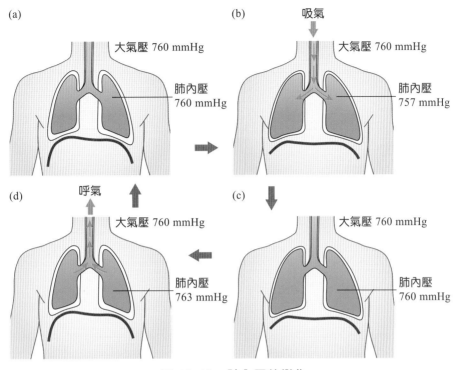

圖 13-10 肺內壓的變化。

正常情況下，胸膜腔僅有極少或沒有空氣，且維持在負壓的狀態。若任何原因使胸膜破損，氣體進入胸膜腔內，造成肺塌陷，稱為**氣胸** (pneumothorax)。臨床表現包括胸痛、呼吸困難。

氣胸依成因可分為：外因性氣胸及自發性氣胸。外因性氣胸係指因外力所引起，包括外傷或醫療行為（如肋膜穿刺取樣、針灸等）。自發性氣胸又可分為原發性及續發性。原發性自發性氣胸是指肺臟沒有特定或潛在的疾病下所發生的氣胸，其發生機轉目前仍未有定論，較常見於男性、身材高瘦及吸菸者。續發性自發性氣胸則是指因肺臟疾病影響而發生的氣胸，最常見的原因是慢性阻塞性肺病、肺結核、壞死性肺炎等。

胸腔壁與肺臟之間的胸膜腔，其內的壓力稱為**胸膜內壓** (intrapleural pressure)。胸膜內壓與肺泡內壓力的壓力差稱為**肺間壓** (transpulmonary pressure)，是影響肺擴張程度的因素之一。正常情況下，肺間壓永遠是負的（即胸膜內壓小於肺泡內壓力），此負壓可將肺泡向外牽引，是維持肺泡張開的基本力量，也因此即使在呼氣終末時肺泡也不會完全塌陷（圖 13-11）。

三、肺的物理性質

肺通氣的發生是由肺容積的改變所促成，而肺變形的能力則會受到其物理性質所影響，包括順應性、彈性和表面張力等。

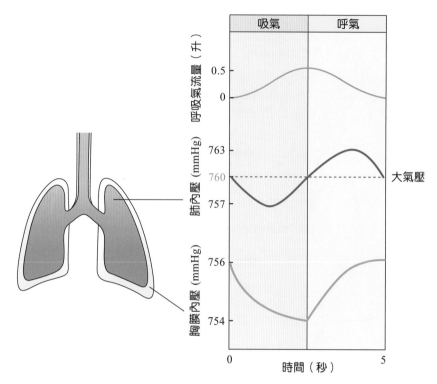

■ 圖 13-11　呼吸時肺內壓、胸膜內壓的變化。

(一) 順應性及彈性

　　健康的肺臟是一種受力後非常易於膨脹變形的結構，其可膨脹變形的能力可用**順應性** (compliance) 來表示。順應性是指施予一定壓力後，組織變形擴張的程度。所以肺部順應性可定義為：單位肺間壓改變所造成的肺容積改變，可以簡單地用公式表示為：

$$\text{肺的順應性 } (C_L) = \frac{\text{肺容積變化 } (\Delta V)}{\text{肺間壓變化 } (\Delta P)}$$

　　肺的順應性越大，代表肺越**容易被擴張**，有利於吸氣；反之，若肺的順應性不佳，就需要較大的肺間壓才能使肺擴張。

　　影響肺順應性的因素包括肺的**彈性** (elasticity)及肺泡**表面張力**(surface tension)。彈性是指組織在伸展後恢復至原來大小的能

力，可幫助呼氣時將空氣推擠出去；肺泡表面張力也是一種使肺泡傾向往內萎縮的力量（詳見後文）。因此當肺泡的彈性及表面張力越大，則肺越不容易擴張，即順應性越小。一些肺的病理變化可改變其順應性。例如，當肺纖維化時，即會降低肺的順應性。肺氣腫(emphysema)則因肺組織被破壞，會導致順應性上升。

(二) 表面張力

　　表面張力是存在於肺泡中氣液表面的一種回縮力。表面張力和肺臟的彈性回縮力，與呼吸肌收縮所形成的擴張力以及胸腔負壓形成的擴張力，四者共同完成呼吸動作。

　　由於液體分子間的吸引力遠大於氣體間的吸引力。正常情況下，肺泡腔內存在有表

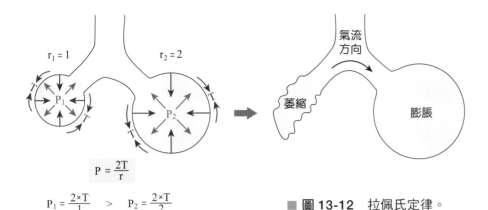

$$P = \frac{2T}{r}$$

$$P_1 = \frac{2 \times T}{1} \quad > \quad P_2 = \frac{2 \times T}{2}$$

■ **圖 13-12** 拉佩氏定律。

面張力。表面張力使得表面的水分子會受到來自下方的吸引力而緊緊靠在一起。表面張力是一種向內的回縮力，會使肺泡內的壓力升高。依據**拉佩氏定律** (Law of Laplace)：

$$P = \frac{2T}{r}$$

P 代表肺泡內的壓力，T 為表面張力，r 為肺泡半徑。即肺泡內的壓力和表面張力成正比，而與肺泡的半徑成反比。根據此定律，如果表面張力相同，則較小肺泡內的壓力會大於較大的肺泡，較小肺泡因較大的壓力而擠壓它的空氣至較大的肺泡中（圖 13-12）。但是正常情況下，這並不會發生，因為當一個肺泡的半徑變小時，其表面張力也同時降低，**表面張力的降低會阻止肺泡的塌陷**。

表面活性劑(surfactant)是由**第二型肺泡細胞**分泌，主要成分是一種磷脂質，分布於肺泡液體分子層的表面，可降低界面處水分子間的吸引力，因而**降低表面張力**。呼氣時，因肺泡變小，表面活性劑分布變濃，增加了其降低表面張力的效果。即使在用力呼

知識小補帖　Knowledge+

　　肺泡的表面活性劑約在胎兒八個月時產生，許多早產兒及有些新生兒因其第二型肺泡細胞尚未發育成熟，**缺乏足夠的表面活性劑**，使得肺泡表面張力太高、順應性降低，肺泡擴張不全或易塌陷，導致無法有效換氣，造成呼吸困難，稱為**呼吸窘迫症候群**(respiratory distress syndrome, RDS)。

氣後，肺泡仍可維持一定程度的擴張，而不會出現如拉佩氏定律所預期的肺泡塌陷的情形。

　　肺泡表面活性劑可降低肺泡表面張力、**增加肺的順應性、維持大小肺泡容積的相對穩定**。

▶ 肺容積及肺容量

　　透過肺量計 (spirometry) 可測得肺的通氣量，可作為衡量肺通氣功能的指標。肺容積 (lung volume)、肺容量 (capacity) 以及肺通氣量是反映進出肺的氣體量的一些指標，除了**肺餘容積**和**功能肺餘容量**之外，其他氣體量都可以用肺量計直接記錄（圖 13-13）。

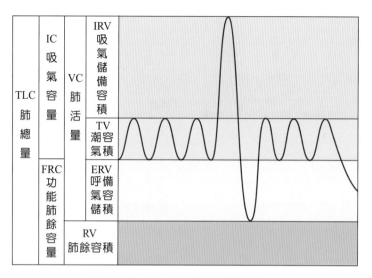

■ 圖 13-13　肺容積和肺容量。

一、肺容積

　　肺在不同狀態下容納的氣體量稱為肺容積 (lung volumes)。

1. **潮氣容積** (tidal volume, TV)：指在安靜呼吸時，每一次呼吸所吸入或排出的空氣量。正常成人平靜呼吸時，潮氣容積為 400~600 mL，一般以 500 mL 計算。運動時潮氣容積增大。

2. **吸氣儲備容積** (inspiratory reserve volume, IRV)：是指平靜吸氣末，再用力吸氣所能吸入的氣體量。成人吸氣儲備容積是 1,500~2,000 mL。

3. **呼氣儲備容積** (expiratory reserve volume, ERV)：是指平靜呼氣後，再用力呼氣所能呼出的氣體量。成人呼氣儲備容積是 900~1,200 mL。當呼吸道阻塞時，呼氣儲備容積會減少。

4. **肺餘容積** (residual volume, RV)：是**最大呼氣末尚存留於肺內不能呼出的氣體**，因為肺泡不會塌陷。正常成人肺餘容積為 **1,000~1,500 mL**。

二、肺容量

　　將兩項或兩項以上的肺容積相加可計算出各種肺容量 (pulmonary capacity)。

1. **肺活量** (vital capacity, VC)：指最大吸氣後，再用力呼氣的量。肺活量等於**吸氣儲備容積 (IRV)、潮氣容積 (TV) 和呼氣儲備容積 (ERV) 的總和**。肺活量有較大的個體差異，與身材大小、性別、年齡、體位、呼吸肌強弱等有關，正常成年男性平均約 3,500 mL，女性約 2,500 mL。肺活量反映了一次通氣的最大能力，在一定程度上可以作為肺通氣功能的指標。

2. **功能肺餘容量** (functional residual capacity, FRC)：指平靜呼氣末尚存留於肺內的氣體量。是**肺餘容積 (RV) 與呼氣儲備容積 (ERV) 的總和**。成人約 2,500 mL。肺活量與功能肺餘容量都是臨床上重要的資料。

3. **吸氣容量** (inspiratory capacity, IC)：是指從平靜呼氣末做最大吸氣時所能吸入的氣體量。是**潮氣容積 (TV) 與吸氣儲備容積 (IRV) 之和**，是衡量最大通氣潛力的一個重要指標。

4. **肺總量** (total lung capacity, TLC)：指最大吸氣後，在肺內氣體的總量。即肺內所有容積的總和，代表了肺部可容納的最大氣體量。

▶ 通氣量

一、總通氣量

將休息狀態時的**潮氣容積乘以每分鐘呼吸次數**，所得到的數值稱為**總通氣量** (total ventilation)，又稱為**每分鐘通氣量** (minute ventilation)，是每分鐘吸入或呼出的氣量總量，大約為每分鐘 6,000 mL。在運動時，因潮氣容積及呼吸頻率的增加，使總通氣量大幅增加。

二、肺泡通氣量

在每一次呼吸中，並不是所有吸入的空氣都能進入肺泡。吸入的新鮮空氣會與**解剖性無效腔**(anatomical dead space)中的空氣混合。解剖性無效腔是指位於呼吸傳導區的鼻、咽、喉、氣管、支氣管和細支氣管等，不進行氣體交換的區域。每次吸氣時，解剖性無效腔內的體積是固定值（**約為150 mL**），潮氣容積的增加可能是運動中和高海拔時呼吸調節的因素之一。

進入肺泡的氣體也可能因血流在肺內分布不均，或肺的部分組織或區域發生病變，而未能完全與血液進行氣體交換。未能發生氣體交換的這一部分肺泡容量稱為**肺泡無效腔** (alveolar dead space)。肺泡無效腔和解剖性無效腔一起合稱為**生理性無效腔** (physiological dead space)。一般健康的人，肺泡無效腔接近於零，也就是說，生理性無效腔等於解剖性無效腔。

由於無效腔的存在，每次吸入的新鮮空氣不一定都能到達肺泡與血液進行氣體交換，因此為了計算真正有效的氣體交換量，應以肺泡通氣量為標準。**肺泡通氣量**(alveolar ventilation) 是指每分鐘進入肺泡並且能與血液直接進行氣體交換的新鮮空氣總量，即等於潮氣容積和無效腔氣體量之差乘以呼吸頻率。

$$肺泡通氣量 = \left(\begin{array}{c}潮氣\\容積\end{array} - 無效腔\right) \times \begin{array}{c}呼吸\\頻率\end{array}$$

假設潮氣容積為 500 mL，解剖性無效腔為 150 mL，呼吸頻率為每分鐘 12 次，則肺泡通氣量的算法為：

$$肺泡通氣量 = (500 - 150) \times 12$$
$$= 4,200 \text{ mL/min}$$

當深呼吸時，由於解剖性無效腔為固定值，假設潮氣容積增加為 1,000 mL，呼吸頻率變為每分鐘 6 次時，則肺泡通氣量為：

$$肺泡通氣量 = (1,000 - 150) \times 6$$
$$= 5,100 \text{ mL/min}$$

當呼吸變得淺而快時，假設潮氣容積變為 250 mL，呼吸頻率增加為每分鐘 24 次時，則肺泡通氣量為：

$$肺泡通氣量 = (250 - 150) \times 24$$
$$= 2,400 \text{ mL/min}$$

由上述例子可以發現，當總通氣量（潮氣容積與呼吸頻率的乘積）相同時，深而慢的呼吸具有較大的肺泡通氣量；淺而快的呼

吸，肺泡通氣量則明顯減少。也就是說，吸氣的深度越深，無效腔對於肺泡通氣量的影響越小，真正可進行氣體交換的氣體量也就越多。

三、影響肺通氣量的疾病

肺疾病一般可大致分為限制性 (restrictive) 及阻塞性 (obstructive) 兩大類：

1. **限制性肺病**：通常由於肺組織受損，順應性變差，造成吸氣困難，例如肺纖維化、肺水腫等。病人肺活量明顯低於正常值，但呼氣速率通常不受影響。

2. **阻塞性肺病**：肺組織正常，但呼吸道阻力增加或肺彈性變差，導致氣流不易快速地從肺臟吐出，如氣喘、肺氣腫、慢性支氣管炎等。主要影響呼氣速率，肺活量一般不受影響。

用力肺活量 (forced vital capacity, FVC) 是臨床上常見的肺功能檢查之一，指在一次最大吸氣後，快速吐氣可吐出的氣體總量。而在此過程中，第一秒鐘所呼出的氣體量稱為第一秒用力呼氣容積 (forced expiratory volume in 1 sec, FEV_1)，FEV_1 通常為 FVC 的 80% 以上。**FEV_1/FVC** 在臨床上常用來作為診斷呼吸系統之限制性或阻塞性異常的指標。一般而言，限制性肺病的 FEV_1/FVC 為正常或較高，而**阻塞性**肺病的 FEV_1/FVC 則**會低於 80%**。

(一) 氣喘

氣喘 (asthma) 病人的支氣管受到刺激後會引起收縮，使支氣管內徑會變得狹窄，因而引起喘鳴及呼吸困難。

氣喘的誘因有多種原因，包括灰塵及花粉等異物、感冒及支氣管炎等的呼吸器官感染症等，而溫度的變化及各種壓力也是引起此病的誘因。

氣喘病人的肺部有較多的肥大細胞 (mast cell)，而且發現大多數肥大細胞存在於氣管平滑肌細胞旁。誘發氣喘的因子會刺激肥大細胞與嗜鹼性球釋放**組織胺** (histamine) 及**白三烯素** (leukotriene) 等。所以能抑制白三烯素合成或作用的藥物，例如類固醇，能夠治療喘息性疾病。

(二) 肺氣腫

肺氣腫 (emphysema) 是指終末細支氣管遠端（呼吸性細支氣管、肺泡管、肺泡囊和肺泡）的彈性減退，肺泡壁間隔受損，導致過度膨脹、充氣，以及**肺餘容積**增大的病理狀態。

引起肺氣腫的常見主要原因是慢性支氣管炎，臨床表現主要為呼吸困難，還有咳嗽、咳痰等症狀。典型肺氣腫病人的胸廓前後徑增大，呈桶狀胸 (barrel chest)，呼吸運動減弱。慢性支氣管炎及肺氣腫晚期皆易出現肺心症 (cor pulmonale) 及心衰竭。所謂肺心症是指慢性肺疾病使肺臟纖維化，造成肺動脈高壓，進而使右心室肥大或終至心衰竭。

慢性支氣管炎、氣喘和**肺氣腫**等疾病是十分常見的慢性呼吸道疾病，亦是最常造成呼吸衰竭的原因。其肺功能異常的特徵是呼出氣流受限，由於**支氣管的狹窄或阻塞**，以及肺彈性回縮力的降低，致使用力呼氣時，呼出氣流速度大大減慢，因此統稱為**慢性阻塞性肺病** (chronic obstructive pulmonary disease, COPD)。長期吸菸是造成 COPD 的主要危險因素之一。另外，二手菸、反覆呼吸道感染、空氣污染、職業性暴露於呼吸道刺激物、多灰塵的場所、老化、遺傳等也是危險因子之一。

(三) 肺纖維化

肺纖維化 (pulmonary fibrosis) 是一種肺慢性發炎及漸進性間質纖維化，是許多肺部疾患最終的一種嚴重病理狀況，其病理變化初期大多表現為下呼吸道發炎細胞浸潤，肺泡上皮細胞和血管內皮細胞損傷，使位於肺臟間質組織中之纖維母細胞活化並分泌膠原蛋白以進行組織的修補，導致細胞外基質蛋白和膠原蛋白沉積，最終引起肺結構的損害，出現咳嗽、低血氧和呼吸困難等現象。

13-3 氣體交換
Gas Exchange

氣體交換包括外呼吸（肺泡和血液之間的氣體交換）和內呼吸（組織細胞和血液之間的氣體交換）。一般成人每分鐘耗氧量約為 250 mL，而每分鐘呼出的二氧化碳則約為 200 mL。

 氣體的分壓

根據**道耳吞定律** (Dalton's Law)，混合氣體的總壓力是各組成氣體的分壓力之和。或者說，在混合氣體的總壓力中，某種氣體所占有的壓力，就是該氣體的分壓。例如空氣是一種混合氣體，主要由氮氣（約 79%）及氧氣（約 21%）組成，另外還有一些少量的二氧化碳、氬、水蒸氣等，其中每一種氣體的分壓等於混合氣體的總壓力乘以該氣體的容積百分比。以氧氣為例，在海平面時，大氣壓力為 760 mmHg，氧分壓（以 P_{O_2} 表示） $= 760 \text{ mmHg} \times 21\% = 160 \text{ mmHg}$。

如果氣體在空間裡的濃度不均勻，則出現氣壓差，氣體由壓力高的區域向壓力低的區域**擴散** (diffusion)，直至整個空間的氣體壓力相等，達到動態平衡。例如氣體通過呼吸道進入肺就是由肺泡與外界之間的氣壓差所引起的。肺擴張時肺泡內壓下降，低於大氣壓，空氣即由外界進入肺；相反，肺縮小時，肺泡內壓高於大氣壓，肺內氣體即呼出體外。

氣體不僅可以在氣相區域之間進行擴散，而且可以在氣－液相區域之間及液相區域之間進行擴散。當氣體與液體表面接觸時，由於氣體分子的運動而溶解於液體內，液體中氣體分子也能從液體逸出，其運動方向和量取決於兩區域之間的分壓差。氣體分子將由分壓高的一側流向分壓低的一側，分壓差越大，氣體擴散越多，直至兩邊達到分壓平衡，分壓差消失。

▶ 外呼吸

肺泡空氣和肺部微血管的血液進行氣體交換，稱為**外呼吸** (external respiration)，使得離開肺臟的血液之氧濃度增加而二氧化碳濃度降低，由缺氧血變成含氧血，再流入體動脈，供全身組織利用。

一、呼吸膜兩側的氣體交換

肺泡和肺微血管血液之間的氣體交換，是由存在於肺泡和肺微血管血液中各氣體分壓的壓力差所造成。呼吸膜兩側氣體的分壓差，其大小決定著氣體的擴散方向和擴散速率（表13-1）。

氣體擴散的方向主要取決於氣體的分壓差。在肺部，**肺泡中的P_{O_2}為104 mmHg**，肺微血管靜脈血的P_{O_2}為40 mmHg，由於肺泡P_{O_2}比肺微血管高（氧分壓差＝104－40＝64 mmHg），所以O_2從肺擴散進入血液中。而在二氧化碳方面，肺泡P_{CO_2}＝40 mmHg，肺微血管靜脈血P_{CO_2}＝46 mmHg，肺微血管P_{CO_2}比肺泡高（分壓差＝46－40＝6 mmHg），因此CO_2從微血管擴散至肺泡，由肺泡排出（圖13-14）。

此外，氣體分子的擴散速度還與溶解度成正比。溶解度指氣體在單位分壓下能溶解於液體中的量（表13-2）。在肺中和組織中，由於氧分壓差均高於二氧化碳分壓差，所以，氧氣的擴散速度大於二氧化碳的擴散速度，但由於二氧化碳在體液中的溶解度比氧氣大，又增加了二氧化碳的擴散速率，使得二者之間的擴散速度達到平衡（圖13-15）。

影響呼吸膜兩側氣體交換的因素還包括：

1. 呼吸膜的厚度：呼吸膜增厚時，例如肺纖維化及肺水腫，氣體交換的量會減少。
2. 呼吸膜的面積：面積減小會影響氣體交換功能，例如肺氣腫病人之肺泡數量減少，呼吸膜面積因而降低。
3. 溫度：溫度升高，氣體分子運動加快，氣體交換速度也加快。

二、通氣／灌流比

每分鐘肺泡通氣量和每分鐘肺微血管血流量之間的比值稱為**通氣／灌流比** (ventilation/perfusion ratio, V/Q)。要實現肺內適宜的氣體交換，除了要有足夠的肺泡通氣量和肺血流量，還需要這兩者之間有恰當

表 13-2 體內氣體在液體中的溶解度
（單位：mL 氣體／100 mL 液體）

氣體種類	水	血漿	全血
O_2	2.386	2.14	2.36
CO_2	56.7	51.5	48.0
N_2	1.227	1.18	1.30

表 13-1 肺泡、血液、組織中各種氣體的分壓 (mmHg)

	肺泡空氣	動脈血	靜脈血	組織
P_{O_2}	104	100	40	30
P_{CO_2}	40	40	46	50
P_{N_2}	569	573	573	573
P_{H_2O}	47	47	47	47
合計	760	760	706	700

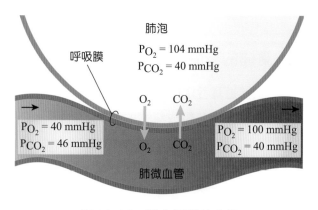

■ 圖 13-14 肺中氣體的交換。

的比值。健康成年人安靜時每分鐘 4,200 mL 的肺泡通氣量恰好使 5,000 mL 靜脈血（即安靜時心輸出量）全部轉換為高氧分壓、低二氧化碳分壓的動脈血，V/Q 值＝ 4,200/5,000 ＝ 0.84，此時通氣量與血流量比例最合適，肺氣體交換效率最高。

當 V/Q 值正常時，才能確保肺臟有正常的換氣功能，維持正常的血氧含量。V/Q 值小於 0.84 時，意味著換氣不足，血流過剩，例如支氣管痙攣時，部分靜脈血流經換氣不良的肺泡，使得氣體未得到充分的更新，未能變成充氧血就流回了心臟，造成功能性「動－靜脈短路」；若 V/Q 值大於 0.84，意味著換氣過剩，血流不足，例如肺血管栓塞時，使得靜脈血被充分動脈化後仍有部分肺泡氣體未能與血液交換，形成肺泡無效腔（圖 13-16）。

運動時通氣量加大，心輸出量增加，肺血流量也加大，這對 V/Q 值的變化影響不大，但氣體的交換得到加強，身體對氧的攝取量提高。

三、氣體分壓過高所造成的疾病

當大氣壓力每增加 1 大氣壓，人體所承受的氣體分壓及溶解在血漿中的氣體量亦會

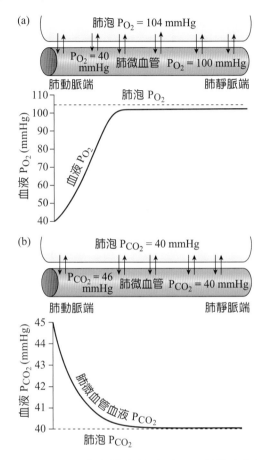

■ **圖 13-15** 肺泡微血管血液 (a) 從肺泡攝取 O_2；(b) 向肺泡排出 CO_2 的過程。

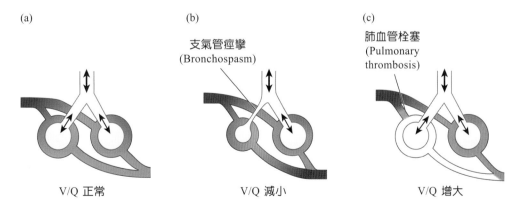

■ **圖 13-16** 肺通氣／灌流比 (V/Q) 變化。

變為2倍。例如在海平面下，每下降10公尺就會增加一個大氣壓。如果潛水夫潛降至海平面下10公尺處，血漿中的氣體量將是在海平面的2倍；下降至20公尺則變為3倍。在此情況下，溶解在血漿中的氮和氧含量增加，會對身體產生不良影響。

(一) 氧中毒

人體如果在大於半個大氣壓的純氧環境中，對所有的細胞都有毒害作用，吸入時間過長，就可能發生**氧中毒**(oxygen toxicity)。肺部微血管屏障被破壞，嚴重影響呼吸功能，進而使各臟器缺氧而發生損害。在1個大氣壓的純氧環境中，人只能存活24小時，就會發生肺炎，最終導致呼吸衰竭、窒息而死。人體在2個大氣壓高壓純氧環境中，最多可呼吸1.5~2小時，超過了會引起腦中毒、精神錯亂、記憶喪失。如加入3個大氣壓甚至更高的氧，人會在數分鐘內發生腦細胞變性壞死，抽搐昏迷，導致死亡。

(二) 減壓疾病

減壓疾病(decompression sickness)是一種因周圍壓力快速降低（如潛水上升、出沉箱或高壓艙，或上升到高海拔區），促使溶解於血液或組織中的氣體形成氣泡所致的疾病，其常見的特徵為疼痛或神經系統症狀，俗稱「**潛水夫病**」(decompression sickness)。

根據**亨利定律** (Henry's Law)，當一種在液體內的氣體其壓力下降時，該氣體溶於液體的量亦會下降。就如同我們打開汽水瓶罐時，因容器內的壓力下降至大氣壓力，而使原本溶於液體中的氣體逸出，形成氣泡。

同樣地，氮氣是一種溶解於人體組織及體液內的氣體。當身體暴露於壓力下降的環境時，氮氣會被釋放到離開身體的氣體中。若氮氣被逼離體液的速度太快時，氣泡會在身體內形成，這些氣泡可阻塞小血管，造成組織損傷，而出現皮膚發癢及皮疹、肌肉及關節疼痛等症狀，甚至麻痺及死亡。

▶ 內呼吸

內呼吸是指在組織中微血管及細胞之間的氧及二氧化碳的交換。在組織中，氧由血液往細胞擴散，二氧化碳則由細胞往血液擴散。氣體分壓差及溶解度可參見表 13-1 及表 13-2。

在組織中，細胞 P_{O_2} 為 30 mmHg，微血管動脈血 P_{O_2} 為 100 mmHg，血液 P_{O_2} 高於細胞（壓力差 = 100 − 30 = 70 mmHg），因此血液中的 O_2 會擴散入組織細胞；而在二氧化碳的交換上，組織細胞的 P_{CO_2} 為 50 mmHg，組織微血管動脈血 P_{CO_2} 為 40 mmHg，細胞 P_{CO_2} 高於血液（壓力差 = 50 − 40 = 10 mmHg），因此 CO_2 由細胞擴散入血液（圖 13-17）。

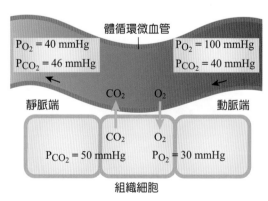

■ **圖 13-17** 組織氣體交換示意圖。

臨·床·焦·點 Clinical Focus

高壓氧治療 (Hyperbaric Oxygen Therapy)

高壓氧治療是將病人置於治療艙內，以 2~3 個大氣壓的壓力吸入 100% 的氧氣。其原理就是提高血氧分壓而增加血液內物理溶解氧含量。早期主要用於治療潛水夫病，現廣泛應用於治療骨髓炎、燒燙傷、傷口治療及一氧化碳中毒等。

高壓氧的作用包括：增加血氧含量，可用於治療心血管疾病、腦血管意外、一氧化碳中毒等所造成的缺氧狀態；對血管有收縮作用，故可降低血管通透性，減少血管、組織滲出，改善水腫；加速組織、血管、細胞的再生和修復，特別是缺血、缺氧組織；抑制厭氧菌生長、繁殖和產生毒素的能力，是氣性壞疽特效療法。

由於氧氣吸入過多可能造成氧中毒，因此臨床上，高壓氧治療應由醫師根據病人的情況，選擇不同的氧濃度和吸氧方式。

影響組織氣體交換的因素包括：

1. 細胞和微血管的距離：距離增加，例如在組織水腫時，氣體交換量減少。
2. 組織代謝：組織代謝率與組織氣體交換量呈正比關係。
3. 微血管內血流速度：微血管內血流速度過快，使血液在組織中的停留時間太短，擴散的氧量會減少；或血流速度過慢，組織總供血量又會減少，都會影響組織氣體交換。

13-4 氣體在血液中的運輸
Oxygen and Carbon Dioxide Transport

肺部進行的外呼吸，以及在組織進行的內呼吸之間，氧氣及二氧化碳是藉由血液來運輸的。氧氣主要是透過與血紅素結合的方式來運送，而大部分的二氧化碳則是以碳酸鹽類的形態在血液內運輸。

▶ 氧氣的運輸

血液攜帶氧的方式有兩種：化學結合及物理溶解。**97%** 的 O_2 是與**血紅素** (hemoglobin, Hb) 結合形成**氧合血紅素** (oxyhemoglobin, HbO_2)。而其他 3% 的 O_2 則是溶解於血漿中，溶解的量與溶解度及氣體分壓成正比，與溫度成反比。

一、血紅素

人體內的血紅素由四個次單位構成，每個次單位由一條胜肽鏈和一個**血基質** (heme) 組成，胜肽鏈會盤繞折疊成球形，把血基質分子包在其中（圖 10-2）。每個血基質的中央是一個鐵原子，每個鐵原子可結合一分子的氧，也就是說，每個血紅素可結合 4 分子的氧。

除了運載氧，血紅素還可以與二氧化碳、一氧化碳、氰離子結合，一氧化碳及氰離子一旦和血紅素結合就很難離開，**一氧化**

碳與血基質的鍵結強度大約為氧的 **210 倍**，因而使血液中能夠與氧結合的紅血素大量減少，進而導致組織缺氧，這就是一氧化碳和氰化物中毒的原理。

氧合血紅素為鮮紅色，動脈血帶氧多，故呈鮮紅色。未與氧結合的血紅素，又稱為**去氧血紅素**(deoxyhemoglobin)。去氧血紅素為紫藍色，當去氧血紅素量超過5%時，皮膚黏膜呈紫藍色，稱為發紺(cyanosis)。

去氧血紅素在肺部微血管與氧結合，此過程稱為裝載反應 (loading reaction)；而在組織微血管中，氧合血紅素則釋放氧氣，形成去氧血紅素，此過程稱為解離或卸下反應 (unloading reaction)。兩者為可逆反應，其作用如下：

$$Hb + O_2 \rightleftharpoons HbO_2$$

P_{O_2}為影響O_2與血紅素飽和度最重要之因素。血紅素在P_{O_2}高時，能與氧結合成氧合血紅素；在P_{O_2}低時，又能解離氧。在肺部，由於氧分壓高，能夠促進血紅素在肺中帶氧；在組織中由於氧分壓的降低，又能促進氧和血紅素解離氧供組織利用。

二、氧合血紅素解離曲線

氧合血紅素解離曲線(oxyhemoglobin dissociation curve)是氧合血紅素飽和度與P_{O_2}的關係曲線（圖13-18）。此曲線反映了Hb與O_2的結合量是隨P_{O_2}的高低而變化，這條曲線呈「**S**」形，而不是直線相關。

在曲線上段部分（P_{O_2}在60~100 mmHg之間時）較平坦，這反映了即使P_{O_2}有較大變化，氧合血紅素飽和度並不會跟著劇烈改變。曲線中下段較陡，顯示此時氧分壓若改變，氧合血紅素飽和度變化較大。有利於在組織中解離氧，在肺中結合氧，確保充分的氧供應。

在正常靜止狀態時，每100 mL的充氧血含20 mL的氧。動脈P_{O_2}之正常值約為100 mmHg，由圖13-18可知此時氧合血紅素飽和百分比為97%；靜脈P_{O_2}約40 mmHg，氧合血紅素飽和百分比為75%。也就是說，當血液由動脈流到靜脈時，卸下了22%的氧供細胞使用，相當於每100 mL血液中有約4.5 mL的氧移至組織中，此現象稱為生理性解離。

三、影響氧合血紅素解離曲線的因素

Hb 與 O_2 的結合和解離在多種因素的影響下，會使氧合血紅素解離曲線的位置發生偏移（圖 13-19）。影響氧合血紅素解離曲線的因素包括pH值、血液二氧化碳分壓(P_{CO_2})、溫度以及紅血球中的糖解產物－ 2,3- 雙磷酸甘油酸(2,3-diphosphoglyceric acid, 2,3-DPG)。

1. **pH值**：當血液 pH 值由正常的 7.40 降至 7.20 時，Hb 與 O_2 的親和力降低，氧合血紅素解離曲線右移，釋放 O_2 增加。pH 上升至 7.6 時，Hb 對 O_2 親和力增加，曲線左移，這種因 pH 值改變而影響 Hb 攜帶 O_2 能力的現象稱為**波耳效應** (Bohr effect)。

2. **血液二氧化碳分壓** (P_{CO_2})：P_{CO_2} 對 O_2 運輸的影響與 pH 作用相同，一方面是 CO_2 可直接與 Hb 分子的某些基團結合並解離出 H^+；也可以是 CO_2 與 H_2O 結合形成 H_2CO_3 並解離出 H^+；上述兩方面因素增加了 H^+ 濃度，產生波耳效應，影響 Hb 對 O_2 的親和力，並透過影響 HbO_2 的生成與解離，來影響 O_2 的運輸。

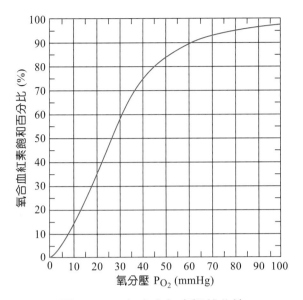

■ 圖 13-18　氧合血紅素解離曲線。

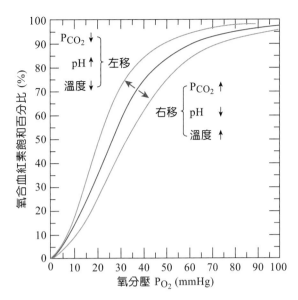

■ 圖 13-19　氧合血紅素解離曲線及其影響因素。

3. **溫度**：當溫度升高時，Hb 與 O_2 親和力變低，解離曲線右移，釋放出 O_2；當溫度降低時，Hb 與 O_2 結合更牢固，氧合血紅素解離曲線左移。

4. **2,3-雙磷酸甘油酸**(2,3-DPG)：2,3-DPG是紅血球中代謝葡萄糖的產物，其與血紅素的結合，會促使血紅素與O_2解離。因此，2,3-DPG的增多，會使Hb對O_2的親和力下降，氧合血紅素解離曲線右移，從而使血液釋放出更多的O_2。

　　綜合來說，血液**P_{CO_2}升高、pH值降低、體溫升高及2,3-DPG的增多**，都使Hb對O_2的親和力下降，曲線**右移**，從而使血液釋放出更多的O_2；反之，血液中**P_{CO_2}下降、pH值升高、體溫降低和2,3-DPG的減少**，使Hb對O_2的親和力提高，曲線**左移**，從而使血液結合更多的O_2。

　　例如在運動過程中，由於肌肉代謝加強，H^+ 和 CO_2 的產生增多，使得體溫上升，P_{CO_2} 升高，pH 值降低，2,3-DPG 也顯著增多（從平原進入海拔較高的高山時，紅血球中的 2,3-DPG 也會增加），這些原因都會導致氧合血紅素解離曲線向右移動。氧合血紅素解離曲線的右移，說明在相同的 P_{O_2} 下，血液中 HbO_2 能解離出更多的 O_2，能為身體提供更多的 O_2。

▶ **二氧化碳的運輸**

　　二氧化碳 (CO_2) 在血液中的存在形式有三種（圖 13-20）：

1. **溶解於血漿中**：CO_2 的溶解度比 O_2 大；此部分約占血液中 CO_2 總量的 **7%**。

2. 與血紅素結合為**碳醯胺基血紅素** (carbaminohemoglobin, $HbCO_2$)：CO_2 能直接與血紅素的自由氨基結合，形成碳醯胺基血紅素，並能迅速解離，這種結合形式的二氧化碳在全部二氧化碳運輸中約占 **23%**。

$$HbNH_2 + CO_2 \rightarrow HbNHCOOH$$
$$HbNHCOOH \rightarrow HbNHCOO^- + H^+$$

3. 以**碳酸氫根離子** (bicarbonate, HCO_3^-) 的形式存在於血漿中：約占 **70%**。

　　紅血球內含有較高濃度的**碳酸酐酶** (carbonic anhydrase)，它促使 CO_2 和 H_2O 形成碳酸 (H_2CO_3)，所以大多數的碳酸都是在紅血球內產生。形成的碳酸又迅速解離成 H^+ 和 HCO_3^-，這種結合形式的二氧化碳在全部二氧化碳運輸中占 70%，是二氧化碳在血液中最主要的運輸形式。

$$CO_2 + H_2O \xrightarrow{\text{碳酸酐酶}} H_2CO_3 \rightleftharpoons HCO_3^- + H^+$$

　　CO_2 形成碳酸的反應，偏好發生於高 P_{CO_2} 的體循環微血管中。在組織中，由於氣體交換，血中 P_{CO_2} 升高，促使 CO_2 與水反應，即 $CO_2 + H_2O \rightarrow HCO_3^- + H^+$，同時有 CO_2 的溶解及 $Hb + CO_2 \rightarrow HbCO_2$ 進行。在肺中，由於氣體交換，血中 P_{CO_2} 降低，上述反應逆向進行，即 $HCO_3^- + H^+ \rightarrow H_2O + CO_2$。這兩個過程周而復始的進行，完成 CO_2 的運輸。

知識小補帖 Knowledge+

　　肌紅素 (myoglobin) 存在於骨骼肌、心肌和肝臟中，在心肌中含量特別豐富。肌紅素的化學結構與血紅素相似，在肌肉中具有運輸及儲存氧氣的功能。肌紅素與 O_2 的親和力比血紅素強，在無氧代謝肌細胞 P_{O_2} 極度下降時，氧合肌紅素才發揮作用，它能釋出結合 O_2 的 90% 供肌肉代謝。

　　在組織微血管中，由於 CO_2 不斷進入紅血球，使得紅血球中的 H^+ 及 HCO_3^- 逐漸增多。大部分的 H^+ 與血紅素結合，HCO_3^- 則因其在紅血球膜內外側的濃度差，且 HCO_3^- 易於通過紅血球膜，故 HCO_3^- 大量的從紅血球擴散進入血漿，因而形成紅血球內帶正電荷較多的情形。這些正電荷吸引血漿中的 Cl^- 向紅血球內轉移，以恢復膜兩側的電荷平衡，這種現象稱為**氯轉移** (chloride shift)（圖13-20）。

O_2 與 Hb 的結合對 CO_2 運輸的影響

　　如前所述，pH 值對血紅素氧親和力的影響稱**波耳效應** (Bohr effect)。當血紅素與 O_2

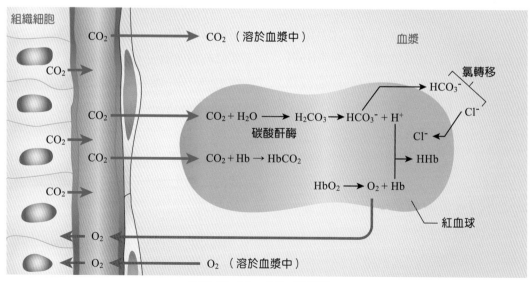

圖 13-20　CO_2 的運輸。

結合成為氧合血紅素時，其與 CO_2 結合的能力會降低，促使血紅素與 CO_2 的解離；而當氧合血紅素與 O_2 解離變成去氧血紅素時，其與 CO_2 結合的能力則會增加，血紅素的這個特性稱為**海登效應** (Haldane effect)。

在組織中，由於氣體交換，使血液P_{O_2}降低、P_{CO_2}升高，pH降低，促進了氧和血紅素的解離（圖13-20）；而在肺中，由於氣體交換，肺微血管P_{O_2}升高、P_{CO_2}降低，pH升高，促進了氧和血紅素的結合（圖13-21）。

O_2 與 CO_2 的運輸並不是各自獨立進行的，而是相互影響的。CO_2 透過波耳效應影響 O_2 的結合和釋放；而 O_2 又透過海登效應影響 CO_2 的結合和釋放。

13-5 呼吸調控
Regulation of Breathing

呼吸運動是由呼吸肌節律性的收縮及舒張所引起，呼吸肌節律性活動是呼吸中樞節律性的反應。化學感受器可偵測血液 P_{CO_2}、pH 及 P_{O_2} 的變化，參與呼吸調節。肺部的牽張感受器亦可經由反射來調節呼吸作用。

▶ 呼吸中樞

呼吸肌是骨骼肌，其收縮及放鬆是由位於脊髓的體運動神經元所控制，而這些運動神經元又會受到來自中樞神經元的調控。大腦皮質可控制隨意的呼吸活動，位於腦幹的呼吸中樞則是不隨意的自主呼吸調節系統。

一、腦幹呼吸中樞

由橫切腦幹的實驗發現，若在哺乳類動物的中腦和橋腦之間進行橫切，呼吸無明顯變化；在延腦和脊髓之間橫切，呼吸停止；在橋腦上、中部之間橫切，呼吸將變慢變深，如再切斷雙側迷走神經，將出現長吸式呼吸(apneusis)；在橋腦和延腦之間橫切，不論迷走神經是否完整，長吸式呼吸都消失，而呈喘息樣呼吸(gasping)（圖13-22）。

控制自主性呼吸的中樞主要有三個區域，包括：延腦的呼吸節律中樞，以及橋腦的呼吸調節中樞和長吸中樞（圖 13-23）。

延腦的神經元聚集形成**呼吸節律中樞** (rhythmicity center) 是呼吸的基本中樞，控制著呼吸的基本節律，主要可分為兩個部分：

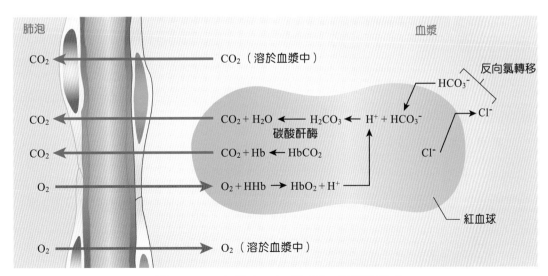

■ 圖 13-21　在肺中，O_2 與 CO_2 的運輸形式。

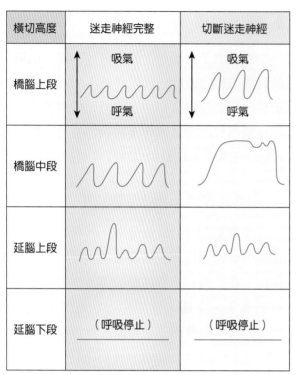

橫切高度	迷走神經完整	切斷迷走神經
橋腦上段	吸氣 呼氣	吸氣 呼氣
橋腦中段		
延腦上段		
延腦下段	（呼吸停止）	（呼吸停止）

■ 圖 13-22　腦幹呼吸核團在不同平面切斷後呼吸的變化。

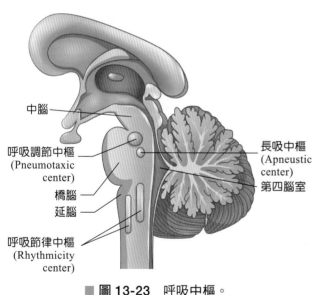

中腦

呼吸調節中樞
(Pneumotaxic center)

橋腦
延腦

呼吸節律中樞
(Rhythmicity center)

長吸中樞
(Apneustic center)

第四腦室

■ 圖 13-23　呼吸中樞。

1. 背側呼吸神經元群 (dorsal respiratory group, DRG)：位於延腦背側，主要含吸氣神經元，促進吸氣動作，控制呼吸的基本節律。這些神經元的軸突延伸至脊髓，可刺激膈神經的體運動神經元，使橫膈收縮而產生吸氣動作。

2. 腹側呼吸神經元群 (ventral respiratory group, VRG)：位於延腦腹側及外側，含有呼氣及吸氣神經元，與用力呼氣或用力吸氣有關。

　　橋腦中有兩個與呼吸有關的中樞。**呼吸調節中樞** (pneumotaxic center) 位於橋腦上部的臂旁核 (parabrachial nucleus)，其作用為限制吸氣，促使吸氣向呼氣轉換。**長吸中樞** (apneustic center) 位於橋腦的中下段，可經由活化延腦的吸氣神經元，以促進及延長吸氣動作，因而抑制呼氣。

二、大腦皮質的控制

　　大腦皮質是高級呼吸中樞，不產生節律性呼吸，但對節律性呼吸具調節作用。

　　人可以經由意識控制，短暫的停止呼吸或改變呼吸節律，但當血液 P_{CO_2} 增加到某個程度時，會刺激而興奮呼吸中樞吸氣區，並將衝動送至吸氣肌肉使呼吸重新開始。

　　高級中樞對呼吸的調節途徑有二：

1. 透過控制位於橋腦和延腦的呼吸中樞的活動，調節呼吸節律。

2. 經皮質脊髓徑和皮質紅核脊髓徑，直接調節呼吸肌運動神經元的活動。

▶ 化學感受器

　　參與呼吸調節的**化學感受器** (chemoreceptors) 分為周邊化學感受器和中樞化學感受器。

　　周邊化學感受器包括位於頸內外動脈分叉處的**頸動脈體** (carotid body) 和主動脈弓血管壁外的**主動脈體** (aortic body)（圖 11-35）。其中絕大多數化學感受器存在於頸動脈體，所以頸動脈體對呼吸中樞的影響遠大於主動脈體。當血液 **PO_2 降低**、**PCO_2 升高**及 **pH 降低**時，周邊的化學感受器受到興奮，衝動傳入呼吸中樞，引起呼吸加深加快。

　　中樞化學感受器位於延腦腹外側，主要負責調節腦脊髓液的 pH，使中樞神經有一個穩定的 pH 環境。中樞化學感受器不感受 O_2 變化的刺激，主要是接受其周圍腦脊髓液中 CO_2、H^+ 的刺激，但最直接的感受是由 CO_2 而產生的 H^+ 刺激。這是因為血腦障壁 (blood brain barrier, BBB) 使腦脊髓液與血液分開，血腦障壁限制了血液中 H^+ 的通過，但 CO_2 可以自由通透。通過血腦障壁的 CO_2 與 H_2O，在碳酸酐酶的催化下，形成 H_2CO_3 並解離為 H^+ 和 HCO_3^-，由此產生的 H^+ 直接刺激中樞化學感受器（圖 13-24）。中樞化學感受器的衝動透過一定的神經聯繫，興奮了延腦呼吸中樞（圖 13-25）。

　　刺激化學感受器的因素包括以下三項：

1. **PCO_2**：CO_2 是調節呼吸的最重要的生理性體液因子，因為血中 CO_2 變化既可直接作用於周邊感受器，又可以增高腦脊髓液中 H^+ 濃度，作用於中樞感受器。CO_2 對呼吸有很強的刺激作用，一定濃度的 PCO_2 對維持呼吸中樞的興奮性是必要的。CO_2 透過刺激中樞和周邊化學感受器，使呼吸加深加快，其中刺激中樞化學感受器是主要途徑。

2. **H^+**：主要作用於周邊化學感受器。血液中 H^+ 升高時，透過刺激中樞和周邊化學感受器，使**呼吸加強**。

3. **PO_2**：PO_2 降低可興奮周邊化學感受器，使呼吸增加。

　　當 $PCO_2\uparrow$、$[H^+]\uparrow$（$pH\downarrow$）、$PO_2\downarrow$ 時，刺激中樞或者周邊感受器，反射的引起呼吸運動增強或者減弱，以緩解 PCO_2 的升高、H^+ 濃度的升高、PO_2 的降低（圖 13-26）。此反射活動主要調節呼吸過程，也調節心血管系統的活動。

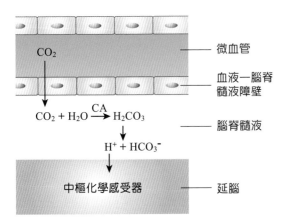

■ **圖 13-24**　中樞化學感受器對 CO_2 的感受過程。

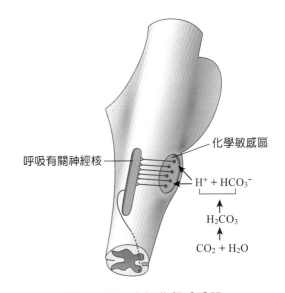

■ **圖 13-25**　中樞化學感受器。

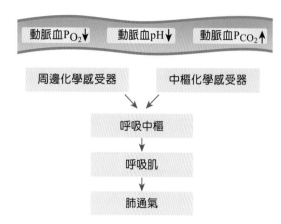

■ 圖 13-26　化學感受性呼吸反射途徑。

▶ 肺膨脹反射

　　肺部的牽張感受器位於支氣管及細支氣管壁，當肺充氣或擴張牽拉呼吸道時，使感受器興奮。興奮由**迷走神經**傳入延腦呼吸中樞，反射性抑制吸氣神經元，使**吸氣停止並轉為呼氣**，由**肺大幅擴張**刺激肺牽張感受器 (pulmonary stretch receptor) 所引起的吸氣抑制反射稱為 **Hering-Breuer 反射** (Hering-Breuer reflex)，或稱為**肺膨脹反射** (inflation reflex)。當肺因呼氣縮小後，停止對牽拉感受器的刺激，因而降低對呼吸中樞的抑制，使得吸氣再度開始。

　　肺膨脹反射是一種負迴饋調節機制，使吸氣不至過長、過深，避免肺部過度擴張。

▶ 運動期間的呼吸調節

一、運動時肺通氣的變化

　　運動時隨著運動強度的增大，身體為適應代謝的需求，需要消耗更多的 O_2 和排出更多的 CO_2。為此，通氣將發生相應的變化。具體表現為呼吸加深加快，肺通氣量增加。潮氣容積可從安靜時的 500 mL 上升到 2,000 mL 以上；呼吸頻率隨運動強度而增加，可由每分鐘 12~18 次增加到每分鐘 40~60 次。結合潮氣容積與呼吸頻率的變化，運動時的每分鐘通氣量可從安靜時的 6~8 L/min 增加到 80~150 L/min，較安靜時可增大 10~12 倍。

　　運動開始後，肺通氣量立即快速上升，隨後在前一時段升高的基礎上，出現持續緩慢的上升；運動結束時，肺通氣量同樣是先出現快速下降，隨後再緩慢地恢復到安靜時的水平。

　　在中等強度運動，肺通氣量的增加主要是靠呼吸深度的增加；而在進行劇烈運動時，肺通氣量的增加則主要是靠呼吸頻率的增多來達成。呼吸深度和呼吸頻率的增加，意味著呼吸運動的加劇，因此用於通氣的氧耗也將增加。據研究，人體安靜時，用於通氣的耗氧量只占總耗氧量的1~2%，劇烈運動時則可增加到8~10%。

二、運動時氣體交換的變化

　　運動時的氣體交換變化，主要是經由氧的擴散和交換來體現。肺部氣體交換的具體變化為：

1. 人體各器官組織代謝的加強，使流向肺部的靜脈血中 P_{O_2} 比安靜時低，從而使呼吸膜兩側的氧分壓差增大，O_2 在肺部的擴散速率增大。

2. 血液中兒茶酚胺含量增多，導致呼吸性細支氣管擴張，使通氣肺泡的數量增多。

3. 肺泡微血管前括約肌擴張，開放的肺微血管增多，從而使呼吸膜的表面積增大。

4. 右心室泵血量的增加也使肺血流量增多，使得通氣 / 灌流比仍維持在 0.84 左右。但劇烈運動也會造成過度的換氣，使通氣 / 灌流比大於 0.84。

沒有經常進行運動訓練的人，20 歲以後，肺換氣功能將日趨降低，而經常運動訓練的人，肺換氣功能降低的趨勢將延緩。

組織氣體交換的具體變化為：

1. 由於活動的肌肉組織需利用較多的 O_2 來氧化能量物質以重新合成 ATP，所以活動的肌肉組織耗氧量增加，組織的 P_{O_2} 下降迅速，使組織和血液間的氧分壓差增大，O_2 在肌肉組織部位的擴散速率增大。

2. 活動組織微血管開放數量增多，增大了組織血流量，亦增大了氣體交換的面積。

3. 組織中由於 CO_2 累積、P_{CO_2} 的升高和局部溫度的升高，使氧合血紅素解離曲線發生右移，促使 HbO_2 解離進一步加強。運動時組織的這些變化，促使肌肉的氧利用率提高，肌肉的代謝率可較安靜時增高達100倍。

▶ 高海拔的適應

由於地心引力的作用，大氣壓力隨著海拔的升高而下降。海拔越高的高地，空氣越稀薄，大氣壓力下降越大。而高海拔的空氣組成與低海拔一樣（若水蒸氣除外，氧占約21%，氮占約79%），所以氧氣的絕對濃度、氧分壓、肺泡內氧分壓和動脈血氧飽和度，也隨外界環境的氧分壓改變而變化（表13-3）。

當人體處在高海拔地區時，其呼吸功能會有所調整。這些調整主要包括通氣量增加、**血紅素對氧的親和力降低**，以及紅血球及血紅素增加。

通氣量的增加是高度適應最重要的部分。人體在適應高海拔環境的初期，由於**動脈血 P_{O_2} 降低**，呼吸會加快且加深。因氧氣不足引起的**通氣量增加**的生理反應稱為**低氧性換氣反應**(hypoxic ventilatory response)。通氣量增加可加速 CO_2 排出，血中 CO_2 減少後會增加氧含量，有助於高度適應的生理調整。

在高海拔處，因紅血球內的氧合血紅素減少，刺激 **2,3-DPG 生成增加**，而使血紅素與氧的結合力降低。此反應可使血紅素在組織卸下更多的氧，以代償氧含量降低的情形。

人體在組織缺氧狀態時，還會促使腎臟增加分泌**紅血球生成素** (erythropoietin, EPO)，使骨髓中紅血球及血紅素的製造明顯增加，血比容 (hematocrit) 增加，以增加整體血液的攜氧量。**紅血球增多症** (polycythemia)

表 13-3 不同海拔高度與氣壓、氧分壓的變化

海拔 (m)	大氣壓力 (mmHg)	氧分壓 (mmHg)	肺泡內氧分壓 (mmHg)	動脈血氧飽和度 (%)
海平面	760	158	105	95
1,000	620	140	90	94
2,000	600	125	72	92
3,000	530	116	62	90
4,000	460	98	50	85

資料來源：許樹淵 (2006)．高地訓練的生理機轉．*行政院體委會國民體育季刊，35* (3)，11-17。

急性高山症 (Acute Mountain Sickness, AMS)

當人們從海平面高度乘火車或者飛行到 3,500 公尺高度時,大多數人多少會感到些許不舒服,例如:頭痛、疲勞、運動時不正常的喘氣及心跳、沒有胃口、嘔吐、眩暈、失眠、渴睡、呼吸不規則等,是常見的不適症狀。這些是急性高山症的症狀,這些症狀通常不會在到達高海拔時馬上出現,而會在 36 小時期間內發生。超過 50% 的旅行者在 3,500 公尺的高度會出現某程度的急性高山症症狀,但如果快速上升到 5,000 公尺,則差不多無人能免。通常,如果不再繼續進一步上升,這些因缺氧的不適在 2~3 天期間會消失。一旦身體已經適應,可以再進一步漸進的上升,雖然症狀可能隨時再次發生。若在高海拔劇烈運動,會更容易引發嚴重的急性高山症,因此在適應該海拔高度之前,應避免過於劇烈的運動及體能負荷。

常見於長期居住高海拔的人。然而,紅血球增多症亦會使血液黏稠度增加,可能造成血管栓塞,嚴重者甚至可能發生肺高壓、肺水腫、心室肥大及心臟衰竭。

13-6 血液的酸鹼平衡

Acid-Base Balance of the Blood

在正常情況下,人體動脈血血漿 pH 值平均為 7.4,變動範圍很小 (pH 7.35~7.45)。當血液 pH 值低於 7.35 時,稱為**酸中毒** (acidosis);而當高於 7.45 時,即稱為**鹼中毒** (alkalosis)。肺臟和腎臟可使血漿的 pH 值維持恆定。肺臟調節 pH 的方式是控制血中的二氧化碳濃度,而腎臟則為控制碳酸氫根離子 (HCO_3^-) 的濃度(詳見第 15 章)。

▶ 酸鹼平衡原理

人體主要依賴三個機制來調控酸鹼平衡,分別為體液中的緩衝系統 (buffer system)、呼吸作用及腎臟的排泄作用。

一、緩衝系統

血液中有四個主要的緩衝物質,即碳酸 (H_2CO_3) / 重碳酸鹽 (HCO_3^-)、磷酸鹽 ($H_2PO_4^-$/HPO_4^{2-})、血紅素 / 氧合血紅素、蛋白質緩衝系統。它們具有很強且很迅速的緩衝酸鹼度改變的能力,是人體預防酸鹼失衡的第一道防線。

每一對緩衝物質既能緩衝酸也能緩衝鹼,其中以 H_2CO_3/HCO_3^- 這一對最為重要,因為它的量最大。它對酸的緩衝反應如下:

$$HCl + NaHCO_3 \rightarrow NaCl + H_2CO_3$$

鹽酸　　　碳酸氫鈉　　　氯化鈉　　　碳酸
(強酸)　　(弱鹼)　　　(鹽)　　　(弱酸)

$$H_2CO_3 \rightarrow H_2O + CO_2 \text{(呼出體外)}$$

從上面的反應可以看出,經 $NaHCO_3$ 緩衝,解離度大的強酸 HCl 轉變為解離度小的弱酸 H_2CO_3,後者在體液中的解離度僅約為前者的 1/1,500。因此使 H^+ 大為減少。而且 H_2CO_3 還能分解為 H_2O 和 CO_2,CO_2 又能經呼吸作用呼出體外。

二、呼吸調節

H$^+$增加和CO$_2$增加，均能刺激呼吸中樞；H$^+$還對頸動脈體和主動脈體的化學感受器產生刺激作用，這些都可引起呼吸加深加快，使CO$_2$排出增加，血液的pH值就會上升。從上述的緩衝反應來看，每排出一個CO$_2$分子，也就等於清除了一個H$^+$離子，如：

$$H^+ + HCO_3^- \rightarrow H_2CO_3 \rightarrow H_2O + CO_2（呼出）$$

三、腎臟調節

腎臟是酸鹼平衡調節的最終保證。因為只有**可揮發性酸**(volatile acid)如碳酸(H$_2$CO$_3$)，可以CO$_2$的形式經由呼吸排出體外；而其他如乳酸、丙酮酸、硫酸、磷酸、尿酸、草酸等均為**非揮發性酸**(nonvolatile acid)，最終均需透過腎臟把過多的酸(H$^+$)排出，把鹼保留下來。因此腎臟對於調節酸鹼平衡的功能正常與否，關係重大（詳見第15章）。腎臟對體內酸鹼變化的調節作用，在反應時間上較呼吸作用慢，且通常在24~28小時才達到最大功能。

▶ 呼吸與酸鹼平衡

酸鹼失衡時會造成酸中毒及鹼中毒，依其主要的形成原因可分為呼吸性及代謝性兩大類。**呼吸性酸中毒** (respiratory acidosis) 多由於**換氣不足** (hypoventilation)，引起血中CO$_2$及H$_2$CO$_3$濃度增加所造成；**呼吸性鹼中毒** (respiratory alkalosis) 的則是由於**換氣過度** (hyperventilation)，引起血中CO$_2$減少所造成。而**代謝性** (metabolic) 酸中毒及鹼中毒則是由於體液內的酸性物質堆積或流失，或

因代謝性原因使體液中鹼性物質的流失或攝取過量所造成。例如持續的腹瀉會使胰液中的HCO$_3^-$流失，造成代謝性酸中毒；而嚴重的嘔吐導致胃酸大量流失，是造成代謝性鹼中毒最常見的原因。

血中P$_{CO_2}$是判斷呼吸性酸中毒及鹼中毒的指標，正常約為35~45 mmHg；而代謝性的酸中毒及鹼中毒則主要影響HCO$_3^-$濃度，正常值為22~26 mEq/L（圖13-27）。

在換氣不足時，**通氣量降低**，呼出CO$_2$的量不足以維持正常的P$_{CO_2}$，P$_{CO_2}$異常偏高，血液中碳酸增加，此稱為**呼吸性酸中毒**。呼吸性酸中毒是酸鹼不平衡中最常見的類型。在一些肺部疾病，如肺氣腫、肺水腫、氣喘、呼吸道阻塞等，以及當呼吸中樞受抑制時，如延腦腫瘤、腦炎、腦膜炎、顱內壓升高、腦外傷等中樞神經系統病變，或者是呼吸肌肉功能障礙如重症肌無力時，會使換氣減少而CO$_2$蓄積，造成呼吸性酸中毒。此外，一些藥物如麻醉劑、鎮靜劑等，以及巴比妥酸鹽(barbiturate)中毒，亦有抑制呼吸的作用而可能造成換氣不足。

呼吸性酸中毒可經由腎臟排泄 H$^+$ 與再吸收 HCO$_3^-$ 來代償，使得血中 HCO$_3^-$ 增加，血液 pH 值上升。

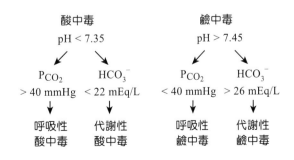

■ **圖 13-27** 酸鹼失衡的判定。

換氣過度則會排出過多的CO_2，使動脈P_{CO_2}降低，血液中的碳酸亦隨之減少。當碳酸逐漸耗盡，血液pH值也因而升高，此時就稱為呼吸性鹼中毒。造成換氣過度的原因，包括處在高海拔而造成的缺氧、嚴重焦慮及某些藥物如阿斯匹靈(aspirin)服用過量等。呼吸性鹼中毒可透過腎臟排泄HCO_3^-來代償，使得血中HCO_3^-減少，血液pH值下降。

呼吸性的酸鹼失衡會使得腎臟改變排泄H^+及HCO_3^-的量來代償，而代謝性的酸鹼失衡也會經由呼吸作用的調節來代償。例如代謝性酸中毒會以呼吸急促來代償，這是因為血液中H^+過高而刺激周邊化學感受器所致；而代謝性鹼中毒，則會導致代償性的緩慢呼吸，使血中P_{CO_2}濃度增加，碳酸濃度增加。

參考資料 | References

吳中海 (2001)・*節律性呼吸的調節*・於賀石林、李俊成、秦曉群主編，臨床生理學（298-307頁）・科學。

姚泰 (2000)・*生理學*（五版）・人民衛生。

姚泰 (2001)・*人體生理學*（三版）・人民衛生。

許樹淵 (2006)・高地訓練的生理機轉・*行政院體委會國民體育季刊*，*35* (3)，11-17。

馮琮涵、黃雍協、柯翠玲、廖智凱、胡明一、林自勇、鍾敦輝、周綉珠、陳瀅 (2021)・*人體解剖學*・新文京。

馮琮涵、鄧志娟、劉棋銘、吳惠敏、唐善美、許淑芬、江若華、黃嘉惠、汪蕙蘭、李建興、王子綾、李維真、莊禮聰 (2022)・*解剖生理學*（三版）・新文京。

範少光、湯浩、潘偉豐 (2000)・人體生理學（二版）・北京醫科大學。

賴明德、王耀賢、鄧志娟、吳惠敏、李建興、許淑芬、陳晴彤、李宜倖 (2022)・*解剖學*（二版）・新文京。

Fox, S. I. (2006)・人體生理學（王錫崗、于家城、林嘉志、施科念、高美媚、張林松、陳瑩玲、陳聰文、黃慧貞、溫小娟、廖美華、蔡宜容譯；四版）・新文京。（原著出版於 2006）

Fox, S. I. (2015). *HUMAN PHYSIOLOGY* (14th ed.). McGraw-Hill College.

Ganong, W. F. (2001). *Review of Medical Physiology* (20th ed). McGraw-Hill.

Lingappa, V. R., & Farey, K. (2001). *Physiological medicine: A clinical approach to basic medical physiology*. McGraw-Hill.

複·習·與·討·論

一、選擇題

1. 造成氧合解離曲線 (oxygen-hemoglobin dissociation curve) 向左偏移，下列何者正確？
   (A) 增加 2, 3- 雙磷甘油 (2, 3-diphosphoglycerate)　(B) 增加體溫　(C) 增加代謝　(D) 升高 pH 值

2. 動脈血中之氧含量為 200 mL/L，而心輸出量為 5 L/min，每分鐘有多少 mL 氧供應到組織？
   (A) 5　(B) 200　(C) 500　(D) 1,000

3. 有關肺循環及肺內氣體交換之敘述，下列何者錯誤？　(A) 肺動脈血為缺氧血　(B) 肺動脈內二氧化碳分壓約為 46 mmHg (P_{CO_2} = 46 mmHg)　(C) 肺泡氧分壓約為 104 mmHg　(D) 經過肺泡換氣後，肺動脈內氧分壓約為 100 mmHg

4. 調節呼吸作用的周邊化學受器主要受下列何者刺激？　(A) 血中 P_{O_2} 及 H^+ 濃度增加　(B) 血中 P_{O_2} 下降及 K^+ 濃度增加　(C) 血中 P_{O_2} 上升及 P_{CO_2} 下降　(D) 血中 P_{O_2} 及 pH 均下降

5. 血氧飽和百分比與氧分壓作圖呈現何種圖形？　(A) S 字形　(B) T 字形　(C) M 字形　(D) C 字形

6. 有關表面作用劑 (surfactant) 敘述，下列何者錯誤？　(A) 增加肺順應性 (lung compliance)　(B) 穩定大肺泡，預防萎縮　(C) 減少小肺泡的表面張力 (surface tension)　(D) 深呼吸可增加表面作用劑分泌

7. 氧合解離曲線發生移動時會引起所謂波爾效應 (Bohr effect)，這在正常成人生理作用上有何重要意義？　(A) 向左移動促使更多的氧釋出　(B) 向右移動促使更多的氧釋出　(C) 向左移動不利於氧的結合　(D) 向右移動不利於氧的釋出

8. 根據拉佩氏定律，如果大小肺泡彼此相通，且表面張力相等，則下列描述何者正確？　(A) 小肺泡內壓力大，大肺泡內壓力小　(B) 小肺泡內壓力小，大肺泡內壓力大　(C) 大小肺泡內壓力相等　(D) 吸氣時氣體主要進入小肺泡　(E) 呼氣時氣體主要出自大肺泡

9. 決定肺部氣體交換方向最主要的因素為何？　(A) 氣體的溶解度　(B) 氣體的分壓差　(C) 氣體的分子量　(D) 呼吸膜的通透性　(E) 氣體和血紅素的親和力

10. 體內 CO_2 分壓最高的部位是何處？　(A) 組織液　(B) 細胞內液　(C) 微血管血液　(D) 動脈血液　(E) 靜脈血液

11. 肺順應性是指（$\triangle V$ 為容積改變；$\triangle P$ 為壓力改變；Flow 為氣流大小）下列何者？　(A) $\triangle V/\triangle P$　(B) $\triangle P/\triangle V$　(C) $\triangle P$/Flow　(D) Flow/$\triangle P$

12. 二氧化碳在血液中運送的各種形式，其中比例最高的形式是下列何者？　(A) 氣態二氧化碳　(B) 溶於血漿中之二氧化碳　(C) 碳醯胺基血紅素 (carbaminohemoglobin)　(D) 碳酸氫根離子 (HCO_3^-)

13. 下列各項中，能較好地反映肺通氣功能好壞的指標為何？　(A) 肺活量　(B) 用力呼氣容積　(C) 吸氣儲備容積　(D) 呼氣儲備容積　(E) 肺擴散容量

14. 總通氣量是指下列何者？　(A) 肺總量　(B) 肺活量與肺餘容積之和　(C) 功能肺餘容量　(D) 潮氣容積與每分鐘呼吸次數的乘積

15. 可引起氧合血紅素解離曲線自正常位置右移的因素為何？　(A) CO_2 分壓升高　(B) 2,3-DPG 濃度降低　(C) pH 值升高　(D) 溫度降低　(E) 吸入氣中 CO_2 含量增加

16. 若以潮氣容積 (tidal volume) 200 毫升，呼吸頻率 40 次／分的方式持續呼吸 30 秒，會發生下列何種現象？　(A) 動脈二氧化碳分壓明顯下降　(B) 容易產生呼吸性低氧現象　(C) 血液中的氧氣總量大幅增加　(D) 呈現呼吸性鹼中毒

17. 下列何者不是直接決定肺泡氧分壓的因子？　(A) 大氣中的氧分壓　(B) 肺泡通氣量　(C) 耗氧量　(D) 肺活量

18. 空氣中二氧化碳分壓約為多少 mmHg？　(A) 40　(B) 45　(C) 0.3　(D) 0.03

19. 正常成人耗氧量每分鐘約為多少 mL？　(A) 2.5　(B) 25　(C) 250　(D) 2,500

20. 下列何者為臨床上反映通氣量之最常用指標？　(A) SaO_2　(B) Hb　(C) PaO_2　(D) $PaCO_2$

21. 關於動脈血 CO_2 分壓升高引起的各種效應，下列哪一項敘述是錯誤的？　(A) 刺激周邊化學感受器，使呼吸運動增強　(B) 刺激中樞化學感受器，使呼吸運動增強　(C) 直接興奮呼吸中樞　(D) 使氧合血紅素解離曲線右移　(E) 使血液中 CO_2 容積百分比增加

22. 會引起通氣量增加的因素，下列何者不正確？　(A) 動脈血二氧化碳分壓上升　(B) 動脈血氧分壓下降　(C) 周邊化學感受器活性增加　(D) 代謝性鹼中毒

23. 因呼吸道阻塞引起肺通氣量減少，會造成下列何種情形？　(A) 呼吸性酸中毒　(B) 呼吸性鹼中毒　(C) 代謝性酸中毒　(D) 代謝性鹼中毒

24. 與正常人相比較，部分呼吸道狹窄的病人，其第一秒內用力呼氣體積 (forced expiratory volume at the first second) 與用力呼氣肺活量 (forced vital capacity) 之改變，下列何者正確？　(A) 二者變化均不顯著　(B) 前者減少，但後者變化不顯著　(C) 前者變化不顯著，但後者減少　(D) 二者均顯著減少

25. 缺氧引起之肺血管收縮是為了：　(A) 改善通氣／血流比　(B) 增加分流量　(C) 減少無效腔　(D) 增加通氣量

26. 下列何者會降低氣體擴散穿過肺泡交換膜的能力？　(A) 氣體的分子量增加　(B) 肺泡交換膜的表面積增加　(C) 氣體的溶解度增加　(D) 肺泡交換膜兩側的分壓差增加

27. 去玉山旅遊時，由於氧分壓不足，因而引起呼吸加快，在此情況下，何種生理反應最可能伴隨發生？　(A) 二氧化碳濃度升高、pH 值降低　(B) 二氧化碳濃度降低、pH 值降低　(C) 二氧化碳濃度升高、pH 值增大　(D) 二氧化碳濃度降低、pH 值增大

28. 一位體重 150 磅的病人，他每分鐘呼吸頻率為 12 次，潮氣容積為 500 mL，試問他的肺泡通氣量約為：　(A) 6,000 mL/min　(B) 4,200 mL/min　(C) 3,600 mL/min　(D) 2,400 mL/min

29. 下列有關胸膜的敘述，何者錯誤？　(A) 為二層結構，屬於漿膜　(B) 胸膜腔內有潤滑液　(C) 臟層胸膜襯在氣管壁上　(D) 壁層胸膜襯在胸腔內壁上

30. 從氧合解離曲線來看，正常血液流過骨骼肌細胞時，每 100 mL 血液會有多少 mL 的氧解離並釋放進入肌細胞內？　(A) 5　(B) 10　(C) 15　(D) 20

二、問答題

1. 什麼是肺表面活性劑？其來源、化學本質及其生理意義是什麼？

2. 什麼是肺泡的氣體交換？影響因素有哪些？並且如何影響之？

3. 何謂通氣 / 灌流比 (V/Q)？其正常值是多少？當 V/Q 增加或減少時，會發生什麼變化？

4. 簡述 O_2 和 CO_2 在血液中的運輸形式與過程。

5. 何謂氧合血紅素解離曲線？其影響因素有哪些？這些因素各有何作用？

6. 呼吸中樞分布在中樞神經系統哪些部位？各發揮什麼作用？

7. 當血中 P_{CO_2} ↑、P_{O_2} ↓、$[H^+]$ ↑時，對呼吸有何影響？其作用機制是什麼？

三、腦力激盪

1. 什麼是呼吸？呼吸過程需經過哪些環節？

2. 簡述胸膜腔內壓的形成和生理意義。

3. 試述 CO_2 對呼吸的調節作用和調節途徑。

4. 假設某人正常呼吸時潮氣容積為 500 mL，呼吸頻率為 12 次 / 分鐘。在運動或勞動後，以深而慢的呼吸或淺而快的呼吸調整而言，何者較佳？

複習與討論解答
請掃描QR code

14

CHAPTER

學習目標 Objectives

1. 描述胃黏膜的結構，並列出黏膜的分泌作用及功能，並定義產生這些分泌作用的細胞。

2. 描述 HCl 及胃蛋白酶原在胃期分泌的正、負迴饋機制。

3. 描述胃排空的調節因素。

4. 描述小腸刷狀緣酵素有哪些及其功能。

5. 描述小腸蠕動及分節運動的功能。

6. 解釋大腸如何吸收液體以及電解質。

7. 描述肝竇狀隙的血流情形及肝的功能。

8. 描述膽紅素形成、結合及排泄的路徑。

9. 解釋腸肝循環的重要性，並描述膽色素的腸肝循環。

10. 解釋在頭期、胃期及腸期時，胃液分泌如何受到調控。

11. 描述參與排便過程的構造及機制。

12. 解釋腹瀉如何產生。

13. 解釋神經及激素如何調控胰液及膽汁的分泌。

14. 描述膽汁及胰脂肪酶在脂肪消化中所扮演的角色，並指出與脂質吸收有關的途徑與結構。

本章大綱 Chapter Outline

消化系統
The Digestive System

HUMAN
PHYSIOLOGY

人體的消化器官由消化道和消化腺組成，消化道包括口腔、咽、食道、胃、小腸及大腸；消化腺有唾液腺、肝、膽囊、胰臟和散布於消化壁內的腺體（圖 14-1）。消化及吸收是消化系統最主要的功能，為人體提供營養物質、水和電解質，以確保人體新陳代謝得以正常運作。

食物中所含的營養物質，如醣類、蛋白質和脂肪，都以複雜的大分子形式存在，無法被人體直接利用。這些大分子在消化道內利用**水解反應**(hydrolysis reactions)消化成小分子〔單體(monomers)〕，如胺基酸、甘油、脂肪酸和葡萄糖等，才能被人體吸收和利用。而維生素、無機鹽和水則不需要分解就可以直接被吸收。

消化是指在消化道管腔內，大分子被水解成可吸收單體（或單位）的過程，包括兩種方式：

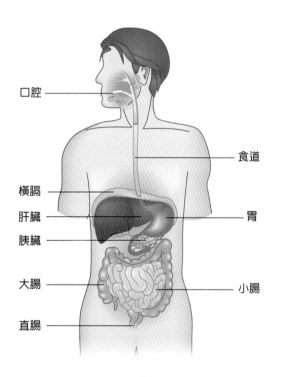

口腔
食道
橫膈
肝臟
胰臟
胃
大腸
小腸
直腸

■ 圖 14-1　消化系統的組成。

1. **機械性消化** (mechanical digestion)：透過消化道的運動，將食物磨碎並與消化液充分混合，向消化道的遠端推送。
2. **化學性消化** (chemical digestion)：透過消化液中各種消化酵素的作用，將食物中的大分子物質（主要是蛋白質、脂肪和多醣）分解為可吸收的小分子物質。

通常這兩種消化方式會相互配合並同時進行。食物消化後形成小分子物質，併同維生素、無機鹽和水。這些消化後的小分子通過消化道黏膜上皮細胞進入血液及淋巴液中的過程稱為**吸收** (absorption)。不能被消化和吸收的食物殘渣，最終形成糞便排出體外。

14-1　胃腸道管壁的結構
Layers of the Gastrointestinal Tract

消化道除口腔與肛門外，從食道到大腸的管壁基本結構可分為四層，這四層消化道被膜由內到外分別是黏膜層 (mucosa)、黏膜下層 (submucosa)、肌肉層 (muscularis) 及漿膜層 (serosa)（圖 14-2）。

一、黏膜層

黏膜層是消化道管腔的最內層，由**上皮層**、固有層和黏膜肌層這三個部分組成。黏膜層是**吸收**和主要的分泌層。除消化道的上端（口腔與食道）和下端肛管的上皮為複層鱗狀上皮，其餘均由柱狀上皮細胞組成。上皮層下的**黏膜固有層** (lamina propria) 由疏鬆的結締組織組成，富含微血管網、淋巴管和相關淋巴組織的免疫細胞，是抵禦病原體侵襲的第一道重要防線。除口腔與咽外，消化

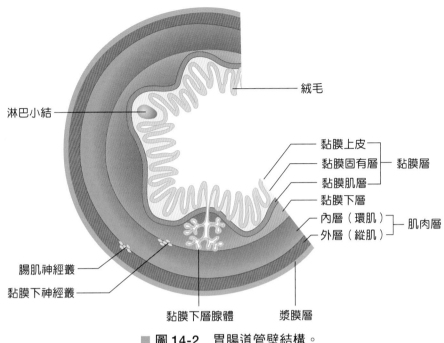

淋巴小結

絨毛

黏膜上皮
黏膜固有層 } 黏膜層
黏膜肌層

黏膜下層

內層（環肌）
外層（縱肌） } 肌肉層

腸肌神經叢
黏膜下神經叢

黏膜下層腺體　　漿膜層

■ **圖 14-2**　胃腸道管壁結構。

管黏膜的深部有薄層的平滑肌肉層，稱為**黏膜肌層** (muscularis mucosae)。黏膜肌層構成消化道的皺襞，可以增加吸收表面積。黏膜層內的杯狀細胞遍布整個消化道，可分泌黏液。

二、黏膜下層

　　黏膜下層是連接黏膜層與肌肉層的疏鬆結締組織，內富含血管、淋巴管網和神經叢。從黏膜柱狀上皮吸收的分子可進入黏膜下層的血管和淋巴中。黏膜下層的內在神經有**黏膜下神經叢**(submucosal plexus)或稱**麥氏神經叢**(Meissner's plexus)，由神經元和無髓鞘神經纖維組合而成，調節黏膜肌層和血管平滑肌的活動及黏膜腺的分泌。

三、肌肉層

　　肌肉層又稱**外肌層** (muscularis externa)，負責消化道的分節運動及蠕動，除消化道的

兩端（口腔、咽、部分食道及肛門）為骨骼肌外，其餘均由平滑肌組成，大部分消化器官有兩層肌肉，環肌和縱肌。但是胃的肌肉層較厚，可分為斜肌、環肌和縱肌三層；結腸也較特殊，其外層的縱走肌沿結腸縱軸退化形成三條分散的肌帶（結腸帶）。當這些肌肉層收縮時，可運送食物通過腸道並進行物理性的磨碎及與酵素混合，並向下推進。

　　肌肉層間有少量結締組織，其間含肌間神經叢，它的結構與黏膜下神經叢相似，主要是**腸肌神經叢** (myenteric plexus) 或稱為**歐氏神經叢** (Auerbach's plexus)，具有協調肌肉組織舒縮的作用。

四、漿膜層

　　漿膜層是消化器官的最外層，是由疏鬆結締組織表面覆蓋單層鱗狀上皮而形成，具有保持表面滑潤、減少摩擦的作用，有利於臟器的蠕動。

14-2 口腔及食道
Oral Cavity and Esophagus

▶ 口腔

口腔 (oral cavity) 是消化管的起始部分。前藉口裂與外界相通，後經咽峽與咽相續。口腔內有牙、舌、耳下腺、頜下腺及舌下腺三對唾液腺。口腔的前壁為唇、側壁為頰、頂為顎而口腔底為黏膜和骨骼肌等結構（圖14-3）。以下將對與消化相關的器官和腺體做介紹。

一、唾液腺

唾液腺 (salivary gland) 指耳下腺、頜下腺及舌下腺，可分泌唾液。它們均有導管開口於口腔（圖14-3b）。

1. **耳下腺** (parotid gland)：又稱**腮腺**，略呈三角楔形。其腺體導管開口於上頜第二臼齒相對頰黏膜上的腮腺管乳頭。其分泌物為漿液性，分泌量占唾液總量的25%。

2. **頜下腺** (submandibular gland)：略呈卵圓形，位於下頜下三角內，下頜骨體和舌骨舌肌之間。其導管的開口位於口腔底部舌繫帶的兩旁，導管稱為頜下腺管，又稱沃頓氏管 (Wharton's duct)，其分泌物為漿液性及黏液性，分泌量占唾液總量的70%。

3. **舌下腺** (sublingual gland)：最小，細長而略扁。位於口底黏膜深面，導管開口於口底黏膜。分泌物為黏液性，占唾液總量的5%。

正常成人唾液腺每天分泌量約為**1,000~1,500 mL**，唾液的主要成分是水（占99.5%）、少量的鹽類、有機物質（尿素、尿酸等）、黏液素、免疫球蛋白、溶菌酶及唾液澱粉酶 (amylase) 等。唾液因受碳酸氫鹽及碳酸鹽的緩衝作用，其pH保持在6.35~6.85的弱酸性。當副交感神經被刺激時（如口腔中的食物）可促使唾液反射性地分泌，另外視覺、味覺、嗅覺、觸覺等的刺激，也可以促使副交感神經興奮，增加唾液的分泌。

唾液中的水和**黏液**有潤滑口腔的作用，而**唾液澱粉酶**可分解食物中的澱粉。唾液中還含有**溶菌酶**。唾液腺間質內有淋巴細胞和漿細胞，漿細胞分泌的IgA與腺細胞產生的蛋白質分泌片段結合，形成分泌性IgA，隨唾液排入口腔，具有免疫作用。

二、牙齒

牙齒 (teeth) 不僅能咀嚼食物，還具有幫助發音、保持臉部外形的作用。牙齒是人體中最堅硬的器官，由**牙根** (root)、**牙頸** (cervix) 和**牙冠** (crown) 三部分所組成（圖14-3c）。牙根植於齒槽骨；牙頸是牙根之上被牙齦圍繞的部分；牙冠則是位於牙齦上方的部分。

每一個牙根底端有一個牙尖孔 (apical foramen)，血管、神經及淋巴管經此孔進入根管 (root canal) 及**牙髓腔** (pulp cavity)。牙髓腔周圍環繞一層敏感的黃色物質，稱為**象牙質** (dentin)，構成了牙齒的大部分。覆蓋在牙冠外層的白色物質稱為**琺瑯質** (enamel)，是**全身最硬**且化學性最安定的一種組織。

根據牙齒的功能不同，它們在形態上也有差異，有以切割食物為主的門齒，以撕裂食物為主的犬齒以及以磨碎食物為主的大臼齒。**乳齒** (deciduous teeth) 通常有**20顆**，包括門齒8顆、犬齒4顆及乳臼齒8顆。第

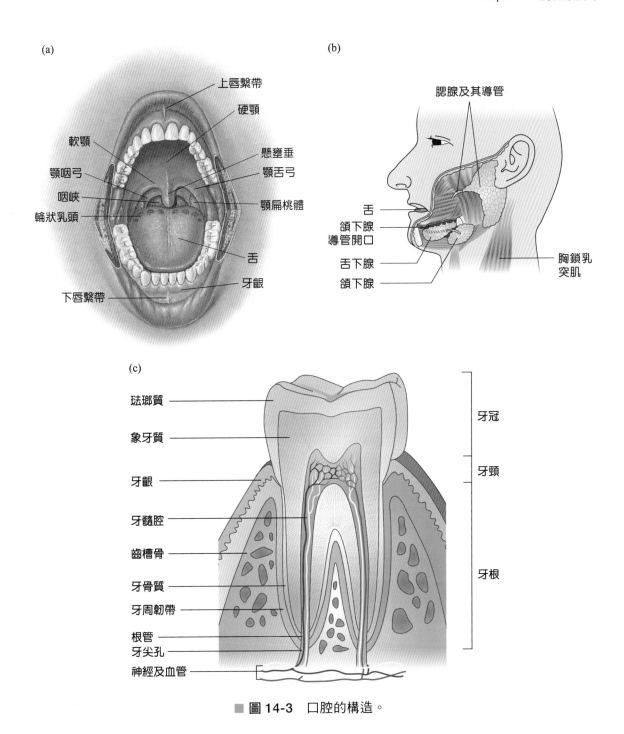

(a)

上唇繫帶
硬顎
軟顎
懸雍垂
顎咽弓
顎舌弓
咽峽
顎扁桃體
輪狀乳頭
舌
牙齦
下唇繫帶

(b)

腮腺及其導管
舌
頜下腺
導管開口
舌下腺
頜下腺
胸鎖乳突肌

(c)

琺瑯質
象牙質
牙齦
牙髓腔
齒槽骨
牙骨質
牙周韌帶
根管
牙尖孔
神經及血管

牙冠
牙頸
牙根

■ **圖 14-3** 口腔的構造。

一顆乳齒通常在出生六個月左右長出，6 歲以後乳齒逐漸脫落，陸續長出恆齒。**恆齒** (permanent teeth) 包括門齒 8 顆、犬齒 4 顆、小臼齒 8 顆、大臼齒 8~12 顆。

三、咀嚼及吞嚥
(一) 咀 嚼

咀嚼是咀嚼肌群依次收縮所組成的複雜的節律性運動，使食物與唾液腺分泌的唾液混合。而唾液中除了包含黏液及各種抗菌

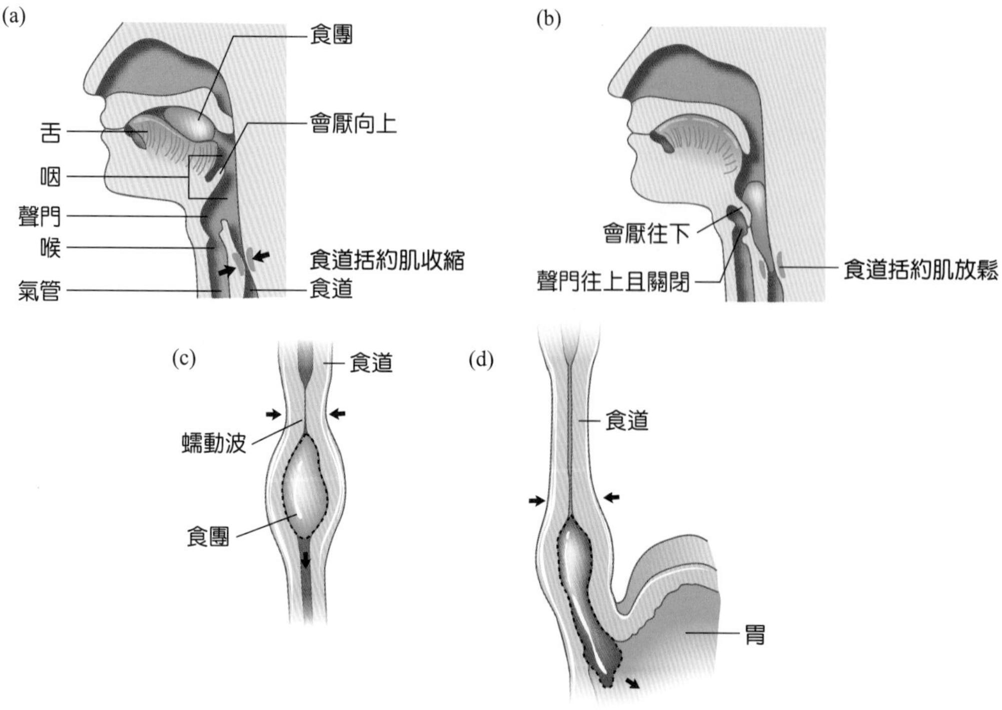

■ 圖 14-4 吞嚥過程及食物蠕動。

物質外，亦含有可部分分解澱粉的**唾液澱粉酶**。經由咀嚼，食物與唾液充分混合，形成食團，便於吞嚥，且有利於化學性消化的進行。

咀嚼肌是骨骼肌，咀嚼的強度和時間可由意志控制。在正常情況下，咀嚼運動受口腔感受器和咀嚼肌內本體感受器傳入衝動的調節。食物對口腔的各種刺激，不僅能反射性地完成口腔內食物的機械性和化學性加工過程，還能反射性地引起消化管下段的運動和消化腺的分泌，為食物的進一步消化準備有利條件。

（二）吞 嚥

吞嚥 (swallowing) 是指口腔內的食團經咽和食道進入胃內的過程，需要口、咽、喉及食道的肌肉共同協調。根據食團經過的部位不同，可將吞嚥動作分為三期：

1. 口腔期：食物由於頰肌和舌的作用被移到舌背部分，然後舌背前部緊貼硬顎，食團被推向軟顎後方而至咽部，這過程是隨意的（圖 14-4a）。

2. 咽期：食團到了咽部及食道時便屬於非隨意控制方式，一旦開始便無法停止。當食團經軟顎入咽時，刺激了軟顎部的感受器，引起一系列肌肉反射性收縮，結果鼻咽通道以及咽與氣管的通道被封閉，呼吸暫停，食道上口張開，於是食團從咽被擠入食道。這過程進行得很快，通常僅需 0.1 秒（圖 14-4b）。

3. 食道期：食團進入食道後，引起食道蠕動（圖 14-4c），當食團到達食道下端時，賁門舒張，食團便進入胃中（圖 14-4d）。

從吞嚥開始到食物到達賁門，經歷上述複雜的過程，所需時間很短，在直立姿勢時只需要 1 秒，一般不超過 15 秒。

▶ 食道

食道(esophagus)為肌性管道，上端起自咽下緣（第6頸椎的高度），下端終於胃賁門，**長約25公分，可分泌黏液**。食道經頸部和胸部並穿過橫膈的食道裂孔進入腹腔，故可分為頸部、胸部和腹部三個部分。食道具有消化管典型的四層結構。食道壁的肌層，**上1/3為骨骼肌，中1/3為骨骼肌及平滑肌混合，下1/3為平滑肌**。

吞入的食物藉由食道的**蠕動** (peristalsis)前進。蠕動是消化道平滑肌的一種基本運動形式，食道肌肉的依序舒張和收縮形成的一種向前推進的波形運動（圖 14-4）。蠕動波是因食團增加消化道張力而引發的局部反射，環走肌收縮使管徑減小，縱肌收縮使管長減短而造成。在食團的上端為收縮波，而食團下端為一舒張波。透過舒張波和收縮波的作用，食團也逐漸被向下推送入胃。蠕動的傳播速度平均為 5 公分／秒，食團通過食道的全程一般需要 6~7 秒。

在食道的末端，距離與胃連接處約2~5公分的部位，管壁因環走肌肥厚而稍微變窄，使其內壓比胃內壓高，可阻止胃內容物逆流回食道，發揮生理性括約肌的作用，此部分稱為**下食道括約肌**(lower esophageal / gastroesophageal sphincter)。在正常情況下，該括約肌有著類似單向開關的作用，食物或飲料等透過口腔吞嚥，進入到食道下段括約肌附近時，開關開放，食物飲料等順利排入

到胃內；沒有進食時，則該括約肌關閉，胃內的食物及胃液等則不能逆流到食道。食道下段括約肌並非真正的括約肌，有時候仍會讓胃酸回流至食道，而產生心口灼熱感(heartburn)。1歲以下的嬰兒因為食道下段括約肌功能尚未健全，所以進食後常會有吐奶的現象。

下食道括約肌受迷走神經抑制性和興奮性纖維雙重支配。進食後，食團刺激食道壁上的感受器，使迷走神經的抑制性纖維發放的衝動增多，其末梢釋放血管活性腸胜肽(vasoactive intestinal peptide, VIP)或一氧化氮，使食道下段括約肌舒張，便於食團通過；隨後興奮性纖維興奮，其末梢釋放乙醯膽鹼，使食道下段括約肌收縮，防止胃內容物反流入食道。此外，食道下段括約肌也受體液因素的調節，**食物進入胃之後可引起胃泌素**(gastrin)**和胃動素**(motilin)**等激素的釋放**，使食道下段括約肌收縮；而胰泌素(secretin)、膽囊收縮素(cholecystokinin, CCK)、前列腺素(prostaglandin A_2, PGA_2)可使食道下括約肌舒張。下食道括約肌若不能鬆弛，則導致食道推送食團入胃受阻，進而引起吞嚥困難，臨床上稱為**賁門失弛症**(achalasia of esophagus)。

14-3 胃
Stomach

胃是消化道中最膨大的部分，位於左上腹，上接食道，並將食物推入十二指腸。胃的功能包括儲存食物、進行蛋白質的初步消化、利用胃液中強酸的特性殺死細菌，並以

食糜 (chyme) 形態將食物送至小腸。成人的胃一般可容納 1~2 公升食物。

▶ 胃的結構及組成

胃具有上下兩開口，大小兩彎和前後兩壁，並可分為四區。胃的上方開口稱為賁門，連接食道，下方開口稱為幽門，通往十二指腸。胃的四區即賁門區、胃體、胃底和幽門區（圖14-5a）。賁門區(cardiac region)是胃賁門附近的區域。從胃賁門劃分一條水平線，可將胃分成上半部的胃底(fundus)及下半部的胃體(body)。胃的末端稱為幽門區(pyloric region)，幽門區左側部分較寬的區域稱為幽門竇(antrum)，連接十二指腸的出口處稱為幽門。環走肌在幽門處增厚稱為**幽門括約肌**(pyloric sphincter)。胃的收縮使食糜與胃液更均勻混合，也使部分消化的食糜從幽門竇經幽門括約肌進入小腸的前段。

胃黏膜和黏膜下層形成許多不規則的皺襞，稱為**胃壁皺摺** (gastric rugae)。當胃充盈時，皺摺可消失。黏膜表面有許多不規則小而淺的凹陷，切片中呈漏斗形，稱為**胃小凹** (gastric pits)。黏膜皺摺深部的細胞可分泌各種物質進入胃內，這些細胞構成**胃腺** (gastric glands)，為胃的外分泌腺（圖 14-5b）。

胃黏膜的外分泌腺根據分布位置可分為三種：

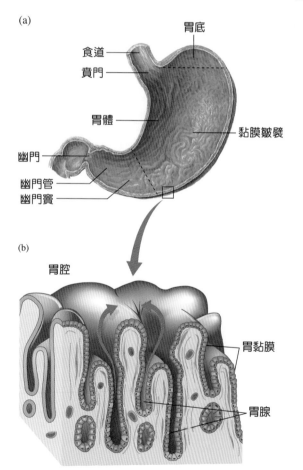

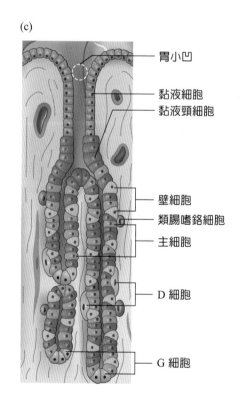

■ **圖 14-5** 胃的結構和組成。(a) 胃的分區；(b) 胃的組織結構；(c) 胃腺的細胞種類。

1. **賁門腺** (cardiac gland)：分布於胃和食道連接處，寬約 1~4 公分的環狀區內，分泌黏液。

2. **胃底腺** (fundic gland) 或 **胃本腺** (gastric gland proper)：分布於占全胃黏膜約 2/3 的胃底和胃體部，由**黏液頸細胞** (mucous neck cell)、**壁細胞** (parietal cell) 和**主細胞** (chief cell) 組成（圖 14-5c），分別分泌**鹽酸、胃蛋白酶原和黏液。壁細胞還分泌內在因子。**

3. **幽門腺** (pyloric gland)：分布於幽門，以黏液性柱狀細胞為主，也有少量的壁細胞和內分泌細胞。除分泌黏液、HCO_3^- 及與溶菌酶外，還分泌少量的胃蛋白酶原。

　　胃液是由這三種腺體和胃黏膜上皮細胞的分泌物構成。除了三種外分泌腺，胃腺內還含有多種內分泌細胞，主要有：

1. **類腸嗜銘細胞** (enterochromaffin-like cell, ECL cell)：可在胃及腸道中發現，分泌組織胺、血清胺，作為調節腸胃道的旁分泌調節因子。

2. **D 細胞** (D cell)：分布於胃底、胃體和胃竇部，可分泌體制素。

3. **G 細胞** (G cell)：分布於胃竇部，可**分泌胃泌素**至血液中。

　　除了這些產物，**壁細胞**還分泌一種稱為**內在因子** (intrinsic factor) 的醣蛋白，這些內在因子是**腸道吸收維生素 B_{12}** 所必需的，而維生素 B_{12} 是骨髓生成紅血球不可少的物質，所以胃切除或慢性胃炎的病人，必須接受口服或注射維生素 B_{12}，否則容易發生**惡性貧血** (pernicious anemia)。

▶ 胃酸及胃蛋白酶

　　純淨的**胃液** (gastric juice) 是無色的酸性液體，pH 為 0.9~1.5。正常人每日分泌量為 1.5~2.5 公升。胃液的成分除了水以外，主要還有鹽酸、胃蛋白酶、黏液、HCO_3^- 和內在因子。

一、胃 酸

　　胃酸 (gastric acid) 是由**壁細胞**所分泌，包括游離酸和與蛋白結合的結合酸，二者在胃液中的總濃度稱為胃液的總酸度。胃液中的鹽酸含量稱為**胃酸排出量** (gastric acid output)，正常人空腹時約為 0~5 mmol/h（基礎酸排出量）。在食物或某些藥物刺激下，胃酸排出量明顯增加，最大排出量可達 20~25 mmol/h。男性的酸分泌率大於女性，50 歲以後的分泌速度降低。

　　胃液中 H^+ 的最高濃度可達 150 mM，比壁細胞細胞質的 H^+ 濃度高約 300 萬倍。胃液中 Cl^- 濃度為 170 mM，而血漿的 Cl^- 濃度為 108 mM。因此，H^+ 和 Cl^- 不可能從血漿中擴散而來，而是壁細胞藉由主動運輸逆著巨大的濃度梯度將 H^+ 和 Cl^- 分泌至胃腔中。

　　壁細胞面向胃腔的頂端膜內陷形成分泌小管，小管膜上鑲嵌有 **H^+/K^+ 幫浦**、K^+ 通道和 Cl^- 通道。細胞內的 H^+ 被小管膜上的 H^+/K^+ 幫浦逆濃度梯度運送至分泌小管管腔中，再進入腺泡腔，K^+ 則進入細胞內。壁細胞內含有豐富的**碳酸酐酶** (carbonic anhydrase, CA)，可使細胞代謝產生的 CO_2 和從血液進入細胞的 CO_2 與 H_2O 結合，形成 H_2CO_3，由於 H_2CO_3 並不穩定，會迅速解離為 H^+ 和 HCO_3^-（圖 14-6）。HCO_3^- 在底側膜上通過 Cl^--HCO_3^- 逆

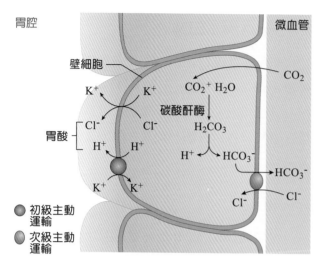

■ 圖 14-6　胃酸分泌及調節示意圖。

向運輸體與 Cl⁻ 交換（此過程稱為氯轉移），HCO_3^- 被運送出細胞，並經細胞間隙進入血液；Cl⁻ 則進入壁細胞後透過分泌小管的 Cl⁻ 通道進入分泌小管管腔和腺泡腔，與 H⁺ 形成 HCl。

在消化期間（空腹期）胃液分泌很少，而進食後在神經和體液因素的調節下，如胃泌素、**組織胺**與乙醯膽鹼的釋放，引起胃液大量分泌。

1. **胃泌素 (gastrin)**：胃泌素是由胃竇及上段小腸黏膜的 G 細胞分泌的一種多胜肽，主要經血液循環到達壁細胞，透過與膜上的胃泌素接受器結合而**刺激胃酸分泌**。胃泌素也是胃底腺黏膜生長的一個不可缺少的調節物，此外，它還可刺激小腸、結腸黏膜及胰腺外分泌組織的生長。

2. **乙醯膽鹼 (ACh)**：大部分支配胃的迷走神經節後神經纖維末梢會釋放 ACh。ACh 與壁細胞膜上的膽鹼性 M_3 接受器結合，刺激壁細胞分泌鹽酸，其作用可被 M 接受器拮抗劑阿托品 (atropine) 阻斷。

3. **組織胺 (histamine)**：由胃黏膜固有層內的類腸嗜鉻細胞 (ECL cell) 釋放，透過局部擴散作用於鄰近壁細胞膜上的第二型組織胺 (H_2) 接受器，刺激胃酸分泌。此外，ECL 細胞膜上具有胃泌素接受器和 M 型膽鹼性接受器，因此，它還能增強 ACh 和胃泌素引起的胃酸分泌。

乙醯膽鹼、胃泌素和組織胺的作用之間有相互加強的效應。刺激胃酸分泌的其他因素尚有 Ca^{2+}、低血糖、咖啡因和酒精等。

二、胃蛋白酶

胃蛋白酶原(pepsinogen)有第一型和第二型兩種，主要**由主細胞分泌**，不具有活性，以酶原顆粒的形式儲存於細胞內。胃蛋白酶原分泌入胃腔後，在胃酸的作用下，轉變成為具有活性的**胃蛋白酶**(pepsin)。已活化的胃蛋白酶對胃蛋白酶原也有啟動作用。胃蛋白酶能水解食物中的蛋白質，使其部分分解。胃蛋白酶只有在酸性較強的環境中才能發揮

知識小補帖

胃食道逆流 (gastroesophageal reflux disease, GERD) 常發生於食道底端之括約肌在不當的時間張開，導致胃中之內容物反流入食道中，當這些強酸性胃液接觸到敏感的食道表皮時，會產生強烈的燒灼感，稱為心灼熱感 (heartburn)，其他的併發症有吞嚥困難、嘶聲或慢性喉炎，以及聲帶傷害。長期的逆流易導致食道發生潰瘍、出血，或食道因為炎症增生變窄，導致吞嚥困難。慢性的胃食道逆流亦可能併發**巴瑞特氏食道** (Barrett's esophagus)，這種狀況很可能引發食道的癌症。

作用，其最適pH為2.0~3.5。當pH增高，胃蛋白酶的活性受抑制；當pH升至5以上時，此酵素即發生不可逆的變性而失去活性。因胃酸分泌不足而導致消化不良時，可服用稀鹽酸和胃蛋白酶。

胃蛋白酶在酸性環境下，對攝入的蛋白質的胜肽鍵進行催化水解。在胃蛋白酶與HCl的共同作用下，胃內蛋白質食物得以進行部分分解。胃液進入小腸後可促進胰液和膽汁的分泌。但是如果胃酸分泌過多，對胃和十二指腸黏膜有侵蝕作用，是消化性潰瘍發病的重要原因之一。

▌ 胃的消化及吸收

胃具有暫時儲存食物和初步消化食物兩方面的功能。成人胃的容量為1~2公升。食物在胃內經過機械性和化學性消化，形成食糜，然後逐漸被排入十二指腸。蛋白質在胃內可經由蛋白酶作用對蛋白質進行部分消化，但對脂肪和澱粉不具消化功能。胃對大部分的物質都不能吸收，只能吸收酒精及阿斯匹靈，因為這些分子具有脂溶性。所以大量服用阿斯匹靈時，阿斯匹靈會透過胃黏膜的吸收而造成胃出血。

臨·床·焦·點 Clinical Focus

消化性潰瘍 (Peptic Ulcers)

消化性潰瘍包括胃或十二指腸潰瘍，容易產生潰瘍的部位主要可分為胃體部（上 2/3）和幽門部（下 1/3）兩個部分，胃潰瘍大多發生在幽門竇胃角部附近。隨著年齡增長，易發生潰瘍的部位將逐漸移向胃體部上部的食道附近。十二指腸潰瘍多半發生在靠近胃的十二指腸球部。

近年來的實驗與臨床研究顯示，胃酸分泌過多、**幽門螺旋桿菌** (*Helicobacter pylori*) 感染和胃黏膜保護作用減弱等因素是引起消化性潰瘍的主要原因。胃排空延緩和膽汁逆流、胃腸胜肽 (gastrointestinal peptide) 的作用、遺傳因素、藥物因素、環境因素和精神因素引起迷走神經興奮性增強等，都和消化性潰瘍的發生有關。此外，鹼性分泌液過少也會引起十二指腸球部潰瘍。

1. 胃酸分泌過多：在十二指腸潰瘍的發病機轉中，胃酸分泌過多占有重要作用。十二指腸潰瘍病人的胃酸分泌量明顯高於常人；十二指腸潰瘍很少發生於無胃酸分泌或分泌很少的人。
2. 胃黏膜保護作用：正常情況下，各種食物的理化因素和酸性胃液的消化作用均不能損傷胃

黏膜而導致潰瘍形成，這是由於正常胃黏膜具有保護功能，包括黏液分泌、胃黏膜屏障完整性、豐富的黏膜血流和上皮細胞的再生等。在黏液層內，重碳酸鹽慢慢地移向胃腔，並中和上皮表面的酸，從而產生一跨黏液層的 H⁺ 梯度。當胃內 pH 為 2.0 的情況下，上皮表面黏液層內 pH 可保持在 7.0。當胃壁抵抗自我消化的屏障受損後，胃酸會經黏膜滲至黏膜下層，造成直接的損害並刺激發炎。發炎時從肥大細胞 (mast cell) 中釋出的組織胺會更加刺激酸的分泌，而更加重黏膜的損害，這種情況下所發生的炎症稱為急性胃炎 (acute gastritis)。
3. 幽門螺旋桿菌感染：幽門螺旋桿菌與消化性潰瘍有密切關係，研究發現，十二指腸潰瘍病人中，90~100% 伴隨有幽門螺旋桿菌感染，而胃潰瘍病人中也有 70~90% 的人有幽門螺旋桿菌感染。幽門螺旋桿菌感染可造成胃表層細胞之破壞，並誘發胃酸分泌增加，導致慢性胃炎及潰瘍。

胃的運動及其控制

胃運動主要完成下列三功能：(1)容納進食所攝入的食物；(2)對食物進行機械性消化；(3)以適當的速率向十二指腸排出食糜。胃底和胃體的前部運動較弱，主要是容納食物，胃體的遠端和胃竇則有較明顯的運動。

一、胃運動的主要形式

(一) 容受性舒張

當咀嚼和吞嚥時，食物對咽、食道的刺激可引起胃壁肌肉的舒張，並使胃腔容量由空腹時約 50 毫升增加到進食後的 1.5 公升。胃壁肌肉這種活動稱為**容受性舒張** (receptive relaxation)，當大量食物攝入時，可使胃內壓變化不至於過大。胃的容受性舒張是透過迷走－迷走反射（指感覺訊息沿迷走神經傳入至延腦，其傳出衝動又經由迷走神經傳出至胃）所引起，其抑制性節後神經纖維釋放的神經傳導物質可能是某種胜肽類或一氧化氮 (NO)。

(二) 蠕 動

胃蠕動(peristalsis)出現於食物入胃後 5分鐘左右。蠕動從胃體的中間部位開始，有節律地向幽門方向推進。頻率約每分鐘3次，每次蠕動約需1分鐘到達幽門。因此，在胃表面，可觀察到一波未平一波又起的現象。蠕動波開始時較小，在向幽門方向推進的過程中蠕動波的幅度和速度逐漸增強，接近幽門時明顯增強，可將一部分食糜（約 1~2毫升）排入十二指腸。當收縮波超越胃內容物到達胃竇終末時，由於該部胃竇強有力的收縮，可將一部分食糜反向推回近側胃竇或胃體。胃蠕動對食糜的這種回推 (retropulsion)，有利於食物與胃液的充分混合和對食物進行機械與化學性的消化。

胃蠕動受胃平滑肌的慢波 (slow wave) 控制，也受神經和體液因素的影響。胃的慢波起源於胃體中間部位，頻率約每分鐘 3 次。胃肌的收縮通常出現在慢波後 6~9 秒，動作電位後 1~2 秒。迷走神經興奮、胃泌素和胃動素 (motilin) 可增強胃的蠕動，交感神經興奮、胰泌素和胃抑胜肽 (gastric inhibitory peptide, GIP) 的作用則相反。

二、胃排空及其控制

胃內食糜由胃排入十二指腸的過程稱為**胃排空** (gastric emptying)。一般在食物入胃後 5 分鐘即有部分食糜被排入十二指腸。胃排空的速度因食物的種類、性狀和胃的運動而異。一般來說，液體食物的排空遠比固體食物快，而等滲溶液比非等滲液體快。在三種主要食物成分中，以醣類排空最快，蛋白質次之，**脂類最慢**。混合食物由胃完全排空約需 4~6 小時。

胃排空的動力是胃內壓與十二指腸內壓之差。因此，胃排空的速度受來自胃和十二指腸兩方面因素的控制。

(一) 胃內促進排空的因素

胃的內容物作為擴張胃的機械性刺激，透過迷走－迷走反射和壁內神經反射使胃運動增強，進而促進胃排空。一般來說，胃排空的速率與胃內食物量的平方根成正比。食物的擴張刺激和消化產物，還可引起胃泌素的釋放，後者能增強胃體和胃竇的收縮，從而促進胃排空。

(二) 十二指腸內抑制排空的因素

十二指腸壁上存在多種感受器，食糜中的鹽酸、脂肪及蛋白質消化產物、高滲溶液以及機械性擴張皆可刺激這些感受器，產生反射性地抑胃運動，使胃排空減慢。這種反射稱為腸胃反射(enterogastric reflex)。腸胃反射可通過迷走神經、壁內神經甚至還可能有交感神經等神經纖維，將神經衝動傳到胃。胃內食糜，特別是**胃酸和脂肪**進入十二指腸後，還可刺激小腸上段黏膜釋放多種激素，如膽囊收縮素、胰泌素和胃抑胜肽等，這些激素可**抑制胃運動和胃排空**。

十二指腸內抑制胃運動的各種因素並不是經常存在的。隨著胃酸在腸內被中和、食物消化產物被吸收，它們對胃的抑制性影響便逐漸消失，胃運動便又增強起來，並推送另一部分食糜進入十二指腸。可見，胃的排空是間斷性而非連續性的，而且與小腸上段內的消化及吸收過程相互作用。

(三) 複合移動運動

在空腹情況下，胃運動呈現以間歇性強力收縮伴有較長的靜止期為特徵的週期性運動，並向腸道方向推進。胃腸道在消化間期的這種運動稱為**複合移動運動** (migrating motility complex, MMC)。MMC 的週期約為 90~120 分鐘，可分為四期：

1. 第一期（靜止期）：只能記錄到慢波電位，不出現胃腸收縮，持續約 45~60 分鐘。
2. 第二期：出現不規律的尖峰電位，胃腸開始有偶發的蠕動，持續時間為 30~45 分鐘。
3. 第三期：是每個慢波電位上均疊加有成簇的尖峰電位，胃腸出現規律的高振幅收縮，持續約 5~10 分鐘。

4. 第四期：是從第三時期轉至下一個週期之間的短暫過渡期，持續約為 5 分鐘。

胃的 MMC 起始於胃體上 1/3 部位，其第三期收縮波以每分鐘 5~10 公分的速度向遠端傳遞，約 90 分鐘後可達迴腸末端。MMC 使整個胃腸道在消化間期仍有斷斷續續地運動，特別是第三期強力收縮可將胃腸道內容物，包括上次進食後遺留的殘渣、脫落的細胞碎片和細菌等清除乾淨，因而具有胃腸清道夫的作用。消化期間的胃腸運動如發生減退，可引起功能性消化不良及腸道內細菌過度繁殖等病症。

近年來的研究指出，MMC 的發生和運行主要受腸道神經系統和胃腸激素的調節。一氧化氮可能是 MMC 第一期的控制者，而胃動素可透過作用於腸道神經系統中的胃運動神經元，觸發 MMC 第三期的發生。

14-4 小腸

Small Intestine

小腸上起幽門，下接大腸入口迴盲瓣(ileocecal valve)，長度在成人約有 5~7 公尺左右，**是消化道中最長的構造**。從幽門括約肌開始算起的 20~30 公分是為**十二指腸**(duodenum)，接著是空、迴腸。前 2/5 稱為**空腸** (jejunum)，位於左上腹，後 3/5 為**迴腸**(ileum)，位於右下腹。

▶ 小腸黏膜的特殊構造

小腸是**消化和吸收**的主要部位。小腸黏膜具有一些有利於吸收的特殊構造，包括環狀皺襞、絨毛及微絨毛。

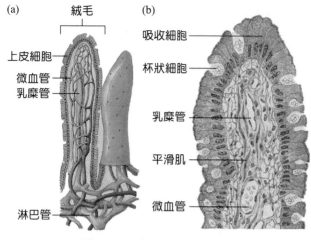

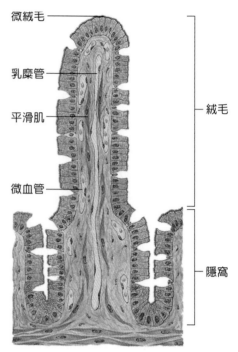

■ 圖 14-7 小腸絨毛的結構。

■ 圖 14-8 微絨毛及小腸隱窩。

小腸黏膜腔面可見許多由黏膜及黏膜下層共同向腸腔折疊而形成的隆起，稱為**環狀皺襞** (plicae circulares)，在十二指腸末段和空腸頭端最發達，至迴腸中段以下逐漸消失。

黏膜表面還有許多細小的**絨毛**(villus)，它是由**柱狀上皮和固有層組成的指狀突起**（圖14-7），中間有分泌黏液的杯狀細胞。固有層形成結締組織中心，內含有許多淋巴球、微血管及淋巴管〔稱為**中央乳糜管**(central lacteal)〕，**脂肪**進入**乳糜管**，由乳糜管運送。

在電子顯微鏡下可以看到每一個上皮細胞膜尖端的表面皺摺形成更細小的指狀突起，稱為**微絨毛**(microvillus)（圖14-8）。在高倍光學顯微鏡下，微絨毛在柱狀上皮細胞頂端形成模糊的**刷狀緣**(brush border)。

絨毛頂端的上皮細胞不斷脫落並由底層推擠上來的新生細胞所取代。位於絨毛底部的細胞向下形成的凹窩稱為**小腸隱窩**(intestinal crypts) 或李培昆氏隱窩 (crypts of Lieberkuhn)（圖14-8），隱窩內的小腸上皮細胞藉由有絲分裂而產生新的細胞。

小腸長而盤曲的腸管、環狀皺襞、絨毛及微絨毛構造，有效的發揮擴大與食糜接觸的表面積，據估計，總面積可擴大 300~500 倍，**總面積達 200~400 m²**。

▶ 小腸的消化酵素

食糜由胃進入十二指腸，開始小腸內的消化作用。胰液、小腸液及膽汁的化學性消化作用，加上小腸運動的機械性消化作用，食物的消化過程基本上在小腸完成，經過消化的營養物質也大部分在小腸被吸收，剩餘的食物殘渣則進入大腸。因此，小腸是消化與吸收最重要的部位。食物在小腸內停留的時間因食物的性質不同而有不同，一般為3~8小時。

小腸內有兩種腺體，即十二指腸腺和小腸腺。**十二指腸腺**分布於十二指腸上段，分泌富含黏液和水的鹼性液體，其主要作用是

保護十二指腸黏膜免受消化液的浸蝕，並與胰液、膽汁一起中和進入十二指腸內的胃酸。**小腸腺**分布於全部小腸的黏膜層，分泌含大量水和電解質的等滲液，構成小腸液的主要部分。

小腸液是一種弱鹼性液體，pH 約為 7.6，滲透壓與血漿相等，成人每日的分泌量為 1~3 公升。大量的小腸液可以稀釋消化產物，使其滲透壓下降，有利於吸收的進行。小腸液分泌後又很快被絨毛重吸收，這種液體的交流為小腸內營養物質的吸收提供了媒介。

在不同條件下，小腸液的性狀變化很大，有時是較稀的液體，有時則由於含有大量的黏蛋白而很黏稠。小腸液還常混有脫落的腸上皮細胞、白血球以及由腸上皮細胞分泌的免疫球蛋白。由小腸腺分泌入腸腔內的消化酵素可能只有**腸激酶**(enterokinase)，它能活化胰蛋白酶原。但在小腸黏膜上皮細胞表面，特別是絨毛的上皮細胞表面或刷狀緣，含有各種消化酵素，如分解胜肽的胜肽酶，分解中性脂肪的脂肪酶和四種分解雙醣的酵素，即蔗糖酶、麥芽糖酶、異麥芽糖酶和乳糖酶。這些酵素可催化在絨毛外表面的食物分解，分解產物隨後進入小腸上皮細胞內。因此，小腸對食物的消化是在小腸上皮細胞的刷狀緣或上皮細胞內進行的。

▶ 小腸的運動

一、小腸的收縮及運動

小腸腸壁肌肉層的外層是較薄的縱走肌，內層則是較厚的環走肌，小腸運動是靠其腸壁平滑肌的舒張收縮活動完成的。小腸

知識小補帖　Knowledge⁺

乳糖是一種醣類，常見於牛奶及其他乳製品中。**乳糖不耐症** (lactose intolerance) 是指人體不能分解並代謝乳糖，這是由於腸道內缺乏所需的**乳糖酶** (lactase)，或由於乳糖酶的活性減弱而造成的。乳糖酶存在於小於 4 歲的小孩腸道中，但至成人則活性減低。據估計，全球約 75% 的成年人體內乳糖酶的活性有減弱的跡象。亞裔及非裔較白種人有較多乳糖酶缺乏症。乳糖是不能直接被腸黏膜吸收而進入血液循環的，所以在缺乏乳糖酶的情況下，乳製品中的乳糖未被分解便直接進入結腸。此時，腸道內的細菌會進行乳糖的代謝，在體內發酵並製造出大量氣體，並可能造成一些腹部症狀，包括胃痙攣、胃脹氣、腹瀉及其他不適感。

運動的形式除持續的緊張性收縮外，在消化期還有兩種主要的運動形式，即分節運動和蠕動。它們都是發生在緊張性收縮的基礎上。

1. **緊張性收縮**(tonic contraction)：小腸平滑肌的緊張性是其他運動形式有效進行的基礎。當小腸緊張性降低時，腸腔易於擴張，腸內容物的混合和運送減慢；相反的，當小腸緊張性升高時，食糜在腸腔內的混合及運送加快。

2. **分節運動** (segmenting contraction)：當小腸被食糜充盈時，腸壁的牽張刺激引起該段腸管一定間隔距離的環肌同時收縮，將小腸分成許多鄰接的小節段；隨後，原來收縮的部位發生舒張，而原來舒張的部位發生收縮。如此反覆進行，使小腸內的食糜不斷地被分割，又不斷地混合。小腸的這種運動形式稱為分節運動（圖 14-9）。

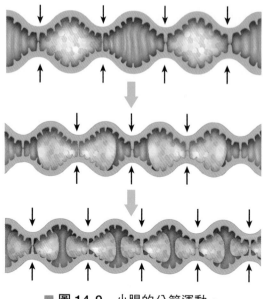

■ 圖 14-9　小腸的分節運動。

分節運動的主要作用是**使食糜與消化液充分混和**，增加食糜與腸壁接觸的面積，有利於消化和吸收。分節運動收縮在腸道近端的發生頻率較遠端來得高，因而形成先前所提到的壓力差，並協助移動食糜往前通過小腸。

3. **蠕動** (peristalsis)：蠕動可發生於小腸的任何部位，但小腸蠕動波的傳播速度較慢，每秒鐘僅 0.5~2 公分。蠕動波在小腸上段傳播較快，在小腸下段較慢。通常傳播 3~5 公分便消失，極少超過 10 公分。因此由蠕動推動食糜在小腸內移動的速度也很慢，平均僅 1 公分／秒。

小腸平滑肌的運動具有內在的節律性，目前研究證據顯示慢波是由 **Cajal 間質細胞** (interstitial cells of Cajal, ICC) 所產生的階梯式去極化 (graded deplorization) 所調節，並透過間隙接合 (gap junction) 在平滑肌細胞之間傳遞。

二、小腸運動的調節

1. **內在神經的作用**：腸肌神經叢對小腸運動具有重要的調節作用。小腸內容物的機械性和化學性刺激以及腸管被擴張，都可透過局部神經反射引起小腸蠕動加強。

2. **外在神經的作用**：一般情況下，副交感神經興奮可增強小腸收縮的頻率，交感神經興奮則抑制小腸運動。外在神經的作用一般是透過小腸的壁內神經叢來達成，小腸的運動還受神經系統高級中樞的影響，例如情緒可改變空腸的運動功能。

3. **體液因素的作用**：小腸壁內神經叢和平滑肌對各種化學刺激具有廣泛的敏感性。胃泌素、膽囊收縮素、胃動素及血清胺等可增強小腸運動。複合移動運動 (MMC) 可能是由胃動素發動的，胰泌素和升糖素能抑制小腸運動，而血管活性腸胜肽和一氧化氮是由腸道神經系統釋放，可引起小腸舒張。

14-5　大腸
Large Intestine

▶ **大腸的構造**

大腸或稱結腸 (colon)，是消化道的最下段，以三個方向圍繞著小腸。大腸包括盲腸 (cecum)、升結腸 (ascending colon)、橫結腸 (transverse colon)、降結腸 (descending colon)、乙狀結腸 (sigmoid colon)、直腸 (rectum) 和肛管 (anal canal)（圖 14-10）。

大腸黏膜層與黏膜下層形成半月形皺襞，無絨毛，黏膜上皮由單層柱狀細胞夾有

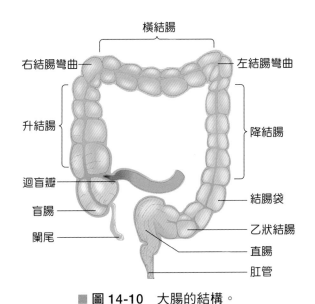

■ 圖 14-10 大腸的結構。

闌尾壁有豐富的淋巴組織，構成了闌尾極易發炎的解剖基礎。闌尾感染造成的發炎，稱為**闌尾炎** (appendicitis)。闌尾根部在體表的對應位置，一般位在右髂前上棘到臍連線的外 1/3 處，闌尾炎時，此處常有明顯壓痛。急性闌尾炎的典型臨床表現是逐漸發生的上腹部或臍周圍隱痛，數小時後腹痛轉移至右下腹部。常伴有食慾不振、噁心或嘔吐。急性闌尾炎若不早期治療，可發展為闌尾壞疽及穿孔，併發腹膜炎。

大量的杯狀細胞所組成。柱狀細胞表面有薄層刷狀緣；杯狀細胞分泌黏液，潤滑黏膜。除了柱狀細胞和杯狀細胞外，在腺底部還有少量未分化細胞及內分泌細胞。大腸黏膜固有層含有分散的淋巴細胞及淋巴小結。結腸的外表面向外突出的囊狀突起稱為結腸袋 (haustra)。偶爾，結腸袋的外肌層變弱而使壁向外形成較長的突起稱為憩室 (diverticulim)。

▶ 大腸的運動方式

1. **結腸袋性攪拌運動** (haustral churning)：類似小腸的分節運動，是由環肌的收縮所引起，它使結腸袋中的內容物向兩個方向作短距離的位移，但並不向前推進。這種形式的運動多見於近端結腸，可使腸黏膜與腸內容物充分接觸，有利於大腸對水和無機鹽的吸收。

2. **團塊運動**(mass movement)：是大腸行進的很快、向前推進距離很長的強烈蠕動，可將腸內容物從橫結腸推至乙狀結腸或直腸。團塊運動時，袋狀收縮停止，結腸袋消失。團塊運動後，袋狀收縮又重新出現。團塊運動每日發生1~3次，常在進餐後發生，尤其是早餐後1小時內，可能是由於食物充漲胃或十二指腸，引起胃結腸反射(gastrocolic reflex)或十二指腸結腸反射(duodenocolic reflex)所致。當結腸黏膜受到強烈刺激如腸炎時，常引起持續的團塊運動。

▶ 大腸的功能

一、腸道中液體及電解質的吸收

人類的大腸沒有重要的消化功能，主要功能是**吸收水分、無機鹽**及由大腸內細菌合成的維生素 B 及維生素 K 等物質，儲存未消化和不消化的食物殘渣並形成糞便。食物攝入後直至其消化殘渣大部分被排出體外約需 72 小時。

二、大腸內的菌群功能

大腸常駐細菌，如腸道菌叢 (intestinal microflora)，這些細菌可製造數量可觀的維生素 K 及葉酸而被大腸吸收。此外還可使食糜中未消化的物質分泌的黏液發酵（透過無氧呼吸作用）。所產生的短鏈脂肪酸 (short-chain fatty acids)（碳數少於 5）可供結腸上皮細胞作為能量來源，如此便可促進大腸對鈉離子、重碳酸鹽、鈣離子、鎂離子與鐵離子的吸收。

三、排 便

直腸內通常是沒有糞便的，當胃結腸反射發動的團塊運動將糞便推入直腸時，可刺激直腸壁感受器，傳入衝動經骨盆神經和下腹神經到達脊髓腰薦段的初級排便中樞，並上傳至大腦皮質，產生便意。假如抑制排便的慾望，則肛門外括約肌便會阻止糞便進入肛管。此時，糞便即停在直腸，甚至逆流至乙狀結腸。當直腸壓力到達某一程度時（通常因習慣而定），便會產生**排便反射** (defecation reflex)。皮質發出下行衝動到脊髓初級排便中樞，傳出衝動經骨盆神經引起降結腸、乙狀結腸和直腸收縮，肛門內括約肌舒張；同時陰部神經傳出衝動減少，肛門外括約肌舒張，糞便被排出體外（圖 14-11）。此外，腹肌和橫膈肌收縮也能促進糞便的排出。

14-6 胰臟、肝臟及膽囊
Pancreas, Liver, and Gallbladder

▶ 胰 臟

胰臟(pancreas)是參與食物消化過程最重要的器官之一，同時具有內分泌及外分泌的功能。胰臟橫於**胃後**，屬於腹膜後器官，分頭部、體部和尾部，其中頭部被十二指腸（圖14-12a）所包圍。胰的外分泌液（胰

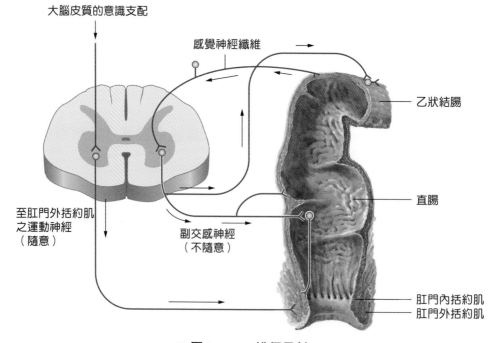

大腦皮質的意識支配

感覺神經纖維

乙狀結腸

直腸

至肛門外括約肌之運動神經（隨意）

副交感神經（不隨意）

肛門內括約肌
肛門外括約肌

■ 圖 14-11　排便反射。

臨·床·焦·點 Clinical Focus

腹瀉 (Diarrhea)

腹瀉是一種常見症狀，指排便次數明顯超過平日習慣的頻率，糞質稀薄，水分增加，每日排便量超過 200 公克，或含未消化食物或膿血、黏液。腹瀉常伴有排便急迫感、肛門不適、失禁等症狀。腹瀉的發病機制主要有以下五種：

1. 分泌性腹瀉：由胃黏膜分泌過多的液體而引起，例如霍亂弧菌外毒素引起的大量水樣腹瀉。霍亂弧菌外毒素刺激空腸上皮細胞內的腺苷酸環化酶，促使環腺苷單磷酸 (cAMP) 含量增加，使水與電解質分泌到腸腔而導致腹瀉。

2. 滲透性腹瀉：是腸內容物滲透壓增高，阻礙腸內水分與電解質的吸收而引起，例如乳糖酶缺乏，乳糖不能水解即形成腸內高滲透壓，或因服鹽類瀉藥或甘露醇等。

3. 滲出性腹瀉：是因黏膜炎症、潰瘍、浸潤性病變致血漿、黏液、膿血滲出，見於各種炎症。

4. 吸收不良性腹瀉：由腸黏膜的吸收面積減少或吸收障礙所引起，例如切除大部分小腸、吸收不良症候群等。

5. 動力性腹瀉：腸蠕動亢進導致腸內食糜停留時間少，未被充分吸收所致的腹瀉，如腸炎、胃腸功能失調及甲狀腺功能亢進等。

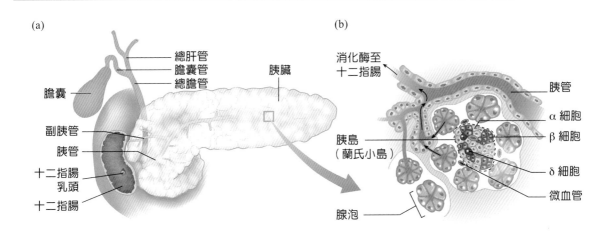

■ 圖 14-12 胰臟的結構。

液）經胰管輸入十二指腸，其中含有各種消化酶。胰臟的外分泌部分主要由**腺泡細胞**(acinar cell)及導管細胞組成，腺泡是由單層表皮細胞所圍繞而成的管腔，胰液即被分泌至管腔中，經胰管運送入十二指腸，發揮強大的消化功能。內分泌的功能是由胰島(pancreatic islet)或稱蘭氏小島(islet of Langerhans)所執行（圖14-12b），可分泌胰

島素及升糖素至血液中，胰腺的內分泌功能將在第16章介紹。

胰液 (pancrestic juice) 是一種無色的鹼性液體，pH 值為 7.8~8.4，每日分泌量為 1~2 公升，滲透壓與血漿相等。胰液的成分包括水、無機物和有機物。無機物主要由小導管的上皮細胞分泌，有 Na^+、K^+、HCO_3^- 和 Cl^- 等離子。Na^+、K^+ 的濃度接近它們在血漿中

的濃度，比較恆定。HCO_3^- 和 Cl^- 的濃度則隨分泌速率而改變：分泌速率高時，HCO_3^- 增高，而 Cl^- 濃度降低；分泌速率低時，則產生相反的變化。胰液中 HCO_3^- 的濃度最高可達 140 mM，是血漿濃度的 4 倍。胰液中 **HCO_3^-** 的主要作用是中和進入十二指腸的胃酸，保護小腸黏膜免受強酸的侵蝕；此外，HCO_3^- 造成的弱鹼性環境也為小腸內多種消化酵素的活動提供了適宜的 pH 環境。

胰液中的有機物主要是消化酵素，其種類繁多，包含有分解三大類營養物質的各種酵素，如蛋白水解酵素、澱粉酶、脂肪酶等。

1. **澱粉酶** (amylase)：胰澱粉酶可將**澱粉**、肝醣及大多數其他碳水化合物水解為雙醣及少量單醣，但不能水解纖維素。胰澱粉酶的最適 pH 值為 6.7~7.0。

2. **脂肪酶** (lipase)：胰脂肪酶可將**三酸甘油酯** (triglyceride) **分解為脂肪酸、單酸甘油酯**及甘油，其最適 pH 值為 7.5~8.5。胰脂肪酶只有在胰腺分泌**輔脂酶** (colipase) 存在的條件下才能發揮作用。輔脂酶是一種小分子蛋白質，可把脂肪酶緊密地附著於油水介面，因而可以增加脂肪酶水解的效力。

3. **蛋白水解酵素**(proteolytic enzyme)：胰液中的蛋白水解酵素主要有胰蛋白酶(trypsin)、胰凝乳蛋白酶(chymotrypsin)、彈性蛋白酶(elastase)和羧基胜肽酶(carboxypeptidase)等，它們均以酶原的形式儲存於腺泡細胞內。胰蛋白酶原(trypsinogen)經由腸液中的**腸激酶**(enterokinase)的作用，轉變為有活性的胰蛋白酶。此外，胃酸、胰蛋白酶本身以及組織液也能使胰蛋白酶原活化。胰蛋白酶還能活化胰凝乳酶原、彈性蛋白酶原及羧基胜肽酶原。

知識小補帖 Knowledge+

胰臟炎 (pancreatitis) 主要由胰臟組織受胰蛋白酶的自身消化作用造成。在正常情況下，胰液內的胰蛋白酶原無活性，待其流入十二指腸，受到膽汁和腸液中的腸激酶的啟動作用後乃變為有活性的胰蛋白酶，方具有消化蛋白質的作用。胰臟炎時因酒精中毒、膽結石、創傷、感染、藥物中毒等，啟動胰蛋白酶，後者又啟動了其他酶反應，如彈性蛋白酶及磷脂酶 A，對胰臟發生自身消化作用，促進其壞死溶解。

此外，胰液中還含有RNA水解酵素、DNA水解酵素，可使之水解為單核苷酸。胰液中含有三種主要營養物質的水解酵素，因此，胰液是所有消化液中消化食物最全面、消化力最強的一種消化液。當胰腺分泌發生障礙時，會明顯影響蛋白質和脂肪的消化和吸收，但醣類的消化一般不受影響。

在正常情況下，胰液中的蛋白水解酵素不會消化胰腺本身，這是由於它在腺泡細胞內及通過導管時是以酶原的形式存在。此外，胰腺的腺泡細胞還同時分泌胰蛋白酶抑制物(trypsin inhibitor)，它可以和胰蛋白酶形成無活性的化合物，使胰蛋白酶在胰臟內時不具消化能力。

▶ 肝 臟

肝臟 (liver) 是人體中最大的腺體，也是最大的實質性臟器，在成人約重 1.3 公斤。肝臟位於人體的腹腔，在右側橫膈之下，位於膽囊前端，右腎的前方，胃的上方。

一、肝臟的構造

(一) 肝小葉

　　肝小葉(liver lobule)是肝的基本結構和功能單位。肝小葉呈六角柱狀（圖14-13）。在肝小葉中央貫穿著一條小靜脈稱為**中央靜脈**(central vein)，肝細胞以中央靜脈為中心，向四周呈放射狀排列成一行行的肝細胞索，稱為**肝板**(hepatic plate)。肝板之間的空隙稱為**竇狀隙**(sinusoid)或肝竇，由一層有孔內皮細胞所組成的微血管骨架，與肝細胞緊密相連。因此，肝的竇狀隙較其他微血管具有更高的滲透性，甚至可允許攜帶非特異性分子（例如脂肪與膽固醇）的血漿蛋白通過。竇狀隙內可見肝的巨噬細胞，又稱為庫佛氏細胞(Kupffer's cell)和大顆粒淋巴細胞，能吞噬異物。

　　竇狀隙互相吻合，並與中央靜脈相通。相鄰兩肝板之間的間隙形成的小管道稱為**膽小管**(bile canaliculus)（圖14-14）。肝門靜脈及肝動脈分別帶著從消化道吸收來的各種營養物質和從體循環來的含氧動脈血，連同**肝管**(hepatic duct)一起由肝門進入肝臟並分支伴行在肝小葉之間，分別稱為小葉間靜脈、小葉間動脈、**膽管**(bile duct)。經由肝動脈流入肝臟的動脈血以及經由肝門靜脈流入肝臟的靜脈血，分別經小葉間動脈和小葉間靜脈流入竇狀隙，在此與肝細胞進行物質交換，然後匯入中央靜脈，最後匯集成肝靜脈進入下腔靜脈。

　　肝細胞製造膽汁並分泌進入膽小管中（圖 14-14）。膽小管注入肝小葉周圍的膽管，接著注入肝管並將膽汁帶離肝臟。

(二) 肝門系統 (Hepatic Portal System)

　　肝臟的血液供應特別豐富，除了接受來自肝動脈(hepatic artery)的動脈血之外，也接受肝門靜脈(hepatic portal vein)的血液。肝門靜脈是肝的功能性血管，它匯集了來自在腸道中被吸收而進入微血管的消化產物，這些血液占肝血量的3/4，內含豐富的營養物質，供肝細胞代謝、儲存和轉化利用。肝門靜脈

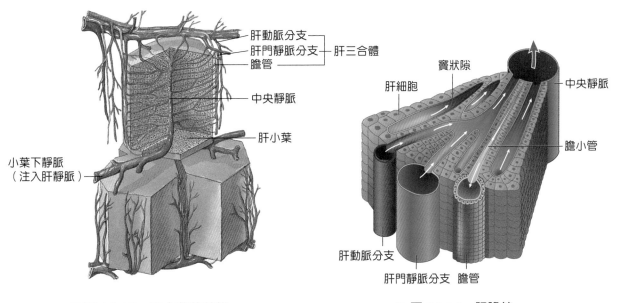

■ 圖 14-13　肝小葉的結構。　　　　　　　　　　■ 圖 14-14　肝膽管。

進入肝內，沿小葉間的結締組織反覆分支，形成小葉間靜脈，其終末支進入肝竇。肝竇的血液從小葉周邊流向中央，在此途中與肝細胞進行充分的物質交換，然後匯入中央靜脈。中央靜脈自肝小葉的基部穿出後匯入小葉下靜脈，小葉下靜脈匯成肝靜脈(hepatic vein)回到體循環（圖14-13）。由微血管→靜脈→微血管→靜脈的循環，稱為門脈系統。

(三) 腸肝循環

　　膽汁（膽鹽）或由肝臟排泄的藥物，隨膽汁進入腸道後，有些會通過小腸及大腸並隨糞便排出，有些則在小腸中被重吸收而進入肝門靜脈，由此回到肝臟中，再由肝細胞分泌出來進入膽管，此種化合物在肝及腸之間重複循環的現象稱為**腸肝循環**(enterohepatic circulation)（圖 14-15）。體內膽汁酸 (bile acid) 的含量約為 3~5 克，餐後即使全部傾入小腸也難達到消化脂類所需的最低濃度。不過，由於每次飯後都可進行2~4 次腸肝循環，使有限的膽汁酸能最大限

知識小補帖　Knowledge+

　　肝硬化 (liver cirrhosis) 是一種常見的慢性肝病，可由一種或多種原因引起，常見病因包括：病毒性肝炎（尤其是 B 型和 C 型）、酒精性肝炎、藥物性肝炎、毒物中毒、營養缺乏等。病理表現為肝細胞瀰漫性變性壞死，繼而出現纖維組織增生和肝細胞結節狀再生，這三種變化反覆交錯進行，結果肝小葉的結構和血液循環途徑逐漸被改建，使肝變形、變硬而導致肝硬化。這些再生結節並無正常肝組織的板狀結構，所以功能較差。肝硬化早期常無明顯症狀，後期則出現程度不同的肝門靜脈高壓和肝功能障礙，可併發消化道出血、食道靜脈曲張、腹水、肝性腦病變及肝昏迷等，且肝硬化有機會轉變為肝癌。

度地發揮作用，從而維持了脂類食物消化吸收的正常進行。

二、肝臟的功能

　　肝臟是人體最大的腺體，它在人的代謝、膽汁生成、解毒、凝血、免疫、熱量產生及水與電解質的調節中均扮演著非常重要的角色，是人體內的一個巨大的「化工廠」。以下將針對其三大主要功能進行介紹。

(一) 製造膽汁

　　正常情況下，人體的肝臟每天能製造250~1,500毫升的膽汁(bile)，經總膽管進入十二指腸；或由肝管轉入膽囊管而儲存於膽囊內，在消化時再排入十二指腸。膽汁呈金黃色，pH值約7.4；在膽囊中儲存的膽汁因膽汁中的Na^+、Cl^-、HCO_3和水會被膽囊上皮吸收，而顏色加深且變為**弱酸性**(pH 6.8)。膽汁中除97%是水外，還含有**膽鹽**(bile salt)、

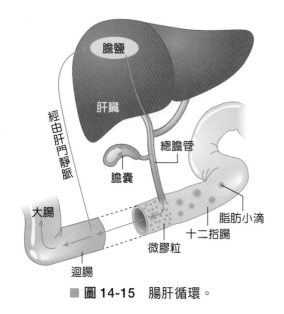

經由肝門靜脈

膽鹽

肝臟

總膽管

膽囊

大腸

迴腸

脂肪小滴

十二指腸

微膠粒

■ **圖 14-15** 腸肝循環。

膽固醇、膽色素(bile pigment)、卵磷脂(lecithin)等有機物，以及Na^+、K^+、HCO_3^-、Cl^-等無機物，但不含消化酶。膽汁具有**促進脂類食物消化和吸收**的重要作用，並參與多種維生素如A、D、E、K及膽固醇、鈣、磷、鐵等的吸收。此外，可促進腸道蠕動，抑制腸道內細菌的生長，對於維持腸道的正常功能具有穩定作用。如果缺乏膽汁，上述這些作用就無法正常維持，容易導致**腹瀉**情形出現。

肝細胞利用膽固醇合成**膽汁酸** (bile acid)，包括**膽酸** (cholic acid) 及**鵝去氧膽酸** (chenodeoxycholic acid)，二者均為初級膽汁酸。在**肝臟**，初級膽汁酸與甘胺酸和牛磺酸 (taurine) 結合形成的鈉鹽或鉀鹽稱為**膽鹽**，後者是參與消化和吸收的主要成分，膽鹽可在**迴腸**被吸收。肝臟能合成膽固醇，其中約一半轉化為膽汁酸，其餘的一半則隨膽汁排入小腸。

膽色素或稱**膽紅素** (bilirubin)，是由脾臟、肝臟及骨髓製造，並從血紅素中的血基質（扣除鐵離子）衍生而來。游離膽紅素 (free bilirubin) 的水溶性差，所以大部分在血液中與白蛋白連結運送。肝臟可從血液中擷取游離膽紅素，並使它與**尿甘酸** (glucuronic acid) 結合，形成**結合型膽紅素** (conjugated bilirubin)。結合型膽紅素呈水溶性，可分泌至膽汁中。在消化期，膽汁可直接由肝臟及膽囊排入**十二指腸**，在腸道細菌的作用下轉化為**尿膽素原** (ubilinogen)，使**糞便呈黃棕色**。大約有 30~50% 的尿膽素原被小腸重吸收後，通過腸肝循環再次分泌至膽汁中，其他則進入體循環。進入體循環的尿膽素原經由腎臟排泄到尿液中，為**尿液呈黃褐色**（圖 14-16）的原因。當肝功能受到損害時，膽紅素的代謝發生障礙，累積於血液中，出現皮膚及鞏膜變黃的症狀，稱為黃疸 (jaundice)。

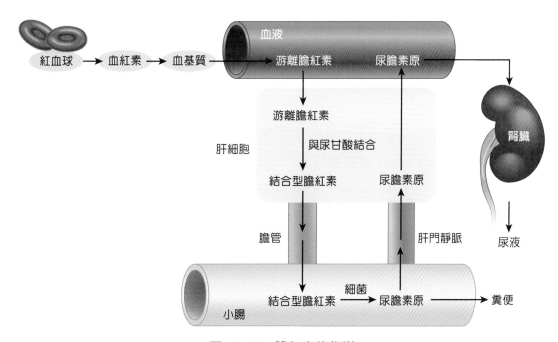

■ 圖 14-16　膽紅素的代謝。

(二) 去除血液中的有毒物質

肝臟是人體的主要解毒器官，負責分解由腸道吸收或身體其他部分製造的有毒物質，並以無害物質的形式分泌入膽汁或血液繼而排出體外。進入膽汁的物質由膽管經由小腸隨糞便排出體外；進入血液的物質則經腎過濾，由尿液排出體外。

肝臟的解毒方式主要有以下四種：

1. 化學作用：有氧化、還原、分解、結合和去氨等作用。其中結合作用 (conjugation) 是一個重要的解毒方式。毒物與葡萄糖醛酸 (glucuronic acid)、硫酸、胺基酸等結合後可變為無害物質，由尿中排出。體內胺基酸去氨以及腸道內細菌分解含氮物質時所產生的氨，是一種有毒的代謝產物。氨的解毒主要是在肝內合成尿素，隨尿液排出體外，故當肝功能衰竭時血中氨濃度會升高。

2. 分泌作用：一些重金屬如汞，以及來自腸道的細菌可經膽汁分泌排出。

3. 蓄積作用：某些生物鹼如馬錢子素（strychnine，或稱為番木鱉鹼）及嗎啡可蓄積於肝臟，然後逐漸小量釋放，以減少中毒程度。

4. **吞噬作用**：肝靜脈竇的內皮層含有大量的**庫佛氏細胞** (Kupffer's cell)，有很強的吞噬能力，能吞噬血中的異物、細菌、染料及其他顆粒物質。據估計，肝門靜脈血中的細菌有 99% 在經過肝靜脈竇時被吞噬，因此，肝臟的此項過濾作用之重要性是極為明顯的。

許多激素在肝臟內經由上述方法處理後失去活性，如類固醇激素和抗利尿激素等。肝臟中所具有的酵素可藉由羥化 (hydroxylation)（加 OH⁻ 基）使這些非極性分子轉化成較有極性（較具水溶性）。類固醇激素及藥物的極性衍生物較不具生物活性，且多為水溶性而較易由腎臟排至尿液中。

(三) 葡萄糖、三酸甘油酯及酮體的分泌

肝臟是維持血糖濃度相對穩定的重要器官，肝有較強的肝醣合成與分解的能力，透過肝醣的合成與分解來調節血糖。肝亦是進行糖質新生(gluconeogenesis)的重要器官，飢餓時，肝可利用甘油、乳酸、胺基酸等轉化為葡萄糖或肝醣；將半乳糖、果糖等轉化為葡萄糖。肝在脂類的消化、吸收、運輸、合成及分解等過程中也具有重要作用。肝合成三酸甘油酯、磷脂及膽固醇的能力很強，並進一步**合成極低密度脂蛋白**(very-low-density lipoprotein, VLDL)及**高密度脂蛋白**(high-density lipoprotein, HDL)。某些載脂蛋白（如ApoA I、ApoB100、ApoC I、ApoC 等）以及卵磷脂膽固醇醯基轉移酶(lecithin cholesterol acyltransferase, LCAT)在肝細胞中合成，它們在脂蛋白的代謝及脂類運輸中扮演了重要的角色。肝對三酸甘油酯及脂肪酸的分解能力很強，含有將游離脂肪酸轉化成酮體的酵素〔酮體生成(ketogenesis)〕，是生成酮體的重要器官。

(四) 血漿蛋白的製造

肝細胞能合成多種**血漿蛋白**（白蛋白、纖維蛋白原、凝血酶原、**急性期蛋白**及多種血漿蛋白質）。血液中70%的白蛋白由肝臟製造。此外，肝細胞還合成多種凝血因子及血管收縮素，例如凝血因子I（纖維蛋白原）、II（凝血酶原）、III、V、VII、IX、XI。

臨·床·焦·點　Clinical Focus

黃疸 (Jaundice)

　　黃疸是一種由於血液中游離或結合型膽紅素過高,致使皮膚、黏膜和眼球鞏膜發黃的症狀。根據病因不同分為三類:(1) 當大量紅血球被分解時出現的黃疸;(2) 當肝臟無法正常處理膽紅素時出現的黃疸;(3) 當肝臟無法正常排除膽紅素時出現的黃疸,如膽結石阻塞膽汁引起的黃疸。

　　新生兒在出生後的一週內,有 60% 會出現黃疸,稱為新生兒黃疸 (neonatal jaundice)。新生兒由於血液中的紅血球過多,且這類紅血球壽命短,易被破壞,造成膽紅素生成過多;另一方面,新生兒肝臟功能不成熟,使膽紅素代謝受限制等原因,造成新生兒在一段時間出現黃疸現象。新生兒的黃疸大約是由臉部先開始,之後再嚴重時才會影響到身體與四肢手腳。膽紅素過高,可能對新生兒的中樞神經產生毒性而造成腦部傷害。常用的治療方法包括照光和換血,可降低體內的膽紅素值。

　　新生兒發生黃疸可能是生理性的,也可能是病理性的。如果是生理性黃疸,通常不需要特殊處理就可以自行消退。病理性黃疸是由於疾病所引起的,使膽紅素的代謝出現異常,它發生在新生兒的特定時期,使生理性黃疸明顯加重,並容易與生理性黃疸相混淆。病理性黃疸可由感染、溶血性疾病、膽道閉鎖和遺傳性疾病(如蠶豆症)等所造成。

▶ 膽囊

　　膽囊 (gallbladder) 為囊狀構造,連接於肝的下緣,正常膽囊長約 8~12 公分,寬 3~5 公分,容量約為 30~60 mL。膽汁由肝經膽管、肝管、膽囊管 (cystic duct) 進入膽囊,並經由膽囊管及總膽管 (common bile duct) 注入十二指腸;當小腸內沒有食物時,總膽管末端的歐迪氏(壺腹)括約肌 (sphincter of Oddi / ampulla) 收縮而關閉,膽汁因此被擠上膽囊管,進入膽囊儲存。

　　膽囊的功能是儲存和濃縮膽汁。肝臟產生的膽汁經肝管排出,一般先在膽囊內儲存。上皮細胞吸收膽汁中的水和無機鹽(主要是Na^+),經細胞側面的細胞膜運輸至上皮細胞間隙內,間隙的寬度可因吸收液體的量而變化,吸收的水和無機鹽通過基底膜進入固有層的血管和淋巴管內。膽囊的收縮排空受激素的調節,尤其在進食高脂肪食物後,小腸內分泌細胞分泌**膽囊收縮素** (cholecystokinin, CCK),經血流至膽囊,**刺激膽囊肌層收縮**,排出膽汁。經膽囊管進入總膽管,而進入十二指腸(圖14-17)。

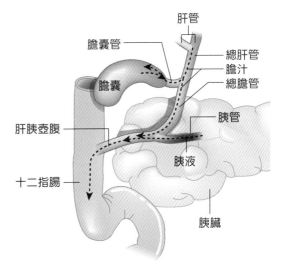

■ 圖 14-17　膽汁的分泌途徑。

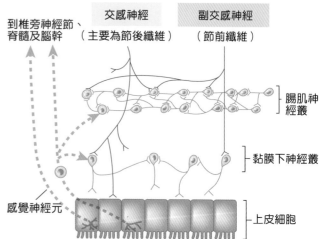

■ 圖 14-18　支配消化道的內在神經和外在神經系統。

14-7　消化系統的神經及內分泌調節
Neural and Endocrine Regulation of the Digestive System

　　消化道功能是在神經及體液的調節下完成的，支配消化道的神經包括內在神經系統 (intrinsic nervous system) 和外在神經系統 (extrinsic nervous system) 兩大部分。兩者相互協調，共同調節胃腸功能。

▶ 消化系統的神經調節

　　消化道的內在神經系統又稱為**腸道神經系統**(enteric nervous system)，包括位於縱走肌與環走肌之間的**腸肌神經叢**(myenteric plexus)和環走肌和黏膜層之間的**黏膜下神經叢**(submucosal plexus)（圖14-18），是由大量的神經元和初級、次級、三級神經纖維組成的複雜神經網路。其中的感覺神經元可以感受胃腸道內化學、機械和溫度等刺激；運動神經元支配消化道的平滑肌、腺體和血管；還有大量的中間神經元。各神經元之間以及兩種神經叢之間都透過短的神經纖維互相聯繫，共同組成一個完整的、可以獨立完成反射活動的整合系統。近年的研究顯示，腸道神經系統的神經元幾乎存有所有中樞神經系統的神經傳導物質，包括乙醯膽鹼(ACh)、正腎上腺素(NE)、血清胺(5-HT)、多巴胺(DA)、 γ-胺基丁酸(GABA)、一氧化氮(NO)，多種胜肽類如腦啡肽、血管活性腸胜肽(VIP)、神經胜肽Y (neuropeptide Y, NPY)、膽囊收縮素(CCK)及P物質(substance P)等。

　　總而言之，黏膜下神經叢主要參與消化道腺體和內分泌細胞的分泌，腸內物質的吸收和局部血流的調節；腸肌神經叢主要參與對消化道運動的控制。雖然腸道神經系統能獨立行使其功能，但外在神經的活動可進一步加強或減弱它的活動。

　　胃腸道的外在神經系統包括交感神經和副交感神經（圖14-18）。交感神經的節前

纖維在腹腔神經節和腸繫膜神經節與節後神經元形成突觸後，發出的節後纖維（其末梢釋放的神經傳遞物質為正腎上腺素）主要作用於腸道神經系統中的膽鹼性神經元，抑止其釋放乙醯膽鹼；少量交感節後纖維作用於胃腸平滑肌、血管平滑肌和胃腸道腺體。

支配消化道的副交感神經主要行走在**迷走神經**（分布於橫結腸及其以上的消化道）和骨盆神經（分布於降結腸及其以下的消化道）。副交感神經的節前纖維進入消化道管壁後，主要與腸肌神經叢和黏膜下神經叢的神經元形成突觸，發出節後神經纖維支配胃腸平滑肌、血管平滑肌及分泌細胞。副交感節後纖維主要為膽鹼性纖維，少量為非腎上腺素性纖維。

交感神經和副交感神經都是混合神經，即含有傳入和傳出纖維。胃腸交感神經中傳入纖維占 50%，迷走神經中有 80% 的纖維是傳入纖維。胃腸道感受器的傳入纖維可將衝動傳導到壁內神經叢，並引起腸壁的局部反射，還可以通過椎前神經節、椎旁神經節、脊神經節、脊髓及腦幹中繼的其他反射，調節胃腸活動。一般情況下，副交感神經興奮可使消化液分泌增加，消化道運動加強；交感神經的作用則相反，但引起消化道括約肌收縮。

▶ 消化系統的內分泌調節

消化器官的功能除了受神經調節外，還受激素的調節。這些激素主要是由存在於胃腸黏膜層和胰腺的內分泌細胞所分泌，以及由胃腸壁的神經末梢釋放的，統稱為**胃腸激素**(gut hormones or gastrointestinal hormones)。胃腸激素幾乎都是胜肽類，故又稱之為**胃腸胜肽**(gastrointestinal peptides)。迄今已發現和確認的胃腸胜肽多達二十多種，其中被認為具有生理性調節和循環激素作用的有5種，即胃泌素、膽囊收縮素

表 14-1　主要胃腸激素名稱及分布部位

胃腸激素	英文名稱	內分泌細胞	分布部位
胃泌素	Gastrin	G 細胞	胃竇、十二指腸
膽囊收縮素	Cholecystokinin (CCK)	I 細胞	小腸上部
胰泌素	Secretin	S 細胞	小腸上部
胃抑胜肽	Gastric inhibitory peptide (GIP)	K 細胞	小腸上部
胃動素	Motilin	Mo 和 ECL 細胞	胃、小腸、結腸
血管活性腸胜肽	Vasoactive intestinal peptide (VIP)	－	胃腸黏膜和肌層
神經降壓素	Neurotension	N 細胞	小腸上部
腦啡肽	Enkephalin	－	胃腸黏膜和肌層
胰島素	Insulin	β 細胞	胰島
升糖素	Glucagon	α 細胞	胰島
胰多胜肽	Pancreatic polypeptide (PP)	PP 細胞	胰島
體制素	Somatostatin	D 細胞	胃腸黏膜、胰島

(CCK)、胰泌素(secretin)、胃抑胜肽(GIP)和胃動素(motilin)（表14-1）。

胃腸激素與神經系統共同調節消化器官的功能，其作用主要有以下三個方面：

1. 調節消化腺的分泌和消化道的運動，例如**血管活性腸胜肽**(VIP)能促進唾液分泌、**刺激腸道分泌電解質及水分**、抑制胃酸分泌。

2. 調節其他激素的釋放：例如胃抑胜肽有很強的刺激胰島素分泌的作用。食物對消化道的刺激引起胃抑胜肽的分泌，很快引起胰島素的分泌，這對防止血糖過高而從尿液中流失具有重要的生理意義。

3. 營養作用(trophic action)：一些胃腸激素具有促進消化道組織的代謝和生長的作用。例如，胃泌素能刺激胃黏膜和十二指腸黏膜的DNA、RNA和蛋白質的合成，從而促進其生長。膽囊收縮素能引起胰腺內DNA、RNA和蛋白質的合成增加，促進胰腺外分泌組織的生長。

▶ 胃功能的調節

進食後胃功能的調節，可按食物及有關感受器所在部位，人為地分為以下三期：頭期 (cephalic phase)、胃期 (gastric phase) 和腸期 (intestinal phase)（圖 14-19）。

一、頭期

頭期指大腦經由迷走神經控制的方式，傳入衝動來自頭部感受器（眼、耳、鼻、口腔、咽、食道）。事實上，談論美味的食物有時可能比真正看到或吃到食物所引起的刺激要大。

此期胃液分泌的機制包括條件反射和非條件反射兩種。條件反射引起的胃液分泌是**由食物的形象、氣味、聲音等刺激**作用於視、嗅、聽感受器，分別由第1、2、8對腦神經傳入中樞。在人類，還可以因「想到」能引起食慾的食物而引起胃液分泌。

非條件反射是指在咀嚼及吞嚥食物過程中，食物刺激口、咽、喉等處的感受器，經由第5、7、9、10對腦神經傳入而反射性

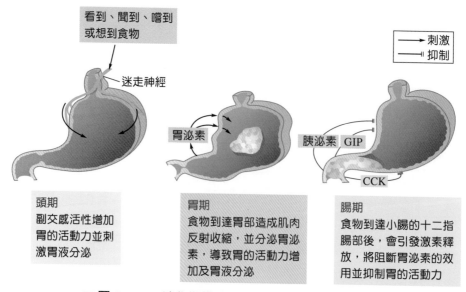

■ **圖 14-19** 消化期胃液分泌的分期及其調節。

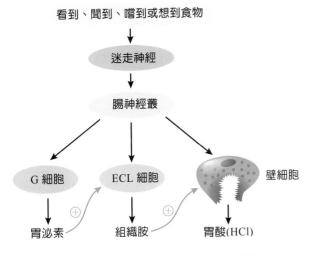

看到、聞到、嚐到或想到食物

迷走神經

腸神經叢

G 細胞　　　ECL 細胞　　　　　　　　　壁細胞

胃泌素　　　組織胺　　　　　　　胃酸(HCl)

■ **圖 14-20**　頭期胃酸 (HCl) 分泌的調節。

引起的胃液分泌，反射中樞位於延腦、下視丘、邊緣系統及大腦皮質，傳出神經是迷走神經。迷走神經的活化會刺激主細胞分泌胃蛋白酶原，迷走神經釋放的神經傳訊物質也能刺激壁細胞分泌胃酸(HCl)。迷走神經的作用機制有兩種：一是支配壁細胞及ECL細胞的迷走神經節後神經纖維釋放ACh，直接刺激壁細胞分泌胃酸；二是支配G細胞及ECL的迷走神經節後神經纖維末梢釋放胃泌素釋放胜肽(gastrin-releasing peptide, GRP)，刺激G細胞及ECL細胞分別釋放胃泌素和組織胺，接著，壁細胞因為ECL細胞分泌的組織胺的刺激而分泌胃酸（圖14-20）。

　　頭期於進食後持續作用30分鐘，之後重要性逐漸下降而漸由胃期取代。頭期胃液分泌受情緒和食慾的影響很大，其分泌量占整個消化期分泌量的30%，胃液的酸度和胃蛋白酶含量高。

　　胃腸內分泌細胞都具有攝取胺前體(amine precursor)並進行去羧作用而產生胜肽類或活性胺的能力。具有這種能力的細胞通稱為**APUD細胞**(amine precursor uptake and

decarboxylation cell)。除胃腸內分泌細胞外，神經系統、甲狀腺、腎上腺髓質、腦下腺、胰腺等組織也含有APUD細胞。研究證明，多數的胃腸胜肽也存在於中樞神經系統中，如胃泌素、膽囊收縮素、胃動素、體制素、血管活性腸胜肽、腦啡肽和P物質等，這種雙重分布的胜肽統稱為**腦－胃腸胜肽**(brain-gut peptide)。

二、胃　期

　　食物進入胃後即進入胃期，食物的機械和化學刺激經由以下三種機制繼續引起胃液分泌：

1. 食物機械性擴張刺激胃底、胃體部的感受器，經迷走－迷走反射 (vago-vagal reflex) 和壁內神經叢的短反射，直接或間接透過胃泌素引起胃液分泌。

2. 擴張胃幽門部，透過壁內神經叢作用於 G 細胞引起胃泌素的釋放。

3. 蛋白質的消化產物（胜肽和胺基酸）直接作用於G細胞，透過釋放胃泌素引起胃液的分泌。食糜短胜肽及胺基酸，尤其是苯丙胺酸及色胺酸，在胃內可刺激G細胞分泌胃泌素並刺激主細胞分泌胃蛋白酶原，於是便產生一個正迴饋機制。當更多的胃酸及胃蛋白酶原被分泌，被消化的蛋白質便產生更多短胜肽及胺基酸，所以又刺激胃泌素的分泌，再刺激胃酸及胃蛋白酶原的分泌。相形之下，食糜中的葡萄糖對胃液分泌無影響，而脂肪則會抑制胃酸分泌。胃酸的分泌也受到負迴饋機制控制，當胃液pH值下降，胃泌素分泌也會隨著減少，當pH值等於2.5時，胃泌素分泌更少，當pH值等於1時，胃泌素分泌則完全

停止。胃酸的分泌大部分也是由胃泌素控制，故也跟著減少。此作用機制可能是經由胃黏膜細胞所分泌的體制素達成。當胃液pH值下降時，會刺激D細胞分泌體制素，旁泌的方式抑制G細胞分泌胃泌素。

胃期的胃液分泌量占整個消化期分泌量的約 60%，胃液的酸度高（pH 值低），但胃蛋白酶的含量比頭期少。

三、腸 期

食糜進入十二指腸後，繼續引起胃液分泌，其分泌量只占整個消化期分泌量的 10%。腸期胃液分泌的機制主要是食物的機械擴張刺激以及消化產物作用於十二指腸黏膜，後者釋放**胃泌素**及促進胃液分泌。另外，小腸內的消化產物胺基酸被吸收後通過血液循環作用於胃腺，也能刺激胃液分泌。腸期胃液分泌的量少，這可能與食物在小腸內同時還產生許多對胃液分泌有抑制作用的調節機制有關。腸期對胃功能的抑制是從十二指腸開始的神經反射和十二指腸分泌化學激素來達成。

在腸期抑制胃液分泌的因素有高張溶液和脂肪。高張溶液活化小腸內的滲透壓感受器，經由腸胃反射抑制胃分泌。食糜中的脂肪也會刺激十二指腸分泌激素抑制胃的功能，此抑制性激素稱為**腸抑胃激素** (enterogastrone)。由於腸抑胃激素至今未能純化，目前認為，它可能不是一個獨立的激素，而是數種具有此種作用的物質的總稱。

這些由小腸分泌可抑制胃消化活動的多胜肽激素包括**胃抑胜肽** (GIP)、**體制素** (somatostatin)（由小腸、腦及胃所產生）、**膽囊收縮素** (CCK)（受食糜刺激由十二指腸分泌）及**類升糖胜肽 -1** (glucagon-like peptide-1, GLP-1)（由迴腸及結腸分泌）。GLP-1 是一種由小腸產生且結構與升糖素相似的胜肽類。

各種抑制因素對胃液分泌的抑制作用是短暫的。隨著各種消化產物被吸收，以及腸內鹽酸、高滲溶液被消化液中和與稀釋，腸內抑制胃液分泌的因素又被消除。上述各種因素在抑制胃液分泌的同時，還能抑制胃的運動和排空，因而可保證胃內食糜輸送到小腸的速度不會超過小腸消化和吸收能力，並可防止酸和高滲溶液引起的十二指腸黏膜損傷。

▶ 腸功能的調節

一、腸道神經系統

腸壁內**黏膜下神經叢**〔或稱麥氏神經叢 (Meissner's plexuses)〕及**腸肌神經叢**〔又稱為歐氏神經叢 (Auerbach's plexuses)〕含有上億個神經元，相當於脊髓之神經元數目。這些神經元的傳遞方式有兩種，有些位於小腸神經叢內的感覺神經元，會沿著迷走神經將衝動送至中樞神經系統，這種現象稱為外在傳入 (extrinsic afferents)，自主神經系統便以此參與其調節作用。其他的感覺神經稱為內在傳入 (intrinsic afferents)，其細胞體位於腸肌神經叢或黏膜下神經叢，並與腸道神經系統的神經元間形成突觸，進行訊號的傳遞。

食糜對腸黏膜局部的機械性和化學性刺激經由腸壁內神經叢引起局部反射，這是調節小腸分泌的主要機制。小腸黏膜對腸壁的

擴張刺激很敏感，小腸內食糜量越多，小腸液的分泌就越多。迷走神經興奮可引起十二指腸腺分泌增加；交感神經興奮則抑制十二指腸腺的分泌。因此，長期交感神經興奮可削弱十二指腸上部（球部）的保護機制，這可能是導致該部位發生潰瘍的一個原因。許多體液因素，如胃泌素、胰泌素、膽囊收縮素和血管活性腸胜肽等，都具有刺激小腸液分泌的作用。

二、腸道的旁分泌調節因子

腸道的旁分泌調節因子如腸黏膜的 ECL 細胞分泌胃動素、血清胺，以及迴腸與結腸產生的**鳥苷素 (guanylin)**。

在壓力以及化學物質的刺激下，血清胺會啟動黏膜下神經叢或腸肌神經叢，活化運動神經元，引起肌肉收縮或促進鹽與水分分泌到腸腔內。而胃動素則會刺激十二指腸與胃竇的收縮。

鳥苷素可以活化鳥苷酸環化酶(guanylate cyclase)，並促使小腸上皮細胞的 cGMP 的產生增加，cGMP 可以刺激小腸上皮細胞分泌 Cl^- 與水並抑制對 Na^+ 的吸收，此作用會增加糞便中水的含量。

三、腸反射

常見的腸反射 (intestinal reflexes) 包括以下幾種：

1. 胃迴腸反射(gastroileal reflex)：即胃的消化活動增加會導致迴腸的運動增加，而使食糜通過迴盲瓣的速率上升。當食物進入胃時，可經由胃迴腸反射引起迴腸蠕動，在蠕動波到達迴腸末端最後數釐米時，括約

肌便舒張，這樣，當蠕動波到達時，大約有4 mL食糜由迴腸被驅入結腸。

2. 迴腸胃反射 (ileogastric reflex)：即迴腸擴張時會導致胃運動減低。

3. 腸－腸反射 (intestine-intestinal reflex)：即某段腸道的過度擴張會導致其他腸道部位的放鬆。

▶ 胰液及膽汁分泌的調節

一、胰液分泌的調節

在頭期和胃期，食物直接刺激口咽部等感受器或擴張胃刺激迷走神經反射性的引起部分胰液的分泌。當**食糜進入十二指腸**，食糜中的某些成分可**刺激小腸黏膜釋放胰泌素**和膽囊收縮素，刺激胰液的分泌。此期的胰液分泌量最多，占整個消化期胰液分泌量的70%，碳酸氫鹽和酶含量也高。調節胰液分泌的激素主要包括**胰泌素及膽囊收縮素**。

產生胰泌素的細胞是位於小腸上段黏膜內的S細胞(S cell)。鹽酸是引起胰泌素釋放的最強的刺激因素。研究顯示，用H_2接受器阻斷劑抑制胃酸分泌後，進食所引起的胰泌素釋放明顯減少。小腸內胰泌素釋放的pH閾值為4.5。其他可刺激胰液釋放的因素為蛋白質分解產物和脂肪酸。醣類幾乎沒有作用。

胰泌素主要作用於胰腺小導管的上皮細胞，**使其分泌水分和 HCO_3^-**，因而使胰液的分泌量大為增加，而酶的含量不高。進食後由於食物對胃酸的中和，以及胰液、膽汁在**十二指腸**內對酸的中和，餐後血液胰泌素的增加很少，但卻引起胰液的大量分泌，其原因除了因為胰腺對胰泌素非常敏感外，胰泌素與 ACh 之間的協同作用具有重要意義。餐

後與胰泌素同時釋放的膽囊收縮素也可加強胰泌素的作用。

膽囊收縮素 (CCK) 是由小腸上段黏膜細胞釋放的一種胜肽類激素。引起 CCK 釋放的因素由強到弱為：蛋白質分解產物＞脂肪酸＞鹽酸＞脂肪；醣類沒有作用。CCK 主要的作用為促進胰腺的腺泡細胞分泌消化酶及促進膽囊平滑肌收縮。它可直接作用於腺泡細胞上的接受器引起胰臟酵素分泌。近年來證明，CCK 還可作用於迷走神經傳入纖維，經由迷走－迷走反射刺激胰臟酵素分泌。切斷或阻斷迷走神經後，引起的胰臟酵素分泌反應明顯減弱。

胰泌素和 CCK 對胰液分泌的作用，是透過不同的細胞內訊息傳遞機制達成的。前者以 cAMP 為第二傳訊物質，後者則是藉由啟動磷酸肌醇 (phosphoinositide) 系統，在 Ca^{2+} 媒介下產生作用。胰泌素和 CCK 共同作用於胰腺時，具有相互加強的作用。

二、膽汁的分泌

食物在消化管內是引起膽汁分泌和排除的自然刺激物。高蛋白物質最能引起膽汁流出，高脂肪或混合食物次之，醣類食物的作用最小。

肝細胞分泌膽汁是持續進行的，其分泌速率取決於從肝門靜脈返回肝臟的膽汁酸（膽鹽）的量。在消化間期，由於膽囊易被擴張，且歐迪氏括約肌處於收縮狀態，肝臟分泌的膽汁大部分進入膽囊儲存，僅少量間斷地進入小腸。在消化期，膽汁可直接由肝臟及膽囊排入十二指腸。在膽汁排出的過程中，膽囊和歐迪氏括約肌的活動具有相互協調關係，即膽囊收縮時，歐迪氏括約肌舒張；相反的，膽囊舒張

時，歐迪氏括約肌則收縮。膽汁的分泌也受到神經和體液的雙重控制。

（一）膽汁分泌的神經調節

進食動作或食物對胃和小腸的刺激，可透過神經反射，引起肝膽汁分泌量少量增加，膽囊收縮也輕度加強。反射的傳出神經為迷走神經，切斷兩側迷走神經或用膽鹼性接受器阻斷劑，均可阻斷這種反應。迷走神經還可藉由引起胃泌素釋放而間接引起肝膽汁分泌和膽囊收縮。

（二）膽汁的體液調節

1. **膽囊收縮素(CCK)**：在蛋白分解產物、鹽酸和脂肪等的作用下，小腸上部黏膜釋放的CCK可經由血液循環興奮膽囊平滑肌，引起膽囊的強烈收縮，而對歐迪氏括約肌則有降低其緊張性的作用，因此可促進膽囊膽汁的大量排放。膽囊收縮素對膽管上皮細胞也有一定的刺激作用，使膽汁流量和HCO_3^-的分泌輕度增加。

2. **胰泌素 (secretin)**：胰泌素的主要作用是刺激胰液的分泌，也有一定的刺激肝膽汁分泌的作用。胰泌素主要作用於膽管系統而非肝細胞，因此，它能引起膽汁的分泌量和HCO_3^-含量增加，而膽鹽的分泌並不增加。

3. **胃泌素 (gastrin)**：胃泌素可經由血液循環作用於肝細胞和膽囊，促進膽汁的分泌和膽囊的收縮。胃泌素也可先引起胃酸的分泌，後者作用於十二指腸黏膜，引起胰泌素釋放而促進膽汁的分泌。

4. **膽鹽(bile salt)**：膽鹽能促進膽汁分泌，使肝膽汁流出明顯增加。進入小腸的膽鹽，90%以上被迴腸末端黏膜吸收而進入血

液，由肝門靜脈回到肝臟，再組成膽汁分泌入腸，這個過程叫膽鹽的腸肝循環。每次進餐後可進行2~3次腸肝循環。

14-8 消化及吸收
Digestion and Absorption

食物經過消化後，各種營養物質的分解產物、水、無機鹽和維生素，以及大部分消化液即可通過消化道黏膜上皮細胞吸收進入血液和淋巴液中。以下將對各物質的消化及吸收進行詳細描述。

▶ 醣類的消化及吸收

常見的醣類是蔗糖及乳糖，但大部分醣類是以澱粉的形式攝入，澱粉的消化開始於口腔內唾液澱粉酶，此酵素可切斷某些相鄰的葡萄糖鍵結，但一般人唾液澱粉酶的作用因為被胃液的低 pH 值而失去活化，所以在食糜進入胃後唾液澱粉酶的作用即消失。澱粉經唾液澱粉酶及胰澱粉酶的分解成為雙醣或較小的葡萄糖聚合物。

主要消化澱粉的部位是在十二指腸。十二指腸的胰澱粉酶切斷澱粉的直鏈而產生麥芽糖及麥芽三糖(maltriose)。然而胰澱粉酶卻無法水解澱粉支鏈上的葡萄糖。澱粉上的葡萄糖分子將鏈成寡醣，並隨麥芽糖及麥芽三糖一起釋出。

麥芽糖、麥芽三糖及寡醣經由位於小腸上皮刷狀緣上的乳糖酶(lactase)、蔗糖酶(sucrase)、麥芽糖酶(maltase)和α-糊精酶(α-dextrinase)消化成為單醣。醣類的消化吸收通常在空腸近端完成。醣類被消化為單醣

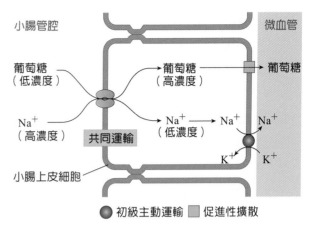

■ 圖 14-21 葡萄糖的吸收。

之後，被運輸至小腸絨毛上皮細胞加以吸收，其運輸的方式有主動運輸及促進性擴散二種。葡萄糖及半乳糖以次級主動運輸方式，並在鈉離子的協助下進入腸絨毛的上皮細胞；而果糖是以促進性擴散的方式來運送。最後，葡萄糖從上皮細胞被分泌至小腸絨毛的微血管中（圖14-21）。

▶ 脂肪的消化及吸收

脂肪酶可以促使脂肪吸收消化，在唾液腺及新生兒的胃中產生。而成人對脂肪的消化主要在十二指腸進行作用，在這之前被消化的有限。食物中所含的脂肪主要為三酸甘油酯，而三酸甘油酯必須被分解為單酸甘油酯及脂肪酸才能被小腸吸收。5%的脂肪可被胃中的胃脂肪酶所消化，而95%的脂肪是在小腸中被胰脂肪酶所消化。

由於脂肪不溶於水，脂肪的消化有賴於**乳化** (emulsification) 作用。在小腸中的脂肪會聚合在一起形成油滴懸浮在食糜裡。膽汁的膽鹽滲入油滴中會降低脂肪的表面張力，加上腸胃道的混合運動將脂肪顆粒切斷成極

小的三酸甘油酯乳化顆粒，這種作用稱為乳化（圖14-22）。較小和較多的乳化顆粒比原先進入十二指腸的未乳化顆粒有較大的消化表面積，並可藉由**胰脂肪酶**在此顆粒表面進行消化作用。而另一種由胰臟分泌的蛋白**稱輔脂酶** (colipase)，會包住乳化顆粒，且將脂肪酶附著至顆粒，以幫助消化。值得注意的是，膽鹽本身並不含消化酶，不具消化作用。

經水解後，脂肪酶從三酸甘油酯的三個脂肪酸中移去兩個脂肪酸，而釋放出游離脂肪酸及單酸甘油酯。短鏈脂肪酸（12個碳原子以下）是水溶性的，可以擴散方式在上皮細胞被吸收，直接進入血液循環。但是，長鏈脂肪酸和單酸甘油酯是先溶於膽鹽形成的**微膠粒** (micelles)，以微膠粒的形式送到絨毛的上皮細胞。在該處，脂肪酸和單酸甘油酯從混合微膠粒中釋放出來，在上皮細胞內質網中被重新合成為三酸甘油酯，三酸甘油酯

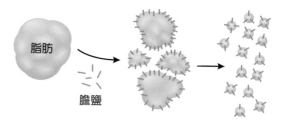

■ 圖 14-22　乳化。

與載脂蛋白和磷脂結合，形成乳糜微粒，在絨毛內送到乳糜管淋巴循環，再送至血液。

微膠粒在小腸內上皮細胞重複擺渡作用後，遺留在小腸的食糜中，最後膽鹽在迴腸內被再吸收，經由血液送回肝臟作為再分泌使用（圖14-23）。

蛋白質的消化及吸收

飲食中的蛋白質主要在胃與小腸的上半部被消化。經煮過的蛋白質因變性而易於消化。10~20%的蛋白質在胃蛋白酶和鹽酸的作用下被分解成多胜肽。多胜肽在十二指

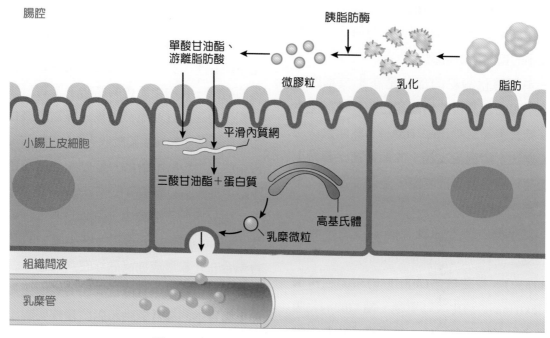

■ 圖 14-23　長鏈脂肪酸和單酸甘油酯的吸收。

腸及空腸受胰蛋白酶 (trypsin)、胰凝乳蛋白酶 (chymotrypsin) 及彈性蛋白酶 (elastase) 的消化分解為多胜肽類及一些胺基酸。可將多胜肽鏈兩端移去胺基酸者稱為外胜肽酶 (exopeptidase)，包括胰酵素－羧基胜肽酶 (carboxypeptidase)，其可從多胜肽的羧基端移去胺基酸，而刷狀緣酵素－胺基胜肽酶 (aminopeptidase) 則可從多胜肽的胺基端移去胺基酸。

多胜肽鏈經由多種酵素分解成雙胜肽，三胜肽及游離胺基酸。游離胺基酸在 Na$^+$ 協助下主動運輸到絨毛上皮細胞內，並以擴散的方式進入絨毛微血管，再進入肝門靜脈。曾經認為蛋白質只有被水解為胺基酸後才被吸收，但現已證實，小腸刷狀緣上存在雙胜肽和三胜肽運輸系統，而且雙胜肽和三胜肽的吸收效率比胺基酸的還高。這類運輸系統也是次級主動運輸，動力來自 H$^+$ 的跨膜運輸，並在細胞內被水解成游離胺基酸後，分泌至血液中（圖 14-24）。

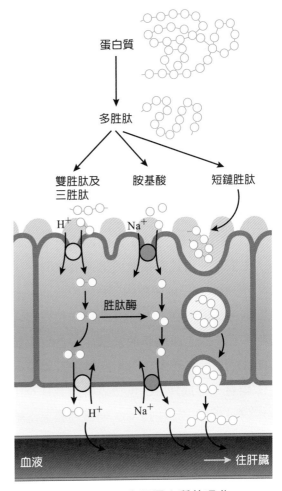

■ 圖 14-24　小腸蛋白質的吸收。

▶ 水分及電解質的吸收

一、水的吸收

成人每日由胃腸道吸收的液體量約8公升。水是通過滲透方式被吸收的，即由於腸內營養物質及電解質的吸收，造成腸內低滲，從而促進水從腸腔經由跨細胞途徑和細胞旁途徑轉入血液。另一方面，水也能從血漿運輸到腸腔，例如當胃排出大量高滲溶液入十二指腸時，水從腸壁滲出到腸腔內，使食糜很快變成等滲。

二、電解質的吸收

小腸可由食糜或小腸分泌物中吸收鈉、鉀、氯、鈣、鐵、鎂及HCO$_3^-$等離子。大部分是利用主動運輸的方式吸收，但也有以被動運輸的方式吸收。

(一) 鈉的吸收

小腸每天吸收25~30公克的鈉，約等於體內總鈉量的1/7；其中攝入的鈉約5~8公克，其餘為消化液中的鈉。因此，一旦腸腔

內的鈉大量流失，例如嚴重腹瀉時，體內儲存的鈉在幾小時內可降至很低，甚至達到危及生命的程度。

鈉的吸收是主動的過程，即由於腸上皮細胞基底側膜上鈉鉀幫浦的活動，造成細胞內 Na^+ 濃度的降低，腸腔內 Na^+ 借助於刷狀緣上的載體，以擴散形式進入細胞內。

(二) Cl^- 和 HCO_3^- 的吸收

Cl^- 除了一部分與 Na^+ 同向運輸而被吸收外，主要是利用被動擴散而迅速吸收的。由於 Na^+ 的吸收，造成腸腔內帶負電位，而腸上皮細胞內為正電位，於是 Cl^- 可順電位差進入細胞。在小腸上段的胰液及膽汁中含有大量的 HCO_3^-，可與經由 Na^+-H^+ 交換進入腸腔內的 H^+ 結合，形成 H_2CO_3，後者解離為 H_2O 和 CO_2，H_2O 留在腸腔內，CO_2 則通過腸上皮細胞被吸收進入血液，最後從肺呼出。也就是說，HCO_3^- 是以 CO_2 的形式吸收的。

(三) 鐵的吸收

鐵的吸收量很有限，人體每日吸收鐵約 1 mg，僅為每日攝入膳食鐵的5%左右。孕婦、兒童及失血等情況下，鐵的吸收量會增加。食物中的鐵包括血紅素鐵和非血紅素鐵，後者又包括三價鐵(Fe^{3+})和二價鐵(Fe^{2+})。由於 Fe^{3+} 易於與小腸分泌液中的負離子形成不溶性鹽，如氫氧化物、磷酸鹽、碳酸氫鹽，以及與食物中的植酸(phytic acid)、草酸(oxalic acid)、鞣酸(tannic acid)、穀粒和纖維形成不溶性複合物，因此不易被吸收。Fe^{2+} 不易形成上述複合物，並且在pH高達8.0

的情況下是可溶性的，因而易被吸收。食物中的鐵主要是 Fe^{3+}。

不溶性鐵在較低的pH環境中易於溶解，所以胃酸可促進鐵的吸收。而胃酸分泌缺乏時，鐵的吸收減少，易發生缺鐵性貧血。維生素C可與鐵形成可溶性複合物，並能使 Fe^{3+} 還原為 Fe^{2+}，因此可促進鐵的吸收。血紅素和肌紅素中的鐵較容易被吸收，並且是鐵的一個重要飲食來源。

鐵主要在十二指腸及空腸內以主動運輸的方式吸收。在小腸上皮細胞內，一部分的鐵與脫鐵蛋白 (apoferritin) 結合形成鐵蛋白 (ferritin)；另一部分則與運鐵蛋白 (transferrin) 結合，後者可能通過基底側膜上的接受器運出細胞，血漿中的運鐵蛋白可將鐵攜帶輸送到造血組織與全身細胞。

(四) 鈣的吸收

從食物中攝入的鈣，30~80% 在腸內被吸收。影響鈣吸收的主要因素有維生素 D 和人體對鈣的需要狀況。維生素 D 促進小腸對鈣的吸收。只有可溶性的 Ca^{2+}（如氯化鈣）才能被吸收。進入小腸內的胃酸可促進鈣游離，有助於鈣的吸收，而脂肪、草酸鹽、磷酸鹽、植酸等，由於可與 Ca^{2+} 形成不溶性複合物而抑制 Ca^{2+} 的吸收。

Ca^{2+} 可通過小腸絨毛上皮細胞頂端膜上的 Ca^{2+} 通道順電化學梯度進入細胞質，然後與細胞質中的鈣結合蛋白 (calcium-binding protein) 結合。進入細胞的 Ca^{2+} 可通過基底側膜上的 Na^+-H^+-ATP 酶（即鈣幫浦）及鈉鈣交換體 (Na^+/Ca^{2+} exchanger, NCX) 釋放到

細胞外間隙。Ca^{2+} 還可以膜囊泡的形式存在於細胞質內，並在基底側膜以胞吐作用的方式釋放。鈣結合蛋白也可促進後一種途徑的 Ca^{2+} 釋放。$1,25\text{-}(OH)_2$ 維生素 D_3 可經由誘導

小腸上皮細胞鈣結合蛋白及 $Na^+\text{-}H^+\text{-}ATP$ 酶的合成而促進鈣的吸收。部分鈣還可透過細胞旁途徑被吸收。

參考資料 | References

朱大年 (2007)·*生理學*·人民衛生。

周呂、柯美雲 (2005)·*神經胃腸病學與動力*·科學。

姚泰 (2005)·*生理學*·人民衛生。

馮琮涵、黃雍協、柯翠玲、廖智凱、胡明一、林自勇、鍾敦輝、周綉珠、陳瀅 (2021)·*人體解剖學*·新文京。

馮琮涵、鄧志娟、劉棋銘、吳惠敏、唐善美、許淑芬、江若華、黃嘉惠、汪蕙蘭、李建興、王子綾、李維真、莊禮聰 (2022)·*解剖生理學*（三版）·新文京。

賴明德、王耀賢、鄧志娟、吳惠敏、李建興、許淑芬、陳晴彤、李宜倖 (2022)·*解剖學*（二版）·新文京。

韓秋生、徐國成、鄒衛東、翟秀岩 (2004)·*組織學與胚胎學彩色圖譜*·新文京。

陳季強 (2004)·*基礎醫學教程*·科學。

Fox, S. I. (2006)·*人體生理學*（王錫崗、于家城、林嘉志、施科念、高美媚、張林松、陳瑩玲、陳聰文、黃慧貞、溫小娟、廖美華、蔡宜容譯；四版）·新文京。（原著出版於 2006）

Fox, S. I. (2015). *HUMAN PHYSIOLOGY* (14th ed.). McGraw-Hill College.

Ganong, W. F. (2003). *Review of Medical Physiology*. McGraw-Hill.

Lingappa, V. R., & Farey, K. (2004). *Physiological Medicine*. McGraw-Hill.

複·習·與·討·論

一、選擇題

1. 有關腸道中脂解酶 (lipase) 的敘述，下列何者正確？　(A) 主要由肝臟製造分泌　(B) 協助乳化脂肪　(C) 使乳糜微粒 (chylomicron) 分解成單酸甘油酯 (monoglyceride) 和游離脂肪酸 (free fatty acid)　(D) 將三酸甘油酯 (triglyceride) 分解為單酸甘油酯和游離脂肪酸

2. 食糜中的何種成分最容易刺激空腸黏膜分泌膽囊收縮素？　(A) 醣類　(B) 蛋白質　(C) 鈉離子　(D) 脂質

3. 下列有關小腸吸收的敘述何者正確？　(A) 膽汁是吸收脂肪所必需　(B) 乳糖是以主動運輸方式吸收　(C) 葡萄糖的吸收由與鈉離子結合的次級主動運輸完成　(D) 鐵的吸收是靠擴散

4. 下列何者不是大腸特有的構造？　(A) 結腸帶 (teniae coli)　(B) 腸脂垂 (epiploic appendages)　(C) 腸繫膜 (mesentery)　(D) 結腸袋 (haustra)

5. 當酸性食糜由胃排至十二指腸時，主要是經由刺激下列何者的分泌，而進一步胰臟分泌鹼性胰液以中和酸性？　(A) 血管活性腸胜肽　(B) 胰泌素　(C) 膽囊收縮素　(D) 胰島素

6. 下列哪個胃腺細胞，主要產生鹽酸與內在因子？　(A) 黏液頸細胞 (mucous neck cell)　(B) 壁細胞 (parietal cell)　(C) 主細胞 (chief cell)　(D) 腸內分泌細胞 (enteroendocrine cell)

7. 下列何者可以促進鐵離子在消化道的吸收？　(A) 胰液　(B) 單寧酸　(C) 磷酸鹽　(D) 胃酸

8. 腸肝循環是指：　(A) 血液在腸肝間之循環　(B) 淋巴在腸肝間之循環　(C) 膽鹽在腸肝間之循環　(D) 組織液在腸肝間之循環

9. 消化脂肪的酶是：　(A) 澱粉酶 (amylase)　(B) 蔗糖酶 (sucrase)　(C) 胃蛋白酶 (pepsin)　(D) 脂肪酶 (ipase)

10. 促進胃腺分泌的神經是：　(A) 內臟大神經　(B) 內臟小神經　(C) 迷走神經　(D) 副神經

11. 下列何者為刺激胃泌素 (gastrin) 分泌之直接且重要的因子？　(A) 膨脹的胃　(B) 胃腔內 [H$^+$] 增加　(C) 胰泌素 (secretin) 分泌　(D) 食道的蠕動 (peristalsis)

12. 牙冠最表層的構造是：　(A) 牙髓　(B) 齒骨質　(C) 牙本質　(D) 琺瑯質

13. 有關膽固醇吸收之敘述，下列何者正確？　(A) 由小腸上皮細胞吸收後進入微血管及門脈循環　(B) 由大腸上皮細胞吸收後形成乳糜微粒進入乳糜管　(C) 由大腸上皮細胞吸收後進入微血管及門脈循環　(D) 由小腸上皮細胞吸收後形成乳糜微粒進入乳糜管

14. 下列有關胃液中主要的成分與其分泌的細胞的敘述，何者正確？　(A) 主細胞分泌內在因子　(B) 嗜銀細胞分泌胃蛋白酶　(C) 黏液細胞分泌胃泌素　(D) 壁細胞分泌鹽酸

15. 何種因素可增加胃泌素的分泌？　(A) 胺基酸及胜肽類　(B) 鹽酸分泌增加　(C) 副交感神經活性降低　(D) 胰泌素

16. 下列關於膽囊收縮素的敘述，何者正確？　(A) 由膽囊黏膜細胞分泌產生　(B) 促進胰臟分泌富含消化酶之胰液　(C) 促進胃排空　(D) 促進胃酸分泌

17. 下列哪一種酶不會消化蛋白質？　(A) 胃蛋白酶 (pepsin)　(B) 胰蛋白酶 (trypsin)　(C) 胰凝乳蛋白酶 (chymotrypsin)　(D) 澱粉酶 (amylase)

18. 膽汁之製造及注入消化道的位置，下列何者正確？　(A) 肝臟製造，注入十二指腸　(B) 肝臟製造，注入空腸　(C) 膽囊製造，注入十二指腸　(D) 膽囊製造，注入空腸

19. 有些胰臟癌組織會分泌大量胃泌素 (gastrin)，易導致十二指腸潰瘍。此因下列胃泌素之何項作用？　(A) 減少腸道黏液質分泌量　(B) 減少胰臟分泌 HCO_3^-　(C) 增加胃腺分泌鹽酸　(D) 增加胰腺分泌胰蛋白酶原 (pepsinogen)

20. 何種致活劑可將胰蛋白酶原 (trypsinogen) 活化為胰蛋白酶 (trypsin)？　(A) 胰蛋白酶 (trypsin)　(B) 腸激活酶 (enterokinase)　(C) 鹽酸 (HCl)　(D) 碳酸氫根 (HCO_3^-)

21. 下列哪一荷爾蒙能促進胃排空速率？　(A) 胰泌素 (secretin)　(B) 胃泌素 (gastrin)　(C) 膽囊收縮素 (cholecystokinin)　(D) 抑胃胜肽 (gastric inhibitory peptide)

22. 肝三合物 (portal triad) 不包括：　(A) 膽管　(B) 肝動脈的小分枝　(C) 肝門靜脈的小分枝　(D) 中央靜脈

23. 有關胰泌素 (secretin) 之功能敘述，何者正確？　(A) 減少胰臟之碳酸氫根離子 (HCO_3^-) 之分泌　(B) 減少胃酸的分泌　(C) 減少小腸液的分泌　(D) 減少肝細胞分泌膽汁

24. 胃蛋白酶原是由下列何者分泌？　(A) 壁細胞　(B) 主細胞　(C) 黏液頸細胞　(D) 腸內分泌細胞

二、問答題

1. 小腸有哪些主要運動形式？它們有何生理意義？

2. 膽汁有哪些生理作用？其分泌和排出是如何調控的？

3. 引起胃酸分泌的內源性物質有哪些？

4. 胃腸道內有哪些抑制胃液分泌的因素？

5. 進餐後胃液分泌有何變化？為什麼？（試述消化期胃液分泌的調節機制）

6. 簡述下列消化液的主要成分及生理作用：(1) 唾液；(2) 胃液；(3) 胰液；(4) 膽汁。

7. 胃內食糜進入十二指腸後，對胰液分泌有何影響？為什麼？

三、腦力激盪

1. 什麼原因造成很多成人喝了牛奶後會有腸胃不適或腹瀉的情形？

2. 試述霍亂弧菌引起腹瀉的原因。

掃描　複習與討論解答
請掃描QR code

15

CHAPTER

學習目標 Objectives

1. 敘述腎元的結構，並解釋其與腎臟整體結構的解剖關係。

2. 敘述腎小管及相關血管之結構及功能關係。

3. 敘述腎絲球濾液的組成，並解釋其產生機制。

4. 解釋腎小管如何吸收鹽和水。

5. 敘述亨利氏環之主動運輸與滲透作用，並解釋如何形成逆流放大系統的過程。

6. 解釋在逆流交換中，直血管如何作用。

7. 解釋抗利尿激素如何透過調節尿量而調節體內水鹽平衡的機制。

8. 敘述葡萄糖的再吸收機制。

9. 敘述 Na^+ 在遠曲小管再吸收的機制，並解釋為何此再吸收伴隨 K^+ 的分泌。

10. 敘述醛固酮在皮質集尿管的作用，並解釋醛固酮調節水鹽代謝的機制。

11. 解釋腎素－血管收縮素－醛固酮系統的活化如何刺激醛固酮的分泌。

12. 解釋血漿 K^+ 及 H^+ 在腎小管的的分泌如何相互影響。

13. 敘述腎臟在調節酸鹼平衡上扮演的角色。

本章大綱 Chapter Outline

腎臟生理
Physiology of the Kidneys

HUMAN
PHYSIOLOGY

排泄 (excretion) 是指身體將物質代謝產物、進入體內的異物（包括藥物等）和過剩的物質排出體外的過程。身體對各種代謝產物的排泄途徑不同。二氧化碳 (CO_2) 和少量水分由呼吸器官排出；膽色素和無機鹽類經消化道隨糞便排出體外；經皮膚隨汗液和無感蒸發形式排出的主要有水、少量的鹽 (NaCl) 和尿素 (urea)；最重要的排泄器官是腎，它以泌尿的形式排出大量且多種的排泄物，在維持身體內在環境相對穩定中起著非常重要的作用。

15-1 腎臟的構造及功能
Structure and Function of the Kidneys

腎臟外形似蠶豆，位於腰部正上方，在腹膜壁層與後腹壁之間；右腎受肝臟壓迫，所以比左腎稍低，高度在 T_{12}~L_2 之間。

▶ 腎臟的構造

圍繞腎臟的組織有三層，最內層為腎被膜 (renal capsule)，為一光滑、透明的纖維膜；中層為包圍著腎被膜的脂肪組織團塊，可保護腎臟防止外傷，且將腎臟固定在腹腔的特定位置；最外層為腎筋膜 (renal fascia)，為一薄的纖維結締組織，將腎臟固定於其周圍的構造及腹壁。

在腎臟表面，於內側面可見一凹陷的切跡，稱為腎門 (hilus)，腎臟的動脈、靜脈、神經及淋巴管均由此進出。**輸尿管** (ureter) 上方的膨大部分為**腎盂** (renal pelvis)，位於腎門空腔的囊狀收集部分。

腎臟的內部構造有（圖 15-1b）：

1. **腎皮質** (renal cortex)：腎臟橫切面外部較白區域，在腎錐體 (renal pyramid) 之間的皮質部分稱為腎柱 (renal column)，腎柱主要由集尿管 (collecting duct) 組成。

2. **腎髓質** (renal medulla)：腎臟橫切面內部較深色區域，由 8~12 個腎錐體組成。錐體主要組織是集尿管。

3. **腎乳頭** (renal papilla)：為腎錐體底下的乳頭狀突起，在小腎盞 (minor calyx) 形成開口。

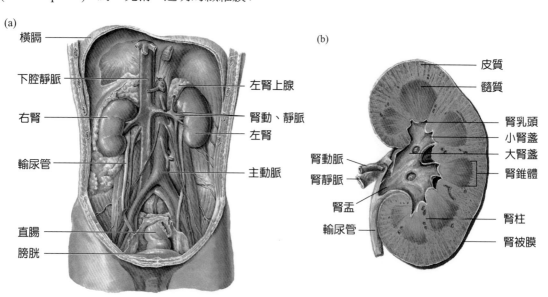

(a)

橫膈
下腔靜脈
右腎
輸尿管
直腸
膀胱
左腎上腺
腎動、靜脈
左腎
主動脈

(b)

皮質
髓質
腎乳頭
小腎盞
大腎盞
腎錐體
腎柱
腎被膜
腎動脈
腎靜脈
腎盂
輸尿管

■ **圖 15-1** 腎臟的形態位置和結構。

臨·床·焦·點

腎結石 (Renal Calculi or Kidney Stones)

腎結石指發生於腎盞、腎盂及腎盂與輸尿管連接部的結石。多數位於腎盂、腎盞內，腎實質結石少見。腎結石多發生在中壯年，男性多於女性。腎結石可能長期存在而無症狀，特別是較大的結石。較小的結石活動範圍大，當小結石進入腎盂輸尿管連接部或輸尿管時，引起輸尿管劇烈的蠕動，以促使結石排出，於是出現絞痛和血尿 (hematuria)。疼痛常位於腰部和腹部，多數呈陣發性，亦可為持續疼痛。有的疼痛可能僅表現為腰部酸脹不適，活動或勞動可促使疼痛發作或加重。血尿是腎結石的另一主要症狀。疼痛時，往往伴隨肉眼血尿或顯微鏡下血尿，以後者居多，大量肉眼血尿並不多見。目前治療為症狀治療、排石治療、溶石治療、體外震波碎石術、手術治療等。

---

4. **腎盞** (calyx)：腎乳頭與腎盂之間的空腔。

腎實質主要由大量的**腎元** (nephron) 和集尿管構成，腎臟的泌尿機能就是由它們的協同作用完成的。

一、腎元

腎元是**腎臟基本的構造及功能單位**，每個腎臟約含有一百萬個腎元，每個腎元是由腎小體及腎小管所組成（圖 15-2 及圖 15-3）。

(一) 腎小體

腎小體 (renal corpuscle) 包括**腎絲球** (glomerulus) 和**鮑氏囊** (Bowman's capsule) 兩部分。腎絲球的核心是一團**微血管網**，由**入球小動脈** (afferent arteriole) 發出 5~8 個分支後，再進一步分成 20~40 個微血管網構成。這些微血管網再匯合成一條**出球小動脈** (efferent arteriole)。

鮑氏囊是**包圍在腎絲球外面**的包囊，它由兩層上皮細胞圍成，內層（臟層）緊貼於微血管壁上，又稱為**足細胞** (podocyte)；外層（壁層）與腎小管壁相連接，臟、壁兩層之間的囊腔與腎小管腔相通。

(二) 腎小管

腎小管 (renal tubule) 可分為三個部分：

1. **近曲小管** (proximal tubule)：與鮑氏囊相連接，位於皮質部，呈彎曲狀。近曲小管管壁上皮細胞為單層立方上皮，細胞的管腔面有豐富的微絨毛，又稱**刷狀緣** (brush border)，使細胞的總表面積增加 40 倍。

2. **亨利氏環** (loop of Henle)：分為**下降支** (descending limb) 和**上升支** (ascending limb) 兩部分。下降支接於近曲小管之後，伸直向腎髓質下降。下降支前半部的細胞型態與近曲小管類似，由單層立方上皮構成。進入髓質後管徑變細，稱為**細段** (thin segment)，包括下降支的後半部與上升支前半部。細段管壁薄，由單層鱗狀上皮構成。上升支後半部管徑則又變寬，由單層立方上皮構成。上升支往上向皮質方向延伸，至皮質後彎曲成為遠曲小管。

3. **遠曲小管** (distal tubule)：遠曲小管管壁上皮細胞呈立方形，其末端與集尿管相連通。

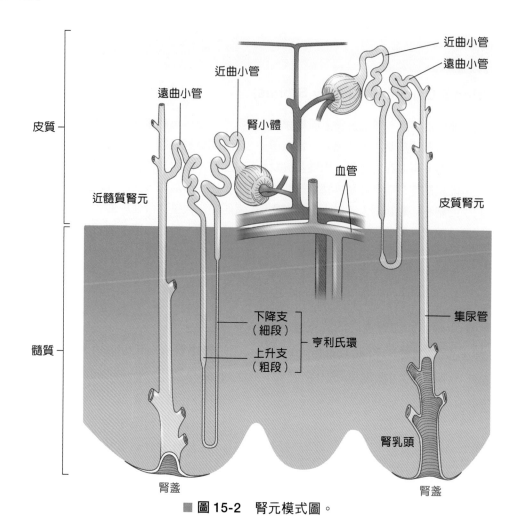

■ 圖 15-2　腎元模式圖。

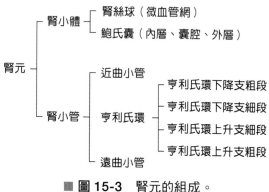

■ 圖 15-3　腎元的組成。

二、集尿管

集尿管 (collecting duct) 的始端與遠曲小管相連通,每條集尿管收集多條遠曲小管輸送的濾液,最後開口於腎乳頭。集尿管是形成尿液的最終場所,它在尿液生成中,特別是尿液的濃縮中扮演重要角色。最後形成的尿液經腎盞、腎盂、輸尿管流入膀胱。

三、皮質腎元與近髓質腎元

腎元按其所在部位分為**皮質腎元** (cortical nephron) 和**近髓質腎元** (juxtamedullary nephron) 兩類,其特徵分別為(表 15-1):

1. 皮質腎元:分布於外、中皮質層,占腎元總數的 85~90%;腎小體較小;入球小動脈直徑大於出球小動脈;亨利氏環短,只達外髓皮質層;皮質腎元含腎素 (renin) 較多。

表 15-1　皮質腎元和近髓質腎元的結構和特徵比較

項 目	皮質腎元	近髓質腎元
部位	腎皮質的外及中層	腎皮質的內層
比例	85~90%（占大多數）	10~15%
腎絲球體積	小	大
入球小動脈與出球小動脈口徑比	2：1	1：1
出球小動脈分支	腎小管周圍	U 形直血管和腎小管周圍
亨利氏環長短	短	長
分泌腎素	有	無
交感神經支配	入球小動脈和緻密斑	出球小動脈
功能	1. 過濾、再吸收，生成尿液 2. 分泌腎素 3. 維持血容量和血壓穩定	1. 濃縮和稀釋尿液 2. 維持水平衡

2. 近髓質腎元：分布於內皮質層，占腎元總數的 10~15%；腎小體較大；入球小動脈直徑與出球小動脈相等；亨利氏環長，可達內髓部；不含腎素；出球小動脈形成 **"U" 型直血管** (vasa recta)。

　　皮質腎元的入球小動脈直徑大於出球小動脈，使腎絲球微血管壓較高，有利於腎絲球的過濾。而近髓質腎元的亨利氏環較長，與直血管是尿液濃縮及稀釋的結構基礎。

四、近腎絲球器

　　近腎絲球器 (juxtaglomerular apparatus) 主要分布在皮質腎元，位於入球小動脈、出球小動脈與遠曲小管毗鄰的三角區域（圖 15-4），由三種細胞組成：

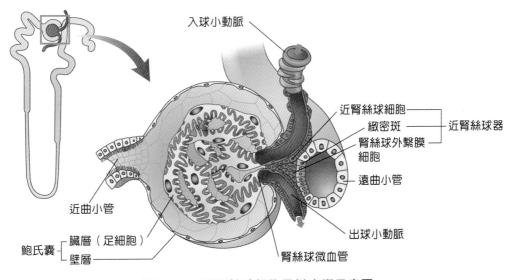

■ **圖 15-4**　近腎絲球細胞及緻密斑示意圖。

1. **近腎絲球細胞** (juxtaglomerular cell, JG cell)：位於入球小動脈接近腎小體處，**由小動脈平滑肌特化而成**，細胞內含有顆粒，可分泌腎素及紅血球生成素 (erythropoietin)。

2. **緻密斑** (macula densa)：為遠曲小管特化的上皮細胞，位在靠近入球與出球小動脈處，是 **Na^+ 感受器**，可感受管腔內 Na^+ 濃度的改變，以調節近腎絲球細胞分泌腎素。

3. **腎絲球外繫膜細胞** (extraglomerular mesangial cell)：位於入球和出球小動脈及緻密斑所形成的三角地帶，並與腎絲球內繫膜細胞相連。其功能除了與腎絲球內繫膜細胞有相同的收縮功能之外，也可看成是鮑氏囊的一個關閉裝置。

五、腎臟的血液供應及其調節

(一) 腎臟的血液循環

腎臟的血液供應來自**腎動脈** (renal artery)，腎動脈進入腎臟內之血管分支為：腎動脈 → 葉間動脈 (interlobar artery) → 弓狀動脈 (arcuate artery) → 小葉間動脈 (interlobular artery) → 入球小動脈 → 腎絲球 → 出球小動脈 → 管周微血管 (peritubualar capillaries) → 小葉間靜脈 (interlobular vein) → 弓狀靜脈 (arcuate vein) → 葉間靜脈 (interlobar vein) → 腎靜脈（圖 15-5）。

腎臟的血液供應很豐富，正常成人安靜時每分鐘約有 1,200 mL 血液流過兩側腎臟，相當於心輸出量的 1/5 ~ 1/4 左右。

腎血液供應要經過兩次微血管網。入球小動脈進入腎小體後，分支成腎絲球微血管網，而後匯集成出球小動脈離開腎小體，然後再次分成微血管網，纏繞於腎小管和集尿管的周圍，供給它們血液。由於皮質腎元的**入球小動脈口徑比出球小動脈粗一倍**，因此，其**腎絲球微血管內壓較高**，這有利於腎絲球的**過濾作用**；而腎小管周圍的微血管中血壓較低，這有利於腎小管的再吸收作用。

(二) 腎血流量的調節

腎血流量要與腎的泌尿機能相適應；另一方面是要與全身的血液循環調節相匹配。

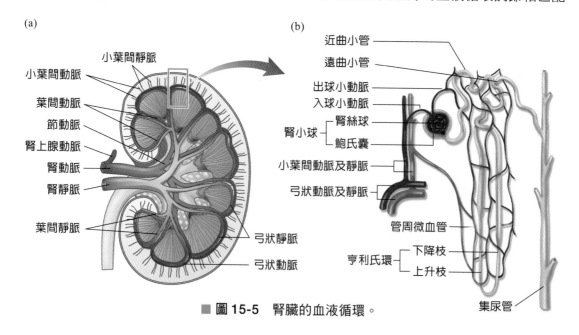

(a)

小葉間靜脈
小葉間動脈
葉間動脈
節動脈
腎上腺動脈
腎動脈
腎靜脈
葉間靜脈
弓狀靜脈
弓狀動脈

(b)

近曲小管
遠曲小管
出球小動脈
入球小動脈
腎小球 ─ 腎絲球／鮑氏囊
小葉間動脈及靜脈
弓狀動脈及靜脈
管周微血管
亨利氏環 ─ 下降枝／上升枝
集尿管

■ **圖 15-5** 腎臟的血液循環。

前者主要靠**自我調節** (autoregulation)，而後者主要靠神經及體液調節。

腎血流量的自我調節

當動脈血壓變動於 80~180 mmHg 範圍內時，腎血流量仍然保持相對恆定水準（圖 15-6），腎絲球過濾率 (glomerular filtration rate, GFR) 也無明顯改變。

關於自我調節的機制，以肌原學說較受重視。此學說認為，當動脈血壓升高時，入球小動脈管壁因灌流壓增加而受到較強的牽張刺激，入球小動脈的平滑肌緊張性增強，入球小動脈口徑縮小，血流阻力相應地增加，引起對抗灌流壓增強的作用，從而保持腎血流量的相對穩定。當灌流壓降低時，則發生相反的變化。當動脈血壓低於 80 mmHg 和高於 180 mmHg 時，入球小動脈平滑肌的舒張和收縮分別達到極限，則不能繼續維持腎血流量的自我調節，腎血流量將隨血壓的變動而變化。只有在 80~180 mmHg 的血壓變動範圍內，入球小動脈平滑肌才能發揮自我調節作用，保持腎血流量的相對恆定。

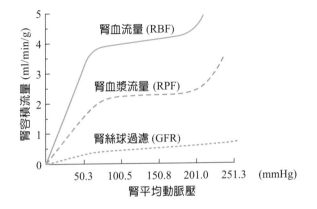

■ **圖 15-6** 腎臟血流量的自我調節。

腎血流量的神經和體液調節

支配腎血管的神經是交感神經。在體位突然改變（如由臥位轉為立位）或劇烈運動時，可反射性地透過交感神經使腎血管收縮，同時，腎上腺髓質分泌腎上腺素 (epinephrine) 和正腎上腺素 (norepinephrine)，也使腎血管收縮，腎血流量減少，從而使大量血液得以轉移到當時需要血液供應較多的組織，如腦、骨骼肌等。

大失血、中毒性休克、缺氧等身體處於緊急狀態時，交感神經興奮增強，腎血流量減少，這對於維持重要器官（如腦、心臟等）的血液供應有重要意義。這時除交感神經－腎上腺素系統的作用外，還有血管收縮素等體液因素參與其作用。

▶ 腎臟的功能

腎臟的主要功能包括以**尿液形式排除代謝廢物和調節水、電解質、酸鹼平衡**，以維持體內環境穩定。此外，腎臟可分泌腎素、**紅血球生成素**等，具有**內分泌作用**。

一、生成尿液及穩定內在環境

腎臟是人體最重要的排泄器官，它的主要功能是生成尿液，透過尿液排出體內的代謝終產物、過剩的物質、水以及進入體內的藥物和毒物等。腎臟在神經及體液的調節下，隨內、外環境變化，改變尿液的質和量，維持身體水、鹽代謝和酸鹼平衡，從而維持內環境的相對恆定。

(一) 尿 量

正常人每天可排出的尿量約為 1,000~2,000 mL，平均為 1,500 mL 左右。尿量的多少主要取決於身體所攝入的水量及透過其他途徑排出的水量。如果其他途徑排出的水量不變，則攝入的水量多，尿量也多；如果出汗或腹瀉排出的水量多，則尿量減少。在異常情況下，24 小時的尿量長期保持在 2,500 mL 以上稱為 **多尿** (polyuria)，在 100~500 mL 範圍內為 **少尿** (oliguria)，在 100 mL 以下則稱為 **無尿** (anuria)。多尿會導致脫水，少尿或無尿會使代謝終產物在體內積聚，導致 **尿毒症** (uremia)。

(二) 尿液的理化特性

一般情況下尿液呈淡黃色，當尿量減少而濃縮時顏色會變得較深。尿的比重可隨尿量而改變，一般介於 1.015~1.025 之間。尿的滲透壓一般比血漿的高，其最大變動範圍為 30~1,400 mOsm/L。

正常人一般尿液呈酸性，pH值介於5.0~7.0之間。尿液的酸鹼度隨食物的性質而異，葷素雜食的人，尿液呈酸性反應，pH為6.0；這是由於蛋白質和磷脂分解後產生的硫酸鹽、磷酸鹽等隨尿液排出所致。素食者由於植物中所含的植物酸均可在體內氧化，所以酸性產物較少，而鹼排出相對較多，故尿液較為鹼。

尿液中約含95~97%的水，其餘3~5%是溶質，溶質包括有機物和無機物兩大類。**有機物主要是尿素**，還有肌酸酐(creatinine)、馬尿酸(hippuric acid)、尿膽素(urobiline)等產物；**無機物主要是氯化鈉**、硫酸鹽、磷酸鹽和鉀、鈣、鎂、銨鹽等。

當腎功能發生障礙時，會導致尿液的理化性質和尿量發生異常變化，使身體內環境的相對恆定遭到破壞，帶來嚴重危害。

二、腎臟的內分泌功能

目前已知由腎臟產生的激素有前列腺素、腎素、紅血球生成素及 1- 羥化酶 (1-hydroxylase)（活化維生素 D_3）等。有的激素主要作用於腎臟本身，參與腎臟各基本功能的調節，如前列腺素；有的則主要作用於全身，影響許多組織的生理活動，如紅血球生成素等。

腎臟分泌的腎素是腎素－血管收縮素－醛固酮系統生成過程的限速物質，該系統在調節全身血量、血壓及細胞外液成分的相對恆定中有著重要作用（詳見後文）。

15-2 尿液的形成
Urine Production

尿液的生成包括三個過程：腎絲球的過濾作用 (filtration)、腎小管和集尿管的再吸收作用 (reabsorption)，以及腎小管和集尿管的分泌作用 (secretion)（圖 15-7）。

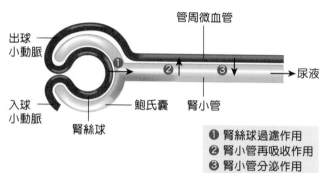

■ 圖 15-7　尿液生成的基本過程。

腎絲球的過濾作用

當血液流經腎絲球微血管時，除了血液中的血球和血漿中的大分子蛋白質不能通過腎絲球**過濾膜** (filtration membrane) 外，其他血漿成分均可通過過濾膜濾入鮑氏囊腔內，形成腎絲球**濾液** (filtrate)。這種不僅能將血液中有形成分（血球）篩選出來，而且還能將溶於血漿中的大分子蛋白質從其他成分中篩選出來的作用，稱為**超過濾作用** (ultrafiltration)。

腎絲球濾液中除**蛋白質含量極少**外，其他成分和酸鹼度以及滲透壓等均與血漿相似（表 15-2），由此證明腎小管濾液即是由血漿經超過濾而來。

一、過濾膜

腎絲球超過濾作用的結構基礎是**過濾膜**，它由三層結構組成：(1) 內層是腎絲球微血管的**內皮細胞**；(2) 中間層是非細胞結構的**基底膜**；(3) 外層是**鮑氏囊臟層上皮細胞**（即足細胞）（圖 15-8）。

腎絲球過濾膜具有一定的通透性，濾液中的小分子物質如葡萄糖（分子量為 180），可以自由通過過濾膜，故它在濾液中的濃度和血漿中的濃度完全相等；大分子物質如**血漿白蛋白**（分子量為 69,000），無法通過或只能部分通過，其在濾液中的濃度不超過血漿濃度的 0.2%。分子量介於葡萄糖和白蛋白之間的各種物質則隨著其分子量的增加，在濾液中的濃度逐漸降低。

表 15-2　血漿、濾液和尿液中的物質含量及每天的過濾量和排出量

成分	血漿 (g/L)	濾液 (g/L)	尿液 (g/L)	尿液／血漿（倍數）	過濾總量 (g/d)	排出量 (g/d)	再吸收率 (%)
Na$^+$	3.3	3.3	3.5	1.1	594.0	5.3	99
K$^+$	0.2	0.2	1.5	7.5	36.0	2.3	94
Cl$^-$	3.7	3.7	6.0	1.6	666.0	9.0	99
碳酸根	1.5	1.5	0.07	0.05	270.0	0.1	99
硝酸根	0.03	0.03	1.2	40.0	5.4	1.8	67
尿素	0.3	0.3	20.0	67.0	54.0	30.0	45
尿酸	0.02	0.02	0.5	25.0	3.6	0.75	79
肌酸酐	0.01	0.01	1.5	150.0	1.8	2.25	0
氨	0.001	0.00	0.4	400.0	0.18	0.6	0
葡萄糖	1.0	1.0	0	0	180.0	0	100*
蛋白質	微量	0	0	0	微量	0	100*
水	—	—	—	—	180 L	1.5 L	99

註：* 幾乎為 100%。

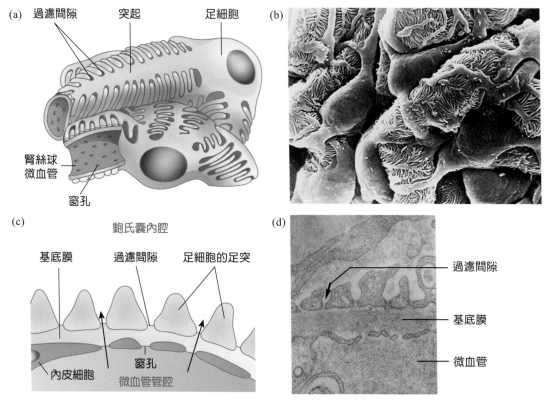

■ 圖 15-8　腎絲球過濾膜的結構。(a,b) 足細胞與腎絲球微血管；(c,d) 腎絲球過濾膜。

由上述顯示，過濾膜上存在著大小不等的孔道，小分子物質可以很容易的通過各種大小孔道，而分子量較大的物質只能通過較大的孔道，因而它們在濾液中的濃度低。分子量超過 69,000 的物質如球蛋白、纖維蛋白原等則不能通過過濾膜。血紅素分子量為 64,000，當它從紅血球中釋放出來時，有可能通過過濾膜。但由於它和血漿中的蛋白結合形成複合物，所以是不能被濾出的，只有在大量溶血、血中血紅素濃度超過結合蛋白所能結合的量時，未結合的血紅素才被過濾，形成血尿 (hematuria)。

臨·床·焦·點　　　　　　　　　　　　　　　　Clinical Focus

體染色體顯性遺傳多囊性腎病

　　體染色體顯性遺傳多囊性腎病 (autosomal dominantpoly polycystic kidney disease, ADPKD) 為一種常見的腎臟遺傳疾病，目前發現與第 4 對及第 16 對染色體上的兩個基因的突變有關。男女發生機率相同，發生率約 1/200~1/1,000。

　　主要特徵為腎臟囊腫 (cyst) 的發生、增大和增多。影像學檢查可發現雙腎的皮質及髓質布滿大小無數的囊腫。囊腫是由腎小管發展而來，包括鮑氏囊至集尿管都可發生。此病的病程長，發展緩慢。囊腫在胎兒期即開始形成，但一般到 40 歲以後才出現症狀。常見的臨床症狀為腰部疼痛和血尿。

　　目前治療上主要為症狀處理、預防和處理併發症，保護腎功能以及延緩腎功能衰退。

在電子顯微鏡下可觀察到，過濾膜的內皮細胞層有許多缺乏細胞質的部分，稱為**窗孔** (fenestra) 結構（圖 15-8c）。其孔徑為 50~100 nm，水和部分溶質可以通過基底膜的網孔，網孔的孔徑只有 4~8 nm，因此基底膜對大分子物質有著機械屏障作用。但基底膜本身的伸展性較大，故有時分子量較小的血漿蛋白也可以通過基底膜。

過濾膜的外層上皮細胞（足細胞）具有**足突** (foot process)，足突之間有裂隙稱為**過濾間隙** (filtration slit)，過濾間隙寬為 20~30 nm。過濾間隙上有一層過濾間隙膜，其厚度為 4~6 nm。通過內、中兩層膜的物質最後經過濾間隙膜濾出。過濾間隙膜上有大小不等的小孔，大的孔相當於白蛋白分子大小，故過濾間隙膜是過濾膜對大分子物質通過的最後一道屏障。

過濾膜除有以上機械屏障作用外，還具有電性屏障作用，因為過濾膜的三層結構上均覆蓋著一層帶負電荷的醣蛋白，由於靜電的同性相斥作用，可限制帶負電荷的大分子物質過濾，故有電性屏障作用。

過濾膜的通透性取決於兩個方面：

1. 過濾膜的結構特徵：分子量在 69,000 以上的物質難以通過。

2. 被過濾物質所帶電荷：由於過濾膜各層含有帶負電的醣蛋白，帶正電的物質易通過，帶負電的物質不易通過；在病理情況下，過濾膜上帶負電荷的醣蛋白減少，會使一些小分子蛋白質被過濾，形成**蛋白尿** (proteinuria)。

二、有效過濾壓

流體在靜止狀態下所呈現的壓力稱靜水壓 (hydrostatic pressure)。腎絲球過濾的動力是**有效過濾壓** (effective filtration pressure)，它等於腎絲球靜水壓與血漿膠體滲透壓及鮑氏囊靜水壓之差（圖 15-9）。

有效過濾壓＝腎絲球靜水壓－（血漿膠體滲透壓＋鮑氏囊靜水壓）

腎絲球靜水壓是推動過濾的原動力，由於腎絲球出、入球小動脈口徑和長度的差別，致使腎絲球靜水壓較高。

腎絲球微血管中膠體滲透壓在入球小動脈端為 20 mmHg，由於血漿在微血管流動過程中，水分和小分子物質不斷濾出，而蛋白質不能濾出，從而使血漿膠體滲透壓增高，當流到出球小動脈端時，增到 35 mmHg。

鮑氏囊靜水壓測得的平均值為 10 mmHg。因此，在入球小動脈端：

有效過濾壓 = 45 － (20 + 10) = 15 mmHg

在出球小動脈端：

有效過濾壓 = 45 － (35 + 10) = 0 mmHg

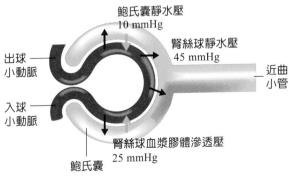

■ 圖 15-9　有效過濾壓示意圖。

以上計算顯示在腎絲球微血管全長上，只在靠近入球小動脈端的一段微血管有濾液濾出，而在靠近出球端的微血管，由於血漿膠體滲透壓的逐漸增高，有效過濾壓隨之不斷下降，當血漿膠體滲透壓升高到與靜水壓相平衡時，有效過濾壓為 0，過濾即停止，無濾液生成。

腎絲球生成濾液的速率常用**腎絲球過濾率**(glomerular filtration rate, GFR)表示。腎絲球過濾率是指兩側腎臟每分鐘產生的超濾液量。一般體表面積為 1.73 m^2 的個體，其**腎絲球過濾率為 125 mL/min** 左右。腎絲球過濾率與腎血漿流量有密切關係，腎絲球過濾率與腎血漿流量的比值稱為**過濾分數**(filtration fraction)。經計算，腎血漿流量為 660 mL/min，所以過濾分數為 125/600×100％＝19％，由此說明流經腎的血漿約有 1/5 由腎絲球濾出。因此，腎絲球過濾率和過濾分數可作為衡量腎絲球過濾功能的指標。

三、影響腎絲球過濾的因素

(一) 有效過濾壓的改變

凡能影響組成有效過濾壓的三個因素之一者，均可使有效過濾壓發生變化，從而影響腎絲球過濾率。

1. **腎絲球靜水壓**的改變：當全身動脈血壓在 80~180 mmHg 範圍內變動時，透過腎血流量的自我調節，腎絲球靜水壓及腎絲球過濾率均無明顯變化。當全身血壓因大失血而降到 80 mmHg 以下時，透過交感－腎上腺髓質系統作用，使腎血管收縮，腎血流量減少，腎絲球靜水壓降低，有效過濾壓降低，從而腎絲球過濾率減少。當全身動脈血壓降到 40~50 mmHg 以下時，過濾率降到零，因而無尿。在高血壓晚期，入球小動脈發生器質性病變而口徑狹窄，腎絲球靜水壓因為血流量減少而降低，從而導致腎絲球過濾率減少，發生少尿現象。

2. **鮑氏囊靜水壓**的改變：在正常情況下，鮑氏囊靜水壓是比較穩定的。但在腎盂和輸尿管結石、腫瘤等的壓迫引起尿路阻塞時，鮑氏囊靜水壓可逐漸升高，使有效過濾壓和過濾率降低。

3. **血漿膠體滲透壓**的改變：在全身血漿蛋白濃度明顯降低時，血漿膠體滲透壓降低，有效過濾壓升高，腎絲球過濾率也隨之增加。例如從靜脈快速輸入生理食鹽水時，尿量增加，其原因之一就是降低了血漿膠體滲透壓，從而使過濾率增大，尿量增加。

(二) 腎絲球血漿流量的改變

當腎絲球血漿流量增大時，血液在流經腎絲球微血管過程中，血漿膠體滲透壓升高的速度減慢，使之與靜水壓達到平衡的時間延後，也就是使具有過濾作用的微血管段加長了，從而使腎絲球過濾率增加。

(三) 過濾膜通透性及有效過濾面積的改變

正常情況下，過濾膜的通透性較穩定。但在病理情況下，過濾膜通透性可有很大變化。例如在腎絲球腎炎時，由於過濾膜的基底膜層損傷、破裂，上皮細胞層帶負電荷的離子減少、足突融合或消失，使機械屏障和電性屏障作用減弱，過濾膜通透性顯著增高，使原來不能通過的蛋白質、紅血球漏入鮑氏囊，形成蛋白尿和血尿。

人體腎臟的全部腎絲球微血管總面積約為 1.5 m² 以上。這樣大的過濾面積有利於血漿的過濾。在生理情況下，兩側腎臟的全部腎絲球始終都在活動狀態，因此，過濾面積可以保持相對穩定。然而在急性腎絲球腎炎時，有的腎絲球微血管管壁腫脹、管腔狹窄或阻塞，使活動的腎絲球數目減少，整體的有效過濾面積減小，導致腎絲球過濾率降低，結果出現少尿甚至無尿。

表 15-3　各種物質的過濾量、再吸收量與排泄量

物質	過濾量 (g/24h)	排泄量 (g/24h)	再吸收量 (g/24h)
Na^+	540	3.3	537
Cl^-	630	5.3	625
HCO_3^-	300	0.3	300
K^+	28	3.9	24
葡萄糖	140	0	140
尿素	53	25	28
肌酸酐	1.4	> 1.4	0

▶ 腎小管和集尿管的再吸收作用

人體兩側腎臟每分鐘生成濾液約 125 毫升，相當於每天 180 公升，而每天排出的尿液卻只有 1.5 公升，僅占濾液的 1% 左右。濾液中的葡萄糖濃度與血漿相同，而尿液中卻幾乎沒有葡萄糖。說明濾液在經過腎小管和集尿管時，其中大部分的水及全部的葡萄糖被再吸收了。

腎小管濾液中的水和某些物質經腎小管和集尿管上皮細胞吸收的過程，稱為**再吸收作用** (reabsorption)。腎小管和集尿管對各種物質的再吸收是不同的（表 15-3），有的全部被再吸收，有的部分被再吸收，有的則完全不被再吸收（**肌酸酐，故血漿清除率最高**）。

一、再吸收的方式

腎小管和集尿管對各種物質再吸收的方式可分為**被動再吸收**和**主動再吸收**兩類。**被動再吸收**指腎小管濾液中的水和溶質依靠物理和化學的機制，通過腎小管上皮細胞**運輸到腎小管外組織間液**的過程。主要有滲透、擴散、靜電吸引等運輸方式。

對水來說，滲透壓是其被動再吸收的動力；對溶質來說，濃度梯度和電位梯度（兩者合稱電化學梯度）是被動再吸收的動力。例如當腎小管濾液中的 Na^+ 被再吸收時，產生了滲透壓梯度，水便隨之進入組織間液。隨著 Na^+、水的再吸收，腎小管中的尿素濃度升高，管壁對其通透性較高時，則尿素就會向管外擴散。另外，當腎小管內外存在著電位梯度時，管內外的離子也會因正負電荷相吸引而移動。由於被動再吸收是順著電化學梯度進行的，因而不需消耗能量。

主動再吸收指腎小管上皮細胞逆著電化學梯度將腎小管內溶質運輸到腎小管外組織間液的過程。這是腎小管上皮細胞主動活動的結果，需要消耗能量。主動再吸收方式有離子幫浦、胞吞作用等。腎小管濾液中的葡萄糖、胺基酸、Na^+、K^+ 等都是由腎小管主動再吸收的。

二、腎小管和集尿管再吸收的特性

腎小管各段和集尿管都具有再吸收功能，其中**近曲小管**是最重要的再吸收部位，吸收物質種類多、**量也大**。

1. 在**近曲小管**，濾液中的**葡萄糖和胺基酸全部被吸收**，水和電解質（Na^+、K^+、Cl^-）**大部分 (67%) 被再吸收**，85% 的 HCO_3^- 被再吸收，尿素等代謝產物僅有少部分被再吸收或者完全不被吸收。

2. 在亨利氏環，20% 的 Na^+、K^+ 和 Cl^- 被再吸收。亨利氏環上升支粗段對於 NaCl 的再吸收，在尿液濃縮和稀釋中有重要意義。

3. 在遠曲小管和集尿管，再吸收約 12% 的 Na^+ 和 Cl^-，再吸收不等量的水，並且水和 NaCl 的再吸收以及 K^+ 和 H^+ 的分泌可根據體內的水、鹽及酸鹼平衡狀況進行調節。

三、腎小管和集尿管對幾種物質的再吸收

(一) Na^+ 的再吸收

濾液中 Na^+ 99% 被再吸收。近曲小管是最重要的再吸收部位，其再吸收量約占過濾量的 65~70%；其餘的 Na^+ 在亨利氏環上升支、遠曲小管和集尿管被再吸收。

在近曲小管，Na^+ 經由上皮細胞側面及底面的鈉鉀幫浦，以主動運輸從上皮細胞移至組織間隙中，並使得腎小管管腔及上皮細

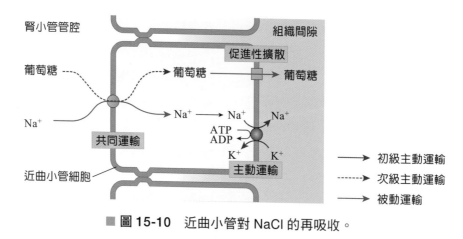

■ 圖 15-10 近曲小管對 NaCl 的再吸收。

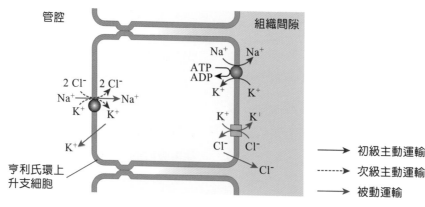

■ 圖 15-11 亨利氏環上升支粗段對 NaCl 的再吸收。

胞間產生濃度梯度，於是管腔中的 Na^+ 即經由濃度梯度擴散進入上皮細胞（圖 15-10）。

在亨利氏環上升支粗段，Na^+ 亦利用細胞側面及底面的鈉鉀幫浦所產生的濃度梯度，由管腔擴散進入細胞，在此同時則伴隨有 Cl^- 及 K^+ 的同向共同運輸（次級主動運輸），其比例為 $1Na^+ : 2Cl^- : 1K^+$（圖 15-11）。

(二) Cl^- 的再吸收

濾液中 99% 的 Cl^- 會被再吸收。Cl^- 在近曲小管的再吸收，是受 Na^+ 的電性吸引而以被動運輸的方式進入上皮細胞，並隨著 Na^+ 再排至組織間隙。而在亨利氏環上升支粗段，則是利用位於上皮細胞頂端膜的同向運輸體 (symporter)，當 Na^+ 因濃度梯度擴散進入細胞時，Cl^- 則以次級主動運輸的方式伴隨進入細胞（圖 15-11）。Cl^- 在遠曲小管及集尿管的再吸收方式，與在近曲小管類似。

(三) 水的再吸收

99% 的水會被再吸收，其中近曲小管占 65~70%，亨利氏環 10~15%，遠曲小管 10%，集尿管 10~15%。水的再吸收方式均為隨著 **Na^+** 的移動所產生的滲透梯度而被再吸收，因此為被動運輸。

水的再吸收分為兩部分，在近曲小管的再吸收是隨著溶質的吸收而吸收，為必然吸收量；而在遠曲小管和集尿管的再吸收，可因體內水分情況而變化，為調節吸收量。

(四) HCO_3^- 的再吸收

HCO_3^- 是經由主動運輸再吸收，其再吸收可達近 100%。再吸收部位主要在近曲小管，少部分是在遠曲小管。

腎小管上皮細胞頂端膜對於 HCO_3^- 是不具通透性的，因此 HCO_3^- 的再吸收是間接的。濾液中的 HCO_3^- 與 H^+ 結合成 H_2CO_3，H_2CO_3 經碳酸酐酶 (carbonic anhydrase, CA) 的作用分解為 CO_2 和 H_2O。進入腎小管上皮細胞的 CO_2 和 H_2O 再經由碳酸酐酶的催化進行與前述相反的反應，最後形成 HCO_3^- 及 H^+。其中 HCO_3^- 擴散進入組織間隙，而 H^+ 則回到濾液中，並促進濾液中 HCO_3^- 的再吸收（圖 15-12）。

(五) 葡萄糖及胺基酸的再吸收

正常情況下，**葡萄糖**及胺基酸可被腎小管完全的再吸收，因此這些分子通常**不會出現於尿液中**。葡萄糖的再吸收是在**近曲小管**經由**次級主動運輸**來進行（圖 15-10）。藉由同向

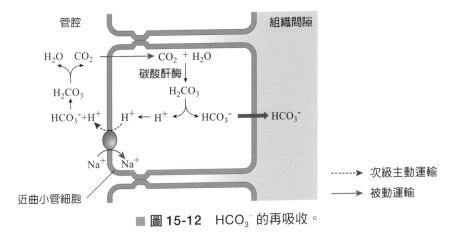

■ 圖 15-12　HCO_3^- 的再吸收。

運輸體，當 **Na⁺** 利用其濃度差由腎小管管腔擴散**進入上皮細胞**的同時，葡萄糖則是逆濃度差由運輸體帶進細胞。隨後 Na⁺ 被幫浦到細胞間隙，葡萄糖經由促進性擴散運輸到血管中。胺基酸再吸收的機制亦與葡萄糖相同。

由於葡萄糖的再吸收需經由載體蛋白來運輸，而近曲小管細胞膜上的同向運輸體數量有限，因此其吸收有一定限度。當**血糖濃度過高**，導致濾液中的葡萄糖濃度超過載體蛋白的最大運輸量 (transport maximum, T_m)，則多餘的葡萄糖將無法被再吸收而出現於尿液中，稱為**糖尿** (glucosuria)。

四、影響再吸收的因素

(一) 腎小管濾液溶質濃度

腎小管濾液中溶質所形成的滲透壓是對抗腎小管再吸收水的力量。如果腎小管濾液中溶質濃度升高，滲透壓增高，從而防礙水的再吸收而使尿液量增多。例如糖尿病病人的多尿，就是因為血糖濃度過高，濾入腎小管濾液中的葡萄糖不能被近曲小管全部再吸收，致使腎小管濾液滲透壓增高，阻礙了水的再吸收所致。

根據此原理，臨床上有時藉由給予病人使用不被腎小管再吸收的藥物，如甘露醇 (mannitol) 等，以增加腎小管濾液溶質濃度，達到利尿和消除水腫的目的，這種利尿方式稱為**滲透性利尿** (osmotic diuresis)。

(二) 腎絲球過濾率

正常情況下，近曲小管的再吸收率與腎絲球過濾率 (GFR) 之間密切相關。GFR 增加或減少時，近曲小管的再吸收率也會相應的增減，使濾液的再吸收率總是占 GFR 的 60~70% 左右。其生理意義在於保持尿液量不致因 GFR 的變化而大幅度變動。

當 GFR 增加時，近曲小管旁微血管中血流量就會減少，血漿蛋白濃度則相對增加，血漿膠體滲透壓就會升高，使再吸收動力增大，近曲小管再吸收率必然增加。當 GFR 減少時，則發生相反的變化。

近曲小管再吸收率的改變，也可反過來影響 GFR，使之也發生相應的改變。亦即當近曲小管再吸收量減少，可導致腎小管內壓增加，進而使鮑氏囊靜水壓也增加，有效過濾壓降低，於是 GFR 減少；反之增加。

▶ 腎小管和集尿管的分泌作用

分泌作用與再吸收作用的方向相反，是腎小管上皮細胞將**體液中的某些物質**或自身**代謝的產物移至腎小管濾液**的過程，主要發生在**遠曲小管**和**集尿管**。可被分泌的物質包括 **H⁺**、**K⁺**、**銨根離子** (NH_4^+)、**Cl⁻**、**肌酸酐**等，以及某些化學物質或藥物，如**盤尼西林** (penicillin)、**對位胺基馬尿酸** (para-aminohippuric acid, PAH) 等。分泌作用除了可以排除某些離子及化學物質，使之隨尿液排出人體，在調節血液酸鹼平衡上亦扮演了很重要的角色。

一、H⁺ 的分泌

腎小管和集尿管均能分泌H⁺。這些部位的腎小管上皮細胞中含有豐富的碳酸酐酶，可催化CO_2和H_2O生成H_2CO_3，繼而解離出H^+和HCO_3^-。H^+被分泌到腎小管濾液中，並與Na^+進行交換〔逆向運輸(antiport)〕。進入

細胞的 Na^+ 與細胞內的 HCO_3^- 運輸進入組織間液並回血液中；分泌入腎小管濾液的 H^+ 則與其中的 HCO_3^- 結合成 H_2CO_3，然後再分解為 CO_2+H_2O。CO_2 可擴散進入細胞，又在碳酸酐酶的催化下生成 H_2CO_3。如此循環往復，每分泌一個 H^+，腎小管濾液中即減少一個 HCO_3^-，而組織間液則增加一個 HCO_3^-。故 H^+ 的分泌除與 Na^+ 交換外，還與 HCO_3^- 的再吸收相互關聯（圖15-12）。

遠曲小管和集尿管除 H^+-Na^+ 交換外，還有 K^+-Na^+ 交換。二者都依賴 Na^+ 的再吸收，故會發生相互競爭。例如在酸中毒時，碳酸酐酶活性增強，H^+ 生成增多，H^+-Na^+ 交換加強，K^+-Na^+ 交換則被抑制，致使血 K^+ 升高。若用 acetazolamide 抑制碳酸酐酶活性，H^+ 生成減少，則 H^+-Na^+ 交換減弱，K^+-Na^+ 交換增強，可導致排 K^+ 量增加和血中 H^+ 濃度升高。由此可見，在遠曲小管和集尿管處，H^+ 的分泌還與 K^+ 的分泌相互關聯。

二、NH_3 的分泌

正常情況下，NH_3 主要由遠曲小管和集尿管分泌。這些 NH_3 來自胺基酸的代謝。NH_3 為脂溶性，容易通過細胞膜而擴散出細胞。經管腔膜擴散入腎小管濾液的 NH_3 可與腎小管細胞分泌的 H^+ 結成 NH_4^+，NH_4^+ 又與濾液中的 Cl^- 結合成 NH_4Cl 隨尿液排出，使 NH_3 濃度下降，形成的濃度差更加速了 NH_3 的分泌（圖15-13）。由此可見，NH_3 的分泌與 H^+ 的分泌密切相關，兩者共同產生排酸保鹼的作用，以調節體內酸鹼平衡。在酸中毒時，近曲小管也可以分泌 NH_3。

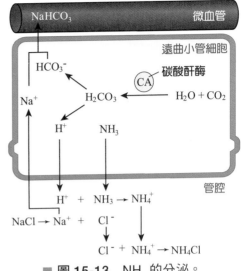

■ 圖 15-13　NH_3 的分泌。

三、K^+ 的分泌

濾液中的 K^+ 絕大部分已在近曲小管再吸收，尿中排出的 K^+ 主要是由遠曲小管和集尿管分泌的。K^+ 的分泌與 Na^+ 的再吸收有密切關係。一般說來，有 Na^+ 的主動再吸收時才有 K^+ 的分泌。由於 Na^+ 的主動再吸收使腎小管內外產生了內負外正的電位梯度，這種電位梯度成為 K^+ 分泌的動力，促使 K^+ 由胞內擴散至腎小管濾液。故 K^+ 的分泌似乎是被動的，是以 K^+-Na^+ 交換形式進行的，並且與 H^+-Na^+ 交換相互競爭。因此，K^+ 的分泌與 H^+ 的分泌也相互關聯。

四、其他物質的分泌

某些代謝產物，如肌酸酐、對位胺基馬尿酸等，既能由腎絲球過濾，又能由腎小管分泌。進入體內的外來物質，如盤尼西林等，在血液中大部分與血漿蛋白結合而運輸，因此，在經過腎絲球時很少被過濾，主要由近曲小管分泌至腎小管濾液而排出。腎小管和集尿管的再吸收和分泌作用見圖15-14。

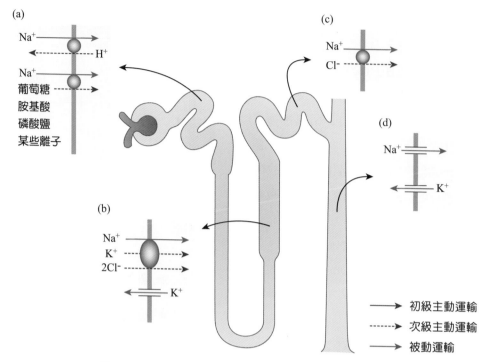

■ 圖 15-14 腎小管和集尿管的再吸收和分泌作用。

尿液的濃縮機制

尿液的濃縮主要是經由腎髓質的高滲透壓環境及腎小管的再吸收作用而達成。腎臟的逆流系統在其中扮演了重要角色。

物理學上將一端相通，其中液體流動方向相反的兩個並列管道，稱為**逆流系統** (countercurrent system)。如果兩管之間的縱隔具有通透性，則濃度不同的液體在逆流管道中流動時，溶質就會在兩管之間交換，稱為**逆流交換** (countercurrent exchange)。如果兩管之間的縱隔能主動將溶質從上升支運輸入下降支，那麼就會使下降支內溶液的濃度越向下越高，而上升支內溶液的濃度越向上越低，這種由於逆流交換而使管內溶液濃度由上到下成倍增長的現象，稱為**逆流放大** (countercurrent multiplication)。

腎髓質部存在著兩套 U 形管道，構成了逆流系統，一為近髓質腎元的亨利氏環，二為近髓質腎元出球小動脈形成的直血管。

一、腎髓質的高滲透壓環境

實驗發現，從皮質到髓質（由外向內）滲透濃度逐步升高，與血漿的滲透濃度之比分別為：1.0、2.0、3.0、4.0，呈現出明顯的滲透壓梯度。滲透壓梯度指腎臟組織液的滲透壓從外髓到內髓越來越高，在腎乳頭所在部位滲透壓最高（圖 15-15）。

各段腎小管的不同生理特性及亨利氏環的逆流放大作用，對腎髓質滲透壓梯度的形成有重要關係。外髓質靠 NaCl 的再吸收形成；內髓質靠 NaCl 和尿素的再吸收形成，同時有水的被動再吸收協助（表 15-4）。

二、亨利氏環的逆流放大機制

　　亨利氏環上升支粗段能主動再吸收 Na^+ 和 Cl^-，而對水不易通透，故上升支粗段內濾液向皮質方向流動時，管內 NaCl 濃度逐漸降低，濾液滲透壓逐漸下降，而上升支粗段周邊組織液的滲透壓隨之升高。亨利氏環上升支粗段位於外髓質，故外髓質的滲透壓梯度主要是由亨利氏環上升支粗段對 NaCl 的再吸收形成的（圖 15-16）。

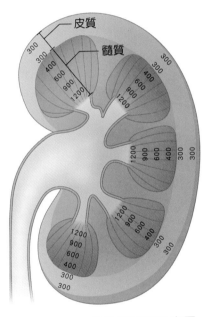

■ 圖 15-15　滲透壓梯度示意圖。

　　內髓質的滲透壓梯度則是由亨利氏環上升支細段擴散出來的 NaCl 以及內髓質集尿管擴散出來的尿素所形成。其過程是，亨利氏環下降支細段對水通透而對 NaCl 不通透，當濾液流過時，水在滲透壓梯度作用下不斷向外滲透，使管內 NaCl 濃度越來越高，至亨利氏環底部達最高值。位於內髓質的上升支細段對 NaCl 易通透，濾液中的 NaCl 擴散出管外，參與該處滲透壓梯度的形成。

三、尿素的再循環

　　遠曲小管以及位於皮質和外髓質的集尿管對尿素不易通透，而在**抗利尿激素** (antidiuretic hormone, ADH) 作用下，該處濾液中的水被大量再吸收，於是滯留在腎小管內的尿素濃度逐漸升高。由於內髓質集尿管對尿素易通透，管內高濃度的尿素便擴散出管外，也參與了內髓滲透壓梯度的形成。內髓質的尿素也可進入對其中等通透的亨利氏環上升支細段，於是形成了「亨利氏環上升支 → 遠曲小管 → 集尿管 → 內髓質組織液 → 亨利氏環上升支」之間的尿素再循環。

表 15-4　腎小管不同部位對水、Na^+ 及尿素的通透性

腎小管部位	水	Na^+	尿素
亨利氏環下降支細段	易通透	不易通透	不易通透
亨利氏環上升支細段	不易通透	易通透	中等通透
亨利氏環上升支粗段	不易通透	Na^+ 主動再吸收 Cl^- 次級主動再吸收	不易通透
遠曲小管	有 ADH 時易通透	Na^+-K^+ 交換	不易通透
集尿管	有 ADH 時易通透	易通透	皮質和外髓質不易通透，內髓質易通透

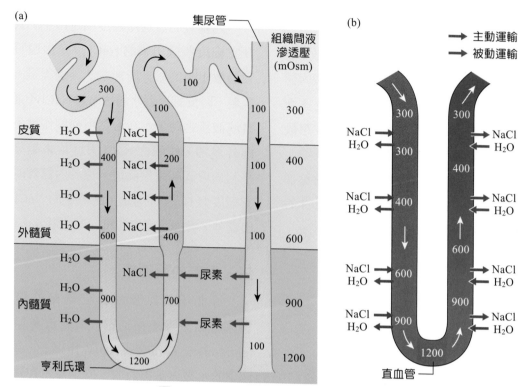

■ **圖 15-16** 腎髓質高滲透壓梯度的形成。

綜上所述，亨利氏環上升支粗段對 NaCl 的主動再吸收，是形成腎髓質滲透壓梯度的主要動力，而尿素的再循環則促成了整個腎髓質滲透壓梯度的建立。

四、直血管的逆流交換作用

腎髓質的滲透壓梯度是藉由直血管的逆流交換作用來保持的。直血管由近髓質腎元的出球小動脈延續而來，呈 U 形，與近髓質腎元的亨利氏環並行。直血管下降支的血液為等滲透壓，伸入髓質後，由於髓質的高滲透壓環境，使 NaCl 和尿素順濃度差進入直血管，到達直血管下降支頂點，其中 NaCl 和尿素濃度達最高值，其滲透壓大於髓質；當血液反折流向上升支血管時，血管中 NaCl 和尿素又由直血管擴散入髓質組織液，並且組織液中的水分返回直血管血液。透過這個過程既可保持髓質的高滲梯度，又可運輸從腎小管再吸收的水分，保持髓質高滲透壓狀態。

五、抗利尿激素的作用

抗利尿激素 (ADH) 是由下視丘的神經內分泌細胞所合成的一種胜肽類激素，經下視丘－垂體徑被運輸到腦下腺後葉儲存，待需要時分泌（詳見第 16 章）。當 ADH 分泌增加時，尿液濃縮；當 ADH

知識小補帖 Knowledge+

因大量飲水而使尿液量增多的現象稱為**水利尿** (water diuresis)。正常人一次飲用 1,000 毫升開水約半小時後，尿液量便開始增加，到第一小時末，尿液量可達最高值，隨後尿液量減少，2~3 小時後尿液量恢復到原來水準。如果飲用的是等張鹽水，則排尿量不出現上述變化。

分泌減少時，尿液稀釋。ADH 只能使**遠曲小管和集尿管對水的通透性增加**，水的吸收則是靠滲透壓梯度被動再吸收的。

ADH 與遠曲小管和集尿管上的接受器結合後，能增加腎小管上皮細胞對水的通透性，促進水的再吸收，還能增加內髓質集尿管對尿素的通透性，促進亨利氏環上升支粗段對 NaCl 的再吸收，因此調節髓質滲透壓梯度和髓質高滲透壓的形成。結果使尿液濃縮，尿液量減少（抗利尿作用）。

ADH 的分泌和釋放主要受血漿膠體滲透壓和循環血量改變的影響。下視丘滲透壓感受器對血漿膠體滲透壓的改變很敏感。當身體脫水（如大量出汗、嚴重嘔吐或腹瀉等）時，血漿膠體滲透壓升高，對滲透壓感受器的刺激增加，ADH 的合成和釋放增加，促進遠曲小管和集尿管對水的再吸收，尿液量減少，水分被保留於體內，有利於恢復和維持體內水平衡。反之，大量飲水，體內水分增多，血漿膠體滲透壓降低，ADH 的合成和釋放減少，遠曲小管和集尿管水的再吸收減少，使進入體內過量的水分由尿液排出。

當 ADH 的合成或分泌不足，使水的再吸收減少，尿液濃縮能力降低，導致尿液量明顯增多，尿液比重及滲透壓降低，稱為**尿崩症** (diabetes insipidus)。

15-3 腎血漿清除率

Renal Plasma Clearance

血漿清除率 (plasma clearance) 是指腎臟在每分鐘內能將多少毫升血漿中某種物質完全清除出去，此血漿毫升數即為該物質的血漿清除率 (mL/min)。例如，在 1 分鐘內，腎臟能將 70 mL 血漿內所含的全部尿素清除掉，則尿素的血漿清除率即為 70 mL/min。

▶ 血漿清除率的測定

首先測定某物質在尿中的濃度 (U) 及平均每分鐘尿液量 (V)，即可求得每分鐘由尿液排除該物質的量。其公式為：

$$每分鐘尿液排除該物質的量 = V \times U$$

再測定該物質在血漿中的濃度 (P)，即可換算出尿中排出該物質量相當於多少毫升血漿所含的量 (C)。因 $U \times V = P \times C$，所以該物質的血漿清除率為：

$$C = \frac{V \times U}{P}$$

現以**菊糖** (inulin) 的血漿清除率為例加以說明。若以菊糖溶液恆定地滴注於人體靜脈內，保持其血漿濃度 (P) 為 1 mg/mL，在此時，受試者的排尿量 (V) 為 1 mL/min，尿中所含菊糖濃度 (U) 為 125 mg/mL，將各數值代入上述公式，則得：

$$菊糖的清除率 = \frac{1 \text{ mL/min} \times 125 \text{ mg/mL}}{1 \text{ mg/mL}}$$
$$= 125 \text{ mL/min}$$

血漿中各種物質的清除率是不同的，正常葡萄糖和胺基酸的清除率為 0，尿素清除率為 70 mL/min，而對位胺基馬尿酸清除率可達 660 mL/min。

血漿清除率可以作為衡量腎功能和了解腎生理活動情況的指標。因為腎功能是淨化

血液、清除外來的異物和代謝產物，維持體內環境相對恆定，故腎清除某物質的量可反映腎的排泄功能。

菊糖的清除率

菊糖清除率 (inulin clearance) 是測定腎絲球過濾功能最準確的方法。菊糖是一種果糖聚合物，分子量為 5,200。因為人體本身不能產生菊糖，故測定時需經靜脈注入人體。注入人體後，菊糖並不被身體分解，以原形從腎絲球濾出後，既不被腎小管分泌，也不被腎小管再吸收，故其清除率可以準確地反映**腎絲球過濾率** (GFR)。應用菊糖測定的 GFR 正常值，正常成年男性為 127 mL/min，女性為 118 mL/min。隨著年齡的增長，GFR 逐漸下降。

由於腎對菊糖既不再吸收也不分泌，因此，以菊糖清除率為標準，與某些物質清除率對比，可以推測出腎絲球對該物質的再吸收和分泌功能。假如某一物質（如葡萄糖）的清除率為零，則表示該物質濾出後全部被再吸收。如果某物質（如尿素）的清除率小於菊糖清除率，則表示該物質僅能被腎小管再吸收，而不被分泌，或該物質被再吸收的量大於被分泌的量。如果另一物質（如對位胺基馬尿酸）的清除率大於菊糖的清除率，則表示該物質能被分泌。

對位胺基馬尿酸的清除率

對位胺基馬尿酸 (PAH) 經靜脈注入人體後，當其濃度較低（即血漿含量不超過 30 mg/L）時，經腎臟循環一次，約 20% 由腎絲球過濾，約 80% 從腎小管分泌，且不被腎小管再吸收。也就是說，PAH 幾乎完全被腎臟清除，其血漿清除率代表了**腎血漿流量** (renal plasma flow)。腎血漿流量是影響腎絲球過濾率的重要因素之一，故測定腎血漿流量可間接地反映腎的過濾功能。

PAH 血漿清除率均平均為 660 mL/min，即腎血漿流量為 660 mL/min，如果血漿占全血的 55%，則**腎血流量** (renal blood flow) 為 660 mL/min ÷ 55% = 1,200 mL/min，約占心輸出量的 1/5~1/4。

15-4 排尿作用
Micturition

尿液由腎臟生成後，經輸尿管的蠕動送入膀胱儲存，達到一定量時，才能引起反射性的**排尿** (micturition) 動作，將膀胱內的尿液經尿道排出體外。

尿液排出路徑

腎小管濾液經過**集尿管**後形成尿液，隨後再經腎乳頭、**腎盞**、**腎盂**、輸尿管、膀胱、尿道，而後排出。

輸尿管 (ureter) 有兩條，連接腎臟的腎盂與膀胱。有一段長約數公分的輸尿管在膀胱底下通過，所以在排尿時，膀胱內的壓力壓縮輸尿管而防止尿液的逆流。輸尿管的功能主要為收集已形成的尿液，然後藉著有節律的**收縮**（**蠕動**），壓迫尿液下行，並導入膀胱內暫時儲存。

膀胱 (bladder) 的功能為尿液的主要儲存場所；並經由尿道使尿液排出體外。

尿道 (urethra) 為肌肉纖維狀管，內襯黏膜。女性的尿道為尿液排出體外的通道，男性的尿道則為尿液及精液排出的共同通道。男性尿道比女性尿道長。

▶ 排尿反射

支配膀胱和尿道的神經有三對，即骨盆神經 (pelvic nerve)、下腹神經 (hypogastric nerve) 和陰部神經 (pudendal nerve)。它們都含有傳入和傳出纖維，來自腰薦部脊髓。**排尿反射** (micturition reflex) 的初級中樞即在**脊髓腰薦部**。

由薦部脊髓發出的骨盆神經屬於**副交感神經**。**副交感神經興奮時，可使膀胱逼尿肌** (detrusor muscle) **收縮及尿道內括約肌** (internal urethral sphincter) **舒張**，因而促使排尿。由腰部脊髓發出的下腹神經屬於交感神經。交感神經興奮時，可使膀胱逼尿肌鬆弛及尿道內括約肌收縮，抑制尿液的排放。由薦部脊髓發出的陰部神經屬於體神經，直接受意識和反射控制，興奮時可使**尿道外括約肌** (external urethral sphincter) **收縮**。

當膀胱內尿液量增加時（約 300 毫升），膀胱內壓也將升高，但由於膀胱逼尿肌緊張性減弱，內腔擴大，使內壓升高不多。直到尿液量增加到 400~500 毫升時，膀胱內壓才有明顯升高。如果膀胱內尿液量增加到 700 毫升時，排尿反射就不易被抑制，並可能產生痛覺。

當膀胱尿液充盈、膀胱內壓升高，刺激膀胱壁的牽張感受器，衝動沿骨盆神經傳入，到達腰薦部排尿反射的初級中樞（圖 15-17）。同時，衝動也上達腦幹和大腦皮質的排尿反射高級中樞，並產生尿意。如條件不許可，脊髓的初級排尿中樞便受到大腦皮質的抑制；當條件許可時，抑制才被解除。

排尿反射進行時，衝動沿骨盆神經傳出，引起膀胱逼尿肌收縮，尿道內括約肌鬆弛，尿液進入後尿道，刺激後尿道的感受器，衝動再次沿骨盆神經傳到脊髓初級排尿中樞，反射性的抑制陰部神經，使**尿道外括約肌鬆弛**。於是，尿液被強大的膀胱內壓驅出。排尿時，腹肌和橫膈膜也強力收縮，使腹內壓增高，有助於克服排尿阻力。

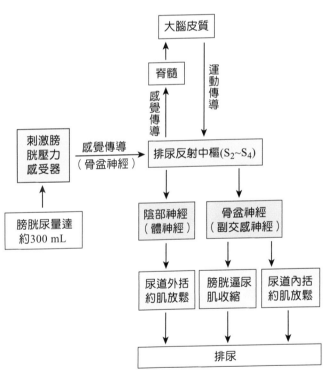

■ **圖 15-17** 排尿反射。

15-5 電解質及酸鹼平衡的調節

Electrolytes and Acid-Base Balance

身體透過對腎絲球過濾作用和腎小管、集尿管的再吸收及分泌作用等尿液生成過程，調節身體的水、電解質及酸鹼平衡，維持內在環境的穩定。

▶ 鈉及水的調節

Na^+ 及水的調節對於血量和血壓的控制非常重要，主要由**醛固酮** (aldosterone) 完成。

一、醛固酮的作用

醛固酮是**腎上腺皮質球狀帶**所分泌的一種激素（詳見第 16 章），其作用是促進**遠曲小管和集尿管**對 Na^+ 的**主動再吸收**、促進 K^+ 的**排出**，同時也促進水及 HCO_3^- 的再吸收和 H^+ 的分泌。

醛固酮進入遠曲小管和集尿管上皮細胞〔**主細胞** (principal cells)〕後，增加管腔膜對 Na^+ 的通透性，從而加強了 Na^+ 的主動再吸收。Na^+ 的主動再吸收造成了管腔內的負電位，轉而導致 K^+ 的被動分泌（K^+-Na^+ 交換）。

二、醛固酮分泌的控制

醛固酮的分泌主要受腎素－血管收縮素－醛固酮系統 (renin-angiotensin-aldosterone system) 和血中 K^+、Na^+ 濃度的調節。

（一）腎素－血管收縮素－醛固酮系統

腎素是由近腎絲球細胞分泌，能催化血漿中**血管收縮素原** (angiotensinogen)（由**肝臟**產生），使之水解成血管收縮素 I (angiotensin I)，血管收縮素 I 在**肺循環**中進一步受血管收縮素轉換酶 (angiotensin-converting enzyme, ACE) 催化分解成血管收縮素 II (angiotensin II)。**血管收縮素 II 有很強的血管收縮作用，並能刺激腎上腺皮質分泌醛固酮**，以及刺激下視丘分泌**血管加壓素** (vasopressin)（圖 15-18）。

腎臟內有兩種感受器與腎素分泌的調節有關，一是入球小動脈處的牽張感受器，另一是緻密斑感受器。當循環血量減少時，流經入球小動脈的血流量減少，**壓力降低**，於是對小動脈壁牽張作用減弱，可啟動牽張感受器，使腎素釋放量增加。另一方面由於入球小動脈的血流量減少、壓力降低，則腎絲球過濾率減少，過濾的 Na^+ 量也因此減少，以致到達緻密斑的 Na^+ 量減少，於是啟動了緻密斑感受器，腎素釋放量增加。近腎絲球細胞上有 β 腎上腺素接受器，腎交感神經興奮及血漿中腎上腺素和正腎上腺素均可刺激它，引起腎素釋放增加。

（二）血中 K^+ 和 Na^+ 濃度

當血中 K^+ 濃度升高或 Na^+ 濃度降低時，可直接刺激腎上腺皮質球狀帶，使醛固酮分泌增加，以促進腎臟保 Na^+ 排 K^+，維持血中 K^+ 和 Na^+ 濃度的平衡；反之，血中 K^+ 濃度降低或 Na^+ 濃度升高，則醛固酮分泌減少。

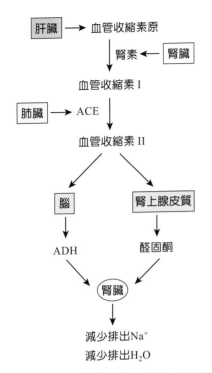

■ **圖 15-18** 醛固酮的作用及分泌調控。

鉀的調節

　　過濾液中的 K^+ 絕大部分在腎元前段即行再吸收（主要在近曲小管），而尿液中的 K^+ 則幾乎全部是由腎小管分泌。分泌 K^+ 的主要部位是遠曲小管，由鈉鉀交換而完成。

　　影響腎臟排泄 K^+ 的因素主要有下列幾個方面：

1. K^+ 平衡：正常人攝入鉀鹽增加時，尿液 K^+ 排出也增加。

2. 腎小管細胞內 K^+ 的濃度：當腎小管細胞內 K^+ 濃度增加時，遠曲小管對 K^+ 的再吸收減少，尿液 K^+ 的排出增加；反之，則尿液 K^+ 排出減少。

3. 遠曲小管和集尿管中 Na^+ 的含量：每當遠曲小管對 Na^+ 的再吸收增加時，K^+ 的分泌量即增加。

4. 醛固酮的影響：當血中 K^+ 濃度升高時，可促進腎上腺皮質分泌醛固酮，從而使 K^+ 排泄增加，使 K^+ 濃度恢復正常。這對維持正常血鉀濃度具有重要意義。

氫的調節

　　腎臟調節氫(H^+)的方式是經由 H^+-Na^+ 交換。腎小管上皮細胞內含有碳酸酐酶，可催化 CO_2 和 H_2O 生成 H_2CO_3。H_2CO_3 解離成 H^+ 與 HCO_3^-，H^+ 分泌至管腔的濾液中與 $NaHCO_3$ 中 Na^+ 交換，結果生成 H_2CO_3 並有 Na^+ 的再吸收（參考圖15-12）；進入管腔的 H^+ 若與 Na_2HPO_4 作用，結果則生成 NaH_2PO_4 和 Na^+ 的再吸收。由管腔再吸收的 Na^+ 可經由 Na^+ 幫浦的作用運輸至血漿，細胞內產生的 HCO_3^- 也隨之進入血漿，這樣就補充了血液在緩衝酸時所消耗的 $NaHCO_3$，從而有利於維持 $NaHCO_3$/H_2CO_3 緩衝對的正常比值，使血液 pH 值恆定。

當濾液流經腎小管時，所有的 $NaHCO_3$ 全部被再吸收入血液，大部分 Na_2HPO_4 變成了酸性的 NaH_2PO_4 隨尿排出體外，尿液就此酸化。

▶ 腎臟的酸鹼調節

腎臟在酸鹼平衡調節中的作用主要透過改變排酸 (H^+) 或保鹼 (HCO_3^-) 來維持血漿 $NaHCO_3$ 的正常濃度，以保持血漿 pH 值恆定。正常飲食條件下，體內酸性物質的產生遠超鹼性物質，因此腎臟主要是對酸進行調節。

酸性物質可分為揮發性酸和非揮發性酸。揮發性酸如碳酸，是由呼吸系統排出體外（詳見第 13 章）；非揮發性酸，如醣類、脂肪及蛋白質氧化分解產生的硫酸、磷酸、乳酸、丙酮酸等酸性物質，則主要由腎臟排出體外。

腎臟的調節作用緩慢，但能完整地調節血液 pH 值。近曲小管、遠曲小管及集尿管細胞都可以分泌 H^+。腎小管在排出酸性尿時，透過 H^+-Na^+ 交換，生成新的 HCO_3^-，從而使在體液緩衝系統和呼吸系統調節機制中損失的 HCO_3^- 得到補充。

一、分泌 H^+ 和再吸收 HCO_3^-

腎臟對酸鹼平衡的調節作用主要由兩方面構成：(1) **分泌 H^+**，將酸排出體外；(2) **再吸收 HCO_3^-**，該作用實際上又包括兩部分，一是近曲小管透過 Na^+-H^+ 逆向運輸蛋白的運輸，將腎絲球濾出的 $NaHCO_3$ 大部分再吸收（參考圖 15-12），餘者在遠端腎元再吸收；二是透過尿液中 NH_4^+ 的產生而重新生成 HCO_3^-，並再吸收入血液中。

在遠曲小管和集尿管上皮細胞內，CO_2 和 H_2O 生成 H_2CO_3，並解離成 H^+ 和 HCO_3^-。與近曲小管不同，遠曲小管和集尿管上皮細胞藉由管腔膜 ATP 合成酶耗能將 H^+ 分泌入管腔。

如此，腎臟藉由對腎絲球過濾的碳酸氫鹽的再吸收和生成新的碳酸氫鹽，從而使細胞外液中的碳酸氫鹽濃度保持穩定，以維持體液的酸鹼平衡。

二、磷酸鹽緩衝系統

正常人血漿中 Na_2HPO_4/NaH_2PO_4 的濃度比為 4：1，近曲小管濾液中磷酸鹽比例與血漿相同，主要為鹼性磷酸鹽 (Na_2HPO_4)。當濾液流經遠曲小管和集尿管時，由於上皮細胞不斷向管腔內分泌 H^+，尿液 pH 降低。H^+ 與濾液中的 Na^+ 交換，將鹼性 Na_2HPO_4 轉變成酸性 NaH_2PO_4，並隨尿液排出體外，以此方式將過多的 H^+ 排至體外。

三、代謝性酸中毒及鹼中毒

血液 pH 值正常約 7.35~7.45，小於 7.35 時稱為酸中毒，大於 7.45 時稱為鹼中毒（詳見第 13 章）。

代謝性酸中毒 (metabolic acidosis) 是由於體內酸性代謝產物異常累積或由於鹼性物質大量流失所造成。例如嚴重腹瀉所導致的 HCO_3^- 流失，可造成代謝性酸中毒。而當尿毒症、長期飢餓或禁食、糖尿病引起乳酸累積，亦會造成代謝性酸中毒。

代謝性鹼中毒 (metabolic alkalosis) 是指因攝取過量鹼性物質，或因非呼吸性的流失

酸性物質，從而造成細胞外液 pH 值過高的情況。例如因過度或長期嘔吐造成胃酸流失，為代謝性鹼中毒的常見原因之一。服用過量鹼性藥物，例如制酸劑，亦可造成代謝性鹼中毒。

代謝性酸中毒及鹼中毒時，血中 P_{CO_2} 多維持在正常範圍內，但若產生呼吸性代償作用，即經由肺部換氣量的改變以增加或減少 CO_2 的排出，則血中 P_{CO_2} 亦會發生變化。

參考資料 | References

人體生理學編寫組 (1994)·*人體生理學*·高等教育。

姚泰 (2000)·*生理學*（五版）·人民衛生。

姚泰 (2001)·*人體生理學*（三版）·人民衛生。

施雪筠 (1994)·*生理學*·上海科學技術。

倪江 (2000)·*生理學*·人民衛生。

張鏡如 (1995)·*生理學*·人民衛生。

游祥明、宋晏仁、古宏海、傅毓秀、林光華 (2021)·*解剖學*（五版）·華杏。

馮琮涵、黃雍協、柯翠玲、廖智凱、胡明一、林自勇、鍾敦輝、周綉珠、陳瀅 (2021)·*人體解剖學*·新文京。

馮琮涵、鄧志娟、劉棋銘、吳惠敏、唐善美、許淑芬、江若華、黃嘉惠、汪蕙蘭、李建興、王子綾、李維真、莊禮聰 (2022)·*解剖生理學*（三版）·新文京。

範少光、湯浩、潘偉豐 (2000)·*人體生理學*（二版）·北京醫科大學。

鄧樹勳 (1999)·*生理學*·高等教育。

賴明德、王耀賢、鄧志娟、吳惠敏、李建興、許淑芬、陳晴彤、李宜倖 (2022)·*解剖學*（二版）·新文京。

韓秋生、徐國成、鄒衛東、翟秀岩 (2004)·*組織學與胚胎學彩色圖譜*·新文京。

Fox, S. I. (2015). *HUMAN PHYSIOLOGY* (14th ed.). McGraw-Hill College.

複·習·與·討·論

一、選擇題

1. 腎小體 (renal corpuscle) 的過濾膜 (filtration membrane)，不含下列哪一構造？ (A) 腎絲球血管的內皮 (glomerular endothelium) (B) 腎絲球的基底膜 (basal membrance of glomerulus) (C) 鮑氏囊的壁層 (parietal layer of Bowman's capsule) (D) 鮑氏囊的臟層 (visceral layer of Bowman's capsule)

2. 下列何者會導致腎絲球過濾率下降？ (A) 入球小動脈擴張 (B) 出球小動脈收縮 (C) 血中白蛋白濃度增加 (D) 超過濾膜 (ultrafiltration membrane) 通透性增加

3. 有關腎素－血管張力素系統 (renin-angiotensin system) 之敘述，下列何者正確？ (A) 腎素可作用於血管平滑肌細胞，使血壓升高 (B) 缺水可造成血管張力素 II (angiotensin II) 生成減少 (C) 失血可造成醛固酮分泌減少 (D) 血管張力素原 (angiotensinogen) 分泌自肝臟

4. 正常生理狀態下，下列何種物質之尿液與血漿濃度比值 (U/P ratio) 最小？ (A) 肌酸酐 (B) 鈉離子 (C) 葡萄糖 (D) 尿素

5. 腎臟對水的再吸收與下列何種離子最為相關？ (A) 鈉離子 (B) 鉀離子 (C) 磷離子 (D) 氫離子

6. 腎小管中再吸收能力最強的部位在何處？ (A) 近曲小管 (B) 遠曲小管 (C) 亨利氏環細段 (D) 集尿管

7. 關於排尿反射，下述哪一項不正確？ (A) 排尿反射的初級中樞在薦髓 (B) 排尿時陰部神經抑制 (C) 副交感神經興奮膀胱逼尿肌 (D) 交感神經興奮膀胱逼尿肌

8. 當葡萄糖在腎絲球的濾出量超過葡萄糖的最大運轉量 (maximal transport) 時會產生下列何種反應？ (A) 尿中帶糖 (glucosuria) (B) 代謝性酸中毒 (metabolic acidosis) (C) 代謝性酮體中毒 (metabolic ketosis) (D) 鹼血症 (alkalosis)

9. 在腎臟的近曲小管中，鈉離子主要與下列何種物質共同運輸進入上皮細胞？ (A) 氫離子 (B) 鈣離子 (C) 葡萄糖 (D) 碳酸氫根離子

10. 腎動脈的血流和血壓降低時，會刺激腎臟的近腎絲球器 (juxtaglomerular apparatus) 分泌： (A) 血管收縮素 (angiotensin) (B) 醛固酮 (aldosterone) (C) 心房鈉尿胜肽 (atrial natriuretic peptide) (D) 腎素 (renin)

11. 正常人尿液檢測時，最可能會出現下列何種物質？ (A) 氯離子 (B) 紅血球 (C) 葡萄糖 (D) 白蛋白

12. 正常成年人的腎絲球過濾率為多少？ (A) 80 mL/min (B) 100 mL/min (C) 125 mL/min (D) 150 mL/min

13. 下列何者為近腎絲球器 (Juxta-glomerular apparatus) 偵測體液中鈉離子濃度變化的構造？ (A) 緻密斑 (Macula densa)　(B) 松果體 (Pineal body)　(C) 脈絡叢 (Choroid plexus)　(D) 逆流放大器 (Counter-current amplifier)

14. 關於腎絲球的過濾，下述哪一項是錯誤的？　(A) 出球小動脈收縮，濾液量增加　(B) 血漿膠體滲透壓升高，濾液量減少　(C) 鮑氏囊靜水壓升高，濾液量減少　(D) 腎絲球過濾面積減小，濾液量減少

15. 抗利尿激素 (anti-diuretic hormone) 在腎臟的主要作用位置為：　(A) 腎絲球 (glomerulus)　(B) 鮑氏囊 (Bowman's capsule)　(C) 近曲小管 (proximal convoluted tubule)　(D) 集尿管 (collecting duct)

16. 有關尿液濃縮機制之敘述，下列何者錯誤？　(A) 當體液太濃時，腎臟可排除多餘的水分　(B) 抗利尿激素可調控後段腎小管對水分的再吸收　(C) 亨利氏管為對流放大器　(D) 直行血管為對流交換器

17. 陰部神經興奮時，下列描述何者正確？　(A) 膀胱逼尿肌收縮　(B) 膀胱括約肌收縮　(C) 尿道外括約肌收縮　(D) 尿道內括約肌收縮

18. 有關排尿，副交感神經興奮會造成下列何種現象？　(A) 膀胱逼尿肌與尿道內括約肌皆收縮　(B) 膀胱逼尿肌收縮，尿道內括約肌放鬆　(C) 膀胱逼尿肌與尿道內括約肌皆放鬆　(D) 膀胱逼尿肌放鬆，尿道內括約肌收縮

19. 在腎臟葡萄糖的次級主動運輸作用中，下列何者常伴隨著葡萄糖被再吸收？　(A) 鈉離子　(B) 鉀離子　(C) 鈣離子　(D) 氫離子

20. 引起 ADH 分泌最敏感的因素為何？　(A) 循環血量減少　(B) 疼痛刺激　(C) 血漿膠體滲透壓降低　(D) 血漿膠體滲透壓升高

21. 下列有關腎臟功能的敘述，何者錯誤？　(A) 調節血量和血壓　(B) 調節血液的 pH 值　(C) 刺激紅血球細胞的生成　(D) 可排除體內的白蛋白

22. 腎小球濾液與血漿的組成，主要差異為下列何者？　(A) 白血球　(B) 紅血球　(C) 蛋白質　(D) 核苷酸

23. 濃縮尿液的主要部位在何處？　(A) 集尿管　(B) 遠曲小管　(C) 亨利氏環　(D) 近曲小管

24. 腎小管實現排酸保鹼作用最主要是透過下列何者完成？　(A) 尿酸排出　(B) H^+ 的分泌和 H^+-Na^+ 交換　(C) K^+ 的分泌和 K^+-Na^+ 交換　(D) 銨鹽排出

25. 下列何者之血漿清除率 (renal clearance) 可以間接反映腎臟之過濾功能？　(A) 肌酸酐 (creatinine)　(B) 對胺馬尿酸 (para-aminohippuric acid)　(C) 碘司特 (iodrast)　(D) 甘露醇 (mannitol)

26. 下列何者收縮最可能引發排尿作用？　(A) 逼尿肌 (detrusor)　(B) 外尿道括約肌 (external urethra sphincter)　(C) 內尿道括約肌 (internal urethra sphincter)　(D) 輸尿管 (ureter)

二、問答題

1. 何謂腎小管再吸收？影響因素有哪些？

2. 簡述尿液生成的基本過程。

3. 何謂腎絲球過濾率？正常值是多少？

4. 腎素由哪裡分泌？它對身體水鹽平衡如何調節？

5. 簡述大量出汗引起尿液量減少的機制。

6. 簡述腎臟疾患時出現蛋白尿的可能原因。

三、腦力激盪

1. 大量嘔吐、腹瀉或大量出汗時，尿液量會有什麼改變？原因何在？

2. 何謂滲透性利尿及水利尿？兩者的區別為何？

3. 試述影響腎絲球過濾作用的因素。

複習與討論解答
請掃描QR code

16
CHAPTER

學習目標 Objectives

1. 了解內分泌腺的特性和種類以及激素的概念和主要種類；了解人體激素參與生命活動的調節。
2. 掌握激素作用機制，腦下腺、甲狀腺、胰島、腎上腺皮質激素的作用及其分泌調節。
3. 描述以 cAMP 作為第二傳訊物質時激素的作用機制。
4. 列出由腦下腺所分泌的激素，解釋下視丘如何調節它們的分泌。
5. 描述甲狀腺激素的產生和作用，及解釋甲狀腺激素的分泌是如何被調節。
6. 描述腎上腺素和正腎上腺素的作用，並解釋腎上腺髓質的分泌如何被調節。
7. 解釋為什麼胰臟同時被稱為外分泌和內分泌腺體。
8. 描述胰島素和升糖素的作用，並解釋如何調節它們的分泌。
9. 列出由松果腺和胸腺所分泌的激素，並解釋這些激素的重要性。

本章大綱 Chapter Outline

内分泌系統
The Endocrine System

HUMAN
PHYSIOLOGY

恆定是指維持身體內在環境的穩定狀態，而身體維持恆定的方式，可以透過神經系統及內分泌系統 (endocrine system) 調節。神經系統已於前面章節說明，而內分泌系統包含內分泌腺體和散布各器官內分泌激素的細胞，透過血液循環，運送激素至標的器官進行調節。身體的分泌系統可區分為內分泌腺與外分泌腺 (exocrine gland)，不同之處在於導管的有無，內分泌腺沒有導管，所分泌之化學物質直接進入血液運送；外分泌腺則是分泌物需要通過固定的管道結構，釋放到體外發揮作用，如唾液腺、胃腺等消化腺體即屬之。

內分泌系統與神經系統一樣，在於維持人體內環境相對穩定，調節人體功能，使人體能適應內、外環境變化。內分泌系統既能獨立發揮作用，又可在神經系統的整合下與神經系統密切聯繫，相互協調、傳遞訊息，共同調節人體各種功能活動。人體主要的內分泌腺包含下視丘、松果腺、腦下腺、甲狀腺、副甲狀腺、腎上腺、胰島和性腺等（圖 16-1）；由內分泌腺或內分泌細胞分泌的高效生物活性物質，稱為激素 (hormone)，經血液循環運送，對標的組織或標的細胞發揮調節作用。內分泌系統具有廣泛作用，可概括為四方面：

1. 維持內環境的平衡：激素可直接或間接參與水及電解質平衡、酸鹼平衡、體溫、血壓等調節過程。
2. 調節新陳代謝：多數激素參與物質代謝以及能量代謝的調節。
3. 促進組織細胞分化成熟，確保各器官正常生長發育和功能活動。
4. 調控生殖器官發育成熟和生殖活動。

內分泌系統與神經系統皆為調節訊號發送系統，在功能上存在共同之處：

1. 所有神經元和內分泌細胞都具有分泌功能。
2. 神經元和內分泌細胞均能產生動作電位。
3. 部分細胞分泌的物質既可作神經傳遞物質，也可作為激素。
4. 神經傳遞物質與激素均需要與標的細胞相應接受器結合後，才能發揮作用。

近年研究發現，內分泌系統與神經、免疫系統的關係十分密切，此三大系統透過體內共同的傳訊物質相互聯繫，構成既複雜又嚴密的神經－內分泌－免疫調節網絡，既可分別從不同的角度調控人體生理作用，又能相互協調，共同完成人體功能活動的高級整合作用，維持人體內環境的相對穩定。

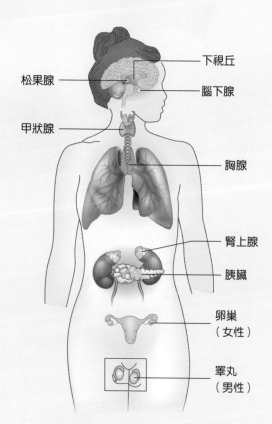

松果腺

甲狀腺

下視丘

腦下腺

胸腺

腎上腺

胰臟

卵巢
（女性）

睪丸
（男性）

■ 圖 16-1　人體主要的內分泌腺。

16-1 激素
Hormones

▶ 激素的分類

激素依其化學結構大致分為以下幾類：

1. **胜肽和蛋白質類** (peptide and protein)：指胜肽及由胜肽構成的蛋白質或醣蛋白分子，半衰期短（數分鐘），大部分的激素屬於此類，例如下視丘分泌的激素、**腦下腺分泌的激素**、副甲狀腺素、**胰島素**、降鈣素、胃腸激素等。

2. **胺類** (amine)：由酪胺酸衍生而來，**半衰期最短**（數秒）。主要包括**腎上腺素和正腎上腺素**等兒茶酚胺，以及**甲狀腺激素**。

3. **類固醇類** (steroid)：此類激素由膽固醇合成，半衰期較長（數小時），包括**腎上腺皮質激素**和**性激素**。此外，1,25-雙羥維生素 D_3〔1,25-dihydroxyvitamin D_3, 1,25-$(OH)_2 D_3$〕由膽固醇衍生，作用機制也類似，故也被歸入此類。

4. **脂質衍生激素** (lipid-derived hormone)：近年將脂質衍生物—二十碳烯酸 (eicosanoid) 列為第四類激素，這些分子由花生四烯酸 (arachidonic acid) 衍生而來，包括白三烯素 (leukotriene)、前列腺素 (prostaglandin)、凝血脂素 (thromboxane) 等。

根據激素溶解的性質，可將激素分成**親水性激素** (hydrophilic hormones) 和**親脂性激素** (lipophilic hormones) 兩大類，兩類激素在血液中的運輸，以及對標的細胞的作用機制等各不相同：

1. **親水性激素**：主要為**胜肽**和**蛋白質類**以及**兒茶酚胺激素**等；可直接在血液中運輸，且親水性激素多與標的**細胞膜表面**的接受器結合，再經由跨膜訊號傳導系統，啟動細胞內酵素系統產生作用。

2. **親脂性激素**：為類固醇類激素、甲狀腺激素和前列腺素等；在血液中運送時須與載體蛋白結合，而多數親脂性激素可**直接進入細胞**內，與細胞內接受器結合，發揮生物效應。

▶ 激素的作用機制

生命活動的維持及體內環境的穩定，取決於細胞對外界訊號產生反應的一系列複雜訊號傳導和調節系統。激素作為細胞外訊息分子（第一傳訊物質），將資訊傳到細胞產生一系列的變化，並引起細胞各種反應，對人體生理作用進行加強或減弱調節。根據激素的化學性質不同，激素的作用機制大致分為兩類：(1) 親水性或大分子激素無法通過細胞膜，其接受器大多位於細胞膜表面，需透過細胞內**第二傳訊物質**的協助才能產生作用；(2) 親脂性激素可通過細胞膜進入標的細胞，在細胞內與其接受器結合，然後經由**基因體作用** (genomic action) 影響基因的轉錄而產生效應。

一、第二傳訊物質

1950 年代，美國藥理及生化學家蘇瑟蘭 (Earl W. Sutherland Jr.) 在研究腎上腺素如何促進細胞內肝醣分解的實驗中，發現了腎上腺素本身並不會進入細胞中，而是作

用在細胞膜上，接著細胞膜內側會釋放出一種耐熱分子〔後來證實為環腺苷單磷酸 (cyclicadenosine monophosphate, cAMP)〕來完成激素的作用。

隨後蘇瑟蘭於 1965 年提出了第二傳訊物質學說的概念，將激素視為傳遞細胞間訊息的第一傳訊物質 (primary messenger)，經由激素的刺激在細胞膜內側所產生的調控分子，則稱為第二傳訊物質 (second messenger)。**cAMP** 作為第二傳訊物質的基本原則是：(1) 激素作用於完整標的細胞時能引起 cAMP 濃度增加；(2) 激素效應發生在 cAMP 濃度升高之後；(3) 外源性 cAMP 可模擬激素的作用；(4) 磷酸雙酯酶 (phosphodiesterase, PDE) 抑制劑可加強激素作用；(5) 能啟動標的細胞中 cAMP 依賴性蛋白激酶 (cAMP-dependentprotein kinase)。

由於 cAMP 的發現和第二傳訊物質的提出，使人們對生命奧秘的認識向前邁進了一大步。為此，蘇瑟蘭於 1971 年獲得諾貝爾生理暨醫學獎。

（一）環腺苷單磷酸 (cAMP)

許多胜肽及蛋白質類激素是以 cAMP 為第二傳訊物質。此類激素與標的細胞膜上的專一性接受器結合後，激素－接受器複合物經由 **G 蛋白**使位於細胞膜內側的**腺苷酸環化酶** (adenylate cyclase) 活化；在 Mg^{2+} 存在下，活化的腺苷酸環化酶催化 ATP 變成 cAMP。cAMP 作為細胞內第二傳訊物質，可活化某些蛋白激酶 (protein kinase)，同時 cAMP 被磷酸雙酯酶 (PDE) 水解。活化的蛋白激酶促進細胞內許多特定蛋白質的磷酸化，造成某些酵素被活化或抑制，導致標的細胞產生生理效應（圖 16-2a）。

（二）環鳥苷單磷酸 (cGMP)

藉由與 cAMP 類似的機制，**環鳥苷單磷酸** (cyclicguanosine monophosphate, cGMP) 有時候也具有第二傳訊物質的功能，例如一氧化氮 (NO) 即是以 cGMP 為第二傳訊物質，使血管平滑肌舒張。一氧化氮可通過細胞膜，活化細胞內的鳥苷酸環化酶 (guanylyl cyclase)，使 GTP 變為 cGMP，造成鈣離子通道關閉，細胞內 Ca^{2+} 濃度降低，最後導致平滑肌放鬆。

（三）三磷酸肌醇 (IP_3) 及二醯甘油酯 (DAG)

1980 年代，許多研究結果指出細胞膜中的**磷酸肌醇** (phosphoinositide) 的降解，是跨膜訊號傳導的重要步驟，並發現了細胞內非核苷酸類的第二傳訊物質途徑，將磷酸肌醇代謝過程中產生的三磷酸肌醇 (inositol-1,4,5-triphosphate, IP_3) 和二醯甘油酯 (diacylglycerol, DAG) 確認為第二傳訊物質。

IP_3 和 DAG 產生的基本過程：激素活化細胞膜接受器，經 G 蛋白的偶聯作用，引發**磷脂酶 C** (phospholipase C, PLC) 活化，活化的 PLC 使二磷酸磷脂醯肌醇 (phosphatidylinositol-4,5-bisphosphate, PIP_2) 分解，產生大量 IP_3 和 DAG 兩種傳訊物質，二者分別啟動兩條獨立又相互協調的訊號傳導途徑，即 IP_3-Ca^{2+} 和 DAG- 蛋白激酶 C (proteinkinase C, PKC)（圖 16-2b）。

1. IP₃：主要使細胞內 Ca^{2+} 儲存庫（例如內質網）釋放 Ca^{2+}，使細胞質中游離 Ca^{2+} 濃度增高，然後再藉由 Ca^{2+} 與**攜鈣素** (calmodulin) 的結合，進而影響細胞功能。

2. DAG：能專一性啟動蛋白激酶 C，然後催化細胞內某些蛋白質磷酸化，從而產生生理效應。

（四）鈣離子

　　某些激素與細胞膜上的接受器結合後，會使得鈣離子通道打開。大量 Ca^{2+} 流入細胞內，Ca^{2+} 與攜鈣素結合，活化蛋白激酶而引發生理作用。

二、基因體作用

　　類固醇類激素分子較小且呈脂溶性，因此可自由地通過細胞膜的雙層脂質結構，進入細胞，與細胞核內接受器 (nuclear receptor) 結合，利用其所媒介的基因體作用，誘導標的細胞內合成新的酵素或結構蛋白，發揮激素效應。

　　類固醇類激素基因體作用的主要過程：(1) 激素直接通過細胞膜進入細胞質，與細胞質中專一性接受器結合成激素－接受器複合物；(2) 在 Ca^{2+} 存在的條件下，複合物發生構形的改變，並進入細胞核內；(3) 複合物與細胞核內 DNA 上的**激素反應單元** (hormone response element, HRE) 結合，啟動或抑制 DNA 的轉錄過程；(4) 透過促進或抑制 mRNA 的形成，可誘導或減少蛋白質（主要是酵素）合成，進而產生生物效應（圖 16-3）。

　　親水性及親脂性兩類激素的作用原理並不是絕對，如類固醇激素中的糖皮質素 (glucocorticoid)，既能透過基因表現途徑，也能經由第二傳訊物質途徑發揮作用。

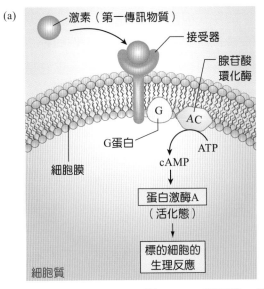
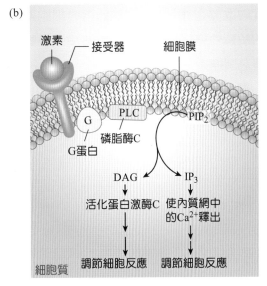

■ **圖 16-2**　利用第二傳訊物質的激素作用機制。

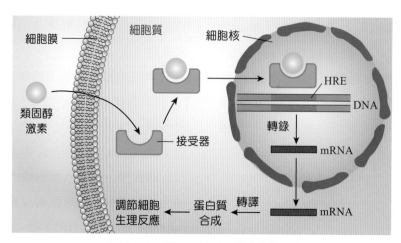

圖 16-3 類固醇激素的作用原理。

激素對標的細胞的作用

標的細胞的活化與血液中激素濃度、細胞接受器數量，以及激素與接受器之間的親和力有關，其中又以激素濃度最為重要，取決於：(1) 激素產生的速度；(2) 激素傳遞的速度，如細胞周圍的血流速度；(3) 激素衰減的速度（半衰期），如半衰期短的激素，當產生激素速度下降時，激素濃度會迅速下降。此外，激素對標的細胞的影響，除了激素濃度的改變之外，亦可以透過標的細胞對激素的敏感性進行調整，如細胞的接受器數量改變之調控：

1. **調降** (down-regulation)：當激素濃度長期處於高濃度狀態下，接受器數量會減少，具有降低細胞的反應作用，又稱「去敏感作用」。

2. **調升** (up-regulation)：當激素濃度下降時，接受器的數量增加，增加標的細胞對激素的敏感度。

在一個組織中可能含有數種激素的接受器，因此，當不同激素刺激組織時，各種激素的作用可以相互影響，其作用模式主要如下：

1. **協同作用** (synergistic effect)：指不同激素對同一生理活動有相同的效應，其作用可能是加成或互補的，如生長激素和腎上腺素都能使血糖升高。

2. **拮抗作用** (antagonistic effect)：不同激素對某一生理活動作用相反，如升糖素使血糖升高，而胰島素使血糖降低。

3. **允許作用** (permissive effect)：某種激素本身對某器官或細胞不發生直接作用，但它的存在卻是另一種激素產生生物效應，或是作用加強的必要條件，例如糖皮質素本身不引起血管平滑肌收縮，但它是正腎上腺素發揮收縮血管作用的前提。

激素的分泌調控

激素是內分泌系統執行調節作用的基礎，外在（如明亮光線）或內在（如血糖上升）的刺激，都可以調節激素的製造及釋放。分泌量視當時身體需求而定，並受到嚴密調控。激素分泌的調節如下：

一、生物節律性分泌

許多激素具有節律性分泌的特徵，週期短者表現以分鐘或小時計的脈衝式，長者可表現為月、季等週期性波動，如腦下腺的一些激素表現為脈衝式分泌，且與下視丘激素的分泌活動同步；褪黑激素、皮質醇等表現為晝夜節律性分泌；女性的性激素呈週期性分泌；甲狀腺素則存在季節性週期波動。激素分泌的這種節律性，受體內**生物時鐘**的控制，取決於自身生物節律。**下視丘的視交叉上核**可能是生物時鐘的關鍵部位。

二、體液調節

（一）軸線迴饋調節

下視丘－腦下腺－標的腺體組成一條軸線 (axis)，是系統式控制激素分泌穩定的調節迴路。 在調節系統內，激素的分泌不僅表現等級層次，同時還接受海馬、大腦皮質等高級中樞的調控。在調節軸線中，分別形成**長程迴饋 (long-loop feedback) 和短程迴饋 (short-loopfeedback)** 等封閉的調控迴路。長程迴饋指在調節迴路中的終末標的腺體，或組織分泌激素對上位腺體活動的迴饋影響；短程迴饋指腦下腺所分泌的激素，對下視丘分泌活動的迴饋影響。透過這種封閉式調控迴路，能維持血液中各層級激素濃度的相對穩定。

一般而言，在此系統內的高位激素，對下位內分泌細胞活動具有促進性調節作用；而下位激素對高位內分泌細胞活動多表現負迴饋（抑制性）調節作用（圖16-4）。正迴饋調節機制很少見，例如在卵巢濾泡成熟發育過程中，卵巢所分泌的動情素（estrogen，又稱為雌性素）在血液中達到一定濃度後，可正迴饋地引起黃體生成素 (luteinizing hormone, LH) 分泌高峰，最終促發排卵。

（二）體液代謝物調節效應

許多激素參與體內物質代謝過程的調節，而物質代謝引起血液中某些物質的變化，又反過來調整相對應之激素的分泌情形，形成直接的迴饋調節。例如，進食後血中葡萄糖濃度升高時，可直接刺激胰島 β 細胞增加胰島素分泌，結果使血糖降低；血糖降低則可反過來使胰島素的分泌減少，從而維持血糖濃度的穩定。這種激素作用所致的終末效應對激素分泌的影響，能直接且及時地維持血中某種化學成分濃度的相對穩定。此外，部分激素的分泌直接受功能相關聯或相抗衡的激素的影響，如升糖素 (glucagon) 和體制素 (somatostatin) 可透過旁分泌作用，分別刺激和抑制胰島 β 細胞分泌胰島素，它們相互抗衡、制約，共同參與血糖恆定的維持。

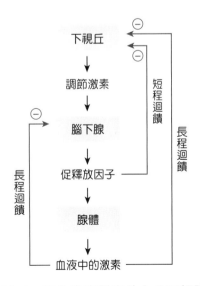

■ **圖16-4** 下位激素對高位內分泌細胞活動多表現負迴饋（抑制性）調節作用。

（三）神經調節

下視丘是神經系統與內分泌系統活動相互聯絡的重要樞紐。下視丘的上行和下行神經徑路複雜且廣泛，內、外環境各種形式的刺激，都有可能經由神經徑路，影響下視丘神經內分泌細胞的分泌活動，產生對內分泌系統以及整體功能活動的高級整合作用（圖16-5）。神經活動對激素分泌的調節，對於生物體具有特殊的意義，如胰島、腎上腺髓質等腺體和許多散布的內分泌細胞，都有神經纖維支配。壓力狀態下，交感神經系統活動增強，腎上腺髓質分泌的兒茶酚胺類激素增加，可以配合交感神經系統廣泛動員整體功能，釋放能量增加，適應體內活動的需求；而在夜間睡眠期間，副交感神經活動佔優勢時，又可促進胰島 β 細胞分泌胰島素，有助於人體積蓄能量，休養生息。

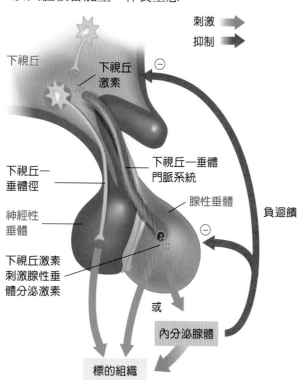

刺激
抑制

下視丘
下視丘激素
下視丘－垂體徑
神經性垂體
下視丘激素刺激腺性垂體分泌激素

下視丘－垂體門脈系統
腺性垂體
負迴饋

或

內分泌腺體
標的組織

■ 圖 16-5　下視丘、腦下腺和標的腺體的關係。

16-2 下視丘及腦下腺
Hypothalamus and Pituitary Gland

▶ 下視丘

下視丘 (hypothalamus) 是間腦最下部的結構，位於視丘下方，第三腦室的兩側，由神經細胞構成，透過垂體柄與腦下腺相連。下視丘可透過神經電訊號或激素分泌調節腦下腺的激素合成及分泌。下視丘神經元製造許多釋放激素及抑制激素，經由**下視丘－垂體門脈系統**（微血管－靜脈－微血管）送到腦下腺前葉。在下視丘內側區有**視上核** (supraoptic nucleus) 和**室旁核** (paraventricularnucleus, PVN)，發出纖維到達腦下腺後葉。

一、下視丘對於腦下腺前葉的調控

下視丘產生和分泌許多**調節性胜肽**，經由下視丘－垂體門脈系統傳到腦下腺前葉，以調節腦下腺前葉的內分泌功能（圖16-5）。激素名稱及生理作用整理於表 16-1，有兩大類型：

1. 興奮性激素：如**甲釋素** (thyrotropin-releasing hormone, TRH)、**性釋素** (gonadotropin-releasing hormone, GnRH)、**生長激素釋素** (growthhormone releasing hormone, GHRH)、**皮釋素** (corticotropin-releasing hormone, CRH)、**泌乳素釋素** (prolactin releasing hormone, PRH)。若下視丘受損或腦下腺與下視丘之間的血管聯繫中斷，會造成腦下腺標的細胞激素分泌減少。

表 16-1　下視丘分泌的調節腺性垂體的激素

激素名稱	英文縮寫	生理作用
甲釋素	TRH	促進甲狀腺刺激素 (TSH) 和泌乳素 (PRL) 分泌
性釋素	GnRH	促進黃體生成素 (LH) 和濾泡刺激素 (FSH) 分泌
生長激素抑素（體制素）	GHIH	抑制生長激素 (GH) 和甲狀腺刺激素 (TSH) 分泌
生長激素釋素	GHRH	促進生長激素 (GH) 分泌
皮釋素	CRH	促進促腎上腺皮質激素 (ACTH) 分泌
泌乳素釋素	PRH	促進泌乳素 (PRL) 分泌
泌乳素抑素	PIH	抑制泌乳素 (PRL) 分泌

2. 抑制性激素：如**生長激素抑素**(growth hormone inhibitinghormone, GHIH)，又稱體制素(somatostatin)、**泌乳素抑素**(prolactin inhibiting hormone, PIH)。當下視丘受損或腦下腺與下視丘的血管聯繫中斷，腦下腺標的細胞激素分泌會增加。

　　下視丘透過分泌激素調控腦下腺前葉，使腦下腺前葉分泌多種激素作用於相應的標的器官，但下視丘也受到腦下腺激素及標的器官分泌激素的迴饋調控，例如，血液中腦下腺前葉分泌的甲狀腺刺激素 (TSH) 增加時，下視丘偵測後會減少甲釋素 (TRH) 的分泌，而當 TSH 刺激甲狀腺分泌，甲狀腺激素升高時，甲狀腺激素會抑制 TRH 及 TSH 的分泌（圖 16-6）。

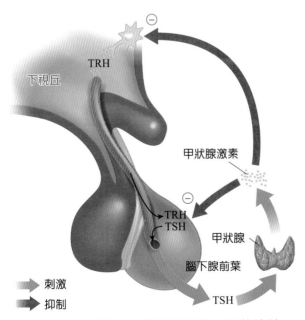

刺激
抑制

■ **圖 16-6**　下視丘—腦下腺前葉—甲狀腺軸線。

二、下視丘對於腦下腺後葉的調控

抗利尿激素 (ADH) 和催產素由下視丘視上核和室旁核合成。ADH 和催產素在下視丘合成後，沿下視丘－垂體徑到達腦下腺後葉儲存和釋放（圖 16-7）。

▶ 腦下腺

腦下腺 (pituitary gland) 又稱為**腦下垂體** (hypophysis)，根據結構及功能可分兩部分：

1. 腦下腺前葉：腺性垂體 (adenohypophysis)，為腺體上皮組織，可再分為遠側部(parsdistalis)、結節部(pars tuberalis)和中間部(pars intermedia)。
2. 腦下腺後葉：神經性垂體 (neurohypophysis)，為神經纖維所組成，

包括神經部 (parsnervosa)、漏斗部 (infundibulum) 和正中隆起 (median eminence) 三部分。

一、腦下腺前葉

腦下腺前葉是體內最重要的內分泌腺，它是中樞神經系統與標的腺體之間的重要橋樑（圖16-8）。其內分泌功能不僅涉及個體的生長、發育、行為、生殖、泌乳，以及蛋白質、醣類、脂肪、水及電解質的代謝等方面，而且與協調個體其他內分泌腺的活動有關。腦下腺前葉釋放的激素有7種含氮類激素，其中，甲狀腺刺激素(TSH)、促腎上腺皮質激素(ACTH)、黃體生成素(LH)和濾泡刺激素(FSH)均有各自標的腺體，分別形成三個軸線，即下視丘－腦下腺前葉－甲狀軸線，和下視丘－腦下腺前葉－性腺軸線，從腺軸線、下視丘－腦下腺前葉－腎上腺皮質，透過各自標的腺體發揮作用；生長激素(GH)、泌乳素(PRL)和黑色素細胞刺激素(MSH)則無標的腺體，而是直接作用於標的組織或細胞，分別調節物質代謝、個體生長、乳腺發育和泌乳以及黑色素細胞代謝和活動等。

1. **甲狀腺刺激素**(thyroid stimulating hormone, TSH)：又稱為甲促素 (thyrotropin)，為 211 個胺基酸所組成的**蛋白質激素**，可促進甲狀腺的生長及發育，刺激甲狀腺激素的合成及分泌。甲釋素 (TRH) 可促進 TSH 的分泌；體制素則抑制其分泌。此外，TSH 亦受到甲狀腺激素的負迴饋調節。

2. **促腎上腺皮質激素** (adrenocorticotropic-hormone, ACTH)：又稱為皮促素 (corticotropin)，由 39 個胺基酸構成，可

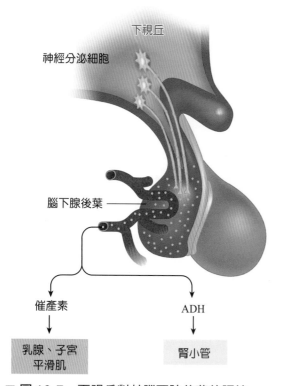

■ **圖 16-7** 下視丘對於腦下腺後葉的調控。

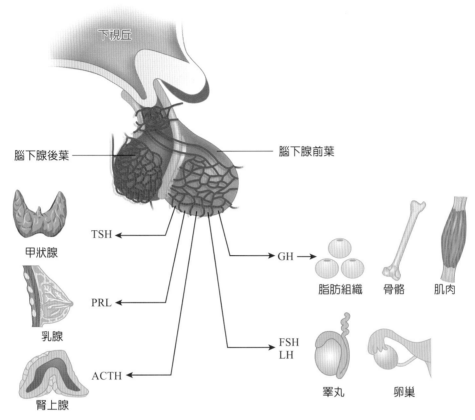

■ 圖 16-8　腦下腺前葉分泌的激素及其標的器官。

促進腎上腺皮質的生長及發育，以及刺激腎上腺皮質分泌糖皮質素。ACTH 的分泌受到皮釋素 (CRH) 的調控，糖皮質素則以負迴饋的方式抑制其分泌。此外，壓力亦會促進其分泌。

3. **促性腺激素** (gonadotropic hormone)：又稱為性促素 (gonadotropin)，包括**濾泡刺激素** (follicle stimulating hormone, FSH) 及**黃體生成素** (luteinizing hormone, LH)。FSH 可**促進卵巢濾泡的發育**及成熟，並促進動情素的分泌；LH 的主要作用則為刺激排卵、促進黃體生成及黃體素分泌。FSH 及 LH 皆受到性釋素 (gonadotropin-releasinghormone, GnRH) 的調控。

4. **生長激素** (growth hormone, GH)：又稱為體促素 (somatotropin)，由 191 個胺基酸所組成，主要作用於**骨骼肌及骨骼**上，能促進細胞生長，並可加強**蛋白質的同化作用、促進脂肪及肝醣的代謝**。其分泌主要受生長激素釋素 (GHRH) 及生長激素抑素 (GHIH) 的調節；而其他影響生長激素分泌的因素，如熟睡、**低血糖**、壓力等會**促進其分泌**。一般而言，人的一生有兩個快速成長階段，一個是在嬰幼兒期（約 2 歲以前），另一個是在青春期，這兩個時期亦是生長激素分泌的高峰期。

5. **泌乳素** (prolactin, PRL)：為 199 個胺基酸組成的蛋白質激素，主要功能為刺激

乳腺發育及乳汁的產生和分泌。泌乳素的分泌由泌乳素抑素 (prolactin-inhibiting hormone, PIH) 所控制。

二、腦下腺後葉

腦下腺後葉由神經纖維、神經膠質細胞和由神經膠質分化而來的垂體細胞組成，不含腺體細胞。腦下腺後葉的細胞本身不能合成激素，只是下視丘神經元所合成的**抗利尿激素** (antidiuretic hormone, ADH) 和**催產素** (oxytocin) 儲存和釋放的部位。

（一）抗利尿激素

抗利尿激素 (ADH) 又稱為血管加壓素 (vasopressin)，是調節人體水分平衡的重要激素。其主要作用如下：

1. 抗利尿作用：在生理條件下，ADH 可促進水通道蛋白 (aquaporin) 轉位，從而增加**遠曲小管**和**集尿管**對水的再吸收，使**尿量減少**。

2. 在大失血時，血容量下降可引起 ADH 大量釋放，使血管收縮、血壓升高。在一般生理情況下，由於血中 ADH 的濃度很低，對動脈血壓無明顯影響。

（二）催產素

催產素的主要生理作用表現為：

1. 刺激哺乳期乳腺不斷分泌乳汁和射乳。哺乳時，吸吮動作所造成的負壓，可克服乳頭括約肌的阻力，使乳汁被吸出，同時，透過神經反射性引起催產素分泌增加，促進乳汁排出，稱為**射乳** (milk ejection)。

2. **促使妊娠子宮收縮**，有利於分娩。催產素與子宮平滑肌專一性 G 蛋白偶聯接受器結合，觸發 Ca^{2+} 內流等機制，引起子宮平滑肌收縮。然而，催產素對非孕子宮的作用較弱。

參與催產素分泌調節的主要因素：吸吮乳頭、分娩時女性生殖道擴張及情緒刺激均可引起催產素的分泌。**雌二醇** (estradiol)（動情素的一種）可促進子宮內膜催產素接受器的合成及表現；**黃體素** (progesterone) 則抑制其表現。黃體素與催產素競爭接受器配體並啟動接受器的傳訊途徑（如 IP_3、Ca^{2+}），顯示了 G 蛋白偶聯接受器與類固醇的相互作用是透過非 DNA 細胞核內接受器途徑來達成的。

16-3 甲狀腺及副甲狀腺
Thyroid and Parathyroid Glands

▶ 甲狀腺

甲狀腺 (thyroid gland) 位於喉部下方，是人體內最表淺、最大的內分泌腺體。甲狀腺可分為左、右兩側葉，中間以峽部相連，外形似"H"形（圖 16-9）。甲狀腺內含許多大小不一的甲狀腺濾泡 (follicle)，濾泡是甲狀腺的基本組織結構和功能單位，由單層上皮細胞構成，是甲狀腺激素合成和釋放的部位。濾泡腔內充滿大量膠質 (colloid)，膠質為**甲狀腺球蛋白** (thyroglobulin)，由濾泡上皮細胞合成和分泌。

甲狀腺的主要功能是分泌甲狀腺激素 (thyroid hormone, TH) 和**降鈣素** (calcitonin)，

前者主要調節體內的各種代謝並影響生長發育，後者是由濾泡旁細胞 (parafollicular cell)〔或稱為 **C 細胞 (C cell)**〕分泌，主要參與骨骼代謝。

一、甲狀腺激素

（一）甲狀腺激素的合成

血液中碘離子 (iodine, I⁻) 濃度遠低於甲狀腺濾泡細胞內 I⁻ 濃度，因此，I⁻ 要進入濾泡細胞，必須透過一種與 Na^+-K^+-ATP 酶偶聯的碘幫浦的主動運輸機制，逆濃度和電位梯度進入濾泡細胞，隨後 I⁻ 被分泌到膠質中（圖

16-10a）。碘幫浦使甲狀腺內 I⁻ 濃度在生理情況下比血中高 20~40 倍。

碘離子進入甲狀腺濾泡後，在甲狀腺過氧化物酶 (thyroid peroxidase, TPO) 催化下，迅速被氧化（活化）成碘的中間產物（碘離子），並與甲狀腺球蛋白中的酪胺酸殘基結合，使甲狀腺球蛋白分子中特定位置的酪胺酸殘基發生碘化，形成單碘酪胺酸 (monoiodotyrosine, MIT) 及雙碘酪胺酸 (diiodotyrosine, DIT)。一分子的 MIT 與一分子的 DIT，或兩分子的 DIT，再分別合成為**三碘甲狀腺素** (triiodothyronine, T_3) 和

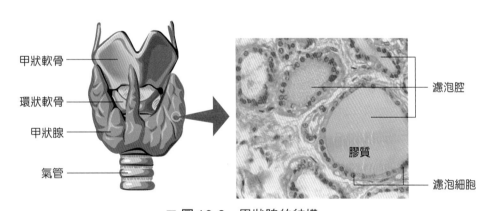

甲狀軟骨
環狀軟骨
甲狀腺
氣管

濾泡腔
膠質
濾泡細胞

■ **圖 16-9** 甲狀腺的結構。

臨·床·焦·點　　　　　　　　　　　Clinical Focus

生長激素分泌異常

在幼年時，如果生長激素分泌不足，會導致生長發育遲緩，身體長得特別矮小，造成垂體性侏儒症 (pituitary dwarfism)，又稱為**侏儒症** (dwarfism)；如果生長激素分泌過多，可引起全身各部過度生長，骨骼生長尤為顯著，致使身材異常高大，稱**巨人症** (gigantism)。

在成人時期，生長激素分泌不足會造成垂體性惡病質 (pituitary cachexia)，又稱為 Simmonds

氏症 (Simmonds' disease)，此疾病的特徵之一是由於組織萎縮造成提早老化。成年後，骨骺已融合，長骨不再生長，此時如果生長激素分泌過多，將刺激肢端骨、顏面骨、軟組織等增生，表現為手、足、鼻、下頜、耳、舌以及肝、腎等內臟顯示出不相稱的增大，稱為**肢端肥大症** (acromegaly)。

四碘甲狀腺素 (tetraiodothyronine, T_4)（圖 16-10b），T_4 即**甲狀腺素** (thyroxine)。

（二）甲狀腺激素的儲存及釋放

合成的甲狀腺激素，以甲狀腺球蛋白的形式儲存於甲狀腺濾泡腔內，這是內分泌腺中，激素儲存於分泌激素的細胞外的唯一存在形式。此儲存形式可能有利於更多的甲狀腺激素供人體在缺碘時利用。甲狀腺濾泡腔內以 T_4 的儲量最大，約為 T_3 的 10~15 倍。

當甲狀腺受到 TSH 的刺激時，甲狀腺球蛋白從濾泡腔進入濾泡細胞內，T_3 和 T_4 從甲狀腺球蛋白中移出，然後分泌到血液中。正常人血漿中 **T_4 濃度遠大於 T_3**，其中**絕大部分**（約99%）是與**血漿蛋白**〔**甲狀腺素結合球蛋白**(thyroxine-binding globulin, TBG)〕結合的方式存在，而游離的只占1%，且**主要為T_3**。只有游離的甲狀腺激素才能進入標的細胞，從而**發揮生物效應**。與血漿蛋白結合的甲狀腺激素，則作為激素在血液中的儲存者。T_3 的作用機制是與**細胞核**內接受器結合後，活化DNA的轉錄作用，藉此影響標的細胞的代謝功能。

（三）甲狀腺激素的生理作用

甲狀腺激素幾乎對所有細胞都有作用，是調節人體生長發育和物質代謝的重要激素。

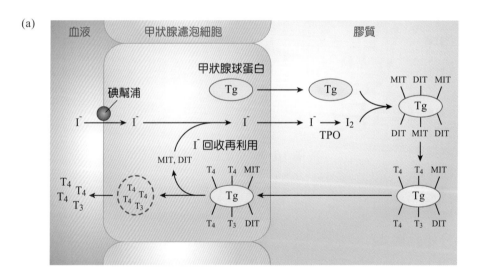

■ **圖 16-10** (a) 甲狀腺濾泡聚碘並合成 T_3 及 T_4；(b) T_3 及 T_4 分子的結構。

1. 對**生長發育**的作用：自胎兒時期至出生後的半年內，甲狀腺激素對人體生長發育的影響十分明顯，尤其是對骨骼生長及神經系統的發育。在胎兒及嬰幼兒期若缺乏甲狀腺激素，則表現為以智力遲鈍和身材矮小為特徵的**呆小症** (cretinism)。

2. 產熱效應 (calorigenic effect)：甲狀腺激素提高大多數組織的耗氧量，使產熱量增加，**基礎代謝率** (basal metabolic rate, BMR) 提高、體溫上升。這種作用在骨骼肌、心肌、肝和腎等組織的效果十分顯著。

3. 對物質代謝的影響：甲狀腺激素對蛋白質、醣類、脂肪的代謝（表 16-2），以及礦物質、維生素、水與電解質的代謝，均有不同程度的影響。例如在心肌細胞，T_3 可促進 Na^+ 內流；在紅血球中，T_3 可增加 Ca^{2+} 濃度。甲狀腺激素對物質代謝的影響是多方面的。

表 16-2 甲狀腺激素（T_3、T_4）對物質代謝的影響

物質代謝	作　用
蛋白質	促蛋白質合成（同化作用），刺激 DNA 轉錄過程，促進 mRNA 形成，加速蛋白質與各種酶的生成，使細胞增生，體積增大，尿氮減少，表現為正氮平衡
醣　類	甲狀腺激素可促進醣類的異化作用；既有促進消化道對糖的吸收、肝醣分解和抑制肝醣合成的升糖作用，又有促進周邊組織對糖利用的降血糖作用，但整體作用使**血糖升高**
脂　肪	既可促肝組織合成膽固醇，但更能增強膽固醇分解（即分解超過合成），可降低血中膽固醇含量，並可促進脂肪酸氧化，增強兒茶酚胺與升糖素對脂肪的分解，使血脂降低

4. 心臟：心臟是甲狀腺激素作用的最重要標的器官。T_3、T_4 可增加心肌收縮能力，使心跳速率加快、心輸出量增加。因此，甲狀腺功能亢進病人常表現為心悸、心跳過速，心肌可因過度耗竭而導致心力衰竭。

5. 循環：甲狀腺激素可降低體循環和肺循環血管阻力，直接作用於心臟血管平滑肌，擴張冠狀動脈。給予甲狀腺激素後，平均動脈血壓無明顯變化，但收縮壓明顯增加，舒張壓反而降低或不變，故出現組織血流量增加和脈壓差加大。

（四）甲狀腺激素分泌的調節

甲狀腺受腦下腺前葉 TSH 的調節，TSH 的分泌又受下視丘 TRH 的調節，三者構成一個完整的控制系統，稱為下視丘－腦下腺前葉－甲狀腺軸線，共同調節甲狀腺功能和甲狀腺激素的分泌。

TSH 可增強甲狀腺的分泌，其作用於碘代謝的所有環節，包括甲狀腺球蛋白的水解，I^- 的運輸與活化，酪胺酸的碘化和碘幫浦活性等。

下視丘分泌的 TRH 可促進腦下腺前葉 TSH 的分泌，同時下視丘分泌 GHIH 可減少或阻止 TSH 的合成和釋放。TRH 神經元接受中樞其他部位的調控，由此與腦下腺前葉建立神經－體液調節的聯繫。

甲狀腺激素對於 TRH 和 TSH 具有負迴饋調節作用。血液循環中游離的 T_4、T_3 濃度的升降，對腦下腺前葉合成與分泌 TSH，具有經常性的負迴饋調節作用，並使腦下腺前葉對 TRH 的反應性降低，這是由於甲狀腺激素刺激腦下腺前葉，產生一種「抑制性蛋白」所致。一般情況下，T_3、T_4 對 TSH 細胞的負

迴饋性調節，和 TRH 對其的興奮作用是相互拮抗、相互制約的，兩者共同調節著腦下腺前葉 TSH 的釋放量，以前者占優勢。在病理情況下，這種優勢更加明顯，例如在甲狀腺功能亢進時，由於 T_3、T_4 對 TSH 細胞的強烈抑制，即使大劑量 TRH 亦不能興奮 TSH 細胞。

二、降鈣素

降鈣素 (calcitonin) 來源於甲狀腺濾泡旁細胞（C 細胞），是由 32 個胺基酸組成的單鏈多胜肽，主要作用是促進成骨細胞 (osteoblast) 活動，使骨鹽沉著於類骨質 (osteoid)，並抑制胃腸道和腎小管吸收鈣離子，使**血鈣濃度降低**。

調節降鈣素分泌的主要生理因素是血鈣濃度（圖 16-11）。當**血鈣濃度升高**，降鈣素分泌增多；當血鈣濃度降低，降鈣素分泌減少。降鈣素與副甲狀腺激素 (PTH) 共同參與體內鈣的調節，維持鈣代謝的穩定。與 PTH 相比，降鈣素對血鈣的調節作用啟動快，但持續時間短，很快就被 PTH 的作用抵消。由於降鈣素的作用快速且短暫，它對高鈣飲食引起的血鈣升高回復到正常水準具有重要作用。進食後，胃腸道激素，如胰泌素和胃泌素以及升糖素等，都能促進降鈣素的分泌。

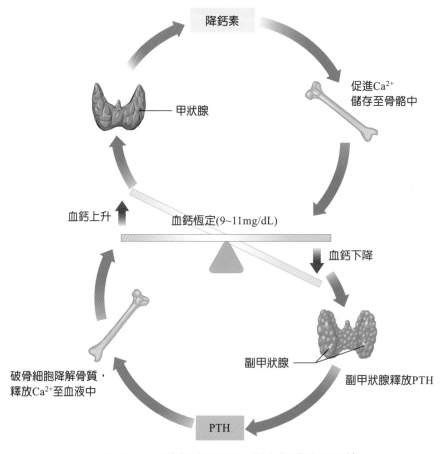

降鈣素

促進 Ca^{2+} 儲存至骨骼中

甲狀腺

血鈣上升

血鈣恆定(9~11mg/dL)

血鈣下降

破骨細胞降解骨質，釋放 Ca^{2+} 至血液中

副甲狀腺

副甲狀腺釋放 PTH

PTH

■ **圖 16-11** 降鈣素和 PTH 對血鈣濃度的調節。

甲狀腺分泌失調

　　甲狀腺分泌甲狀腺激素不足時，稱為**甲狀腺功能低下** (hypothyroidism)，病人會有基礎代謝率過低、體重增加及嗜睡的症狀。甲狀腺素不足亦會導致對於寒冷壓力的適應能力降低。成人的甲狀腺功能低下會造成黏液蛋白及體液堆積於皮下結締組織中，稱為**黏液水腫** (myxedema)，其症狀包括手、臉、足及眼部周圍組織浮腫。

　　甲狀腺激素可刺激蛋白質合成，是孩童個體成長和中樞神經系統發育所必需。尤其在妊娠 3 個月到出生後 6 個月之間，對甲狀腺素的需求量

最多。此時若發生甲狀腺功能低下，則會影響神經系統發育，造成身材矮小、智能發育遲緩，稱為呆小症 (cretinism)。

　　另一方面，甲狀腺激素分泌過多會導致**甲狀腺功能亢進** (hyperthyroidism)。主要臨床表現為多食、體重減輕、體溫升高、怕熱、多汗、心跳加快、容易激動等高代謝症候群，神經和血管興奮增強，以及不同程度的甲狀腺腫大 (goiter) 和突眼 (exophthalmos) 等的特徵。

▶ 副甲狀腺

　　甲狀腺位於喉部下方，其側葉的背後表面，埋有一小而扁平狀的副甲狀腺 (parathyroidgland)（圖 16-12）。副甲狀腺激素 (parathyroid hormone, PTH) 是副甲狀腺唯一分泌的激素，由副甲狀腺的**主細胞** (chief cell) 所合成。PTH 的標的器官主要是骨骼、**腎臟和小腸**，其功能是維持血中鈣及磷的濃度於正常範圍（圖 16-11），主要作用為**提升血鈣濃度**及降低血磷濃度。

　　副甲狀腺激素的作用包括：

1. 骨骼：增強破骨細胞 (osteoclast) 的活性，抑制成骨細胞的活性，使骨中的 Ca^{2+} 進入血液，血中 Ca^{2+} 濃度升高。

2. 腎臟：與腎小管細胞膜上的專一性接受器結合，**促進腎小管對 Ca^{2+} 的再吸收和磷的排出**。

3. 小腸：對腸道 Ca^{2+} 的吸收的作用是間接的，主要透過促進腎臟產生維生素 D_3 (vitamin D_3) 來達成，如活化腎臟內的 1α- 羥化酶，

　　維生素 D 的主要功能是促進鈣及磷的吸收和利用，使鈣和磷可正常地沉著在骨骼生長部位，以確保骨骼的正常發育。孩童如果缺乏維生素 D，會造成鈣化不足，成骨作用受阻，骨骼變軟、無法載重且易彎曲變形，稱為**佝僂病** (rickets)。成人若缺乏維生素 D，則會導致**軟骨症** (osteomalacia)，又稱為成人佝僂症 (adult rickets)，常見症狀為全身性骨骼及肌肉痠痛無力。

使維生素 D_3 形成 **1,25- $(OH)_2$ D_3**，進一步促進小腸對 Ca^{2+} 的吸收。

　　PTH 主要受血鈣濃度調節。當血鈣降低時，PTH 分泌加速，長期低血鈣可致副甲狀腺增生；當血鈣升高時則 PTH 分泌減少，長期高血鈣可使腺體萎縮。

　　副甲狀腺功能低下 (hypoparathyroidism) 可因自體免疫，或在進行甲狀腺手術時誤將副甲狀腺切除而造成；病人體內缺乏維生素 D，

血鈣濃度下降，出現神經和肌肉的興奮性增高，表現為手足搐搦 (carpopedalspasm)、喉肌和橫膈痙攣，甚至導致死亡。

副甲狀腺功能亢進 (hyperparathyroidism) 時，過多的副甲狀腺激素導致太多鈣離子由骨骼中進入血液，造成高血鈣；骨骼會因為鈣質流失而造成骨質疏鬆；同時由於小腸對鈣的吸收增加，使得尿中鈣質排泄增加，容易引起腎結石或尿道結石；並且副甲狀腺激素可增加尿中磷的排出，而導致血磷降低。

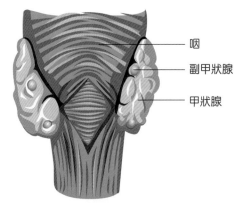

咽

副甲狀腺

甲狀腺

■ 圖 16-12　副甲狀腺的位置。

16-4　腎上腺

Adrenal Glands

　　腎上腺為腹膜外的內分泌器官，位於腹膜和腹後壁之間、兩側腎臟的內上方，由中央的髓質和外層的皮質所組成（圖 16-13）。腎上腺皮質起源於中胚層，約占腎上腺總體積的 80~90%，可分泌皮質類固醇 (corticosteroid)。腎上腺髓質起源自外胚層，受交感神經支配，可合成和釋放兒茶酚胺（包括腎上腺素及正腎上腺素），主要參與心血管活動的調節。

　　下視丘－腦下腺－腎上腺軸線是維持人體基本生命活動的重要內分泌功能軸系線之一，腎上腺皮質激素是維持生命的基本激素。

▶ 腎上腺皮質

　　根據皮質細胞的形態結構、排列、血管和結締組織結構等特徵，可將皮質由外向內

臨·床·焦·點

Clinical Focus

骨質疏鬆症 (Osteoporosis)

　　骨質疏鬆症是一種全身性骨骼疾病，指已鈣化之骨骼由於骨組織吸收和形成失衡等原因所致，發生骨量減少、骨的微觀結構退化，致使骨的脆性增加以及易於發生骨折。常發生於腰椎壓迫性骨折，或在不大的外力下發生橈骨遠端、股骨近端和肢骨上端骨折。

　　骨質疏鬆症是一種鈣質由骨骼往血液淨移動的礦物質流失 (demineralization) 現象，骨量減少，骨骼內孔隙增大，呈現中空疏鬆現象，速率取決於破骨細胞 (osteoclast) 和成骨細胞 (osteoblast) 活性的消長。

　　一般來說，老年人存在腎功能生理性減退，表現為 $1,25\text{-}(OH)_2D_3$ 生成減少，血鈣降低，進而刺激副甲狀腺激素分泌，故多數學者指出血中副甲狀腺激素濃度常隨年齡增加而增加，增加幅度可達 30% 甚至更高。對停經後骨質疏鬆婦女的副甲狀腺功能研究結果顯示，功能低下、正常和亢進皆有。一般認為老年人的骨質疏鬆和副甲狀腺功能亢進有關。

分為絲球帶、束狀帶和網狀帶三層（圖 16-13）：

1. **絲球帶** (zona glomerulosa)：位於被膜下，約占皮質總體積的 15%，主要分泌**礦物皮質素** (mineralocorticoid)，如**醛固酮** (aldosterone)。

2. **束狀帶** (zona fasciculata)：是皮質中最厚的部分，約占皮質總體積的 78%，主要分泌糖皮質素 (glucocorticoid)，如**皮質醇** (cortisol) 和皮質固酮 (corticosterone)。

3. 網狀帶 (zona reticularis)：位於最內層，約占皮質總體積的 7%，主要分泌性激素 (sexsteroid)，以雄性素 (androgen) 為主，亦有少量動情素 (estrogen)。

　　腎上腺皮質有許多功能，主要功能包括調節蛋白質、醣類及脂肪之新陳代謝，維持血壓及心臟血管功能，減緩免疫發炎反應，

並可幫助平衡或對抗胰島素代謝葡萄糖之能力。此外，腎上腺皮質激素最主要的功腎上腺皮質會分泌大量腎上腺皮質激素。

　　腎上腺皮質的功能，是透過其分泌的糖皮質素和礦物皮質素來發揮作用。激素經腎上腺靜脈進入血液循環送到全身，進入標的細胞發揮生理效應。血液循環中的類固醇激素有 90% 以上與血漿蛋白結合。**結合型激素** (conjugated hormones) 不易被降解和清除，並能調節血液中游離激素的濃度。醛固酮與血漿蛋白結合力較弱，主要以游離形式存在，因此半衰期很短。

一、糖皮質素

　　人體血液中的糖皮質素 (glucocorticoid) 主要為皮質醇 (cortisol)，其次是皮質固酮 (corticosterone)，後者含量僅為前者的

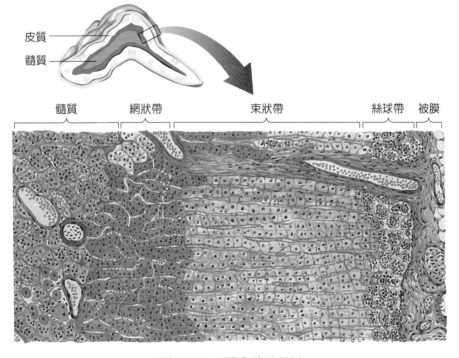

皮質

髓質

髓質　　網狀帶　　　　束狀帶　　　　絲球帶　被膜

■ **圖 16-13**　腎上腺的結構。

1/20~1/10。糖皮質素的作用十分廣泛，除調節醣類代謝外，還參與多種生理功能的調節。

（一）糖皮質素的生理作用

糖皮質素對人體的作用廣泛且複雜，主要包括：

1. 對物質代謝的作用：
   (1) 醣類代謝：糖皮質素可活化肝醣合成酶，抑制肝醣磷酸酶，使肝醣合成增加。糖皮質素亦可促進**糖質新生** (gluconeogenesis)，使血糖升高。此外，糖皮質素可抑制周圍組織對葡萄糖的攝取。
   (2) 蛋白質代謝：促進肝外組織的蛋白質分解，**減少合成**。長期糖皮質素分泌過多可導致**組織蛋白質廣泛破壞**，發生負氮平衡。
   (3) 脂肪代謝：促進脂肪分解和脂肪酸釋入血液，使血中游離脂肪酸增高。

2. 對神經系統的作用：糖皮質素易透過血腦障壁而影響中樞神經系統功能，包括睡眠形式、情緒、認知和感覺等。

3. 對循環系統的作用：糖皮質素對維持正常血壓是必需的，因為糖皮質素可增強血管平滑肌對兒茶酚胺的敏感性（允許作用），且可抑制具有舒張血管作用的前列腺素的合成。

4. 對消化系統的作用：糖皮質素促進胃液和胃蛋白酶的分泌，增強胃腺對迷走神經和胃泌素的反應性，故長期使用治療劑量的糖皮質素時，會增加消化性潰瘍的發生率，抑制潰瘍癒合。

5. 對免疫和發炎的影響：內源性糖皮質素具有抑制免疫及抗發炎的作用，能影響免疫細胞的遷移，使周邊血液免疫細胞明顯減少；抑制單核細胞分化成巨噬細胞，從而使後者的吞噬功能和細胞毒殺作用受到抑制。對發炎介質如前列腺素和絲胺酸蛋白酶也有抑制作用。臨床上，糖皮質素的抑制特性被用於控制器官移植後的排斥反應、自體免疫疾病及過敏等發炎性疾病的治療。

6. 參與壓力反應 (stress response)：人體受到各種傷害性刺激時，血液中 ACTH 及糖皮質素濃度升高的反應，稱為壓力反應。壓力狀態下，人體對糖皮質素的需要量大大增加，有利於人體應付環境的急劇變化。

（二）糖皮質素的分泌及調節

糖皮質素的分泌主要受下視丘－腦下腺－腎上腺軸線的調節（圖 16-14）。下視丘的 CRH 分泌細胞主要分布於室旁核和杏仁核，其軸突投射至正中隆起或下視丘的基底面。**CRH** 經垂體門脈系統或一些目前尚未闡明的途徑，作用於腦下腺的 ACTH 細胞，刺激 ACTH 的分泌。腎上腺皮質受到 **ACTH** 的刺激後，不僅增加糖皮質素的合成與分泌，對後續 ACTH 的敏感性亦會增強。

ACTH 促進糖皮質素的分泌具有可飽和性。在達到最大興奮值前，ACTH 與皮質醇濃度有線性關係，但達到或超過最大興奮值後，ACTH 的增加不再使皮質醇分泌增加。

研究結果發現，即使切除腦下腺，血液中仍然維持一定濃度的皮質醇；提示皮質醇

的分泌尚有非 ACTH 依賴性途徑。交感神經可直接促進皮質醇的合成與分泌；此外，在腎上腺局部存有皮質醇分泌的旁分泌調節途徑。

壓力狀態下，可透過交感神經、交感腎上腺髓質－腎上腺皮質和 CRH-ACTH 途徑促進皮質醇的合成及分泌，從而使血漿中的皮質醇，在較短的時間內明顯高於基礎水準。游離糖皮質素對下視丘 CRH 的分泌，和腦下腺 ACTH 的分泌有負迴饋作用，即糖皮質素既可抑制 CRH 釋放，又可降低 ACTH 的合成及分泌，使腦下腺對 CRH 反應性減弱。由於存在這種負迴饋調節機制，當臨床上長期大量使用外源性糖皮質素治療時，會使 ACTH 分泌減少，並導致腎上腺皮質萎縮，

所以，若長期大量使用糖皮質素，禁忌驟然停藥，應逐漸減量後再停藥，以使下視丘與腦下腺有時間從迴饋抑制中恢復。ACTH 和糖皮質素對 CRH 神經元均有負迴饋調節作用。

由上述可知，下視丘－腦下腺－腎上腺軸線組成一個緊密聯繫的活動系統，從而維持血液糖皮質素的相對穩定，以適應人體在不同狀態下的變化。

二、礦物皮質素

體內的礦物皮質素 (mineralocorticoid) 主要為醛固酮（又稱為留鹽激素），由腎上腺皮質絲球帶細胞合成和分泌。醛固酮的前身物質是黃體素 (progesterone)，主要合成過程為：膽固醇→妊烯醇酮 (pregnenolone) → 黃體素 → 11-去氧皮質固酮 (11-deoxycorticosterone) → 皮質固酮 (corticosterone) → 18-羥皮質酮 (18-hydroxycorticosterone) →醛固酮（圖 16-15）。

醛固酮的主要作用，是促進腎臟遠曲小管和皮質集尿管對鈉離子 (Na^+) 和水的再吸收，以及鉀離子 (K^+) 排泄，藉由這些作用，進而調節血壓及電解質平衡（詳見第 11 章及第 15 章）。醛固酮作用於髓質集尿管時，可促進 H^+ 的排泄，酸化尿液。此外，醛固酮還作用於腎外組織，調節細胞內、外的離子交換，和增強血管平滑肌對兒茶酚胺的敏感性。因此，當體內醛固酮分泌減少時，如**艾迪森氏症** (Addison's disease)，可使血鈉減少、血容量減少、血壓降低、血鉀升高，甚至出現代謝性酸中毒。

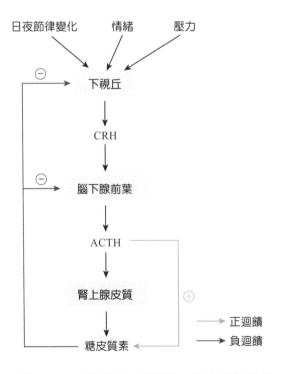

■ **圖 16-14** 下視丘－腦下腺－腎上腺軸線經由非專一性壓力刺激所活化。圖中亦顯示腎上腺皮質的負迴饋調控。

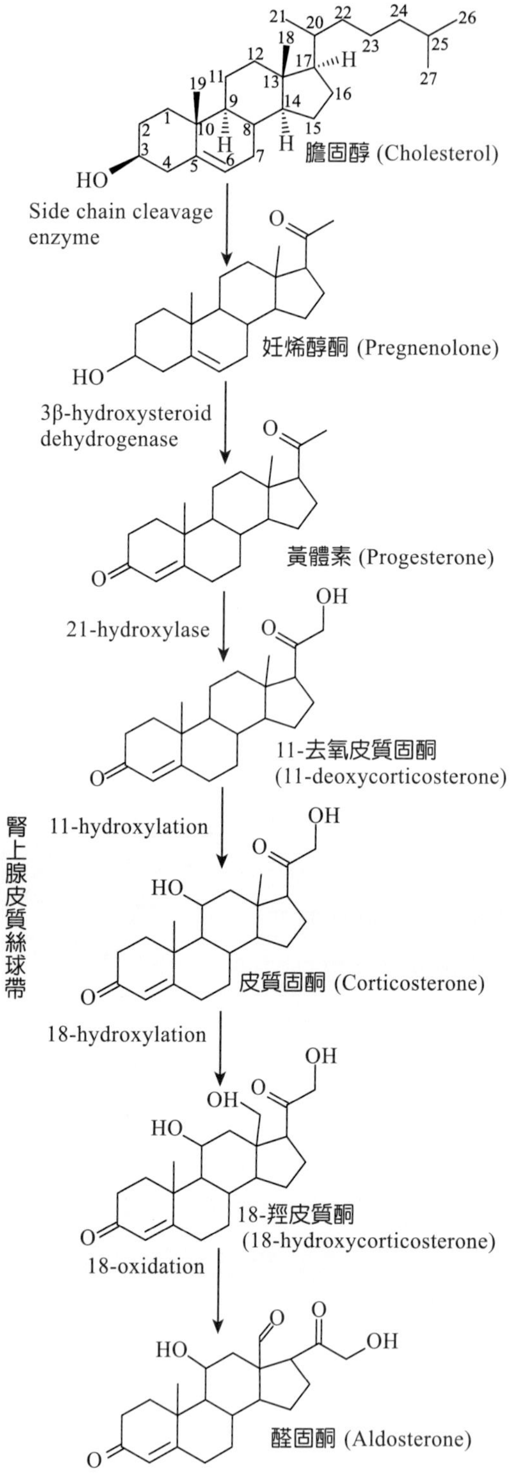

■ **圖 16-15** 醛固酮的合成過程。

醛固酮的分泌主要受腎素－血管收縮素－醛固酮系統 (renin-angiotensin-aldosterone system, RAA system) 的調節。當血容量減低時，腎動脈壓下降、交感神經興奮、緻密斑的 Na^+ 負荷減少、前列腺素增加和低血鉀等均可刺激近腎絲球器，使腎素分泌增加；腎素可促進血管收縮素 II 的形成；血管收縮素 II 則可直接作用在腎上腺皮質，使其分泌醛固酮。而血管收縮素 II 再經負迴饋可直接抑制腎素分泌；醛固酮則透過增加 Na^+ 再吸收，擴張血容量，間接抑制腎素的分泌。

血鉀濃度是調控醛固酮合成的另一重要因素。當血鉀升高時，可直接刺激腎上腺皮質絲球帶合成醛固酮，而醛固酮亦可經由刺激腎臟排泄 K^+ 來調節血鉀濃度。但血鈉降低時，主要是透過調節近腎絲球細胞合成腎素來影響醛固酮的合成。此外，ACTH 可短暫性刺激醛固酮分泌，心房鈉尿胜肽 (atrialnatriuretic peptide, ANP) 可直接抑制醛固酮的分泌，抗利尿激素、多巴胺、血清胺和體制素等對醛固酮也有一定的調節作用。

三、性激素

正常成人，腎上腺皮質的**網狀帶**細胞還分泌少量性激素，以**雄性素（睪固酮）**為主，但因分泌量少，作用不明顯，只有當腎上腺皮質細胞增生或形成腫瘤時，這些性激素分泌增加，才會產生明顯作用。成年男性若腎上腺雄性素生成過多，會導致毛髮叢生，女性病人則會表現出男性化現象。

臨·床·焦·點 Clinical Focus

腎上腺皮質分泌失調疾病

　　庫欣氏症候群 (Cushing's syndrome) 是因腎上腺皮質分泌過量的**皮質醇**所引起。常見的病因是腦下腺因腫瘤而分泌過多的促腎上腺皮質激素 (ACTH)；過量使用皮質醇則是造成外源性庫欣氏症候群最常見的原因。

　　庫欣氏症候群的症狀主要包括：體重增加、特殊的脂肪分布形成的中心性肥胖（四肢脂肪相對減少）、背頸部脂肪沉積（水牛肩）、鎖骨上脂肪墊及月亮臉（圖 16-16）。有些女性病例，因腎上腺分泌過多雄性激素，造成多毛症和痤瘡，並引致月經失調。過多的皮質醇也會造成耗損性狀態，包括皮膚變薄、容易瘀血、骨質疏鬆、消化性潰瘍和肌病變等。

　　艾迪森氏症 (Addison's disease) 又稱為慢性原發性腎上腺功能不足，由於腎上腺皮質不能分泌激素或分泌量不足所導致。少數的艾迪森氏症是由贅瘤、澱粉樣變性病、全身黴菌感染所導致，突然中止長期服用的類固醇、腎上腺切除等都可能是發生的原因。病人可能有虛弱、貧血、低血壓、低血糖、脫水、體重下降等問題。

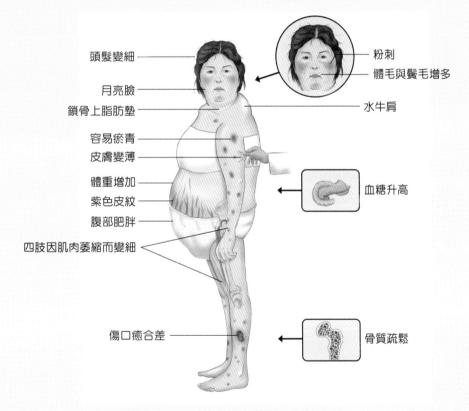

頭髮變細

月亮臉

鎖骨上脂肪墊

容易瘀青

皮膚變薄

體重增加

紫色皮紋

腹部肥胖

四肢因肌肉萎縮而變細

傷口癒合差

粉刺

體毛與鬢毛增多

水牛肩

血糖升高

骨質疏鬆

■ **圖 16-16**　庫欣氏症候群的主要症狀。

腎上腺髓質

腎上腺髓質既可看作自主神經系統的一個交感神經節，又屬於內分泌系統的成員之一。腎上腺髓質起源於外胚層，其細胞的細胞質內含有可被鉻鹽染成黃褐色的嗜鉻顆粒，故稱為嗜鉻細胞 (chromaffin cell)。腎上腺髓質細胞除了分泌腎上腺素 (epinephrine)（約85%）和正腎上腺素 (norepinephrine)（約15%）外，還分泌少量多巴胺 (dopamine) 和類鴉片 (opioid peptide)。

支配腎上腺髓質的神經與其他內臟器官不同，腎上腺髓質接受交感神經節前纖維的支配。交感神經節前纖維屬於膽鹼性神經纖維，興奮時釋放乙醯膽鹼，促進腎上腺髓質激素的合成與釋放。髓質激素的生理作用，與交感神經節後纖維的作用基本上一致，因此，可把腎上腺髓質看成是交感神經的神經節或其延伸部分。在複雜的調節過程中，根據人體的需要，交感－腎上腺髓質作為一個系統而發揮調節作用。腎上腺素與正腎上腺素的主要作用比較見表 16-3。

交感－腎上腺髓質系統在應急反應中有著重要作用。當人體遭遇緊急情況時，如劇痛、缺氧、脫水、大出血、恐懼及劇烈運動時，交感－腎上腺髓質系統發生的適應性反應，稱為壓力反應 (stress response)。壓力反應包括中樞神經系統的興奮性提高，心跳速率加快，心收縮力增強、心輸出量增加，血壓升高；呼吸加深且加快、皮膚及內臟血管收縮，血液重新分配，使重要臟器得到更多血液供應；血糖升高，葡萄糖及脂肪酸氧化代謝加強。

16-5 其他內分泌腺體及組織
Other Endocrine Glands and Tissues

胰島（蘭氏小島）

胰臟的功能同時包括內分泌和外分泌腺體，其內分泌腺是由 70~100 萬個散布於胰臟外分泌腺之間的內分泌小島（腺細胞團）組成，稱為胰島 (pancreatic islets) 或蘭氏小島

表 16-3　腎上腺素與正腎上腺素的主要作用比較

作用類別	腎上腺素	正腎上腺素
心跳速率	加快	減慢（在體內）
心輸出量	增加	不一定
冠狀動脈血流量	增加	增加
周邊總阻力	降低	增加
血壓	升高，尤其是收縮壓	明顯升高，尤其是舒張壓
支氣管平滑肌	舒張	稍舒張
脂肪代謝	分解	分解
醣類代謝	血糖明顯升高	血糖升高

臨·床·焦·點 　　　　　　　　　　Clinical Focus

壓力反應：一般適應症候群 (General Adaptation Syndrome)

　　當代第一位研究持續的嚴重壓力 (stress) 對於人體影響的研究者是 Hans Selye，他是一位加拿大的內分泌學者。1930 年代末，Selye 報告了實驗動物對傷害性事件的一系列複雜反應，這些事件包括細菌感染、中毒、外傷、強制性束縛、炎熱、寒冷等。根據 Selye 的壓力理論，許多種壓力都會引發相同的反應或一般性的身體反應。所有這些壓力源 (stressor) 需要「適應」，即一個生物體必須尋回其平衡或穩定，從而維持或恢復其完整和安寧。

　　Selye 將個體面對壓力的整個適應過程的生理反應稱為「一般適應症候群」(general adaptation syndrome, GAS)，包括三個階段：警戒反應期 (stage of alarm response)、抵抗期 (stage of resistance) 和耗竭期 (stage of exhaustion)。警戒反應期是一個短暫的生理喚醒期，當個體感受到壓力時所產生的反應，如交感神經活化、腎上腺皮質激素增加等，使身體做好準備應對壓力。如果壓力源持續存在，則會進入抵抗期。在抵抗期內，警戒反應消退，個體嘗試適應壓力源，調整對環境刺激的反應程度。然而，如果壓力源持續的時間過長或強度過大，身體的資源將會耗盡，個體將會進入耗竭期，難以再應付壓力，可導致疾病的產生。

　　長期的壓力會導致某些嚴重的健康問題，例如：引起高血壓和動脈硬化；影響免疫功能，增加引發感冒、感染、風濕性關節炎、癌症、疱疹、愛滋病的機會；肌肉疼痛或僵硬（特別是頸部、肩膀和下背部）；緊張或偏頭痛等。

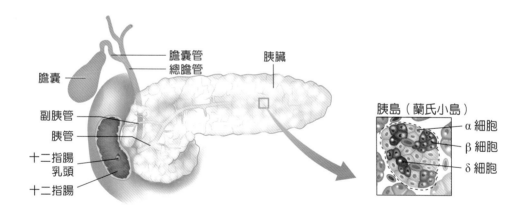

■ 圖 16-17　胰臟和胰島。

(islets of Langerhans)，主要分布於胰臟的體部和尾部（圖 16-17）。人類蘭氏小島內分泌細胞主要有三種，即 **α 細胞** (alpha cell)、**β 細胞** (beta cell)、**δ 細胞** (delta cell)。α 細胞約占 20%，分泌**升糖素** (glucagon)；β 細胞數量最多，約占 60~70%，分泌**胰島素** (insulin)；δ 細胞約占 10%，分泌**體制素** (somatostatin)。胰島素促進血糖的降低並以肝醣和脂肪的形式儲存能量。升糖素對胰島素具有拮抗的效果，其作用為升高血糖的濃度。

一、胰島素

胰島素 (insulin) 由胰島 β 細胞所分泌，是小分子的蛋白質激素，對於醣類、脂肪及蛋白質的代謝有著重要的調節作用。胰島素主要作用於肌肉、肝臟及脂肪細胞，可使**血糖濃度降低**，其作用**與升糖素相互拮抗。**

目前已發現的**葡萄糖運輸體** (glucosetransporter, GLUT) 有許多型別，其中第四型葡萄糖運輸體 (glucose transporter type 4, GLUT4) 對胰島素敏感，主要位於脂肪組織、骨骼肌及心肌。當胰島素與肌肉和脂肪細胞膜上的胰島素接受器結合後，會促使原本儲存於細胞質中的 GLUT4 移到細胞膜上，使肌肉和脂肪細胞膜上的 GLUT4 大量增加，並促進血液中過多的葡萄糖進入肌肉細胞和脂肪細胞中儲存，血糖下降（圖 16-18）。

（一）胰島素的生理作用

1. **對醣類代謝的作用**：胰島素可增加細胞膜上葡萄糖運輸體，促進組織細胞對葡萄糖的攝取和利用，加速肝細胞的**肝醣合成及儲存**，抑制糖質新生，促進葡萄糖轉化為脂肪並儲存於脂肪細胞，因而使血糖降低。胰島素缺乏時，血糖濃度升高，當血糖濃度過高至超過了腎小管的再吸收能力時，便會出現糖尿 (glucosuria) 的情形。

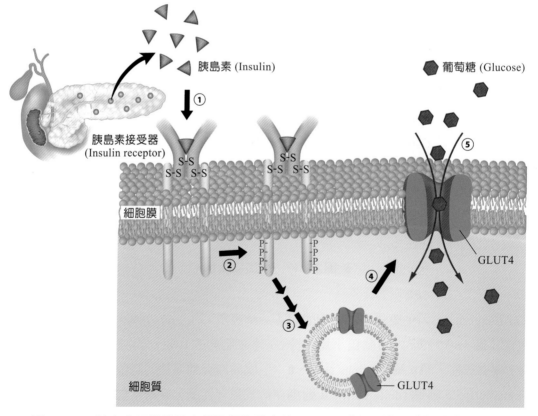

■ **圖 16-18** 胰島素可促使肌肉細胞細胞膜上的 GLUT4 增加，進而增加葡萄糖的吸收。

2. **對脂肪代謝的作用**：促進脂肪合成及運輸、促進三酸甘油酯儲存，致使脂肪合成增加，並抑制脂肪分解。

3. **對蛋白質代謝的作用**：胰島素**促進蛋白質合成**、抑制蛋白質分解和減少糖質新生。由於胰島素促進蛋白質的合成過程，因此它與腦下腺分泌的生長激素一樣對人體生長具有促進作用。

（二）胰島素分泌的調節

1. **血糖濃度**：血糖濃度是影響胰島素合成與分泌的最重要因素。血糖濃度升高，促進胰島素分泌，先是快速分泌增加（儲存胰島素的釋放），繼而是緩慢持久的新合成胰島素的分泌。

2. **血中胺基酸及脂肪酸濃度**：血中胺基酸濃度升高可刺激胰島素分泌，以血糖與胺基酸均升高時最明顯。血中脂肪酸和酮體大量增加也會促進胰島素分泌。

3. **激素的調節**：膽囊收縮素 (CCK) 及胃抑胜肽 (gastric inhibitory polypeptide, GIP) 等，均有刺激胰島素分泌的作用。進食後，腸道分泌的一些激素可促進胰島素分泌，因此，胰島素在葡萄糖被吸收及血糖濃度上升前已開始增加分泌。

4. **自主神經的作用**：迷走神經（副交感神經）釋放 ACh，可刺激胰島內分泌細胞，促進胰島素的分泌。交感神經釋放正腎上腺素則可抑制胰島素的分泌。

二、升糖素

升糖素 (glucagon) 為胰島 α 細胞所分泌，是由 29 個胺基酸所組成的直鏈多胜肽激素。

主要作用於**肝臟**及脂肪細胞，可刺激肝醣及脂肪水解，使血糖濃度上升。

（一）升糖素的生理作用

於很多方面和胰島素相反，它**促進肝醣分解**和**糖質新生**，使**血糖升高**。血糖升高主要透過兩種途徑：一為升糖素與肝細胞專一性接受器結合，啟動腺苷酸環化酶 (adenylate cyclase)，使細胞內環腺苷單磷酸 (cAMP) 濃度升高，進一步催化肝醣分解為葡萄糖，釋放至血液中；其二是誘導與糖質新生相關酵素的合成，從而促進胺基酸轉變為葡萄糖。在脂肪細胞，升糖素使 cAMP 增加，從而啟動蛋白激酶，活化脂肪酶，**促進脂肪分解**，血漿游離脂肪酸升高並促進肝臟攝取游離脂肪酸，因此**酮體生成增多**。

（二）升糖素分泌的調節

升糖素的分泌也受血糖濃度的調節，但分泌量與血糖濃度成反比關係，即血糖降低

知識小補帖 Knowledge+

低血糖症 (hypoglycemia) 是指因血糖過低，導致病人出現神智不清、視力模糊、感覺異常、頭暈、噁心、出冷汗、心悸、肌肉震顫等症狀，嚴重時可導致昏迷。低血糖症可因胰島細胞增生或腫瘤、服用降血糖藥物或注射胰島素等原因，導致體內胰島素過多而引起。進食醣類之後，胰島 β 細胞若對於血糖上升反應過度，分泌過量胰島素，常造成輕微低血糖症狀，稱為**反應性低血糖症** (reactive hypoglycemia)。此外，對胰島素過度敏感、肝臟疾病、藥物中毒、攝取醣類不足等，亦可造成低血糖症。

糖尿病 (Diabetes Mellitus, DM)

糖尿病是因胰島素分泌不足或作用障礙，造成血糖過高及尿液中出現葡萄糖。臨床症狀以多吃、多喝、多尿為特徵，此外亦會出現易疲倦、四肢無力、體重減輕、視力減退、傷口不易癒合等症狀。

糖尿病依據成因主要可分為兩類：**第 1 型糖尿病** (type 1 DM) 和**第 2 型糖尿病** (type 2 DM)。第 1 型糖尿病多發生於兒童或青少年，其胰島 β 細胞受到自體免疫反應破壞，導致胰島素分泌缺乏（圖 16-19a）；必須依賴胰島素治療以維持生命。第 2 型糖尿病多見於**30 歲以後之成年人**，其胰島素的分泌量並不低，有時甚至還偏高，其病因主要是細胞對胰島素不敏感〔即**胰島素抵抗** (insulin resistance)〕，或胰島素接受器數量減少所致（圖 16-19b）；其治療方式以飲食控制、運動及降血糖藥物為主。

妊娠糖尿病 (gestational diabetes mellitus, GDM) 發生於懷孕期婦女，源於細胞的胰島素抵抗，不過其胰島素抵抗是由於妊娠期分泌的激素所導致的。妊娠糖尿病可能之併發症包括：妊娠毒血症、胎死腹中、胎兒過大、黃疸等。需以飲食控制、適當運動等方式妥善控制血糖值，有時需加上藥物治療。妊娠糖尿病通常在分娩後自癒。

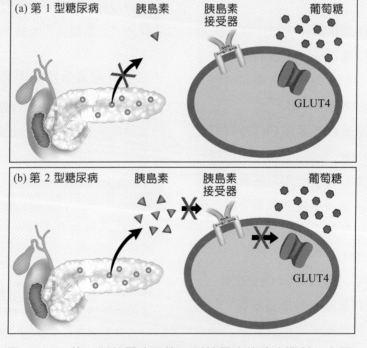

■ **圖 16-19** 第 1 型糖尿病及第 2 型糖尿病的致病機制示意圖。

促進其分泌，血糖升高則抑制分泌。胺基酸除了能刺激胰島素分泌外，也可直接刺激升糖素分泌。因此，胰島的各類內分泌細胞，所分泌的激素種類和數量，受食物中碳水化合物和蛋白質含量的影響。

升糖素也受自主神經系統的調節，迷走神經（副交感神經）興奮可抑制分泌，交感神經興奮則促進分泌。此外，胰島素對 α 細胞的直接作用是抑制升糖素的分泌，但可透過降低血糖濃度，間接促進升糖素分泌。

三、體制素

胰島的 **δ 細胞**分泌體制素 (somatostatin, SS)，屬於多胜肽激素。可抑制胰島 α 及 β 細胞分泌升糖素及胰島素。

▶ 松果腺

松果腺 (pineal gland) 位於間腦，為卵圓形小體，直徑 5~8 mm，其以細柄連於第三腦室頂部。松果腺表面包有結締組織，結締組織伴隨血管伸入實質，將實質分成許多不規制的小葉。小葉內主要是松果腺細胞 (pinealocyte)。在成人，松果腺細胞之間常可見到一些**鈣化顆粒**，稱為**腦沙** (brain sand)，可供 X 光診斷之參考位置。

松果腺分泌的多種胺類和胜肽類物質，主要作用是調節下視丘－腦下腺－性腺軸線、參與生物節律、抑制生殖等。松果腺分泌物中以**褪黑激素** (melatonin) 為主。在兩棲類，褪黑激素的作用與**黑色素細胞刺激素** (melanocyte-stimulating hormone, MSH) 相拮抗，使皮膚褪色；在哺乳類，它能抑制腦下

腺前葉分泌促性腺激素，從而影響性腺的活動。近年發現褪黑激素還具有增強免疫力、抗緊張、抑制腫瘤生長、促進睡眠，以及抗衰老等效應。

褪黑激素的合成和分泌會依據環境明暗呈節律變化，白天光線刺激經由視網膜傳入，抑制下視丘的**視交叉上核** (suprachiasmaticnucleus, SCN) 活性，因而減少其經由上頸神經節的交感神經纖維對松果腺的刺激，減少褪黑激素的製造與分泌；**夜間黑暗**時則能刺激褪黑激素的分泌（圖 16-20）。由於松果腺的分泌活動呈晝夜週期變化，轉而影響若干與時間有關的生理過程，如睡眠與清醒、月經週期等，故被認為具有**生理時鐘** (circadian rhythms) 的功能。

▶ 性腺

性激素 (sex hormones) 指由性腺（睪丸和卵巢）產生和分泌的激素。一般將睪丸分泌的性激素稱為**雄性素** (androgen)，卵巢分泌的性激素稱為**動情素** (estrogen)。兩性體內均存在濃度不同的雄性素與動情素。由於性激素在體內合成時，均經過膽固醇這一環節，故將它們與腎上腺皮質激素一起均歸為類固醇激素。性激素的主要作用包括胚胎時期促進性器官的分化，以及促進性器官及第二性徵的發育及維持。性腺及生殖系統的相關內容請參閱第 18 章。

▶ 其他內分泌組織

除了前述的內分泌器官外，人體尚有些器官或組織的主要生理功能並非內分泌，但

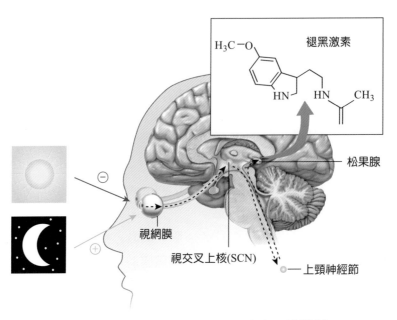

■ 圖 16-20　褪黑激素的分泌的晝夜調節機制。

亦可分泌某些激素，例如胸腺、消化道、胎盤、腎臟、心臟、脂肪組織等。以下介紹其中較重要的分泌器官及激素。

一、胸腺

胸腺 (thymus) 位於縱膈腔內，呈片狀組織，分為不對稱左、右兩葉（圖 16-1），其大小與重量隨年齡增長有明顯變化。新生兒胸腺最大，隨年齡增長逐漸增大，到青春期最大，青春期後逐漸退化。胸腺是培育各種 T 細胞的場所，除了產生 T 細胞外，胸腺上皮細胞能產生多種胜肽類激素，如胸腺素 (thymosin)、胸腺生長素 (thymopoictin)、胸腺刺激素 (thymulin) 等，這些激素可促進胸腺細胞分化成熟。

二、消化道

胃腸道激素 (gastrointestinal hormone) 又稱消化道激素 (gut hormone)，是由消化系統器官內分泌細胞分泌的一類多胜肽激素。胃腸道被認為是體內最大的內分泌器官，可分泌膽囊收縮素 (cholecystokinin, CCK)、胰泌素 (secretin)、胃泌素 (gastrin) 等數十種胃腸道激素，其作用不僅可以透過激素運輸的方式實現，還能以神經傳遞物質的形式，廣泛調節人體多種功能活動。

胃腸道激素的主要作用是透過調控消化系統的功能活動，調節人體的營養供應和維持能量平衡等。在消化系統以外的組織中（如腦），也存在能分泌胃腸道激素的細胞，其作用廣泛也很複雜（詳見第 14 章）。

三、胎盤

胎盤分泌的激素可分為兩大類，一類為蛋白質激素，如**人類絨毛膜促性腺激素** (humanchorionic gonadotropin, hCG)、**人類絨毛膜體乳促素** (human chorionic somatomammotropin, hCS) 等；另一類為類固醇激素，包括動情素和黃體素。

人類絨毛膜促性腺激素 (hCG) 是由胎盤滋養層細胞 (trophoblasts) 所分泌的一種醣蛋白激素，其化學結構、免疫學特性和生理功能，都與腦下腺分泌的黃體生成素 (LH) 很相似，因此，臨床上常利用 hCG 代替 LH 進行治療。hCG 的主要作用是在妊娠早期維持黃體繼續發育，於妊娠 33 天後就能從尿液中測得，妊娠 60~70 天時達到高峰，之後逐漸下降。測定 hCG 可作為判斷胎盤功能和早期驗孕的方法。

人類絨毛膜體乳促素 (hCS) 又稱**人類胎盤催乳素** (human placental lactogen, hPL)，是由胎盤滋養層細胞分泌的另一種醣蛋白激素。在免疫學特性及生理作用方面，與腦下腺分泌的生長激素很相似，主要透過拮抗胰島素，發揮確保胎兒代謝與營養需要的作用。

人類妊娠 3 個月後，胎盤開始分泌大量的動情素和黃體素，完全取代了黃體的功能。但是，胎盤本身無法自行產生類固醇激素以應妊娠需要，必須從胎兒或母體得到類固醇激素的前體後，再加工製造為**動情素**與**黃體素**。

1. **雌三醇** (estriol)：胎盤合成的動情素主要是雌三醇，主要生理作用包括維持妊娠子宮處於靜息狀態，以及藉由產生前列腺素，增加子宮與胎盤之間的血流量。由於雌三醇是由胎兒、胎盤和母體三方面共同參與製造的激素，從內分泌學角度，胎兒、胎盤和母體可看作為一個功能單位。孕婦尿液中雌三醇的排泄量，可作為胎兒－胎盤功能狀態的指標。

2. **黃體素** (progesterone)：黃體素的合成非胎盤獨立完成，它的前體是母體血液中的膽固醇。主要作用是維持子宮內膜的穩定，維持蛻膜反應 (decidual reaction) 以及抑制 T 淋巴細胞，從而防止母體排斥胎兒。

四、腎臟

腎臟產生的激素主要有腎素及紅血球生成素。主要作用如下：

1. **腎素** (renin)：主要由腎皮質近腎絲球器的顆粒細胞分泌；作用是透過腎素－血管收縮素－醛固酮系統來調節血壓及水、電解質的平衡（詳見第 11 章）。

2. **紅血球生成素** (erythropoietin, EPO)：是一種醣蛋白，主要在腎臟合成與分泌；作用為促進紅血球的生成及成熟，以及促進血紅素的合成，因此，當腎臟嚴重受損時，紅血球生成素減少，從而造成貧血。

五、心臟

心臟心房肌細胞可分泌**心房鈉尿胜肽** (atrial natriuretic peptide, ANP)，能**抑制腎素**及醛固酮的分泌，促進腎臟排鈉及排水，**降低血壓**。

六、脂肪組織

脂肪組織能合成**瘦體素** (leptin)，具有降低體內脂肪沉澱的作用。雖然早在 1950 年就已發現**肥胖基因** (obesity gene)，然而近年才確立肥胖基因的表現產物—瘦體素。

瘦體素是由 167 個胺基酸殘基構成的多胜肽，作用於細胞膜上，具有酪胺酸激酶活性的接受器。在體內，瘦體素可透過三條途徑發揮作用：(1) 作用於下視丘，抑制食慾，減少人體對外界能量的攝入；(2) 作用於中樞神經系統，提高交感神經系統的活性，動員體內儲存能量的轉化和釋放；(3) 直接作用於人體的脂肪細胞，抑制脂肪組織中的脂肪合成。瘦體素不僅是調節能量恆定的激素，還與體內其他激素的分泌活動互相影響，直接或間接參與人體新陳代謝的調節。

參考資料 | References

朱大年 (2007)·*生理學*·人民衛生。

姚泰 (2005)·*生理學*·人民衛生。

陳季強 (2004)·*基礎醫學教程*·科學。

馮琮涵、黃雍協、柯翠玲、廖智凱、胡明一、林自勇、鍾敦輝、周綉珠、陳澄 (2021)·*人體解剖學*·新文京。

馮琮涵、鄧志娟、劉棋銘、吳惠敏、唐善美、許淑芬、江若華、黃嘉惠、汪蕙蘭、李建興、王子綾、李維真、莊禮聰 (2022)·*解剖生理學*（三版）·新文京。

賴明德、王耀賢、鄧志娟、吳惠敏、李建興、許淑芬、陳晴彤、李宜倖 (2022)·*解剖學*（二版）·新文京。

韓秋生、徐國成、鄒衛東、翟秀岩 (2004)·*組織學與胚胎學彩色圖譜*·新文京。

Fox, S. I. (2006)·*人體生理學*（王錫崗、于家城、林嘉志、施科念、高美媚、張林松、陳瑩玲、陳聰文、黃慧貞、溫小娟、廖美華、蔡宜容譯；四版）·新文京。（原著出版於 2006）

Widmaier (2017)·*Vander's 人體生理學：身體功能的作用機制*（潘震澤譯；十四版）·合記。（原版出版於 2016）

Berne, R. M., & Levy, M. N. (2004). *Physiology*. Mosby.

Fox, S. I. (2015). *HUMAN PHYSIOLOGY* (14th ed.). McGraw-Hill College.

Guyton, A. C., & Hall, J. E. (2006). *Textbook of Medical Physiology*. Saunders.

Pocock, G., & Richards, C. D. (2004). *Human Physiology*. Oxford University Press Inc.

複·習·與·討·論

一、選擇題

1. 下列何種激素，只能由胎盤製造，卵巢並不會產生？ (A) 動情素 (estrogen) (B) 黃體素 (progesterone) (C) 鬆弛素 (relaxin) (D) 人類絨毛膜促性腺激素 (HCG)

2. 下列何種狀況屬於長環負迴饋 (long-loop negative feedback)？ (A) 濾泡促素 (FSH) 抑制性釋素 (GnRH) 分泌 (B) 動情素 (estrogen) 抑制黃體促素 (LH) 分泌 (C) 黃體促素 (LH) 抑制性釋素 (GnRH) 分泌 (D) 甲促素 (TSH) 抑制甲釋素 (TRH) 分泌

3. 下列有關黃體素之分泌，何者正確？ (A) 排卵前由黃體分泌 (B) 排卵後由濾泡顆粒層分泌 (C) 胎盤生成前由滋養細胞分泌 (D) 胎盤生成後由胎盤分泌

4. 下列激素與其主要作用器官的配對，何者正確？ (A) 濾泡刺激激素主要作用於卵巢 (B) 抗利尿激素主要作用於膀胱 (C) 腎上腺素主要作用於腎臟 (D) 胰島素主要作用於胰臟

5. 胰島素如何促使葡萄糖進入肌肉細胞？ (A) 增加細胞膜上胰島素受體 (B) 增加細胞膜上葡萄糖受體 (C) 增加細胞膜上葡萄糖運轉體 (D) 增加細胞膜上胰島素運轉體

6. 庫欣氏症 (Cushing's syndrome) 主要是因為何種激素分泌過多所致？ (A) 醛固酮 (B) 皮質促進素 (C) 動情素 (D) 腎素

7. 切斷腦下腺與下視丘的神經聯繫，何種腦下腺激素分泌會受影響？ (A) 催產素 (oxytocin) (B) 黃體生成素 (LH) (C) 胰島素 (insulin) (D) 動情素 (estrogen)

8. 攝碘不足導致甲狀腺腫大，原因與何者增加有關？ (A) 甲狀腺素 (B) 甲釋素 (C) 甲狀腺刺激素 (D) 甲狀腺結合球蛋白

9. 下列有關於腦下腺控制激素對腦下腺前葉的作用中，何者錯誤？ (A) 性釋素刺激濾泡刺激素的分泌 (B) 多巴胺刺激泌乳素的分泌 (C) 泌乳素釋素刺激泌乳素的分泌 (C) 皮釋素刺激皮促素的分泌

10. 尿崩症與下列何者受損有關？ (A) 腦下腺前葉 (B) 腦下腺後葉 (C) 甲狀腺 (D) 副甲狀腺

11. 原發性腎上腺皮質功能低下的症狀或表現，不包括下列何者？ (A) 血糖過低 (B) 皮質色素過度沉著 (C) 血鉀過高 (D) 皮促素 (ACTH) 分泌不足

12. 下列何種激素負責調節基礎代謝率和促進中樞神經系統功能成熟？ (A) 生長激素 (B) 胰島素 (C) 甲狀腺素 (D) 糖皮質固醇

13. 餵食母乳可抑制排卵乃自然避孕法，這是經由下列何者所致？ (A) 鬆弛素 (relaxin) (B) 泌乳素 (prolactin) (C) 催產素 (oxytocin) (D) 前列腺素 (prostaglandin)

14. 下列何者機能亢進時，會造成骨骼礦物質流失？ (A) 甲狀腺 (B) 副甲狀腺 (C) 腦下腺 (D) 腎上腺

15. 胰島素主要是結合到位於細胞何處之受體？ (A) 細胞膜 (B) 細胞質 (C) 粒線體 (D) 細胞核

16. 下列何者之基礎代謝率較正常人顯著增高？ (A) 甲狀腺功能低下病人 (B) 副甲狀腺功能亢進病人 (C) 甲狀腺功能亢進病人 (D) 腎上腺功能低下病人

17. 因自體免疫而破壞所有腎上腺皮質組織時，下列何者生合成受影響？ (A) 腎上腺糖皮質激素與正腎上腺素 (B) 腎上腺鹽皮質激素與腎上腺素 (C) 腎上腺糖皮質激素與雄激素 (D) 腎上腺鹽皮質激素與雌激素

18. 下列何者因分泌持續增加而使骨質密度增加？ (A) 降鈣素 (B) 糖皮質激素 (C) 甲狀腺素 (D) 副甲狀腺素

19. 有關碘攝取不足所導致的生理變化，下列何者錯誤？ (A) 甲狀腺素合成與分泌不足 (B) 甲狀腺腫大 (C) 血中甲狀腺刺激素過低 (D) 甲狀腺功能下降

20. 下列何者分泌褪黑激素 (melatonin)？ (A) 腦下腺前葉 (B) 松果體 (C) 甲狀腺 (D) 腎上腺

21. 下列何種激素在懷孕過程中不會大量增加？ (A) 人類胎盤泌乳素 (hPL) (B) 催產素 (oxytocin) (C) 雌激素 (estrogen) (D) 泌乳素 (prolactin)

22. 下列何種激素最可能造成血管平滑肌的收縮？ (A) 醛固酮 (aldosterone) (B) 副甲狀腺素 (PTH) (C) 抗利尿激素 (ADH) (D) 多巴胺 (dopamine)

23. 體抑素 (somatostatin) 最主要抑制下列何種激素的分泌？ (A) 甲狀腺素 (T_4) (B) 生長激素 (GH) (C) 催產素 (oxytocin) (D) 泌乳素 (prolactin)

24. 12 歲的王同學因為外傷造成兩側睪丸嚴重受損被迫切除，下列何者為手術後的生理變化？ (A) 聲音變得低沉且毛髮增生 (B) 血液中黃體生成素 (LH) 濃度上升 (C) 血液中睪固酮 (testosterone) 濃度上升 (D) 尿液中雄性素 (androgen) 濃度上升

25. 下列何種類型的病人，會有促腎上腺皮質素 (ACTH) 大量分泌的情況？ (A) 愛迪生氏症 (Addison's disease) (B) 接受糖皮質固酮 (glucocorticoid) 治療 (C) 原發性腎上腺皮質增生症 (D) 血管張力素 II (angiotensin II) 分泌過多

二、問答題

1. 簡述胰島素的生理作用及其分泌調節。

2. 調節和影響人體生長發育的激素有哪些？各有何作用？

3. 神經性垂體所釋放激素的來源及生理作用？

4. 簡述激素在體內的作用特性。

5. 腎上腺皮質主要分泌哪些激素？

6. 簡述甲狀腺激素的生理作用。

三、腦力激盪

1. 飲食中長期缺碘為什麼會導致甲狀腺腫大？

2. 長期使用糖皮質素時，為什麼不能驟然停藥而必須逐漸減量？

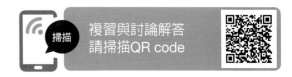

複習與討論解答
請掃描QR code

17
CHAPTER

學習目標 Objectives

1. 定義「營養素」及「新陳代謝」。
2. 區分同化作用與異化作用。
3. 定義「血糖」，說明血糖的來源和代謝途徑。
4. 定義「氮平衡」。
5. 定義「必需胺基酸」。
6. 定義「吸收期」及「後吸收期」。
7. 分述升高血糖的激素和降低血糖的激素。
8. 區分脂溶性及水溶性的維生素，並描述主要維生素的功能
9. 定義「基礎代謝率」。
10. 簡述下視丘調節體溫的機制。

本章大綱 Chapter Outline

營養及代謝
Nutrition and
Metabolism

HUMAN
PHYSIOLOGY

營養素 (nutrients) 是維持人體生理功能的基礎，主要包括醣類、蛋白質、脂肪、維生素、礦物質和水等。各種營養素通過消化系統進行消化並吸收進入體內，然後在體內經過一系列的化學反應，合成體內所需要的大分子物質，同時有能量的轉換，這些過程統稱為新陳代謝 (metabolism)。新陳代謝可以分為同化作用和異化作用二種形式。同化作用 (anabolism) 是指由簡單的物質合成較為複雜的物質的過程；異化作用 (catabolism) 是由複雜物質分解成簡單物質的過程。這二個過程均有能量的變化，同化作用通常在吸收能量，而異化作用通常在釋放能量。本章將重點介紹營養素的基本代謝過程和基礎代謝率的基本概念。

17-1 能量的轉換及利用
Energy Metabolism

▶ 醣類代謝

當進食醣類食物後，經消化成為**單醣**而被吸收。葡萄糖在不同類型的細胞中有不同的代謝途徑，其分解代謝方式則視氧供應狀況而定。在缺氧時，葡萄糖進行**糖解作用** (glycolysis)，生成乳酸 (lactate) 及能量（即 ATP）；在供氧充足時，葡萄糖進行有氧作用，氧化生成 CO_2 和 H_2O，並釋放能量（詳見第 3 章）。

葡萄糖可合成肝醣 (glycogen)，儲存於肝臟或肌肉組織中；空腹或飢餓時，肝臟中的肝醣可分解為葡萄糖進入血液，以維持血糖濃度。有些非醣類物質如乳酸、丙胺酸等，還可經**糖質新生** (gluconeogenesis) 途徑轉變成葡萄糖。

一、肝醣的合成與分解

肝醣是體內醣類的儲存形式，主要存在於肝臟及肌肉中。**肝醣生成 (glycogenesis)** 是由葡萄糖合成肝醣的過程。反之，**肝醣分解 (glycogenolysis)** 則是指肝臟中的肝醣分解為葡萄糖的過程。

肝臟中的肝醣的合成與分解，主要是為了維持血糖濃度的相對恆定；肌肉中的肝醣的合成與分解，主要是為肌肉提供 ATP。它們的作用受到腎上腺素、升糖素、胰島素等激素的影響。腎上腺素主要作用於肌肉；升糖素及胰島素主要調節肝臟中肝醣合成和分解的平衡。

二、血糖濃度的調節

血液中的葡萄糖，稱為**血糖** (blood sugar)。體內血糖濃度是反映人體內醣類代謝狀況的一項重要指標。正常情況下，血糖濃度是相對恆定的。正常人空腹血漿葡萄糖濃度為 70~100 mg/dL，飯後 2 小時不超過 140 mg/dL。

下視丘與自主神經系統藉由調節相關激素的分泌，如胰島素、升糖素、腎上腺素、糖皮質素、生長激素、甲狀腺激素等，以維持血糖濃度的恆定。除胰島素可降低血糖外，其他激素均可升高血糖（詳見後文）。

肝臟是調節血糖濃度的主要器官。當血糖濃度過高時，肝細胞攝取過多的葡萄糖進入肝細胞，透過肝醣生成，以降低血糖濃度；當血糖濃度偏低時，肝臟透過肝醣分解及糖質新生作用以升高血糖濃度（圖 17-1）。

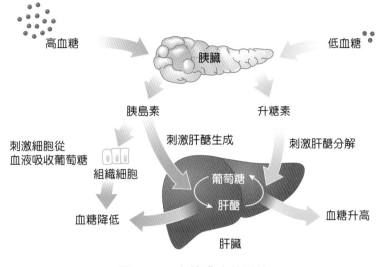

高血糖　胰臟　低血糖

胰島素　升糖素

刺激細胞從
血液吸收葡萄糖　刺激肝醣生成　刺激肝醣分解

組織細胞

葡萄糖
肝醣

血糖降低　血糖升高

肝臟

■ 圖 17-1　血糖濃度的調節。

▶ 蛋白質代謝

　　蛋白質的生理功能非常廣泛，如維持組織的生長、更新和修補；產生生理活性物質，包括胺類、神經傳遞物質、激素、嘌呤、嘧啶等；運輸氧、參加血液凝固；催化功能、免疫功能；供給能量等。每克蛋白質在體內氧化分解產生 4 大卡的能量。一般情況下，蛋白質供給的能量占食物總供熱量的 10~15%。

一、氮平衡和蛋白質的需要量

　　蛋白質中氮的平均含量為 16%，食物中的含氮物質主要來自蛋白質，因此透過測定食物中氮的含量可以推算出其中的蛋白質含量。蛋白質在體內代謝後產生的含氮物質主要經**尿液（尿素）**、糞便及汗液排出。藉由測定人體每天從食物攝入的氮含量和每天排泄物（包括尿液、糞便、汗液等）中的氮含量，可計算**氮平衡** (nitrogen balance)，以評估蛋白質在體內的代謝情況。

1. 氮平衡：攝入氮＝排出氮，見於正常成人。
2. 正氮平衡：攝入氮＞排出氮，表示體內蛋白質的合成大於蛋白質的分解，見於兒童、孕婦及病後恢復期。
3. 負氮平衡：攝入氮＜排出氮，常見於蛋白質攝入量不能滿足需要時，如長期飢餓、消耗性疾病等。

二、必需胺基酸

　　必需胺基酸 (essential amino acid) 是指體內需要，但人體本身不能合成，必須由食物蛋白質提供的胺基酸，共有 8 種：離胺酸 (lysine)、色胺酸 (tryptophan)、苯丙胺酸 (phenylalanine)、甲硫胺酸 (methionine)、蘇胺酸 (threonine)、白胺酸 (leucine)、異白胺酸 (isoleucine)、纈胺酸 (valine)。此外，組胺酸 (histidine) 和精胺酸 (arginine) 在嬰幼兒和兒童時期因其體內合成量常不能滿足生長發育的需要，也必須由食物提供，可稱為半必需胺基酸。

三、胺基酸的代謝

食物蛋白質經消化吸收，以胺基酸形式進入血液循環及全身各組織，組織蛋白質又經常分解為胺基酸，這兩種來源的胺基酸（外源性和內源性）混合在一起，存在於細胞內液、血液和其他體液中。

血漿中胺基酸的濃度取決於內源性蛋白質的分解釋放與各種組織利用之間的動態平衡。胺基酸的分解代謝過程主要在肝臟進行，過程中生成的氨至關重要，這是由於肝臟中存在合成尿素 (urea) 的酶。

胺基酸的主要功能是構成體內各種蛋白質和其他某些生物分子。胺基酸的供給量若超過所需時，過多部分並不能儲存或排出體外，而是作為燃料或轉變為糖或脂肪。若處於長期飢餓狀況下，人體將把蛋白質分解成胺基酸，然後經糖質新生作用轉化成葡萄糖，以供肌肉收縮之能源，嚴重情況下將造成負氮平衡，並損害健康，危及生命。

▶ **脂肪代謝**

人體從食物中攝取的脂類主要為脂肪，另有少量磷脂、膽固醇等。在動物體內，脂肪主要分布在脂肪組織，如皮下、腎周圍、腸繫膜、大網膜、腹後壁等處，其含量約占體重的 10~20%。脂肪的生理功能是儲能和氧化供能，脂肪在單位體積內儲存的能量比肝醣多，當人體需要時可及時分解動員、釋放利用。

人類在正常情況下所需能量主要由糖的分解代謝供給，當能量供應不足（如飢餓）或對能量有特殊需求（如肌肉長時間劇烈運動）時，儲存在脂肪細胞中的脂肪，被脂肪酶水解為游離的**脂肪酸** (fatty acid) 及**甘油** (glycerol) 並釋放至血液中，以供其他組織氧化利用。

必需脂肪酸 (essential fatty acid) 是指人體需要但本身無法合成，而必需從食物中攝取的脂肪酸，包括亞麻油酸 (linoleic acid) 及次亞麻油酸 (linolenic acid)。

血液中脂肪酸主要由心臟、肝臟和骨骼肌等攝取利用。脂肪酸是人和哺乳動物的重要能源物質，除腦組織和成熟紅血球外，大多數組織都能氧化脂肪酸，以肝臟和肌肉最為活躍，成人的消化道亦可直接吸收**脂肪酸**。

人體內多數組織均能合成脂肪，但主要是在肝臟和脂肪組織。肝臟合成脂肪的能力比脂肪組織大 8~9 倍，是合成脂肪的主要場所。而脂肪組織既是儲存脂肪的倉庫，也能合成脂肪。

▶ **吸收期與後吸收期**

在進食後，食物在體內消化並由小腸進行吸收的期間，稱為**吸收期** (absorptive state)，大約為三餐後的 4 小時內；而吸收期以外，胃腸道內沒有食物在進行消化吸收的期間，則稱為**後吸收期** (postabsorptive state)。

一、吸收期

在吸收期，進入體內的醣類、蛋白質及脂肪，在供給個體所需之外，多餘的便儲存於體內。這三種物質中，過多的醣類和蛋白質可以轉變成脂肪，並造成肥胖。

臨·床·焦·點　　　　Clinical Focus

肥 胖 (Obesity)

　　肥胖是指一定程度的明顯過重與脂肪層過厚，是體內脂肪（尤其是三酸甘油酯）積聚過多而導致的一種狀態。當食入的能量高於能量的消耗時，脂肪組織就會積聚，體重隨之增加。體重超過標準體重 20% 的狀態為肥胖，而體重僅超過標準體重的 10%，則是過重。

　　評估肥胖程度的指標是**身體質量指數** (body mass index, BMI)。BMI ＝體重（公斤）／身高^2（公尺）。衛福部定義成人理想體重最好在 BMI 18.5~24 為佳，小於 18.5 為體重過輕，大於 24 為過重，大於 27 為肥胖（圖 17-2）。

　　肥胖與許多疾病有密切的相關性，例如：冠心病、糖尿病、高血壓、膽結石和癌症（特別是乳癌、結腸癌及子宮內膜癌）等。引起肥胖的因素相當複雜，大致上包括：

1. 遺傳與環境因素：多數肥胖者有一定的家族傾向，約有 1/3 的人與父母肥胖有關。
2. 物質代謝與內分泌功能的改變：前者主要是醣類及脂肪代謝的異常；後者主要是胰島素、腎上腺皮質激素、生長激素等代謝的異常。
3. 能量的攝入過多而消耗減少。
4. 脂肪細胞數目的增多與肥大。
5. 神經精神因素：表現為對某種食物的強烈食慾，以及人們透過視覺、嗅覺和人為的吞食比賽的刺激反射地引起食慾，食量倍增，如某些精神病人表現的食慾亢進症。
6. 生活及飲食習慣。

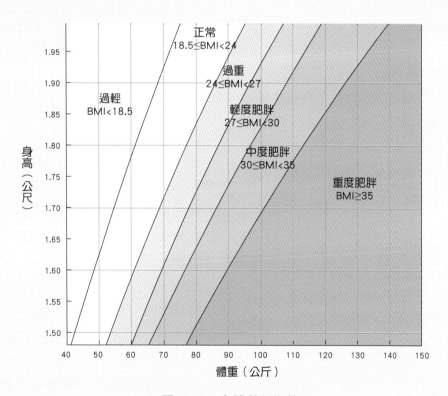

■ 圖 17-2　身體質量指數。

(一) 吸收的葡萄糖

由食物消化吸收進入血液中的葡萄糖有三種主要的去路：

1. 絕大部分在組織器官中氧化，提供其所需的能量。在三餐的吸收期，身體多數細胞主要以葡萄糖為其能量之來源。

2. 以肝醣的形式儲存在肝臟及肌肉中：少部分（約 5%）葡萄糖在肝臟及骨骼肌中轉換成肝醣，並儲存起來，可作為後吸收期的能量來源。

3. 轉換生成脂肪：脂肪細胞可將葡萄糖轉化成脂肪，然後儲存起來；此外，葡萄糖亦可在肝臟中轉化成脂肪，然後結合**脂蛋白** (lipoprotein) 形成**極低密度脂蛋白** (very low density lipoprotein, VLDL)，最後輸送到脂肪組織中儲存起來。這部分約占吸收入體內總葡萄糖的 30~40%。

(二) 吸收的胺基酸

由食物消化吸收進入血液中的胺基酸，大部分進入體細胞（包括肌肉細胞）用於合成蛋白質。另有一小部分在肝細胞中用於合成血漿蛋白及肝臟酵素。多餘的胺基酸則被轉化為脂肪或醣類。

(三) 吸收的脂肪

由食物消化吸收進入小腸上皮細胞中的脂肪先合成乳糜微粒，再經淋巴管進入血液循環（詳見第 14 章），然後進入肝臟，在肝細胞中轉化成脂肪，最後進入脂肪組織中儲存起來。另有一部分食入的脂肪會被氧化，用於提供能量。每公克脂肪可分解產生 9 大卡的熱量。

知識小補帖　Knowledge+

低密度脂蛋白 (LDL) 會將膽固醇運送至血管，造成膽固醇堆積在血管壁，導致動脈硬化，進而引起高血壓和心血管疾病。而高密度脂蛋白 (HDL) 則可幫助膽固醇運送到肝臟分解。因此，若體內 HDL 比例高於 LDL，被認為可預防動脈硬化的發生。研究顯示，有規律運動的人，其體內 HDL 濃度較高。

而吸收進入小腸上皮細胞中的膽固醇，經轉運到肝臟後，可構成細胞膜以及合成類固醇類激素和膽汁。膽固醇在血液中經由兩種脂蛋白運輸：(1) **高密度脂蛋白** (high-density lipoprotein, HDL)，其功能是將血管內多餘的膽固醇運送到肝臟中進行分解；(2) **低密度脂蛋白** (low-density lipoprotein, LDL)，其功能是將膽固醇由肝臟運送到周邊組織中。

二、後吸收期

在後吸收期，尤其是在飢餓和節食的情況下，為了維持內在環境如血糖的穩定，人體會利用體內儲存的物質分解氧化，以供應身體所需之能源。首先會分解肝醣，然後分解脂肪，最後分解蛋白質。

1. **肝醣分解** (glycogenolysis)：肝醣主要儲存在肝臟及肌肉中。在飢餓和節食情況下，肝臟及骨骼肌內的肝醣分解，以維持血糖穩定。肝細胞內的肝醣分解迅速，可立即提供體內所需，但這些肝醣數小時內就會用完。

2. **脂肪分解** (lipolysis)：在後吸收期，大部分組織及器官會減少對葡萄糖的利用，改以脂肪為主要能量來源，使葡萄糖可保留給

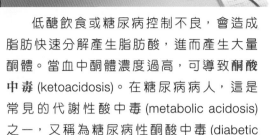

知識小補帖　Knowledge+

低醣飲食或糖尿病控制不良，會造成脂肪快速分解產生脂肪酸，進而產生大量酮體。當血中酮體濃度過高，可導致**酮酸中毒** (ketoacidosis)。在糖尿病病人，這是常見的代謝性酸中毒 (metabolic acidosis) 之一，又稱為糖尿病性酮酸中毒 (diabetic ketoacidosis)。

神經組織使用。在脂肪細胞中，脂肪可以在脂肪酶的催化下分解為脂肪酸和甘油，然後釋放至血液中。

(1) 脂肪酸：在多數細胞中可直接利用脂肪酸作為能源。脂肪酸經 β 氧化作用生成乙醯輔酶 A (acetyl CoA)，然後進行有氧呼吸產生能量。而在肝細胞中，則將脂肪酸轉化為**酮體** (ketone body) 並釋入血液中，然後其他器官再利用酮體經氧化產生能量。

(2) 甘油：在肝臟中透過糖質新生轉化成葡萄糖，以供應能量。

3. **蛋白質分解**：若處於長期飢餓狀況下，個體將利用肌肉及其他組織中的蛋白質分解成胺基酸，釋入血液中，然後在肝臟經糖質新生轉化成葡萄糖，再供其他組織細胞作為能源。

▶ 激素對新陳代謝的調節

人體在吸收期與後吸收期皆受到激素的調節。這些激素可分為降低血糖的激素和升高血糖的激素。前者主要是胰島素；後者包括升糖素、生長激素、腎上腺素和糖皮質素等（詳見第 16 章）。

1. **胰島素** (insulin)：促進組織細胞對血液中葡萄糖的攝取和利用，促進肌肉和脂肪組織合成肝醣或轉變成脂肪儲存起來，減少肝醣分解，抑制糖質新生，因此可降低血糖。並可促進蛋白質及脂肪的合成。

2. **升糖素** (glucagon)：主要作用於肝臟及脂肪細胞，可促進肝醣分解和糖質新生，使血糖濃度上升。刺激脂肪分解，酮體生成增多。

3. **生長激素** (growth hormone)：促進肝醣分解和糖質新生，以及抑制糖解作用，減少組織對葡萄糖的利用，使血糖濃度上升；促進蛋白質的合成；刺激脂肪分解。

4. **腎上腺素** (epinephrine)：刺激肝醣分解及糖質新生，使血糖上升；促進脂肪分解。

5. **糖皮質素** (glucocorticoid)：活化肝醣合成酶，使肝醣合成增加；亦可促進糖質新生，使血糖增加；促進脂肪分解、酮體生成；促進蛋白質分解，血中胺基酸濃度增加，以作為糖質新生的原料。

17-2　維生素及礦物質
Vitamins and Minerals

維生素 (vitamin) 是一類維持正常生理活動所必需的小分子有機化合物，人體自身不能合成或合成不足，必須依賴食物供給。

一旦攝入不足，即可引起體內物質代謝的障礙，導致維生素缺乏症。維生素一般依據其溶解性質可分為**脂溶性維生素** (fat-soluble vitamins) 和**水溶性維生素** (water-soluble vitamins) 兩大類。

厭食症

　　厭食症 (anorexia nervosa) 是一種病人有意造成的體重明顯下降至標準體重以下，並極力維持這種狀態的心理生理障礙。常見於青少女，發病年齡多在 13~25 歲。臨床表現除了和營養不良類似之外，也影響內分泌系統，常發生無月經、皮膚變乾、脫毛、心跳變慢、便祕等。

　　厭食症的病因較為複雜，是多種因素作用的結果。包括：

1. 社會心理因素：心理發育尚未成熟的女孩，對自身的第二性徵發育和日益豐腴的體形缺乏足夠的心理準備，容易產生恐懼不安、羞怯感，有強烈的願望要使自己的體形保持或恢復到發育前的「苗條」。
2. 社會文化因素：現代社會中以身材苗條作為有能力、高雅、有吸引力的指標，使體重過輕者受到人們的青睞。
3. 與某些遺傳因素有一定的關係。

暴食症

　　暴食症 (bulimia nervosa) 是指病人無法控制地吃下大量的食物，而後造成嘔吐的現象。其症狀包含：不可抗拒的強迫自己多食，以及自己設法進行嘔吐。

　　暴食症的病因尚不明確，但與厭食症有重疊處。好發於青春期或年輕女性。可伴有抑鬱或焦慮症狀，內容多數與體重或身體外形有關。病情嚴重者，可出現水分及電解質代謝紊亂，臨床表現為低血鉀、低血鈉等。嘔吐致使胃酸減少而出現代謝性鹼中毒，腹瀉則導致代謝性酸中毒。疾病後期，因食道、胃腸道、心臟等併發症而有致命危險。

　　礦物質 (minerals) 是人體內無機物的總稱。與維生素一樣，礦物質也是人體必需的元素。體內不能自行合成礦物質，因此必須從食物中攝取。隨著年齡、性別、身體狀況、生活環境、工作狀況等的變化，人體所需礦物質的種類和數量亦隨之改變。

▶ 脂溶性維生素

　　脂溶性維生素包括維生素 A、D、E 及 K。它們不溶於水，而易溶於有機溶劑中。在食物中常與脂類共存，在人體腸道中，其吸收與脂肪吸收密切相關，並可因脂肪吸收障礙導致此類維生素的吸收障礙。

一、維生素 A

　　維生素 A 可以分為維生素 A_1 和維生素 A_2 兩種。維生素 A_1 即**視黃醇** (retinol)，存在於哺乳動物和海水魚類的肝臟；維生素 A_2 只存在於淡水魚的肝臟。**胡蘿蔔素** (carotene) 是存在於黃綠色植物中的一類維生素 A 的前驅物，包括 α- 胡蘿蔔素、β- 胡蘿蔔素、γ- 胡蘿蔔素及玉米黃素等數種。

　　維生素 A 的生理功能之一是構成**視網膜**桿細胞內的感光物質－視紫質 (rhodopsin)。視黃醇可脫去氫氧基生成**視黃醛** (retinal)（圖 17-3），其側鏈雙鍵可形成順反異構體。其中順式視黃醛 (11-*cis* retinal) 與視質 (opsin) 結合形成視紫質，視覺細胞的感光性就是透

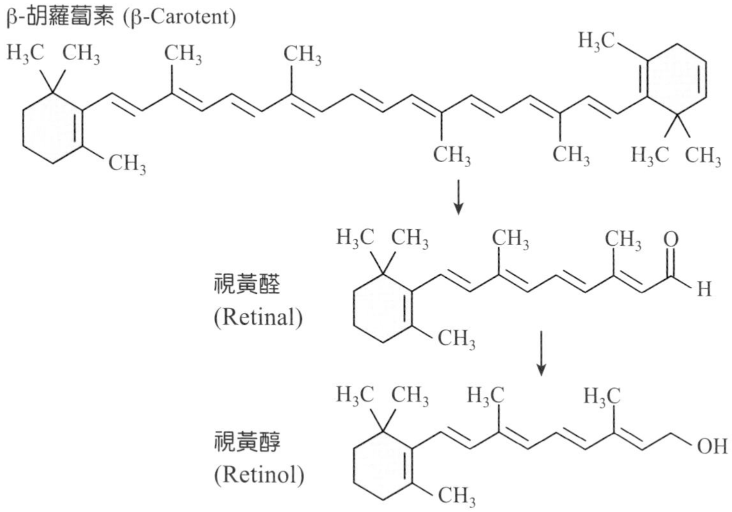

β-胡蘿蔔素 (β-Carotent)

視黃醛
(Retinal)

視黃醇
(Retinol)

■ 圖 17-3　維生素 A 的代謝。

過視紫質的合成和分解而引起的。維生素 A
的另一功能是維持上皮細胞完整性。人們缺
乏維生素 A 會出現夜盲症 (night blindness, or
nyctalopia)、乾眼症、皮膚乾燥等症狀。

二、維生素 D

　　維生素 D 是類固醇的衍生物，主要生理
作用是調節人體鈣和磷的代謝，其中以維生
素 D_3 作用最強。在人和動物體內，維生素
D_3 可由 7- 去氫膽固醇 (7-dehydrocholesterol,
7-DHC) 經紫外光照射而生成（圖 17-4）。
維生素 D_3 在體內的活性形式是 **1,25- 雙
羥 維 生 素 D_3**〔1,25-dihydroxyvitamin D_3,
1,25-$(OH)_2D_3$〕。維生素 D_3 首先會在體內
肝細胞中，經由 25- 羥酶 (25-hydroxylase,
25-OHase) 的作用，將第 25 位碳原子羥化，
生成 25-$(OH)D_3$。後者進入血液循環運送到腎
臟，在 1α- 羥化酶 (1α-hydroxylase, 1α-OHase)
的催化下，進一步羥化生成 1,25-$(OH)_2D_3$。

　　1,25-$(OH)_2D_3$ 對人體鈣、磷代謝的調節
主要作用於三方面：一是促進小腸對鈣、磷

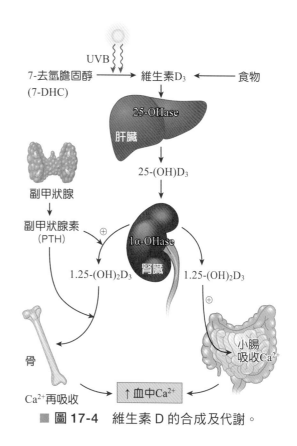

■ 圖 17-4　維生素 D 的合成及代謝。

的吸收；二是促進骨骼的更新；三是誘導腎
臟遠曲小管和集尿管上皮細胞合成鈣結合蛋
白，促進鈣在細胞內的儲存和運輸。

維生素 D 的缺乏或其羥化過程障礙，均可導致體內鈣、磷代謝紊亂而發生兒童的**佝僂症** (rickets) 或成人的**軟骨症** (osteomalacia)。

三、維生素 E

維生素 E 又稱為**生育酚** (tocopherol)，有 α、β、γ 及 δ 等多種形式（圖 17-5），其中以 α- 生育酚活性最高。維生素 E 在植物油、杏仁和蘋果中含量較豐富。維生素 E 可抗不孕，還具有良好的抗氧化、抗老化作用。維生素 E 不足可導致不孕和肌肉與神經的退化等。

四、維生素 K

維生素 K 有 K_1 和 K_2 二種形式（圖 17-6）。維生素 K_1 主要存在於綠葉植物和動物肝臟；維生素 K_2 由人體腸道細菌合成。維生素 K 的主要功能是參與凝血作用。它能促進肝臟內凝血因子 II（凝血酶原）、VII、IX 及 X 的合成，並使凝血酶原轉變為凝血酶，凝血酶促使纖維蛋白原轉變為纖維蛋白，加速血液凝固。

當人體缺乏維生素 K，將阻礙凝血酶原的轉化，最終導致凝血障礙。

▶ 水溶性維生素

水溶性維生素包括維生素 B_1、維生素 B_2、菸鹼酸、維生素 B_6、維生素 B_{12}、泛酸、生物素、葉酸、維生素 C 等。除了維生素 C 以外，其他水溶性維生素的分子結構中都含有氮原子，通常把這些維生素總稱為 B 群維生素。在體內，幾乎所有的 B 群維生素都是輔酶 (coenzyme) 或輔因子 (cofactor) 的結構成分，以輔酶或輔因子的形式參與物質代謝中的酵素催化化學反應。

一、B 群維生素

1. **維生素 B_1**：又稱為**硫胺素** (thiamine)。維生素 B_1 缺乏，會產生神經炎、腳氣病 (beriberi)、厭食等疾病。

2. **維生素 B_2**：又稱為**核黃素** (riboflavin)，在體內的活性形式有兩種，即黃素單核苷酸 (flavin mononucleotide, FMN) 和黃素腺嘌呤雙核苷酸 (flavin adenine dinucleotide, FAD)（圖 17-7）。FMN 和 FAD 是體內氧化還原酶的輔酶，參與受質分子的脫氫氧化或加氫還原反應。維生素 B_2 缺乏時會造成口角炎 (stomatitis)、皮膚炎、舌炎等。

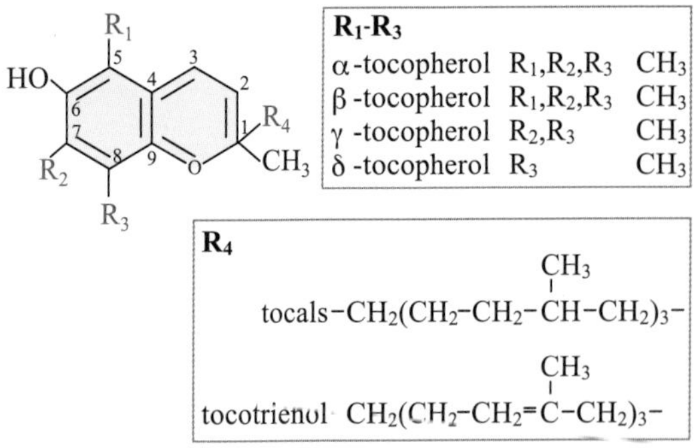

■ **圖 17-5** 維生素 E 的結構。

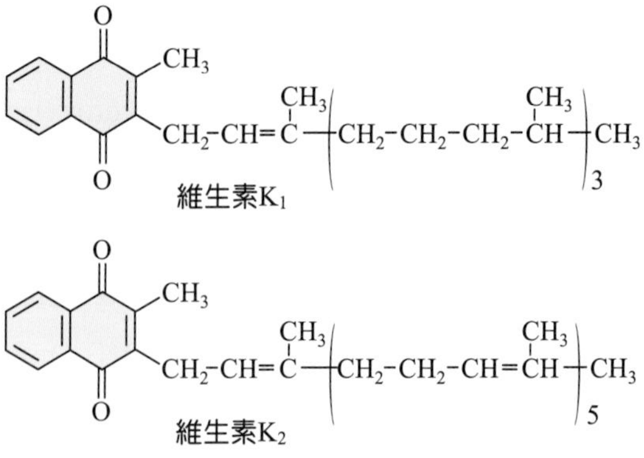

■ **圖 17-6** 維生素 K 的結構。

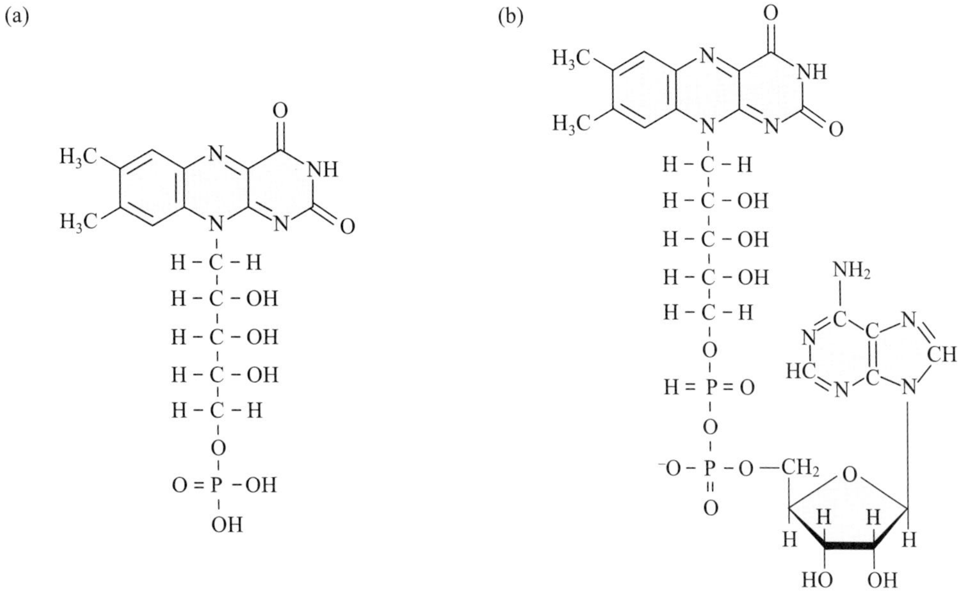

(a)

(b)

黃素單核苷酸 (FMN)

黃素腺嘌呤雙核苷酸 (FAD)

■ 圖 17-7　維生素 B_2 的衍生物：(a) FMN；(b) FAD。

3. **菸鹼酸** (niacin)：是去氫酶的兩種輔酶 NAD 和 NADP 的重要組成成分，以 NAD 或 NADP 的形式參與去氫酶所催化的氧化還原反應（詳見第 3 章）。菸鹼酸若缺乏易發生**癩皮病** (pellagra)，臨床表現為皮膚炎、失智、腹瀉。

4. **維生素 B_6**：又稱為**吡哆醇** (pyridoxine)，是胺基酸代謝中轉氨酶的輔酶。維生素 B_6 缺乏時會引起貧血、皮膚炎、痙攣等。

5. **生物素** (biotin)：是體內羧化酶的輔酶，為脂肪酸代謝所必需。生物素缺乏時會引起皮膚炎、精神不振、胃腸不適。

6. **泛酸** (pantothenic acid)：在生物體內具有輔酶功能，是輔酶 A (coenzyme A) 的重要組成。缺乏時會引起皮膚炎、腸炎、生長障礙、灰髮和麻木等。

7. **葉酸** (folic acid)：與**紅血球的形成**及核酸的合成有關，可預防胎兒神經管缺陷。缺乏時會引起貧血和生長障礙。

8. **維生素 B_{12}**：又稱為**鈷胺素** (cobalamins)，其結構是所有維生素中最複雜的，而且是分子組成唯一含有微量元素鈷的維生素。為胺基酸代謝及**紅血球生成**所必需。缺乏時會引起**惡性貧血**。

二、維生素 C

維生素 C 又稱**抗壞血酸** (ascorbic acid)，具有強的還原劑特性，參與體內廣泛的氧化還原反應。由於維生素 C 的氧化還原作用，能促進膠原蛋白的羥化，保護免受氧化破壞，防止生物膜中脂質的過氧化等作用。缺乏時會引起**壞血病** (scurvy)，臨床表現為微血管變脆、體重減輕、虛弱、皮下出血、牙齒鬆脫等。

▶ 礦物質

人體內約有 50 多種礦物質，其中 20 種左右是構成人體組織、維持生理功能及物質代謝所必需的。根據體內含量的不同，礦物質可分為常量元素和微量元素兩大類。主要的常量元素有鈣、磷、鉀、鈉、氯、鎂、硫等。微量元素是指體內含量低微的元素，主要有鐵、碘、銅、鋅、錳、鈷、鉬、硒、鉻、鎳、矽、氟、釩等。

礦物質的生理功能有：

1. 構成人體組織的重要成分：鈣、磷、鎂是骨骼和牙齒的重要成分。缺乏鈣、鎂、磷、錳、銅，可能引起骨骼或牙齒不堅固。

2. 作為酶的啟動劑、輔因子或組成成分：鈣是凝血酶的啟動劑，鋅是多種酶的組成成分。

3. 維持酸鹼平衡及組織細胞滲透壓：酸性（氯、硫、磷）和鹼性（鉀、鈉、鎂）無機鹽適當配合，加上重碳酸鹽和蛋白質的緩衝作用，維持著體內的酸鹼平衡。無機鹽和蛋白質可以維持組織細胞的滲透壓。

4. 具有特殊生理功能：碘是甲狀腺素的成分，**鐵**在血紅素中具有運輸氧的功能。

5. 維持神經肌肉興奮性和細胞膜的通透性：鉀、鈉、鈣、鎂是維持神經肌肉興奮性和細胞膜通透性的必要條件。

礦物質在人體內不能自行合成，必須透過膳食進行補充。人體內礦物質不足可能出現許多症狀，如：缺鐵會引起貧血、舌炎；缺鋅會產生皮膚炎、生長遲滯和不孕；缺銅會出現肌肉無力、神經缺陷和骨質疏鬆；缺鎂會出現肌肉震顫、神經過敏，嚴重時會出現譫妄 (delirium)；缺碘會引起甲狀腺腫大和甲狀腺功能低下；缺氟容易造成蛀牙；而缺硒將引起肌肉病變、充血性心肌病變，甚至導致腫瘤的發生。然而，礦物質如果攝取過多，亦容易引起過剩及中毒。

17-3 基礎代謝率及體溫調節

Basal Metabolic Rate and Temperature Regulation

▶ 基礎代謝率

人體在清醒而安靜的情況下，不受精神緊張、肌肉活動、食物和環境溫度等因素影響時的能量代謝率，稱為**基礎代謝率** (basal metabolic rate, BMR)。BMR 是維持生命所需消耗的最低能量。這些能量主要用於保持各器官的機能，如呼吸（肺）、心跳（心臟）、肌肉活動等。

BMR 的單位為 $Kcal/m^2/hr$，即每小時每平方公尺體表面積所散發的熱量大卡數。

影響 BMR 的因素有很多，主要有年齡、性別及體表面積，其他還有運動、體溫、內分泌量、情緒等。一般而言，隨著年齡增長，BMR 有逐漸下降的趨勢。人在嬰兒時期的基礎代謝率相當高，兒童時期會快速下降；在 20 歲之後，每增加 10 歲，BMR 下降約 2%。性別亦是影響 BMR 的重要因素，男性的正常值是 36~44 大卡，女性大約是 32~40 大卡。嬰兒因單位體表面積大，故 BMR 高。體溫升高時，BMR 也升高。通常體溫每升高 1℃，BMR 就升高 13%。人在長期飢餓或營養不足時，BMR 會降低。

BMR 的測定是臨床上診斷甲狀腺疾病的有效方法。甲狀腺功能亢進的病人，其 BMR 比正常值高 20~80%；相反，甲狀腺功能低下者則比正常值低 20~40%。其他內分泌異常，如腎上腺皮質和腦下腺前葉激素分泌不足時，也會導致 BMR 降低。

▶ 體溫恆定的調節

正常人體溫在 36~37℃ 之間。人體體溫的相對恆定，是人體發熱和散熱過程動態平衡的結果。人體的產熱變化可直接影響全身細胞的代謝率。人體的散熱是經由發汗和皮膚血流量的改變來調節體溫。代謝功能的改變和其他因素的影響可使恆定的體溫發生變化。

人體體溫維持相對恆定主要依賴於自主性和行為性兩種體溫調節功能的活動。

自主性體溫調節主要是指在下視丘體溫調節中樞的控制下，隨個體內外環境冷熱刺激的變動，透過增減皮膚血流量、出汗、寒顫等生理調節反應，調節個體的產熱和散熱過程，使體溫保持相對恆定的調節方式，這是體溫調節的基礎。

溫度感受器分為周邊和中樞兩類。周邊溫度感受器主要分布於全身皮膚、某些黏膜和內臟器官。這些溫度感受器屬於對溫度敏感的游離神經末梢，對寒冷刺激較敏感。中樞溫度感受器分布於脊髓、延腦、腦幹網狀結構及下視丘，這些溫度感受器是對溫度變化敏感的神經元，對溫熱刺激較敏感。

在下視丘及其以下的幾個部位（脊髓、延腦、腦幹網狀結構）的中樞溫度敏感神經元，既能感受所在局部組織溫度變化的資訊，又具有對傳入溫度資訊進行不同程度的整合處理功能。整合後再經由傳出神經，調節皮膚血管舒縮、汗腺分泌、骨骼肌的活動以及內分泌系統參與的器官代謝水準，使產熱和散熱過程保持動態平衡，以維持體溫相對恆定。

在環境溫度變化時，人類還可經由增減衣著、增減運動和創造人工氣候環境等有意識的行為來維持體溫的恆定，稱為行為性體溫調節。它是自主性體溫調節的補充。

緊張、運動及婦女於排卵後的黃體期期間體溫會上升，屬於生理性的體溫升高現象。病理條件下的發熱主要是由各種病原體感染引起的，例如流感、肺炎、傷寒、瘧疾等引起的發熱；但也可以是非感染性疾病引起的，例如中暑 (heat stroke)、惡性腫瘤等均可引起發熱。由於致熱原 (pyrogen) 的作用使體溫設定點上移而引起的調節性體溫升高（超過 0.5℃），稱為**發燒** (fever)。

一、發燒

在下視丘的溫度感受器，其興奮性可因某種因素的作用而改變，從而使體溫的設定點(set point)發生變動。例如，由細菌所致的發熱是由於細菌性致熱原透過前列腺素E (prostaglandin E)，使溫度感受器的興奮性下降而閾值升高，體溫設定點上移（例如 39℃）的結果。因阿斯匹靈(aspirin)能抑制前列腺素E的合成，阻斷致熱原的作用，使設定點回降到37℃，故具有退熱作用。

發熱是人體抵抗疾病的生理性防禦反應。此時白血球生成增多，肝臟的解毒功能增強，物質代謝速度加快，有利於人體戰勝

疾病。但發熱過高或過久會使人體各個系統和器官的功能以及代謝發生嚴重障礙。小兒體溫超過 41℃ 時，腦細胞就可能遭受損傷，甚至出現抽搐，並逐步喪失調節體溫的能力。

發熱時人體營養物質的消耗增加，加上食物的消化吸收困難，長期下去可引起消瘦、蛋白質及維生素缺乏，所以過高過久的發熱對人體是不利的。

二、熱衰竭及中暑

熱衰竭 (heat exhaustion) 是由於在高溫或強烈熱輻射的環境下，引起身體大量出汗、周邊血管擴張，大量喪失水分和鹽分，造成循環血量減少，引起顱內暫時性供血不足、全身無力而發生昏厥，有時會有局部肌肉抽搐。病人體溫通常正常，皮膚因出汗而較濕冷，血壓下降、面色蒼白，呼吸和脈搏加快。處理方法為將病人移置於陰涼處並仰臥，若病人意識恢復可給予補充水分及電解質。

發生熱衰竭時，若未及時補充水分和鹽分，嚴重時可導致**中暑**。中暑是指長期處在酷熱的環境中，中樞神經系統的體溫調節功能失調，導致個體全身發熱，體溫上升至 40℃ 以上，同時中樞神經的功能出現障礙如譫妄、抽搐、昏迷等，伴有皮膚乾燥、脈搏快而強、頭痛、暈眩、噁心、不流汗等症狀。此時除了應將病人移往陰涼且通風良好處，並搧風或用水擦拭病人身體以協助病人降溫之外，應立即送醫，以免危及生命。

參考資料 | References

洪敏元、楊垣麟、劉良慧、林育娟、何明聰、賴明華 (2005)・*當代生理學*（四版）・華杏。

許世昌 (2019)・*新編解剖學*（四版）・永大。

陳瑩玲、沈賈堯、李竹菀、郭純琦 (2021)・*新編生理學*（五版）・永大。

游祥明、宋晏仁、古宏海、傅毓秀、林光華 (2021)・*解剖學*（五版）・華杏。

馮琮涵、黃雍協、柯翠玲、廖智凱、胡明一、林自勇、鍾敦輝、周綉珠、陳瀅 (2021)・*人體解剖學*・新文京。

馮琮涵、鄧志娟、劉棋銘、吳惠敏、唐善美、許淑芬、江若華、黃嘉惠、汪蕙蘭、李建興、王子綾、李維真、莊禮聰 (2022)・*解剖生理學*（三版）・新文京。

賴明德、王耀賢、鄧志娟、吳惠敏、李建興、許淑芬、陳晴彤、李宜倖 (2022)・*解剖學*（二版）・新文京。

Fox, S. I. (2006)・人體生理學（王錫崗、于家城、林嘉志、施科念、高美媚、張林松、陳瑩玲、陳聰文、黃慧貞、溫小娟、廖美華、蔡宜容譯；四版）・新文京。（原著出版於 2006）

Fox, S. I. (2015). *HUMAN PHYSIOLOGY* (14th ed.). McGraw-Hill College.

複·習·與·討·論

一、選擇題

1. 脂溶性維生素不包括下列何者？　(A) 維生素 A　(B) 維生素 K　(C) 維生素 C　(D) 維生素 D

2. 人體缺乏哪種維生素時會引起壞血病？　(A) 維生素 A　(B) 維生素 K　(C) 維生素 C　(D) 維生素 D

3. 長期酗酒最易導致何種維生素的缺乏？　(A) 維生素 A (retinol)　(B) 維生素 B_1 (thiamine)　(C) 維生素 C (ascorbic acid)　(D) 維生素 B_2 (riboflavin)

4. 維生素 A 是眼睛何種構造之重要成分？　(A) 玻璃體　(B) 脈絡膜　(C) 水晶體　(D) 視網膜

5. 碳水化合物經消化後，主要以何種形式被吸收？　(A) 多醣　(B) 寡醣　(C) 雙醣　(D) 單醣

6. 血糖的主要去路為何？　(A) 氧化分解提供能量　(B) 合成肝醣　(C) 轉變為其他糖及其衍生物　(D) 轉變為非糖物質

7. 以下哪種胺基酸不是必需胺基酸？　(A) 離胺酸　(B) 甲硫胺酸　(C) 丙胺酸　(D) 白胺酸

8. 有關醣類的代謝作用，下列何者將會造成血糖下降？　(A) 肝醣合成增加，糖質新生減少　(B) 肝醣分解增加，糖質新生增加　(C) 糖質新生增加，葡萄糖利用率減少　(D) 糖解作用減少，葡萄糖利用率減少

9. 胺基酸吸收後主要轉變為何？　(A) 能量　(B) 蛋白質　(C) 脂肪　(D) 糖

10. 下列激素何者可降低血糖？　(A) 生長激素　(B) 甲狀腺激素　(C) 腎上腺素　(D) 胰島素

11. 下列何者不受到身體恆定作用的調控？　(A) 體溫　(B) 血壓　(C) 血糖　(D) 尿素

12. 下列何者不是製造紅血球所需之營養素？　(A) 鐵離子　(B) 葉酸　(C) 維生素 B_{12}　(D) 鎳離子

13. 脂肪在消化道之消化產物為：　(A) 脂肪酸與甘油　(B) 胜肽與胺基酸　(C) 脂肪酸與胜肽　(D) 甘油與胺基酸

14. 控制人體產熱的中樞位於何處？　(A) 下視丘　(B) 大腦前部　(C) 小腦　(D) 室旁核

15. 尿液中所含的尿素 (urea) 主要來自何物質的代謝產物？　(A) 核酸　(B) 蛋白質　(C) 葡萄糖　(D) 脂肪

16. 下列何者會提高基礎代謝率及體溫？　(A) 胰島素　(B) 甲狀腺素　(C) 胃泌素　(D) 腎素

17. 下列何種物質可被成人之消化道直接吸收？　(A) 膠原蛋白　(B) 免疫球蛋白　(C) 纖維質　(D) 脂肪酸

二、問答題

1. 何謂營養素？營養素包括哪些種類？

2. 何謂血糖？血糖的來源與去路有哪些？

3. 何謂必需胺基酸？成人的必需胺基酸有哪些？

4. 吸收期與後吸收期有何區別？

5. 何謂維生素？維生素可分為哪幾類？

6. 何謂基礎代謝率？影響基礎代謝率的因素有哪些？

三、腦力激盪

1. 「營養素是維持人體生理功能的基礎，人體自身不能合成或合成不足，必須依賴外界供給，因此多吃一些維生素類補品也沒關係」。以上敘述是正確的嗎？為什麼？

複習與討論解答
請掃描QR code

18

CHAPTER

學習目標 Objectives

1. 了解胚胎性別分化的機制。

2. 解釋生殖內分泌的調控機制，並描述其對青春期的影響。

3. 學習萊氏細胞與細精小管之間的交互作用及作用機制。

4. 描述精子生成作用的過程與賽托利細胞在此過程中的功能角色。

5. 解釋勃起、洩精與射精的生理現象。

6. 解釋男性激素的功能，並描述精子生成作用的激素調控機制。

7. 描述卵子生成、濾泡生長發育、排卵與黃體形成的變化過程。

8. 描述卵巢的週期性變化與造成這些變化的激素調節機制。

9. 描述子宮內膜的週期性變化與造成這些變化的激素調節機制。

10. 解釋女性激素的生理功能及其對人體的調節機制。

11. 描述受精過程中，何謂精子獲能以及尖體反應如何發生。

12. 描述受精、卵裂、囊胚著床及胚胎發育的過程。

13. 列舉出胎盤分泌的激素，並描述其主要的功能。

14. 討論在分娩時刺激子宮收縮的因素。

15. 解釋母體如何啟動泌乳作用。

本章大綱 Chapter Outline

生殖
Reproduction

HUMAN
PHYSIOLOGY

生物體生長發育成熟後，能夠產生與自己相似的子代個體，這種功能稱為生殖 (reproduction)，它是維持生物體延續種族繁殖的重要生命活動。高等動物的生殖過程包括兩性生殖細胞的形成、相遇及結合，並進行受精、著床、發展、分娩等重要生理過程。人類的生殖則是由男性生殖系統和女性生殖系統共同完成。

18-1 性別分化與發育
Sexual Differentiation and Development

胚胎在最初幾天是處於未分化階段，具有一對未分化的性腺 (gonads)、兩套生殖管 (genital ducts) 和泌尿生殖竇 (urogenital sinus)（圖 18-1）。胚胎性腺的結構可因**睪丸決定因子** (testis-determining factor, TDF) 的分泌與否，而演變成睪丸或卵巢，性別則取決於精子的染色體，當精子與卵子受精時即已決定——如果精子攜帶 Y 染色體時，胚胎將發育成男嬰；精子攜帶 X 染色體時，胚胎則將發育成女嬰。

▌ 性腺的分化－睪丸與卵巢的形成

胚胎在發育第 5~6 週時，開始逐漸分化出男女兩性的生殖系統。現已證實啟動男性發育的因子是位於 Y 染色體短臂上的 SRY 基因 (sex-determining region Y gene)，其可促使睪丸決定因子 (TDF) 分泌，導致胚胎分化出睪丸。

性腺細胞逐漸演變成帶有特徵性的索狀物，其是細精小管 (seminiferous tubules) 的前驅結構。在胚胎發育第 7 週時，已可識別發育中的睪丸。一般要到胚胎發育第 10 週，看到濾泡前驅結構分布時，才能確定胚胎是女嬰。

如果未分化性腺發育為睪丸，則接著發育過程主要發生在性腺的內部或髓部；反之，如果發育為卵巢，則主要發生在性腺的外部或皮質部，並使原生殖細胞發育為濾泡。胚胎睪丸產生的雄性素(androgen)對促進細精小管的成熟是十分重要的。胚胎卵巢也產生動情素(estrogen)（又稱為雌激素），但這些激素是否有促進卵巢發育的作用目前尚不明白。

▌ 副性器官的分化

胚胎在未分化階段，不論男性或女性皆具有兩套生殖管構造，即**中腎管** (mesonephric duct) 或稱伍氏管 (Wolffian duct)，以及**副中腎管** (paramesonephric duct) 或稱穆勒氏管 (Müllerian duct)。中腎管會衍生成男性副性器官，而副中腎管會衍生成女性副性器官（圖 18-1）。

胚胎期間，睪丸細精小管內的**賽托利細胞** (Sertoli cell) 會分泌**穆勒氏抑制因子** (müllerian inhibition factor, MIF)，會使副中腎管在胚胎發育第 60 天開始退化。隨後，睪丸間質組織中的**萊氏細胞** (Leydig cell) 會分泌**睪固酮** (testosterone)，進而使兩側的中腎管發育形成副睪、輸精管、精囊及射精管等男性副性器官構造。此兩種睪丸激素一起調節男性化發育，如果缺乏則中腎管即退化，副中腎管即會發育成輸卵管、子宮、陰道上 2/3 等女性副性器官構造。

胚胎泌尿系統中的泌尿生殖竇則會演變成陰道下 1/3、男女兩性的尿道球腺、尿道和前列腺等構造。

外生殖器的分化

外生殖器在胚胎開始發育時是處於未分化階段（圖 18-2），直到胚胎發育第 2 個月後才可辨識出性腺，但仍須至胎兒發育第 4 個月才能確認出性別。

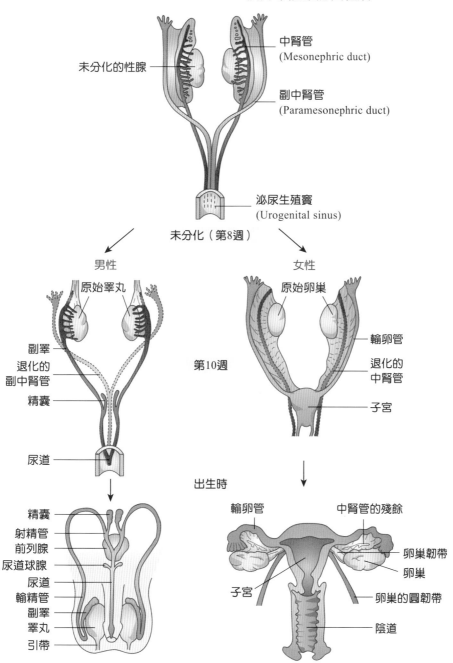

■ 圖 18-1　人類胚胎的性別分化。

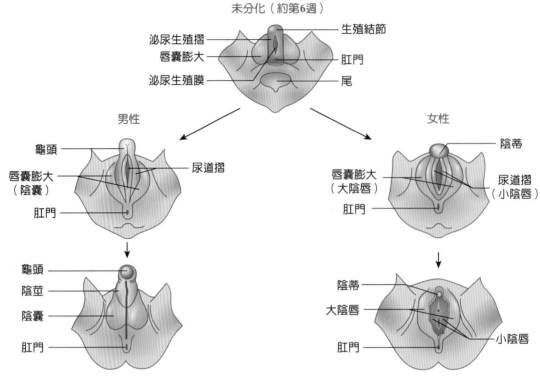

■ **圖 18-2** 外生殖器的早期發育。

未分化的外生殖器結構包括：**生殖結節** (genital tubercle)、**泌尿生殖摺** (urogenital fold) 與一對**唇囊膨大** (labioscrotal swellings)。在男性，生殖結節形成陰莖，泌尿生殖摺則相互融合，泌尿生殖寶變長形成海綿體尿道 (spongy urethra)〔又稱陰莖尿道 (penile urethra)〕，唇囊膨大融合形成陰囊。女性外生殖器由生殖結節形成陰蒂，泌尿生殖摺形成小陰唇，唇囊膨大形成大陰唇。

睪丸分泌睪固酮可使內生殖器向男性發展，而外生殖器則依賴睪固酮的衍生物二氫睪固酮 (dihydrotesto-sterone, DHT) 的作用。如在缺乏睪固酮的情況下，胚胎將向女性類型演變。

因為男女兩性的生殖系統基於相同的胚胎起源，所以男性外生殖器的每個部位在女性身上都有相對應的部位，即稱**同源結構** (homologous structures)。其對應如：睪丸—卵巢、尿道球腺—前庭大腺、陰莖—陰蒂、包皮—小陰唇、陰囊—大陰唇等。

18-2 生殖的內分泌調節
Endocrine Regulation of Reproduction

生殖系統的功能主要受到下視丘、腦下腺和性腺三者的相互作用所調控（圖 18-3），同時也受松果腺分泌的褪黑激素 (melatonin) 的影響。

▶ 下視丘、腦下腺和性腺之間的相互作用

下視丘分泌的**性釋素** (gonadotropin-releasing hormone, GnRH) 經下視丘－垂體門脈系統到達腦下腺，促進腦下腺前葉合成及分泌**濾泡刺激素** (follicle-stimulating

臨·床·焦·點

Clinical Focus

隱睪症

在胚胎發育的同時，睪丸或卵巢在外形及位置上都經歷巨大的變化。在男性，睪丸會逐漸移行至後腹腔靠近腎臟的位置。在妊娠第 8 週起，睪丸會逐漸下降進入陰囊，隨後通道會閉鎖。如果睪丸停留在腹股溝或腹腔內而沒降至陰囊，則稱為隱睪症 (cryptorchidism)。其發生率足月男嬰約 23%，早產兒男嬰約 33%，大多數人在青春期前睪丸會自行降至陰囊。陰囊的溫度比體溫低 2~3℃。睪丸如果長期處於較高體溫的腹腔中，則會破壞睪丸製造精子的能力而導致不孕，嚴重者甚至發生睪丸惡性腫瘤，因此需接受激素治療或外科手術矯正。

先天性腹股溝疝氣

睪丸移離腹腔和降入陰囊所通過的通道通常在幼兒期即會閉合，如果此通道未閉合，彎曲的腸子可能會陷入其中，而導致先天性腹股溝疝氣(congenital inguinal hernia)，這是小兒外科最常見的疾病之一。其發生率足月兒約 3%，早產兒約5~30%，男女嬰比約4：1。此不同於成年人因腹肌弱化和劇烈用力（如舉重物時）所引發的疝氣。這兩類疝氣皆可透過手術治癒。

hormone, FSH) 和**黃體生成素** (luteinizing hormone, LH) 兩種性促素。此兩種性促素並進一步作用於性腺 (gonads)（圖 18-3）。

睪丸在 FSH 的作用下，可促進細精小管的精子生成作用，並刺激賽托利細胞分泌**抑制素** (inhibin)，以負迴饋抑制腦下腺前葉分泌 FSH，藉此調控體內 FSH 的濃度，確保精子生成作用能正常進行。

腦下腺前葉分泌的 LH 與萊氏細胞膜上接受器結合，透過 G 蛋白的媒介，可使細胞內 cAMP 生成增加，加速細胞內功能蛋白質的磷酸化過程，導致膽固醇酯水解增強，並促進膽固醇進入粒線體，進而促進萊氏細胞分泌**睪固酮** (testosterone)。當睪固酮的量達一定時，可藉由負迴饋作用抑制腦下腺前葉繼續分泌 LH。

卵巢活動受下視丘－腦下腺－卵巢軸線的調控，而卵巢分泌的激素使子宮內膜發生週期性變化，同時對下視丘及腦下腺進行負迴饋調節，促使正常女性產生月經週期變化。

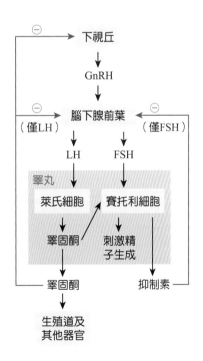

■ **圖 18-3** 下視丘、腦下腺與性腺之間的調控作用。

▶ 青春期的開始

激素可以影響身體組織的活動，造成青春期生理的許多方面及行為方面的變化。控制青春期的激素在胎兒出生前就已存在並具有作用，在出生大約一年後開始下降。

由大腦中的松果腺分泌的**褪黑激素** (melatonin)，可能會在人體 1~8 歲的時間裡抑制某些激素的活動。過了這個階段，褪黑激素濃度開始下降，促使青春期開始活躍。

下視丘定期分泌 GnRH，可刺激 FSH 和 LH 的合成和分泌，以刺激性的成熟。下視丘分泌的另一種激素可刺激腦下腺增加生長激素的分泌，以增加青少年快速生長。

對女性來說，FSH 和 LH 主要影響卵巢的活動。FSH 可使卵巢中的卵子成熟，LH 可促進成熟卵子排出。這些激素的活動促使青少女初經來潮，並使婦女每月行經。FSH 也刺激卵巢產生**動情素** (estrogen)（又稱雌激素），LH 刺激卵巢分泌**黃體素** (progesterone)

臨·床·焦·點  Clinical Focus

性別分化異常

一般將性別分化異常的病人分成：(1) 真性陰陽人 (true hermaphroditism)，係指個體同時具有卵巢（含有間質及正常的濾泡組織）與睪丸組織（含有輸精管），外表或似男性也看似女性的雌雄同體，性染色體為 46,XX 或 46,XY。(2) **假性陰陽人** **(pseudohermaphroditism)**，係指個體的外生殖器與其性染色體核型相反，例如男性假陰陽人具有女性化的身材，但無子宮也無卵巢，所以無月經，睪丸隱藏在腹腔內，**性染色體為 46,XY**；女性假陰陽人外表為男性化，有子宮、卵巢，但陰蒂較大，被誤認是男性生殖器，性染色體為 46,XX。

通常是在胚胎發育時期，卵巢組織與睪丸組織各自製造不同程度的激素，導致不正常的內、外生殖器腺體的分化。出生時，幾乎所有的病人皆有程度不一的含糊生殖器發育 (genital ambiguity) 表現。性激素分泌的量主要是根據其性腺組成成分，而性激素製造的種類決定其第二性徵的發育。當確定診斷後，針對嚴重的含糊生殖器發育可以考慮手術治療。在進入青春期後，若有需要也可以考慮激素補充療法 (hormone replacement therapy, HRT)。

克萊恩費爾特氏症候群

克萊恩費爾特氏症候群 (Klinefelter's syndrome) 為性別紊亂的疾病中較為常見者。病人外觀為男性，但具有 2 個以上的 X 染色體，以 47,XXY 最常見。此症是因精卵母細胞在減數分裂過程中發生異常，導致體內多出一個以上的性染色體。病人在兒童期通常無明顯症狀，到了青春期才出現異常。臨床特徵為四肢生長過長、肌肉發育不良、男性女乳症、臉部和身體毛髮稀疏，且因睪丸小及硬，多半無法產生精子而導致不孕。常伴隨有心智遲緩和性功能障礙。補充雄性素對於部分病人可減少臨床症狀，但無法解決不孕的問題。

特納氏症候群

特納氏症候群 (Turner's syndrome) 病人的外觀為女性，但 X 染色體出現缺失或只有一個 (45,XO)。臨床特徵為身材矮小、蹼狀頸（頸背部皮膚鬆弛）、無月經及性腺功能衰退。

（又稱助孕酮）。動情素主要負責卵巢、子宮、陰道和乳房的發育，並有助於骨骼的生長以及脂肪在臀部和胸部的分布。黃體素有助於排卵和月經週期的調節，也可使子宮內膜變厚，這是妊娠的一個必要條件。

對男性來說，FSH 和 LH 可促進睪丸迅速增長及分泌**雄性素** (androgen)。**睪固酮** (testosterone) 是主要的雄性素，可促進陰莖的發育以及臉部和身體的毛髮的增長，也可促進骨骼和肌肉的生長。

松果腺

松果腺 (pineal gland) 是位於腦內深層部位的腺體，可以合成和分泌**褪黑激素**。褪黑激素的分泌量受光線明暗的影響，出現晝少夜多的節律性變化。

松果腺的週期性分泌與人類的性週期及月經週期有明顯的關係。松果腺可能透過褪黑激素的分泌週期向中樞神經系統發放「時間訊息」，從而影響人體生理時鐘，如睡眠與覺醒，特別是下視丘－腦下腺－性腺軸線的週期性活動。可能是因為這種原因，居住在北極的愛斯基摩人，由於冬天處在黑暗之中缺乏光照，而使褪黑激素分泌增加，抑制了下視丘－腦下腺－卵巢軸線，導致婦女在冬天可能出現停經的現象，甚至有些愛斯基摩女子的初經可晚至 23 歲才出現。

近年來發現，燈光和自然光一樣對松果腺褪黑激素的分泌具有抑制作用，從而減弱對性腺發育的抑制，導致性早熟。

18-3 男性生殖生理
Physiology of Male Reproduction

男性主要性器官是睪丸，具有精子生成及分泌激素雙重功能。男性激素可促進男性生殖器官的生長及發育，並刺激男性第二性徵的出現。

男性生殖器官

男性生殖系統中，陰囊及陰莖稱為外生殖器。內生殖器則由睪丸、輸精管道和附屬腺體組成（圖 18-4 及表 18-1）。其中輸精管道包括副睪、輸精管和射精管，精子由此經尿道排出體外；附屬腺體包括精囊、前列腺和尿道球腺，其分泌物是精液的組成部分，有營養精子、增強精子活力的作用。

睪丸 (testes) 為一對表面光滑稍扁的卵圓形器官，位於精索下端，包裹於陰囊內，其**溫度**比身體的核心溫度還低。睪丸外面被一層堅韌的組織包裹，稱為白膜 (tunica albuginea)，具有保護睪丸的作用。白膜增厚並向內延伸，將睪丸分隔成許多小葉，其內充滿了睪丸實質，是製造精子的場所，稱為**細精小管** (seminiferous tubule)（圖 18-5）。

細精小管內面由兩種結構和功能不同的細胞組成：(1) 處於各種不同發育階段的**精細胞**，會逐步發育成精子；(2) 包裹於精細胞之間的**賽托利細胞** (Sertoli cell)，具有支持、保護精細胞的作用，故又稱**支持細胞** (sustentacular cell)，能吸取體內的營養物質

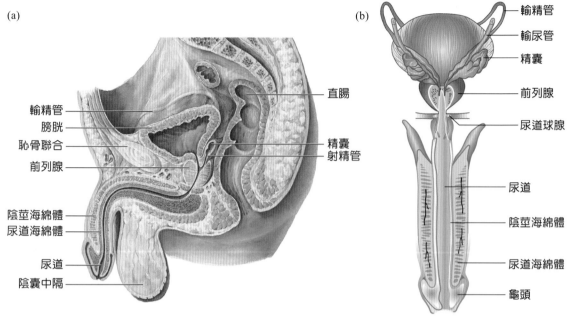

■ **圖 18-4** 男性生殖系統的構造。(a) 正中矢狀切面；(b) 背面觀。

表 18-1 男性生殖器官及其主要功能

器 官	主要功能
睪丸 (Testes)	具有精子生成及內分泌雙重功能
副睪 (Epididymis)	儲存睪丸產生的精子（約 70%）至發育成熟為止，時間約 5~25 天，比在其他部位的時間都長
輸精管 (Ductus deferens)	為運輸精子的管道，亦是男性結紮的位置
射精管 (Ejaculatory duct)	只有在性興奮達到一定強度（閾值）時才突然開放，並可透過神經反射，引發出射精時的欣快感，從而達到性高潮
精囊 (Seminal vesicle)	分泌一種含果糖的淡黃色黏稠液體，是精液的主要組成部分（約占 50~80%），射精時在前列腺液之後排出，提供精子營養
前列腺 (Prostate)	每天分泌 0.5~2 毫升黏性、乳白色、鹼性液體，亦為精液組成部分，對於促進精子活動能力和受精性極其重要
尿道球腺 (Bulbourethral gland)	在性興奮達到一定閾值時（射精前），會向外排出一種黏性分泌物，因呈鹼性可中和酸性尿液，有利於精子生存，同時具有潤滑作用
尿道 (Urethra)	排尿和射精的共同管道

（包括氧氣），供給精細胞發育成精子。賽托利細胞之間的緊密接合 (tight junction) 會形成**血睪障壁** (blood-testis barrier)，可防止細胞毒性物質進入細精小管。當血睪障壁受

損時，精子會進入血流，免疫系統會產生針對精子的自體免疫反應，而影響受孕能力。

各細精小管之間是疏鬆薄網狀的結締組織，稱為間質組織 (interstitial tissue)，裡面

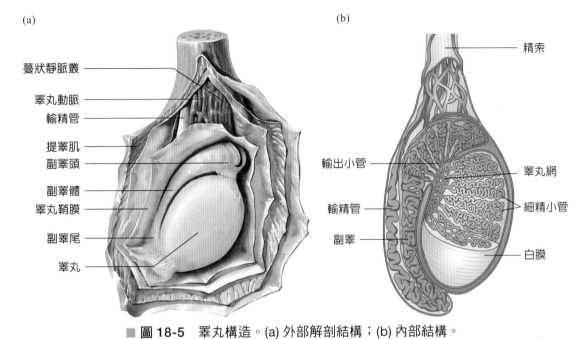

(a)

蔓狀靜脈叢

睪丸動脈

輸精管

提睪肌

副睪頭

副睪體

睪丸鞘膜

副睪尾

睪丸

(b)

精索

輸出小管

睪丸網

輸精管

細精小管

副睪

白膜

■ 圖 18-5　睪丸構造。(a) 外部解剖結構；(b) 內部結構。

含有萊氏細胞的間質組織

血管

精子

細精小管

■ 圖 18-6　間質組織位於細精小管之間，含有萊氏細胞。

富含微血管及淋巴管（圖 18-6），可將體內的營養物質供應到細精小管必經之地。**間質組織**中含有**萊氏細胞** (Leydig cell)，又稱**間質細胞** (interstitial cell)，可受 LH 調控分泌雄性素（如**睪固酮**）以維持男性性徵及男性性功能。

知識小補帖　Knowledge+

　　性衝動是神經系統的一種反射作用，當性衝動來時所引發的反應稱為**性反應** (sexual response)。人類性反應的形態是相似的，當受到性興奮刺激時，體內會出現血管收縮及肌肉張力逐漸增強的現象，此時兩性乳頭皆會豎起，女性的陰蒂及小陰唇會膨大，陰道分泌物會增加而產生潤滑作用，可持續數分鐘至數小時，稱為**興奮期** (excitement phase)。當性刺激持續時即會產生強力性緊張現象（如血管收縮，並有肌肉強直情形），可維持 30 秒至 3 分鐘，稱為**平原期** (plateau phase)。伴隨而來的是持續數秒的**高潮期** (orgasm phase)，此時女性子宮及陰道肌肉會強力收縮數次，男性精液會由尿道射出體外。緊接著血管與肌肉張力會逐漸消失而進入**舒緩期** (resolution phase)，此時身體會恢復至興奮前的狀態。

　　事實上，每個人的性反應會受生理、心理及社會等因素所影響，因此這四個時期並無明顯劃分。大多數男性在高潮期後會立刻進入不反應期 (refractory period)，此時可能會產生勃起但無法射精，女性則因缺乏不反應期而能有多次的性高潮 (orgasm)。

▶ 精子生成作用

一、精子的生成過程

胚胎發育早期，生殖細胞會從卵黃囊 (yolk sac) 遷移至睪丸，並在細精小管的外圍演變成含有雙套染色體 (44+XY) 的**精原細胞** (spermatogonia)。精原細胞會經由有絲分裂，產生 2 個仍具有雙套染色體的子細胞。其中一個精原細胞會繼續進行有絲分裂產生更多的子細胞；另一個會成為**初級精母細胞** (primary spermatocyte)，並進行第一次減數分裂，以產生 2 個單套染色體 (22+X, 22+Y) 的**次級精母細胞** (secondary spermatocyte)。每個**次級精母細胞**會再繼續進行**第二次減數分裂**，而形成 2 個**精細胞** (spermatid)。依此方式，每個初級精母細胞最終可產生 4 個相互連接的精細胞，這些精細胞最後會形成獨立的**精子** (spermatozoon)，由精細胞發育成為精子的過程稱為**精蟲生成作用** (spermiogenesis)（圖 18-7）。

精子生成 (spermatogenesis) 發生在細精小管中，越往管腔中央可見越趨成熟的精細胞。從精原細胞至發育成獨立的精子，並脫離賽托利細胞進入細精小管管腔中，約需 2 個半月的時間。

二、精子的構造及運輸

精子的形狀類似蝌蚪，可分為頭部 (head)、中段 (midpiece) 及尾部 (tail) 三部分（圖 18-8）。**頭部**含有核質及**尖體** (acrosome)，其中核質內含有遺傳物質 **DNA**，尖體內含有玻尿酸酶 (hyaluronidase)、尖體酶 (acrosin) 和酸性磷酸酶 (acid phosphatase) 等**多種酵素**，可使精子順利鑽入卵內。**中段**含有螺旋狀排列的**粒線體**，可

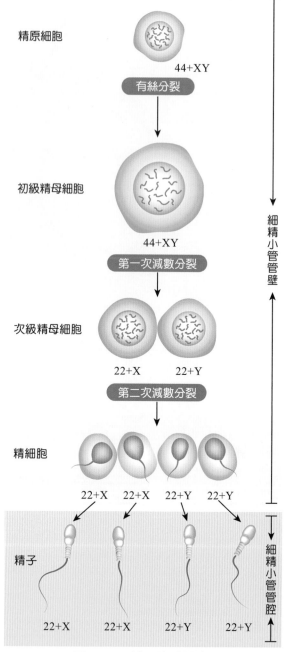

■ **圖 18-7** 精子生成過程。

提供精子運動時所需的能量。尾部即為鞭毛，可協助精子移動。

在精子進入細精小管管腔後，本身並無運動能力，主要靠細精小管外圍的收縮及管腔液的移動，經由輸出小管被運送至副睪。精子在**副睪**處逐漸成熟，鞭毛才獲得運動能

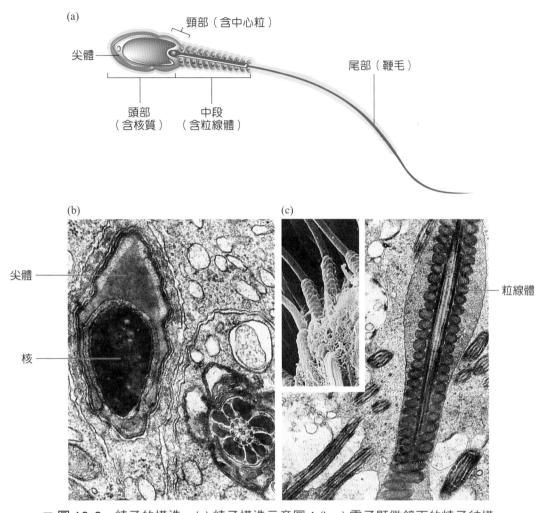

(a)

尖體

頸部（含中心粒）

頭部（含核質）

中段（含粒線體）

尾部（鞭毛）

(b)

尖體

核

(c)

粒線體

■ 圖 18-8　精子的構造。(a) 精子構造示意圖；(b,c) 電子顯微鏡下的精子結構。

力，以使精子能向前進，並能在女性生殖道中與卵受精（詳見後文精子獲能部分）。

　　女性生殖道內充滿較黏稠的液體，輸卵管峽部黏膜形成曲折的皺襞，這對精子的運輸構成很大的阻力，也扮演著淘汰篩選精子的作用，因此只有具有很強運動能力和適當運動方式的精子才能與卵受精。

三、勃起、洩精及射精

　　勃起 (erection) 是指陰莖、陰蒂或乳頭因大量血液流入，而造成膨脹、變硬的狀態及過程。一般指男性陰莖受刺激後，在短時間內快速將血液灌注到海綿體內的血管，充滿血液的海綿體會將陰莖撐起，令陰莖變硬及變長，以方便插入女性陰道中，進行性行為。**洩精** (emission) 係指精液進入尿道。**射精** (ejaculation) 是指男性性高潮時，將精液由尿道強力排出陰莖的反射性動作。

　　當性交時，男性因**副交感神經**興奮，引起陰莖海綿體內的小動脈擴張，使陰莖充血腫脹，加上靜脈回流受阻，而更促進勃起。此時，交感神經興奮而釋放大量的正腎上腺素，引起管狀系統的蠕動收縮、精囊及前列腺的收縮以及陰莖基部的肌肉收縮，可刺激

知識小補帖 Knowledge+

目前認為陰莖的勃起和陰莖海綿體內**一氧化氮** (nitric oxide, NO) 及**環鳥苷單磷酸** (cGMP) 的濃度增加有關。然而陰莖海綿體中的第五型磷酸雙酯酶 (phosphodiesterase type 5, PDE5) 可使 cGMP 分解，而失去作用。Sildenafil〔商品名為**威而鋼®** (Viagra®)〕的藥理作用即是抑制 PDE5 的活性，使血管平滑肌細胞內可積蓄更多的 cGMP，因此可促進勃起。臨床上用於治療勃起功能障礙相關疾病有不錯的療效。

洩精與射精的產生。此時因尿道海綿體膨脹的因素，導致膀胱內括約肌收縮，使膀胱頸反射性關閉，可防止精液逆流進入膀胱以及尿液進入尿道的作用。所以男性性功能需要交感及副交感神經的協同作用來完成。

精液 (semen) 是由精子與副睪、精囊、前列腺、尿道球腺的分泌物所組成，呈弱鹼性，pH 值為 7.2~7.6。精液具有潤滑作用，並可提供果糖以供精子活動時能量所需，亦可中和陰道與尿道酸性的環境。正常男性每次射精量約 1.5~5 毫升，每毫升精液含有 6 千萬到 1 億 5 千萬個精子，若少於 2 千萬個精子，則不易使卵子受孕，可能造成**不孕症** (infertility)。

▶ 男性激素的功能及其分泌調節

男性激素中，睪丸萊氏細胞分泌的雄性素以睪固酮為主，賽托利細胞主要分泌抑制素。男性的精子生成作用和內分泌功能均受到下視丘－腦下腺的分泌調節。

一、男性激素的功能

(一) 雄性素 (Androgen)

雄性素是含有 19 個碳的類固醇激素，主要包括睪固酮 (testosterone)、二氫睪固酮 (dihydrotestosterone, DHT)、脫氫異雄固酮 (dehydroepiandrosterone, DHEA) 等。其中以 DHT 的活性最強，睪固酮次之。

睪固酮是由膽固醇在萊氏細胞內經羥化及側鏈裂解形成。在某些標的器官（如副睪和前列腺）內，睪固酮會被 5α 還原酶 (5α-reductase) 還原為 DHT，再與標的細胞內的接受器結合而發揮作用。睪固酮也可在芳香酶 (aromatase) 的作用下轉變為 17β- 雌二醇 (estradiol-17β)。在血漿中 30% 的睪固酮與性激素結合球蛋白 (sex hormone binding globulin, SHBG) 結合，68% 的睪固酮與白蛋白 (albumin) 結合，結合狀態的睪固酮可以轉變為游離狀態，只有游離狀態的睪固酮才有生物活性。睪固酮主要在肝臟內被去活化，並由尿液排出，少量經糞便排出。

正常男性在 20~50 歲期間，睪丸每日分泌約 4~9 mg 的睪固酮，有晝夜週期性波動，早晨醒來濃度最高，傍晚最低，但波動範圍較小。50 歲以上隨年齡增長，睪固酮的分泌量逐漸減少。

睪固酮的主要生理作用包括：
1. 促進男性生殖器官的生長及發育，並維持於成熟狀態。
2. 刺激男性第二性徵的出現，主要表現為臉部及腋下的毛髮生長、嗓音低沉、喉結突出、汗腺和皮脂腺分泌增多、骨骼粗壯、肌肉發達、寬胸窄臀等。

3. 睪固酮自萊氏細胞分泌後，可經賽托利細胞進入細精小管與生精細胞相對應的接受器結合，促進精子生成作用。

4. 促進合成代謝的進行：(1) 促進蛋白質的合成，特別是肌肉及生殖器官的蛋白質合成；(2) 有利於水和鈉等電解質在體內的適度瀦留；(3) 促進骨骼生長與鈣、磷沉積；(4) 直接刺激骨髓，促進紅血球的生成，使體內紅血球增多；(5) 男性在青春期時，由於睪固酮與腦下腺分泌的生長激素協同作用，會使身體出現爆發性的生長。

5. 維持正常的性慾。

(二) 抑制素 (Inhibin)

抑制素是由賽托利細胞及**卵巢濾泡**中的顆粒細胞分泌的醣蛋白激素。抑制素可藉由負迴饋作用直接**抑制腦下腺前葉分泌 FSH**，對 LH 的分泌則無明顯的影響。

二、男性激素分泌調節

睪丸的精子生成作用和內分泌功能均受到下視丘－腦下腺的調節，而睪丸分泌的激素又能負迴饋調節下視丘－腦下腺的分泌活動，稱為**下視丘－腦下腺－睪丸軸線** (hypothalamus-pituitary-testes axis)。

(一) 下視丘－腦下腺對睪丸活動的調節

下視丘透過釋放 GnRH 調控腦下腺前葉合成及分泌 LH 和 FSH，以影響睪丸的功能。LH 主要作用於萊氏細胞，FSH 主要作用於生精細胞和賽托利細胞（圖 18-3）。

⊙ 腦下腺前葉對睪固酮分泌的調控

LH 促進萊氏細胞合成與分泌睪固酮，所以又稱為**間質細胞刺激素** (interstitial cell stimulating hormone, ICSH)。LH 與萊氏細胞膜上的 LH 接受器結合後，啟動腺苷酸環化酶 (adenylate cyclase)，使細胞內 cAMP 增加，進而啟動依賴 cAMP 的蛋白激酶，促進睪固酮合成酶體系的磷酸化，加速睪固酮的合成。

⊙ 腦下腺前葉對精子生成的調控

LH 與 FSH 在精子生成過程中都具有調節作用，其中 LH 的作用是透過睪固酮完成的。根據大鼠實驗可知，如果精子生成過程已經開始，只要給予適量的睪固酮便可維持；如果精子生成過程尚未開始，或因某種原因中斷，僅有睪固酮則難以使過程啟動或恢復，而必須有 FSH 才能繼續作用；由此可知 FSH 對精子生成過程有啟動作用，而睪固酮則具有維持作用。

FSH 與賽托利細胞上的 FSH 接受器結合後，經 cAMP- 蛋白激酶系統，促進賽托利細胞上蛋白質的合成，這些蛋白質中可能有啟動精子生成的成分。此外，精子生成過程中，需要細精小管存在高濃度的睪固酮，因為睪固酮可能刺激精原細胞的形成和精母細胞的第二次減數分裂，導致精細胞的出現。

(二) 睪丸激素對下視丘－腦下腺的負迴饋調節

血中睪固酮達到一定濃度後，便可作用於下視丘和腦下腺前葉，**抑制 GnRH 和 LH 的分泌**，產生負迴饋調節作用，使血中睪固

酮穩定在一定濃度。FSH 能刺激賽托利細胞分泌抑制素，抑制素對腦下腺前葉能產生負迴饋作用，進而抑制 FSH 分泌。

(三) 睪丸內的局部調節

在賽托利細胞與精細胞之間，以及萊氏細胞與賽托利細胞之間，存在著局部調節機制。例如，FSH 可啟動賽托利細胞內的芳香酶，促進睪固酮轉變為雌二醇，亦可降低腦下腺前葉對 GnRH 的反應，並能直接抑制萊氏細胞內睪固酮的合成。此外，睪丸可產生多種胜肽類、GnRH、類胰島素生長因子及介白素 (interleukin) 等，這些物質可以旁分泌或自分泌的方式，局部調節睪丸的功能。

18-4 女性生殖生理
Physiology of Female Reproduction

女性主要性器官是卵巢，具有卵子生成及分泌激素雙重功能。女性激素可促進女性生殖器官的生長及發育，並刺激女性第二性徵的出現。

▶ 女性生殖器官

女性生殖系統包括內、外生殖器及其相關組織與鄰近器官（圖18-9及表18-2）。其中內生殖器包括陰道、子宮、輸卵管及卵巢。外生殖器又稱為外陰，主要有陰蒂、大陰唇、小陰唇。小陰唇之間含有尿道與陰道的開口及前庭大腺與前庭小腺的開口。陰道口周圍覆蓋有一層薄黏膜，稱為處女膜 (hymen)，會因劇烈運動、陰道指診、初次性交等而造成此膜破裂流血。骨盆為生殖器官的所在地，並與分娩有密切關係。

卵巢 (ovary) 為一成對扁橢圓形的性腺，大小形態與杏仁相近，構造包括內層的髓質與外層的皮質。其中皮質的基質上有一層特化的**生殖上皮** (germinal epithelium)，基質內含有不同成熟階段的**濾泡** (follicle)。在女性胚胎開始發育時，生殖細胞即移入卵巢中。女嬰出生時，卵巢內約有 200 萬個以上的原始濾泡 (primordial follicle)。在青春期開始時，已降至 40 萬個，其中只有不到 1%（**約 400 個**）的濾泡將在女性生育期間內發育成熟並排出卵細胞，其餘的濾泡發育到一定程度即經細胞凋亡而退化。

臨·床·焦·點

Clinical Focus

雄性素不敏感症候群

雄性素不敏感症候群 (androgen insensitivity syndrome) 發病原因大致分為三類：(1) 雄性素受體缺乏或數量減少：使得睪固酮、LH 及雌二醇濃度呈現正常或升高；(2) 雄性素受體基因突變致功能異常；(3) 5α- 還原酶的缺乏，為男性假兩性畸形中最常見者。屬隱性遺傳，性染色體為 46,XY，父母可運用婚前體檢和產前檢查如羊膜穿刺等，預防產出畸形的下一代。

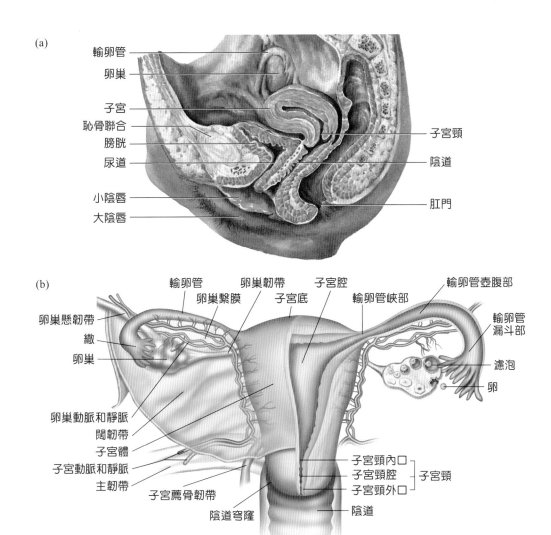

(a)

輸卵管
卵巢
子宮
恥骨聯合
膀胱
尿道
小陰唇
大陰唇

子宮頸
陰道
肛門

(b)

卵巢懸韌帶
繖
卵巢
卵巢動脈和靜脈
闊韌帶
子宮體
子宮動脈和靜脈
主韌帶
子宮薦骨韌帶
陰道穹窿

輸卵管
卵巢繫膜
卵巢韌帶
子宮底
子宮腔
輸卵管峽部
輸卵管壺腹部
輸卵管漏斗部
濾泡
卵
子宮頸內口
子宮頸腔
子宮頸外口
子宮頸
陰道

■ 圖 18-9　女性生殖器官。(a) 骨盆腔矢狀切面；(b) 內生殖器前面觀。

▶ 卵子生成作用

一、卵子的生成過程

在女性胚胎開始發育時，卵巢即開始進行有絲分裂，產生具有雙套染色體 (44+XX) 的生殖細胞，稱為**卵母細胞** (oocyte)。大約於妊娠第 5 個月，胎兒卵巢內的卵母細胞數量會增生至 6~7 百萬個，大部分的卵母細胞在出生前會經由細胞凋亡方式死亡，此後無新的生殖細胞產生。在妊娠末期，卵母細胞開始進行第一次減數分裂，並於前期暫停，此時稱為**初級卵母細胞** (primary oocyte)，仍具有雙套染色體 (44+XX)。

在進入女性青春期時，初級卵母細胞才會完成**第一次減數分裂**，產生**一個**含單套染色體 (22+X) 的**次級卵母細胞** (secondary oocyte) 及一個**極體** (polar body)，此極體可能會再度分裂，但最後會退化。其中次級卵母細胞會再繼續進行第二次減數分裂，並在中期時會再度暫停，**直到受精後才會完成第二次減數分裂**；如果未受精，則在數天後會退化，接著月經來潮。

表 18-2　女性生殖器官及其主要功能

器 官	主要功能
卵巢 (Ovary)	可產生和排出卵細胞，並分泌性激素
輸卵管 (Uterine tubes / Fallopian tubes)	卵子與精子在輸卵管壺腹部 (ampulla) 進行受精作用，沒有受精的卵會在輸卵管中退化；壺腹部為子宮外孕最常發生部位
子宮 (Uterus)	青春期後受性激素影響，子宮內膜會發生月經週期變化；為精子到達輸卵管的通道；孕期為胎兒發育、成長的部位；分娩時子宮收縮使胎兒及其附屬物娩出；子宮頸管內有黏液栓將其與外界隔離，有防止感染作用，子宮頸外口柱狀上皮與鱗狀上皮交界處是子宮頸癌的好發部位
陰道 (Vagina)	為性交器官、月經經血排出及胎兒娩出的通道。環繞子宮頸周圍的部分為陰道穹窿 (vaginal fornix)
陰蒂 (Clitoris)	位於小陰唇前緣交會處，富含神經末梢，因此較敏感，在性興奮時會充血而膨大
大陰唇 (Labiumm majus)	為一對隆起的皮膚皺襞，起自陰阜，止於會陰
小陰唇 (Labium minus)	位於大陰唇內側的一對薄皺襞、無毛髮
前庭大腺 (Major vestibular gland)、前庭小腺 (Lesser vestibular gland)	可分泌黏液而產生潤滑陰道的功能

二、卵巢週期

　　濾泡的生長發育、排卵與黃體形成呈現週期性變化，每月一次，週而復始，稱為**卵巢週期** (ovarian cycle)，其過程變化如下（圖 18-10）：

1. **原始濾泡** (primordial follicle)：**出生時**即存在，為卵巢的基本生殖單位，位於**卵巢皮質外部**。

2. **初級濾泡** (primary follicle)：由原始濾泡發育而來，其內含有一個初級卵母細胞，外圍由一層**濾泡細胞** (follicular cell) 圍繞組成。

3. **次級濾泡** (secondary follicle)：當初級濾泡受FSH刺激後，除部分卵母細胞會變大外，部分濾泡細胞亦會逐漸增生分裂形成**顆粒細胞** (granulosa cells) 圍繞在濾泡外圍，這些顆粒細胞並會充滿濾泡腔 (antrum)。其中某些初級濾泡經刺激後變得更大，並發育成充滿液體的囊泡 (vesicles)，此時稱為次級濾泡。

4. **成熟濾泡** (mature follicle)：又稱為**葛氏濾泡** (graafian follicle)，是濾泡發育的最後階段，其體積明顯增大，顆粒細胞層內側液體逐漸增高，空腔亦隨之增大，卵細胞移向一側。結構從外向內依次為：濾泡內膜、顆粒細胞、濾泡腔、卵丘 (cumulus oophorus)、放射冠 (corona radiata)、透明帶 (zona pellucida)。其中透明帶是決定精子能否使卵受精的屏障，因此相當重要。

5. **排卵** (ovulation)：在 **LH** 的刺激下，濾泡壁會發生破裂，**次級卵母細胞**、透明帶與放射冠隨同濾泡液一起被排入腹腔，並被輸卵管繖部 (fimbriae) 捕抓進入輸卵管中，此過程稱為排卵。

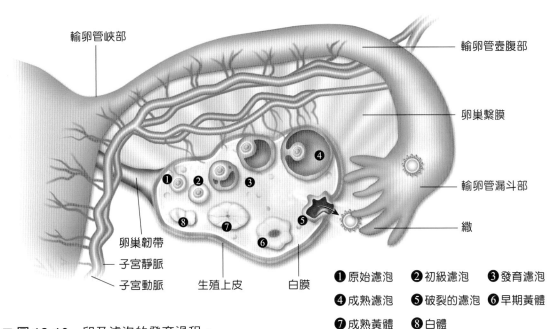

輸卵管峽部

輸卵管壺腹部

卵巢繫膜

輸卵管漏斗部

繖

卵巢韌帶

子宮靜脈

子宮動脈

生殖上皮

白膜

❶ 原始濾泡　❷ 初級濾泡　❸ 發育濾泡
❹ 成熟濾泡　❺ 破裂的濾泡　❻ 早期黃體
❼ 成熟黃體　❽ 白體

■ **圖 18-10**　卵及濾泡的發育過程。

6. **黃體** (corpus luteum)：排卵後，在 LH 的作用下，殘餘的濾泡會發生結構及生化上的變化，其外觀呈現黃色，故稱為黃體。**黃體**可分泌大量的**動情素**及**黃體素**。

7. **白體** (corpus albicans)：如果排出的卵子沒有受精，則黃體會逐漸退化成白體，其分泌功能也會漸漸消失，最後由結締組織取代。

　　通常每次月經週期，卵巢內約有 10~25 個濾泡同時發育，但在激素及自分泌調節因子的交互作用下，一週後僅有一個濾泡能發育成為成熟的葛氏濾泡，其餘則產生停滯現象，最後退化成**閉鎖性濾泡** (atretic follicle)。由於閉鎖性濾泡缺乏開口無法排出卵子，故能避免造成多胞胎的現象。

▶ 月經週期

　　女性自青春期起至生育年齡，在卵巢激素的作用下，除妊娠外，每月一次子宮內膜發生週期性脫落、出血，這種週期性經陰道流血的現象稱為**月經** (menstruation)。因為此現象每月重複一次，因此稱為**月經週期** (menstrual cycle)。

　　月經週期的長短因人而異，一般成年婦女平均為 28 天，在 20~40 天範圍內均屬正常。通常，我國女孩成長到 11~13 歲時會出現第一次月經，稱為**初經** (menarche)。初經後的一段時間內，月經週期可能較不規律，一般要 1~2 年後才會逐漸規律。婦女到 50 歲左右，卵巢功能逐漸退化，對腦下腺前葉分泌的激素反應降低，導致濾泡發育停止，動情素及黃體素分泌減少，子宮內膜不再呈週期性變化，而使月經來潮停止，稱為**停經** (menopause)。

　　月經週期的變化是屬於漸進式的，因為經血來潮是整個週期中較明顯的變化，因此一般稱月經來潮的第一天為週期的第一天。月經週期可以以卵巢內部及子宮內膜的變化做更進一步的分期（圖 18-11）。

一、卵巢的週期性變化

青春期時，卵巢受腦下腺前葉分泌 FSH 及 LH 的影響，而引發卵巢內部一連串的週期性變化（圖 18-11 及表 18-3）。

1. **濾泡期** (follicular phase)：係指月經來潮的第一天至排卵前的 **LH 潮放** (LH surge) 期間，此週期長短變化大，最少持續 1~13 天。在月經來後幾天，FSH 受到下視丘分泌的 GnRH 的刺激下開始上升。FSH 的增加會刺激顆粒細胞分泌**雌二醇**（estradiol，動情素的一種）及促進濾泡生長。當雌二醇濃度快速上升後（第一高峰）會正迴饋作用在腦下腺前葉，促使 GnRH 的分泌脈衝頻率增加，亦會促進腦下腺對 GnRH 的

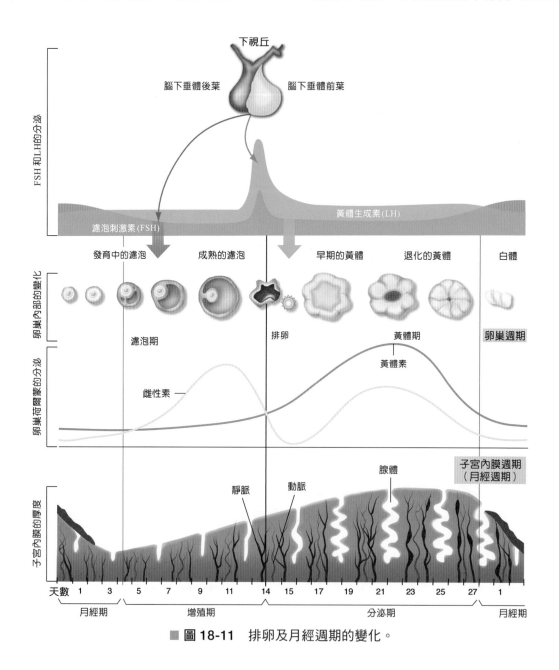

■ **圖 18-11** 排卵及月經週期的變化。

表 18-3　激素、濾泡及子宮內膜在濾泡期與黃體期的變化

項目		濾泡期（排卵前期）		黃體期（排卵後期）
		月經期（第 1~4 天）	增殖期（第 5~14 天）	分泌期（第 15~28 天）
血中激素濃度	動情素（雌二醇）	很低	漸增至高峰（排卵前 24 小時）	達第二高峰後下降
	黃體素	很低	略增高	達高峰後下降
	FSH	漸增	下降後又上升	逐漸下降後略升
	LH	低	潮放後達高峰（排卵日）	逐漸下降
濾泡發育		初始	逐漸成熟，第 14 天時排卵	黃體期末期萎縮退化
子宮內膜變化		剝落、出血	修復、增殖，腺體不分泌	血管充血、腺體分泌

反應能力增加，而使 LH 分泌能力上升，並在濾泡末期（開始於排卵前 24 小時）出現 LH 邊升再邊降的分泌高峰（出現在排卵前 16 小時），稱為 LH 潮放，此作用會引發排卵機制。

2. **排卵** (ovulation)：在 FSH 的刺激下，成熟的葛氏濾泡增大並呈囊泡突出於卵巢表面。在葛氏濾泡的快速增大下，雌二醇的分泌速率隨之增快。約在週期第 13 天，雌二醇濃度快速上升正迴饋促進 LH 潮放。約在週期第 14 天，LH 潮放**誘發濾泡壁溶解酶活性增加**，而使濾泡壁溶化及破裂，一個次級卵母細胞（外圍圍繞著透明帶及放射冠）隨著濾泡液被排入腹腔（圖 18-12a）。

3. **黃體期** (luteal phase)：係指排卵後至下次月經來潮前。當次級卵母細胞釋出後，顆粒細胞很快的將濾泡上的破洞修補起來形成**黃體** (corpus luteum)。LH 會促進黃體分泌黃體素及動情素。黃體素的分泌量在排卵後 5~8 天達到高峰，並使子宮內膜血管分布增加，形成一良好受精卵著床的環境。接著動情素會出現第二高峰，但其濃度較第一高峰低。有些人會感覺**身體腫脹**，乃因**動情素**造成水分滯留所致。當血液中的黃體素及動情素達高濃度時，會以負迴饋作用抑制 FSH 及 LH 的分泌。在黃體期末期，黃體開始萎縮退化，其分泌功能亦逐漸消失。約至週期第 28 天，血液中黃體素及動情素降至非常低的濃度，進而造成子宮內膜剝落，月經來潮，卵巢中一個新的濾泡期也在此時被激發。此期一般維持 **12~16 天**（圖 18-12b）。

二、子宮內膜的週期性變化

月經週期中卵巢濾泡分泌的激素變化，會導致子宮內膜發生週期性改變（圖 18-11 及表 18-3）。

1. **增殖期** (proliferative period)：係指從上次月經停止之日起，到卵巢排卵的期間，約為月經週期的第 5~14 天，歷時約 10 天，相當於卵巢濾泡期。此期，卵巢中的濾泡處於發育和成熟階段，會不斷分泌**動情素**刺激子宮內膜基底細胞開始修復、增殖，**螺旋動脈** (spiral artery) 的捲曲血管會逐漸加長。此期末，卵巢中的濾泡會發育成熟並排卵。

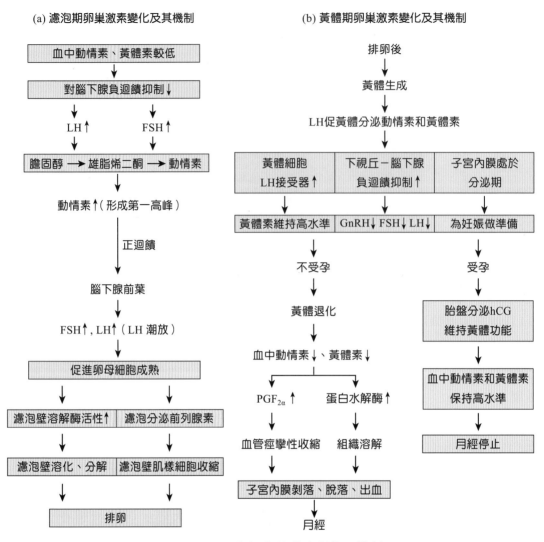

(a) 濾泡期卵巢激素變化及其機制

血中動情素、黃體素較低

對腦下腺負迴饋抑制↓

LH↑   FSH↑

膽固醇 → 雄脂烯二酮 → 動情素

動情素↑（形成第一高峰）

正迴饋

腦下腺前葉

FSH↑, LH↑（LH 潮放）

促進卵母細胞成熟

濾泡壁溶解酶活性↑ ｜ 濾泡分泌前列腺素

濾泡壁溶化、分解 ｜ 濾泡壁肌樣細胞收縮

排卵

(b) 黃體期卵巢激素變化及其機制

排卵後

黃體生成

LH促黃體分泌動情素和黃體素

黃體細胞 ｜ 下視丘－腦下腺 ｜ 子宮內膜處於
LH接受器↑ ｜ 負迴饋抑制↑ ｜ 分泌期

黃體素維持高水準 ｜ GnRH↓ FSH↓ LH↓ ｜ 為妊娠做準備

不受孕   受孕

黃體退化

血中動情素↓、黃體素↓   胎盤分泌hCG
維持黃體功能

PGF$_{2\alpha}$↑   蛋白水解酶↑   血中動情素和黃體素
保持高水準

血管痙攣性收縮 組織溶解   月經停止

子宮內膜剝落、脫落、出血

月經

■ 圖 18-12　月經週期的激素變化及機制。

2. **分泌期** (secretory phase)：係指從排卵日起到月經來潮日止，約為月經週期的第 15~28 天，歷時約 13~14 天，相當於黃體期。此期，排卵後的殘留濾泡會增殖形成黃體，黃體會分泌黃體素及動情素。在兩種激素（特別是**黃體素**）共同作用下，促使子宮內膜進一步增生變厚並呈高度分泌狀態，血管擴張充血，腺體增大並充滿肝醣，子宮內膜變得鬆軟並富含營養物質，已為受精卵著床和發育做好準備。

3. **月經期** (menstrual phase)：係指從月經來潮至經血停止期間，約為月經週期的第 1~4 天，歷時約 4~5 天。由於排出的卵子未受精，黃體於排卵後 8~10 天開始退化、萎縮，其分泌**黃體素及動情素**功能迅速**降低**。子宮內膜因缺乏這兩種激素的作用，而使螺旋動脈痙攣，導致內膜缺血、壞死、脫落和出血，即月經來潮。

　　一次月經期出血量約 50 mL，經血呈暗紅色，內含血液、子宮內膜碎片、子宮頸黏

液及脫落的陰道上皮細胞。因子宮內膜組織中含有纖維蛋白分解酶 (fibrinolytic enzyme) 可分解纖維蛋白，故經血不會凝固。

如果排出的卵子受精，則胎盤會分泌**人類絨毛膜促性腺激素** (human chorionic gonadotropin, hCG) 維持黃體的功能，黃體最長可存在約 **270 天**，會繼續分泌黃體素和動情素，子宮內膜繼續增厚形成蛻膜 (decidua)，受精卵著床，進入妊娠狀態，月經週期停止，直至分娩後，月經週期再逐漸恢復。

▶ 女性激素的功能及調節

卵巢可以合成並分泌動情素、黃體素和少量雄性素。動情素主要包括雌二醇 (estradiol)、雌一醇或雌酮 (estrone) 和雌三醇 (estriol)，均屬於類固醇激素。其中雌二醇的分泌量最大、活性最強，雌三醇的活性最低。另外，卵巢的顆粒細胞還可分泌抑制素。

一、動情素的生理作用

動情素主要促進女性生殖器官的發育和第二性徵的出現，並維持生理正常狀態，此外對代謝也有明顯的影響。

1. 對生殖器官的作用：
   (1) 協同 FSH 促進濾泡發育，誘導排卵前 LH 高峰的出現，而促進排卵。
   (2) 促使輸卵管上皮細胞增生，增強輸卵管的分泌和運動，有利於精子和卵子的運行。
   (3) 促進子宮發育，子宮內膜發生增殖期的變化，使子宮頸分泌大量清澈、稀薄的黏液，有利於精子的穿行。
   (4) 促進子宮肌肉的增生，在分娩前，動情素能增強子宮肌的興奮性，提高子宮肌對催產素 (oxytocin) 的敏感性。
   (5) 使陰道黏膜細胞增生，肝醣含量增加，表淺細胞角質化，黏膜增厚並出現皺摺。其中肝醣分解會使陰道呈酸性 (pH 4~5)，有利於陰道乳酸桿菌的生長，從而排斥其他微生物的繁殖，因而能增強陰道的抵抗力。

2. 對乳腺和第二性徵的影響：
   (1) 刺激乳腺導管和結締組織增生，進而促進乳腺發育。
   (2) 促進女性特徵發育，例如音調較高、骨盆寬大、臀部肥厚等。

3. 對人體新陳代謝的作用：
   (1) 促進蛋白質合成，特別是生殖器官的細胞增殖與分化，增強轉錄過程，加速蛋白質合成，促進生長發育。
   (2) 影響鈣和磷的代謝，刺激成骨細胞的活動，加速骨骼的生長，促進骨骺的癒合，因此青春期早期女孩的生長一般較男孩快。
   (3) 促進腎對水和鈉的再吸收，以增加細胞外液的量。
   (4) 降低血中膽固醇和低密度脂蛋白含量，所以動情素是抗動脈硬化的重要因素之一。

二、黃體素的生理作用

黃體素作用於子宮內膜和子宮肌肉，以適應受精卵著床和維持妊娠。由於黃體素接受器含量受動情素調節，所以黃體素的絕大

部分作用都必須在動情素作用的基礎上才能發揮。

1. 維持妊娠：黃體素能刺激子宮內膜分泌受精卵所需要的營養物質，能降低子宮肌肉的傳導性，使子宮肌肉對各種刺激的敏感性下降，而使子宮處於安靜狀態，進而抑制母體的免疫反應，防止對胎兒產生排斥反應。

2. 對子宮的作用：黃體素能促進在動情素作用下增生的子宮內膜進一步增厚，而呈現分泌期的變化，為受精卵著床做好準備。亦可減少子宮頸黏液的分泌量，使黏液變稠，不利於精子的穿透，並抑制輸卵管節律性收縮。

3. 對乳腺的作用：在動情素作用的基礎上，黃體素主要促進乳腺腺泡的發育，並在妊娠期末期為泌乳做好準備。

4. **產熱作用**：女性**基礎體溫** (basal body temperature) 在排卵後升高 0.2~0.6℃，並持續至黃體期（圖 18-13）。臨床上常將此基礎體溫的變化作為判斷排卵的方法之一。女性在停經或卵巢切除後，此基礎體溫變化消失，如果注射黃體素則可引起基礎體溫升高，因此認為基礎體溫的升高與黃體素作用於下視丘體溫調節中樞有關。

知識小補帖 Knowledge+

　　經前症候群 (premenstrual syndrome, PMS) 通常在月經來潮前約 7~12 天出現，會有頭痛、水腫、乳房脹痛、下腹腫脹、情緒低潮、焦慮、易怒、便祕、失眠等生理及心理行為上的症狀，嚴重者甚至影響工作及人際關係，症狀在月經來潮後 2~3 天內消失。約 50~80% 的女性有這方面不同程度的困擾。PMS 的成因尚未完全清楚，可能與女性激素分泌失衡有關，而生活壓力、年齡（超過 30 歲）及飲食習慣等都與 PMS 的發生率有密切相關。

三、卵巢分泌功能的調節

（一）下視丘－腦下腺對卵巢活動的調節

　　卵巢功能受**下視丘－腦下腺前葉**所分泌的激素調節，形成下視丘－腦下腺－卵巢軸線（圖 18-14）。

　　下視丘釋放的 GnRH 呈脈衝式分泌，透過三磷酸肌醇 (IP_3) 和二醯甘油酯 (DAG) 調節腦下腺 FSH 和 LH 的分泌，並在月經週期中呈現週期性變化。FSH 是濾泡生長發育的啟動激素，顆粒細胞和內分泌細胞均有 FSH 接受器。**FSH** 可促進這些細胞的有絲分裂，使

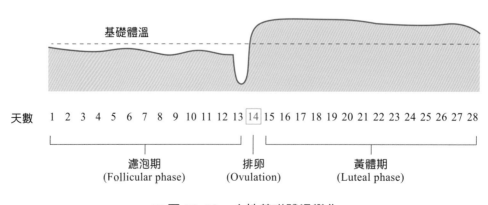

■ **圖 18-13** 女性基礎體溫變化。

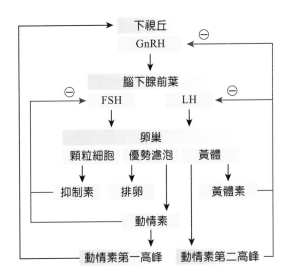

■ 圖 18-14　下視丘－腦下腺前葉對卵巢的調節作用。

細胞數目增加，促使濾泡發育成熟，同時也能增加顆粒細胞芳香酶活性，促進**動情素**的生成和分泌。FSH 還能使顆粒細胞上出現 LH 接受器，與 LH 結合後可使顆粒細胞的形態及激素分泌能力向黃體細胞轉化，形成黃體。排卵前 LH 潮放能誘發成熟葛氏濾泡排卵，排卵後 LH 又可維持黃體持續分泌黃體素。

(二) 卵巢激素對下視丘－腦下腺的迴饋作用

下視丘及腦下腺均存有動情素及黃體素的接受器。動情素對下視丘和腦下腺激素的分泌同時具有負迴饋及正迴饋作用。在**排卵前 24 小時**，濾泡分泌大量動情素，使血中**動情素**濃度達到**高峰**，促進 GnRH 釋放，引起**排卵前 LH 和 FSH 分泌**，形成 **LH 高峰**，稱為**正迴饋作用**，而黃體素抑制上述正迴饋作用。小劑量的動情素負迴饋抑制下視丘 GnRH 的釋放。在月經週期的大部分時間內，卵巢激素可迴饋抑制 GnRH 的分泌。故當卵

知識小補帖　Knowledge+

　　避孕 (contraception) 是指採用一定的方法使婦女暫不受孕。理想的避孕方法應該安全可靠、簡便易行、沒有副作用及不影響性行為等。一般可透過控制以下環節達到避孕的目的：(1) 抑制精子或卵子的生成；(2) 阻止精子與卵子相遇；(3) 使女性生殖道內的環境不利於精子的生存和活動；(4) 使子宮內的環境不適於囊胚的著床與生長等。

　　常見的口服避孕藥，為人工合成的高效能的動情素和黃體素。服用後，體內動情素和黃體素的濃度會明顯升高，透過負迴饋作用抑制下視丘－腦下腺－卵巢軸線的功能，而達到抑制卵巢排卵的效果。另外，黃體素還可減少子宮頸黏液的分泌量，使黏稠度增加，阻止精子進入，以達到避孕的目的。

巢切除或卵巢功能低下及停經後，體內性激素濃度下降，而 LH 和 FSH 濃度則明顯升高。

18-5　妊娠生理
Physiology of Pregnancy

　　妊娠 (pregnancy) 係指在母體內胚胎的形成及胎兒的生長發育過程，包括受精、著床、妊娠的維持、胎兒的生長發育及分娩。卵子受精是妊娠的開始，胎兒及其附屬物從母體排出是妊娠的終止。妊娠過程平均約 38~42 週，是一個非常複雜、變化極為協調的生理過程。

▶ 受　精

　　精子射出後經陰道、子宮頸、子宮腔才能到達輸卵管，精子和卵子在**輸卵管壺腹部**

相遇。當精子穿入卵母細胞使兩者互相融合，稱為**受精** (fertilization)。

一、精子的輸送及獲能

月經週期中期，在動情素的作用下，子宮頸黏液變得清澈、稀薄，其中黏液蛋白縱行排列成行，有利於精子的穿行；反之，黃體期在黃體素的作用下，子宮頸黏液變得黏稠，黏液蛋白捲曲，交織成網，會使精子難以通過。

當精液射入陰道後穹窿後，約 1 分鐘就變成膠凍樣物質，使精液不易流出體外，並暫時保護精子免受酸性陰道液的破壞。精子

移動的動力除了依靠其自身尾部鞭毛的擺動外，亦需借助女性生殖道平滑肌的運動和輸卵管纖毛的擺動。

正常男性一次射精雖能排出數以億計的精子，但進入陰道內的精子絕大部分被陰道內的酵素殺傷而失去活力，存活的精子隨後又遇到子宮頸黏液的攔截，故最後能到達受精部位的只有 15~50 個精子，到達的時間約在性交後 30~90 分鐘。精子在女性生殖道中保持受精能力的時間約為 **24~48 小時**，卵子約為 6~24 小時。

人類精子必須在雌性生殖道內停留一段時間，方能獲得使卵子受精的能力，稱為

(a)

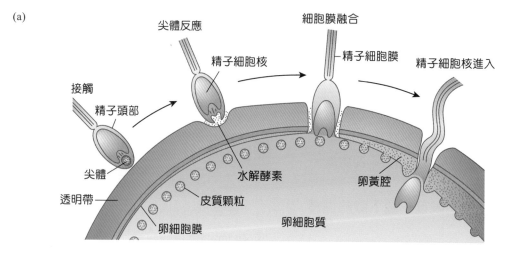

(b)

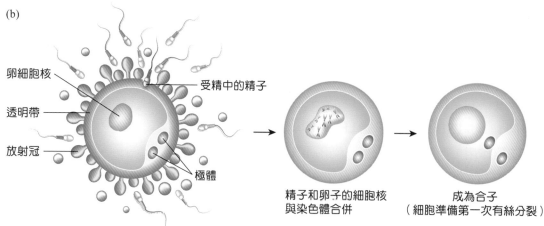

■ **圖 18-15** 受精過程。

精子獲能 (capacitation)。獲能的主要場所是子宮，其次是輸卵管。

二、受精過程

精子與卵子在**輸卵管壺腹部**相遇後尚不能立即結合。首先，精子的尖體膜與頭部的細胞膜多處融合，繼之破裂形成許多小孔，並藉由胞吐作用釋出其內的酵素，以溶解卵子外圍的放射冠及透明帶，此過程稱為**尖體反應** (acrosome reaction)（圖 18-15a）。

當第一個精子進入卵母細胞後，會激發卵母細胞中的顆粒釋放，釋放物與透明帶反應，進而使透明帶與卵的細胞膜融合，防止其他精子再進入，確保每個卵子僅能與一個精子結合，以預防**多重受精** (polyspermy) 的情況發生。當精子進入卵的細胞質後，在 12 小時內，卵的核膜會消失，卵的染色體（單套體）與精子的染色體（單套體）結合形成受精卵（雙套體），稱為**合子** (zygote)（圖 18-15b）。

▶ 著床

在受精後 30~36 小時，合子開始藉由有絲分裂成 2 個小細胞，此過程稱為**卵裂** (cleavage)。接著每 10~12 小時進行一次卵裂，在第三次卵裂時（約受精後 50~60 小時），會形成一個 8 個細胞的球狀體，稱為**桑椹體** (morula)，並持續進行卵裂。約在受精後第 3 天，桑椹體從輸卵管移至子宮腔，第 4~5 天時，發育成內含液體、中空構造的細胞球，稱為**囊胚** (blastocyst)。囊胚進入子宮腔開始時會處於游離狀態，透明帶會溶解消失，接著囊胚與子宮內膜接觸，並同步發育及相互作用，而逐漸進入子宮內膜，此為**著床** (implantation) 過程的開始。約於受精後

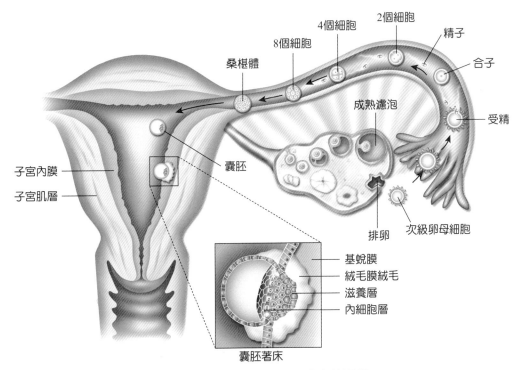

■ 圖 18-16　受精、卵裂及著床的過程。

7~10 天，囊胚完全嵌入子宮內膜中，著床完成（圖 18-16）。

▶ 胚胎發育與胎盤形成

受精卵經卵裂、桑椹體形成囊胚後，囊胚細胞迅速增長分化成**內細胞質塊** (inner cell mass) 及**滋養層細胞** (trophoblast cells)，並繼續分化形成胚胎及胎盤等構造（圖 18-17a）。

一、胚胎發育

囊胚著床後 24 小時內，滋養層細胞迅速增殖，位在與子宮內膜接觸的那一側的滋養層細胞會分化成包圍內細胞質塊的**細胞滋養層** (cytotrophoblast layer) 及外層的大型多核的**融合滋養層** (syncytiotrophoblast layer)（圖 18-17b）。

在此同時，內細胞質塊增殖及重新排列，靠近囊胚腔 (blastocyst cavity) 的細胞發育成**內胚層** (endoderm)，內胚層上方為**外胚層** (ectoderm)，此時胚胎是一個雙層細胞緊密相貼的橢圓形的囊。接著，**胚胎盤** (embryonic disc) 上方的外胚層與滋養層間出現空隙，逐漸擴大成羊膜腔 (amniotic cavity)。胚胎盤上出現原條 (primitive streak) 並漸漸退縮，**中胚層** (mesoderm) 形成（圖 18-17c），此時胚胎具備三胚層的構造（圖 18-17d）。

二、胚胎外膜發育

受精後第 2~3 週開始，滋養層逐漸發育成絨毛膜 (chorion)、羊膜 (amnion)、卵黃囊 (yolk sac) 及尿囊 (allantois) 等胚胎外膜 (extraembryonic membrane) 構造，這些膜可提供胎兒保護及支持作用。

1. **絨毛膜**：隨著胚胎成長，胚胎與子宮壁接觸面的融合滋養層細胞會分泌酵素溶解子宮內膜的母體微血管，並在母體組織發展成許多充滿靜脈血的腔室。接著滋養層細胞增生向外長出許多指狀突起，稱為**絨毛膜絨毛** (chorionic villus)。這些絨毛會進入靜脈血形成的池，形成像葉子形狀的構造稱為**葉狀絨毛膜** (chorion frondosum)。另一面的絨毛則會逐漸萎縮，最後變成表面平滑的絨毛膜。絨毛膜會將羊膜、胚胎及卵黃囊包圍。

2. **羊膜**：是一層薄而堅韌的透明保護膜，包覆在胚胎之外，內含**羊水** (amniotic fluid)，胚胎與臍帶一起浸泡在充滿羊水的羊膜囊 (amniotic sac) 內。羊水呈鹼性 (pH 7.0~7.35)、清澈、淡黃色，內含胎兒、胎盤和羊膜脫落的細胞。羊水並具有維持胎兒體溫穩定、提供胎兒活動空間、預防胎兒與羊膜粘連以及緩衝和保護來自母體腹部碰撞等功能。

三、胎盤形成與物質交換

於胚胎著床部位，葉狀絨毛膜與母體組織接合處稱為**基蛻膜** (decidua basalis)。葉狀絨毛膜（胎兒組織）與基蛻膜（母體組織）緊密複雜融合在一起形成**胎盤** (placenta)（圖 18-18）。妊娠早期，胎盤會比胚胎或胎兒大，至妊娠中期，胎兒生長速度會快於胎盤，所以到妊娠末期，胎盤占足月胎兒體重的六分之一。

胎盤的絨毛膜絨毛間的空腔成為母體和胎兒（或胚胎）物質交換之處。攜帶氧氣和營養物質的母體血液，由基蛻膜中的螺旋

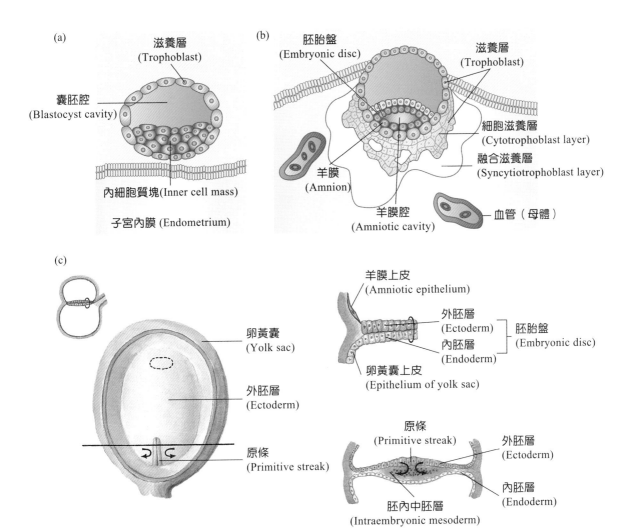

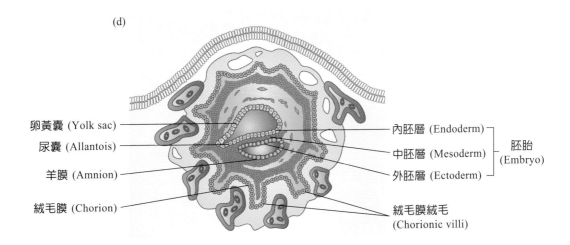

■ 圖 **18-17** 胚胎發育。

動脈噴湧到絨毛膜絨毛間的空腔中，並藉由臍靜脈（1 條）將其分支引流至胎兒（或胚胎），而臍動脈（2 條）則將胎兒（或胚胎）的二氧化碳及廢物送回母體胎盤中。因胎盤的母體面（基蛻膜）及胎兒面（葉狀絨毛膜）相互緊密融合，其上每個絨毛都有絨毛膜，可防止絨毛微血管和母體血液直接接觸，而

能讓物質有效的交換又不會導致血液混合，以維持胎兒循環系統封閉不受干擾（圖 18-19）。

▶ 胎盤的內分泌功能

正常妊娠的維持有賴於腦下腺、卵巢和胎盤分泌的各種激素的相互配合。受精和著床之前，在腦下腺分泌 FSH 和 LH 的控制下，卵巢黃體分泌大量的黃體素和動情素，導致子宮內膜發生分泌期的變化，以適應妊娠的需要。

如果受孕，囊胚滋養層細胞便開始分泌人類絨毛膜促性腺激素 (human chorionic gonadotropin, hCG)，以刺激卵巢的月經黃體變為妊娠黃體，繼續分泌黃體素和動情素。胎盤形成後，即扮演妊娠期重要的內分泌器官，能分泌大量的蛋白質激素及類固醇激素，以適應妊娠需要和促進胎兒生長發育。

人類絨毛膜促性腺激素 (hCG) 及**人類絨毛膜體乳促素 (human chorionic somatomammotropin, hCS)** 是由胎盤絨毛膜滋養層細胞所分泌的蛋白質激素。hCG 於受精後第 6 天前就出現在母血中，隨後濃度迅速升高，至妊娠 8~10 週達高峰，然後又迅速下降，在妊娠 20 週左右降至較低濃度，並維持至分娩，於胎

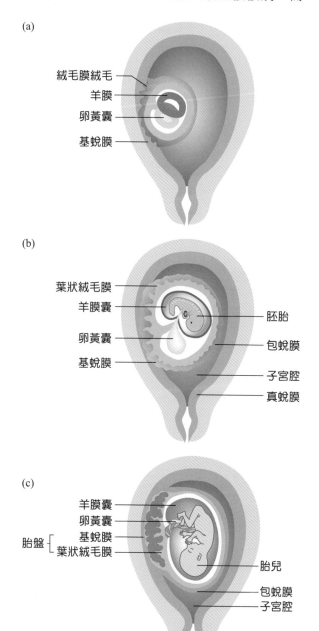

(a)

絨毛膜絨毛
羊膜
卵黃囊
基蛻膜

(b)

葉狀絨毛膜
羊膜囊
卵黃囊
基蛻膜

胚胎
包蛻膜
子宮腔
真蛻膜

(c)

羊膜囊
卵黃囊
基蛻膜
葉狀絨毛膜

胎盤 [

胎兒
包蛻膜
子宮腔

■ **圖 18-18** 胚胎發育與胎盤形成。

知識小補帖　Knowledge+

妊娠早期因胎兒皮膚的高通透性，所以羊水和胎兒細胞外液相似，其基因組成相同，因此可抽取這些液體進行臨床上的檢驗，以篩檢出異常的基因型態，此過程稱為**羊膜穿刺檢查** (amniocentesis)。

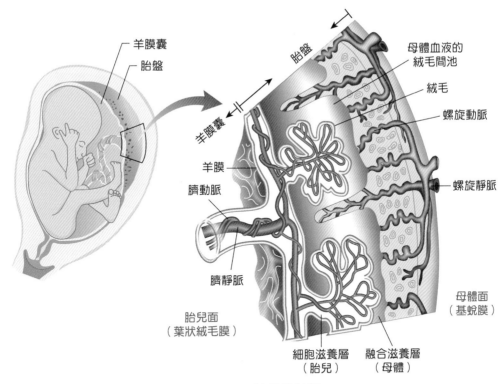

羊膜囊
胎盤
胎盤
母體血液的
絨毛間池
絨毛
螺旋動脈
羊膜囊
羊膜
臍動脈
螺旋靜脈
臍靜脈
母體面
（基蛻膜）
胎兒面
（葉狀絨毛膜）
細胞滋養層
（胎兒）
融合滋養層
（母體）

■ 圖 18-19　胎盤的結構。

盤排出後消失（圖 18-20）。 hCG 的主要生理功能與 **LH** 及 **TSH** 相似，在妊娠早期可維持母體的妊娠黃體，使其繼續分泌大量動情素和黃體素，以維持妊娠過程順利進行，此外，hCG 可抑制母體淋巴系統活力，防止母體對胎兒產生免疫排斥反應，具有安胎效用。

人類絨毛膜體乳促素 (hCS) 的功能與生長激素 (growth hormone, GH) 及泌乳素 (prolactin) 相似，可調節母體與胎兒的醣類、脂肪與蛋白質代謝，促進胎兒生長。妊娠第 6 週即可從母血中測出 hCS，以後呈穩定增加，至第 12 週左右開始維持在高濃度，直至分娩。

hCG 的分泌在妊娠 8~10 週達高峰後迅速下降，妊娠黃體受影響而逐漸萎縮，其分泌動情素和黃體素的功能也跟著減少。此時胎盤所分泌的動情素和黃體素逐漸增加，接

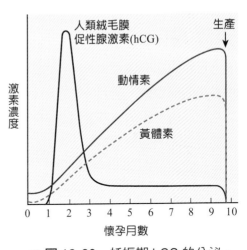

人類絨毛膜
促性腺激素(hCG)
生產
動情素
黃體素
激素濃度
0　1　2　3　4　5　6　7　8　9　10
懷孕月數

■ 圖 18-20　妊娠期 hCG 的分泌。

替妊娠黃體的功能以維持妊娠，直至分娩（圖 18-20）。妊娠期間，動情素的主要作用為促進母體子宮及乳腺生長，鬆弛骨盆韌帶，以及調節母體與胎兒的代謝；而黃體素的主要作用則包括：(1) 維持子宮內膜蛻膜反應，為早期胚胎提供營養物質；(2) 抑制 T 淋巴細胞

活力,防止胎兒被母體排斥;(3) 減弱妊娠子宮收縮,維持子宮環境平穩;(4) 促進乳腺腺泡發育,為授乳做好準備。

▶ 分娩

正常妊娠時間,如果從最後一次月經來潮第一天算起約 40 週,如果從排卵及受孕當天算起約 38 週。最終當母體子宮收縮,胎兒及其附屬物從子宮娩出體外的整個過程,稱為**分娩** (parturition)。分娩過程中,子宮肌層出現規律的強烈收縮,當收縮強度及頻率增強時,子宮頸會逐漸變薄和擴張,母體亦可藉由向下施力來協助胎兒娩出。

目前已知**催產素** (oxytocin) 及**前列腺素**（$PGF_{2\alpha}$ 及 PGE_2）皆可誘發子宮收縮。其中催產素是由腦下腺後葉所釋放,可引發子宮強力收縮,並在胎兒娩出後仍可維持子宮肌層的張力,以減少產後子宮出血的機會,因此臨床上可經由注射催產素達到催生及預防產後子宮出血的目的。前列腺素是子宮內製造的環化脂肪酸,臨床上不論是在哪一孕期給予,都可刺激子宮平滑肌強力收縮,達到催生與流產的目的。**鬆弛素** (relaxin) 可使恥骨聯合軟化及子宮頸放鬆,促進子宮頸擴張。

當胎盤分泌**皮釋素** (corticotropin-releasing hormone, CRH)（功能類似下視丘產生的 CRH）時,可以刺激腦下腺前葉分泌 ACTH,ACTH 可以直接及間接刺激胎兒腎上腺皮質分泌**皮質醇** (cortisol) 及**硫酸脫氫異雄固酮** (dehydroepiandrosterone sulfate, DHEAS),而皮質醇亦可以正迴饋作用促進 DHEAS 的分泌增加。當 DHEAS 傳至胎盤時會轉化成動情素（主要是雌三醇）。雌三醇可以增加催產素及前列腺素的接受器,使子宮肌層對催產素及前列腺素更為敏感;雌三醇亦可在子宮肌層細胞間隙產生間隙接合,有助於協調子宮肌肉同步收縮,誘發分娩。

從胎盤分泌 CRH 刺激胎兒腎上腺分泌開始至胎兒娩出,雖然目前仍未了解這個「胎盤時鐘 (placental clock)」是如何設定啟動的,但可以推測胎盤在此過程中扮演了舉足輕重的角色。

在妊娠期間,動情素上升會增加子宮肌層收縮,而黃體素則減弱子宮對收縮的反應,

臨·床·焦·點   Clinical Focus

1. 妊娠試驗 (pregnancy test):當受精卵植入子宮內膜後,孕婦體內就開始產生 hCG,在妊娠後 10 天左右即可從母血或尿液中測得。因此正常情況下,檢測母血或尿液中的 hCG 濃度,可作為診斷妊娠的準確指標。

2. 超音波掃描檢查:在妊娠第 6 週（即月經過期一週）,在超音波螢幕上即可顯示出子宮內有圓形的光環,又稱妊娠環,環內的暗區為羊水,是診斷妊娠最正確可靠的方法之一。

3. 妊娠胎盤健康評估:胎盤所分泌的動情素主要成分為雌三醇,其前驅體大部分來自胎兒。如果在妊娠期間胎兒死於子宮內,母血和尿液中雌三醇濃度會突然減少,因此檢測母血或尿液中雌三醇的含量,有助於了解胎兒的存活狀態,為臨床上用來評估胎盤的健康指標。

此兩種激素維持適當平衡，才能使妊娠繼續。然而研究發現，在妊娠 34~35 週時，動情素濃度會升高，進而促進動情素在子宮肌層的接受器增加，並可促進前列腺素及催產素的製造，因此動情素並不會直接導致子宮肌層收縮，而是需與其他接受器或物質相互作用。研究亦發現，人類的黃體素在分娩前或分娩中並不會下降，因此被認為並非引起分娩的因素之一。

除了上述理論外，其他引發分娩的原因包括子宮伸展排空論，當子宮伸展到某限度時，導致前列腺素的合成及釋放，常見於多胎妊娠及羊水過多胎兒的過度伸展。另外，子宮內感染與早產之間的關係曾被熱烈討論，然而其中的機轉也有待進一步澄清。總而言之，有關啟動分娩的原因及其之間的交互關係與影響程度，目前並沒有一項是完全被實驗與臨床認定的。

泌乳

乳腺細胞以血液中各種營養物質為原料，在細胞中生成乳汁後，分泌到腺泡腔中的過程，稱為**乳汁產生** (milk production)。腺泡腔中的乳汁，透過乳腺組織的管道系統匯集至壺腹(ampulla)，最後經輸乳管(lactiferous ducts) 送至乳頭 (nipple) 流出體外，此過程稱為**射乳** (milk ejection)。乳汁產生和乳汁射出這兩個性質不同而又相互聯繫的過程合稱為**泌乳** (lactation)（圖 18-21）。

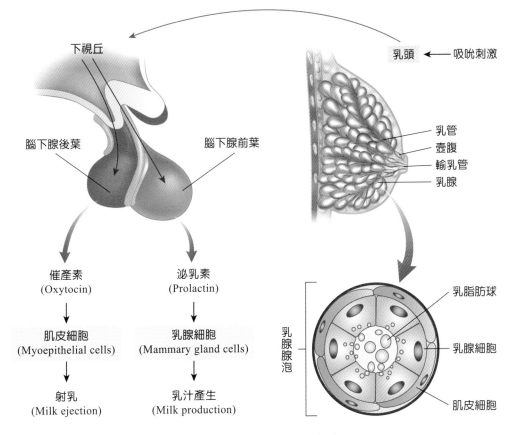

■ 圖 **18-21** 乳汁的產生和射出。

　　妊娠後，由於動情素及黃體素分泌增加，促使乳腺導管進一步增生分支，並促進乳腺腺泡增生發育。但因此時母血中**動情素及黃體素濃度過高**，會刺激下視丘分泌**多巴胺 (dopamine)** 的泌乳抑制激素 (PIH)，而**抑制泌乳素的分泌作用**。分娩後，當胎盤娩出時，動情素及黃體素的濃度迅速降低，對泌乳素的抑制作用解除，腦下腺前葉開始分泌泌乳素，**以刺激乳腺細胞分泌乳汁**。在哺乳過程中，嬰兒吸吮母親乳頭，會刺激腦下腺後葉釋放**催產素**，而刺激乳腺的肌皮細胞 (myoepithelial cell)，並引起輸乳管收縮，而使乳汁射出。

　　哺餵母乳時，由於**泌乳素的濃度升高**，會抑制性釋素 (GnRH) 的分泌，進而**抑制排卵**現象，因此在哺乳期間可出現月經暫停現象，而具有自然調節生育間隔的作用。

參考資料 | References

史小林 (2002)・*人類生殖學*・科學。

余玉眉、周雨樺、蕭仔伶、何美華、孫瑞瓊、林淑玲、黃樹欽、陳怡靜、徐莞雲 (2020)・*產科護理學*（十版）・新文京。

姚泰 (2001)・*人體生理學*（三版）・人民衛生。

姚泰 (2005)・*生理學*・人民衛生。

張麗珠 (2001)・*臨床生殖內分泌與不孕症*・科學。

游祥明、宋晏仁、古宏海、傅毓秀、林光華 (2021)・*解剖學*（五版）・華杏。

馮琮涵、黃雍協、柯翠玲、廖智凱、胡明一、林自勇、鍾敦輝、周綉珠、陳瀅 (2021)・*人體解剖學*・新文京。

馮琮涵、鄧志娟、劉棋銘、吳惠敏、唐善美、許淑芬、江若華、黃嘉惠、汪蕙蘭、李建興、王子綾、李維真、莊禮聰 (2022)・*解剖生理學*（三版）・新文京。

賴明德、王耀賢、鄧志娟、吳惠敏、李建興、許淑芬、陳晴彤、李宜倖 (2022)・*解剖學*（二版）・新文京。

韓秋生、徐國成、鄒衛東、翟秀岩 (2004)・*組織學與胚胎學彩色圖譜*・新文京。

Fox, S. I. (2015). *HUMAN PHYSIOLOGY* (14th ed.). McGraw-Hill College.

Guyton, A. C., & Hall, J. E. (2000). *Textbook of medicial Physiology* (10th ed). WB Saunders.

複·習·與·討·論

一、選擇題

1. 有關排卵過程的敘述，下 何者正確？　(A) 單一高劑量雌激素 (estrogen) 即可促進排卵　(B) 濾泡刺激素 (FSH) 使顆粒細胞黃體化　(C) 前列腺素 (prostaglandin) 減少濾泡液　(D) 顆粒細胞分泌酵素促進濾泡膜分解

2. 提供精子運動能量的粒線體主要位於何處？　(A) 尖體　(B) 頭部　(C) 中段　(D) 尾部

3. 就讀幼兒園的男童，其曲細精管內所含的生殖細胞主要是：　(A) 精原細胞　(B) 初級精母細胞　(C) 次級精母細胞　(D) 精細胞

4. 下列何者緊密相連形成血睪障壁？　(A) 間質細胞　(B) 精細胞　(C) 賽托利細胞　(D) 精原細胞

5. 初級卵母細胞何時開始進行第一次減數分裂？　(A) 出生前　(B) 青春期　(C) 排卵前　(D) 受精時

6. 有關促進睪固酮分泌之敘述，下列何者正確？　(A) 濾泡刺激素 (FSH) 直接作用於萊氏細胞 (Leydig cell)　(B) 黃體刺激素 (LH) 直接作用於賽氏細胞 (Sertoli cell)　(C) 促性腺素釋放激素 (GnRH) 間接作用於萊氏細胞 (Leydig cell)　(D) 抑制素 (inhibin) 間接作用於賽氏細胞 (Sertoli cell)

7. 一位生理正常之未孕女性，終其一生大約共排出幾個卵？　(A) 100　(B) 200　(C) 400　(D) 800

8. 下列何者是引發排卵前 LH 分泌高峰之主因？　(A) 動情素增加引發之正迴饋　(B) 黃體素增加引發之正迴饋　(C) 動情素下降引發之負迴饋　(D) 黃體素下降引發之負迴饋

9. 嬰兒主要經由刺激母體何種激素促進乳汁合成及分泌？　(A) 動情素及泌乳素　(B) 泌乳素及催產素　(C) 催產素及黃體素　(D) 動情素及黃體素

10. 睪丸主要負責產生精子，是下列哪一構造？　(A) 睪丸網 (rete testis)　(B) 直管 (straight tubule)　(C) 輸出小管 (efferent ductule)　(D) 曲細精管 (seminiferous tubule)

11. 有關性器官分化之敘述，下列何者正確？　(A) 伍氏管 (Wolffian duct) 發育成為男性副性器官　(B) 穆勒氏管 (Müllerian duct) 發育成為男性副性器官　(C) SRY 基因存在於女性 XX 染色體內　(D) 穆勒氏抑制因子 (müllerian-inhibiting factor) 由卵巢分泌

12. 在濾泡期 (follicular phase)，主要的卵巢激素為何？　(A) 胰島素 (insulin)　(B) 動情素 (estrogen)　(C) 黃體生成素 (LH)　(D) 濾泡刺激素 (FSH)

13. 一般而言，黃體酮 (progesterone) 哪一段時期的濃度較高？　(A) 經期 (menstruation)　(B) 濾泡期 (follicular phase)　(C) 增殖期 (proliferative phase)　(D) 分泌期 (secretory phase)

14. 下列有關月經週期之描述，何者正確？ (A) 黃體素之分泌主要發生於子宮內膜增生期 (B) 子宮內膜增生期發生於濾泡生長期 (C) 子宮內膜分泌期發生於濾泡生長期 (D) 月經出現於濾泡分化成為黃體之時

15. 12 歲的王同學因為外傷造成兩側睪丸嚴重受損被迫切除，下列何者為手術後的生理變化？ (A) 聲音變得低沉且毛髮增生 (B) 血液中黃體生成素 (LH) 濃度上升 (C) 血液中睪固酮 (testosterone) 濃度上升 (D) 尿液中雄性素 (androgen) 濃度上升

16. 有關女性激素分泌，下列何者錯誤？ (A) 腦下腺前葉分泌黃體生成素 (LH) (B) 黃體生成素高峰促進排卵 (C) 腦下腺前葉分泌濾泡刺激素 (FSH) (D) 濾泡刺激素在排卵時濃度最低

17. 下列何者是即將發生排卵之訊號？ (A) 子宮頸分泌物變黏稠 (B) 體溫增加 (C) 血液中 LH 濃度急遽上升 (D) 血液中黃體素急遽上升

18. 女性月經週期中，排卵後體溫會微幅上升，主要是因何種類固醇引起？ (A) LH (B) FSH (C) Estrogen (D) Progesterone

19. 何時次級卵母細胞 (secondary oocyte) 會完成第二次減數分裂？ (A) 胚胎時期 (B) 出生時 (C) 排卵時 (D) 受精時

20. 有關人類絨毛膜促性腺激素 (hCG) 的敘述，下列何者錯誤？ (A) 其作用類似 LH (B) 由母體卵巢所分泌 (C) 可維持母體黃體的分泌 (D) 妊娠 8~10 週達高峰

21. 青春期前，卵子發生停留在哪一階段？ (A) 第一次減數分裂前期 (B) 第一次減數分裂中期 (C) 第二次減數分裂前期 (D) 第二次減數分裂中期

22. 18 歲女性外表，沒有月經，性染色體為 XY，其細胞對雄性素不敏感，在此病人所表現的病徵中，下列何者是因為缺乏雄性素接受器所造成？ (A) 基因型 (genotype) 為 46, XY (B) 沒有子宮頸和子宮 (C) 睪固酮 (testosterone) 濃度上升 (D) 沒有月經週期

二、簡答題

1. 試述雄性素的生理作用及其分泌調節。

2. 睪丸是怎樣產生精子的？

3. 睪丸賽托利細胞有哪些作用？

4. 簡述動情素和黃體素的生理作用。

5. 試述月經週期中激素、卵巢和子宮內膜的變化。

6. 試述月經週期形成的機制。

7. 受孕後有哪些機制可繼續維持妊娠？

三、腦力激盪

1. 受精卵怎樣在子宮內著床？

2. 胎盤可分泌哪些激素？各有何作用？

複習與討論解答
請掃描QR code

掃描

圖　源
CREDITS

圖3-4　韓秋生、徐國成、鄒衛東、翟秀岩(2004)．*組織學與胚胎學彩色圖譜*．新文京。

圖3-17a　www.zgapa.pl/zgapedia/TRNA.html

圖3-26　Fox, S. I. (2006). *Human Physiology* (9th ed). McGraw-Hill.

圖5-1　韓秋生、徐國成、鄒衛東、翟秀岩(2004)．*組織學與胚胎學彩色圖譜*．新文京。

圖6-1　徐國成、韓秋生、霍琨(2004)．*系統解剖學彩色圖譜*．新文京。

圖6-2b　徐國成、韓秋生、霍琨(2004)．*系統解剖學彩色圖譜*．新文京。

圖6-13　左圖：徐國成、韓秋生、霍琨(2004)．*系統解剖學彩色圖譜*．新文京。

圖6-18　右上圖：徐國成、韓秋生、霍琨(2004)．*系統解剖學彩色圖譜*．新文京。

圖6-21　徐國成、韓秋生、霍琨(2004)．*系統解剖學彩色圖譜*．新文京。

圖6-22　徐國成、韓秋生、霍琨(2004)．*系統解剖學彩色圖譜*．新文京。

圖6-29　徐國成、韓秋生、霍琨(2004)．*系統解剖學彩色圖譜*．新文京。

圖7-3　徐國成、韓秋生、霍琨(2004)．*系統解剖學彩色圖譜*．新文京。

圖8-3　Fox, S. I. (2006). *Human Physiology* (9th ed). McGraw-Hill.

圖9-3　韓秋生、徐國成、鄒衛東、翟秀岩(2004)．*組織學與胚胎學彩色圖譜*．新文京。

圖9-6　左上圖：韓秋生、徐國成、鄒衛東、翟秀岩(2004)．*組織學與胚胎學彩色圖譜*．新文京。

圖10-5　美國維吉尼亞大學醫學網站http://www.healthsystem.virginia.edu

圖11-2　徐國成、韓秋生、霍琨(2004)．*系統解剖學彩色圖譜*．新文京。

圖11-3　徐國成、韓秋生、霍琨(2004)．*系統解剖學彩色圖譜*．新文京。

圖11-14　朱文玉(2009)．*醫學生理學*（第二版）．北京大學醫學出版社。

圖11-15　朱文玉(2009)．*醫學生理學*（第二版）．北京大學醫學出版社。

圖11-18　Fox, S. I. (2006). *Human Physiology* (9th ed). McGraw-Hill.

圖11-21　修改自Patterson, S. W., Piper, H., & Starling, E. H. (1914). The regulation of the heart beat. *J Physiol, 48*(6):465-513.

圖13-3　徐國成、韓秋生、霍琨(2004)．*系統解剖學彩色圖譜*．新文京。

圖14-5　徐國成、韓秋生、霍琨(2004)．*系統解剖學彩色圖譜*．新文京。

圖14-7　韓秋生、徐國成、鄒衛東、翟秀岩(2004)．*組織學與胚胎學彩色圖譜*．新文京。

圖14-8　韓秋生、徐國成、鄒衛東、翟秀岩(2004)．*組織學與胚胎學彩色圖譜*．新文京。

圖14-13　韓秋生、徐國成、鄒衛東、翟秀岩(2004)．*組織學與胚胎學彩色圖譜*．新文京。

圖15-1　徐國成、韓秋生、霍琨(2004)．*系統解剖學彩色圖譜*．新文京。

圖15-8b,d　韓秋生、徐國成、鄒衛東、翟秀岩(2004)．*組織學與胚胎學彩色圖譜*．新文京。

圖18-4a　徐國成、韓秋生、霍琨(2004)．*系統解剖學彩色圖譜*．新文京。

圖18-5a　徐國成、韓秋生、霍琨(2004)．*系統解剖學彩色圖譜*．新文京。

圖18-6　韓秋生、徐國成、鄒衛東、翟秀岩(2004)．*組織學與胚胎學彩色圖譜*．新文京。

圖18-8b,c　韓秋生、徐國成、鄒衛東、翟秀岩(2004)．*組織學與胚胎學彩色圖譜*．新文京。

圖18-9a　徐國成、韓秋生、霍琨(2004)．*系統解剖學彩色圖譜*．新文京。

索 引
INDEX

B

O

國家圖書館出版品預行編目資料

人體生理學／馬青、王欽文、楊淑娟、徐淑君、鐘久
昌、龔朝暉、胡蔭、郭俊明、李菊芬、林育興、邱亦
涵、施承典、高婷玉、張琪、溫小娟、廖美華、滿庭
芳、蔡昀萍、顧雅真編著.－第六版.－新北市：新文
京開發出版股份有限公司，2022.06
　　面；　公分
　　ISBN 978-986-430-844-6（平裝）

1.CST：人體生理學

397　　　　　　　　　　　　　　　111009097

人 體 生 理 學（第 六 版）　　　　　（書號：B340e6）

總 校 閱	王錫崗			
修 訂 者	許家豪	蔡如愔	李佩穎	許瑋怡
編 著 者	馬　青	王欽文	楊淑娟	徐淑君　鐘久昌
	龔朝暉	胡　蔭	郭俊明	李菊芬　林育興
	邱亦涵	施承典	高婷玉	張　琪　溫小娟
	廖美華	滿庭芳	蔡昀萍	顧雅真

出 版 者　新文京開發出版股份有限公司
地　　址　新北市中和區中山路二段 362 號 9 樓
電　　話　(02) 2244-8188（代表號）
F　A　X　(02) 2244-8189
郵　　撥　1958730-2
第 二 版　西元 2012 年 05 月 25 日
第 三 版　西元 2013 年 09 月 06 日
第 四 版　西元 2015 年 09 月 15 日
第 五 版　西元 2018 年 05 月 25 日
六 版 二 刷　西元 2024 年 03 月 01 日

法律顧問：蕭雄淋律師
ISBN　978-986-430-844-6

新文京開發出版股份有限公司

NEW
WCDP

新世紀‧新視野‧新文京 — 精選教科書‧考試用書‧專業參考書